G. Franz

Konstruktionslehre des Stahlbetons

Band I
Grundlagen und Bauelemente

Vierte, völlig neubearbeitete Auflage

Teil B
Die Bauelemente und ihre Bemessung

Mit 275 Abbildungen

Springer-Verlag
Berlin Heidelberg New York Tokyo 1983

Dr.-Ing., Dr.-Ing. E. h. GOTTHARD FRANZ·
em. o. Professor an der Universität Karlsruhe (TH)

In den ersten drei Auflagen erschien Band I „Grundlagen und Bauelemente" dieses Werkes ungeteilt.

CIP-Kurztitelaufnahme der Deutschen Bibliothek
Franz, Gotthard:
Konstruktionslehre des Stahlbetons / G. Franz.
Bd. I Grundlagen und Bauelemente. 4. völlig neubearb. Aufl.
Teil B. Die Bauelemente und ihre Bemessung
Berlin, Heidelberg, New York: Springer, 1983
ISBN-13:978-3-642-82001-4   e-ISBN-13:978-3-642-82000-7
DOI: 10.1007/ 978-3-642-82000-7

Vorwort

Der hiermit vorgelegte Teil B des Bandes I ist den Bauelementen und ihrer Bemessung gewidmet. Er knüpft eng an den 1980 erschienenen Teil A des Bandes I an, in dem die Baustoffe von Stahlbetonkonstruktionen vorgestellt worden sind. Zielsetzung und Betrachtungsweise des Werkes haben sich gegenüber damals nicht geändert und können dem Vorwort sowie der Einleitung des Teils I A entnommen werden. Daß sie auf die heutige Baupraxis mit ihren gewandelten Bedingungen abgestimmt sind, haben kompetente Fachleute dem Verfasser gegenüber in den letzten Jahren oft bestätigt.

Auch im Zeitalter der elektronischen Datenverarbeitung ist für den Bauingenieur das „ingenium" von primärer Wichtigkeit. Der Computer kann als „Intelligenzverstärker" und neuerdings mittels des CAD (Computer Aided Design) nur unterstützen und detaillieren, nicht schöpferische Überlegungen und grundlegende Berechnungen ersetzen. Das gilt für das Bauingenieurwesen ebenso wie für die meisten anderen technischen Fachgebiete.

Der Ingenieur darf sich auch nicht den Blick durch den — unerläßlichen — Zaun der Reglementierungen verstellen lassen. Hierzu benötigt er umfassende Einsicht in die Aufgabe, Erfahrung und Gefühl. Diese für das Konstruieren mit Stahlbeton zu entwickeln, habe ich mir zum Ziel gesetzt. Entscheidend ist dabei eine klare Vorstellung von den mechanischen Zusammenhängen. Denn es gibt nichts Praktischeres als eine gute Theorie, wie es Altmeister Föppl in seiner „Technischen Mechanik" ausgedrückt hat. Allerdings muß man sich darüber klar sein, daß jener stets nur *Modelle* zugrunde liegen, die die Wirklichkeit mehr oder weniger gut abbilden.

Bei der Neubearbeitung des vorliegenden Bandes waren mir wieder Dr.-Ing. Rolf Berner sowie Prof. Dr.-Ing. Kurt Schäfer, der mich gegenwärtig auch als Koautor des ebenfalls auf zwei Teile geplanten Bandes II unterstützt, in kritischen Diskussionen anregende Partner.

Karlsruhe, im Sommer 1983 Gotthard Franz

Inhaltsverzeichnis

Inhaltsübersicht der weiteren Bände

Band I: Grundlagen und Bauelemente

Teil A: Baustoffe

    1 Schwerbeton

    2 Leichtbeton

    3 Baustahl

    4 Zusammenarbeit von Beton und Stahl

    5 Schutz des Betons gegen Angriffe

    6 Fugen im Beton

    7 Ausbreitspannungen (Spaltzugkräfte)

Band II: Tragwerke (von G. Franz und K. Schäfer)

Teil A: Tragwerke und Lasten

Teil B: Abstützung, Verformung, Sicherheit

Verweisungen

im Text und bei den Abbildungen

1. Auf andere Stellen des *vorliegenden* Bandes I, Teil B: Abschnittszahl in runden Klammern, z. B. (2.2.1);
2. auf Stellen des Bandes I, Teil A: Abschnittszahl mit Zusatz IA in runden Klammern, z. B. (IA, 3.2.3); auf Literatur des Bandes I, Teil A, z. B. [IA, 1/1.2];
3. auf Stellen des *Bandes II*: Abschnittszahl mit Zusatz II in runden Klammern, z. B. (II A, 2.2.4);
4. auf Literatur des *jeweiligen* Abschnittes: lfd. Nr. in eckigen Klammern, z. B. [15];
5. auf Literatur eines *anderen* Abschnittes: Abschnittszahl und lfd. Nr. (getrennt durch einen Schrägstrich) in eckigen Klammern, z. B. [5/37]; denn das Literaturverzeichnis ist abschnittsweise gegliedert;
6. auf Abbildungen: Abschnittszahl und lfd. Nr. (getrennt durch einen Schrägstrich), z. B. Abb. 4.2/35 oder Abb. 6/5.
7. Der Hinweis im Text [a.a.O. S. ...] (am angeführten Orte) bezieht sich jeweils auf die kurz vorher angeführte Literaturstelle.
8. Zum leichteren Auffinden bestimmter Stellen in umfangreicheren Büchern wird mitunter die Abschnitts- oder Seitenzahl hinzugefügt; z. B. bedeutet [30.1, 10]: Ziffer 10 in [30.1], während einem Semikolon z. B. [30.1; 34], eine weitere Literaturziffer folgt.
9. Bei den im Text erwähnten Normblättern ist stets auf die neueste Ausgabe zu achten, die (vgl. Einleitung zu I A) durch DIN 1075 (81) gekennzeichnet ist, ausgenommen die Grundnormen für Stahlbeton DIN 1045 (78) und für Spannbeton DIN 4227 Teil 1 (79), ferner die ZTVK (81) (zusätzliche Technische Vorschriften für Kunstbauten) des BMV.

Berichtigungen für Band I, Teil A

Seite 57, Zeile 17 v. o.: lies v_b statt γ_b u. v_s statt γ_s
Seite 65, Zeile 7 v. o.: lies $4{,}0 = \beta_w/7{,}5$ statt $= 1/7{,}5\,\beta_w$
Seite 75, Zeile 20 v. u.: lies 8 statt 88
Seite 87, Zeile 10 v. u.: gehört nach Zeile 17 v. u.
Seite 109, Zeile 3 v. u.: lies 14 statt 24
Seite 122, Zeile 3 v. u.: lies das statt $d \times s$
Seite 197, Zeile 2 v. u.: lies Literaturziffer 28.2 statt 8.2
Seite 199, Zeile 3 v. o.: lies of statt oU

Einleitung

Anknüpfend an Vorwort und Einleitung zu Teil A von Band I befaßt sich Teil B mit der Wirkungsweise der *Bauelemente*. Auf dieser Grundlage behandelt dann Band II die Gesamt*tragwerke*. Denn konstruieren (construere: zusammenbauen) bedeutet das Zusammenfügen von Einzelteilen und die Abstimmung aufeinander. Dabei wird aus wirtschaftlichen Gründen gleiche Sicherheit in allen Teilen gefordert, denn ein Bauwerk ist so sicher wie sein schwächster tragender Teil. Streng genommen gilt das nur für statisch bestimmte Systeme, bei denen die Beanspruchung der Querschnitte proportional mit den Lasten zunimmt. In statisch unbestimmten Tragwerken sind nicht nur *eine* sondern *viele* Schnittkraftverteilungen möglich, so daß bei Überlastung *eines* Teiles andere Teile für ihn eintreten können (Umlagerung). Darin liegt eine zusätzliche Sicherheit (Redundanz) (1.2.2; 4.2.5 und 5.3). Um der ethischen Berufsauffassung und Freude am Werk willen sollte aber auch bei untergeordneten Konstruktionsgliedern, die für die Tragfähigkeit unwichtig sind und oft nicht sichtbar bleiben, die volle Sorgfalt angewendet werden.

Ich teile die Elemente, aus denen Bauwerke bestehen, nach der Art, wie sie beansprucht werden, ein (Abb. 1/1). Rahmen und Bögen sowie Faltwerke und Schalen werden im Band II behandelt. Diese Systematik ist weder vollständig, noch will sie gewachsene Formen voneinander trennen. Denn es gibt stets Übergänge.

Allerdings ist sogleich darauf hinzuweisen, daß Abstützung und Beanspruchung stets idealisiert werden, da sie praktisch nie rein verwirklicht werden können. Reibungen, zusätzliches Festhalten, exzentrisches Eintragen von Lasten usw. behindern die Deformation und erzeugen entsprechende Randkräfte (Zwangskräfte). Um nicht unliebsam überrascht zu werden, sollten diese nach dem Prinzip: „*so zu konstruieren, wie man rechnet*", möglichst ausgeschaltet werden. Man folgt dieser Regel im Brückenbau weitgehend mit Rücksicht auf Größe und Gewicht der Bauwerke. Im Hoch- und Tiefbau ist man meist weniger streng und unterläßt die entsprechende Unterteilung der Bauwerke durch Gelenke und Fugen aus wirtschaftlichen Gründen. Man verzichtet damit auf vollständige statische Klarheit. Wird das statische System für die Berechnung vereinfacht, erhält man im allgemeinen zusätzliche Reserven an Tragfähigkeit. Es ist aber wichtig, vernachlässigte Zwänge durch „konstruktive Bewehrung" zu berücksichtigen, um klaffende Risse zu vermeiden.

Angesichts der Tatsache, daß unser Rechnen den Charakter von mehr oder weniger guten Näherungen besitzt, da es sich stets nur auf *Modelle der Wirklichkeit* bezieht, sind stets dessen Voraussetzungen vor dessen Durchführung zu bedenken. Ich kenne viele scharfsinnige, umfangreiche, theoretische Untersuchungen mit geodätischer Genauigkeit, deren Grundannahmen so wenig zutreffen, daß ihre Ergebnisse nur den

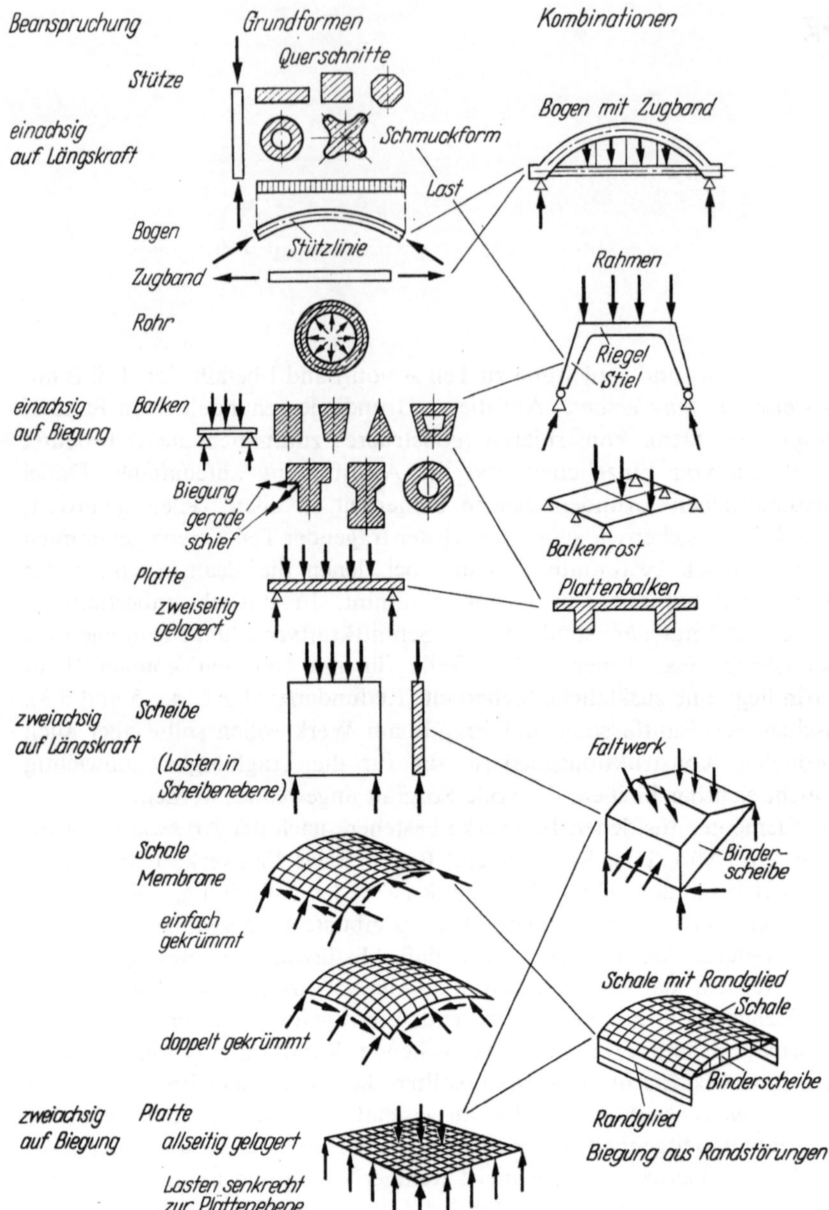

Abb. 1/1. Grundformen der Bauteile und Kombinationen zu Tragwerken

Rang von Schätzwerten besitzen. Trivial gesagt: es ist sinnwidrig, beim Ausmessen einer Strecke Zollstock und Mikrometerschraube hintereinander zu schalten! Behält man nicht gleichzeitig Theorie und Wirklichkeit im Auge, kann es vorkommen, daß man die Meinung jenes englischen Baumeisters aus dem frühen 19. Jahrhundert, Tredgold, bestätigt, die Dauerhaftigkeit eines Bauwerkes stünde im umgekehrten Verhältnis zur Gelehrsamkeit des Erbauers!

Allein die genaue Kenntnis des *mechanischen Inhaltes* der mathematischen Formulierung gestattet ein Urteil über die Tragweite der Ergebnisse und über die zulässigen Vereinfachungen, ohne die man nie auskommt. Vorrang vor der statischen Untersuchung hat stets das eingehende Durchdenken des Entwurfes. Hierzu will das vorliegende Buch anregen. Einsichtige Fachleute warnen immer wieder vor „der Gefahr, daß der Computer den Ingenieur von der physikalischen Realität des Verhaltens der Baustoffe entfernt" [1]. Obgleich oder gerade weil eine Unzahl nützlicher Programme vorliegen, ist es um so notwendiger, den Einblick in den Kräftefluß und das Verhalten der Baustoffe als eigentliche Grundlagen sinnvollen Konstruierens zu vermitteln [IA, 1/1.2].

In den letzten Jahren sind, wie schon in der Einleitung zu Teil A erwähnt, einige ausgezeichnete Werke über die Bemessung erschienen, von denen ich erneut nur F. Leonhardt [2], H. Rüsch [3] sowie die Berechnungshilfen des DAfSt Heft 220 [4] (im folgenden zitiert als „H. 220") und Heft 240 [5] (zitiert als „H. 240") sowie den jährlich erscheinenden Betonkalender[1] und Mauerwerkkalender [6] (zitiert als „B. Kal." und „M. Kal.") erwähne. Der Bezug auf diese ausführlichen Werke erlaubt, den vorliegenden Band zu straffen und seinen Inhalt auf die Grundgedanken und -zusammenhänge zu beschränken, was ohnehin sein eigentliches Anliegen ist. Zudem will ich der Lehre stets die Erfahrung gegenüberstellen, der abstrakten Systematik die konkrete Verflechtung und nicht im vereinfachten Ausschnitt die Vielfalt der Einflüsse aus dem Auge verlieren.

Entsprechend der Absicht dieses Werkes, die grundsätzlichen Zusammenhänge zu beschreiben, beschränke ich mich auf die Grenzfälle von Stäben mit vorwiegender Längskraft (Abschn. 2 u. 3) oder mit Biegung (Abschn. 4), sowie auf Platten, die senkrecht zu ihrer Ebene (Abschn. 5) oder parallel dazu (Abschn. 6) belastet werden.

Einige in diesem Band verstreute „*Grundregeln*" habe ich am Anfang des Sachverzeichnisses zusammengestellt, um deren allgemeine Bedeutung für das Lehrbuch besonders hervorzuheben.

---

1 Der Abschnitt „Bewehren von Stabtragwerken" von F. Leonhardt im B. Kal. 1979 II wird, vollständig neu bearbeitet von J. Schlaich und K. Schäfer, im B. Kal. 1984 II unter dem Titel „Konstruieren im Stahlbetonbau" erscheinen.

1 Grundlagen der Berechnung

Bei allen statischen Untersuchungen ist das *Gleichgewicht der Kräfte* die übergeordnete Bedingung. Ist sie an jedem infinitesimalen Element erfüllt, so haben auch die Lasten und Lagerkräfte eines Bauteiles die Resultierende Null. Ferner befindet sich ein Tragwerk im Gleichgewicht, wenn dieses für jedes einzelne Teil gesichert ist. Dabei muß an den Verbindungsstellen die Kontinuität der Kräfte gewahrt sein. Die Gleichgewichtsbedingungen können entweder unmittelbar für die Kräfte und ihre Momente als Vektoren angeschrieben oder mittels der virtuellen Arbeit skalar formuliert werden.

Ein Stahlbetonquerschnitt durchläuft bei steigendem Biegemoment folgende Zustände:

Zustand I: Der Beton nimmt Druck- und Zugspannungen auf, bleibt also rissefrei bis zur „Rißlast"; lineare σ-ε-Linien (Abb. 1/2);

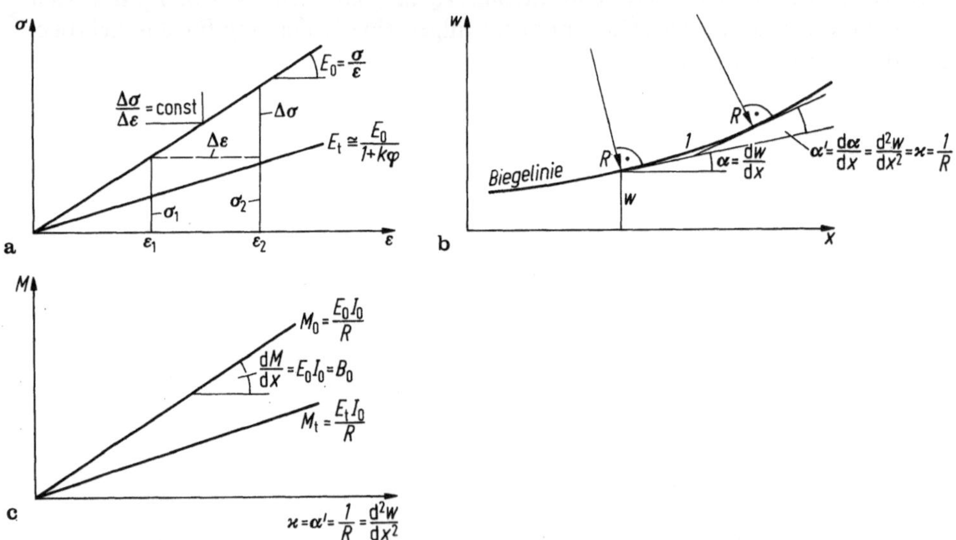

Abb. 1/2. Grundlagen für die klassische Statik. **a** lineares Elastizitätsgesetz (Hooke): Geradliniger Verlauf der „Arbeitslinie" $\sigma - \varepsilon$. Zeitunabhängiges Verhalten: $E_0 = \sigma_0/\varepsilon$, zeitabhängiges Verhalten: $E_t \cong E_0/(1 + k\varphi)$, ($\varphi$: Kriechzahl); **b** geometrische Beziehung zwischen Krümmung $\varkappa = 1/R$ und Verlauf der Biegelinie (Ordinaten w); **c** aus a) und b) folgt die Proportionalität zwischen Biegemoment M und Krümmung $\varkappa = 1/R$

Zustand II:	Der Beton versagt auf Zug, dieser wird der Bewehrung übertragen. Lineares Verhalten der Baustoffe, Beschränkung der Rißweiten, Durchbiegungen und Ermüdung definieren den „Grenzzustand der Gebrauchsfähigkeit" [30.1, 6.2.2];
Zustand III:	Plastifizierung der Baustoffe, die nichtlineare M-$\varkappa$-Beziehungen zur Folge hat (Abb. 1/3). Innerhalb dieses Bereiches werden unterschieden:
Zustand III a:	„Grenzzustand der Tragfähigkeit", der nach unserer Norm DIN 1045, 17.2.1 durch die Betonstauchung $\varepsilon_b \leqq 3,5\%_{00}$ und oder

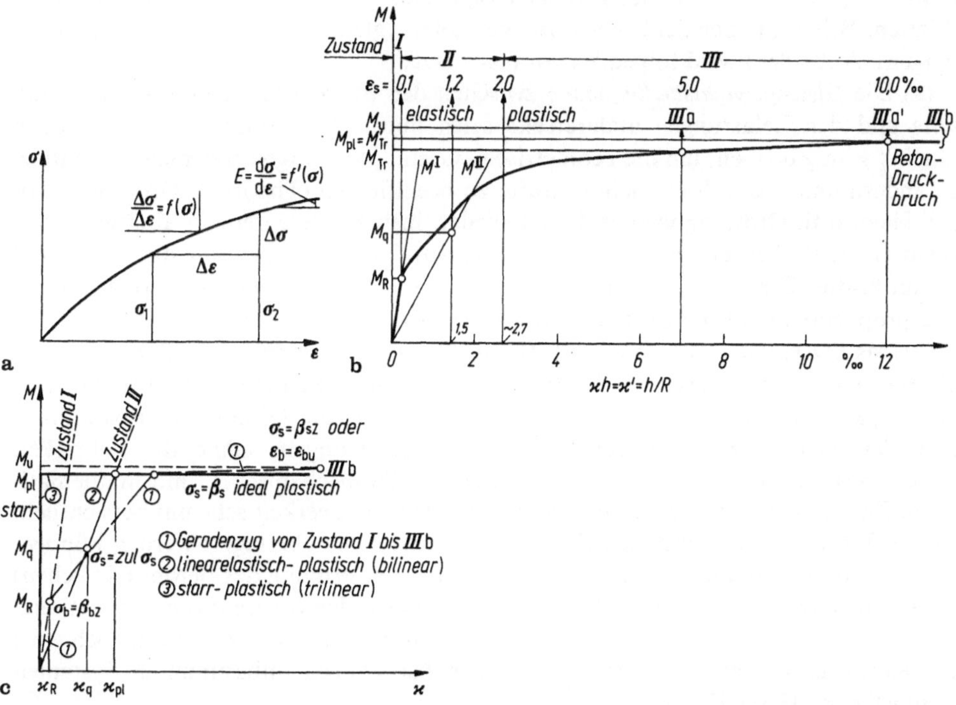

Abb. 1/3. Baustoffe mit nichtlinearem Verformungsgesetz. **a** gekrümmte Arbeitslinie $\sigma - \varepsilon$ und veränderliche Verformungszahl $E = f'(\sigma)$; **b** daraus folgt für einen Stahlbetonbalken bei reiner Biegung eine meist analytisch nicht darstellbare Beziehung $M - \varkappa$ und eine mit M veränderliche Biegesteifigkeit B. Für einen Stahlbetonbalken mit „schwacher" Bewehrung werden bei reiner Biegung unterschieden die Bereiche:

elastisch: I   homogen $M_I = \varkappa B_I$; $B_I = E_0 I_I$ I_I u. I_{II} vgl. Abb. 4.2/18 u. 19

         II   gerissen $M_{II} = \varkappa B_{II}$; $B_{II} = E_0 I_{II}$

                        $M_R \cong \beta_{bz} W_u$ Anrißmoment

                        $M_q = M_{Tr}/\gamma$ $(\gamma = 1,75)$ Gebrauchsmoment

plastisch: III $\sigma_s \geqq \beta_{sS}$ $M_{pl} = f(\varkappa)$

Grenzen: III$_a$ $\varepsilon_s = 5\%_{00}$ M_{Tr} rechn. Bruchmoment (DIN); (Tragmoment)

                $\varepsilon_s' = 10\%_{00}$ M_{Tr}' rechn. Bruchmoment (CEB)

        III$_b$ ε_s unbestimmt

                $\varepsilon_b = 3,5\%_{00}$ M_u tatsächl. Bruchmoment (ultimate)

c Verschiedene Näherungen für das $M/\varkappa$-Verhältnis von Balkenelementen: (*1*) trilineare Beziehung, angepaßt an die jeweilige, experimentell gefundene Kurve in b); (*2*) bilineare Funktion in Anlehnung an Zustand II; (*3*) einfachste Form, welche die elastische Verformung unberücksichtigt läßt

die Stahldehnung $\varepsilon_s = 5\%_0$ definiert ist. Die Grenze $\varepsilon_s = 10\%_0$ in der CEB/FIP „Mustervorschrift" [30.1, 10.4.1] zeigt die willkürliche Wahl dieses Maßes, das jedoch keinen wesentlichen Unterschied im Tragmoment bringt (4.3.1.1) [30.2; 30.3].

Zustand IIIb: Das Biegemoment kann weiter gesteigert werden bis zum „Bruchzustand" M_u, bei dem der Stahl über $5\%_0$ hinaus weiter fließt und sich verfestigt (IA, Abb. 3.1/2), meist schließlich der Beton der Druckzone bricht, weil diese immer niedriger wird.

Die Schnittkräfte werden im allgemeinen für den Zustand I berechnet, wobei der Baustoff als homogen (gleichartig) betrachtet wird. Die versteifende Wirkung der Bewehrung wird in der Regel vernachlässigt. Das bedeutet bei Flächentragwerken (Platten, Scheiben, Schalen) isotropes Verhalten (gleiche Steifigkeit in allen Richtungen). Außerdem wird folgendes vorausgesetzt:

(a) Die *Gleichgewichtsbedingungen* zwischen den Stütz- und Schnittkräften einerseits und den Belastungen andererseits seien linear. Die Formänderungen sollen „klein" genug bleiben, um die geometrische Gestalt des Tragwerkes nicht wesentlich zu ändern und dadurch die Schnittkräfte zu beeinflussen (Theorie I. Ordnung). Mit der Theorie II. Ordnung werden Druckglieder, insbesondere deren Stabilität, untersucht (2.1); sie berücksichtigen den Einfluß von Verformungen auf die Stütz- und Schnittkräfte. Diese vergrößern ihrerseits wieder die Ausbiegungen, so daß diese überproportional mit der Belastung anwachsen (II B, 4).

(b) Das *Elastizitätsgesetz* des Baustoffes sei linear in der Form $\varepsilon = \sigma/E$ (Hookesches Gesetz) (Abb. 1/2) gegeben. Es trifft im Gebrauchszustand mit ausreichender Genauigkeit zu und erlaubt in Verbindung mit (a) (s. o.) die Addition der Spannungs- und Verschiebungszustände für verschiedene Belastungen. Ohne die Gültigkeit dieses linearen „*Superpositionsgesetzes*" werden alle mechanischen und mathematischen Zusammenhänge bei statisch unbestimmten Tragwerken sehr unübersichtlich, da die Wirkungen der einzelnen Belastungen nicht mehr überlagert werden können. Die Linearität wird auch durch die zeitabhängige Verformung des Betons (Kriechen) im allgemeinen nicht gestört, solange die Dehnungen den Spannungen proportional sind (IA, 1.3.2). Dann nehmen zwar alle Verformungen mit der Zeit zu, jedoch wird der Kräftezustand aus äußeren Lasten auch bei statisch unbestimmten Systemen nicht geändert (1.1.1.1).

Auf diesen Grundlagen lassen sich alle Kontinua berechnen. Die klassische Statik (Elastizitätstheorie) der Stab- und Flächentragwerke wird darüberhinaus vereinfacht zur „Technischen Biegelehre" durch die Annahme vom

(c) *Ebenbleiben der Querschnitt* (Theorem von Bernoulli). Dieses wird der Spannungsermittlung schlanker Stäbe, dünner Schalen und Platten zugrunde gelegt und führt, angewandt auf beide Achsrichtungen, dazu, daß deren Schnittlinien gerade und rechtwinklig zur Mittelfläche bleiben. Die Faserdehnungen sind dann proportional zum Abstand von dieser und ergeben in Verbindung mit (b) (s. o.) lineare Diagramme der Längsspannungen σ (Naviersche Verteilung), die zu Schnittkräften-Moment M und Längskraft N-zusammengefaßt werden können. Ferner folgt hieraus zwingend der parabolische Verlauf der Schubspannungen τ, deren Resultierende die Querkraft $Q = \mathrm{d}M/\mathrm{d}x$ ist.

Die Grenze dieser Vereinfachung liegt bei Balken mit der Schlankheit $d/l \leqq 1/2$ bis 3, abhängig von Last und Lagerung (vgl. Abb. 1/5 u. 6/17).

1.1 Gebrauchszustand

Unter den rechnerischen Eigen- und Nutzlasten geben Zustand I und II Aufschluß über die anfänglichen und später zu erwartenden Verformungen sowie über den Umfang sich bildender Risse, deren Beschränkung für den Korrosionsschutz des Stahles und damit für die Dauerhaftigkeit der Bauwerke ausschlaggebend wichtig ist. Die Beanspruchung der Baustoffe im Gebrauch ist insofern weniger wichtig, als sie keine Extrapolation auf die Tragsicherheit erlaubt (1.3.1).

1.1.1 Spannungszustände

Der gesamte Spannungszustand in einem Tragwerk setzt sich aus mehreren Teilen zusammen, die für die Standsicherheit und für das Verhalten bei Rißbildung, Schwinden und Kriechen unterschiedliche Bedeutung besitzen. Wenn das Tragwerk im Zustand I arbeitet und aus linear elastischem Baustoff besteht, lassen sich die Spannungen und Schnittkräfte nach Ursachen und Wirkungen durch nachfolgendes Schema gliedern:

		Arten der Spannungen infolge Beanspruchung durch	
		angreifende Lasten und Kräfte	aufgezwungene Verformung
Technische Biegelehre, lineare σ_x-Verteilung	im stat. best. Grundsystem aus Gleichgewicht	Grundspannungen[a] (stat. best. Lastspannungen)	$\sigma = 0$
	im stat. unbest. System aus Kontinuität	Zusatzspannungen[a] (stat. unbest. Lastspannungen)	Zwangsspannungen
nichtlineare σ und ε-Verteilung		Störspannungen	Eigenspannungen
Abhängigkeit von Stoffzahlen E und φ		unabhängig	abhängig

[a] Diese Bezeichnungen wurden der Kürze halber geprägt. Die im folgenden benutzten Begriffe „Grund- und Zusatzschnittkräfte" sind die zugehörigen Spannungssummen M, N, Q.

1.1.1.1 Lastspannungen

Die Lastspannungen zerfallen in zwei Anteile, die sich hinsichtlich des Einflusses der Stoffeigenschaften grundsätzlich unterscheiden.

Grundspannungen und ihre Summen, die Grundschnittkräfte, werden im statisch bestimmten Grundsystem allein aus den Gleichgewichtsbedingungen für die gegebene Belastung aus der Querschnittsgeometrie ermittelt. Sie sind mithin unabhängig von der Steifigkeitsverteilung im Tragwerk sowie vom Verformungsverhalten der Querschnitte und stellen den einzig möglichen Gleichgewichtszustand im gewählten statisch bestimmten System dar. Sie wachsen daher proportional zu den Lasten an und gewährleisten bereits die Tragfähigkeit, wenn die Grundschnittkräfte überall im

Tragwerk ohne Zerstörung mit dem gehörigen Sicherheitsabstand aufgenommen werden. Anderseits genügt aber bereits das Versagen eines einzigen Querschnittes (z. B. die Bildung eines Fließgelenkes (1.2.2)) um aus dem statisch bestimmten Tragwerk eine kinematische Gelenkkette entstehen zu lassen, die zum Einsturz führt. Denn wie bei einer Kette hängt deren Tragfähigkeit vom schwächsten Glied ab. Außerdem bewirkt die statische Bestimmtheit, daß keinerlei äußerer Zwang aus Temperatur, Schwinden, Kriechen, Stützensenkungen oder dergleichen auftreten kann. Als praktisches Beispiel diene ein Tisch mit drei Beinen, der auch auf unebenem Boden nicht wackelt, jedoch viel leichter kippt als ein vier- oder sechsbeiniger!

Den Grundspannungen überlagern sich bei statisch unbestimmten Bauteilen *Zusatzspannungen* aus den überzähligen Stütz- und Schnittkräften. Da erstere bereits das Gleichgewicht mit den äußeren Lasten herstellen, müssen die Zusatzkräfte (überzählige Schnitt- und zugehörige Stützkräfte) für sich allein eine Gleichgewichtsgruppe bilden. Grundsätzlich können diese für eine bestimmte Belastung beliebig sein, aber die Erfüllung der Verträglichkeitsbedingungen im gewählten Grundsystem des Tragwerkes führt zu *einer* eindeutigen Gruppe von statisch überzähligen „X". Als triviales Beispiel führe ich nun den Tisch mit vier Beinen an: er ist zwar „stabiler" als ein dreibeiniger, bedarf aber z. B. eines Bierdeckels als überzählige Stützkraft, um nicht zu wackeln. Die X hängen von den Verformungen der Bauteile, mithin deren Geometrie und den Stoffeigenschaften ab. Da in die Elastizitätsgleichungen zur Berechnung der X nur die Steifigkeits*verhältnisse* eingehen, lassen sich durch deren Wahl die Zusatzkräfte auch im Rahmen des Zustandes I, der hier ja vorausgesetzt wird, beeinflussen, wie in IIA, 2.2 gezeigt wird. Sie werden nicht von den Kurzzeit- und Langzeitverformungen (Elastizität und Kriechen) des Baustoffes beeinflußt, wie aus der Berechnung einer überzähligen X_1 hervorgeht. Denn es ist:

$$X_1 = \frac{\delta_{10}}{\delta_{11}} = \frac{\int M_1 M_0 \, dx/EI}{\int M_1^2 \, dx/EI} = \frac{EI_c}{EI_c} \frac{\int M_1 M_0 \, dx \, I_c/I}{\int M_1^2 \, dx \, I_c/I} \, .$$

Das gilt natürlich streng nur, solange alles Material im Tragwerk in gleicher Weise kriecht, was man ja durch eine abgeminderte zeitabhängige effektive Elastizitätszahl E_t berücksichtigen kann. Die Bewehrung behindert das Kriechen des Betons teilweise, wovon dann X_1 etwas beeinflußt wird. Das pflegt man — mit Recht — zu vernachlässigen, da andere Idealisierungen wesentlich größere Abweichungen von der Wirklichkeit mit sich bringen. Zum Beispiel tritt schon unter Gebrauchslast streckenweise Zustand II ein, der das Trägheitsmoment I_b auf etwa 1/3 (vgl. Abb. 4.2/18 u. 19) herabsetzt und damit die Steifigkeitsverhältnisse empfindlich stört.

Mathematisch formuliert, stellen die Grundkräfte eine Partikularlösung der vollständigen Differentialgleichung des Stabes oder der tragenden Fläche (mit Lastglied) (1.1.2) dar, die jedoch Randbedingungen nicht berücksichtigen kann. Erst wenn man die Lösung der verkürzten (homogenen) Differentialgleichung (ohne Lastglied) hinzufügt, werden Zusatzkräfte festgelegt, welche die Randbedingungen befriedigen. Im Rahmen dieser linearen Theorie sind die Zusatzkräfte wie die Grundkräfte den Lasten proportional. Nur bei schlanken Druckstäben beeinflussen die Stabverformungen die Schnittkräfte (2.1).

Die künstlichen *Vorspannungen* kann man ebenfalls unter die Lastspannungen einordnen, wenn man die auf den Beton wirkenden Kräfte eines Spanngliedes (Kraft Z) als *äußere Lasten* betrachtet (IA, Abb. 3.2/11) und diese in die Umlenkkräfte (Leibungskräfte p_l) einerseits sowie die Ankerkräfte Z anderseits (4.2.1.2, Abb. 4.2/4 u. 5) aufspaltet.

Die Betonschnittkräfte hieraus lassen sich im statisch bestimmt gemachten Grundsystem in jedem Querschnitt allein aus den Gleichgewichtsbedingungen errechnen, z. B. $N_v \cong -Z$ und $M_v^{(0)} = -Ze$ (e Exzentrizität). Sie erzeugen mithin Grundspannungen, die unabhängig sowohl von der Steifigkeitsverteilung als auch von E_t sind, sofern man von den geringfügigen Änderungen der Spannkraft Z_k infolge Kriechens des Betons (4.3.2.1) absieht.

Die Zusatzmomente $M_v^{(1)}$ in einem statisch unbestimmten System infolge der Überzähligen X_{1v} sind ebenfalls Lastmomente. Sie sollten nicht als „Zwangsmomente" (1.1.1.2) bezeichnet werden!

Als Zusatzkräfte aus Lasten sind auch die *Nebenspannungen* zu betrachten, die infolge rechnerisch nicht berücksichtigter innerer Kontinuitäten oder idealisierter Stützenbedingungen entstehen. Als Beispiel nenne ich die Auswirkungen der Stabdehnungen in gelenkig angenommenen Fachwerken infolge der steifen Stabanschlüsse (Abb. 3/4 und IIA, 2.1.1) oder der Durchbiegungen von Platte und Balken in Plattenbalkendecken, die sich dem rechnerischen Kräftebild überlagern, (IIA, 3.1). Sie beeinträchtigen meist nicht die Tragsicherheit unmittelbar und werden dann zurecht vernachlässigt. Sie können aber zu groben Rissen führen, die den Korrosionsschutz des Stahles gefährden, wie z. B. in der Rückhalteplatte eines Bogens der Kongreßhalle in Berlin (Abb. 3/9). Diese „parasitären Biegemomente" müssen deshalb durch „konstruktive Zulagen" gedeckt werden, die sich leicht abschätzen lassen (1.1.2). Nur so können die Risse fein gehalten werden. Fehlen jene, so kann mitunter sogar die Standsicherheit infolge der Unmöglichkeit, die Querkraft zu übertragen, in Frage gestellt sein. Beispielsweise entstand ein von oben bis unten durchgehender Riß infolge unbeabsichtigter Endeinspannung eines Balkens oder einer Platte (Abb. 5/60 sowie IIA, Abb. 3/39) ohne obere Bewehrung: keine „nebensächliche" Wirkung!

1.1.1.2 Zwangsspannungen

Als Zwangsspannungen werden nur diejenigen Spannungen im Zustand I bezeichnet, die aus last*un*abhängigen, geometrischen, aufgezwungenen Verformungen entstehen. Hierher zählen die Stabenddrehwinkel α_0 aus dem „Werfen" infolge von Temperatur- und Schwinddifferenzen (innerer Zwang) oder aus den Längen- und Winkeländerungen bei Stützensenkungen (äußerer Zwang). Auch das „Einfrieren" lastbedingter Verformungen kann Ursache von Zwang sein. Ich denke dabei z. B. an das Einbetonieren von unter Eigenlast bereits verdrehten Trägerenden oder die nachträglich hergestellte Durchlaufwirkung bei durch Vorspannung verformten Fertigbalken, die sich durch Kriechen mit der Zeit weiter verformen würden (4.2.4), sofern sie nicht behindert wären (Abb. 4.2/29 u. 30).

Zwangsspannungen sind den statisch unbestimmten Lastspannungen insofern verwandt, als beide nicht für das Gleichgewicht mit den äußeren Kräften, sondern nur zur Befriedigung der Verträglichkeitsbedingungen (Kontinuität) nötig sind. Man könnte daher beide unter dem Begriff „Verträglichkeitsspannungen" zusammenfassen, wenn nicht ein fundamentaler Unterschied bestünde, wie ich wieder am Beispiel der Berechnung einer einzelnen Überzähligen zeige: Es ist für Zwang:

$$X_1 = \frac{\delta_{10}}{\delta_{11}} = \frac{\int M_1 \varkappa_0 \, dx}{\int M_1^2 \, dx/EI} = EI_c \frac{1 \cdot \alpha_0}{\int M_1^2 \, dx \, I_c/I} \, ,$$

wobei $\varkappa_0$ die unbehinderte Krümmung oder $\alpha_0 = \varkappa_0 l/2$ der gegebene Stabenddrehwinkel ist. Der Zwang X_1 ist mithin der Steifigkeit EI_c proportional und wird deshalb infolge Kriechens ($E_t < E_0$) und Reißens des Betons der Zugzone ($I_{II} < I_I$) stark abgebaut, während die statisch unbestimmten Lastspannungen (1.1.1.1) davon praktisch nicht berührt werden. Man sollte sie daher sauber trennen.

Das beschriebene Verhalten von Stahlbeton ist praktisch weitreichend bedeutsam im Sinne einer „Selbsthilfe" der Tragwerke bei Zwangsbeanspruchung, ganz besonders, wenn diese sich erst nach und nach einstellen wie Schwinden, Kriechen und Zeitsetzungen der Gründung (4.2.4). Man übertreibt wohl nicht, wenn man sagt, daß ein wesentlicher Teil des Zutrauens zur Stahlbetonbauweise auf dieser „Gutmütigkeit" beruht!

1.1.1.3 Eigenspannungen

Sie sind die Folge von nichtlinear über alle Querschnitte eines Stabes verteilten, aufgezwungenen Faserdehnungen, beispielsweise aus nichtlinearer Temperaturverteilung, aus ungleichmäßigem Schwinden oder Schwindbehinderung durch Bewehrung. Sie bewirken, daß die Querschnitte eben bleiben, und müssen mangels äußerer Lasten dort jeweils eine Gleichgewichtsgruppe bilden mit den Resultierenden $N = 0$ und $M = 0$. Infolgedessen rufen sie bei statisch bestimmter Lagerung keine Stützkräfte hervor. Sie sind gewissermaßen nichtlinear verteilte, innere Zwangsspannungen, und werden wie diese durch Rißbildung und Kriechen abgebaut, da sie vom Stoffgesetz abhängen.

Als Beispiel für die Berechnung solcher geometrisch bedingten Eigenspannungen diene ein prismatischer Betonstab (Abb. 1/4), der einseitig austrocknet (IA, Abb. 1.3/12). Man geht, wie in IA, 1.3.3 gezeigt, zweckmäßig in zwei Schritten vor. Zunächst nimmt man an, daß die gegebenen Ausgangsverformungen ε_a der einzelnen Fasern (auch des Stahles) durch Spannungen $\sigma_a = \varepsilon_a E$ rückgängig gemacht werden. Daraus erhält man durch Summation fiktive, auf den Schwerpunkt S des Querschnittes bezogene „Festhaltekräfte" $N_a = \int \sigma_a \, dA$ und $M_a = \int \sigma_a y \, dA$ (Abb. 1/4a). Im zweiten Schritt werden diese nicht vorhandenen Kräfte mit umgekehrtem Vorzeichen zugefügt, wodurch linear verteilte Spannungen $\Delta\sigma$ mit den Randwerten $\Delta\sigma_{1,2} = N_a/A \pm M_a/W_{1,2}$ entstehen. Die resultierenden Spannungen sind dann die Eigenspannungen $\sigma = \sigma_a + \Delta\sigma$ (Abb. 1/4a).

Abb. 1/4b zeigt das gleiche für einen nach IA, Abb. 1.3/19 durch Sonnenbestrahlung der Fahrbahnplatte um $T(\mathrm{K})$ erwärmten Hohlquerschnitt einer Brücke (Temperaturverlauf vereinfacht).

Nach dem plastischen Biegen in Stahlstäben verbleibende Eigenspannungen zeigt Abb. 3.2/3a in IA.

In die Ermittlung der Eigenspannungen gehen die Stoffziffern ein, sie wachsen also bei homogenem Baustoff (Beton) mit der Elastizitätszahl E. Anderseits werden sie durch Kriechen vermindert, was man nach Abb. 1/2a als Abfall von E_0 auf E_t

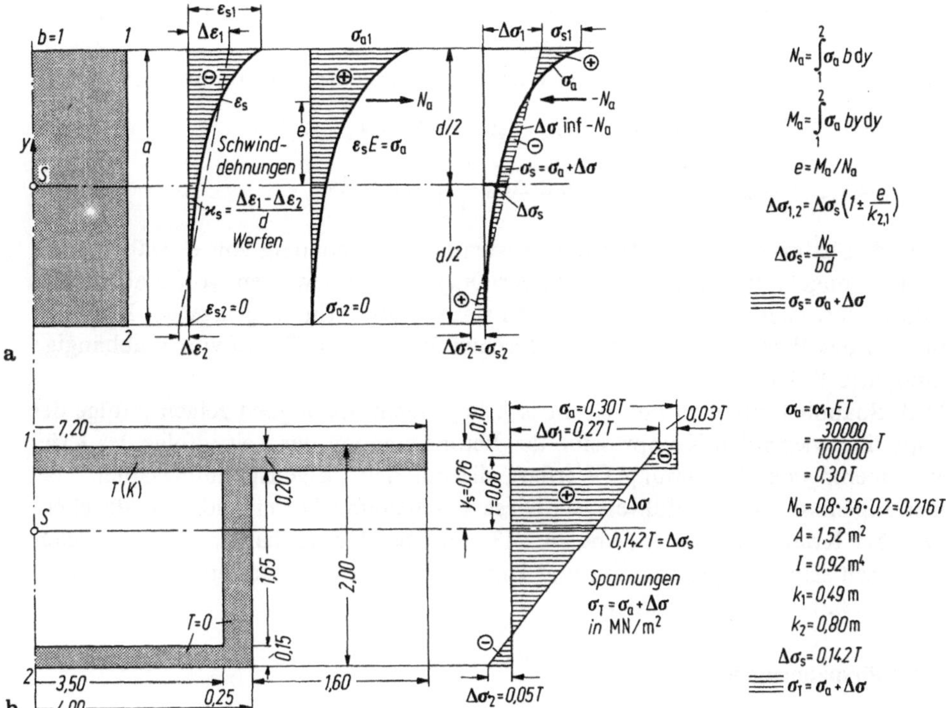

Abb. 1/4. Ermittlung der Eigenspannungen in einem prismatischen Stab aus linear-elastischem Baustoff, dessen Querschnitte eben bleiben, infolge ungleichmäßiger Dehnung der Fasern (ohne Kriecheinfluß). **a** in einem Rechteckquerschnitt bei einseitiger Austrocknung und entsprechenden Schwindverkürzungen ε_s nach I A, Abb. 1.3/12a. Spannungsausgleich unmittelbar sichtbar. „Werfen" des Stabes mit $\varkappa = 1/R = (\varepsilon_1 - \varepsilon_2)/d = (\Delta\sigma_1 - \Delta\sigma_2)/d\,E$; **b** in einem Hohlkastenquerschnitt bei Erwärmung der Fahrbahntafel um T (K) (vereinfacht nach I A, Abb. 1.3/19). Spannungs- und Krümmungsberechnung wie bei a). Bei Kontrolle der Schnittkräfte $N = M = 0$ sind die Spannungen mit den zugehörigen Breiten zu multiplizieren

ansetzen kann, denn die $\sigma_a = \varepsilon_a E$ sind proportional zu E, also auch die $\Delta\sigma_t = \Delta\sigma_0 E_t/E_0 \cong \Delta\sigma_0/(1 + \varphi)$.

Auch die Vorspannungen könnten als Eigenspannungen aufgefaßt werden, wenn man im Gegensatz zur in 1.1.1.1 geschilderten Vorstellung jeweils die Verbundquerschnitte aus Beton, Baustahl und Spannstahl als Einheit betrachtet. Dann sind im statisch bestimmt gemachten Bauteil die Grundschnittkräfte M und N gleich Null. Die vorher für den Beton und Baustahl allein ermittelten Spannungen stehen ja in jedem Querschnitt mit der Spannkraft im Gleichgewicht. An gegebenenfalls auftretenden Zusatzspannungen ändert diese Betrachtungsweise nichts.

Gegenüber den Eigenspannungen infolge aufgezwungener Faserdehnungen entspricht jedoch der Abbau der Vorspannungen keineswegs dem Verhältnis E_t/E_0 des Betons. Denn der Spannstahl, dessen Verlängerung beim Spannen den weitaus größten Teil der eingetragenen „geometrischen Verformung" (Relativdehnung Beton/ Spannstahl) ausmacht, kriecht nicht. Das Problem führt auf eine Differentialbeziehung, die eine verhältnismäßig geringe Verminderung (5 bis 20%) der aufgebrachten hohen Stahlspannung ausweist (4.3.2.1). Aus diesem Grunde wurden die Vorspannungen unter die Lastspannungen eingereiht.

Unsymmetrisch verteilte Faserdehnungen führen zu einer Krümmung („Werfen")

$$\varkappa = 1/R = (\Delta\sigma_1 - \Delta\sigma_2)/dE = (\Delta\varepsilon_1 - \Delta\varepsilon_2)/d, \quad \text{wobei}$$

$$\Delta\varepsilon_{1,2} = \Delta\varepsilon_m(1 \pm e/k_{2,1}) \quad \text{mit } \Delta\varepsilon_m \frac{1}{A}\int \varepsilon_a b \, dy \text{ ist}.$$

Das Werfen ist im statisch bestimmten System also unabhängig von E, während die Eigenspannungen, die das Ebenbleiben der Querschnitte bewirken, von E abhängen, also durch Kriechen abgebaut werden. Bei statisch unbestimmt gelagerten Bauteilen verursacht das Werfen naturgemäß Enddrehwinkel $\alpha_0 = \varkappa l/2$ und von E abhängige Zusatzkräfte X (1.1.1.1).

Auch Spannbetonbalken mit exzentrisch liegendem Spannglied zeigen infolge der einseitig überwiegenden Kompression des Betons eine mit der Zeit infolge des Kriechens zunehmende Krümmung (Werfen), die auf den „Eigenspannungsanteil" bei kleiner Eigenlast zurückzuführen ist. Diese Erscheinung bei einfeldrigen Brückenbalken, bei Kranbahnträgern (Abb. 4.2/13) und bei Deckenbalken fällt erst nach längerer Zeit sehr unangenehm auf und kann nur durch Herabsetzen des Vorspanngrades (4.2.3.2) vermieden werden.

1.1.1.4 Störspannungen

Im Bereich der Angriffsstellen von Lasten und Stützkräften sowie bei Sprüngen der Querschnittsabmessungen sind die Spannungen σ_x nicht mehr gemäß der „Technischen Biegelehre" linear verteilt. Der einachsige Naviersche Spannungszustand σ_x wird an diesen Stellen gestört durch rechtwinklig dazu verlaufende σ_y gleicher Größenordnung (Scheibenspannungszustände), die das Bild der für die Bemessung maßgebenden Hauptspannungen entscheidend beeinflussen (vgl. Abb. 4.3/7). Man kann nun diese Spannungsfelder entweder unmittelbar betrachten [4/37] oder in zwei Anteile zerlegen: einerseits stehen die σ_x nach Navier samt den zugehörigen τ bereits mit den äußeren Kräften im Gleichgewicht. Die hinzukommenden „Störspannungen" anderseits müssen daher eine *Gleichgewichtsgruppe* bilden. Im allgemeinen können diese deshalb bei der Ermittlung der Schnittkräfte, jedoch nicht bei der Bemessung der Störbereiche, vernachlässigt werden, wobei man sich auf das „Prinzip von de St. Venant" beruft. Genauer formuliert besagt dieses: die Wirkung einer Gleichgewichtsgruppe von Kräften innerhalb einer begrenzten Strecke a auf

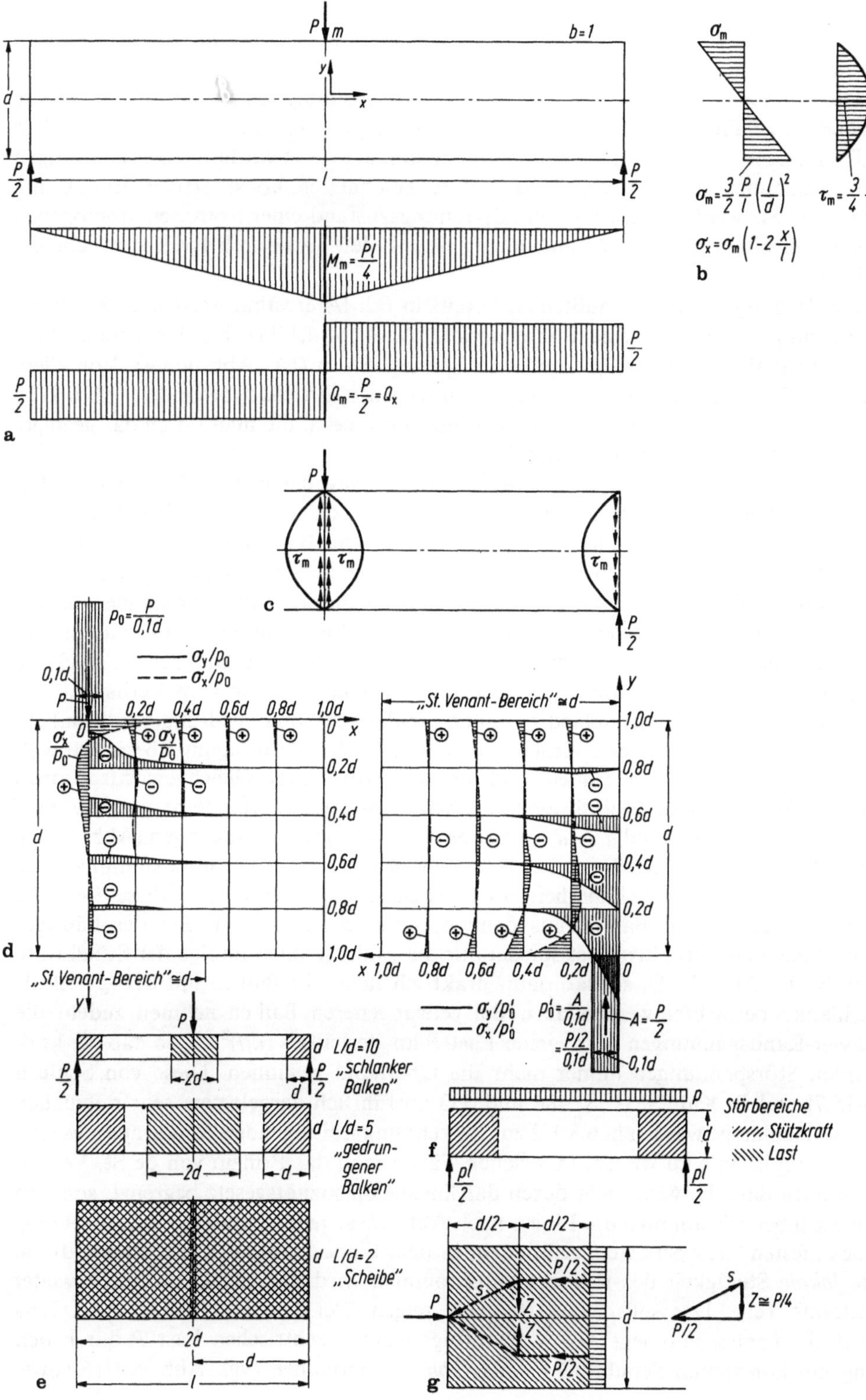

einem festen, elastischen Körper klingt innerhalb einer „Stör(Lasteinleitungs-)zone"
von der Größe a ab. Außerhalb derselben braucht man sich mithin um diese Kräftegruppe nicht zu kümmern.

Die Störspannungen sind also unter die Lastspannungen zu rechnen. Da sie die
Sicherheit gefährden können, muß man dafür sorgen, daß sie in den Störbereichen
aufgenommen werden. Man kann sie nicht immer wie etwa die Nebenspannungen
der „Schlauheit des Materials" oder einer geschätzten konstruktiven Bewehrung
zuweisen. Sie werden meist aus dem Spannungszustand einer isotropen, homogenen
Scheibe ermittelt, der von E unabhängig ist, werden also durch Kriechen nicht abgebaut.

Der Wichtigkeit halber mußten sie bereits in Bd. IA erwähnt werden, z. B. bei der
Bewehrungsführung für eine Rahmenecke (IA, Abb. 4.1/11), bei der Verankerung
von Baustahl (IA Abb. 4.2/6) und von Spanngliedern (IA, Abb. 4.3/4). Vor allem
wurde in IA,7 der Fall des „Spaltzuges" unter einer Einzellast behandelt. Abb. 1/5g
soll hier an diese gefährlichen Störspannungen erinnern, die man durch das gezeigte
„Ersatzfachwerk" leicht abschätzen kann.

Als weiteres Beispiel diene ein Balken (Abb. 1/5a), der in der Mitte eine Last P
trägt. Die Schnittkräfte M und Q verlaufen linear; da sie sich aus Gleichgewichtsbedingungen ergeben, sind sie also streng richtig. Der Balken arbeite im Zustand I,
so daß nach 1.1 die Längsspannungen σ_x linear und die Schubspannungen τ infolgedessen parabolisch über die Dicke d verteilt sind. Wenn wir nun dafür sorgen würden,
daß sowohl die Last P als auch die Stützkräfte $P/2$ der Verteilung der Schubspannungen
τ entsprechend eingetragen würden, wäre der geradlinige Verlauf der σ_x, d. h. die
Technische Biegelehre, „streng" richtig, und zwar unabhängig vom Verhältnis d/l:
es gäbe dann keinen Unterschied zwischen „schlanken" und „gedrungenen" Balken.

Wenn man nun von dieser idealen zur wirklichen Krafteintragung übergehen will,
überlagert man an den Enden und in der Mitte zwei Gleichgewichtsgruppen
(Abb. 1/5c). Sie rufen zweiachsige (Scheiben-) Spannungszustände hervor, die nach
de St. Venant im Abstand $a \cong d$ ($=$ Länge der Kräftegruppe) abklingen (Abb. 1/5d).
Abb. 1/5e zeigt nun die Bereiche, in denen sich Navier- und Störspannungen bei
Balken verschiedener Schlankheit überdecken. Man erkennt, daß diese Bereiche
sich auf den ganzen Balken aus dehnen, wenn $d:l \geq 1:4$ ist. Bei der häufiger
vorkommenden verteilten Last spielen nur die Endstörzonen infolge der Stützkräfte
eine Rolle (Abb. 1/5f), so daß dann praktisch noch ein Balken mit $d:l \geq 1:2$ als
„schlank" betrachtet werden darf. Bei gedrungeneren Balken nehmen zudem die
Navier-Randspannungen bei gleicher Last P im Verhältnis $(d/l)^2$ ab, so daß die konstanten Störspannungen immer mehr die Oberhand gewinnen. Diese von Schleeh
[6/15.7] und B. Kal. 78 II, S. 484 und 533 ausführlich dargelegten, sehr nützlichen
Zusammenhänge werden in 6.3.1.2 zur Berechnung freitragender Wände ausgewertet.

Wichtig ist nun zu wissen, in welchen Fällen man das Prinzip von de St. Venant
anwenden darf. Es wird nicht durch das lineare Elastizitätsgesetz begrenzt, sondern
gilt auch bei gekrümmten σ/ε-Linien nach Abb. 1/3a. Jedoch muß die Voraussetzung
eines „festen" Körpers stets erfüllt sein in dem Sinne, daß die Kräftegruppe durch
die *lokale* Steifigkeit des Körpers aufgenommen wird und nicht erst durch weiter
entfernte Teile. Das sollen zwei Beispiele zeigen: Bei dem Hohlbalken Abb. 1/6a
wird ein Torsionsmoment $M_T = Pb$ infolge einer exzentrischen Last P durch den
ringsum konstanten Schubfluß $t = M_T/2bh$ aufgenommen (vgl. Abb. 4.3/15 sowie

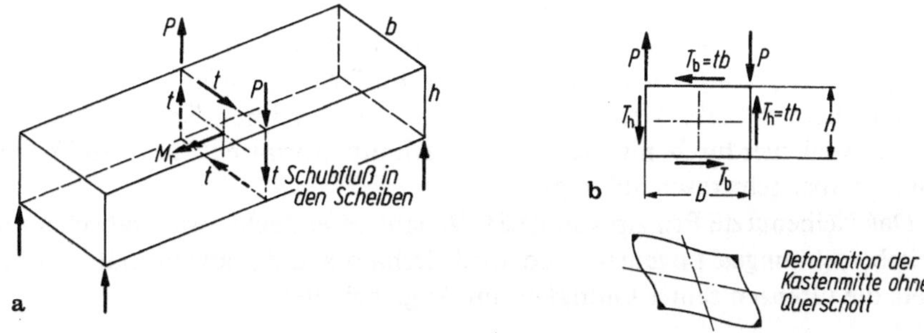

Abb. 1/6. Eintragung des Versetzungsmomentes M_T einer exzentrisch auf einen Hohlkasten mit End-scheiben wirkenden Last als Torsionsmoment $M_T = Pb$. **a** System und Belastung sowie Schubfluß in den Wänden (Summe für beide Hälften des Kastens); **b** Gleichgewichtsgruppe, die zur Herstellung der wirklichen Eintragung von $M_T = Pb$ der „St. Venant-Torsion" von der Querscheibe aufzunehmen ist; bei den Endscheiben entsprechend

IIA, Abb. 2.2/11). Es ergibt ein horizontales Kräftepaar $T_b h$ mit $T_b = tb$ und ein vertikales $T_h b$ mit $T_h = th$. Wenn die Komponenten von M_T dem Schubfluß ent-sprechen würden, wäre die St. Venant-Torsion streng richtig (abgesehen von den Wölbspannungen nach IIA, Abb. 2.2/14), ebenso wie die Navier-Verteilung der Längsspannungen infolge von Einzellasten bei einem Balken, die durch parabolisch verlaufende Schubspannungen τ eingetragen werden (Abb. 1/5). Diese Voraussetzung wird erfüllt durch ein starres Querschott, das den Kasten zum „festen elastischen Körper" macht. Fehlt dieses Schott, so muß man seine Reaktionen nach Abb. 1/6b als äußere Kräfte anbringen, d. h. der Kasten selbst muß das Kräftepaar Pb in die zwei Paare $T_b h$ und $T_h b$ umsetzen. Durch diese Gleichgewichtsgruppe wird die Rahmen- und Scheibensteifigkeit des Kastens in Anspruch genommen. Sein Querschnitt wird dadurch parallelogrammförmig auf einer größeren Länge als die Breite b deformiert (II A, Abb. 2.2/15); deshalb gilt für ihn das St. Venant-Prinzip *nicht*.

Als zweites Beispiel führe ich in Abb. 1/7 eine einseitig unendlich lange Zylinder-schale vor, die in Richtung ihrer Erzeugenden eine nach einer cos-Funktion ver-laufende Längslast aufzunehmen hat, deren Resultierende gleich Null ist. Die Schale

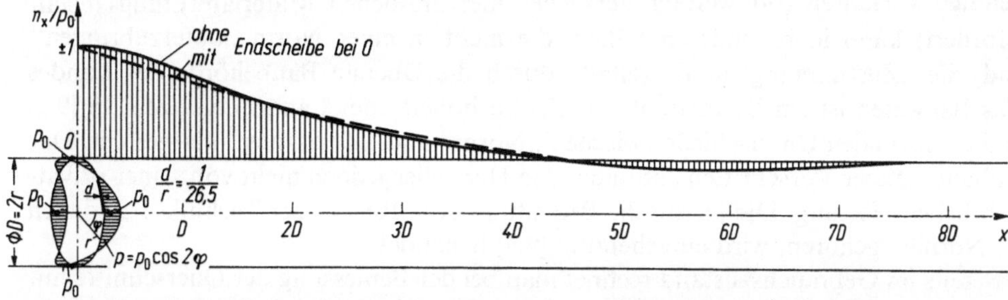

Abb. 1/7. Kreiszylinderschale (einseitig unendlich lang), auf deren Endquerschnitt eine stetig ver-teilte, alternierende Belastung p in Längsrichtung mit der Resultierenden $N_x = pr\,d\varphi = 0$ ein-getragen wird. Deren Wirkung klingt erst im Abstand $x \cong 7D$ vom Anfang unter 5% von p_0 ab [10]

wird hierdurch auf Schub sowie Längs- und Querbiegung beansprucht (vgl. II A, 1.5.1.4), so daß sie deformiert wird und nicht als „fester Körper" wirkt. Die Längskraft n_x klingt daher erst in einer Entfernung gleich dem mehrfachen „St. Venant-Bereich" ab. Hieran ändert auch eine in ihrer Ebene steife Endscheibe wenig, weil hierdurch nur der Endquerschnitt „formtreu" ausgesteift wird, dieser Einfluß aber sehr rasch abklingt.

Das vielbenutzte Prinzip von de St. Venant vereinfacht zwar statische- und Festigkeitsberechnungen ungemein und wird deshalb ständig angewandt, man muß aber stets die Grenzen seiner Gültigkeit im Auge behalten.

1.1.2 Methoden zur Berechnung der Schnittkräfte

Als Vorbemerkung jeder Berechnung sind stets die nach DIN 1055 zugrunde gelegten Belastungen (eingangs 4.2), die vorgesehenen Baustoffe und das gewählte statische System (II A, 1) anzugeben. Formale Hinweise gibt [7]. Ferner ist zur Erleichterung der Prüfung, die für praktisch jeden „Standsicherheitsnachweis" durch die Bauaufsichtsbehörde vorgeschrieben ist (neuerdings sind „einfache Bauten" ausgenommen), die benutzte Literatur aufzuführen. Bezeichnungen und Formeln sind unter Beachtung von DIN 1080 Teil I (76) (Grundlagen) (B. Kal. 1978 II, S. 4), Teil 2 (80) (Statik) und Teil 3 (80) (Beton, Stahlbeton, Mauerwerk) (B. Kal. 1981 II, S. 3), erläutert in [8.1] zu verwenden. Zum Anfertigen der Bauzeichnungen gilt DIN 1356 (74) [8.2].

Die den Stahlbetonbau betreffenden und angrenzendeVorschriften findet man vollständig und auf neuesten Stand gebracht in [9.1; 9.2] sowie die wesentlichsten jährlich im B. Kal. Teil II, im M. Kal. oder in einem der Spezial-Taschenbücher [10].

Die Normen ergänzende Vorschriften enthält die LBO (Landesbauordnung) des jeweiligen Landes, z. B. für Baden-Württemberg von 1972, ergänzt 1980. Diese fußen auf dem Bundesbaugesetz von 1977, nur formale Rahmen-Regelungen enthaltend, und der von der Argebau (Arbeitsgemeinschaft der Bauminister der Länder) erarbeiteten MBO (Musterbauordnung) von 1981. Ferner schreibt das BMV (Bundesministerium für Verkehr) für Brücken ZTVK (Zusätzliche Technische Vorschriften für Kunstbauten) und die DB die VEI (vgl. anfangs 4.2) vor.

Neben diesen Vorschriften für den Regelfall kann für bestimmte Bauteile und Bauverfahren beim JfBt (Institut für Bautechnik, Berlin) als Sonderregelung eine „allgemeine bauaufsichtliche Zulassung" beantragt werden. Dieses zeit- und kostenaufwendige Verfahren (oft werden Versuche einer amtlichen Materialprüfungsanstalt gefordert) kann in besonderen Fällen, die nicht in einer Norm „unterzubringen" sind, die „Zustimmung im Einzelfall" durch die Oberste Baubehörde des Landes (das Bauwesen ist ein Bestandteil der „Kulturhoheit" der Länder) ersetzen. In [9.3] sind die formalen Unterschiede zwischen „Norm" und „Zulassung" klargestellt. Das Einhalten dieser Vorschriften entbindet den Hersteller jedoch nicht von seiner privatrechtlichen Haftung. Die juristische Bedeutung der „Regeln der Technik", zu denen die Normen gehören, wird eingehend in [9.4] behandelt.

Bereits im Gebrauchszustand rechnet man bei der Bemessung der Querschnitte mit Rissen in der Zugzone (Zustand II), wodurch die Steifigkeitsverhältnisse gegenüber ungerissenen Zonen erheblich verändert werden (4.2.3.1), z. B. von Rahmenriegeln gegenüber den Stützen. Die Berücksichtigung dieses Umstandes ist aber sehr umständlich und nur angenähert möglich (4.2.1), so daß die klassische Festigkeitslehre [11] und Statik der Stab- und Flächentragwerke [14] auf den Annahmen *homogener* Bauteile (Zustand I) und linear-elastischem Verhalten aufgebaut sind. Für die Behandlung der dabei auftretenden mathematischen Probleme wird etwa auf [12] verwiesen. Diese Grundlage schreibt auch DIN 1045, 15.1.2 zur Ermittlung der Schnittkräfte vor.

Bei allen Berechnungen, vor allem aber beim einfachen Überschlagen, muß der Erfüllung des Gleichgewichts der inneren Kräfte mit den angreifenden Lasten (Grundspannungen 1.1.1.1) der Vorrang eingeräumt werden. Denn die Befriedigung der Gleichgewichtsbedingungen ist notwendig und meistens auch ausreichend für die Standsicherheit. Es ist aber auch wichtig, die Verträglichkeitsbedingungen (Zusatzspannungen, 1.1.1.1) zumindest näherungsweise zu erfüllen, damit sich das errechnete Tragverhalten nicht zu weit vom wirklichen Kraftfluß entfernt. Ein Tragwerk verkraftet zwar mäßiges Abweichen von den Kontinuitätsbedingungen ohne Schaden, indem es sich durch Kriechen und Umlagern der Schnittkräfte „der Belastung anpaßt" (1.2.2), wobei schon die Änderung der Steifigkeiten durch Übergang von Zustand I in II mithilft (4.2.1.1). Starke Mißachtung davon kann aber grobe Risse im Gebrauch oder vorzeitiges lokales Versagen zur Folge haben, ohne daß andere mögliche Tragmechanismen oder -reserven mobilisiert werden. Die „Kunst des Bewehrens", [2, Teil 3 und B. Kal. 1979 II, S. 613] besteht im wesentlichen darin, die bei der Berechnung vernachlässigten Unverträglichkeiten (Nebenspannungen nach 1.1.1.1, Zwangsspannungen nach 1.1.1.2 sowie Eigenspannungen nach 1.1.1.3) durch geeignete Bewehrungsführung und -zulagen zu berücksichtigen.

Allerdings darf man nicht vergessen, daß die der Berechnung zugrunde gelegten Systeme nicht die *Realität* sind, sondern stets den Charakter von idealisierten *Arbeitsmodellen* besitzen, so daß die Ergebnisse sich jener nur mehr oder weniger annähern [13]. Immerhin ist durch Erfahrung und Versuche genugsam erwiesen, daß mittels der Elastizitätstheorie sowohl die Brauchbarkeit als auch die Tragfähigkeit gesichert werden kann.

Zum Berechnen der Schnittkräfte von *Stabwerken* stehen die Kraftmethode (Kräfte als Überzählige) oder die Deformationsmethode (Verschiebungen als Überzählige) zur Verfügung. Bei letzterer werden die Momente erst durch Rekursion aus den Verschiebungen erhalten, so daß wegen der zweimaligen Differentiation eine größere Rechengenauigkeit nötig ist. Umfassende Darstellungen der „klassischen Statik" findet man in [14] sowie im B. Kal. 1982 I, S. 581, einen Überblick über die modernen Methoden zur Berechnung von Stabwerken in [15] sowie im B. Kal. 1980 II, S. 511.

Bei unstetigen Lasten, Abmessungen und Auflagern leisten Übertragungsmatrizen [16], die Operatorenrechnung [17] oder die Einführung unstetiger Funktionen [18] gute Dienste.

Die in der klassischen Statik-Literatur angestrebte Verminderung der Zahl der überzähligen Größen (Belastungsumordnung, Gruppenlasten) sowie die Iterationsverfahren (Cross; Kani) besitzen heute keine Bedeutung mehr, da für die gängigen Stabwerke Computerprogramme verfügbar sind, die auch umfangreiche Gleichungsmatrizen in kürzester Zeit auflösen.

Es ist sehr zu empfehlen, die ermittelten Schnittkraftverläufe aufzutragen, um grobe Fehler, die durch falsche Eingabe entstehen können, zu erkennen. Dabei ist die Kontrolle der Kontinuität an Tragwerkteilen, z. B. Rahmenfeldern, mittels des Reduktionssatzes [14.2, S. 291] rasch möglich. Auch Überschlagrechnungen mit geschätzten Steifigkeitsmaßen erhöhen das Zutrauen zur Richtigkeit und schulen zudem das „statische Gefühl" durch ständige „Lösungskontrolle".

Für *Flächentragwerke* (Scheiben, Platten, Schalen) kommt (außer bei Membranen) nur die Deformationsmethode in Betracht, wobei die acht Kraftgrößen (m_x, m_{xy}, n_x, q_x, ebenso in y-Richtung) durch die Verschiebungen u, v, w der Mittelfläche ausgedrückt werden [11.2, Bd. II; 14.1; 19]. Die Integration der dadurch erhaltenen partiellen Differentialgleichungen (4. Ordnung bei ebenen, 8. Ordnung bei räumlichen Flächen) in *geschlossenen Lösungen* (Reihenform oder Tensoren), insbesondere das Erfüllen von Randbedingungen ist stets mühsam und gelingt nur bei einfachen geometrischen Berandungen und statischen Verhältnissen.

Man teilt daher die ebenen Flächentragwerke oft in gleichgroße Elemente (Maschen) auf, deren Knotenverschiebungen aus den Differentialgleichungen und Randbedingungen abgeleitet und als Unbekannte eingeführt werden (*Differenzenrechnung* [14.1, S. 680; 20; 5/6.2]. Dieses Verfahren liefert numerische Lösungen, die funktionale Zusammenhänge und den Einfluß einzelner Parameter erst bei Wiederholen der Rechnung erkennen lassen.

Die Differentialgleichungen der Elastizitätstheorie (künftig kurz: E-Theorie) für die Verschiebungen w einer ebenen Fläche werden aus dem Gleichgewicht und der Kontinuität der infinitesimalen Elemente der tragenden Fläche unter den Grundannahmen der Technischen Biegelehre (1 a, b, c) aufgestellt, beinhalten also damit schon gewisse Grundannahmen. Außerdem setzen sie „kleine" Verschiebungen w voraus, so daß man die Krümmung der Mittelfläche $\varkappa = 1/R = \mathrm{d}^2w/\mathrm{d}x^2 = w''$ setzt (vgl. 1.4). Ferner wird dann die Mittelfläche nicht nennenswert gedehnt und keine entsprechenden Längskräfte geweckt, die z. B. bei Platten zu Membranwirkungen führen würden (II A, Abb. 3/7 u. 8). Nur beim Knicken und Beulen von Druckgliedern werden die Momente infolge der Ausbiegungen w berücksichtigt (2.1 u. II B, 4).

Die Lösung dieser Differentialgleichungen ist aber meist erst dann in geschlossener Form möglich, wenn man weitere Annahmen trifft, z. B. regelmäßige Belastung. Besonders die Randbedingungen lassen sich in der Regel nur mehr oder weniger angenähert erfüllen, wie z. B. bei Platten (5.1.1) oder bei Scheiben (B. Kal. 1978 II, S. 522). Auch in den Berührungslinien von Bereichen mit verschiedener Geometrie (wechselnde Form oder Dicke), für die getrennte Differentialgleichungen gelten, können die Übergangsbedingungen im Rahmen der Technischen Biegelehre nur unvollkommen erfüllt werden, so daß lokale Störbereiche entstehen (1.1.1.4). Selbst die Form der Krafteinleitung, die man stillschweigend dem Verlauf der entsprechenden Schubspannungen gleichsetzt, kann für die Konstruktion Bedeutung besitzen, z. B. bei Balken (Abb. 1/5) oder Platten (Abb. 5/3). In diesen Fällen macht sich bemerkbar, daß die senkrechte Spannungskomponente vernachlässigt wird.

Die an einspringenden Ecken auftretenden, unendlich großen Spannungen weisen ebenfalls darauf hin, daß eine Gültigkeitsgrenze der Technischen Biegelehre überschritten worden ist. Der Baustoff Stahlbeton verhält sich dann bei Druck nicht mehr linear-elastisch (I A, Abb. 1.2/13), sondern „hilft sich selbst"; bei Zug reißt er und gibt seine Kraft an die Bewehrung ab. Wenn man zweckmäßig konstruiert hat, brauchen keine Bedenken zu bestehen.

Um bei Schalen praktikable Lösungen zu ermöglichen, ist es nötig, die „strenge" Differentialgleichung 8. Ordnung durch Weglassen unwesentlicher Glieder zu vereinfachen. Hierauf wird in II A, 5.1.2 eingegangen.

In jedem Falle muß man die mechanische Bedeutung der Grundannahmen und Näherungen kennen, um die Rechenergebnisse kritisch beurteilen und die Anschauung schulen zu können.

Abweichend von der Differenzenrechnung (Elemente entsprechen dem Koordinatensystem), kann man die Form der Maschen der Gestalt der Gesamtfläche anpassen und die Gleichgewichts- und Verträglichkeitsbedingungen für die einzelnen Elemente unmittelbar aufstellen (*Finite Element Methode* „FEM"). Man ist dann unabhängig von den Differentialgleichungen der E-Theorie und kann beliebige Lasten und Randbedingungen berücksichtigen [21]. Durch Verwenden räumlich beanspruchter Elemente lassen sich Spannungszustände im dreidimensionalen, elastischen Kontinuum bewältigen, die „geschlossenen" Lösungen praktisch unzugänglich sind, allerdings mit sehr großem Rechenaufwand. Selbst örtliche Abweichungen von der Homogenität, Isotropie und linearem Verhalten lassen sich einbauen.

Diese numerischen Verfahren gewinnen mit der Verbreitung der Rechenautomaten (hardware) zunehmend an Bedeutung, vor allem wenn die Programmierarbeit (software) bereits geleistet ist. Sie liegt fertig aufbereitet bei verschiedenen Recheninstituten vor, deren Mitarbeit Zeit- und Kostenaufwand für umfangreiche Untersuchungen herabsetzt [21.8—21.10].

Aber auch dabei sind Näherungen nötig, sei es beim Erfüllen der Gleichgewichtsbedingungen oder (und) bei der Befriedigung des gegenseitigen Zusammenhangs der Einzelelemente. Deshalb sollte der Ingenieur über die dem Rechenprogramm zugrunde liegenden Annahmen soweit Bescheid wissen, daß er zumindest die möglichen Fehlerquellen kennt [21.11].

Schließlich ist auch bei der Berechnung von Flächentragwerken zu empfehlen, sich zunächst überschläglich einen Einblick in den Kräftezustand zu verschaffen, wozu die Hinweise in den betreffenden Abschnitten dienen. Diese sollen dazu helfen, die statische Zweckmäßigkeit sowie die Wirkung der Variation von Stoffziffern und geometrischen Parametern zu beurteilen und eine Vorbemessung zu ermöglichen. Denn die geschilderten „genauen" Berechnungen gehen stets von gegebenen Daten aus und müssen mitunter mehrfach wiederholt werden, wenn das Ergebnis nicht befriedigt.

Bei unregelmäßig berandeten, aufgelagerten und belasteten Flächentragwerken versagen geschlossene und auch die Differenzenansätze, jedoch nicht die FEM. Man kann dann die Schnitt- und Stützkräfte durch Verformungsmessungen an *Modellen* unter Berücksichtigung der Übertragungsgesetze auf die „Hauptausführung" [22] ermitteln. Hierfür werden homogene Werkstoffe verwendet, die sich in guter Annäherung linear-elastisch verhalten und damit den Voraussetzungen der E-Theorie entsprechen. Die Modelle sind als eine Art von Analog-Rechengeräten anzusehen und in DIN 1045, 3.3, in DIN 1075 (81), 22.5, den ZTVK (80), 1.5 sowie in VEI (79), 1.7 zugelassen. Ihre Anwendung ist mit dem Prüfer zu vereinbaren und von diesem zu überwachen [23].

Grundsätzlich können entweder Zustandsflächen für *viele* Meßpunkte und *eine* Laststellung oder Einflußflächen für *eine* Schnitt- oder Stützkraft und eine wandernde Last 1 in *vielen* Punkten aufgenommen werden. Bei letzterer wendet man den Satz von der Gegenseitigkeit der Verschiebungen von Betti/Maxwell $\delta_{ik} = \delta_{ki}$ [14.1, S. 91] an, wonach die Verschiebung (Verdrehung) δ_i infolge der Last 1 in k gleich derjenigen δ_k infolge der Last 1 in i ist.

Die Meßverfahren (optisch, mechanisch, elektrisch) sind je nach der vorliegenden Aufgabe auszuwählen [22.1]. Für ebene Spannungszustände (Scheiben, Membranen) werden jene in 6.3.1.2, für Biegung (Platten, Schalen) in 5.1.2 beschrieben.

Der früher sehr große Zeitaufwand für das Ablesen und Ausrechnen wird heute durch angeschaltetes EDV-Registrier-, Auswerte- und Schreibgerät weitgehend erspart [24.1], freilich um den Preis umfangreicher Investitionen.

Da Modelle unmittelbaren Einblick in die Lastverformungen und damit qualitativ in den Kräfteverlauf geben und die Wirkung konstruktiver Änderungen sich durch Ankleben oder Abschneiden von Streifen und Teilen besonders bei Kunststoffen leicht verfolgen lassen, ist die Modellstatik oft sehr nützlich [6/13].

Sehr aufschlußreich, aber wegen großer Streuungen aus zahlreichen Einflüssen vorsichtig zu beurteilen, sind Messungen an fertigen Stahlbetonbauteilen [24.2 u. 3].

1.2 Die Schnittkräfte im Bruchzustand

Nach Überschreiten der Gebrauchslast gerät man schließlich in den Zustand III, in dem die Arbeitslinien der Baustoffe nicht mehr geradlinig verlaufen (I A, Abb. 1.3/2 u. 3.1/2). Die Biegesteifigkeit B der Querschnitte von Balken und Stützen, Platten und Schalen ist dann nicht mehr konstant $B = E_0 I_{\text{I, II}}$, sondern, wie in Abb. 1/3b für reine Biegung schematisch dargestellt, eine Funktion der Krümmung $\varkappa$. Bei Biegung mit Längskraft tritt eine verwickelte Interaktion von M und N ein (vgl. 2.1). Die Ermittlung der Grundschnittkräfte bei Balken wird hiervon überhaupt nicht berührt, da ja definitionsgemäß die Verformungen eines statisch bestimmten Bauteiles nicht behindert werden. Für statisch unbestimmte Tragwerke hat dieses Verhalten aber einschneidende Folgen, weil die Zusatzkräfte aus den Deformationen abgeleitet werden. Das zeige ich wieder an der Berechnung einer einzelnen Überzähligen X_1 mit Hilfe des Prinzips der virtuellen Arbeit, das auch bei nichtlinearen σ-ε-Beziehungen angewandt werden kann. Die Bedingungsgleichung an der Stelle 1: $\delta_1 = \int (M_0 - X_1 M_1)\, dx/B = 0$ läßt sich nicht mehr in zwei Integrale aufspalten und nach X_1 auflösen, da B im Integrand jeweils von dem *Gesamt*moment in der Klammer abhängt. Man ist deshalb auf eine iterative Lösung oder eine vereinfachte M-$\varkappa$ Beziehung (z. B. in 2.1 oder in Abb. 1/3c) angewiesen. Qualitativ ist festzustellen:

(a) Die Verformungen wachsen rascher an als die Momente; umgekehrt steigen die Momente bei zunehmender Krümmung $\varkappa$ nur wenig an, bis sie beim Fließen des Stahles das „plastische Moment" M_{pl} erreichen (Bilden eines „Fließgelenkes").

(b) Das so bequeme Superpositionsgesetz sowohl der Wirkung von Lasten als auch der Verformungen wird ungültig. Das Tragwerk kann vielmehr jeweils nur für eine einzige Gruppe gleichzeitig wirkender Lasten berechnet werden. Dabei ist die Reihenfolge ihres Aufbringens (Belastungsgeschichte) zu berücksichtigen.

(c) Der Unterschied der verschiedenen, für den Gebrauchszustand in 1.1.1 definierten Spannungskategorien setzt lineare Stoffgesetze voraus und verwischt sich daher im Bruchzustand erheblich. Es herrschen die Lastspannungen vor, wobei sich aber, wie in 4.2.5 gezeigt, das Verhältnis der Zusatz- zu den Grundspannungen mit wachsender Last verschiebt.

(d) Die Zwangs- und Eigenspannungen werden in noch stärkerem Maße abgebaut, als durch das Kriechen, wie in 1.1.1 geschildert; im „Bruchzustand" verschwinden sie ganz. Eine überaus günstige Folge.

(e) Bei häufig wechselnden oder schwingenden Lasten darf man wegen der Baustoffermüdung nicht in diesen Bereich vordringen.

Die „Bruchlast" ist kein eindeutig definierter Begriff, sondern eine Konvention über den Endzustand, auf den man mittels eines Sicherheitsbeiwertes γ die zulässige Last beziehen will. Er hängt von dem Bild ab, das man sich vom Endstadium, aber auch von der Art des Tragwerkes und der Belastung macht, sowie von deren Dauer und Wiederholung.

1.2.1 Grenzzustand der Tragfähigkeit

Als Meßgröße bei vorwiegend ruhender Belastung hat man in DIN 1045, 17.1.1 die *rechnerische Bruchlast* festgelegt, die in der „Mustervorschrift" von CEB [30.1, 6.2.1] präziser bezeichnet wird als Grenzzustand der Tragfähigkeit. Bei diesem wird an der Stelle der größten Beanspruchung eines Bauteiles der eingangs beschriebene Zustand III a mit dem Tragmoment M_{pl} erreicht. Der kritische Querschnitt und dessen Nachbarn befinden sich dann im plastischen Zustand (Abb. 1/3b), andere Bereiche des Tragwerkes aber noch im Zustand II und sogar noch I, was nur in statisch bestimmten Systemen gleichgültig ist. Es wäre außerordentlich mühe- und wenig sinnvoll, für diesen Mischzustand den Schnittkraftverlauf in einem statisch unbestimmten System in verschiedenen Stadien zu berechnen. Man darf ihn deshalb nach DIN 1045, 15.1.2, durchgehend als Zustand I, entsprechend wie in 1.1.2 gezeigt, annehmen. Damit befindet man sich in aller Regel auf der sicheren Seite (4.3.1.1).

1.2.2 Bruchzustand und Schnittkraftumlagerung

Der Bruchzustand eines statisch bestimmten Bauteiles wird erreicht, wenn in *einem* Querschnitt M_u (u: ultimate) auftritt (Zustand III b, Abb. 1/3). In statisch unbestimmten Tragwerken bilden sich dagegen bei Laststeigerung durch Fließen des Stahles bei „schwacher" Bewehrung (1.3.2) fortschreitend weitere „plastische Gelenke", in denen die Momente M_{pl} nur unwesentlich zunehmen. Die Lastmomente werden dadurch umgelagert nach stärker bewehrten, steiferen Stabquerschnitten, z. B. bei Balken vom Feld nach der Stütze oder umgekehrt (4.2.5), ähnlich bei Rahmen (II A, 2.2.2.2), bei Platten jedoch unmittelbar zu Nachbarquerschnitten auch in Querrichtung (5.3.3), also besonders wirksam [28]. Man ist versucht, von einem „sozialen Verhalten im Notfall" zu sprechen, bei dem der Stärkere die Aufgaben des Erlahmenden übernimmt.

1.3 Bemessen der Querschnitte

Um die Querschnitte von Beton und Stahl zu dimensionieren, gibt es drei Wege (Abb. 1/8): entweder hält man *zulässige Spannungen* aus Gebrauchslast im „Grenzzustand der Gebrauchsfähigkeit" ein oder man schreibt für den „Grenzzustand der Tragfähigkeit" (rechnerische Bruchlast) *zulässige Dehnungen* vor und leitet daraus durch Division mit einer Sicherheitszahl γ die zulässige Gebrauchslast ab. In jedem Falle wird nach den „Grundlagen" (Abschnitt 1) postuliert, daß die Querschnitte eben bleiben. Schließlich kann man nach 1.2.2 die *Traglast* P_u für den ganzen Bauteil nachweisen und daraus wiederum auf die zulässige Last schließen.

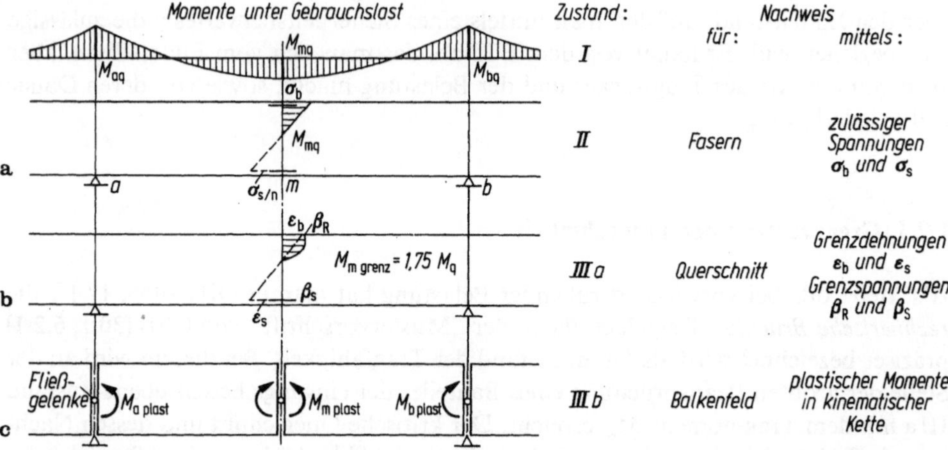

Abb. 1/8. Methoden der Bemessung für den Mittelquerschnitt m eines durchlaufenden Balkens auf Biegung. **a** „n-Bemessung" nach DIN 1045 (59); **b** „n-freie Bemessung" nach DIN 1045 (72); **c** Traglastberechnung mit Umlagerung der Momente für angenommene Querschnittsdaten

Für die Ausbildung der Bauteile ist außer den Lasten auch die Brandbeanspruchung nach DIN 4102 Teil 4 (81) und DIN 18230 E (78) maßgebend, zusammenfassend dargestellt in [25].

1.3.1 Grenzzustand der Gebrauchsfähigkeit

Für den Gebrauchszustand gelten nach DIN 1045, 17.2.2 als zulässige Spannungen $\sigma = \beta/\gamma$ (γ „globale" Sicherheitszahl):

Für Beton auf Druck $\sigma_b = \beta_R/2,1$ (plötzlicher Bruch ohne Vorankündigung), für Stahl auf Zug $\sigma_s = \beta_S/1,75$ (Bruch mit Vorankündigung durch Risse). Letztere ist „bei nicht vorwiegend ruhender Last" nach DIN 1045, 17.8 herabzusetzen. Diese Werte sind einzuhalten bei den ebenen Spannungszuständen von Scheiben (DIN 1045, 23.2) und Schalen (24.4). Dabei sind die Stahleinlagen so zu bemessen (und möglichst auch entsprechend zu führen), daß sie die Hauptzugkräfte mit zul σ_s aufzunehmen vermögen. Diese Regel hat sich gut bewährt, obgleich sie schlecht begründet ist: sie berücksichtigt nicht die von Faser zu Faser wechselnden Dehnungen der tragenden Fläche, die entsprechend verschiedene Stahlspannungen verursachen

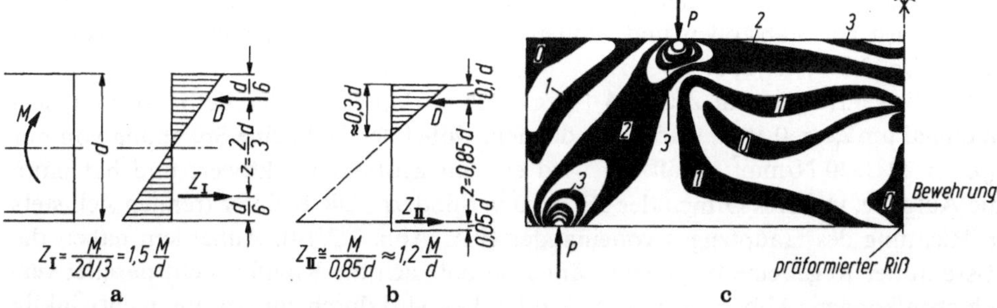

Abb. 1/9. Vergleich der Bewehrung im gerissenen Zustand II mit der aus dem homogenen Zustand I abgeleiteten Bewehrung für einen Rechteckquerschnitt bei reiner Biegung. **a** Zustand I; **b** Zustand II; **c** spannungsoptisches Modell (Plexiglasscheibe): von einer Isochromate zur nächsten ist das Spannungsgefälle konstant

muß. Der Erfolg beruht darauf, daß die Summe stimmt und gegebenenfalls ein plastischer Ausgleich eintritt, den man auch rechnerisch nachweisen kann. Abb. 1/9 belegt für das einfache Beispiel eines Balkenquerschnittes mit dem Moment M die Berechtigung dieses Schlusses. In Abb. 1/9a ist im Zustand I der innere Hebelarm $z_I = 2d/3$, in 1/9b für Zustand II bei linearer Verteilung der Druckspannungen $z_{II} \cong 0,85d$ abzulesen (etwas variierend mit der bezogenen Bewehrung μ). Die Zugkräfte $Z = M/z$ verhalten sich daher wie $Z_{II}/Z_I = 0,67/0,85 \cong 0,8$. Abb. 1/9c bestätigt diesen Sachverhalt durch spannungsoptische Messung an einem bewehrten Modell [4/19]. Dieses lieferte mit und ohne einen künstlichen Riß $Z_{II}/Z_I \cong 0,7$. Übrigens ist an dem Isochromatenbild abzulesen, daß die Druckspannung an der Oberseite durch den Riß erhöht wird (zusätzliche schwarze Linie, Abb. 1/9c Mitte).

Die angegebene Stahlspannung zul σ_s ist nach DIN 1045, 17.1.1 im Gebrauchszustand bei Schub (17.5.4) und Torsion (17.5.6) einzuhalten, während die schrägen Hauptdruckspannungen σ_2 in Form von Schubspannungen zul τ_0 in DIN 1045, Tab. 13 begrenzt sind.

Die im Gebrauchszustand vorhandenen Spannungen werden ferner beim Berechnen der Kurz- und Langzeitverformungen der Bauglieder (1.4 u. 4.2.3), zur Kontrolle der Rißbreiten (4.3.1.1), sowie gegebenenfalls zum Beurteilen der Ermüdung infolge häufig wechselnder oder stoßender Belastungen (4.4 u. II B, 2.2.4) gebraucht, sind also für die Dauerhaftigkeit der Tragwerke unentbehrlich [31]. Weitaus mehr Schäden sind auf unzureichende Gebrauchsfähigkeit und Korrosion als auf mangelnde Tragsicherheit zurückzuführen! Formeln und Tabellen zur Ermittlung der Spannungen findet man aus der Zeit der „n-Bemessung" im B. Kal. 1970 I, S. 515 sowie in älteren Auflagen von [26] und bei Biegung um zwei Achsen in [2/4.1, Aufl. 1962].

Da es bei *Spannbetonbauteilen* gerade darauf ankommt, die künstlich verminderte Zugbeanspruchung des Betons nachzuweisen (DIN 4227 Teil 1,7), sind für diese ebenfalls die Spannungen unter Gebrauchslast zu berechnen (4.3.2.1). Bei „teilweiser Vorspannung" werden nicht mehr die Zugspannungen, sondern die entstehenden Rißbreiten beschränkt.

„Die Mitwirkung des Betons auf Zug darf nicht berücksichtigt werden" schreibt DIN 1045, 17.2.1 vor, jedoch ist keine Regel ohne Ausnahmen: stillschweigend werden in Platten schräge Hauptzugspannungen $\leq \tau_{012}$ nach DIN 1045, Tab. 13

sowie allgemein kleine Spaltzugspannungen zugelassen, wie in I A, 7 bereits erwähnt; ferner wird bei Stabstößen und -umlenkungen usw. die Zugfestigkeit beansprucht (I A, Abb. 3.2/4; 4.1/2, 5, 9).

Die Bewehrung ist im Zustand I praktisch wirkungslos. Der Beton vermag sich maximal um $\varepsilon_b \cong 0{,}10 \dots 0{,}15\%_0$ zu dehnen, wobei der Stahl eine Spannung von nur $\varepsilon_b E_s \cong 20 \dots 30$ N/mm^2 erhält. Er wird erst im Zustand II aktiviert und hat dann die Aufgabe, weiteres Öffnen der Risse zu verhindern. Die Rißufer trennen sich stets in Richtung des Hauptzuges voneinander (I A, Abb. 1.2/14). Außerdem haben die Risse in der Regel eine begrenzte Länge, so daß sich die Rißufer nicht parallel verschieben können (Abb. 5/54 u. 6/18 d), oder dies wird durch eine zweite, rechtwinklig dazu verlaufende Stabschar verhindert. Das hat zur Folge:

(a) Die Kraft Z des die Rißufer verbindenden Stabes wird am kleinsten, wenn sie in Richtung der Bewegung verläuft (Abb. 1/10a): die Arbeit von Z über den Weg dw ist $dA = Z_w dw = Z \cos \alpha dw$, mithin $Z = dA/dw \cos \alpha = Z_{min}$, wenn $\alpha = 0$.

(b) Aus Abb. 1/10b liest man ab, daß $dw = ds/\cos \alpha = \varepsilon_0 s/\cos \alpha = \varepsilon_0 w/\cos^2 \alpha$. Wenn Z mit einer Stahlspannung σ_s aufgenommen wird, ist $\varepsilon_0 = \sigma_s/E_s$ und $dw = \min$ für $\alpha = 0$, d. h. der Riß öffnet sich um so mehr, je stärker die Bewehrung von der Bewegungsrichtung abweicht, was auch bei vielen Versuchen beobachtet wurde, beispielsweise

für $\alpha =$	5	10	15	20	25	30	35	40	45°
$dw/\varepsilon_0 w \cong$	1,00	1,03	1,07	1,13	1,22	1,33	1,49	1,70	2,00.

Der letztere Wert ist z. B. in [5/64.3 S. 203] bestätigt.

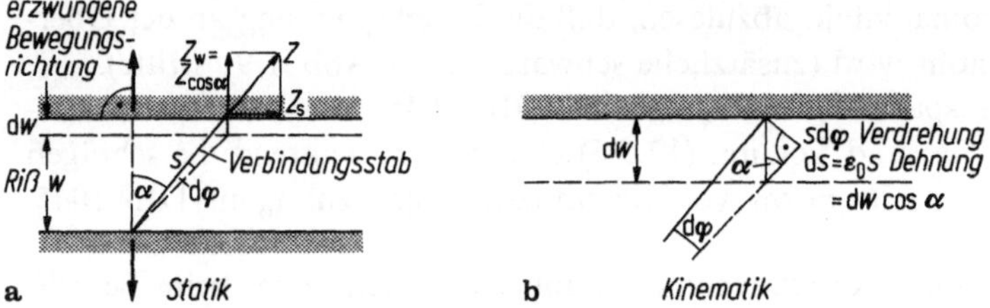

Abb. 1/10. Statische und kinematische Verhältnisse an einem Bewehrungsstab, der einen Riß schief kreuzt. **a** Kräftezerlegung; **b** Verschiebungsbild

Dieser Zusammenhang gilt für die erzwungene Kinematik. Vernachlässigt man sie und beschränkt sich auf die Statik, kommt man zu anderen Kräften und Rißweiten wie z. B. den schief zu den Hauptrichtungen verlaufenden Bewehrungsnetzen von Platten (5.4.1) und Scheiben (6.3.1.2).

1.3.2 Grenzzustand der Tragfähigkeit

Der Grenzzustand der Tragfähigkeit (III a Abb. 1/3b) wird nach DIN 1045, 17.2 als „rechnerische Bruchlast" der Querschnittsbemessung von Stab- und Flächentragwerken bei Biegung mit Längskraft zugrunde gelegt (4.3.1). Dabei werden die Schnittkräfte für Zustand I aus den mit der Sicherheitszahl γ vervielfachten Gebrauchslasten abgeleitet, obgleich dann, wie in 1.2.1 beschrieben, bei statisch unbestimmten Systemen bereits eine Schnittkraftumlagerung eingetreten sein muß, die schon im Zustand II beginnt (vgl. Abb. 4.2/3). Diese Annahme deckt aber auch die allerdings seltenen Fälle „starker" Biegebewehrung ($\mu \geq \mu_{gr}$), bei der der Beton versagt, ehe die Bewehrung fließt, oder gleichbedeutend: wenn der Beton bei „schwacher" Bewehrung örtliche Fehlstellen aufweist, weil dann die Kräfte sich kaum umlagern können.

Die Grenzbewehrung μ_{gr} ist definiert durch $\varepsilon_s \geq 5\%_{00}$ und liegt nach H. 220, Tafel 1.1 b bei $m_{su} = M_{su}/bh^2\beta_R = \mu_{gr}k_z\beta_S/\beta_R = 0{,}275$, woraus für BSt III mit $\beta_S = {} = 420\ \text{N/mm}^2$ und $k_z = 0{,}83$ folgt

für: B	15	25	35	45
$\beta_R =$	10,5	17,5	23	27 N/mm²
$\mu_{gr} =$	0,8	1,4	1,8	2,1 %.

Bei *Spannbeton* (4.3.2.1) ist die Bruchsicherheit der Bauteile zusätzlich nachzuweisen (DIN 4227, 11). Denn die Spannungen im Gebrauch und beim Bruch unterscheiden sich, anders als beim Stahlbeton, grundlegend voneinander (Abb. 1/11 und I A, Abb. 4.4/6), weil bei steigender Belastung die Vorspannungen nur wenig anwachsen (1.1.1.3), während die Lastspannungen (1.1.1.1) laufend zunehmen.

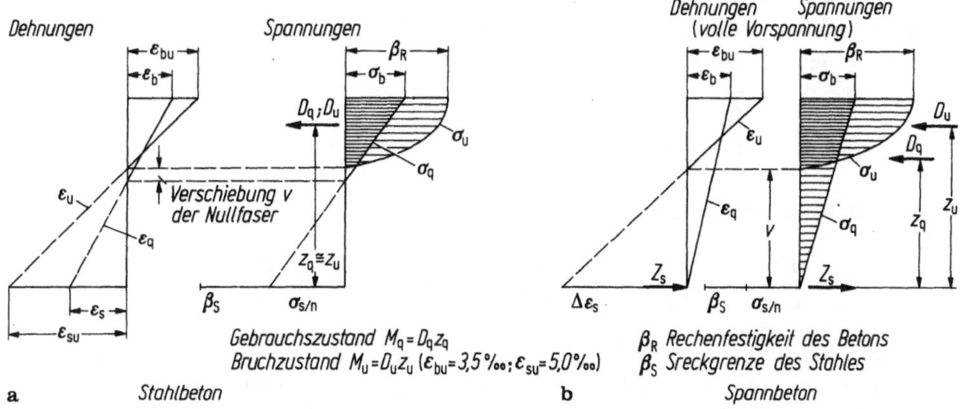

Abb. 1/11. Vergleich der Dehnungen ε und Längsspannungen σ im Gebrauchs (q)- und Erschöpfungs-(u)-zustand bei eben bleibenden Querschnitten. **a** Stahlbeton: unwesentliche Änderung der Lage der Druckresultierenden D und des inneren Hebelarmes z; **b** Spannbeton: großer Unterschied der Spannungsverteilung zwischen Zustand q und u, daher starke Verschiebung von D: von q kann nicht ohne weiteres auf u geschlossen werden

Unsere Normen, welche die *zulässigen Lasten* festlegen, sind noch auf der deterministischen Methode aufgebaut, indem sie pauschale Sicherheitszahlen γ vorschreiben. Die „CEB/FIP Mustervorschrift 1978" [30.1, 6.4] spaltet auf „semiprobabilistischer" Grundlage γ in „Teilsicherheitsfaktoren" auf (vgl. I A, Abb. 1.2/22), die den verschiedenen Streuungen von Angriff und Widerstand besser Rechnung tragen [29]. Dem Bestreben, die Bemessung ganz auf stochastisch verteilte Einwirkungen einerseits und Beanspruchbarkeit andererseits zu begründen und daraus eine „Versagenswahrscheinlichkeit" oder umgekehrt ein „Zuverlässigkeitskriterium" abzuleiten, werden derzeit noch ausgearbeitet [29]. In Abschnitt 5 von II B werden diese Gedankengänge erläutert.

Ich weise bereits hier daraufhin, daß die *schweren* Bauunfälle sich meist während der Ausführung ereignen, vor allem durch Versagen von Rüstungen (z. B. Abb. 4.5/22), Aufhängungen o. dgl. Solche „Zufälle" werden durch die Sicherheitstheorie nicht erfaßt, da ihre Ursachen sich dem Begriff der „stochastischen Streuung" entziehen. Nur gewissenhafte Planung, Ausführung und Überwachung können diese Katastrophen bannen, aber wegen der menschlichen Unzulänglichkeit nie vollständig ausschließen.

1.4 Verformungen der Bauteile

Mit wachsender Schlankheit der Bauwerke infolge höherer Baustoffgüten gewinnen die Verformungen zunehmende Bedeutung. So können sich Stützen verkürzen, Balken und Platten durchbiegen und insbesondere die mit der Zeit hinzukommenden Kriech- und Schwindeinflüsse sich unangenehm bemerkbar machen (4.2.3).

Es genügt nicht, nur an die Spannungen zu denken!,

sondern der Konstrukteur muß sich stets auch ein Bild von den Verformungen und ihren Folgen machen [31; 4/13].

Die Biegelinienordinaten *w* eines geraden Stabes mit konstanter Steifigkeit *EI* werden aus der Differentialgleichung

$$\frac{1}{R} = \varkappa = \frac{d\alpha}{dx} = \frac{d^2 w}{dx^2} \bigg/ \left(1 + \left(\frac{dw}{dx}\right)^2\right)^{3/2}$$

oder praktisch genügend genau aus:

$$\varkappa \cong \frac{d^2 w}{dx^2} = -\left(\frac{M}{EI} + \frac{d}{dx}\frac{KQ}{GA}\right)\left(5\% \text{ Fehler, wenn } \frac{dw}{dx} = 0{,}18\right)$$

unter Berücksichtigung der Randbedingungen berechnet. Der Beitrag der Querkraft *Q*, erläutert in Abb. 1/12 und charakterisiert durch die „Schubverteilungszahl *K*" ($K \cong 1{,}2$ für Rechteck —; $\cong 1{,}0$ für **T**-Querschnitt nach [14.2, S. 121 u. 148]) kann bei schlanken Balken meist vernachlässigt werden.

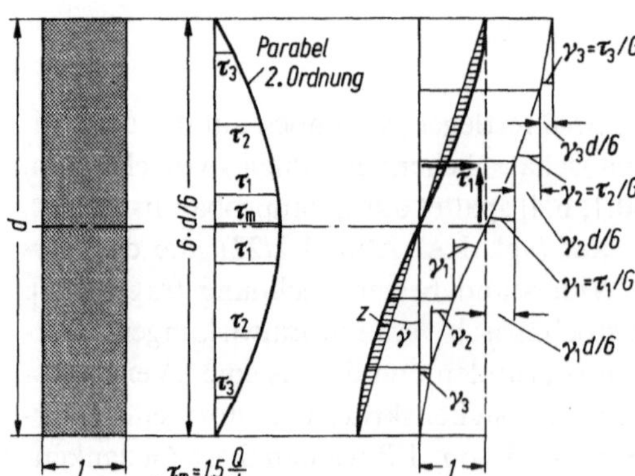

Abb. 1/12. Verwölbungen *z* eines Rechteckquerschnittes infolge von Schubspannungen τ

Sowohl im Zustand I wie II gilt ferner im Abstand y von der Schwerachse

$$\sigma = N/A \pm My/I = N(1 \pm ey/i^2)/A ,$$

wobei

$$N = \int \sigma dA ; \quad M = \int \sigma z dA \text{ und } e = M/N, \ i^2 = I/A$$

ist. Die Krümmung der Biegelinie, ausgedrückt in den Dehnungen an den Rändern 1 und 2, ist dann

$$\varkappa = (\varepsilon_1 - \varepsilon_2)/d$$

oder das bezogene dimensionslose Krümmungsmaß

$$\bar{\varkappa} = \varkappa d = \varepsilon_1 - \varepsilon_2 .$$

Bei Stahlbeton ist es nicht möglich, auf der Zugseite die mittlere Stahldehnung ε_2 zutreffend anzugeben, weil sie im Zustand II vom Beton zwischen den Rissen behindert wird (I A, Abb. 4.4/3). Diese werden nicht nur durch die rechnerischen Zugspannungen, sondern auch durch Eigenspannungen (1.1.1.3) ausgelöst und von der Güte des Verbundes und der Inhomogenität des Betons beeinflußt. Deshalb kann ε_2 und damit $\varkappa$ nur innerhalb gewisser Grenzen abgeschätzt werden (4.2.3.1).

Zur Beurteilung der Formänderungen wird selten die vollständige Biegelinie gebraucht. Meist genügt es, einen bestimmten Wert δ (Durchbiegung in der Mitte der Spannweite oder Auflagerverdrehung) zu kennen. Diese Größen werden in einfachen Fällen aus Tabellen entnommen oder mit Hilfe einer virtuellen Last $\bar{1}$ (1N oder 1 Nm) in der Form

$$\bar{1} \cdot \delta = \int M\bar{M} \frac{ds}{EI} + \int N\bar{N} \frac{ds}{EA} + \int KQ\bar{Q} \frac{ds}{GA}$$

berechnet. Dabei bedeuten M, N, Q die gegebenen und $\bar{M}$, $\bar{N}$, $\bar{Q}$ die virtuellen Schnittkräfte. Die Integrale $M\bar{M}$ finden sich in zahlreichen Büchern, z. B. [14] oder in B. Kal. 1981 I, S. 616, für bestimmte Fälle von veränderlichem I in [14.1 bis 3]. Bei einem einfachen Balken mit homogenem Rechteckquerschnitt und Gleichlast beträgt die Durchbiegung δ_Q in der Mitte infolge Q bezogen auf diejenige δ_M infolge M:

für $l/d =$ 5   7,5   10   15
$\delta_Q/\delta_M =$ 9,6   4,3   2,4   1,1 %.

Bei statisch unbestimmten Systemen dürfen die Schnittkräfte aus der Last $\bar{1}$ oder aus den äußeren Lasten einem beliebigen, aber stabilen statisch bestimmten Teilsystem entnommen werden (Reduktionssatz) [14.2, S. 291].

Mit dessen Hilfe lassen sich auch die Verformungen von Flächentragwerken wie diejenigen von Balken leicht berechnen. Einige Beispiele zeigt Abb. 1/13 und zwar:

(a) Durchbiegung δ und Endverdrehung φ des Innenfeldes eines Durchlaufbalkens werden mit den angegebenen virtuellen Lasten $\bar{1}$ berechnet zu:

$$\bar{1}\delta = \int M\bar{M}_1 dx/EI \text{ und } \bar{1}\varphi = \int M\bar{M}_2 dx/EI .$$

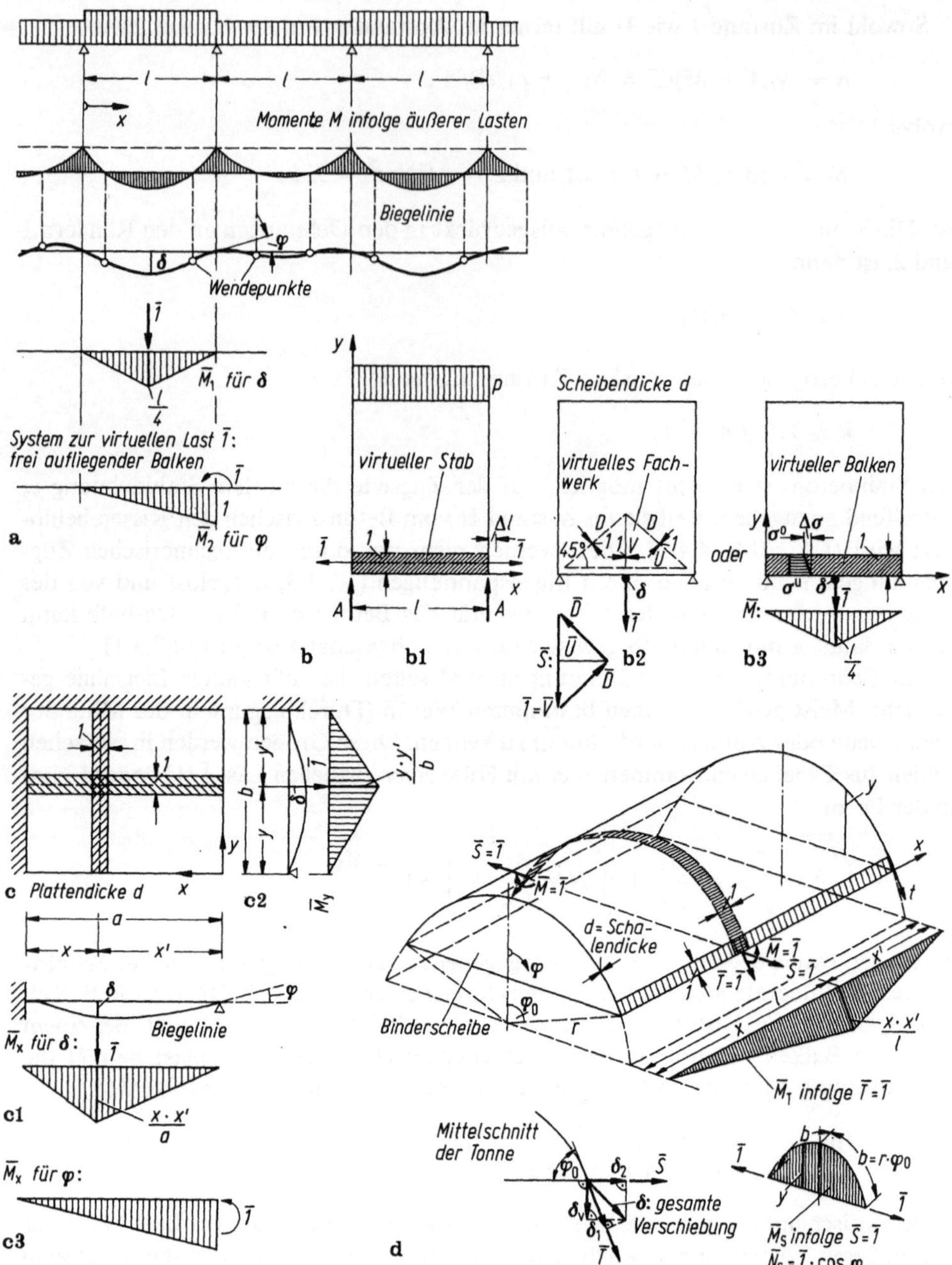

Abb. 1/13. Berechnung der Verschiebung δ und Verdrehung φ in ausgezeichneten Punkten mit Hilfe der Arbeit einer virtuellen Last $\bar{1}$ oder Momentes $\bar{1}$ und des Reduktionssatzes. **a** für das Innenfeld eines Durchlaufbalkens; **b** für den unteren Rand einer Scheibe (freitragende Wand); **c** für eine Rechteckplatte mit zwei eingespannten und zwei frei aufliegenden Rändern; **d** für eine als Balken gelagerte Tonnenschale

Für gängige Belastungen gibt Abb. 4.2/17 fertige Werte.

(b) Für den unteren Rand einer Scheibe (freitragende Wand, 6.3.1.2) ist die Verlängerung der Spannweite nach b1

$$\bar{1} \cdot \Delta l = \int_l \sigma_x \bar{\sigma}_x d\,\frac{dx}{E} = \frac{1}{E} \int_l \sigma_x \, dx$$

und die Durchbiegung des unteren Randes nach b2 für ein gedachtes Fachwerk

$$\bar{1} \cdot \delta = \sum \bar{S} \, \Delta s \qquad \Delta s = \int_s \sigma_s \frac{ds}{E} = \frac{\sigma_{sm} s}{E}$$

$$\sigma_s = \text{Spannung in Stabrichtung} \left(= \frac{1}{2}(\sigma_x + \sigma_y) \pm \tau_{xy} \text{ für } 45° \right)$$

$$\sigma_{sm} = \text{mittlere Spannung in Stabrichtung,}$$

oder nach b3 für einen Streifen mit der Höhe 1:

$$\bar{1} \cdot \delta = \int_l \bar{M} \sigma'_x \frac{dx}{E} \quad \text{mit} \quad \sigma'_x = \frac{\partial \sigma_x}{\partial y}\Big|_{\Delta y = 1} \Delta \sigma_x.$$

(c) Die Durchbiegung δ einer ringsum gestützten Rechteckplatte in einem Punkt x/y, deren Momentenverläufe m_x und m_y aus Tabellen zu entnehmen sind, mittels fiktiver Balken (Breite 1) ohne Querdehnung:

Richtung x nach c1: $\bar{1} \cdot \delta = \int_a m_x \bar{M}_x \, dx/EI \quad I = d^3/12$

oder:

Richtung y nach c2: $\bar{1} \cdot \delta = \int_b m_y \bar{M}_y \, dx/EI$,

ferner die Verdrehung des Randes $x = 0$ im Abstand y

mittels Balkens in Richtung x nach c3: $\bar{1} \cdot \varphi = \int_a m_x \bar{M}_x \, dx/EI$.

Wenn die Querdehnung berücksichtigt werden soll, ist zu setzen $m_x - \mu m_y$ statt m_x und $m_y - \mu m_x$ statt m_y.

(d) für eine freitragende, symmetrisch zur Längsachse belastete Tonnenschale mit Membran- und Biegekräften wird berechnet:

Die Verlängerung des Randes wie bei der Scheibe nach b1:

$$\bar{1} \cdot \Delta l = \int_l \sigma_x \, dx/E,$$

die Verschiebung δ_1 in Richtung Tangente: wie bei der Scheibe nach b3 $\bar{T} = \bar{1}$:

$$\bar{1} \cdot \delta_1 = \int_l \bar{M}_T \sigma'_x \frac{dx}{E}; \qquad \sigma'_x = \frac{\partial \sigma_x}{\partial t} = \frac{1}{r} \frac{\partial \sigma_x}{\partial \varphi};$$

die Verschiebung δ_2 in Richtung Sehne mit $\bar{S} = \bar{1}$:

$$\bar{1} \cdot \delta_2 = \int_b m_\varphi y \frac{dt}{EI} + \int_b n_\varphi \cos \varphi \frac{dt}{Ed}; \qquad I = \frac{d^3}{12};$$

die Verdrehung ϑ des Randes mit $\bar{M} = \bar{1}$; $\bar{M}_\varphi = \bar{1}$; $dt = r d\varphi$:

$$\bar{1} \cdot \vartheta = \int_b m_\varphi \, \frac{dt}{EI}$$

die senkrechte Verschiebung des Randes ist dann:

$$\delta_v = \frac{\delta_1 - \delta_2 \cos \varphi_0}{\sin \varphi_0}.$$

Wie in 4.2.3.1 näher ausgeführt, wird die Biegesteifigkeit durch den Übergang von Zustand I in II infolge der Rißbildung erheblich herabgesetzt und die Verformung von Balken dementsprechend vergrößert. In noch stärkerem Maße ist das bei Torsionsbeanspruchung (4.3.1.3) der Fall.

Im „rechnerischen Bruchzustand" IIIa kann man die Verformung eines einfachen Balkens abschätzen. Aus den Grenzdehnungen $\varepsilon_{bu} = 3,5\%_{00}$, $\varepsilon_{su} = 5,0\%_{00}$ berechnet man die Krümmung $\varkappa_m = (\varepsilon_{bu} + \varepsilon_{su})/h = (3,5 + 5,0)/h = 8,5/h\,\%_{00}$ und hieraus die Durchbiegung $f = \varkappa_m l^2/10$ (par. Verlauf von $\varkappa$ unterstellt; Abb. 4.2/17). Dann ist $f/l = {}_{\bullet}0,85 l/h\,\%_{00}$ und z. B. für

$$
\begin{array}{lcccccc}
l/h = 4 & 6 & 8 & 10 & 12 & 15 \\
f/l = 3,4 & 5,1 & 6,8 & 8,5 & 10,2 & 17\%_{00}
\end{array}
$$

und für $l = 5,0$ m:

$$f = 17 \quad 25,5 \quad 34 \quad 42,5 \quad 51 \quad 65 \text{ mm.}$$

Dabei ist die Mitwirkung des Betons in der Zugzone (I A, Abb. 4.4/3), welche die Stahldehnung herabsetzt und die Durchbiegung vermindert, nicht berücksichtigt. Jedenfalls ist der konventionelle „Bruchzustand" mit noch recht wenig eindrucksvollen Verformungen verbunden.

Die Verbiegung eines Balkens im „Bruchzustand" IIIb bleibt unbestimmt, da der Stahl im mittleren Bereich fließt.

2 Druckstäbe

Sie besitzen als Stützen für vorwiegend senkrechte Lasten besondere Bedeutung, die darin zum Ausdruck kommt, daß sie bei zentrischer Beanspruchung mit der Sicherheitszahl 2,1 gegenüber 1,75 bei Biegegliedern zu bemessen sind.

Das hat verschiedene Gründe:

(a) *Alle* Fasern *jeden* Querschnittes, also das *gesamte* Volumen der Stütze, sind gleichermaßen voll ausgenutzt, während bei einem Balken nur die *äußeren* Fasern *eines* Querschnittes volle Druckspannung erhalten. *Eine* örtliche Fehlstelle des Betons wird sich daher bei *jeder* Stütze stets nachteilig auswirken, bei einem Balken nur mit viel geringerer Wahrscheinlichkeit.

(b) Die Tragfähigkeit einer Stütze nimmt proportional zur Betonfestigkeit ab. Bei einem Rechteckbalken jedoch wirkt sich eine Betonminderfestigkeit nur sehr wenig aus, da sich im Bruchzustand die Druckzone vergrößert und deshalb die Tragfähigkeit nur wenig zurückgeht (vgl. 4.3.1.1, Abb. 4.3/5). Das gilt erst recht bei Plattenbalken.

(c) Der Druckbruch durch Gleitflächenbildung in einer Stütze (vgl. I A, Abb. 1.2/11) tritt *rasch* und ohne Ankündigung ein, während sich das Versagen eines Balkens durch starke Rißbildung auf der Zugseite *allmählich* ankündigt, weil die Tragfähigkeit meist durch das Fließen des Stahles begrenzt wird.

(d) Der Bruch einer Stütze zieht mitunter mehrere Stockwerke in Mitleidenschaft, gefährdet daher im allgemeinen mehr Menschen und Werte als ein versagender Balken, der meist nur einen lokalen Schaden verursacht.

(e) Das Erreichen des „plastischen Momentes" (Streckgrenze des Stahles) in einem Querschnitt hat bei Balken in statisch unbestimmten Systemen und Platten eine Umlagerung der Schnittkräfte zur Folge (vgl. 4.2.3 u. 5.3); die Tragfähigkeit ist deshalb noch nicht erschöpft. Überbeanspruchten Stützen hilft diese „Anpassung" nur in sehr geringem Maße.

2.1 Schnittkräfte und Bemessung

Bereits in DIN 1045 von 1959 wurde bei Stützen die Bemessung im Gebrauchszustand unter der Annahme elastischen Verhaltens nach zulässigen Betonspannungen, wie sie noch DIN 1045 von 1943 vorschrieb, verlassen. Denn es zeigte sich deutlich, daß hierbei die tatsächliche Tragfähigkeit nur sehr unzulänglich, weitaus schlechter als bei Biegung, erfaßt wird. Da die Verformungen im Gebrauchszustand aber ebenfalls interessieren, sei diese Berechnung kurz vorgeführt. Bei zentrischer Längskraft N in gedrungenen Stützen setzte man:

$$\text{zul } N = \text{zul } \sigma_b(A_b + nA_s) = \text{zul } \sigma_b A_b(1 + n\mu) \text{ mit } n = E_s/E_b \text{ und}$$
$$\mu = A_s/A_b\,.$$

Dabei kommt nur die Elastizität, nicht die Festigkeit des Stahles zum Ausdruck. Ferner tritt durch das Kriechen und Schwinden des Betons eine weitgehende Umlagerung der Längskraft N vom Beton (σ_b) auf den Stahl (σ_s) ein. Faßt man die elastische und Kriechverformung zusammen, so liefert die Kontinuitätsbedingung

$$\varepsilon_b = \frac{\sigma_b}{E_b}(1 + \varphi) = \varepsilon_s = \frac{\sigma_s}{E_s} : \sigma_s = \sigma_b n(1 + \varphi)$$

und mit der Gleichgewichtsbedingung $N = N_b + N_s$ nach Division mit A_b:

$$\sigma_b = \sigma_{b0} - \sigma_s A_s/A_b\,,$$

woraus $\sigma_b = \sigma_{b0}/(1 + n\mu(1 + \varphi))$ mit $\sigma_{b0} = N/A_b$ folgt. $N_s = N - N_b$ ergibt dann $N_s = N\alpha$ mit

$$\alpha = \frac{n\mu(1 + \varphi)}{1 + n\mu(1 + \varphi)}$$

den Anteil des Stahles an N und $\sigma_s = \sigma_{b0}\alpha/\mu$ sowie $\sigma_b = \sigma_{b0}(1 - \alpha)$.

Abb. 2/1 zeigt diese Verlagerung der Längskraft N auf den Stahl. Beispielsweise wird für $\sigma_{b0} = 8{,}0\,\text{N/mm}^2$ (Druck) in einem Querschnitt mit $\mu = 2\%$; $n = 7$; $n\mu = 0{,}14$; $\alpha_0 = 0{,}123$ im Anfangszustand: $\sigma_s = 50\,\text{N/mm}^2$; $\sigma_b = 7\,\text{N/mm}^2$ und nach dem Kriechen $(\varphi = 3)$: $\alpha = 0{,}36$; $\sigma_s = 145\,\text{N/mm}^2$; $\sigma_b = 5{,}1\,\text{N/mm}^2$. Das Schwinden $\varepsilon_s = 2\%_0$ bringt (ohne die Rückwirkung auf den Beton) im Stahl $\sigma_s = 0{,}2 \cdot 210\,000/1000 = 42\,\text{N/mm}^2$, so daß der Stahl insgesamt mit $145 + 42 = 187\,\text{N/mm}^2$ beansprucht, also ein St III nicht ausgenutzt wird.

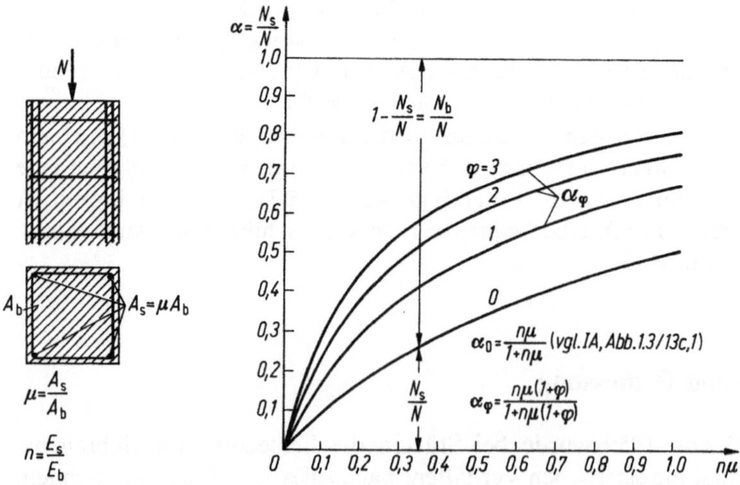

Abb. 2/1. Anteile N_b (Beton) und N_s (Stahl) an einer zentrischen Last N bei einem gedrungenen Druckstab im elastischen Bereich (α_0) und nach dem Kriechen des Betons (α_φ) mit der Kriechzahl $\varphi = \varepsilon_k/\varepsilon_{el}$

Diese Umlagerung konnte an einer stark bewehrten Stütze ($\mu = 7\%$) nach halbjähriger Dauerbeanspruchung mit $\sigma_{b0} = 10$ N/mm² sichtbar gemacht werden: es traten nach Entlastung mehrere Querrisse auf [1; 4/60.1, S. 176]. In Abb. 3/1 liest man für $n\mu = 7 \cdot 0,07 = 0,49$ und $\varphi = 3$ ab: $N_{b\varphi}/N = 0,34$ und nach Aufbringen von $-N$ als äußerer Last $N_{b0}/N = 0,67$ ab, so daß der Beton eine Zugspannung von $\sigma_{b0}(0,67-0,34) \cong 3,3$ N/mm² erhält, die zusammen mit der Schwindbehinderung durch die Bewehrung die Zugfestigkeit erreichen kann.

Zur Beurteilung der Tragfähigkeit eignet sich also der Gebrauchszustand nicht. Man verwendete hierzu für zentrisch belastete, gedrungene Stützen bereits in DIN 1045 von 1959 die sogenannte „Additionsformel" für den plastischen Zustand der Baustoffe:

$$P_B = K_b A_b + \beta_S A_s \qquad K_b \cong \beta_p \cong 0,85 W_{b28}$$
$$= \beta_p A_b(1 + \mu n') \qquad n' = \beta_S/\beta_p$$

und ließ zu: zul $P = P_B/3$. Nach DIN 1045 (72) ist $P_B = \beta_R A_b(1 + \mu\beta_S/\beta_R)$ und zul $P = P_B/2,1$. Der Bezug auf die Streckgrenze des Stahles und die Prismen- oder Rechenfestigkeit des Betons beschreibt die Sicherheit zutreffender als derjenige auf zulässige Spannungen und das Verhältnis der Elastizitätszahlen. Für die Biegebemessung wurde der plastische Zustand erst in DIN 1045 von 1972 zugrunde gelegt, da hierdurch der Unterschied zwischen beiden Berechnungsweisen viel geringer ist (4.3.1.1).

Die Vorsicht, mit der man den „unangekündigten Bruch" von Stützen schon immer betrachtete, zeigt sich in den Sicherheitsbeiwerten γ bezogen auf β_p, also $\gamma = \beta_p/$zul σ, wobei $\beta_p \cong 0,85 W_{b28}(W_{b28} = \beta_N)$ gesetzt wird (I A, S. 58). Dann ist:

in DIN 1045 (1943): zul $\sigma \cong W_{b28}/3,7 \qquad \gamma \cong 3,1$,

(1959): $= \beta_p/3 \qquad \gamma \cong 3,0$,

(1972): $= \beta_R/2,1 \qquad \gamma \cong 2,7$ mit $\beta_R \cong \dfrac{2}{3}\beta_N$

(DIN 1045, Tab. 12).

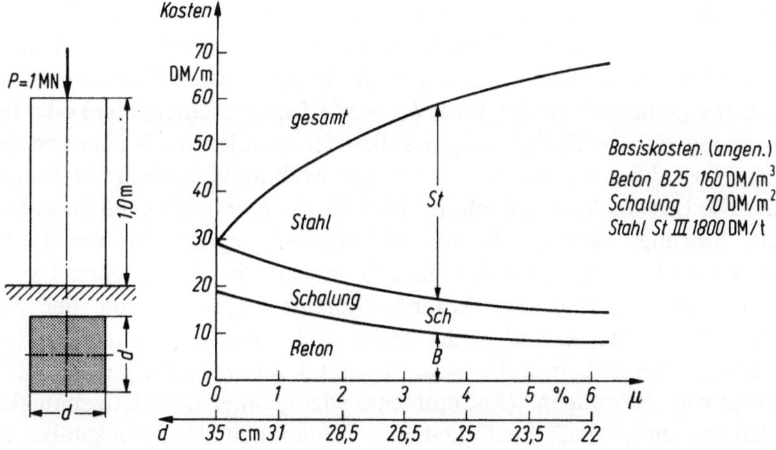

Abb. 2/2. Kosten (geschätzt) für 1 lfd m einer quadratischen, gedrungenen Stütze, bemessen für eine Last von MN bei verschiedenen Bewehrungsgehalten $\mu = A_s/A_b$, St III

Trotz verschiedener Ansätze wurde also stets etwa die gleiche Sicherheit erreicht. Bei dem durch Risse „angekündigten" Biegebruch begnügt man sich mit $\gamma = 1{,}75$.

Wenn allein nach wirtschaftlichen Erwägungen konstruiert wird, ist die Bewehrung auf das zulässige Minimum zu beschränken, da Druckkräfte stets billiger durch Beton als durch Stahl aufgenommen werden (Abb. 2/2).

Die *Ermittlung der Schnittkräfte* erfordert für Stützen meist weitergehende Überlegungen, als sie für Balken nötig sind.

Die *Längskräfte N* von Stützen werden im Hochbau aus „Beitragsflächen" abgeleitet, deren Begrenzungen die anschließenden Balkenfelder halbieren, auch wenn die Stützen mit diesen biegesteif verbunden sind. Bei der *ersten* Innenstütze eines Durchlaufbalkens (nicht Rahmens!) muß man jedoch nach DIN 1045, 15.7 die Durchlaufwirkung berücksichtigen; diese bringt bei einem Zweifeldbalken immerhin eine um 25% größere Stützenlast als die genannten „Beitragsflächen". Im Brückenbau müssen Fahrzeuglasten berücksichtigt werden, deren Wirkung man am besten durch Einflußlinien für die Stützenlast erfaßt.

Die *Biegemomente M* in Stützen haben verschiedene Ursachen:

(a) Infolge horizontaler Kräfte, zu deren Aufnahme die Stützen entweder als freistehende, unten eingespannte Stäbe (II A, 2.4) oder als Teile rahmenartiger Tragwerke (II A, 2.2.2 u. 2.3) herangezogen werden, entstehen vorwiegend Endmomente; Wind- oder Anprallasten von Fahrzeugen ergeben mitunter erhebliche Feldmomente.

(b) Den Auflagerdrehwinkeln von Balken, mit denen die Stützen steif verbunden sind, leisten diese Widerstand. Dadurch werden ebenfalls Momente mit den Größtwerten an den Enden der Stützen hervorgerufen. Diese dürfen im Hochbau bei Innenstützen vernachlässigt werden, bei Randstützen muß man sie berücksichtigen (II A, 2.2.2.1); in H. 240, 1.6 ist für diese Rahmenwirkung eine einfache Näherung angegeben.

(c) An Stützen angebrachte Konsolen rufen Biegemomente hervor, die nach unten und oben abklingen.

(d) Bei schlanken Stützen kann die Längslast P selbst durch Knicken Biegung hervorrufen: auch ein mathematisch gerader Stab mit genau zentrisch angreifender Last P benötigt eine gewisse Biegesteifigkeit, da bei linearem Stoffverhalten oberhalb der „Verzweigungslast" (Euler-Last) $P_E = \pi^2 EI/s_k^2$ (s_k: Knicklänge) oder bei einer Längsspannung $\sigma_E = \pi^2 E/\lambda^2 (\lambda = s_k/i)$ außer der geraden auch eine gebogene Stabachse *möglich* ist. Dieser „Idealfall" des reinen Stabilitätsproblems ist aber nicht realisierbar. Die Last P_E kann jedoch *als Maß für die Empfindlichkeit* eines Druckstabes auf eine „Störung" dienen, z. B. auf eine Entfernung e_0 der Last- von der Stabachse oder auf die Verbiegung f_0 infolge einer Querbelastung. Dann entstehen im ersten Fall nach Theorie I. Ordnung Anfangsmomente $M_0 = Pe_0$, die den Stab verbiegen, $\Delta M = P\Delta e$ erzeugen und in der Mitte nach Theorie II. Ordnung die Exzentrizität nichtlinear vergrößern auf $e = e_0/(1 - \eta)$ wobei $\eta = P/P_E$ ist. Praktisch wird stets infolge von „Störungen" (Endmomente oder geometrische Ungenauigkeiten) Biegung auftreten, die je nach Steifigkeit und Schlankheit des Druckstabes nichtlinear zunimmt, bis eine Gleichgewichtslage erreicht oder die Festigkeit des Stabes erschöpft wird.

Diese Probleme der Stabilität und der Theorie II. Ordnung werden in II B, 4.1 ausführlich behandelt. Es soll hier nur klar gemacht werden, warum sich bei Druckstäben die Schnittkraftermittlung nicht von der Bemessung der Querschnitte trennen läßt: die Stabverformungen w hängen einerseits von der im Zustand II veränderlichen Stabsteifigkeit B (statt EI im Zustand I) ab ($\mathrm{d}^2 w/\mathrm{d}x^2 = 1/R = \varkappa = (\varepsilon_1 - \varepsilon_2)/d = M/B$; ε_1 und ε_2 Randdehnungen). Andererseits bestimmen sie durch die Wirkung der Längslast P maßgebend die Biegemomente $M = M_0 + Pw$ (M_0: Momente aus den Ursachen (a) bis (c)) (Theorie II. Ordnung). Die Biegemomente in schlanken Stützen hängen also von der *absoluten* Größe der Querschnitte ab, bei Balkentragwerken dagegen nur von den Steifigkeits*verhältnissen*!

Die Steifigkeit B der Elemente eines Stahlbetonstabes durchläuft verschiedene Stadien: das Trägheitsmoment I_I des anfänglich geraden oder nur wenig gekrümmten, ungerissenen Stabes ist konstant. Mit zunehmender Ausbiegung reißt der Beton der Zugzone ein (Zustand II) und auch bei linearer σ/ε-Linie des Stabes nimmt I_II stetig ab. Bei weiterer Steigerung der Last und Verformung weichen außerdem die Arbeitslinien der Baustoffe zunehmend von der Anfangsgeraden ab (DIN 1045, 17.2.1), so daß keine geschlossenen Zusammenhänge zwischen $M-N$ und der Krümmung $\varkappa = 1/R$ mehr angegeben werden können. Man benötigt daher „Interaktionsdiagramme", welche die Beziehung $M/N/\varkappa$ jeweils für einen bestimmten Querschnitt darstellen (Abb. 2/3a) [1/2, Teil 1, Kap. 10]. Das Verhältnis M/N wechselt von Querschnitt zu Querschnitt, dementsprechend auch die Krümmung $\varkappa$, die durch Integration zur Biegelinie führt. Allerdings gibt die Krümmung in der Mitte den Ausschlag.

Das Interaktionsdiagramm gibt auch Auskunft über die Tragfähigkeit des Stabes, die in DIN 1045 Bild 13 durch das Erreichen von Grenzdehnungen von Beton und Stahl festgelegt ist. Die Punkte, welche die kritische Last angeben, liegen auf dem Rand des Diagramms; Kombinationen $n_\mathrm{i}-m_\mathrm{i}$ außerhalb davon sind unzulässig. Der je nach dem Randdehnungsverhältnis wechselnde Sicherheitsbeiwert γ ist eingearbeitet, so daß die Diagramme die Verformungen $\varkappa$ für die 1,75 bez. 2,1fachen Gebrauchslasten liefern. Da nun die Längskraft N gegeben ist, kann man aus Abb. 2/3a die dimensionslose Krümmung $\bar\varkappa = \varkappa d$ als Funktion von M entnehmen und darstellen (Abb. 2/3b).

Diese Diagramme lassen erkennen, daß für Druckstäbe aus Stahlbeton die reine Stabilitätsbetrachtung, die linear-elastisches und homogenes Stoffverhalten voraussetzt, keineswegs ausreicht. Mit diesem Ansatz überschätzte man die Ausweichlast bei weitem!

Man muß praktisch stets vorhandene Störeinflüsse abschätzen und nach Theorie II. Ordnung die kritische Krümmung bestimmen, die zu den *Grenzdehnungen* führt. *Nicht die Stabilität sondern die Festigkeit* ist bei Stahlbeton im Rahmen der zulässigen Schlankheit für die Sicherheit maßgebend!

Die Anfangsstörung des Stabes kann wie erwähnt geometrischer Natur sein (Imperfektion der Form) oder in einer Verbiegung bestehen, die für eine äußere Last nach Theorie I. Ordnung berechnet wird. Auch im Stahlbau beschwört die reine Stabilitätsuntersuchung, unkritisch angewandt ohne unvermeidliche Abweichungen vom mathematischen Modell zu beachten, mitunter die Gefahr des Versagens herauf, wie Einstürze gelehrt haben. Das gilt naturgemäß auch für das Beulen von Scheiben (II B, 4.6) und Schalen (II B, 4.7).

Beton	15	25	35	45	55
$\mu_0 = \mu'_0$ in %	0,6	1,0	1,32	1,54	1,71

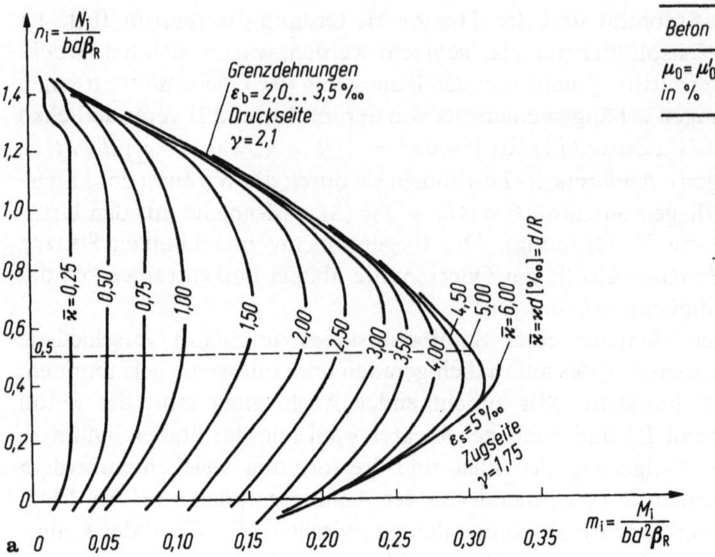

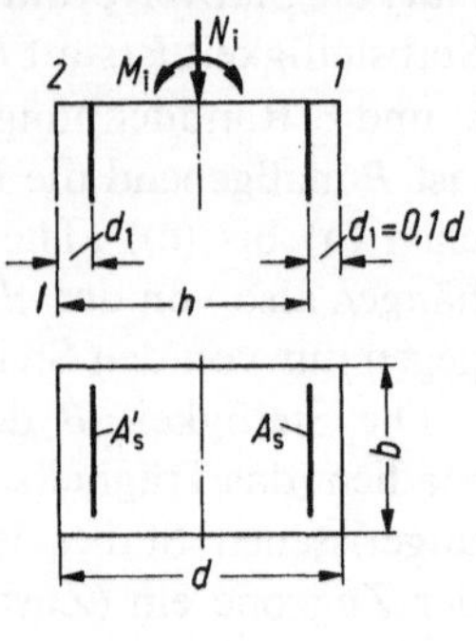

a

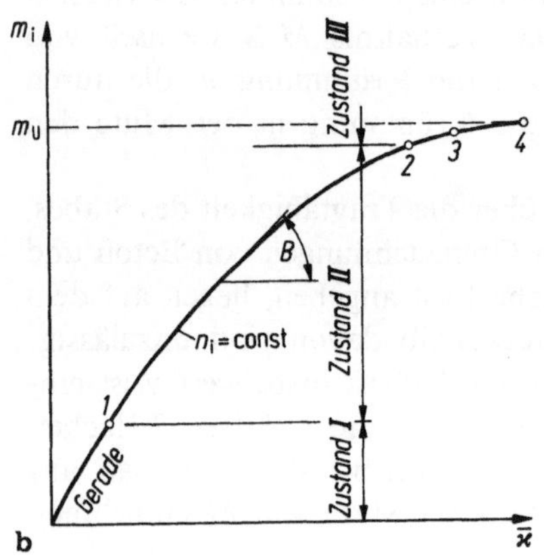

b

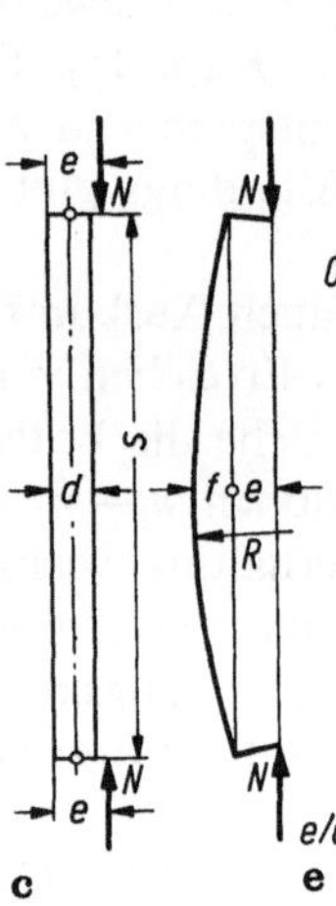

c

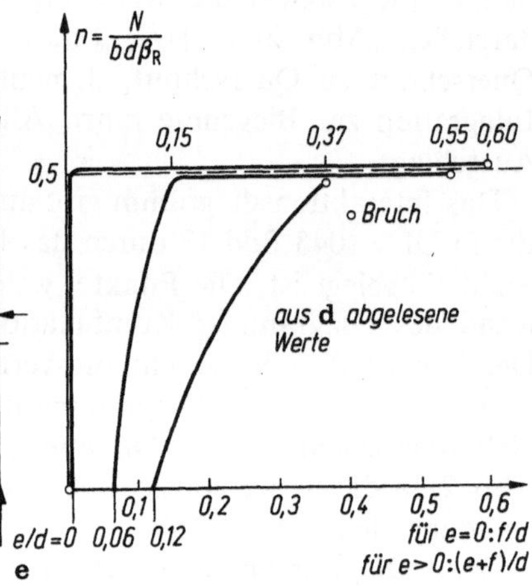

e

d

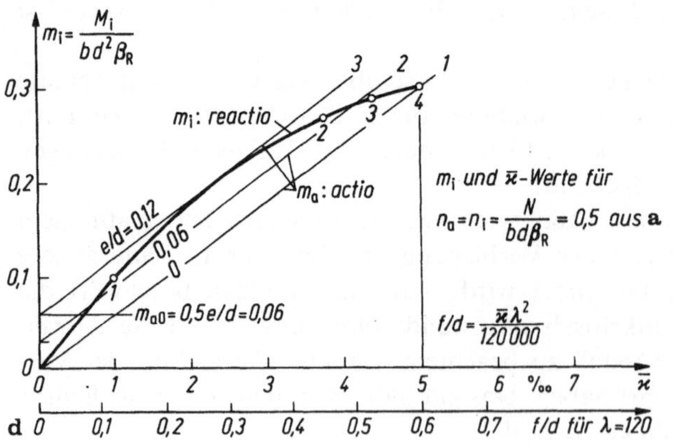

Die Aufgabe besteht also darin, mit Hilfe der Diagramme $M/\varkappa$ die Biegelinie und die Gleichgewichtslage nach Theorie II. Ordnung zu suchen (DIN 1045, 17.4.4). Das wäre „streng" außerordentlich langwierig, so daß es erlaubt ist, die Biegelinie als Sinuslinie oder Parabel IV. Ordnung zu approximieren. Auch die $N/M/\varkappa$-Linie darf vereinfacht werden [H. 220, 4.3.2.2]. Den Ausgangspunkt für die Verformungsrechnung bilden die Ausmitten $e_0 = M/N$ der Last infolge von eingetragenen Momenten M. Mindestens ist nach DIN 1045, 17.4.6 eine Vorverformung oder ungewollte Ausmitte der Last $e_v = s_k/300$ (s_k: wirksame Stablänge) einzusetzen. Dadurch werden auch unvermeidliche Maßabweichungen berücksichtigt. Nach DIN 1045, 17.4.7 ist bei schlanken Stäben die Zunahme der Verformungen durch Kriechen zu verfolgen. Für die „zusätzliche Ausmitte" mäßig schlanker Stützen gibt 17.4.3 feste Werte f an.

Ich will an einem einfachen Beispiel Abb. 2/3c das „Knickproblem" deutlich als Suchen einer Gleichgewichtslage charakterisieren. Diese Aufgabe läßt sich anhand Abb. 2/3d anschaulich graphisch lösen. Wir benutzen als Knick-Biegelinie w den häufig verwendeten Ausdruck

$$w = f \sin \pi x/s \quad f: \text{Biegepfeil}, \ s: \text{„Knicklänge"}$$

und finden aus der zweiten Ableitung für $x = s/2$

$$\mathrm{d}^2 w/\mathrm{d}x^2 \cong 1/R = \varkappa = \pi^2 f/s^2 \cong 120 f/\lambda^2 d^2 \ . \quad i = d/\sqrt{12} \ ; \ \lambda = s/i$$

Auf der Abszissenachse bringen wir die Teilung an:

$$f/d = \varkappa\lambda^2/120 = \bar{\varkappa}\lambda^2/120\,000 \ \text{mit} \ \bar{\varkappa} = \varkappa d \ \text{in} \ \%_{00} \ \text{aus Abb. 2/3a}$$

und können dann die Lastmomente

$$m_a = n_i f/d = 0{,}5 f/d$$

bei zentrischer Last und

$$m_a = n_i(e/d + f/d) = 0{,}5(e/d + f/d)$$

bei um e exzentrischer Last als Geraden eintragen, wobei $n_i = 0{,}5$ und $\lambda = 120$ gewählt wurde. Der Schnitt dieser Geraden m_a mit m_i gibt dann mögliche Gleichgewichtslagen an:

Abb. 2/3. Intraktionsdiagramm für ein Element eines Druckstabes mit symmetrischer Bewehrung: Zusammenhang zwischen den bezogenen inneren Schnittkräften n_i und m_i sowie $\bar{\varkappa}$, der mit d multiplizierten Krümmung (in $\%_{00}$): $\bar{\varkappa} = \mathrm{d}\varkappa = \varepsilon_1 - \varepsilon_2$, wobei $\varkappa = (\varepsilon_1 - \varepsilon_2)/d = 1/R = \mathrm{d}^2 w/\mathrm{d}x^2$ (w: Ausbiegung). **a** Beispiel für Rechteckquerschnitt mit $A_s = A'_s$; $\mu = \mu' = A_s/A$: geometrischer Bewehrungsgrad; $\omega = \omega' = \mu\beta_S/\beta_R$: mechanischer Bewehrungsgrad, ang. $= 0{,}24$ [1/2, Teil 1, S. 261]. **b** Funktion $m_i - \varkappa$ für einen Festwert von $n_i = 0{,}5$ der Längskraft [a. a. O. S. 264] (*1*) Einreißen der Betonzugzone, (*2*) Zugbewehrung A_s erreicht Streckgrenze, (*3*) Druckbewehrung erreicht Streckgrenze, (*4*) Erschöpfungszustand charakterisiert durch die Grenzdehnungen für Beton und Stahl nach DIN 1045, Bild 13. Für die $m_i - \bar{\varkappa}$-Kurven dürfen nach H. 220, 4.3.2 Ersatzgeraden eingeführt werden. **c** „Euler-Stab" mit exzentrischer Längskraft N. **d** Auswertung des Diagramms a) für einen Stab mit der Schlankheit $\lambda = s/i = 120$ (s: Knicklänge) und der bezogenen Längskraft $n_i = 0{,}5$. Grenzwerte der möglichen Lastexzentrizitäten e/d, bei denen noch Gleichgewicht herrscht, charakterisiert durch $m_a = n_i d = m_i$. **e** Verlauf der Ausbiegungen des Stabes für die drei betrachteten Fälle

Gerade *1*: $e/d = 0$, $f/d = 0,6$ führt zur „Erschöpfung" des Stabes. Diese Lage ist instabil, da bei weiterem Anwachsen von $f m_a > m_i$ wird.

Gerade *2*: die Exzentrizität $e/d = 0,06$ ermöglicht zwei Gleichgewichtslagen:

bei $f/d = 0,09$ befindet sich der Stab noch im Zustand I, das Gleichgewicht ist stabil;

bei $f/d \cong 0,50$ ist zwar $m_i = m_a$, aber das Gleichgewicht ist instabil;

Gerade *3*: Tangente an die m_i-Linie gehört zu einer Exzentrizität $e/d = 0,12$ und führt zu $f/d = 0,26$ und $m_i = 0,5 \ (0,12 + 0,26) = 0,19$. Das Gleichgewicht ist indifferent, da bei einer kleinen Vermehrung oder Verminderung von f stets $m_i = m_a$ ist, jedoch nicht stabil.

Eine größere Exzentrizität als $e/d = 0,12$ kann der Stab nicht vertragen, da dann stets $m_a > m_i$ ist. Abb. 2/3e zeigt schematisch die Verläufe der Ausbiegungen mit wachsender Last N.

Trotz dieser Vereinfachungen bleibt die „Knick"-Berechnung ein Nachweisverfahren, das erst durch Jterationen zu Querschnitten führt, bei denen Beton und Stahl wirtschaftlich ausgenutzt werden. Deshalb sind in H. 220, 4.3.3 umfangreiche Tabellen, Diagramme und Nomogramme veröffentlicht, die eine explizite Bemessung der Bewehrung ermöglichen. Allerdings müssen erst die Betonabmessungen festgelegt werden. In gekürztem Umfange, jedoch für die meisten praktischen Fälle ausreichend, sind diese Unterlagen in jedem Jahrgang des B. Kal. I abgedruckt. Eine Einführung in die Gedankengänge findet man in [1/2, Teil 1, 10] sowie in [1/3, 16]. Bemerkenswert sind auch die Regeln von CEB [1/30.1, 14] im Vergleich zu DIN 1045 [2.4].

Es wird in H. 220 selbst und von anderer Seite [2] darauf hingewiesen, daß die dort gebotenen Berechnungshilfen zu Bewehrungen führen, die z. T. stark auf der sicheren Seite liegen, weil gewisse Vereinfachungen getroffen werden mußten. Unter anderem wird in den Tafeln stets von definierten, *unveränderlichen* Randbedingungen ausgegangen, d. h. der Druckstab wird aus dem Gesamttragwerk herausgelöst als statisch bestimmt gelagert betrachtet. Auf dieser Basis sind noch andere, z. T. vereinfachte Berechnungsverfahren vorgeschlagen worden [3].

Aber wo gibt es schon Stützen, deren Längslast in exzentrischen Gelenken eingetragen wird? Im Hochbau sind sie meist Bestandteil eines unverschieblichen Rahmentragwerkes. Die Wirkung dieser Einspannung zeige ich qualitativ an einer Rahmenstütze (Abb. 2/4a) mit Fußgelenk zwischen zwei gegenseitig unverschieblichen Decken ohne Querlast in drei Stufen:

Bei *Stufe 1* rechnet man nach der Stabilitätstheorie auf linear-elastischer Grundlage, wobei die elastische Einspannung in den oberen Riegel berücksichtigt wird (Abb. 2/4b). Die absolute Größe der Biegelinienordinaten w_s bleibt, wie erwähnt, unbestimmt, jedoch erhält man den Wendepunkt W_s der Biegelinie, wo $M = 0$ ist. Zwischen W_s und dem Fußgelenk verhält sich der Stab wie ein „Euler-Stab" mit der Knicklänge s_k. Aus H. 220, S. 124 kann man s_k, abhängig von den Steifigkeiten der anstoßenden Stäbe, entnehmen oder nach S. 125 grob abschätzen, in unserem Falle zu $s_k \cong 0,7 \, h$. Dieser Wert wird als Näherung verwendet in

Stufe 2. Um die Stütze nach Theorie II. Ordnung zu bemessen, legt man einen statisch bestimmten Druckstab s_k *ohne* Verbindung mit dem Riegel zugrunde. Die in DIN 1045, 17.4.4 vorgeschriebene Ausmitte von $e_v = s_k/300 = e^I$ in W_s kann man sich aus einer Belastung des Riegels mit p herrührend denken, die nach Theorie I. Ordnung

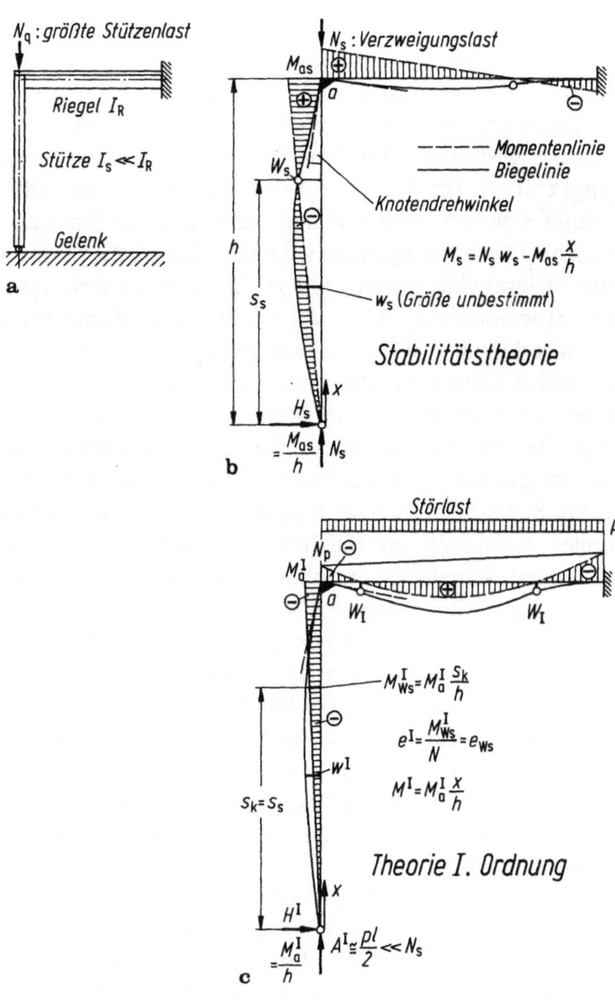

Abb. 2/4. Knicken eines statisch unbestimmten Stabes (Rahmenstütze) unter zentrischer Last $N = \gamma N_q$ ($\gamma = 1{,}75 \dots 2{,}1$) ($N_q$ Gebrauchslast) und Störlast p auf dem Riegel. **a** System und Belastung; **b** reiner Stabilitätsfall unter N_s *ohne* Störlast: nur der Verlauf der Biegeordinaten w ist angebbar, nicht deren absolute Größe! Hieraus wird für die weitere Rechnung nur die Höhenlage s_s des Momentennullpunktes $\equiv$ Wendepunkt W_s der Biegelinie als Knicklänge s_k entnommen; **c** reiner Störfall durch Riegellast p nach Theorie I. Ordnung liefert in Höhe $s_k = s_s$ das Endmoment Ne^{I} des als statisch bestimmt betrachteten Stabes s_k; e^{I}, mind. die vorgeschriebene Ausmitte e_v der Last N ist der Bemessung des Stabes zugrunde zu legen; **d** die Berechnung des Rahmens unter gleichzeitiger Wirkung von N und p nach Theorie II. Ordnung ergibt die Momente M^{II} und in Höhe s_k die wirkliche Exzentrizität e^{II} von N, die kleiner als der angenommene Wert e^{I} ist

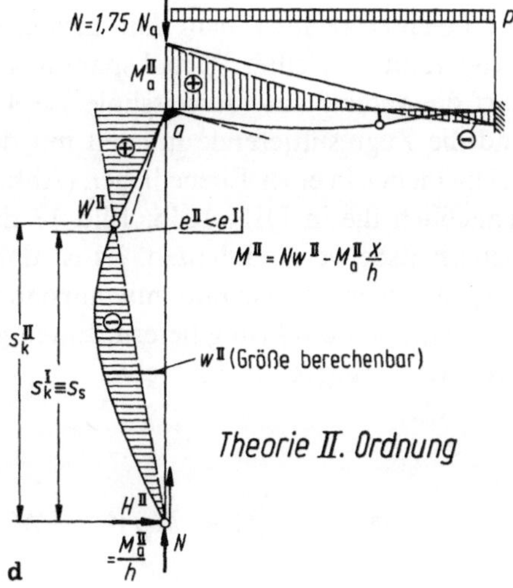

ein Eckmoment M_a^I und in W eine Exzentrizität der Längskraft N von $e^I = M_a^I s_k / N_q h$ hervorruft (Abb. 2/4c). Damit kann man nun in die Nomogramme (H. 220, S. 133 ff) eingehen, die allerdings an beiden Enden des Stabes die gleiche Ausmitte e_v voraussetzen und außerdem noch „planmäßige Momente" aus Querlast zu berücksichtigen gestatten. Man liest für einen geschätzten Betonquerschnitt und 1,75fache Längskraft N_q (im Gebrauchszustand) die erforderliche Bewehrung ab.

Stufe 3 bezieht sich auf den statisch unbestimmten Stab und ist nur informativ gedacht. Die Ausbiegungen w^{II} nach Theorie II. Ordnung erzeugen infolge des elastischen Riegelwiderstandes ein rückdrehendes Eckmoment M_a^{II} (Abb. 2/4d). Wegen der „Störmomente" $M^I = M_a^I x/h$, die den Momenten $M_{as} x/h$ entgegenwirken, liegt der Wendepunkt W^{II} zwar ein wenig höher als W_s, aber die Exzentrizität e^{II} ist wesentlich kleiner als die angenommene Ausmitte e^I, weil das „Störmoment" Ne^I in W^I nicht allein vom unteren Stabteil sondern auch vom oberen aufgenommen wird. Der für die übliche Verformungsberechnung zugrunde gelegte Wert e_v wird also vermindert, d. h. die nach Tabellen ermittelte Bewehrung beinhaltet eine versteckte Sicherheit. Es wird jedoch abgeraten, hiervon mittels umfangreicher Berechnungen Gebrauch zu machen, da auch diese auf verhältnismäßig groben und streuenden Annahmen beruhen. Man stellt nur befriedigt fest, daß die tabellierte Bemessung „stille Reserven" enthält und erklärt die Tatsache, daß nach der alten Knickberechnung (ω-Verfahren) bemessene Stützen in Hochbauten, die nach den neuen Vorschriften weit überbeansprucht wären, in keinem Falle versagt haben.

Frei stehende Stützen für Hallen, Kranbahnen oder Brücken verfügen nicht über diese Reserve, haben meist noch H-Kräfte aufzunehmen und sind zudem oft noch elastisch eingespannt. Die Tabellen sind in diesem Falle wenig geeignet und es lohnt sich deshalb, ihre Beanspruchung infolge γ-facher Eigen- und Nutzlast anhand von Interaktionsdiagrammen nach Theorie II. Ordnung zu verfolgen, wie in II B, 4.2 beschrieben wird.

Stützen mit Rechteckquerschnitt *ohne Knickgefahr* sind bei Biegung um beide Achsen nur durch Proberechnungen zu bemessen. Die Ebenen, welche die Querschnitte beibehalten, liegen dann schief und schneiden vier- oder dreieckige Druckzonen ab. In diesen sind die Druckspannungen nichtlinear nach DIN 1045, Bild 10 oder 11 verteilt, so daß der Ort der Druckresultierenden umständlich aufzusuchen ist. Leichter rechnet man mit gleichförmig über $0,8x$ (x: Nullinienabstand vom Druckrand) verteilten Druckspannungen nach H. 220, Bild 1.13. Für den Stahl darf die vereinfachte Arbeitslinie DIN 1045, Bild 12 benutzt werden. Die Druck- und die Zugresultierende müssen mit der gegebenen Längskraft 1,75 N oder 2,1 N bei kleinem e in einer Ebene liegen (Abb. 2/5), mit dieser im Gleichgewicht stehen und schließlich die in DIN 1045, Bild 13 dargestellten Grenzdehnungen und variablen Sicherheitsbeiwerte einhalten. Es ist daher zweckmäßig, die Tafeln H. 220, 1.4 und [4.1] für einen Querschnitt mit angenommenen Abmessungen zu benutzen, die die einzulegende Bewehrung liefern. Einen gewissen Anhalt gibt bei geringen Exzentrizitäten der Längskraft (bis etwa $e = d/2$ in jeder Richtung) die Berechnung im Zustand I:

$$\max \sigma = \frac{N}{A}(1 + M_x/W_x + M_y/W_y) \cong 0{,}75\,\beta_R \text{ für } e \cong d/2$$
$$\cong 0{,}5\,\beta_R \text{ für } e \cong 0\,.$$

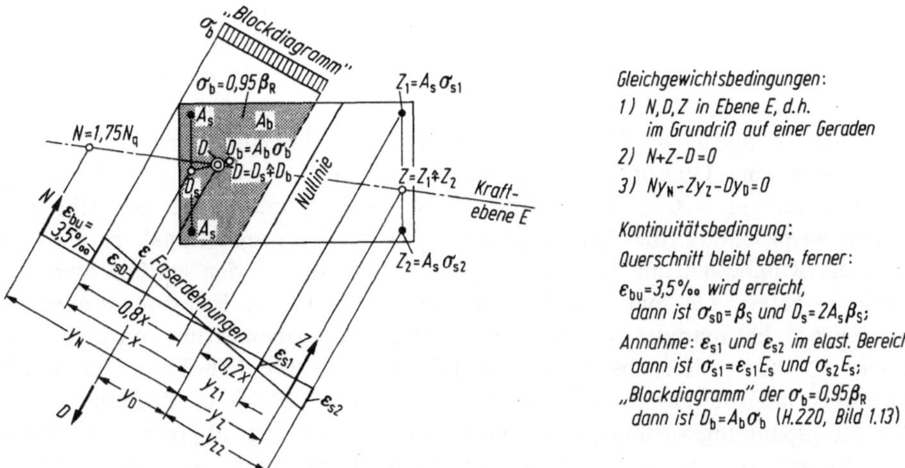

Abb. 2/5. Schema der Berechnung eines nach zwei Achsen exzentrisch durch eine Längskraft $N = 1,75\,N_q$ beanspruchten Rechteckquerschnittes. Lage und Richtung der Nullinie ist aus den angegebenen Bedingungen im allgemeinen nur iterativ zu bestimmen. Bemessungshilfen H. 220, 1.4

Stützen mit Knickgefahr nach zwei Richtungen werden in H. 220, 4.2.3 und [4.2] behandelt.

Hochbelastete Säulen mit Kreis- oder Achteckquerschnitt sollen meist einen möglichst geringen Durchmesser erhalten. Deshalb verleiht man dem Beton durch dreiachsige Beanspruchung eine höhere Festigkeit (IA, Abb. 1.2/9). Die dazu nötige Querspannung wird durch eine *Umschnürung* (Abb. 2/6a) erzeugt, welche

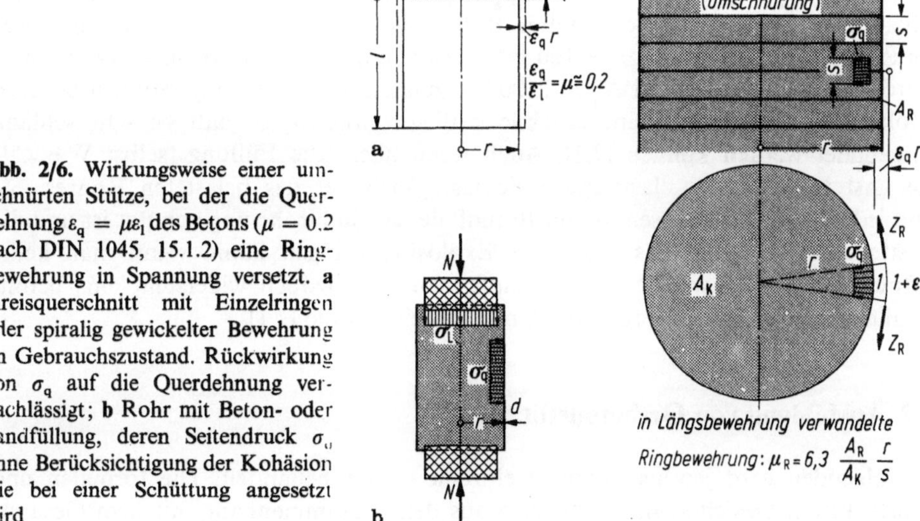

Abb. 2/6. Wirkungsweise einer umschnürten Stütze, bei der die Querdehnung $\varepsilon_q = \mu\varepsilon_l$ des Betons ($\mu = 0.2$ nach DIN 1045, 15.1.2) eine Ringbewehrung in Spannung versetzt. **a** Kreisquerschnitt mit Einzelringen oder spiralig gewickelter Bewehrung im Gebrauchszustand. Rückwirkung von σ_q auf die Querdehnung vernachlässigt; **b** Rohr mit Beton- oder Sandfüllung, deren Seitendruck σ_q ohne Berücksichtigung der Kohäsion wie bei einer Schüttung angesetzt wird

die Querdehnung des Betons behindert. Allerdings bringt diese im Gebrauchszustand noch nichts: bei einer Längsspannung $\sigma_1 = 10\,\text{N/mm}^2$ beträgt die Längsdehnung $\varepsilon_1 \cong 10/30000 = 0,35\%_0$ und die tangentiale wie radiale Querdehnung $\varepsilon_q = \varepsilon_t = \nu\varepsilon_1 \cong 0,2 \cdot 0,35 = 0,07\%_0$, der in der Ringbewehrung a_R eine Stahlspannung von nur $\sigma_s = \varepsilon_t E_s = 0,07 \cdot 210000/1000 = 15\,\text{N/mm}^2$ entspräche. Daraus ergäbe sich eine Querpressung $\sigma_q = a_R \sigma_s/r = \sigma_s \mu_{R/2} \cong 15 \cdot 0,06/2 = 0,45\,\text{N/mm}^2$ $\cong 0,05\sigma_1$ mit $\mu_R = 6\%$. Nach Abb. 1.3/4 in IA nimmt erst bei sehr hoher Betonbeanspruchung die Querdehnung ε_q weit überproportional zu, wodurch dann die Ringbewehrung in Spannung versetzt wird und den erwünschten Querdruck σ_q liefert. Da man den Verlauf von ε_q bei hohen Belastungsstufen nicht genau kennt, hat man die Wirkung einer Umschnürungsbewehrung mit dem Durchmesser d_k durch Versuche festgestellt [5] und darf die Erhöhung der Traglast gegenüber längsbewehrten Stützen nach DIN 1045, 17.2.3 in Rechnung stellen. Der Ringspannungszustand wird naturgemäß durch ein angreifendes Moment $M = Ne$ gestört, wodurch die Umschnürungswirkung herabgesetzt wird und nach der DIN bei $e = d_k/8$ ganz verschwindet [6]. Auch die Schlankheit umschnürter Stützen ist beschränkt, da Knicken ja mit Biegung verbunden ist. Schließlich ist darauf hinzuweisen

— daß sie teuer sind und ihr Preis noch stärker ansteigt, als in Abb. 2/2 für normale Stützen dargestellt ist;

— daß die Bruchstauchung ein Vielfaches derjenigen im Gebrauch ist [5], was sich auf die getragenen Bauteile auswirken kann.

Man kann dieses „Mehlsackprinzip" auch auf betongefüllte (eigentlich genügt Sand!) Stahlrohre anwenden (Abb. 2/6b). Die Tragfähigkeit wird durch die Betonfestigkeit β_p und durch die Streckgrenze des Stahles β_S begrenzt [7], wobei ein mitbelastetes Rohr schließlich ausbeult. Wenn man im Beton beim Zermürbungszustand den inneren Reibungswinkel zu $\varrho = 35°$ schätzt, beträgt der Querdruck $\sigma_q = \sigma_1 \tan^2(45 - \varrho/2) = 0,27\,\sigma_1$ und erzeugt im Stahlrohr (Radius r; Wandstärke t) eine Ringspannung $\sigma_s = \sigma_q r/t$, sofern die Betonfüllung allein die Last aufnimmt. Diese erhält dann $\sigma_1 = 3,7\,\sigma_s t/r$. Im Grenzzustand. $\sigma_s = \beta_S$ trägt eine gedrungene Rohrstütze $(s_k/d \leqq 10)$ $N_u = 1,85\,A_s\beta_S$ (A_s Rohrquerschnitt). Dieser grobe Überschlag liegt für nicht zu dickwandige Rohre $(r/t > 10)$ auf der sicheren Seite. Für ein Rohr mit beispielsweiser $r = 160\,\text{mm}$, $d = 8\,\text{mm}$ aus St I mit zul $\sigma_s = 140\,\text{N/mm}^2$ würde $\sigma_1 = 26\,\text{N/mm}^2$ und $N_q = 2100\,\text{kN}$ zulässig sein. Derartige Stützen besitzen infolge des Stahlmantels eine erhebliche Biegesteifigkeit, so daß sie sehr schlank ausgebildet werden können [7.1]. Auch wenn allein die Füllung (selbst Wasser!) die Last trägt, ist die elastische Knicklast gleich der des belasteten Rohres. Sie sind jedoch nicht zugelassen, da im Brandfalle das Stahlrohr ungeschützt ist und die Restfeuchte im Beton das Rohr zur Explosion bringen kann, wenn man keine Öffnungen zum Entweichen des Dampfes vorsieht. Jedoch widersteht eine betongefüllte Stahlstütze dem Feuer viel länger als eine hohle [7.1].

2.2 Ausbildung von Ortbetonstützen

Im folgenden wird jeweils nur eine einzelne Stütze behandelt. Die formalen und konstruktiven Gesichtspunkte, die sich aus dem Zusammenhang mit dem Gesamttragwerk und dessen rationeller Ausführung ergeben, bleiben außer Betracht. Die Forderungen bezüglich des Feuerwiderstandes nach DIN 4102 Teil 4 (81) werden in [1/25] erläutert.

Vergleiche gemäß DIN 18202 (74) geforderter und erzielter Maßgenauigkeiten von Ortbetonbauten, insbesondere von Stützen, findet man in [9.5—9.8].

2.2.1 Bewehrung

Unsymmetrisch bewehrte Druckstäbe mit vorwiegender Längskraft haben die Tendenz, mit der Zeit infolge der in Abb. 2/1 gezeigten Umlagerung der Kräfte durch Kriechen des Betons krumm zu werden. Sie sind daher symmetrisch zu bewehren, und zwar nach DIN 1045, 25.2.2 mit mindestens $\mu_{\text{ges}} = 2 \cdot 0.4\%$ des statisch erforderlichen Querschnittes, um unvorhergesehenen Beanspruchungen gewachsen zu sein.

Stöße von Druckstäben sind in I A, 3.2.2 beschrieben und in DIN 1045, 18.6.3.3 und 18.6.7 geregelt. Bei Profilstäben sind keine Haken nötig, Rundstäbe dürfen nur rechtwinklige Haken erhalten. Die in Balken verwendeten Rundhaken sind bei Stützen zu vermeiden, da sich bei Versuchen gezeigt hat, daß sie sprengend wirken.

Werden Längsstäbe wegen einer Querschnittsverminderung abgekröpft, so sind die nach außen gerichteten Abtriebskräfte durch Bügel aufzunehmen (Abb. 2/7a). Um das Verlegen zu erleichtern, wird die Bewehrung zur Aufnahme von Eckmomenten zweckmäßigerweise aus den Stützen herausgezogen, nicht in sie hineingeführt (Abb. 2/7b).

Auf die vorgeschriebene Verbügelung jedes Stabes nach DIN 1045, 25.2.2.2 und deren sichere Fixierung ist gewissenhaft zu achten, da eine nicht gehaltene Druckbewehrung bei höheren Belastungen ausknicken und die Tragfähigkeit herabsetzen

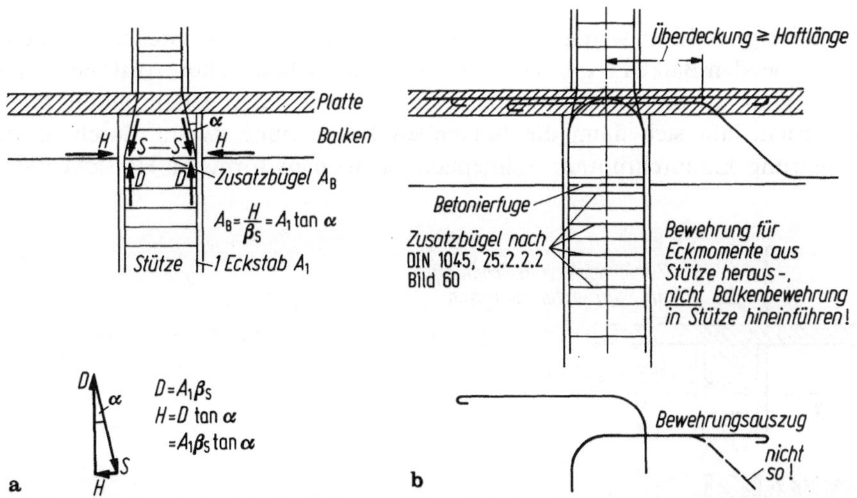

Abb. 2/7. Bewehrungsführung bei Ortbetonstützen im Bereich des getragenen Balkens. **a** bei einer Querschnittsverminderung muß die gekröpfte Stützenbewehrung gegen Ausknicken durch Zusatzbügel gesichert werden; **b** die Balken-Anschlußbewehrung muß in der gerade notwendigen Länge aus der Stütze herausgeführt werden, um die Arbeit zu erleichtern

kann. Denn die ordnungsgemäße Betondeckung vermag das zwar im Gebrauchs- und auch im plastischen Zustand zu verhindern [8.1; 8.2], aber nicht, wenn die Betonschale abplatzt oder zu dünn ist (Abb. 6/12). Arbeitsparend sind vorgefertigte Bewehrungskörbe (I A, 3.2.3), die aus abgekanteten Baustahlmatten fertig geliefert werden.

Sehr häufige, schlecht (nur mit Reaktionsharzmörtel) reparable Betonabplatzungen infolge Rostens der Bewehrung, die mitunter erst nach Jahren auftreten, mahnen eindringlich, die Betondeckung nach DIN 1045, 13.2 durch Abstandhalter (I A, Abb. 3.2/7) genau einzuhalten, besser zu überschreiten (4.5.1) [8.3].

Man wehre sich energisch gegen zu geringe Betonabmessungen, besonders bei umschnürten Stützen (DIN 1045, 25.3), da die dann erforderlich starke Bewehrung ($\mu = 9\%$ an Stößen nach DIN 1045, 25.2.21 ist wohl zuviel!) sich kaum noch ordnungsgemäß mit Beton umhüllen läßt. Ein abschreckendes Beispiel, besonders mit Rücksicht auf die Umschnürung, zeigt Abb. 2/8. Die beabsichtigte Erhöhung der Tragkraft durch Stahl wird dann mitunter durch schlecht verdichteten Beton zunichte gemacht.

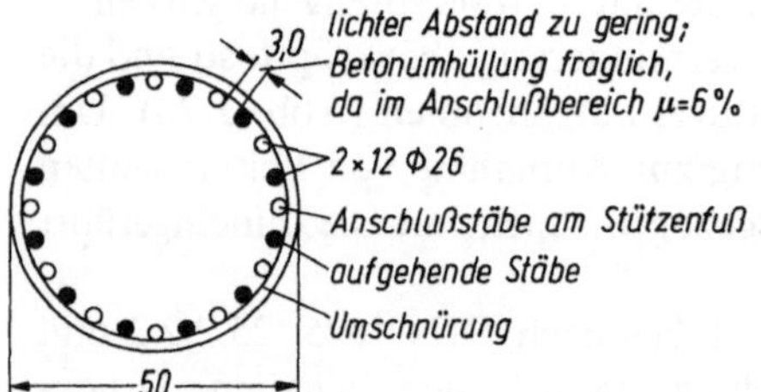

Abb. 2/8. Umschnürte, stark ($\mu = 3\%$) längsbewehrte Stütze mit Anschlußstäben. Zusammen mit der Ringbewehrung sind die verbleibenden „Maschen" so klein, daß das Betonieren äußerst erschwert wird!

2.2.2 Schalung

Rechteckige Stützen werden tunlichst um wenigstens 5 cm breiter gehalten als die einmündenden Balken (Abb. 2/9), da ein genau fluchtgerechtes Anstoßen der Balkenschalung an die Säulenschalung bei gleicher Breite kaum genau bündig möglich ist. Außerdem läßt sich dann die Balkenbewehrung ohne Zwang durch die Stützenbewehrung hindurchführen: Schließlich ist auch in formaler Hinsicht das Durch-

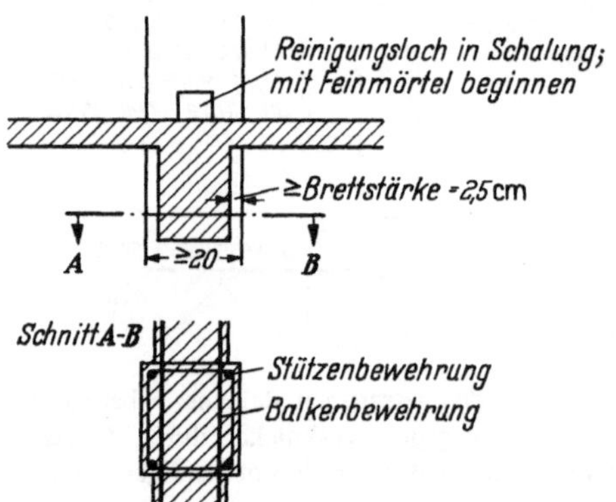

Abb. 2/9. Durchdringung eines Balkens und einer Stütze. Aus schaltechnischen Gründen und um die Bewehrungsstäbe gerade durchführen zu können, soll die Stütze breiter als der Balken sein

laufen der Stützenkanten besser als ein plattes Ineinanderübergehen von Stützen und Balken. Dreikantleisten sind zur Erzielung sauberer Kanten empfehlenswert, da rechtwinklige Kanten leicht abbrechen.

Runde Stützen werden mit Latten geschalt und die Form durch Lehrbögen gesichert. Der Abstand der Lehren läßt sich durch Umwicklung der Schalungsleisten mit dünnem Drahtseil vergrößern. Billiger sind fertig gelieferte röhrenförmige Schalungen aus Holzfaserhartplatten oder aus spiralig gewickelten, miteinander verfalzten oder verschweißten, schmalen Blechstreifen.

Neuerdings beginnt sich die Vakuumschalung durchzusetzen, wenn eine große Zahl gleichartiger Stützen herzustellen ist (I A, 1.1.4). Da die Schalung etwa eine halbe Stunde nach dem Betonieren wieder entfernt werden kann, läßt sich eine außerordentliche Beschleunigung des Bauvorganges erreichen.

2.2.3 Betonieren

Bei Stützen erfordert die Betonherstellung besondere Sorgfalt, was in der Vorbemerkung zu Abschnitt 2 begründet wurde. Die Aufstandsfläche ist vor dem Betonieren gut zu reinigen (Abb. 2/10). Zweckmäßigerweise beginnt man dann mit einer Lage Mörtel ohne grobe Zuschlagsstoffe, um Kiesnester zu vermeiden. Das Einbringen des Betons mit „Hosenrohren" oder durch seitliche Einfüllöffnungen etwa im Abstand von 2 m, sowie Rüttelverdichtung sind unerläßlich; Innenrüttler sind vorzuziehen. Die Steighöhe des Betons sei < 2 m/h, da sich sonst der Beton infolge des „Setzens" (I A, Abb. 1.1/5) an den Bügeln aufhängt und dort abreißt. Die Bügel markieren sich dann durch Risse in der fertigen Stütze.

Bei zu hohem Wasserzusatz besteht die Gefahr des Absetzens der groben Bestandteile und des Aufsteigens von Luft und Wasser, die Feinsand und Zement mitnehmen, wodurch häufig am oberen Ende eine Schicht geringerer Festigkeit entsteht.

An Stützen zeigt sich mitunter ein enges Netz von feinen Rissen. Es ist auf Schwinddifferenzen infolge Zementanreicherung an der Oberfläche zurückzuführen, die besonders bei nicht saugender Schalung (Stahl) und der Verwendung von Außenrüttlern auftritt. Diese Risse sind sicherlich zu erwarten, wenn die Stützen aus einem feinkörnigen, fetten Beton unter Verwendung eines stärker schwindenden Zementes bestehen, können aber durch längeres Feuchthalten wesentlich vermindert werden (I A, 1.1.7).

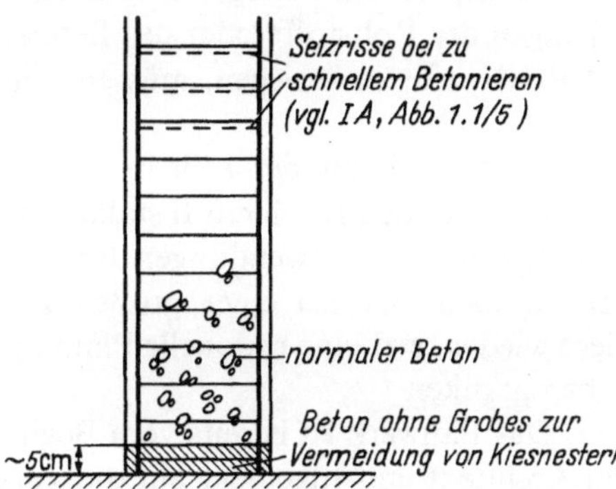

Abb. 2/10. Empfehlung für das Betonieren von Stützen, um Kiesnester am Fuß und Setzrisse zu vermeiden

2.3 Ausbildung von Fertigteilstützen

2.3.1 Allgemeine Gesichtspunkte für das Bauen mit Fertigteilen

Die Vorfabrikation von Bauteilen und ihre Montage zu einem Tragwerk bieten ganz allgemein, nicht nur für Stützen, eine Reihe von *Vorteilen*:

(a) Sie werden in liegenden Formen angefertigt, wodurch das Schalen und Betonieren einfacher und wirtschaftlicher wird. Die vielfache Benutzung auch teurerer Schalungen sowie die Beschleunigung des Erhärtens durch Wärmebehandlung (I A, 1.1.8) tragen ebenfalls dazu bei.

(b) In waagerechter Lage ist eine bessere Durcharbeitung des Betons möglich; daher sind höhere Betonqualitäten leichter erreichbar und geringere Abmessungen (Mindestdicke von Säulen 15 cm) zugelassen (DIN 1045, 19).

(c) Die stationäre Fertigung erlaubt mehr Möglichkeiten der Rationalisierung und durch bessere Überwachung größere Gleichmäßigkeit der Produkte im Sinne einer Industriealisierung des Bauens [10.7]. Insbesondere streut im allgemeinen die Festigkeit von Werkbeton weniger als bei Baustellenbeton. Wenn auch durch die Verwendung von Abmeßanlagen oder Lieferbeton dessen korrekte Zusammensetzung gewährleistet wird, so ist doch sein Einbau mitunter eine Quelle von Ungleichmäßigkeiten (vgl. I A, 1.1.4 u. 1.2.2.1).

(d) Der eigentliche Bauvorgang wird beschleunigt, wenn genügend Zeit für die umfangreichen Vorarbeiten aufgewendet wird. Die Kosten für Rüstungen entfallen, und das Bauen im Winter wird erleichtert.

(e) Das Schwinden des Bauwerkes wird geringer, je länger „abgelagerte" Fertigteile eingebaut werden. Nach drei Monaten dürfte sich bei feingliedrigen, im Trockenen gelagerten Teilen etwa die Hälfte des Endschwindmaßes eingestellt haben.

(f) Das Kriechen eingebauter, vorgespannter Fertigteile vermindert sich ungefähr in gleichem Maße wie das Schwinden.

Dem stehen einige *Nachteile* gegenüber:

(a) Die Verbindung der Fertigteile ist das konstruktive Hauptproblem dieser Bauweise. Es bestehen viele Möglichkeiten, vom „Baukastenprinzip" (Aufeinanderlegen) über die „Gelenkkette" (drehbare Verbindungen) bis zur Erzielung voller Monolithität (Einspannungen). Die Wahl erfordert ein Abwägen konstruktiver und wirtschaftlicher Gesichtspunkte.

(b) Transport der Fertigteile vom Herstellwerk und ihre Montage sind teurer als diejenigen der Rohstoffe oder des Betons. Sind lange, schwere Teile in großer Höhe und Reichweite zu verlegen, müssen sehr kostspielige Hubgeräte eingesetzt werden [10.8].

(c) Bei Anfertigung der Teile in einer „Feldfabrik" neben dem Bauwerk entstehen zusätzliche Kosten für deren Installation und Abbau.

(d) Die hohen Aufwendungen für Herstellplatz, stabile Schalung und Montagegerät werden erst bei einer großen Zahl von Fertigteilen wirtschaftlich tragbar. Diese wieder setzt eine rationelle Planung (Typung) voraus, um die Zahl der Formen zu beschränken.

(e) Das Bauwerk ist bereits vom Beginn der Planung an in enger Zusammenarbeit von Architekt und Ingenieur auf die Verwendung von Fertigteilen abzustellen. Man kann nicht einen in Ortbeton entworfenen Bau einfach als Montagebau ausschreiben, da hierbei ein gewisses Grundraster eingehalten werden muß. Der Fertigteilbau „lebt" gewissermaßen von dem Einsatz weniger, gleicher Elemente. Die vollständig detailierten Unterlagen müssen rechtzeitig, d. h. mit einer gewissen Vorlaufzeit im Betonwerk vorliegen. Das verursacht mehr Büroarbeit als bei einem Ortbetonbau und läßt kaum nachträgliche Änderungen ohne erhebliche Mehrkosten zu.

Ferner sind beim Montagebau einige konstruktive Gesichtspunkte zu berücksichtigen, die ihn vom monolithischen Bauen unterscheiden. In DIN 1045, 19 sind daher detaillierte *Regeln für Fertigteile* formuliert, von CEB in [1/30.1, 19]. Ferner erwähne ich:

(a) In Reihen hintereinander liegende Fertigteile (Balken, Platten, Stützen) erfordern besonders große Maßgenauigkeit, da sich nach dem Fehlerfortpflanzungsgesetz [9.1] Abweichungen addieren können. Auch an die Dickentoleranzen werden meist höhere Ansprüche als bei Ortbeton gestellt. Die Anforderungen an die Genauigkeit sind in DIN 18203 (74) geregelt (I A, 1.1.9.1). Grundregeln gibt [1/30.1, 5.2], allgemeine Gesichtspunkte [9.2—9.4]

(b) Meist sind die Auflagertiefen von Fertigteilen knapp und verursachen dadurch eine starke Kräftekonzentration. Diese Punkte müssen deshalb genau untersucht, sorgfältig konstruktiv durchgebildet und vor allem richtig ausgeführt werden. Auch ergeben sich hieraus strenge Anforderungen an die Maßhaltigkeit. Es wird dringend geraten, die Auflagertiefen wegen möglicher Maßabweichungen nicht zu knapp zu halten!

(c) Durch den Verlust an Kontinuität beim reinen Montagebau („Baukastensystem") entfallen die nicht in Rechnung gestellten Sicherheiten, die Ortbeton aufweist. Diese Eigenart erfordert besondere Maßnahmen betreffend die Stabilität (vor allem auch in Montagezuständen!), sowie für den Fall von Brand und Erdbeben.

(d) Die Beanspruchungen der Fertigteile während Transport und Montage müssen besonders überlegt werden. Hierzu gehören nicht nur vom Einbauzustand abweichende Biegemomente sondern auch örtliche Kräfte an Aufhänge- und Lagerstellen und die Stabilität beim Versetzen (Umkippen, Abb. 4.6/4; seitliches Ausweichen, II B, 4.4).

Die Wahl zwischen Ortbeton- und Fertigteilbauweise ist aber nicht nur nach konstruktiv-wirtschaftlichen Gesichtspunkten zu entscheiden, sondern es ist außerdem zu prüfen, wie die Funktionen und Installationen eines Gebäudes am besten untergebracht werden können, ohne das „Raster" zu zerstören.

Aus der umfangreichen Literatur über Stahlbeton-Fertigteile und ihre Verwendung erwähne ich nur einige Werke [10; 1/30.1, 19] sowie B. Kal. 1982 II, S. 533, in denen weitere Quellen angeführt werden, und DIN-Taschenbuch 5 (76): Fertigteile aus Beton und Stahlbeton.

Bei vorfabrizierten *Stützen im Hochbau* ist die Art der Eintragung der Last am oberen Ende und die Abtragung am unteren Ende für die Gestaltung maßgebend. Die Kopfausbildung der Stützen wird im Zusammenhang mit den aufgelagerten Bauteilen (Balken) besprochen (vgl. 4.6). Am Fuß werden Fertigstützen in der Regel eingespannt, wofür es grundsätzlich zwei Möglichkeiten gibt.

2.3.2 Aufgesetzte Stützen (auf Fundament oder Decke)

Die „betonbaumäßige" Ausbildung (Abb. 2/11) erfordert eine Übergreifungslänge der Bewehrung nach DIN 1045, 18.5.3 oder (mit Sondergenehmigung!) Verbindung durch Lichtbogenschweißung. Letztere erleichtert die Montage, da keine provisorische Abstützung nötig ist. Auch die in I A, 3.2.2 beschriebenen Muffen, die hydraulisch angepreßt oder mit Thermit ausgegossen werden, sowie zugelassene Sonderlösungen kommen in Betracht. Die Aussparung ist sehr sorgfältig mit Zementmörtel auszufüllen. Die Horizontalflächen der Stütze sind etwas abzuschrägen, damit ein satter Anschluß durch Überdruck erreicht wird.

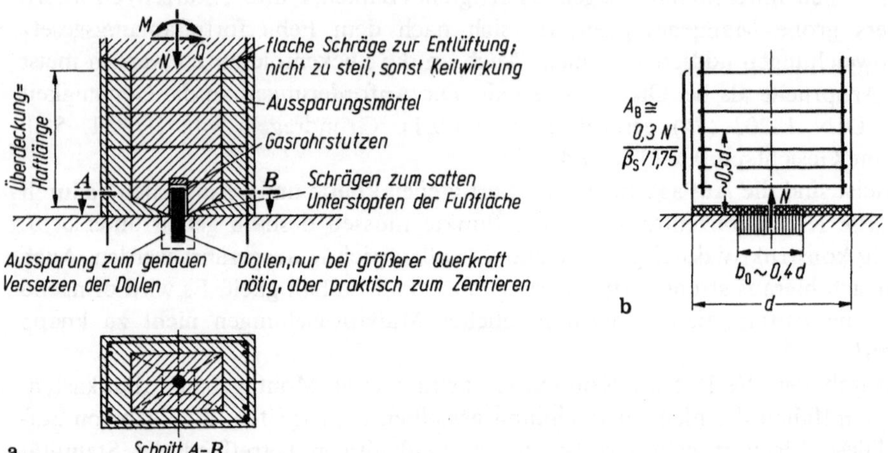

Abb. 2/11. Fußausbildung vorfabrizierter Stützen. **a** Einspannung mit den Mitteln des Betonbaues durch übergreifende Bewehrung und Füllmörtel; **b** zusätzliche Bügel am Stützenfuß für Spaltzugkräfte aus ungleichförmig verteilter Stützkraft in der Aufstandsfläche (vgl. I A, 7)

Der Stützenfuß ist mit zusätzlichen Bügeln oder einer Wendel gegen Spaltzugkräfte zu bewehren, die durch eine unvermeidliche Konzentration der Längskraft N in der Aufstandsfuge entstehen [11]. Sie werden meist nach I A, Abb. 7/1 unter der Annahme einer tragenden Fläche von etwa $0,4d$ für rund $Z_q = 0,15\,N$ mit dem Schwerpunkt in $0,5d$ bemessen (Abb. 2/11 b).

Noch nicht veröffentlichte Versuche im Beton-Institut der Universität Karlsruhe über Teilflächenbelastung wendelbewehrter Betonprismen mit $F/F_1 = 1,5;\ 3;\ 6,5$ entsprechend $b_1/b \cong 0,8;\ 0,6;\ 0,4$ haben gezeigt:

(a) Die Größe des Querzuges Z_q entspricht etwa dem theoretischen Wert, der neuerdings für den räumlichen Fall mittels FEM bestätigt wurde [5.4]. Er ist etwa auf die Höhe b verteilt, so daß der Mittelwert der Querspannung $\sigma_{ym} \cong Z_q/b = 0,15\,P/b$ bei $b_0/b = 0,4$ beträgt. Nach Abb. 7/1b ist $\max \sigma_y \cong 0,26P/b \cong 1,75\,\sigma_{ym}$. Der Verlauf der σ_y spiegelt sich in einer faßförmigen Dehnung der Wendel wieder. Diese sollte daher in der Mitte für $\max \sigma_y$ bemessen werden und, da eine Abstufung nicht möglich ist, ihr Gesamtquerschnitt für $1,75\,Z_q \approx 2\,Z_q$. Diese Aufrundung ist ratsam, da der Ort von $\max \sigma_y$ und damit auch von Z_q mit wachsender Last nach oben wandert. Die Bemessung für $2Z_q$ empfiehlt auch [7/13.3, S. 103]. Mit dieser Verstärkung wird auch die waagerechte Kraft dicht an der Oberfläche des Betons nach [11.10] gedeckt, die beim Auswandern der Längskraft infolge Stützenverdrehung entsteht und dem „Stirnzug" (Abb. 4.5/12b) entspricht. („Anbinden der toten Ecke").

(b) Eine weitere Verstärkung der Wendel bringt nur eine wenig größere Traglast. Das entspricht dem Ergebnis der Versuche von Palotás [7.2] mit betongefüllten Rohren sowie denjenigen von Wurm [7/10].

(c) Beide Enden der Wendel müssen mit dem vorhergehenden Gang verschweißt werden, da sonst, von dort beginnend, die Umschnürung sich nach und nach „abwickelt". Haken sind nicht so wirksam und behindern das Betonieren.

(d) Die Lastfläche senkt sich unter Gebrauchslast unwesentlich mehr ein, als der elastischen Kompression des Prismas entspricht. Die Wendel springt ja erst an, wenn sich Spaltrisse gebildet haben. Die Querdehnung des Betons $\varepsilon_q \cong 0{,}15\varepsilon_1$ genügt ja vorher nicht, um den Stahl nennenswert in Spannung zu versetzen [7.1]. Die Einsenkung der Lastfläche nimmt bei steigender Last stark zu und erreicht beim Fließen der Wendel bis zu $30\%_{00}$ von b.

(e) Die Formel (9) in DIN 1045, 17.3.3 beinhaltet bei den angewandten Lastflächen und Bewehrungsverhältnissen einen Sicherheitsüberschuß von rund 40%.

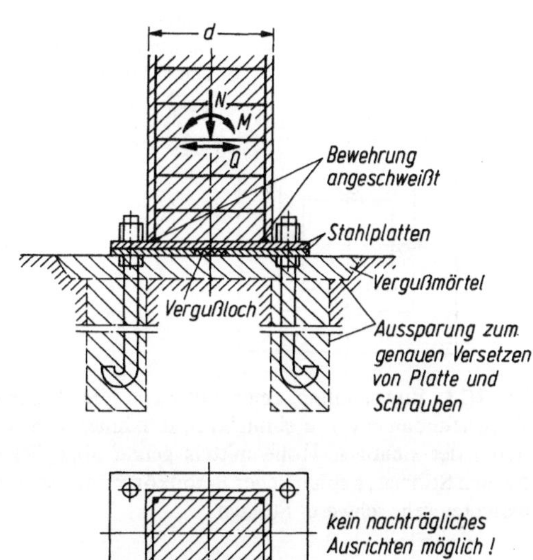

Abb. 2/12. Fußausbildung eingespannter vorfabrizierter Stützen mit den Mitteln des Stahlbaues. Vorteil: sofortige Fixierung. Nachteil: genaues Ausrichten der Grundplatten nötig

Die „stahlbaumäßige" Ausbildung (Abb. 2/12) vereinfacht die Montage, fordert aber sehr präzise Ausrichtung der Stützenfußplatte sowie der Unterplatte. Diese kann daher nur wie ein Brückenlager (vgl. 7.3.2) zunächst ausgespart, dann mit Stahlbaugenauigkeit versetzt und unterstopft oder mit Fließ- oder Reaktionsharzmörtel untergossen werden (2.3.3).

2.3.3 Eingesetzte Stützen (in „Becher"-Fundamente oder in Aussparungen von Balken)

Diese scheinbar einfache Ausführung (Abb. 2/13a) macht Schwierigkeiten beim Versetzen, denn die Stütze muß nach sechs Koordinaten (drei Verschiebungen, drei Drehungen) ausgerichtet werden, was besonders bei schweren Stützen zeitraubend ist. Die Montage wird wesentlich erleichtert, wenn der Fußpunkt der Stütze zwangsläufig festgelegt und das Gewicht dort abgesetzt wird. Die Stütze hat dann nur noch drei Freiheitsgrade (Einsenkeln nach zwei Richtungen und Ausfluchten). Dazu muß die Aussparungssohle nachträglich auf genaue Höhe gebracht und die Stützenachse durch einen eingefluchteten Bolzen fixiert werden (Abb. 2/13b). Für große Hallenstützen hat es sich gut bewährt, vorfabrizierte Gelenkkörper aus Beton (Abb. 2/13c) zu verwenden. Die Montage wird dadurch beschleunigt.

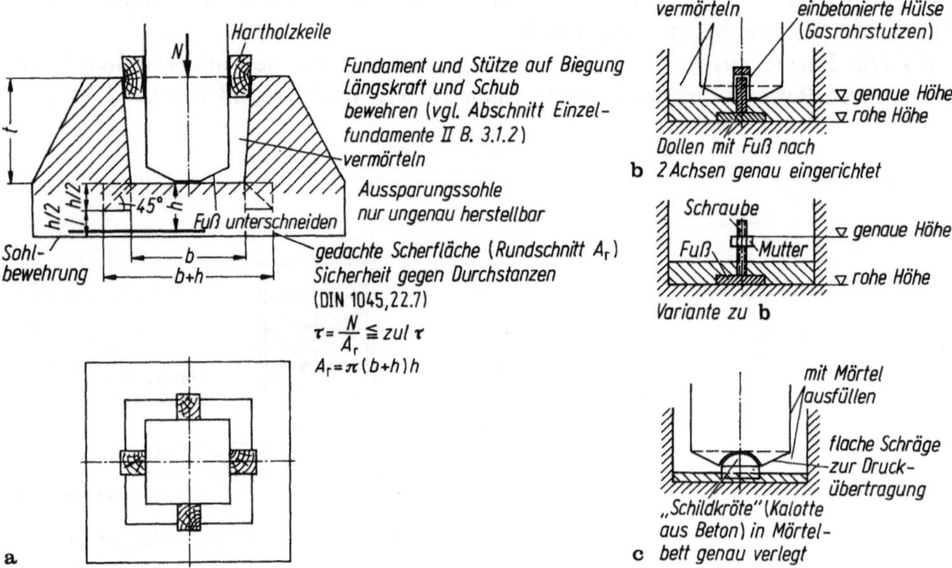

Abb. 2/13. Einspannung einer Stütze in die Aussparung einer Decke oder eines Fundamentes („Becherfundament"). **a** einfache Maßnahmen genügen bei leichten Stützen; **b** Zentrierbolzen und fixieren der richtigen Höhe mittels genau abgeglichenem Mörtel oder Justiermutterschraube bei schweren Stützen; **c** sphärischer Betonkörper mit entsprechender Ausnehmung am Fuß erleichtert das Ausrichten sehr schwerer Stützen

Bei allen Stützen ist die Unterfläche abzuschrägen, um ein sattes Unterstopfen und damit eine einwandfreie Übertragung der Stützenlast zu gewährleisten.

Bei der Berechnung der Becherfundamente sind zwei theoretische Grenzfälle zu unterscheiden:

(a) Die Oberfläche der Stütze ist glatt, so daß praktisch keine Schubkräfte auf den Füllmörtel übertragen werden. Das Biegemoment wird dann durch zwei waagerechte Kräfte H_o und H_u aufgenommen (Abb. 2/14a). Nimmt man eine Pressungsverteilung nach einer kubischen Parabel an, ist deren Hebelarm 0,8 t. H_o erzeugt horizontale

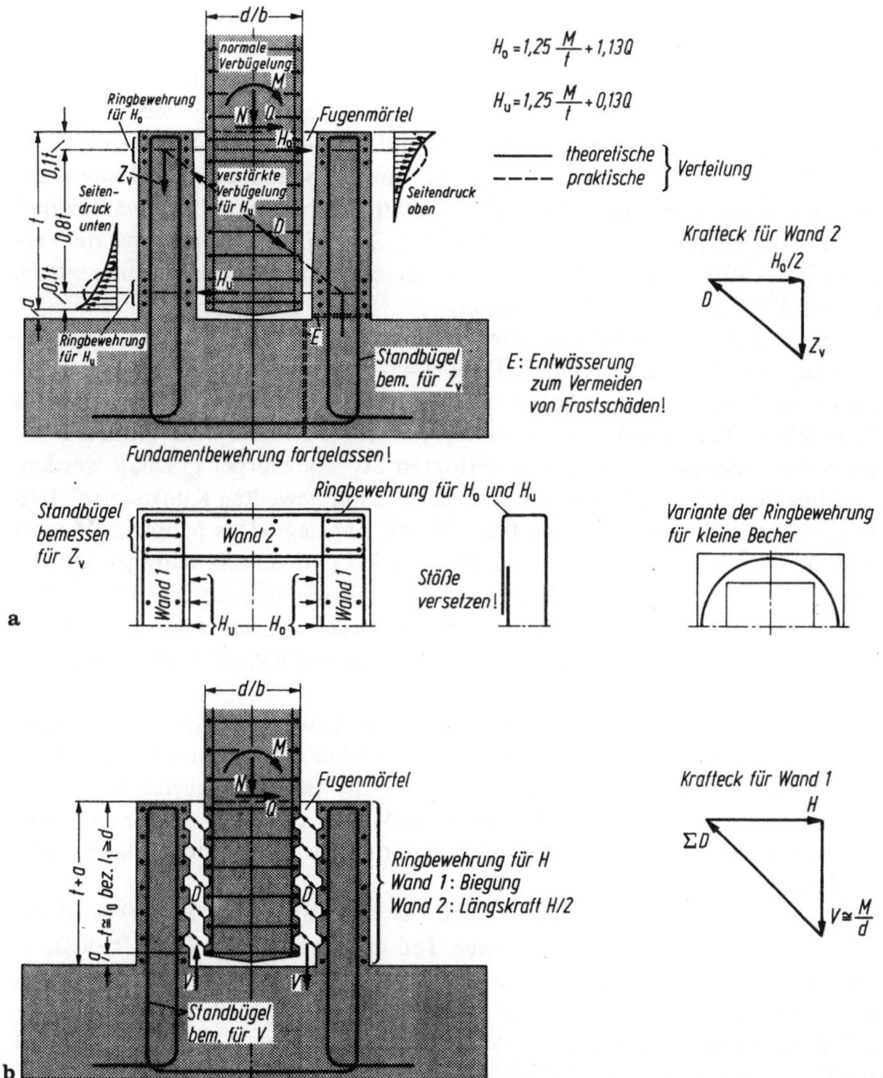

Abb. 2/14. Bewehrung des Fundamentoberteiles („Becher") für zwei extreme Annahmen der Übertragung des Einspannmomentes M. Praktisch ist je nach Art der Schalung von Stütze und Becher die Bewehrung zu mischen. **a** Bei vollständig glatter Schalung wird M allein durch zwei *Horizontalkräfte* H_o und H_u übertragen; H_o wird durch Biegung von Wand *1* den Wänden *2* und von diesen durch Schrägdruck D und Verankerung Z_v (vgl. 4.7) dem Fundament zugeleitet; **b** bei profilierter Schalung wird M durch zwei *Vertikalkräfte* V unmittelbar in den Becher übertragen. Die im Verbundmörtel entstehenden Schrägdruckkräfte D erzeugen Spreizkräfte H in den Becherwänden

Biegung im oberen Becherrand, der durch die Seitenwände abgestützt wird. Letztere sind für die senkrechte Komponente D_v der schrägen Druckkraft D zu verankern und konstruktiv kreuzweise zu verbügeln. H_u steht mit D_h im Gleichgewicht. Reicht der Stützenfuß in das Fundament hinein, tritt dort der Ausgleich ein. Andernfalls ist auch eine untere Ringbewehrung nötig.

H_u erzeugt eine starke Schubbeanspruchung τ im eingespannten Teil der Stütze. Diese ist wesentlich größer als oberhalb des Bechers und begrenzt die Einspanntiefe t. Es ist $\tau = H_u/bz \cong 1{,}56\, M/b\, dt$ mit $z \cong 0{,}8d$ und $H_u \cong 1{,}25\, M_u/t$. Im ungünstigsten Fall $(N \to 0)$ wird $\sigma_M = M/W = 6\, M/bd^2 \cong 10$ N/mm² sein, woraus sich $t/d \cong 0{,}26$ · σ_M/τ und mit $\tau = \tau_{02} = 1{,}8$ N/mm² nach DIN 1045, Tab. 13,Z.4 für B 25 $t/d \cong 0{,}26 \cdot 10{,}0/1{,}8 \cong 1{,}5$ besser: $\cong 2$ ergibt, um die Schubbeanspruchung nicht aufs Äußerste auszunutzen. Für den Fall $M \to 0$ wird man etwa $t/d \cong 1$ wählen und Zwischenwerte sinngemäß einschalten [1/2, Teil 3, S. 226]. Für die waagrechte Verbügelung im Stützenfuß darf man von der verminderten Schubdeckung nach Spalte 10 von Tab. 13 in DIN 1045 Gebrauch machen.

Sofern die Aussparung bis nahe an die Fundamentunterkante reicht, ist die verbleibende Sohle auf Durchstanzen nach DIN 1045, 22.5 zu untersuchen.

(b) Sowohl die Oberfläche der Stütze als auch die Stirnwände des Bechers sind verzahnt, so daß ein Verbund durch den Füllmörtel sicher erreicht wird (Abb. 2/14 b). Hierzu kann die Aussparung mit einem gerippten Styroporkörper geschalt werden, der sich mit Benzol leicht wieder entfernen läßt, oder mit gewellten Kunststoffplatten (PVC). In die Stützenschalung werden Profilleisten eingelegt. Das Moment M wird in diesem Falle durch ein senkrechtes Kräftepaar Vd und mittels schräger Druckkräfte wie bei Rippenstahl (vgl. I A, Abb. 4.2/1) auf die Becherwand übertragen [12]. Die Summe der horizontalen Seitenkräfte ist wieder $V \cong M/d$ und muß durch Bügel gedeckt werden. Die Stirnseiten des Bechers sind für die Kraft V im Fundament zu verankern.

Die Tiefe t wird durch die Verankerungslänge l der Stützenbewehrung bestimmt. Diese wird bei vorwiegendem Moment ausgenutzt und es ist $l = l_0$ nach DIN 1045, 18.5.2, wobei für τ_1 zu berücksichtigen ist, daß die Stützen liegend hergestellt werden (Verbundbereich II in Tab. 19, DIN 1045). Bei geringerem Moment wird der Stahl weniger beansprucht und l_0 auf l_1 reduziert. Man wird t aber nicht kleiner als d wählen.

Die Wirklichkeit wird zwischen den Fällen (a) und (b) liegen: Bei (a) wird die Reibung infolge der Kräfte H_0 und H_u einen Teil des Kräftepaars Vd aufbauen, so daß der Becher waagrechte Bügel, bemessen für etwa $V/3$, erhalten sollte. Bei (b) ist infolge des Übergangs von der schlanken Stütze zum gedrungenen Becher ein Querdruck nach Abb. 7/1 in I A sowie durch deren Biegeverformung eine Horizontalkraft am oberen Rand zu erwarten. Deshalb ist eine auf etwa $H_0/3$ bemessene Ringbewehrung einzulegen. Die Bewehrung wird dann am einfachsten, wenn man das Fundament so hoch macht, daß man die ganze Stützenaussparung darin unterbringt.

In jedem Falle muß der Spalt zwischen Becher und Stütze unter Einsatz eines Schwertrüttlers sehr sorgfältig ausgefüllt werden (Fließzusatz bei Zementmörtel). Sehr schnell erhärten „Gießharzmörtel" (gefüllte Polymere: Polyester- oder Epoxidharze; vgl. I A [1.2/24]) [13].

In der angeführten Literatur [10] finden sich in großer Zahl Beispiele für Fertigstützen, die den verschiedensten Zwecken angepaßt wurden. Sie reichen von leichten, profilierten Fenstersprossen mit Abmessungen von wenigen Zentimetern bis zu gewaltigen Maschinenhausstützen mit 25 m Höhe und 90 t Gewicht.

3 Zugstäbe

Stäbe werden mitunter als Bestandteile von Tragwerken vorwiegend auf zentrischen Zug beansprucht, z. B. Fachwerkstäbe, Zugstangen zum Aufhängen der Fahrbahn bei Brücken mit obenliegendem Bogen oder als Hängedächer, die in II A, 2.1 behandelt werden. Auch die Wandung von Betonbehältern mit Kreisgrundriß erhält im wesentlichen zentrischen Zug aus Innendruck (II A, 1.5.3.1.1).

Da Beton für die Aufnahme von Zugspannungen ungeeignet ist (I A, 1) [1], wird eine Zugkraft am einfachsten durch ein Glied aus Rund- oder Profilstahl übertragen [2], z. B. beim Bogendach einer Halle (II A, Abb. 2.1/18). Es muß aber durch eine Hülle (z. B. aus Kunststoff), durch Verzinken oder einen von Zeit zu Zeit zu erneuernden Anstrich (zugelassener Dauerschutz) vor Rost geschützt werden. Schwerer wiegt seine Gefährdung durch Brand, die oft seine Verwendung von vornherein ausschließt oder sonst nach DIN 4102 Teil 4 (81), 7.6.3 eine aufwendige feuersichere Umkleidung erfordert. Deshalb werden Zugglieder üblicherweise mit Beton ummantelt, der den Schutz gegen Hitze und Feuchtigkeit übernimmt.

3.1 Zugstäbe aus Stahlbeton

Diese müssen wegen der Unzuverlässigkeit der Zugfestigkeit des Betons eine Bewehrung enthalten, die *allein* die Zugkraft N mit der Spannung $\sigma_s = \beta_s/\gamma_s$ ($\gamma_s = 1{,}75$ Sicherheitszahl, vgl. 1.3.1 und I A, 3) aufzunehmen vermag, also einen Querschnitt $A_s = N/\sigma_s$ besitzt. Anderseits soll die Schutzfunktion des Betons nicht durch grobe Risse beeinträchtigt werden. Indem man, wie in I A, Abb. 4.4/4 dargestellt und in DIN 1045, 17.6.2 gefordert, Stäbe mit einem kleinen Durchmesser und dafür eine größere Anzahl einlegt, kann man den Abstand der zu erwartenden Risse verkleinern und ihre Breite auf ein unschädliches Maß begrenzen, weil dadurch die Verbundfläche U (Umfang) und damit die Zone der Mikrorisse (I A, Abb. 4.4/2) vergrößert wird:

A_s verteilt auf n Stäbe ergibt:

	$n = 1$	2	3	5	7	10
je Stab: A_n/A_s	$= 1$	0,5	0,33	0,2	0,14	0,10
und: $\varnothing_n/\varnothing_1$	$= 1$	0,71	0,58	0,45	0,375	0,315
gesamt: $\Sigma U_n/U_1$	$= 1$	1,42	1,73	2,25	2,62	3,15.

Weiteres über den Verbund und die Rißbildung vgl. I A, 4.2 u. 4.4. Für die Wahl des Stabdurchmessers d_s, um eine Rißbreite w einzuhalten, gibt Abb. 3/3f einen Anhalt.

Wenn der Stab ganz rissefrei bleiben soll, wird man die Zugfestigkeit des Betons nach der Tabelle S. 63 in I A nicht voll ausnutzen. Denn stets sind noch Eigenspannungen aus zentrischem Schwinden (bis $0,4\ \text{N/mm}^2$ nach I A, Abb. 1.3/13c1) und aus ungleichförmigem Schwinden (Abb. 1/4 u. I A, Abb. 1.3/12) vorhanden. DIN 1045, 17.6.3 gibt entsprechende Richtwerte für $\sigma_v = \text{zul}\ \sigma_{bZ}$.

Beton und Stahl wirken im elastischen Bereich in gleicher Weise wie bei zentrischem Druck zusammen (Abb. 2/1). Mithin erhält von der Zugkraft N (I A, S. 86)

der Stahl $\qquad Z_s = N\alpha$ und

der Beton $\qquad Z_b = N(1 - \alpha) = N/(1 + n\mu)$, wobei $n = E_s/E_b$; $\mu = A_s/A_b$ und $\alpha = n\mu/(1 + n\mu)$ ist.

Mit der Spannung $\sigma_{bZ} := Z_b/A_b = N(1 - \alpha)/A_b = \sigma_s\mu(1 - \alpha)$, ist

$$A_b = A_{b0}/(1 - \alpha)\ ; \qquad A_{b0} = N/\sigma_{bZ}\ .$$

α kann auch als überzählige Verbundkraft X_1 zwischen dem mit $N = 1$ belasteten Beton und dem Stahl als $X_1 = \delta_{10}/\delta_{11}$ mit $\delta_{10} = 1/A_bE_b$ und $\delta_{11} = 1/A_bE_b + 1/A_sE_s$ berechnet werden (Abb. 4.3/22). Abb. 3/1 zeigt für einen Stab aus B 25 mit $n = 7$ und $\sigma_b = 2\beta_Z/3 = 2\cdot 2,7/3 = 1,8\ \text{N/mm}^2$, daß er höchstens mit $\mu = 0,8\,\%$ bewehrt werden darf, wenn er im Zustand I arbeiten soll. Nimmt man Risse in Kauf, kann man stärker bewehren.

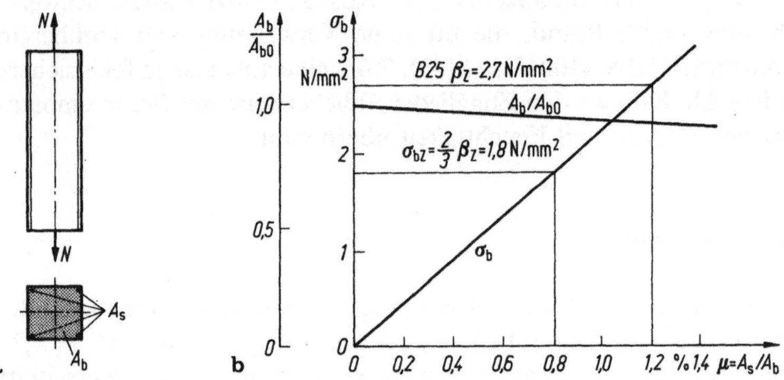

Abb. 3/1. Zugstab aus Stahlbeton, zentrisch mit N beansprucht. **a** Stab mit Betonquerschnitt A_b und Stahlquerschnitt $A_s = \mu A_b$; **b** erforderlicher Querschnitt A_b des bewehrten Stabes im Zustand I, bezogen auf denjenigen $A_{b0} = N/\sigma_{bZ}$ (σ_{bZ} zulässige Zugspannung). A_s muß im Zustand II sicherheitshalber die gesamte Kraft N mit der zulässigen Spannung $\sigma_s = \beta_s/1,75 = 420/1,75 = 240\ \text{N/mm}^2$ (bei BSt III) aufnehmen können. Beispiel berechnet für B 25, $\beta_Z = 2,7\ \text{N/mm}^2$, $\sigma_{bZ} \cong 0,67\ \beta_Z = 1,8\ \text{N/mm}^2$ (I A, S. 63; DIN 1045, 17.6.3), auf Stahl umgelagerte Zugkraft ergibt $\mu = 0,8\,\%$

Die ständige Zugkraft N lagert sich mit der Zeit wie bei Druck infolge Kriechens zum Teil vom Beton auf den Stahl um (vgl. Abb. 2/1) (Relaxation), sofern Zustand I nicht überschritten wird. Diesem Phänomen verdankt der Stahlbeton zweifellos einen Teil seines guten Rufes, da hierdurch die Rißbildung aus Nutzlast hinausgeschoben wird. Verlassen kann man sich indessen nicht darauf!

Die kurzzeitige Dehnung ε eines Zugstabes ist im Zustand I: $\varepsilon^I = N/S_I$ mit der Steifigkeit $S_I = A_IE_b$, $A_I = A_b(1 + n\mu)$, für den Stahl allein: $\varepsilon^{II} = N/S_{II}$ mit

$S_{II} = A_s E_s$. Letztere steigt mit zul σ_s rasch an (I A, Abb. 4.4/1), so daß nur die normalen Baustähle verwendet werden können.

Im Zustand II wird die Stahldehnung infolge der sich bildenden Risse mit wachsender Last in abnehmendem Maße behindert, so daß sich die Stabdehnung ε, beginnend mit ε^I, mehr und mehr ε^{II} nähert. Mit diesem Problem hat sich u. a. Falkner [3] experimentell beschäftigt. Die Ergebnisse findet man bei Leonhardt [1/2, Teil 4, S. 79], wobei auch die Maßnahmen zum Beschränken der Rißbreite beschrieben werden. Er gibt (mit Vorbehalt) ein Diagramm für den Zusammenhang der Stabsteifigkeit mit der Bewehrungszahl $\mu = A_s/A_b$ und der Stahlspannung σ_s in den Rissen. Abb. 3/2 zeigt dieses nach Umrechnung auf die ε als Abszissenachse. Die Kurve für $\mu = 0,5\%$ ist [4] entnommen; die übrigen Kurven stimmen mit Abb. 3/2 genügend überein.

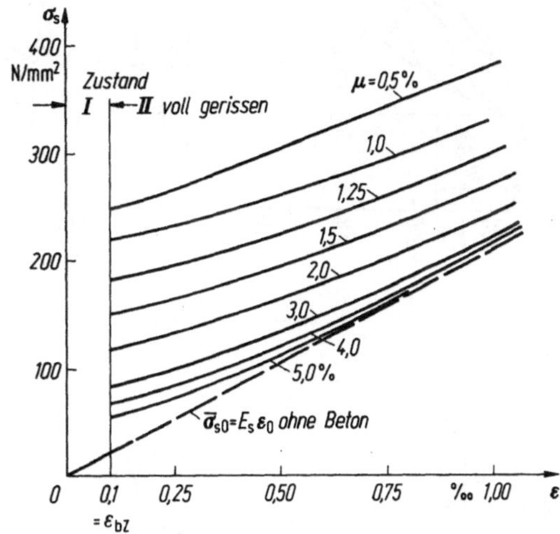

Abb. 3/2. Beziehung zwischen σ_s, μ und Dehnung ε eines zentrisch gezogenen Stabes aus Stahlbeton nach [1.2, Teil 4, S. 84], umgestellt auf ε als Abszisse. Die Kurve für $\mu = 0,5\%$ ist [4] entnommen. Das Diagramm gilt nur für Erstbelastung!

Die mechanischen Verhältnisse werden besonders deutlich in der Darstellung nach Rabich [5]. Sie geht summarisch von dem in Versuchen beobachteten Verhalten von Zugstäben aus und soll eingehendere Studien [6], die auf der Analyse der entstehenden Risse fußen, nicht ersetzen, sondern erläutern. Oberhalb der Rißlast N_R dehnt sich der Zugstab zunehmend stärker, bis die Mitwirkung des Betons beim Erreichen der Streckgrenze β_S praktisch erlischt (Punkt $S : \varepsilon_S^{II} = N_S/S_{II} = \beta_S/E_s$). Die von Betonsorte und Verbund abhängige, gekrümmte ε-N-Kurve kann genügend genau durch ein bilineares Diagramm (Abb. 3/3a) ersetzt werden, dessen erster Ast $\varepsilon^I = N/S_I$ bis zur Rißlast $N_R = A_I \beta_{bZ}$ gültig ist (Punkt $R : \varepsilon_R^I = N_R/S_I$) und die Neigung $1/S_I$ besitzt. Die Gerade $\varepsilon^{II} = N/S_{II}$ gibt die Dehnungen des nichtumhüllten Stahles an und legt Punkt S durch $\varepsilon_S^{II} = N_S/S_{II}$ fest ($N_S = A_s \beta_S$). Der zweite Ast berücksichtigt den mitwirkenden Beton und weicht nur wenig von der üblichen, nicht durch Versuche begründeten Hyperbel ab (Abb. 3/3c) [1/2 Teil 4, S. 20; 1/30.1, Bild 15.2; 1/31.2, S. 26]. Er verbindet R und S, besitzt die Neigung $1/S_{III}$ gegen $1/S_I : S_{III} = (1 - N_R/N_S)/(1/S_{II} - 1/S_I)$ und liefert für N_q die Dehnung $\varepsilon_q = \varepsilon_q^I[1 + (1 - N_R N_q)(S_I/S_{III})]$ mit $\varepsilon_q^I = N_q/S_I$.

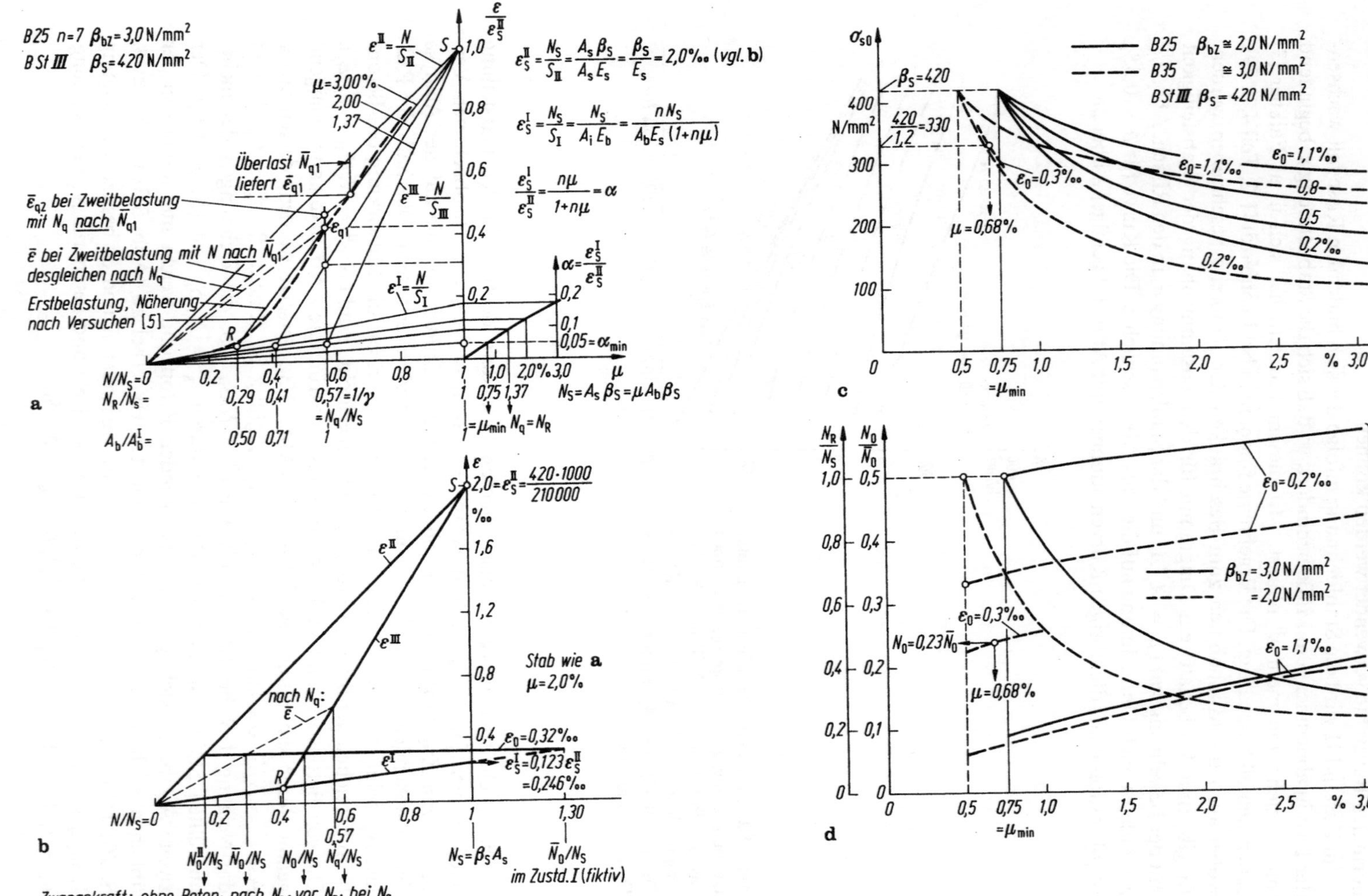

B25 n=7 β_bz = 3,0 N/mm²
B St III β_S = 420 N/mm²
ε / ε_S^II
1,0   0,8   0,6   0,4   0,2
ε^II = N/S_II
S
μ = 3,00%
2,00
1,37
Überlast N_q1 liefert ε_q1
ε_q2 bei Zweitbelastung mit N_q nach N_q1
ε bei Zweitbelastung mit N nach N_q1 desgleichen nach N_q
Erstbelastung, Näherung, nach Versuchen [5]
ε^III = N/S_III
ε^I = N/S_I
α = ε_S^I / ε_S^II
0,2   0,1   0,05 = α_min
R
N/N_S = 0
N_R/N_S =
A_b/A_b^I =
0,2   0,4   0,6   0,8   1   1,0   2,0% 3,0
0,29 0,41 0,57 = 1/γ   0,75 1,37
= N_q/N_S
0,50 0,71 1
= μ_min   N_q = N_R
μ
ε_S^II = N_S/S_II = A_s β_S/(A_s E_s) = β_S/E_s = 2,0‰ (vgl. b)
ε_S^I = N_S/S_I = N_S/(A_i E_b) = n N_S/(A_b E_s (1+nμ))
ε_S^I / ε_S^II = nμ/(1+nμ) = α
N_S = A_s β_S = μ A_b β_S

b
ε
S = 2,0 = ε_S^II = 420·1000/210000
‰
1,6
1,2
0,8
ε^II
ε^III
nach N_q: ε̄
Stab wie a
μ = 2,0%
0,4   ε_0 = 0,32‰
ε^I
ε_S^I = 0,123 ε_S^II = 0,246‰
R
N/N_S = 0
0,2   0,4   0,6   0,8   1   1,30
0,57
N_0^II/N_S   N_0/N_S   N_0/N_S   N_q/N_S   N_S = β_S A_s   N_0/N_S
im Zustd. I (fiktiv)
Zwangskraft: ohne Beton; nach N_q; vor N_q; bei N_q

c
σ_s0
N/mm²
400   300   200   100
β_S = 420
420/1,2 = 330
ε_0 = 0,3‰
μ = 0,68%
B25 β_bz ≅ 2,0 N/mm²
B35 ≅ 3,0 N/mm²
B St III β_S = 420 N/mm²
ε_0 = 1,1‰
0,8‰
0,5
0,2‰
0,2‰
0   0,5 0,75 1,0   1,5   2,0   2,5   % 3,0
= μ_min
μ

d
N_R/N_S   N_0/N_0
1,0 0,5
0,8 0,4
0,6 0,3
0,4 0,2
0,2 0,1
0   0
ε_0 = 0,2‰
β_bz = 3,0 N/mm²
= 2,0 N/mm²
ε_0 = 0,3‰
N_0 = 0,23 N_0
μ = 0,68%
ε_0 = 1,1‰
N_0/N_0
N_R/N_S
0   0,5 0,75 1,0   1,5   2,0   2,5   % 3,0
= μ_min
μ

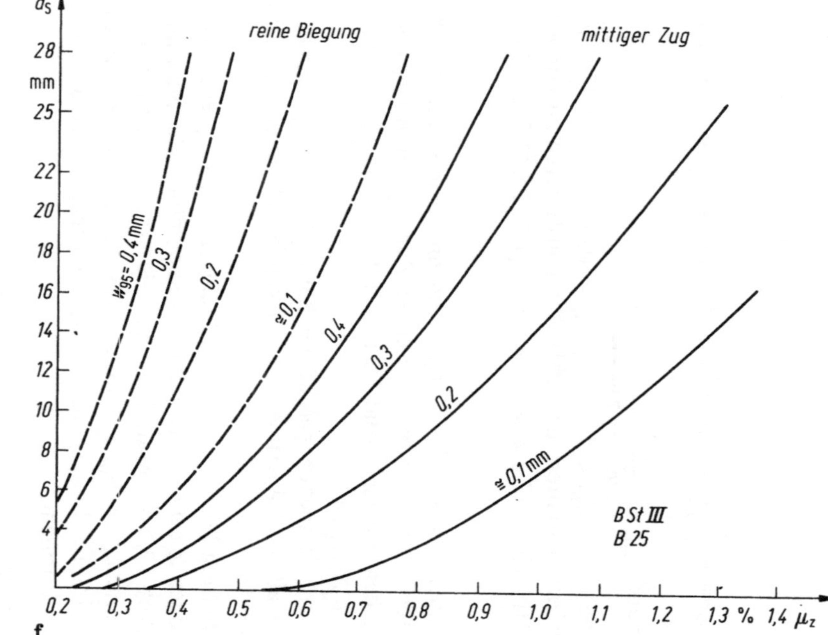
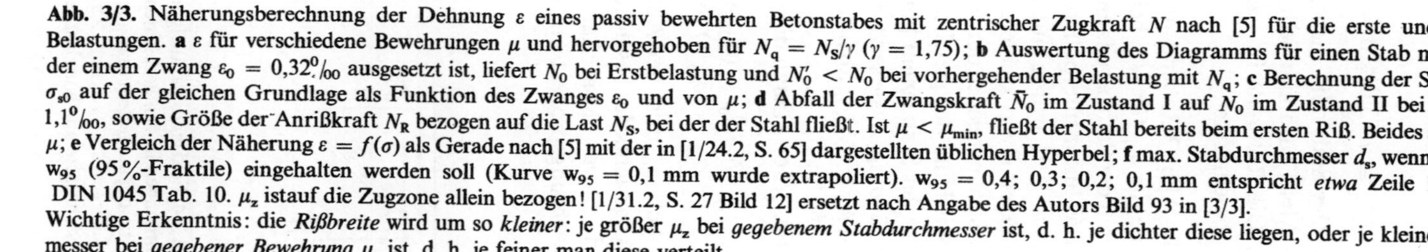

Abb. 3/3. Näherungsberechnung der Dehnung ε eines passiv bewehrten Betonstabes mit zentrischer Zugkraft N nach [5] für die erste und wiederholte Belastungen. **a** ε für verschiedene Bewehrungen μ und hervorgehoben für $N_q = N_s/\gamma$ ($\gamma = 1{,}75$); **b** Auswertung des Diagramms für einen Stab mit $\mu = 2{,}0\%$, der einem Zwang $\varepsilon_0 = 0{,}32^0\!/_{00}$ ausgesetzt ist, liefert N_0 bei Erstbelastung und $N_0' < N_0$ bei vorhergehender Belastung mit N_q; **c** Berechnung der Stahlspannung σ_{s0} auf der gleichen Grundlage als Funktion des Zwanges ε_0 und von μ; **d** Abfall der Zwangskraft $\bar{N}_0$ im Zustand I auf N_0 im Zustand II bei $\varepsilon_0 = 0{,}2$ und $1{,}1^0\!/_{00}$, sowie Größe der Anrißkraft N_R bezogen auf die Last N_S, bei der der Stahl fließt. Ist $\mu < \mu_{min}$, fließt der Stahl bereits beim ersten Riß. Beides abhängig von μ; **e** Vergleich der Näherung $\varepsilon = f(\sigma)$ als Gerade nach [5] mit der in [1/24.2, S. 65] dargestellten üblichen Hyperbel; **f** max. Stabdurchmesser d_s, wenn die Rißbreite w_{95} (95%-Fraktile) eingehalten werden soll (Kurve $w_{95} = 0{,}1$ mm wurde extrapoliert). $w_{95} = 0{,}4$; 0,3; 0,2; 0,1 mm entspricht *etwa* Zeile 1; 2; 3; 4 in DIN 1045 Tab. 10. μ_z istauf die Zugzone allein bezogen! [1/31.2, S. 27 Bild 12] ersetzt nach Angabe des Autors Bild 93 in [3/3].
Wichtige Erkenntnis: die *Rißbreite* wird um so *kleiner*: je größer μ_z bei *gegebenem Stabdurchmesser* ist, d. h. je dichter diese liegen, oder je kleiner der Durchmesser bei *gegebener Bewehrung* μ_z ist, d. h. je feiner man diese verteilt

Dabei ist zu beachten:

(a) Sicherheitshalber muß der Stab bewehrt werden mit $A_s = \gamma N_q/\beta_S$,

(b) Um plötzlichen Bruch beim ersten Riß auszuschließen, muß sein: $N_R = \beta_{bz}A_I$

$$= N_S = A_s\beta_S, \text{ daraus } \alpha_{min} = \frac{n\mu}{1 + n\mu} = n\beta_{bz}/\beta_S, \text{ z. B. für B 25 und BSt III:}$$

$$\alpha_{min} \cong 7 \cdot 3{,}0/420 = 0{,}05 \text{ und } \mu_{min} = \frac{100\alpha}{n(1 - \alpha)} = 0{,}75\% .$$

(c) Der Stab reißt nicht, wenn $N_q = N_R$, d. h. $\alpha = \gamma\alpha_{min} = 0{,}0875$, $\mu = 1{,}37\%$ ist. Meist wird man jedoch höher bewehren, um schlanker konstruieren zu können.

(d) Die Rißbreite ist nach DIN 1045, 17.6 oder Abb. 3/3f [1/31.25.27 Bild 12] zu beschränken.

In Abb. 3/3a sind die ε-Linien bis $\mu = 3\%$ eingetragen und liefern auf der ε^{III}-Linie die ε_{q1} für N_{q1} bei Erstbelastung. Wenn ein höherer Zug $\bar{N}_q$ vorausgegangen ist, hat der Stab bereits entsprechende Risse, so daß bei einer folgenden Beanspruchung mit N, linear interpoliert, $\bar{\varepsilon} = \bar{\varepsilon}_q N/\bar{N}_q$ ist.

Aus [5.1] wurde auch die in Versuchen gefundene Kurve für ε eingezeichnet. Sie liefert etwas kleinere Werte als die Näherung. Diese liegen jedoch noch innerhalb des Streubereiches der Annahmen.

Mit Hilfe der gleichen Näherung läßt sich auch die Stahlspannung σ_{s0} ermitteln, wenn der Stab einem kurzzeitigen $Zwang$ ε_0, etwa durch Temperatur- oder Schwindverkürzung ausgesetzt ist (Abb. 3/3b). Man liest N_0 oder (bei vorhergehender Last $N_q > N_0$)N_0' ab und errechnet $\sigma_{s0} = N_0/A_s$. Umgekehrt kann man die Bewehrung μ errechnen, wenn eine bestimmte Stahlspannung σ_{s0} eingehalten werden soll (Abb. 3/3c). Hierzu dienen die Formeln:

$$N_0/\bar{N}_0 = (S_{III}/S_I + N_R/\bar{N}_0)/(S_{III}/S_I + 1) \; ; \qquad \bar{N}_0 = \varepsilon_0 S_I$$
$$\sigma_{s0} = (\bar{\sigma}_{s0}/\alpha)(N_0/\bar{N}_0) \; ; \qquad\qquad\qquad \bar{\sigma}_{s0} = \varepsilon_0 E_s .$$

In Abb. 3/3d ist der Abfall von $\bar{N}_0$ auf N_0 infolge der Risse aufgetragen.

Angesichts der bescheidenen zulässigen Zugspannung würde ein Zugstab recht dick und schwer. Man kann aber einen kleineren Querschnitt bzw. einen höheren Bewehrungsprozentsatz erhalten, wenn die Zugkraft N_q in die Anteile aus ständiger

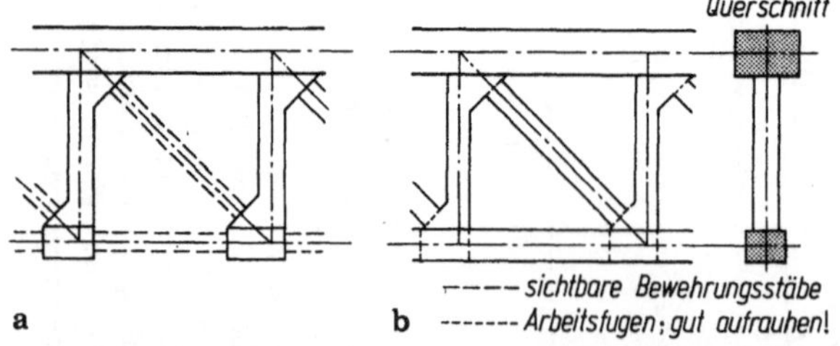

Abb. 3/4. Feld eines parallelgurtigen Fachwerkträgers. Prinzipskizze der Ausführung mit verminderten Spannungen in den gezogenen Stäben durch Betonieren in zwei Phasen. **a** erster Schritt: Bewehrung vollständig aufgestellt und nur Druckstäbe betoniert; **b** zweiter Schritt: Eigengewicht durch Absenken des Lehrgerüstes wirksam, Zugglieder mit Beton ummantelt, so daß der Beton nur an der Aufnahme der Stabkräfte aus Nutzlast teilnimmt.

Last N_g und aus Nutzlast N_p zerlegt und ersterer der Bewehrung allein zugewiesen wird. Das läßt sich dadurch bewerkstelligen, daß man z. B. zunächst nur die Druckstäbe eines Fachwerkes (II A, Abb. 2.1/2) betoniert und dieses durch Ausrüsten in Spannung versetzt (Abb. 3/4). Die allein aus Bewehrung bestehenden Zugstäbe erhalten dabei den Anteil N_g und werden dann erst mit Beton ummantelt, der mithin nur durch den Anteil N_p beansprucht wird. Nur für diesen sind dann die Zugspannungen wie in Abb. 3/1 abzuschätzen; die Schwindspannungen sind jedoch in voller Höhe zu erwarten! Dieses Verfahren verursacht durch das Betonieren in zwei Stufen einen größeren Arbeitsaufwand. Auch sind die Anschlußfugen des Stab-betons nur beschränkt zugfest, so daß sie sich infolge N_p und des Schwindens öffnen und so die Korrosion des Stahles begünstigen können. Immerhin hat sich diese Bauweise z. B. für Hallenbinder mit vorwiegendem Eigenlastanteil als wirtschaftlich erwiesen. Auch bei Bogenbrücken hat man davon Gebrauch gemacht. Die verhältnis-mäßig hohen Biegespannungen, welche die Verlängerung Δl des noch nicht um-mantelten Zugbandes aus Eigenlast im Bogen hervorruft, kann man durch Anspannen mittels hydraulischer Pressen aber nur bis N_g kompensieren (Abb. 3/5).

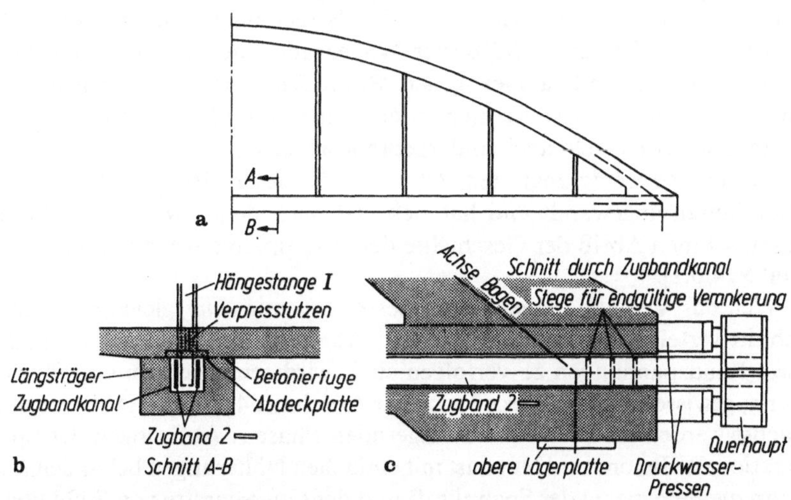

Abb. 3/5. Bogenbrücke mit untenliegender Fahrbahn (II A, 2.1.2.1) und Zugband, dessen Verlänge-rung aus ständiger Last durch *An*spannen (nicht *Vor*spannen!) kompensiert wird. **a** System; **b** Schnitt durch einen Längsträger. Zugband liegt frei in einem Kanal, der zwecks Verbund und Rostschutz mit Zementmörtel ausgepreßt wird; **c** Auflagerpunkt mit Druckwasserpressen und Andeutung der endgültigen Verankerung

3.2 Zugstäbe aus Spannbeton

Die unvermeidliche Verlängerung des Stahles als Ursache der gefürchteten Risse läßt sich durch den Trick „Vorspannung" unschädlich machen: Man nimmt seine Dehnung vorweg, indem man ihn künstlich vor dem Verbund mit dem Beton mit der Kraft Z_0 spannt und dann erst mit den in I A, Abb. 3.2/11; 4.2/6 und 4.3/1 beschriebenen Mitteln verankert. Der Beton erhält dadurch eine Druckspannung

σ_{v0}. Die Bezeichnung „Vorspannen" rührt daher, daß diese Manipulation *vor* dem Einwirken der Zugkraft N ausgeführt wird. Die wachsende Last N baut dann die σ_{v0} im Beton um $\Delta\sigma_b = N/A_i = N(1-\alpha)/A_b$ ab und vermehrt die Stahlspannung um $\Delta\sigma_z = n\sigma_v = N\alpha/A_s$.

Man kann nun den Beton bis zur Gebrauchslast N_q frei von Zug halten, d. h. die Dekompressionskraft N_D, bei der $\sigma_b = \sigma_{v0} - \Delta\sigma_b = 0$ wird, gleich N_q setzen („volle Vorspannung"). Dann muß die Spannkraft $Z_0 = N_q$ sein. Oder man begnügt sich aus wirtschaftlichen Gründen mit einem kleineren Verhältnis N_D/N_q, bezeichnet als „Vorspanngrad k" („beschränkte" oder „teilweise" Vorspannung). Unterhalb N_D verhält sich der Stab dann wie Spannbeton, oberhalb davon wie Stahlbeton (vgl. Abb. 3/7).

Das *„Überdrücken" von Zug* in Stoffen, die ihn nicht aufzunehmen vermögen, ist eine im Alltag längst geläufige Maßnahme wie z. B. das Anheben einer Reihe Bücher durch Zusammenpressen mit beiden Händen. Beispielsweise macht das Handwerk davon seit Jahrhunderten in genialer Weise bei der Herstellung von konischen Fässern aus einzelnen Dauben Gebrauch: Der Ring*druck* durch das Auftreiben von Reifen setzt die Fugen so stark unter Vorspannung, daß der Ring*zug*, den die eingeschlossene Flüssigkeit erzeugt, sie nicht zu öffnen vermag. Die Erfahrung von Generationen ersetzt die Berechnung. Andere Anwendungen dieses Prinzips sind der Kranz hölzerner Wagenräder, der aus mehreren Stücken besteht und durch den heiß aufgezogenen Radreifen biegesteif gemacht wird, oder alte Brunnentröge aus gusseisernen oder steinernen Platten, die von Flacheisen mit Spannschlössern dicht aneinandergepreßt werden.

Auf den so wenig zugfesten Beton wurde dieser Gedanke jedoch erstmals in den 30er Jahren angewandt und hat sich erst nach dem Zweiten Weltkrieg voll durchgesetzt. Einen Abriß der Geschichte des vorgespannten Betons findet man in [8; 1/2, Teil 5; 4/6.1].

Weil das Verhalten eines Zugstabes wegen nur *einer* gleichmäßig über den Querschnitt verteilten Spannung leichter zu übersehen ist als das eines Balkens, bei dem *zwei* Randspannungen zu verfolgen sind, wird seine Berechnung für volle Vorspannung, gewissermaßen als Vorübung für Abschnitt 4.3.2.1, in Abb. 3/6 vorgeführt. Zunächst werden die drei sich überlagernden Phasen: Aufbringen der Spannkraft, Relaxation des Betons und Nutzlast mit einfachen Näherungen behandelt (Abb. 3/6a), sodann die Bemessung der Spannkraft und der Querschnitte von Stahl und Beton (Abb. 3/6b). Hierbei muß jeweils die ungünstigste Kombination der Phasen a) zugrunde gelegt und berücksichtigt werden, je nachdem ob während des Spannens schon ein Anteil N_g der Zugkraft wirkt. Ferner wird vorsichtshalber angenommen, daß A_z aus N_q mit zul σ_z^0 zu bemessen ist, während man oft für $t = 0$: $\sigma_{z0} = \sigma_z^0$ setzt. Das ist jedoch nur dann richtig, wenn der elastische Zuwachs $\Delta\sigma_{zq}$ infolge N_q durch den inzwischen eingetretenen plastischen Abfall $\Delta\sigma_{z,k+s}$ (nur ein Teil des Wertes von $\Delta\sigma_{z,k+s}$ für $t = \infty$!) kompensiert wird. Das ist aber nur bei relativ kleinem N_g und spätem Wirken von N_p der Fall. Eine passive Bewehrung A_s, die im Falle beschränkter Vorspannung unerläßlich ist, wird durch die in den Fußnoten angegebenen Formeln berücksichtigt.

Man lernt:

(*a*) Der Aufwand an *Spannstahl* wird *vermehrt* durch Schwinden und Kriechen des Betons, das mit steigendem Nutzlastanteil an der Gesamtlast zunimmt

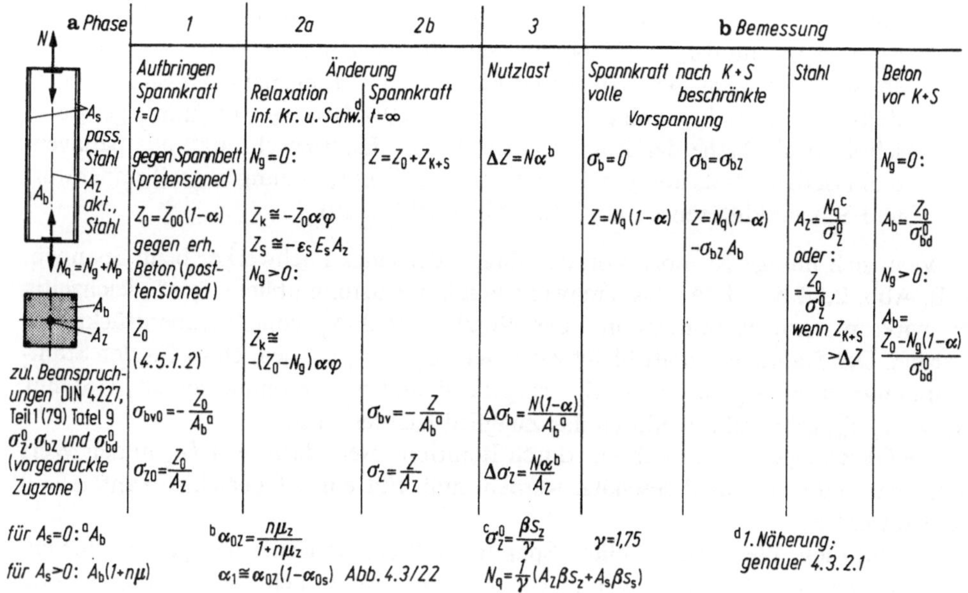

$N_g = 0:$

$$Z_0 = Z_{00}(1-\alpha)$$
$$Z_k \cong -Z_0 \alpha \varphi$$
$$Z_s \cong -\varepsilon_s E_s A_z$$

$N_g > 0:$

$$Z_k \cong -(Z_0 - N_g)\alpha \varphi$$

$$Z = Z_0 + Z_{K+S}$$

$$\Delta Z = N\alpha^{\text{b}}$$

$$\sigma_{bv0} = -\frac{Z_0}{A_b^{\text{a}}} \qquad \sigma_{bv} = -\frac{Z}{A_b^{\text{a}}} \qquad \Delta\sigma_b = \frac{N(1-\alpha)}{A_b^{\text{a}}}$$

$$\sigma_{z0} = \frac{Z_0}{A_z} \qquad \sigma_z = \frac{Z}{A_z} \qquad \Delta\sigma_z = \frac{N\alpha^{\text{b}}}{A_z}$$

$$\sigma_b = 0 \qquad \sigma_b = \sigma_{bZ}$$

$$Z = N_q(1-\alpha) \qquad Z = N_q(1-\alpha) - \sigma_{bZ}A_b$$

$$A_z = \frac{N_q^{\text{c}}}{\sigma_z^0} \quad \text{oder:} \quad = \frac{Z_0}{\sigma_z^0}, \quad \text{wenn } Z_{K+S} > \Delta Z$$

$N_g = 0:$
$$A_b = \frac{Z_0}{\sigma_{bd}^0}$$

$N_g > 0:$
$$A_b = \frac{Z_0 - N_g(1-\alpha)}{\sigma_{bd}^0}$$

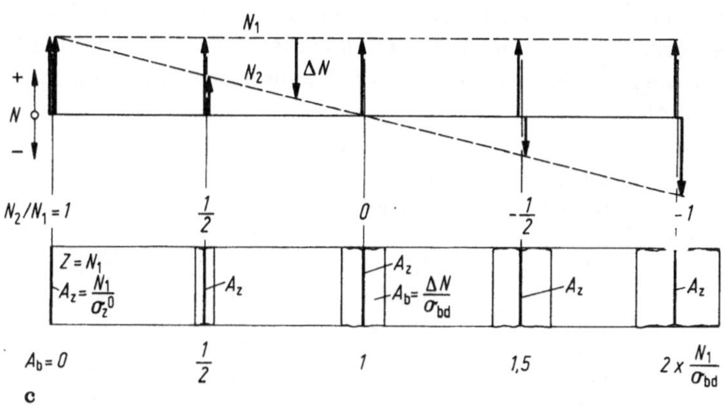

Abb. 3/6. Schema der Berechnung eines vorgespannten Zugstabes. **a** Phasen der Kurz- und Langzeitbelastung: N_g ständige-, N_p vorübergehende Nutzlast; **b** Bemessung von Spannkraft Z und Querschnitt A_b. Da alle Querschnitte gleich beansprucht werden, spielt der Verbund keine Rolle. **c** Querschnitte A_b und A_z bei zwischen N_1 und N_2 um $\Delta N = N_1 - N_2$ wechselnder Last (vereinfacht). *Regel:* Spannbeton ist nur bei kleinem Lastwechsel wirtschaftlich!

(größere „kriecherzeugende" Spannung $\sigma_{b\varphi}$; er wird *vermindert* durch höherwertigen Stahl und beschränkte Vorspannung, die jedoch mehr passive Bewehrung erfordert.

(*b*) Der *Betonquerschnitt* wird kleiner, je größer der Eigenlastanteil (Dauerlast) ist und je weniger der Beton kriecht und schwindet. Spannbeton eignet sich nicht bei großen „Lastschwankungen" $N_p = N_q - N_g$!

(*c*) Die *Betonspannung* als Differenz von Vor- und Lastspannung ist sehr *fehlerempfindlich.* Nimmt man einen Stab an, der unter $N_g = N_q/2$ eine Druckspannung von $\sigma_b = 10\ \mathrm{N/mm^2} = \sigma_{b0} - \sigma_q/2 = \sigma_{b0}/2$ haben soll (1-Vorspann.: $\sigma_{b0} = \sigma_q$), so muß $\sigma_{b0} = 20\ \mathrm{N/mm^2}$ sein. Weicht Z nur um $\pm 10\%$ vom Sollwert ab, was (vor allem bei Balken) leicht vorkommt (ungenaue Messung von Z; Reibung), so ist bei Vollast $\sigma_b = 20\ (1,1;\ 0,9-1) = \pm 2,0\ \mathrm{N/mm^2}$, geht also schon in die Nähe der Zugfestigkeit! Eine, „Hautbewehrung" aus passivem Stahl ist daher stets nötig und deckt auch die Eigenspannungen aus Temperatur- und Schwinddifferenzen ab (I A, Abb. 1.3/12 u. 20).

Wenn sich infolge Kompression der Zugglieder eines Fachwerkes beim Spannen, z. B. Abb. 2.1/2b in II A, das Tragwerk von der Rüstung abhebt, wird gleichzeitig N_g wirksam, und es braucht nur der Nutzlastanteil N_p von N „überdrückt" zu werden. Der Stahlquerschnitt bleibt zwar stets $A_z = N_q/\sigma_{z0}$, jedoch ist für den Stahlspannungsverlust Z_k nur $Z_0 - Z_g$ maßgebend und als Betonquerschnitt wird nur $A_b = N_p/\sigma_{bd}^0$ gebraucht, wodurch das Zugglied leichter wird.

Die Gleichungen lassen sich nur durch Iteration lösen, da $\mu = A_z/A_b$ in den Wert α eingeht und erst einmal geschätzt werden muß. Für einen Überschlag kann $\alpha = 0$ gesetzt werden.

Der auf diese Weise hergestellte „Spannbeton" besitzt ferner den großen Vorteil, daß Zugglieder (oder die Zugzone von Balken!) wesentlich steifer sind, da ihre Verlängerung nur der Dekompression des Betons durch die Kraft N_p entspricht. Außerdem läßt sich die Wirtschaftlichkeit hochwertiger Stähle (I A, Abb. 3.1/1) nur auf diese Weise ausnutzen, weil ihre große Längung ja durch die „Vordehnung" während des Spannens vorweggenommen wird. Denn die Dehnungen eines Zuggliedes betragen etwa (I A, Abb. 4.4/1):

	zul σ_s^0 N/mm²	E N/mm²	ε °/oo	%
Zugband aus BSt I	140	210000	0,7	100
BSt III	240	210000	1,1	160
St 600/900	450	210000	2,2	310
St 1450/1600	880	210000	4,4	630
Stahlseil	450	140000	3,2	450
Beton Zug B 25	3,0	30000	0,1	15
Druck B 25	10,0	30000	0,3	45

Also für ein Zugband aus:

Stahlbeton mit BSt III (Beton mitwirkend)   rd. 0,9   rd. 130

Spannbeton, $\Delta\sigma_{bp} \cong 5 \ldots 10\ \mathrm{N/mm^2}$, entsprechend: 0,15 ... 0,3   20 ... 40

d. h. etwa 1/6 ... 1/3 der Dehnung von Stahlbeton!

Daher zeichnen sich vorgespannte Zugstäbe wie überhaupt Spannbetonbauteile (auch Balken, 4.3.2.1) im Bereich der Gebrauchslast durch überragende Steifigkeit aus. Auch die Korrosionsgefahr ist, wenn sachgemäß mit Zementmörtel verpreßt (I A, 3.2.4) und die Betondeckung eingehalten wird, wesentlich herabgesetzt, da Risse aus den Lasten nicht zu erwarten sind.

Das Dehnverhalten eines voll vorgespannten Zugstabes mit $\mu = 1,4\%$ ohne passive Bewehrung A_s zeigt Abb. 3/7, und zwar mit Hilfe des gleichen Näherungsverfahrens von Rabich (Abb. 3/3a). In jedem Falle ist für den Dekompressionspunkt D:

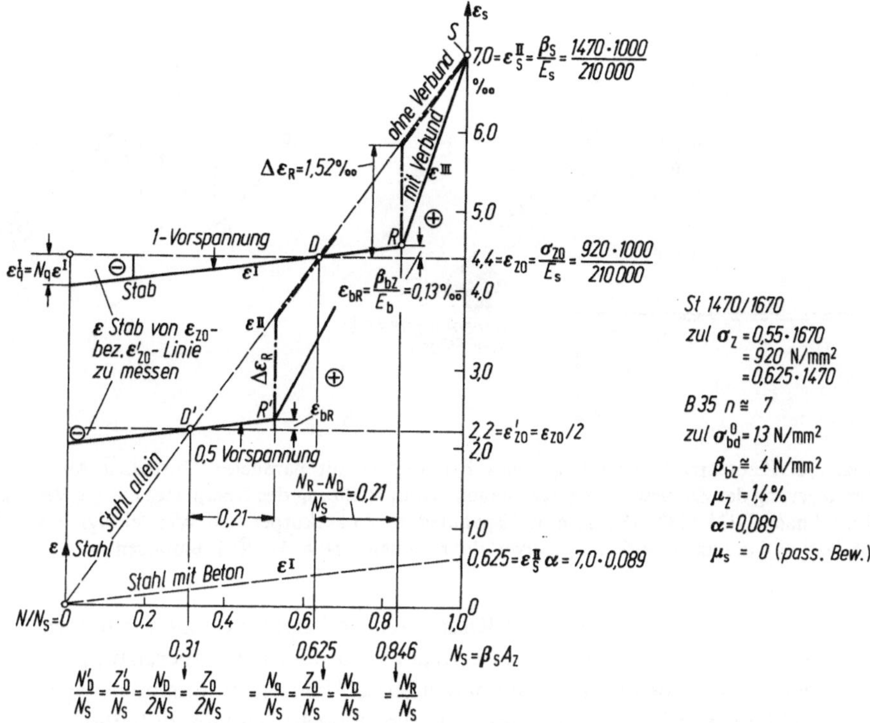

Abb. 3/7. Dehnungen eines für N_q voll bzw. halb vorgespannten ($k = 1$ bzw. $= 0,5$) Betonstabes mit $\mu = 1,4\%$ unter einer Zugkraft N, dargestellt auf der Grundlage der Näherung Abb. 3/3. D bzw. D' Dekompressionspunkte, an denen unter N_q bzw. $N_q/2$: $\sigma_b = 0$ und $\sigma_z = $ zul σ_{bz} wird. R bzw. R' Rißpunkte, wo $\sigma_b = \beta_{bz}$ ist. Genäherter Verlauf der Dehnungslinien ist mit und ohne Verbund eingetragen (nur elastische Dehnungen ohne Kriechen und Schwinden)

$\sigma_b = 0$ und daher $Z = N_q = A_z \sigma_z^0$ und seine Abszisse $N_q/N_S = \sigma_z^0/\beta_S = 920/1470 = 0,625$. Für diesen Fall sind die Grenzwerte der Bewehrung A_z: Bei der *geringstmöglichen Bewehrung* fällt N_R mit N_S zusammen, d. h. wenn der Beton reißt, wird der Stahl mit β_{Sz} beansprucht. Dann ist $N_q + N'_R = N_S$, wobei $N'_R = \beta_{bz} A_b (1 + n\mu)$ oberhalb D liegt. Daraus folgt $N'_R/N_S = n\beta_{bz}/\alpha\beta_{Sz}$ und mit den Zahlen des Beispiels

$$\alpha_{min} = n\beta_{bz}/(\beta_{Sz} - \sigma_z^0) = 0,051; \quad \mu_{min} = 100\,\alpha/n(1 - \alpha) = 0,77\%.$$

Die *größtmögliche Bewehrung* folgt aus der Bedingung, daß im Anfangszustand ohne Lastanteil N_g: $\sigma_{bd}^0 A_b = \sigma^0 A_z$ mit $\sigma_{z0} = \sigma_z^0 - n\sigma_{bd}^0 = 920 - 7 \cdot 13,0 = 830 \text{ N/mm}^2$ sein muß und daraus $\mu_{max} = \sigma_{bd}^0/\sigma_{z0} = 100 \cdot 13,0/830 = 1,57\%$ sowie $\alpha_{max} = 0,098$ folgt. Für das Beispiel wird $N'_R/N_S = 0,21$ und R liegt bei $0,625 + 0,21 = 0,846$.

Das Diagramm ist im Vergleich zu dem für Stahlbeton (Abb. 3/3a) sehr aufschlußreich:

(a) Der Vorteil sehr geringer Dehnungen im Gebrauch kehrt sich in sein Gegenteil um, wenn die Last N_R überschritten wird. Dann bilden sich bei gutem Verbund rasch zahlreiche Risse, die ε steil ansteigen lassen. Der starke Knick ist in natura

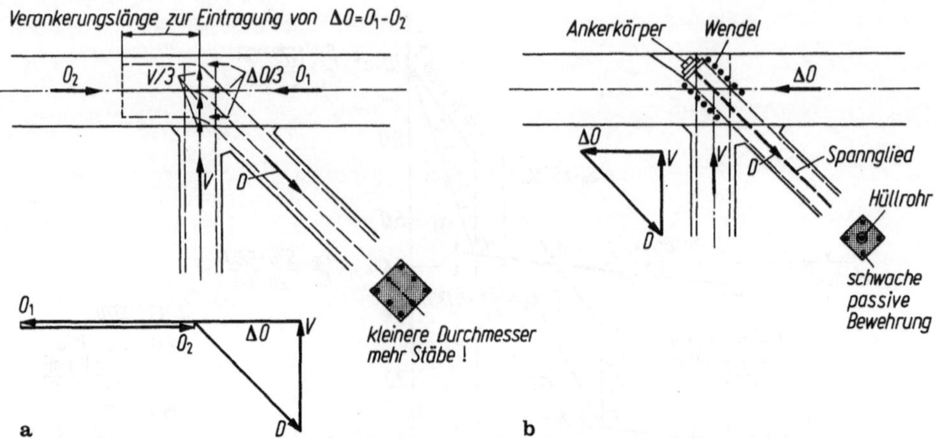

Abb. 3/8. Knotenpunktausbildung eines Fachwerkes mit parallelen Gurten. **a** Aus Stahlbeton; Verlängerung der Zugbewehrung der Diagonalen in Richtung des Obergurtes auf die Verankerungslänge *l* nach DIN 1045, 18.5.2; **b** aus Spannbeton; Ankerkörper und Wendel (vgl. I A, 4.3) nach „Zulassung" des angewandten Spannverfahrens müssen $D \triangleq \Delta O \, \hat{+} \, V$ umfassen

zwar ausgerundet, weil die Risse nach und nach kommen. Für den Fall, daß etwa die Spannkraft Z nicht erreicht wird oder eine Überlastung ΔN_q eintritt, ist es nötig, die damit verbundenen Risse (die nach Entlastung sich zwar wieder schließen) mittels zusätzlicher passiver Bewehrung fein zu halten.

(b) Gar nicht oder schlecht verpreßte Spannglieder (fehlender Verbund) wirken sich noch viel bedenklicher aus: beim Überschreiten der Rißlast R dehnt sich der Stahl nach der Linie ε^{II} und der Beton um $-\varepsilon_{bR}$, also der Stab augenblicklich um $\Delta\varepsilon_R = 1{,}5\%_{00}$. In einem z. B. 6 m langen Stab würde dabei ein einzelner Riß von 9 mm Breite entstehen! Vorspannung ohne Verbund erfordert deshalb unbedingt erhebliche zusätzliche passive Bewehrung.

(c) Um ein ausgeglicheneres Dehnungsverhalten von Zugstäben zu erreichen, sollte man also besser „beschränkte Vorspannung" anwenden (vgl. Abb. 4.2/22).

(d) Die Wirkung der Vorspannung verschwindet, wenn β_{Sz} erreicht wird. Die Traglast hängt allein vom Gehalt an aktiver (gespannter) A_z und passiver (schlaffer) A_s Bewehrung ab: $N_u = \gamma N_q = A_z \beta_{Sz} + A_s \beta_{Ss}$ ($\gamma = 1{,}75$ Sicherheitszahl).

Zugstäbe lassen sich mithin in Stahlbeton sowohl mit als auch ohne Vorspannung zweckentsprechend und sicher ausbilden. Besondere Sorgfalt verlangen die Anschlüsse innerhalb des Tragwerkes, dessen Bestandteile sie sind. Die Zugkraft N wird durch ausreichendes Einbinden der schlaffen Bewehrung übertragen, wobei die Umlenkkräfte und Verankerungslängen nach I A, 4.1 und 4.2 zu beachten sind (Abb. 3/8a). Die Enden der Spannglieder werden durch Ankerkörper nach I A, 4.3 festgehalten, deren Drücke die Gurtkraftänderungen ΔO in die Wandglieder V und D umlenken (Abb. 3/8b).

Gefährlich sind mitunter die *Nebenspannungen*, die in steif angeschlossenen Zugstäben, z. B. eines Fachwerkes, infolge von deren Verlängerungen entstehen (vgl. II A, 2.1.1). Sie können, mit der Zugkraft überlagert, klaffende Risse verursachen und so den Korrosionsschutz des Stahles gefährden. Auch bei den Zuggliedern von Hängetragwerken erfordert dieser Punkt Aufmerksamkeit und besondere konstruktive

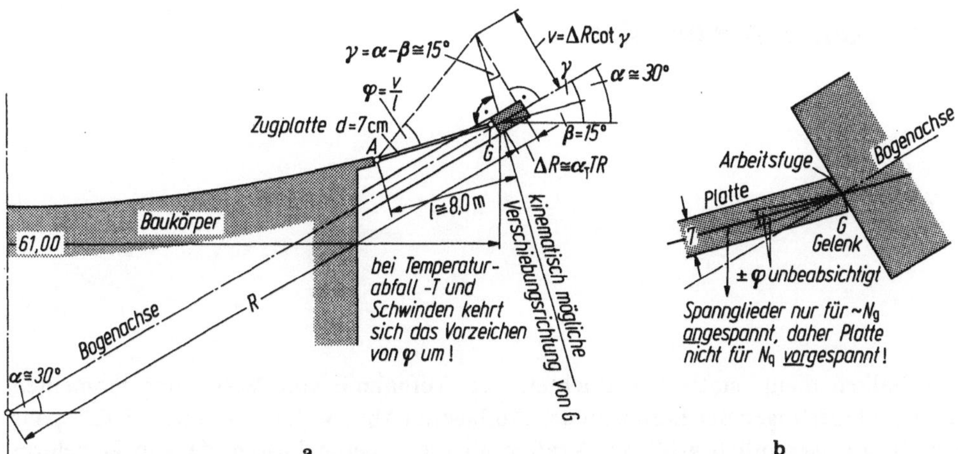

Abb. 3/9. Schäden an der Zugplatte, welche einen der beiden schrägliegenden Bögen der Kongreßhalle in Berlin stützte, infolge von Nebenspannungen. **a** Kinematik der Plattenbewegung aus der Temperaturdehnung ΔR des Bogens bei einer Erwärmung um T (K) führt zur Verdrehung $\varphi = v/l$ in den Anschlußpunkten A (nachgiebig) und G (Einspannung in den Bogen); **b** ungewolltes Gelenk im Anschluß der Platte am Bogen führte infolge der Drehwinkel $\pm \varphi$ zum Öffnen der Anschlußfuge und Korrosion des Stahles durch eindringendes Wasser

Maßnahmen (z. B. II A, Abb. 2.1/17). Ein warnendes Beispiel für vernachlässigte Nebenspannungen ist der Einsturz eines Randbogens der Berliner Kongreßhalle, gebaut 1957, im Jahre 1980 (Abb. 3/9) [7]. Sehr vereinfacht dargestellt, spielte folgender Umstand dabei die entscheidende Rolle: Durch die ständigen Temperaturbewegungen des schrägliegenden Bogens mußte die ihn haltende Platte sich laufend verdrehen, (Abb. 3/9a), was im Anschluß an den Bogen zu einem ungewollten Gelenk führte. Schwind- und Temperaturdifferenzen zwischen Platte und Bogen kamen hinzu. Es bildeten sich hier Risse (Abb. 3/9b), und eindringendes Wasser ließ den Spannstahl rosten und schließlich reißen. Wohlgemerkt handelte es sich bei dieser Zugplatte nicht um „Spannbeton": denn der mittlere Baukörper auf der einen Seite und der Bogen auf der anderen waren so steif, daß die Ankerkräfte der Spannglieder dort „hängen blieben". Die Platte konnte sich also nicht verkürzen, was ja notwendig mit Vorspannungen im Beton verbunden ist.

4 Balken und Konsolen

Ein Balken dient, statisch betrachtet, zur Aufnahme von Versetzungsmomenten aus dem Übertragen der Lasten zu den Auflagern (Abb. 4.1/1). Das innere Kräftepaar besteht aus wesentlich größeren Kräften als die äußeren Lasten, da sein Hebelarm kleiner ist. Die Zugkraft wird grundsätzlich dem Stahl zugewiesen (I A, 1), wie auch DIN 1045, 17.2.1 vorschreibt. Dieser kann als *passive* (schlaffe) oder als *aktive* (vorgespannte) Bewehrung oder gemischt eingelegt werden und man spricht dann von „Stahlbeton" oder „Spannbeton". Ich habe die grundlegenden Eigenschaften dieser Bauweisen am zentrisch bewehrten und belasteten Zugstab in Abschnitt 3 behandelt, da sie bei diesem am leichtesten zu übersehen sind. Die gewonnenen Erkenntnisse lassen sich auf Stäbe mit reiner Biegung übertragen, wobei anstelle der Stabsteifigkeit $S = A_i E_b$ (Dehnung $\varepsilon = N/S$) die Biegefestigkeit $B = I_i E_b$ (Krümmung $\varkappa = M/B$) tritt (Abb. 4.2/27, 29 u. 30). Der Unterschied besteht darin, daß beim Balken *zwei* Randspannungen sowie der wechselnde Hebelarm z der inneren Kräfte zu berücksichtigen sind. Die Wahl zwischen Stahl- und Spannbeton hängt von verschiedenen Gesichtspunkten ab; deren wesentlichste im Gebrauchszustand sind:

	Stahlbeton	Spannbeton
Biegerisse in Zugzone	vorgesehen	ausgeschaltet bzw. vermindert
daher Bauteile	gedrungener u. schwerer	schlanker u. leichter
Durchbiegungen bei gleicher Bauhöhe	größer	kleiner (Abb. 4.2/22)
Balken-Spannweiten etwa	1 ... 25 m	30 ... 200 m
Ausnutzung hochwertiger Baustoffe Beton	beschränkt	voll möglich
Stahl	unmöglich	wirtschaftlich (IA, Abb. 3.1/1)
Arbeitsaufwand für Bewehrung	Biegen und Verlegen	zusätzlich Spannen und Verpressen

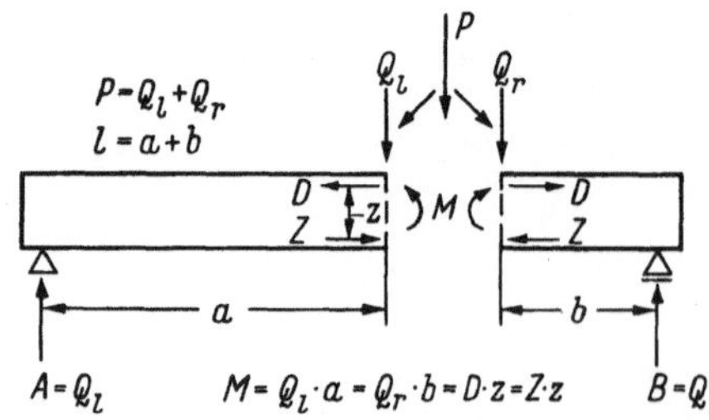

Abb. 4.1/. Wirkungsweise eines Balkens: Übertragen der Versetzungsmomente aus Q_l und Q_r durch das Biegemoment M

Es liegt nahe, die Vorteile beider Bauweisen zu vereinigen, indem man aktive und passive Bewehrung nebeneinander einlegt. Man erzielt dann schlankere Bauteile mit verminderter Riß- und damit Korrosionsgefahr. Die üblichen Bezeichnungen („beschränkte" und „teilweise" Vorspannung) hierfür werden neuerdings durch den „Vorspanngrad" k ersetzt (3.2), der bei Biegung denjenigen Anteil M_D (Dekompressionsmoment) des Größtmomentes M_q angibt, bei dem am Zugrand $\sigma = 0$ eintritt (Abb. 4.1/2). Der Kürze halber werde ich daher die Bezeichnung „k-Vorspannung" benutzen (4.3.2).

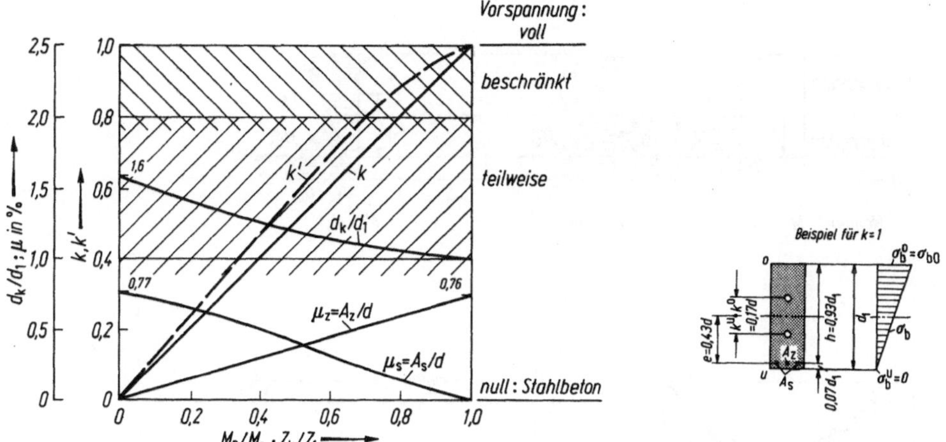

Abb. 4.1/2. Definition des Vorspannungsgrades $k = M_D/M_q$ (M_D Dekompressionsmoment; M_q Nutzlastmoment) oder $k' = M_{uz}/(M_{uz} + M_{us})$
(Bruchmomente: M_{uz} Spannstahl A_z; M_{us} Baustahl A_s bei Streckgrenze β_{Sz} bez. β_{Ss}) (vgl. 4.3.2). Vergleich k und k' für Beispiel: Rechteckquerschnitt B 35 (zul $\sigma_{b0} = 14$ N/mm²; $\beta_R = 21$ N/mm²); A_z: St 1470/1670 ($\sigma_z = 920$ N/mm²); A_s: BSt III ($\sigma_s = 240$ N/mm²). k' mit k gekoppelt durch nötiges A_s im Gebrauch zur Rißsicherheit. $Z_1 = \sigma_{b0}d/2 = M_q/(e + k^0) = M_q/0,6d$; $d_1 = 1,83\sqrt{M_q/\sigma_{b0}}$. d_k nimmt mit steigendem k ab, wenn an der Oberseite σ_{b0} eingehalten wird

Im folgenden beschränke ich mich auf die Grenzwerte $k = 0$ und $\cong 1$, um deren charakteristische Eigenschaften deutlich hervortreten zu lassen, werde also nur Stahlbeton (0-Vorspannung) und Spannbeton im engeren Sinne (1-Vorspannung) behandeln.

Das steigende Lastmoment wird im Gebrauch grob charakterisiert aufgenommen durch Zug- und Druckkraft $D = Z$ mit Hebelarm z und zwar.

	$D = Z$:	z:
bei Stahlbeton im Zustand II (Abb. 4.1/3a)	wachsend	gleichbleibend
bei Spannbeton im Zustand I (Abb. 4.1/3b)	gleichbleibend	wachsend.

Hieraus ergibt sich der charakteristische Unterschied, daß die Spannungen in Beton und Bewehrung bei Stahlbeton proportional den Lasten sind, während sie beim Spannbeton nicht nur von den Lasten, sondern auch von der künstlich erzeugten Spannkraft Z abhängen (Abb. 4.1/3c). Diese wird auch nur wenig durch die Lasten verändert, so daß hochwertige Stahlsorten mit großen Dehnungen verwendet werden können.

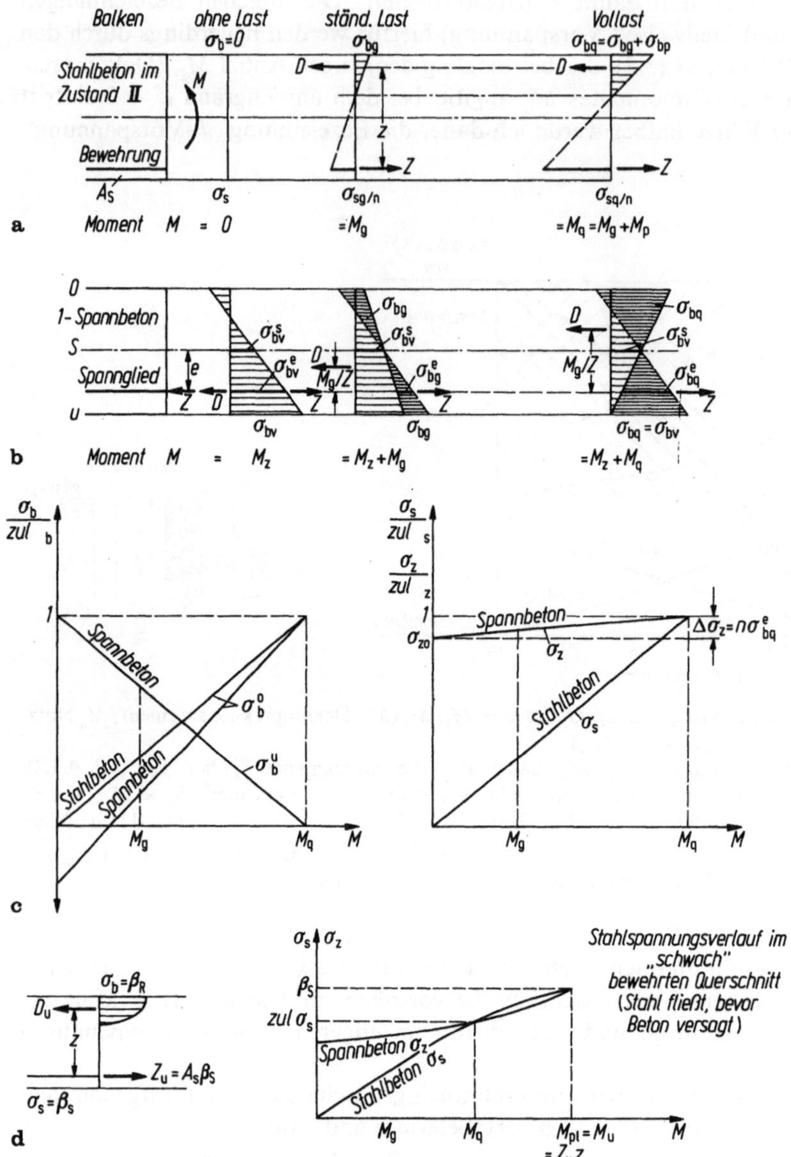

Abb. 4.1/3. Gegenüberstellung der Spannungsdiagramme von $M = 0$ bis $M = M_q$. **a** für Stahlbeton (0 — Vorspannung): D und Z behalten ihre Lage bei und wachsen proportional zu M; **b** Spannbeton (1-Vorspannung): D und Z behalten (angenähert ihre Größe bei und ihr Abstand wächst proportional zu M; **c** Verlauf der Stahl- und Betonrandspannungen beim Anwachsen des Lastmomentes von Null bis M_q; **d** Verlauf der Stahlspannung bei 0- und 1-Vorspannung von $M = 0$ bis zum rechnerischen plastischen Tragmoment $M_{pl} = 1{,}75 M_q$

Es ist zu beachten, daß durch das Vorspannen in erster Linie nur die Biegespannungen „überdrückt" werden. Die Möglichkeit von Rissen durch schräge Zugspannungen im Steg (4.3.2.2) oder durch Eigenspannungen (1.1.1.3) ist deshalb nicht ausgeschlossen.

Wenn das Lastmoment M_q überschritten wird, wandert die Nullfaser höher, die Zugzone reißt und schließlich stellt sich Zustand III ein, bei dem die Baustoffe sich plastisch verhalten. Der Stahl fließt, die Wirkung der elastischen Vordehnung tritt zurück und das Bruchmoment hängt praktisch wie bei Stahlbeton (1.2.1) nur vom Beton, sowie von Stahlgehalt und -qualität ab (Abb. 4.1/3d).

4.1 Statisches System

Obgleich in diesem Band nur die „Bauteile" behandelt werden sollen, kann ich mich hier nicht auf ein einzelnes Feld von einem durchlaufenden Balken beschränken, da sich die Felder gegenseitig beeinflussen.

Zunächst ist festzustellen, daß *der kürzeste Weg* zur Ableitung senkrechter Lasten, d. h. über Stützen, *stets der billigste* ist. Der Umweg über Versetzungsmomente, d. h. durch einen Balken, verursacht Kosten, die mit der Spannweite anwachsen. Man wird diese daher möglichst beschränken, soweit es die gegebenen Verhältnisse und der geforderte Lichtraum gestatten.

Wenn mehrere Felder zu überspannen sind, müssen bei der Wahl des statischen Systems (Einzelbalken, Gerberbalken, Durchlaufbalken) folgende Gesichtspunkte berücksichtigt werden:

(*a*) Die wirtschaftlichste *Spannweite* hängt von den Kosten für das Tragwerk und denjenigen für die Abstützung sowie der Fundierung ab. Sofern man einen gewissen Spielraum hat, kann man das Minimum durch Proberechnungen aufsuchen (II A, Abb. 2.2/18).

(*b*) *Fugen*. Bei Einzel- und Gelenkbalken sind ebensoviele Fugen wie Auflager vorhanden, beim Durchlaufbalken nur an den Enden. Offene Fugen führen zu Verschmutzungen und Undichtigkeit, wodurch Kosten für Überdeckung, Kantenschutz und Dichtung (I A, 6) entstehen. Bei Fahrzeugverkehr sind die Beanspruchungen durch Radlasten ausgesetzt, die zusätzliche Maßnahmen und Unterhaltungskosten verursachen. Die Zahl der Fugen wird daher tunlichst beschränkt und die Durchlaufwirkung bevorzugt.

(*c*) *Auflager*. Eine Reihe von Einzelbalken erfordert breitere Abstützungen, da jeweils zwei Lager nebeneinander unterzubringen sind (Abb. 4.1/4a). Dieser Platzbedarf läßt sich durch Kröpfen der Balkenenden vermeiden (Abb. 4.1/4b), wodurch jedoch Bewehrung und Schalung komplizierter werden (Abb. 4.7/16). Gelenkträger haben den gleichen Nachteil, begnügen sich aber mit *einem* Lager je Stütze. Durchlaufbalken weisen die geringste Zahl von Lagern auf.

(*d*) *Bauhöhe*. Einzelträger aus Stahlbeton erfordern zur Aufnahme der Größtmomente in Feldmitte je nach Belastung Bauhöhen von etwa 1/10 bis 1/15. Bei Spannbeton genügt 1/18 bis 1/30. Gelenk (Gerber)- und Durchlaufbalken weisen kleinere Feldmomente auf, so daß man in Feldmitte mit 1/15 bis 1/22 bei Stahlbeton und 1/25 bis 1/40 bei Spannbeton auskommt. Die kleineren Maße sind bei

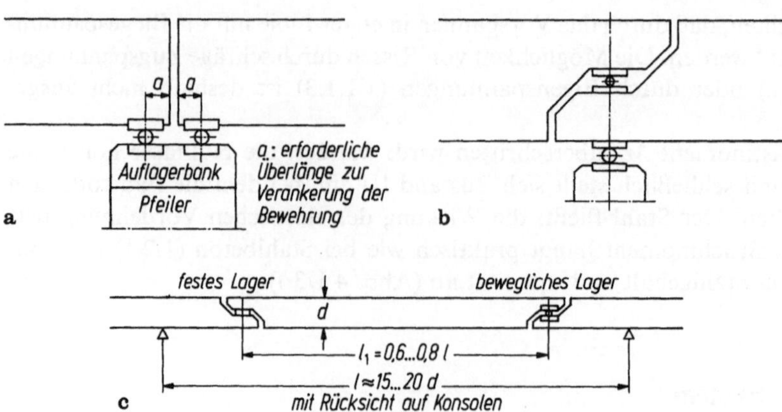

Abb. 4.1/4. Gelenkige Auflagerung von Einzelbalken. **a** Lager nebeneinander: breite Auflagerbank wegen Überstand a (I A, 4.3) zum Verankern der Bewehrung (DIN 1045, 18.5); **b** Lager übereinander: Balkenenden müssen gekröpft werden (vgl. Abb. 4.7/15, 16, 17), Auflagerbank schmaler; **c** Balkenstöße im Feld („Gerberbalken") begrenzen Balkenhöhe wegen der Kröpfung, die durch Verformungslager (7.3.6) beschränkt werden kann

Gelenkbalken meist nicht ausführbar, da dann die gekröpften Trägerenden nicht mehr zur Aufnahme der Querkräfte ausreichen (Abb. 4.1/4c). Die Schlankheit d/l wird weniger durch die Wirtschaftlichkeit (Abb. 4.3/3), als vor allem mit Rücksicht auf die Durchbiegung (4.2.3) begrenzt. Kontinuierliche Balken können deshalb relativ niedriger als Einfeldbalken sein.

(*e*) *Stützensenkungen.* Sie waren früher wesentlich mehr zu fürchten, weil die Balken entsprechend den geringeren Baustoffgüten eine viel größere Steifigkeit besaßen. Man bevorzugte daher statisch bestimmte Tragwerke. Sie lassen aber die Senkungen deutlich als Knick in der Biegelinie erscheinen. Die heutigen, viel schlankeren Tragwerke sind wesentlich weniger empfindlich für Setzungen, da diese

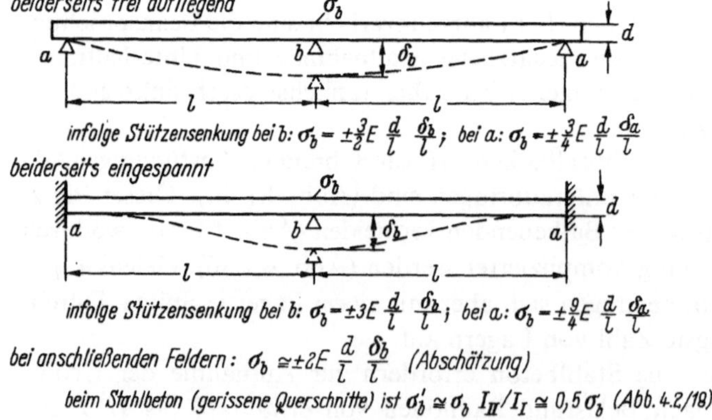

Abb. 4.1/5. Zwangsspannungen σ_b in einem homogenen Balken infolge einer Stützensenkung (Überschlag). Die Zwangsschnittkräfte bei Kurz- und Langzeiteinwirkung werden ausführlich in 4.2.4 abgehandelt

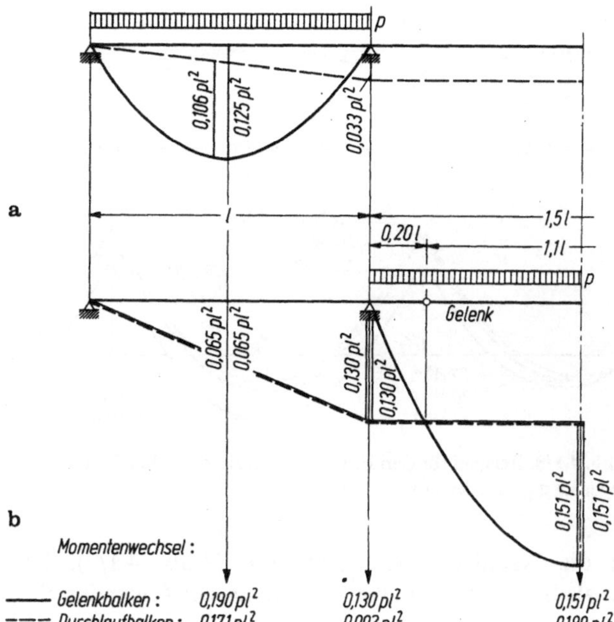

Abb. 4.1/6. Verlauf der Biegemomente in einem Dreifeldbalken $l_1:l_2:l_3 = 1,0:1,5:1,0$ ohne und mit Gelenken im Mittelfeld. **a** bei Nutzlast p in beiden Seitenfeldern; **b** bei Nutzlast p im Mittelfeld

infolge der kleineren Bauhöhen geringere Zusatzspannungen verursachen (Abb. 4.1/5). Diese werden zudem durch Kriechen des Betons stark abgebaut (1.1.1.2 u. 4.2.4). Statisch bestimmte, mehrfeldrige Tragwerke sind nur noch in ausgesprochenen Senkungsgebieten (Bergbau) gebräuchlich. Dort werden mitunter Hubvorrichtungen eingebaut, um die Senkungen zu kompensieren.

(f) System. Zwischen dem Kräftezustand und der Gestalt eines Tragwerkes bestehen enge Wechselwirkungen. Bei statisch bestimmten Balken sind die Nullpunkte der Momente durch die Gelenkanordnung festgelegt. Beim Gelenkbalken können sie für ständige Last durch die Wahl der Gelenkpunkte „getrimmt" werden; die Verkehrslasten rufen aber große Wechselmomente hervor (Abb. 4.1/6). Durchlaufbalken bilden selbsttätig Momentennullpunkte, die mit steigenden Lasten in einem Feld auseinanderrücken und dadurch die Weiterleitung der negativen Momente

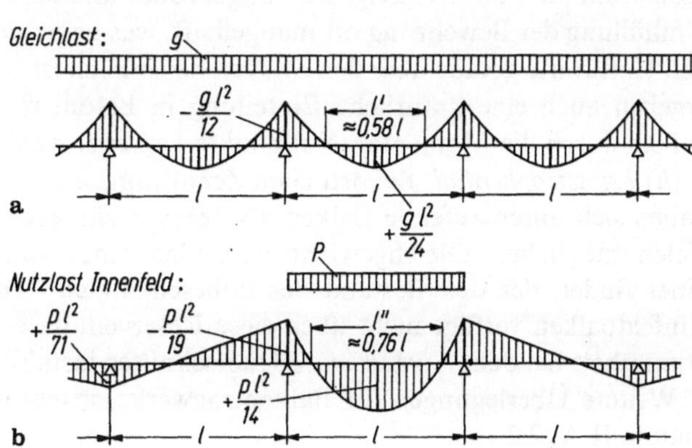

Abb. 4.1/7. Momentenverläufe eines Durchlaufbalkens. **a** mit Gleichlast g in allen Feldern; **b** mit Nutzlast p in einem Feld

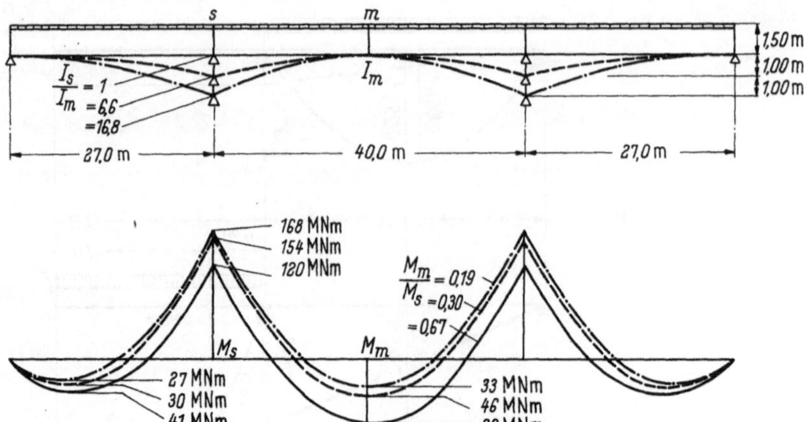

Abb. 4.1/8. Beispiel für den Einfluß des veränderlichen Trägheitsmomentes auf die Momente aus ständiger Last $g = 1$ MN/m

in die Nachbarfelder abmindern (Abb. 4.1/7). Diese fallen außerdem rascher ab als beim Gelenkbalken, da sie an der folgenden Stütze ihr Vorzeichen umkehren. Für durchlaufende Balken ist von Bedeutung, daß der „Momenten*wechsel*" ΔM $= M_{max} + |M_{min}|$ in jedem Feld eines Balkens mit zwei oder mehr gleichen Feldern l infolge einer feld- oder teilweisen gleichförmigen Verkehrslast p ebenso groß wie in einem Einfeldbalken ($M_0 = pl^2/8$ bei Vollast) ist [6.5, II S. 101]. Derjenige über den Zwischenstützen beträgt 1,00 bis 1,16 von dem Wert M_0. Da die Bemessung der Spannbetonquerschnitte bei vorwiegender Nutzlast von ΔM abhängt, vereinfacht dieser Satz die Vorberechnung (4.3.2.1).

Die Anwendung wechselnder Balkenabmessungen gibt einerseits stets die Möglichkeit, sich den Momenten anzupassen. Durch die Änderung der Steifigkeitsverhältnisse wird aber andererseits bei Durchlaufbalken auch die Verteilung der Momente in *der* Weise beeinflußt, daß diese nach den steiferen Stellen wandern (Abb. 4.1/8), wodurch sehr geringe Bauhöhen im Feld erreicht werden können.

(*g*) *Ausführung.* Einfeldbalken sind einfacher auszuführen, da sich der Beton wegen der schwachen oberen Bewehrung leicht einbringen und gut durcharbeiten läßt. Die Stützbewehrung durchlaufender Balken wirkt wie ein Sieb. Wenn nicht vom Konstrukteur eine „Rüttelgasse" angeordnet und sorgfältig gearbeitet wird, ist die Umhüllung der Bewehrung oft mangelhaft, was angesichts der großen zu übertragenden Haftkräfte gerade über den Stützen bedenklich ist (I A, Abb. 1.1/5). Einzelbalken ergeben auch eine natürliche Einteilung in Betonierabschnitte, die bei Durchlaufbalken durch die Momenten-Nullpunkte begrenzt werden.

(*h*) *Katastrophenfall.* Bei örtlichen Zerstörungen an einem mehrfeldrigen Tragwerk haben sich durchlaufende Balken als überaus zäh erwiesen, da sich dann unter den vielen möglichen Gleichgewichtszuständen eines statisch unbestimmten Systems einer findet, der den Bestand des unbeschädigten Teiles gewährleistet (4.2.5). Ein Einfeldbalken verfügt nicht über diese Reserven, da er infolge seiner statischen Bestimmtheit bei dem Ausfall *eines* Querschnittes instabil wird (1.1.1.1).

Weitere Überlegungen für Balkentragwerke, insbesondere im Brückenbau, findet man in II A, 2.2.1.

4.2 Berechnung der Schnittkräfte und Verformungen

Die Lastannahmen für Tragwerke sind in DIN 1055 Teil 3 (71) Verkehr; Teil 5 (75) Schnee (B. Kal. 1982 II, S. 55) festgelegt, gesammelt in DIN-Taschenbuch 112 (82): Berechnungsgrundlagen für Bauten. Man begnügt sich im Hochbau zumeist mit der feldweisen Anordnung der Nutzlasten, um die Grenzwerte der Schnittkräfte zu ermitteln. Für Straßenbrücken sind im Normalfall zivile Fahrzeuge nach DIN 1072 (76)[1] (B. Kal. 1979 II, S. 104) oder Militärfahrzeuge [1] maßgebend, für Eisenbahnbrücken die „VEI" (Vorschriften für Eisenbahnbrücken und sonst. Ingenieurbauten v. 1979) der Bundesbahn (DB). Die Lastenzüge sind jeweils in die ungünstigste Stellung für max M bzw. max Q zu bringen, wozu Einflußlinien verwendet werden. Die dynamischen Wirkungen (Erschütterungen, Schwingungen) und das Ermüden der Baustoffe bei häufig wechselnder Beanspruchung werden durch Schwingbeiwerte (DIN 1045, 17.8; DIN 1072 (76), 5.3.6 und VEI) berücksichtigt. Weitere Belastungen (schwingende, waagerechte usw.) werden in II B, 2 behandelt.

Die Schnittkräfte setzen sich aus Grund-, Zusatz- und Zwangsspannungen zusammen, deren Natur und Bedeutung in 1.1.1, deren Berechnung in 1.1.2 ausführlich erläutert ist.

Wie bei allen statisch unbestimmten Systemen ist auch bei durchlaufenden Balken zu empfehlen, das statisch bestimmte Grundsystem so zu wählen, daß die Zusatzkräfte nur Ergänzungen bedeuten (Abb. 4.2/1). Dabei treten die für die Tragsicherheit primär wichtigen Grundschnittkräfte deutlich hervor. Der Gesichtspunkt der geringeren Fehlerempfindlichkeit ist jedoch bei der EDV-Berechnung, z. B. mittels Übertragungsmatrizen unbeachtlich.

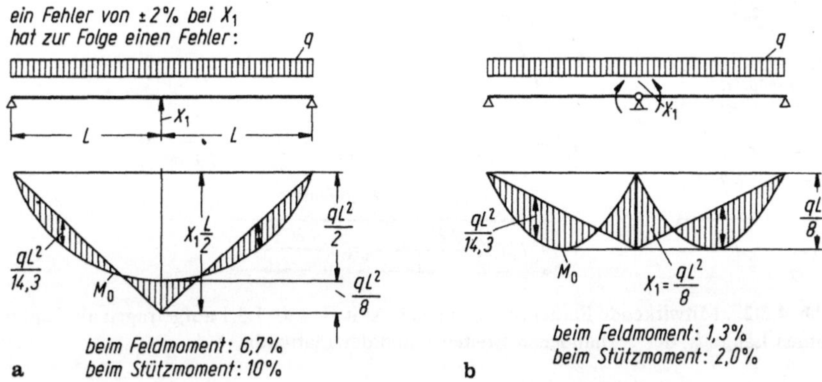

Abb. 4.2/1. Wahl des statisch bestimmten („offenen") Systems für einen Durchlaufbalken im Hinblick auf die erforderliche Rechengenauigkeit. **a** Hauptsystem: Gesamtbalken; **b** Hauptsystem: Einzelfelder. M_0: Grundmomente; $M_1 X_1$: Zusatzmomente im Sinne von 1.1.1.1

---

[1] Neue Verkehrs-Regellasten für Straßenbrücken in Ergänzung zu DIN 1072. Rdschrb. ARS 9/1982 des BMV.

4.2.1 Schnittkräfte im Gebrauchszustand bei Kurzzeitbelastung

Die Schnittkräfte von Einfeldbalken sind von Querschnitten und Baustoffverhalten unabhängig. In 1.1.2 ist begründet, warum man beim Berechnen der Schnittkräfte von Mehrfeldbalken den Zustand I (homogene Querschnitte) sowie elastisches Verhalten der Baustoffe zugrunde legt und auf die Mitwirkung der Bewehrung verzichtet. Nur unter diesen Voraussetzungen können geschlossene Formeln, Tabellen und Programme aufgestellt und langwierige iterative Untersuchungen vermieden werden: allerdings auf Kosten der Wirklichkeitsnähe!

Als Überzählige zur Berechnung der Zusatzkräfte dienen meist die Stützmomente. Sie werden analytisch aus dreigliedrigen Elastizitätsgleichungen [1/14], früher mit Hilfe eines Momentenausgleichverfahrens [2], jetzt meist elektronisch gewonnen. Bei veränderlichem Trägheitsmoment stehen Hilfstafeln zur Berechnung der Formänderungswerte zur Verfügung [1/14; 3]. Der Einfluß des Steifigkeitsverhältnisses von Feld- zu Stützquerschnitt ist sehr bedeutend (Abb. 4.1/8), bei Eigenlast ausgeprägter als bei Einzellasten (II A, Abb. 2.2/20). Die Wirkung der Auflagerschrägen (II A, Abb. 2.2/19 u. 3/26) von Deckenbalken pflegt man jedoch zu vernachlässigen. Bei feldweise konstantem Trägheitsmoment kann man Zustands- und Einflußlinien zahlreichen Tabellenwerken, z. B. [4] entnehmen.

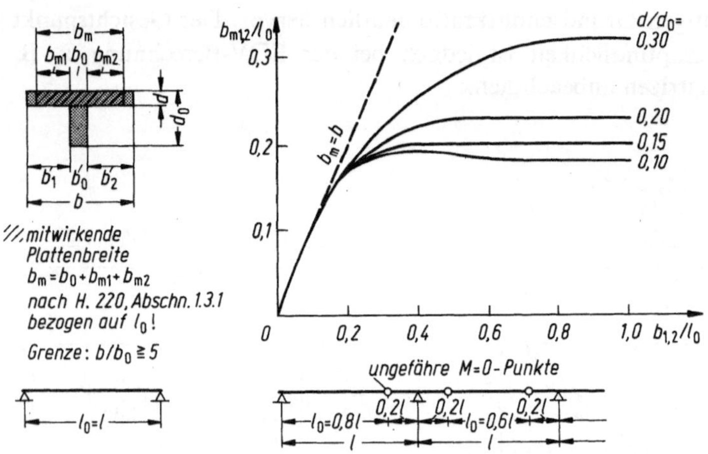

Abb. 4.2/2. „Mitwirkende Plattenbreite" nach DAfSt H. 220, 1.3.1 aufgetragen als Funktion der wirksamen Länge l_0, der vorhandenen Breiten b und der Plattendicke d

Betreffs der „mitwirkenden Plattenbreite" von **T**-Querschnitten, die man zur Berechnung der Trägheitsmomente braucht, verweist DIN 1045, 15.3 auf H. 240, 1.2; sie ist jedoch auch in H. 220 (79), 1.3.1. zu finden. Sie gilt, ungeachtet des Momentenvorzeichens, angenähert für die ganze Spannweite. Abb. 4.2/2 veranschaulicht die Tabellenwerte durch den Bezug auf die Spannweite l_0. Für Brücken hat man jedoch die genaueren, aus der Elastizitätstheorie der Scheiben hergeleiteten Ansätze DIN 1075 (81), 5.1.3.1. zu benutzen. Einen Vergleich zeigt [43.13].

4.2.1.1 Stahlbetonbalken

Sie arbeiten bereits bei Vollast streckenweise im Zustand II, wodurch, wie Abb. 4.2/18 zeigt, die Steifigkeitsverhältnisse sich stark verändern. Deren Wirkung kann nur iterativ mit Hilfe der M-$\varkappa$-Beziehungen (4.2.3.1) verfolgt werden [5]. Abb. 4.2/3 soll einen Begriff von der zu erwartenden Verschiebung der Momentenschlußlinie geben. Da zudem Belastungen und Abstützungen im Hochbau stark idealisiert werden, erweisen sich unsere Berechnungen durchlaufender Balken als ziemlich grobe Abschätzungen, die eine allzu große Rechengenauigkeit nicht rechtfertigen.

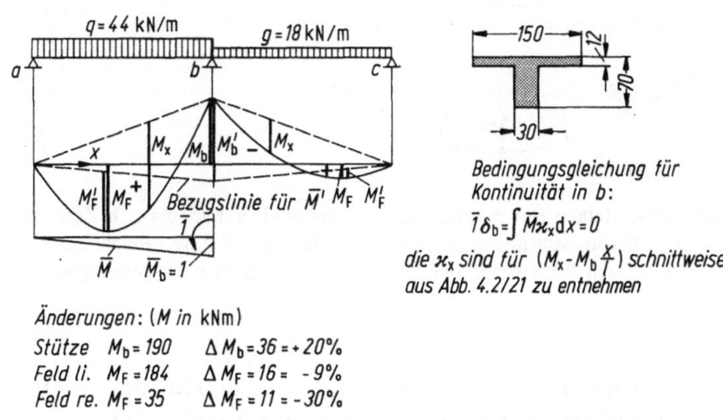

Abb. 4.2/3. Beispiel für die Änderung des Momentenverlaufs in einem Zweifeldbalken infolge streckenweisen Überganges von Zustand I in II nach [5.1], dargestellt durch Verschieben der Bezugslinie für die M-Ordinaten. Die gegebene Gleichung kann nur iterativ gelöst werden, da die $\varkappa_x = f(M)$ unstetig verlaufen

4.2.1.2 Spannbetonbalken

Spannbetonbalken mit Verbund wirken bei voller Vorspannung ($k = 1$) homogen (Zustand I), da alle Längszugspannungen „überdrückt" werden. Bei Balken mit $k = 0,3 \dots 0,8$ (Abb. 4.1/2) ist eine „genau" zutreffende Schnittkraftberechnung nicht möglich, da man nicht weiß, in welchem Umfang die Zugzonen wirklich reißen.

Das Vorspannen von Balken wird ausführlich dargestellt in Lehrbüchern [1/2, Teil 5; 1/3; 6], besondere Methoden zum Berechnen der Schnittkräfte in [7].

Für einen *statisch bestimmten Balken* (Abb. 4.2/4a) lassen sich die Kräfte aus Spannkraft Z in jeden Schnitt unmittelbar anschreiben:

$$M_v = Ze \cos \alpha \; ; \quad N_v = -Z \cos \alpha; \quad Q_v = Z \sin \alpha \quad (\text{Abb. } 4.2/4b).$$

Denn das Spannglied steht unter der Wirkung der Reaktionen des Betons im Gleichgewicht (Abb. 4.2/4c), so daß seine Aktionen auf den Beton ebenfalls die Resultierende Null besitzen und daher keine Stützkräfte auftreten (Abb. 4.2/4d). Die Spanngliedlinie (Zuglinie) ist also die Seillinie zu den Leibungskräften und fällt in jedem Querschnitt mit der Resultierenden der Betonspannungen σ_b (Drucklinie) zusammen,

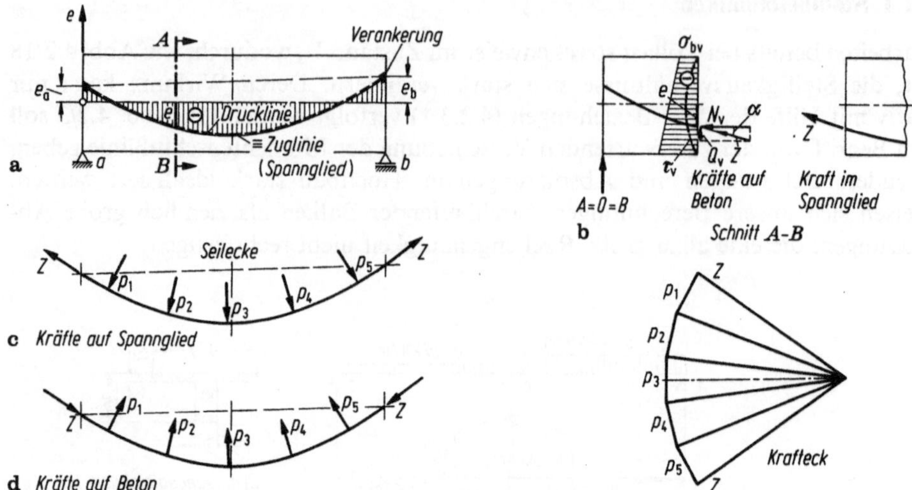

Abb. 4.2/4. Balken mit gekrümmtem Spannglied. **a** Lageplan; **b** Zerlegen der Spannkraft Z in N_v und Q_v; Betonspannungen σ_{bv} und τ_v bilden mit Z eine Gleichgewichtsgruppe; **c** Spannglied als Seillinie zu den Reaktionen des Betons; **d** aktive Kräfte des Spanngliedes auf den Beton

was man als „*Konkordanz*" bezeichnet. Angesichts der Schlankheit der Spannbetonbalken wird üblicherweise cos $\alpha = 1$ gesetzt und daher

$$M_v = Ze\ ; \quad N_v = -Z\ ; \quad Q_v = -N_v \tan \alpha\ .$$

Zum gleichen Ergebnis führt die Aufspaltung der Kräfte des Spanngliedes für einen Balken mit gekrümmter Achse (Abb. 4.2/5a) einerseits in zwei Komponenten der Ankerdrücke $Z_s \cong Z$ in Richtung der Verbindungslinie (Schlußlinienkräfte); sie heben sich also auf (Abb. 4.2/5b). Andererseits stehen die Leibungskräfte p_1 mit den senkrechten Komponenten der Ankerkräfte Z_v im Gleichgewicht (Abb. 4.2/5c). Die Schnittkräfte zerfallen dementsprechend auch in zwei Anteile:
(a) Die Schlußlinienkraft ruft hervor:

$$M' = Ze'\ ; \quad N' = -Z\ ; \quad Q' \cong 0 \quad \text{(Abb. 4.2/5b)}.$$

Ihre Wirkung hängt also von der Lage und Form der Schwerachse der Betonquerschnitte ab;
(b) die Leibungskräfte ergeben die Anteile:

$$M'' = -Ze''\ ; \quad N'' = 0\ ; \quad Q'' = -Z \tan \alpha \quad \text{(Abb. 4.2/5c)}.$$

Diese sind *un*abhängig vom Verlauf der Schwerachse. Man erkennt das leicht aus der Kraft- und Seileckkonstruktion der Momente, wenn man ersteres mit dem (fiktiven!) Horizontalzug $H \cong Z$ zeichnet. Ein Spannglied bestimmter Form kann also beliebig verschoben und verschwenkt werden, ohne die Wirkung seiner Leibungskräfte zu verändern! Insgesamt ergibt sich (Abb. 4.2/5a) natürlich:

$$M = M' + M'' = Z(e' + e'') = Ze\ ; \quad N = N' + N'' = -Z\ ;$$
$$Q = Q' + Q'' = -Z \tan \alpha\ .$$

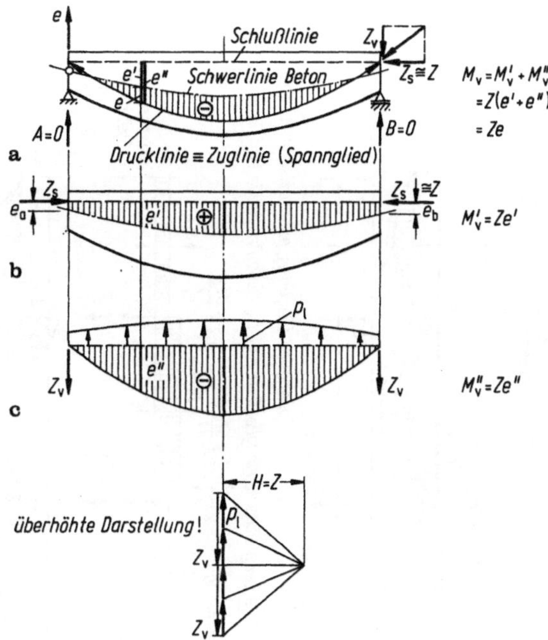

Abb. 4.2/5. Ableitung der Biegemomente M_v infolge der Spanngliedkraft Z in zwei Schritten. **a** Wirkung der Komponenten der Ankerkräfte in Richtung der Spanngliedsehne: „Schlußlinienkräfte Z_s"; **b** die senkrechten Komponenten p_1 der Leibungskräfte stehen im Gleichgewicht mit den parallelen Komponenten Z_v der Ankerkräfte Z

Diese Aussage erleichtert aber die Ableitung der Schnittkräfte in einem *statisch unbestimmten System*. z. B.:

(a) Ein durchgehendes gerades Spannglied in einem Zweifeldbalken ist gleichbedeutend mit einer Schlußlinienkraft, deren Wirkung aus der Kontinuität bei b Abb. 4.2/6a zeigt.

(b) Bei einem vielfeldrigen Durchlaufbalken sei das im übrigen beliebig gekrümmte Spannglied an beiden Enden bei e_a verankert, womit die Schlußlinienkraft festgelegt ist (Abb. 4.2/6b). Es übt dort ein Moment $M_a = -Ze_a$ aus, das sich mit den aus der Literatur, z. B. [1/14.1, S. 417] entnommenen Übergangszahlen $\varkappa_{ik}$ von Stütze zu Stütze fortpflanzt und abklingt. Die Stützkräfte lassen sich aus der Umlenkung der Drucklinie über den Lagern ablesen (Kraftecke).

(c) Die Behandlung der Leibungskräfte zeige ich, wieder an einem Zweifeldbalken, mit zentrisch verankertem, geknicktem Spannglied (Abb. 4.2/6c). Die Umlenkkraft $P_1 = 4\,Zf/l$ ruft die Momente $M = Zy$ (y Drucklinienordinaten) hervor. Sie werden auch nicht geändert, wenn man das Spannglied in b um e_b anhebt, seine Ordinaten e also um $\Delta e = e_b x/l$ vermehrt.

(d) Ein symmetrischer Dreifeldbalken (Abb. 4.2/6d) soll in jedem Feld ein parabolisch gekrümmtes Spannglied mit verschiedenen Stichen f, aber überall der gleichen Spannkraft Z enthalten. Dessen Lage kann man sich, wie gesagt, beliebig denken, nur soll es bei a in der Schwerachse verankert sein. Die Leibungskräfte p_1 (Abb. 4.2/6e) rufen Stützmomente M_b hervor, die z. B. nach [1/14.1, S. 408] berechnet werden als $X_1 = \delta_{10}/\delta_{11}$, wobei $\delta_{11} = (l_1 + 3\,l_2/2)/3$, $\delta_{10} = p_1 l_1^3/24 + p_2 l_2^3/24 = Z(p_1 l_1 + p_2 l_2)/3$ ist. Dadurch wird die zur Spanngliedlinie affine Drucklinie mit der Ordinate $y_b = M_b/Z$ in b festgelegt. Die Stützkräfte sind

4 Balken und Konsolen

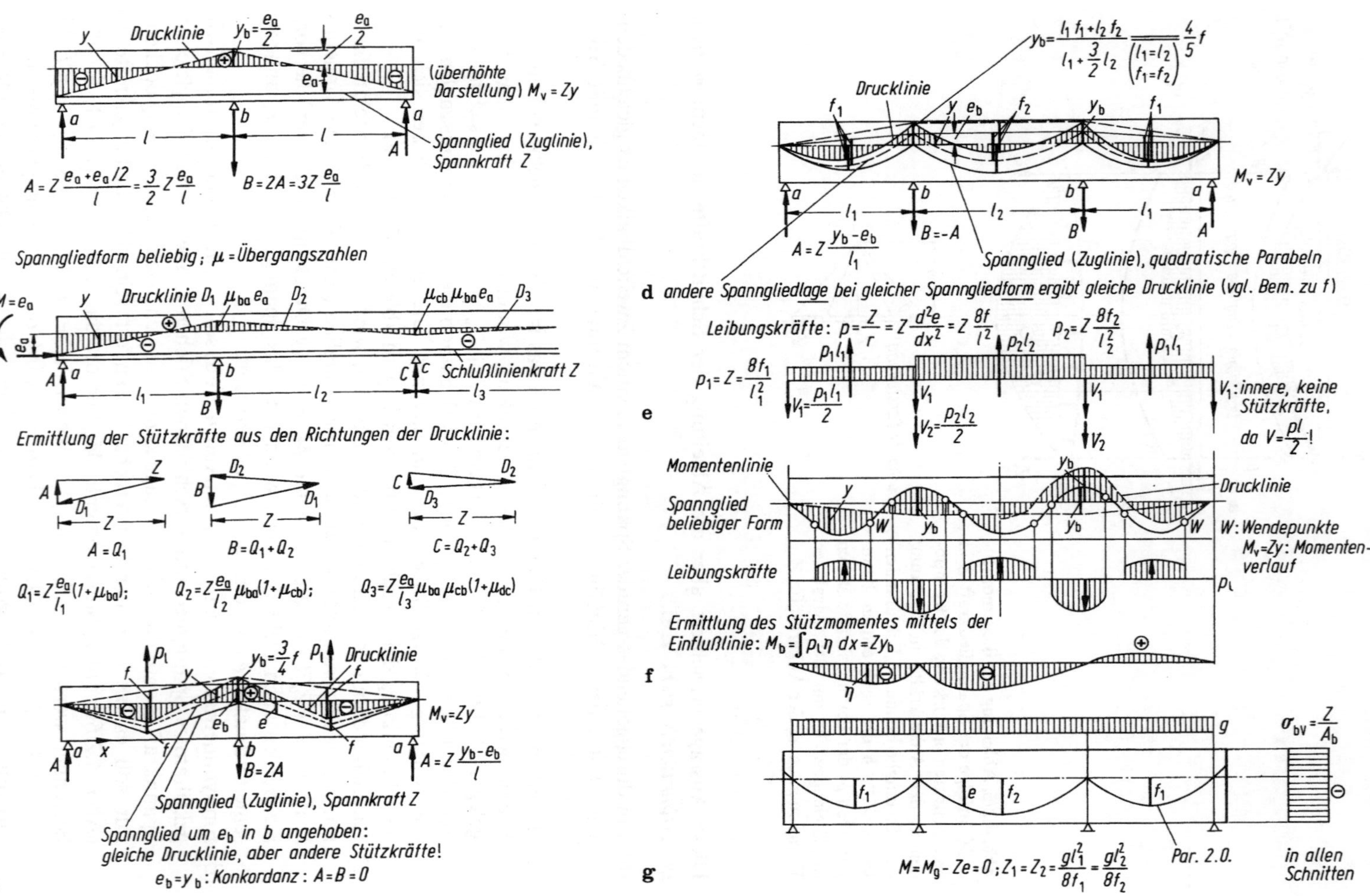

$A = -B/2 = M_b/l_1 = Z(y_b - e_b)/l_1$; die p_1 leisten hierzu unmittelbar keinen Beitrag! Wenn man das Spannglied bis zur Deckung mit der Drucklinie (*Konkordanz*) verdreht, ist $A = B = 0$, da $e_b = y_b$ wird; d. h. dann verschwinden die Stützkräfte. Im allgemeinen Fall decken sich also Druck- und Zuglinie nicht (*Diskordanz*)!

Ein anderer Sonderfall ermöglicht es, für ständige Last g die Durchbiegung zu beseitigen (*formtreue Vorspannung*). Diese gewinnt durch das Vordringen der wirtschaftlichen „teilweisen Vorspannung" (4.3.2) zunehmende Bedeutung [7.3]. Man richtet es dabei so ein, daß $p_1 = g = 8Zf/l^2$ ist (e Exzentrizität des parabolischen Spanngliedes), d. h. man macht $Z = gl^2/8f$ (Abb. 4.2/6g). Dann gibt es auch keine Stützmomente M_b. Dieses Verfahren besitzt Bedeutung beim Unterfangen von Mauerwerk (Abb. 4.2/16) und beim Vorspannen schiefer Platten (Abb. 5/44). Allerdings biegt sich der Balken doch etwas durch, wenn die Spannkraft infolge Kriechens und Schwindens nachläßt (4.3.2.1).

Bei einer unregelmäßigen Spanngliedform kann man zur Berechnung der Stützmomente die Einflußlinie für M_b benutzen, die man bei beweglichen Verkehrslasten ohnehin benötigt (Abb. 4.2/6f). Mit $y_b = M_b/Z$ ist die zum Spannglied affine Drucklinie y dann bekannt. Die Beiträge aus Verankerungshöhe e_a am Endauflager und aus Leibungskräften sind wieder zu addieren. Der Konstrukteur tut gut daran, sich mittels dieser Unterteilung an einigen Beispielen mit dem Mechanismus der Drucklinie, welche die Betonspannungen liefert, vertraut zu machen. Er vermag dann aus einer gewünschten Drucklinie rückwärts auf die Spanngliedform zu schließen und erspart sich damit umfangreiche und unübersichtliche Proberechnungen. Denn eine Drucklinie läßt sich einfach aus einer Momentenlinie für eine passende Belastung des Durchlaufbalkens (z. B. Vollast) durch Division mit einer beliebigen Spannkraft Z ableiten (Abb. 4.2/7a). Diese ist so zu wählen, daß das zugehörige Spannglied im Balken untergebracht werden kann. Eine Exzentrizität e_a des Spanngliedes am Balkenende ist dann durch ein dort angreifendes Moment $M_a = Ze_a$ zu berücksichtigen. In Abb. 4.2/7b ist ein konkordantes Spannglied mit der Ordinate $e_b = M_{bq}/Z_1$, d. h. $Z_1 = M_{bq}/e_b$ gewählt.

Bei einem diskordanten Spannglied (Abb. 4.2/7c) werden die wirksamen Ordinaten y größer, die erforderliche Spannkraft Z_2 deshalb kleiner als Z_1: diese Lösung ist

◀ **Abb. 4.2/6.** Mehrfeldrige Balken mit Spanngliedern, deren Wirkung in Schlußlinienkraft Z_s und Leibungskräfte p_1 unterteilt wird. **a** Zweifeldbalken mit geradem, exzentrischem Spannglied; die Zusatzmomente Zy erzeugen Stützkräfte A und B, die aus dem Knick der Drucklinie abgeleitet werden; **b** vielfeldriger Balken mit ebensolchem Spannglied: Abklingen des Endmomentes Ze_a mit alternierendem Vorzeichen; **c** Zweifeldbalken mit geknicktem Spannglied; Stützkräfte sind aus der Differenz $y_b - e_b$ von Druck- und Zuglinie zu berechnen. **d** Dreifeldbalken mit parabolischen Spanngliedern; Darstellung der Drucklinie: $M = Zy$ und anderer Spanngliedlagen, die gleiche M_v liefern; **e** zu d) gehörende Leibungskräfte p_1 und zugehörige senkrechte Ankerkräfte V; **f** für ein durchgehendes Spannglied beliebiger Form können die $y_b = M_b/Z$ aus den Leibungskräften p_1 mittels der Einflußlinie für M_b ermittelt werden. Momentendarstellung entweder (linke Hälfte): Ordinaten y zwischen Spannglied (Zuglinie) und verschwenkter Achse mit Ordinate y_b in b oder (rechte Hälfte): Ordinaten y zwischen Balkenachse und um y_b verschwenktem Spannglied (Drucklinie); **g** „formtreue" Vorspannung des gleichen Balkens für ständige Last g: $M = M_g + M_v = 0$ in allen Schnitten

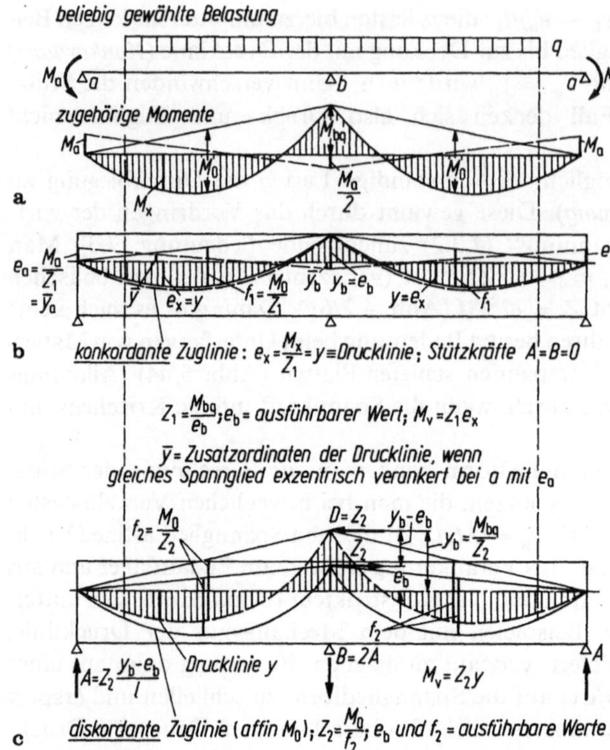

Abb. 4.2/7. Ableitung der Spanngliedform (Zuglinie) aus einer beliebigen Momentenlinie für den Durchlaufbalken. **a** *konkordantes Spannglied* ($y = e$) mit Z_1 affin zu M_x; **b** *diskordantes Spannglied* mit $Z_2 < Z_1$ erzeugt Zusatzmomente $M = Z(y - e)$ und Zusatzstützkräfte A und B aus der *Klaffung* $y_b - e_b$ von Druck- und Zuglinie bei *b*

wirtschaftlicher! Die Drucklinie darf den Querschnitt verlassen (Abb. 4.3/27), jedoch die Zuglinie (Spannglied) natürlich nicht!

Bei Balken mit veränderlichem Trägheitsmoment I, das ja meist auch mit gekrümmter Schwerachse verbunden ist, bleibt die Affinität von Druck- und Zuglinie zwar erhalten. Dabei beziehen sich dann aber die wirksamen Ordinaten y der ersteren auf eine Kurve, so daß die Momente aus Schlußlinien- und Leibungskräften nicht mehr jenen in einem Balken konstanter Steifigkeit proportional sind. Abb. 4.2/8 zeigt, wie man bei einer zentrischen Schlußlinienkraft vorzugehen hat, während die

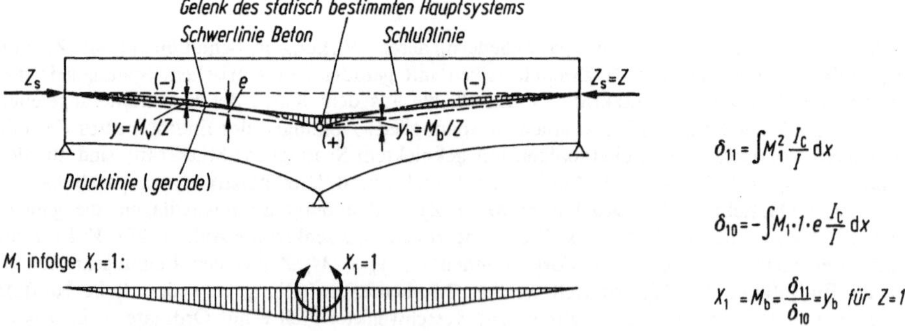

Abb. 4.2/8. Bei Balken mit gekrümmter Achse sind den Momenten in Abb. 4.2/7 weitere aus der Wirkung der Schlußlinienkraft Z_s hinzuzufügen

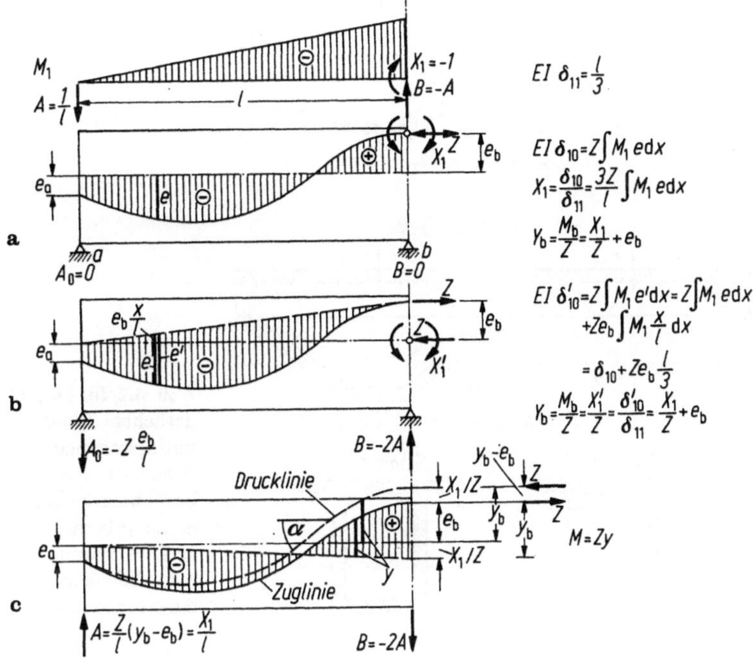

Abb. 4.2/9. Verschiedene Wahl des statisch unbestimmten („offenen") Systems führt zur gleichen Größe von $M_b = Zy_b$. **a** Gelenk bei b in Spanngliedachse: $M_0 = Ze$; $A = B = 0$; **b** Gelenk bei b in Balkenachse: $M_0 = Ze'$; $A = Ze_b/l$; $B = -2A$; **c** Momentenverlauf $M_v = Zy$ bezogen auf Drucklinie oder auf Zuglinie (vgl. Abb. 4.2/7f)

Verformungen δ aus den Leibungskräften nach Abb. 4.2/6d für veränderliches I zu berechnen sind.

Man kann natürlich auch auf die gezeigte Unterteilung der Spanngliedwirkungen verzichten und das statisch unbestimmte Stützmoment $M_b = X_1$ unmittelbar berechnen. Dabei muß man aber die Höhe des gedachten Gelenkes im Trennschnitt, wo ja die Kraft des durchlaufenden Spanngliedes übertragen wird, genau bedenken. Das ist bei Balken mit senkrechten Lasten nicht nötig, da keine Längskraft (gebundener Vektor) vorhanden, aber das Moment ein freier Vektor ist. Legt man beispielsweise bei einem symmetrischen Zweifeldbalken das Gelenk entweder in den Durchstoßpunkt des Spanngliedes (Abb. 4.2/9a) oder in die Betonschwerlinie (Abb. 4.2/9b), so zeigt die kurz skizzierte Berechnung von M_b, daß in beiden Fällen natürlich das gleiche Moment M_b erhalten wird. In Abb. 4.2/9c ist die resultierende Biegebeanspruchung aufgetragen, sowohl in Form der Momentenfläche (Ordinaten y abzulesen zwischen Spannglied und verschwenkter Achse) als auch der Drucklinie (Ordinaten abzumessen zwischen Schwerachse und verschwenkter Zuglinie). Letztere gibt einen unmittelbaren Einblick in den Kräfteverlauf und in die zusätzlichen Stützkräfte aus der Klaffung zwischen Zug- und Drucklinie. Auch die Querkraft $Q_v \cong Z \tan \alpha$ ist nur aus der Neigung der Drucklinie abzulesen.

Bei Spannbetonbalken bewirkt eine Vergrößerung der Balkenhöhe am Zwischenauflager eine Verlagerung der Schwerlinie nach unten und damit eine größere Exzentrizität des Spanngliedes (Abb. 4.2/10a), wodurch dessen günstige Wirkung

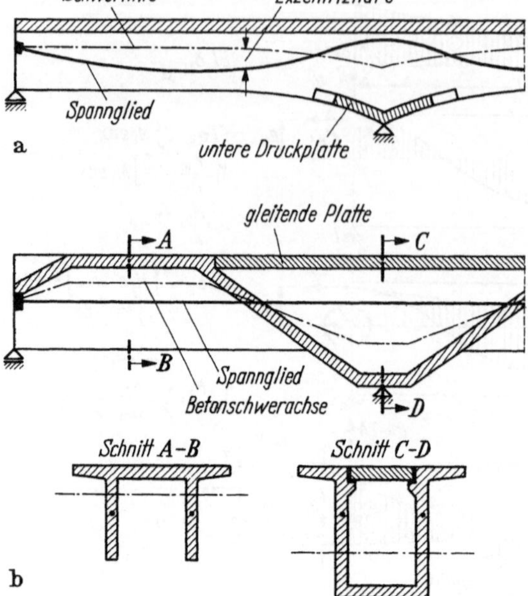

Abb. 4.2/10. Durchlaufbalken mit veränderlichem I und mit gekrümmter Achse, um Spannglied zu strecken. **a** veränderliche Balkenhöhe und untere Druckplatte bei b; **b** stark wechselnde Lage der Balkenachse (überhöht dargestellt) ermöglicht gerades Spannglied (wenig Reibungsverlust!) bei vielen Feldern, vergrößert aber die erforderliche Spannkraft

gesteigert wird. Diese kann durch Verziehen der Druckplatte so weit getrieben werden (Abb. 4.2/10 b), daß man mit einem geraden Spannglied bei mehreren Feldern auskommt (wenig Reibungsverlust!), allerdings mit einem größeren Aufwand an Stahl. Außerdem ist zu prüfen, ob der kleine innere Hebelarm des Spanngliedes für den Nachweis der Bruchsicherheit (4.3.2.1) ausreicht, bei dem die Wirkung der Vordehnung des Stahles weitgehend verloren geht.

4.2.2 Schnittkräfte im Gebrauchszustand bei Langzeitbelastung (Kriechen des Betons)

In 1.1.1.1 ist nachgewiesen, daß alle *Lastspannungen*, zu denen auch die Vorspannungen gerechnet werden, in erster Näherung im Zustand I von der Elastizitätsziffer E_b des Betons unabhängig sind, auch wenn diese mit der Zeit auf E_t absinkt. Lediglich die Verformungen wachsen entsprechend an. Da die Bewehrung nicht kriecht, tritt aber ein innerer Zwang ein (4.2.4.2), der die Spannungen umlagert und den linearen Zusammenhang zwischen Last und Formänderung stört. Umfassend werden die Kriech- und Schwindeinflüsse in [8] behandelt.

4.2.2.1 Stahlbetonbalken

Bei Stahlbetonbalken kriecht im Zustand II nur der Beton der Druckzone, so daß die Krümmung $\varkappa_k$ für Kriechzahl $\varphi = 1$ nur einen Bruchteil (1/5 ... 1/3) derjenigen $\varkappa_{el}$ des homogenen, elastischen Stabes beträgt (4.2.3.1). Obgleich bei Durchlaufbalken mit **T**-Querschnitt die Bewehrung und die gedrückte Fläche längs der Spannweite und damit $\varkappa_k$ erheblich wechseln, verfolgt man deren Auswirkung aus Dauerlasten auf die

Stützmomente in der Regel nicht. Das wäre auch umständlich und ohnehin ungenau, so daß der Momentenverlauf für Zustand I statt für II zugrunde gelegt wird (4.2.1.1). In [9; 18] wird dieser Frage weiter nachgegangen.

4.2.2.2 Spannbetonbalken

Spannbetonbalken (1-Vorspannung) weichen in ihrem Verhalten nicht wesentlich von dem homogener Stäbe ab, weil der „störende" Bewehrungsgehalt μ infolge der hohen Stahlspannung relativ gering ist. Deren Einfluß bei Dauerlast ist klein für ein konkordantes Spannglied und wird mit wachsender Diskordanz größer [10].

Die Spannkraft Z nimmt allerdings in jedem Querschnitt nach Maßgabe der Kriech- und Schwindverkürzung der benachbarten Betonfasern ab (Abb. 4.3/22). Man nimmt näherungsweise für den ganzen Balken meist den Wert in der Feldmitte an und setzt die Vorspannungen des Betons proportional dazu herab. Die Drucklinienordinaten und die Lastmomente bleiben ja annähernd konstant. Eine „genauere" Untersuchung ist nur mit großem Aufwand [11] möglich. Einfach und genügend genau ist stets das in Abb. 4.3/24 gezeigte Stufenverfahren [8].

Die bei abschnittweise hergestellten Durchlaufbalken auftretenden Umlagerungen werden in II A, 2.2.1.3.1 behandelt.

4.2.3 Verformungen und Durchbiegungen im Gebrauch

Auf ihre zunehmende Bedeutung wurde in 1.4 hingewiesen. Sie sind eine häufige Ursache von Bauschäden [12] und sollen durch einige Beispiele zunächst von *Stahlbetonbalken* qualitativ illustriert werden.

(a) Häufig entstehen in Leichtsteinwänden auf einem schlanken Unterzug schräge Risse, die vom Auflager ausgehen (Abb. 4.2/11). Beim Hochmauern ist der Mörtel zwar noch weich, nach dem Erhärten bildet die Wand jedoch eine steife Scheibe (6.3.1.2) und kann den Kriechdurchbiegungen des Balkens nicht mehr folgen, besitzt aber nicht genügend Festigkeit, sich selbst zu tragen.

(b) Schaufensterscheiben unter einem Deckenrandbalken bekamen einige Wochen nach dem Einsetzen Sprünge und mußten ausgewechselt werden (Abb. 4.2/12a). Man hatte unvorsichtigerweise die Metallfassung gegen den Balken vermörtelt, statt dort ein Spiel zu lassen, das in etwa der zu erwartenden Durchbiegung des Balkens entsprach. Ebenso dürfen Wände aus Glasbausteinen keinesfalls fest einge-

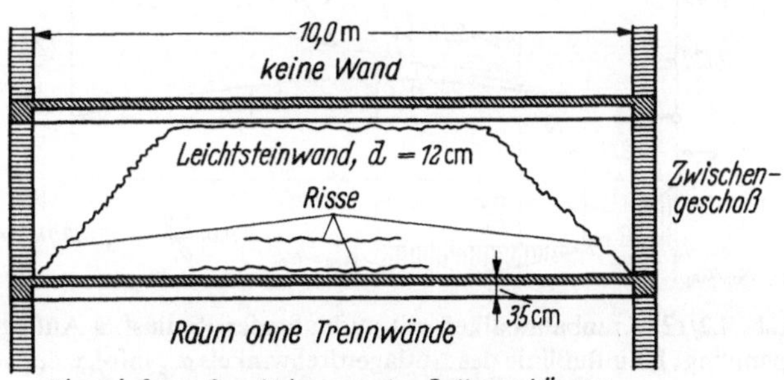

Abb. 4.2/11. Risse in einer Trennwand auf einer sehr schlanken Rippendecke

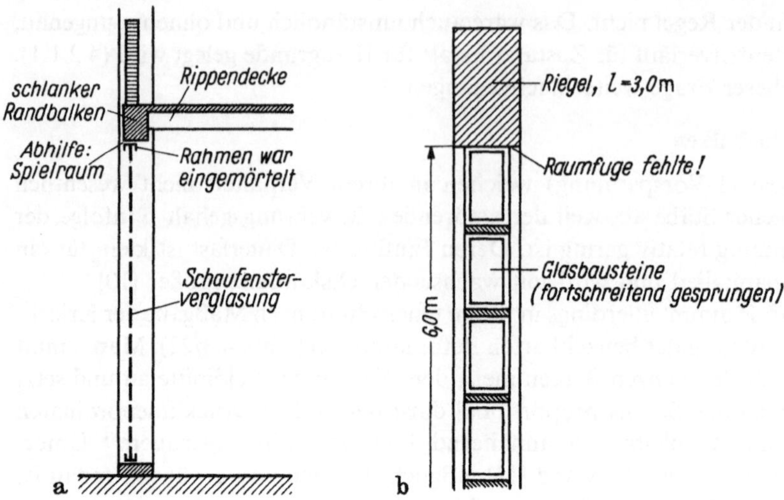

Abb. 4.2/12. Kriechdurchbiegung eines Abfangbalkens zerstörte **a** eine Schaufensterscheibe; **b** eine Wand aus Glasbausteinen

mauert werden (Abb. 4.2/12b). Infolge der mit der Zeit zunehmenden Formänderungen des Sturzes und der Leibungen (Mauerwerk) lagern sich sonst Kräfte auf die sehr spröden Glasbausteine um, die dann reißen. Weitere Beispiele über Auflagerschäden, Gefälleumkehr bei Decken usw. findet man in II A, Abb. 3/29 bis 31 sowie in [13].

Bei *Spannbetonbalken* ist unter ständiger Last g die Betonpressung an der Unterseite häufig größer als diejenige an der Oberseite (Abb. 4.1/3c). Das hat eine Aufwölbung zur Folge, die mit der Zeit durch Kriechen zunimmt und den Gebrauchswert herabsetzen kann:

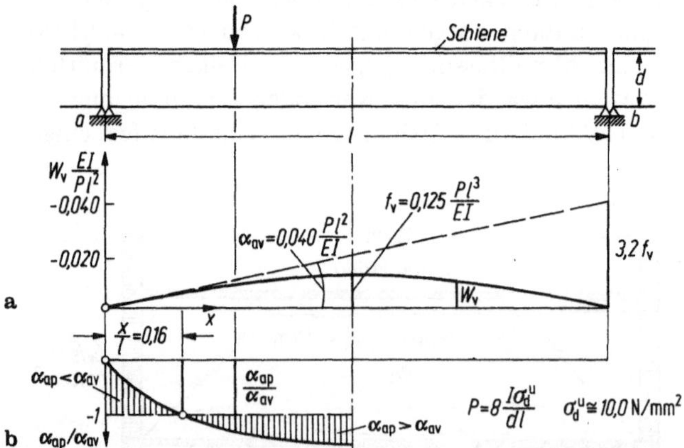

Abb. 4.2/13. Kranbahnbalken mit auflaufender Radlast. **a** Auflagerdrehwinkel α_{av} infolge 1 — Vorspannung; **b** Einflußlinie des Auflagerdrehwinkels α_{ap} infolge der von a vorrückenden entsprechenden Last P. Bis $x = 0,16l$ muß die Last P „bergauf" fahren, ehe sie den Balken in die Waagerechte drückt!

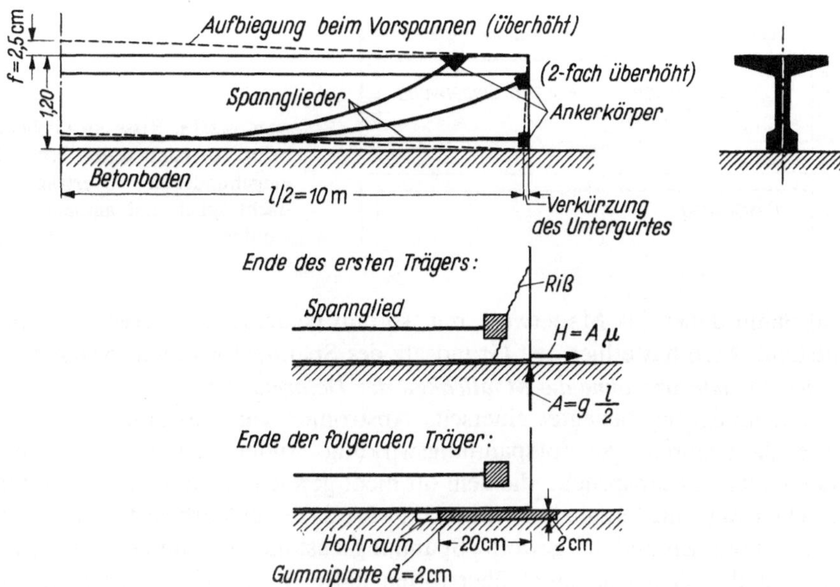

Abb. 4.2/14. Eckriß an einem Spannbetonfertigbalken für eine Brücke infolge des Aufwölbens beim Vorspannen und Konzentrierens der Stützkraft an der Ecke

(c) Kranbahnbalken (Abb. 4.2/13) besitzen geringes Eigengewicht und große Verkehrslast, so daß die erwähnte Erscheinung besonders ausgeprägt ist. Sie führte sogar in einem Fall dazu, daß der Kran sehr unregelmäßig lief: wenn er das Auflager passierte, mußte er das folgende Feld erst niederdrücken, d. h. Arbeit leisten, und lief langsamer; wenn er sich der Feldmitte näherte, wurde er beschleunigt, was für den Betrieb sehr lästig war.

(d) Solche negative Durchbiegungen stellten sich bei 50 m weit gespannten, vorfabrizierten Balken mit T-Profil (ähnlich Abb. 4.2/14) der Landöffnungen einer großen Hängebrücke in Frankreich ein. Sie waren zwar dem Verkehr nicht hinderlich, fielen aber optisch durch die Markierungsstreifen der Fahrbahnen deutlich auf.

(e) Für eine Brücke wurden eine große Anzahl von Spannbetonbalken mit T-Profil auf einem Betonboden angefertigt (Abb. 4.2/14) und dort vorgespannt. Beim ersten Träger zeigten sich an den Enden schräg nach oben verlaufende Risse, die zwei Ursachen hatten: 1. Die Konzentration des Gewichtes (20 t) auf die Balkenenden und 2. die Reibungskraft H infolge der Verkürzung des Untergurtes durch die Vorspannungen. Bei den folgenden Balken wurden unter die Trägerenden Gummiplatten gelegt, welche die Auflagerkraft verteilten und eine waagrechte Bewegung ermöglichten. Es traten dann keine Risse mehr auf. Auch hier hatte man die Folgen der Aufwölbung der Balken beim Spannen nicht genügend vorher bedacht.

(f) Über einer Kellergarage wurde eine vorgespannte Plattenbalkendecke ausgeführt, für die nur eine geringe Bauhöhe zur Verfügung stand (Abb. 4.2/15). Die Balken wurden durch einen Stahlbeton-Querträger, der bis in das Umfassungsmauerwerk des Kellers hineinreichte, zur Lastverteilung miteinander verbunden. Sie wurden stufenweise vorgespannt, um den Querträger nicht durch ihre Verformungsdifferenzen zu beanspruchen. Dessen eingemauertes Ende hob sich zusammen mit den Balken

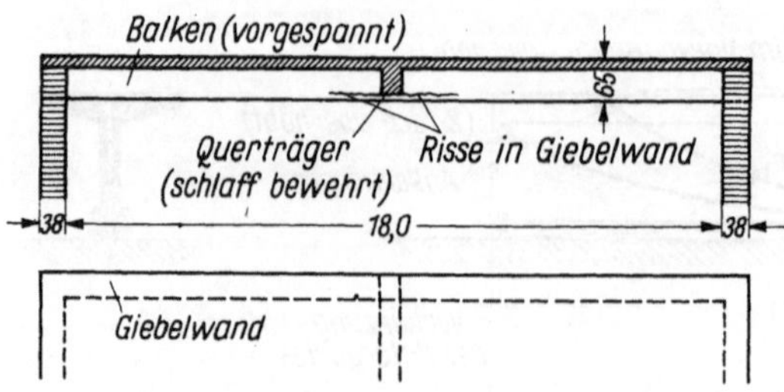

Abb. 4.2/15. Risse im Giebelmauerwerk beim Vorspannen der Decke durch dort eingebundenen Querträger. Abhilfe: nachträglich erst anmauern und unterstopfen!

und nahm dabei das Mauerwerk mit, so daß beiderseits ein etwa 1 cm breiter Riß entstand. Man hatte hier den Grundsatz des Spannbetons nicht beachtet:
Keine Vorspannung ohne die Möglichkeit der Deformation!
Jede Behinderung bedeutet einerseits Abströmen von Spannkraft und vermindert daher die beabsichtigte Vorspannungswirkung. Andererseits werden unbeabsichtigt andere Stellen beansprucht, die dem oft nicht gewachsen sind. Hätte das Mauerwerk den Querträger niederzuhalten vermocht, wäre das einer Vorbelastung der Hauptträger gleichgekommen und der gewollte Spannungszustand erst dann eingetreten, wenn die Nutzlast die „Vorbelastung" übertroffen hätte. Klare Verhältnisse wären für den Anfang dadurch geschaffen worden, daß man erst *nach* dem Spannen das Endfeld des Querträgers betoniert oder sein Auflager ummauert hätte. Durch das Kriechen wären die eliminierten Zusatzkräfte aber, ähnlich wie in Abb. 4.2/31 dargestellt, teilweise wieder aufgebaut worden.

Man kann das Aufwölben naturgemäß durch Herabsetzen des Vorspanngrades (Abb. 4.2/22) regulieren.

DIN 1045, 17.7.1 fordert den Nachweis der Durchbiegungen, wenn Schäden an Bauteilen entstehen können oder die Gebrauchsfähigkeit beeinträchtigt wird. 17.7.2 beschränkt die Verformungen mittelbar durch vorgeschriebene Schlankheitsmaße. Für die Berechnung wird auf H. 240 verwiesen.

Mitunter ist jedoch die Aufwölbung infolge Vorspannens sehr nützlich, z. B. wenn es gilt, historisches Mauerwerk zu unterfangen [14]. Nach dem abschnittweisen Einbau eines Balkens mit Kanälen für die Spannglieder (Abb. 4.2/16) werden diese nachträglich eingezogen und der Balken „formtreu" vorgespannt (Abb. 4.2/6g). Dadurch setzt er seine Last auf die Endlager ab. Wenn hier PTFE-Gleitlager (7.3.6) eingebaut werden, kann das Bauwerk als Ganzes auf vorbereiteten Gleitbahnen verschoben werden.

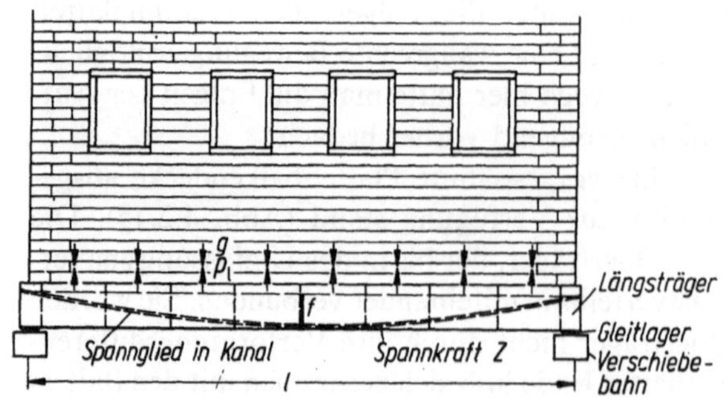

Abb. 4.2/16. Aktives Unterstützen von historischem Mauerwerk durch Leibungskräfte $p_1 = Z/R = \dfrac{8Zf}{l^2} = g$.

Spannglied kann oberhalb der Achse verankert werden, da Längskraft ohnehin durch Reibung gegen das Mauerwerk aufgenommen wird, was die $p_1 = g$ jedoch nicht vermindert.

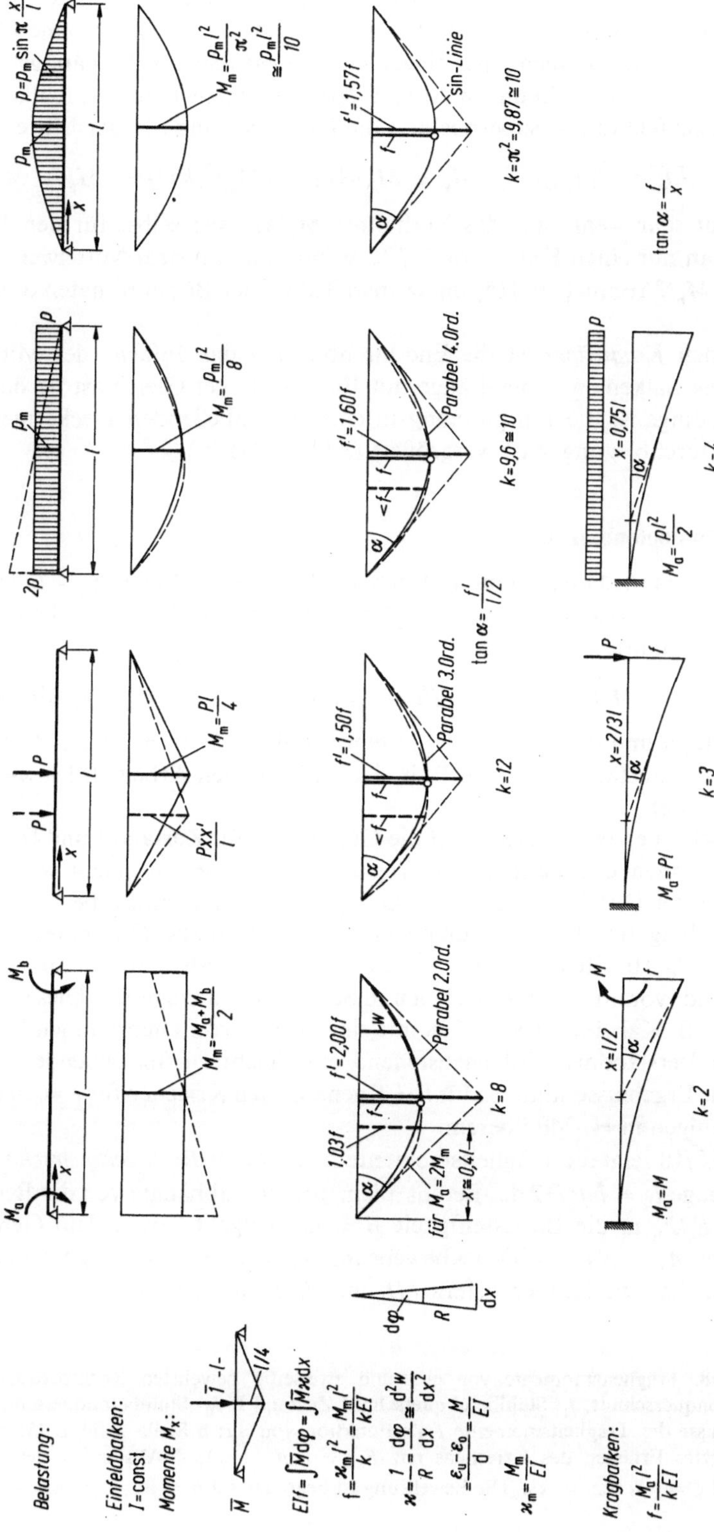

Abb. 4.2/17. Biegelinien einfacher Balken und Kragbalken für häufigste Belastungen (max. Ordinaten f und Enddrehwinkel α)

In 1.4 wird auf die zweckmäßige Berechnung ausgezeichneter Verformungen mittels des Prinzips der virtuellen Arbeit hingewiesen. Abb. 4.2/17 gibt eine Übersicht der Geometrie der Biegelinien eines einzelnen *Balkenfeldes* für die häufigsten symmetrischen Lastfälle (Bezeichnungen Abb. 1/2b). Bei einem Durchlaufbalken ergibt sich für ein Innenfeld durch Superposition die Durchbiegung f in der Mitte:

$$EIf = l^2[M_m/k - (M_a + M_b)/16] = (M_m l^2/k)\,[1 - M_a + M_b)\,k/16M_m]\,.$$

Es kommt sehr wenig auf das Verhältnis M_a/M_b an; selbst für den Fall $M_a = 0$ begeht man nur einen Fehler von 2,7 %, wenn man mit dem Mittelwert von M_a und M_b, also $M_b/2$ rechnet. In [15] findet man Tafeln der Biegeordinaten durchlaufender Balken.

Für einen *Kragträger* ist die Enddurchbiegung das 16fache der Mitteldurchbiegung eines Balkens gleicher Länge mit Einzellast; bei Gleichlast ist das Verhältnis 9,6. Allerdings ist die Einspannung in einer anschließenden Decke meist elastisch, was die Durchbiegung stark vergrößert (Abb. 5/27).

4.2.3.1 Stahlbetonbalken

Bei Stahlbeton wird im Zustand II durch die Risse die Steifigkeit $B = E_b I$ herabgesetzt und damit die Krümmung $\varkappa = M/B$ erheblich vergrößert. In jedem Fall gilt für ebene Querschnitte:

$$\varkappa = M/EI = (\varepsilon_b + \varepsilon_s)/h = \varepsilon_b/x = \varepsilon_s/(h - x);\ \ (\varepsilon_b\ \text{u.}\ \varepsilon_s\ \text{Absolutwerte})\,.$$

Da sich M, μ und der Zustand längs eines Balkens ändern, ist die Berechnung von $f = \int M\varkappa dx$ umständlich und z. B. in der umfassenden Arbeit [16] sowie vereinfacht in [17] geleistet.

Praktisch ist es zweckmäßig, erst die Grenzwerte für Zustand I und II mittels I_I und I_{II} zu berechnen und dann einen Weg zu suchen, der zu einem wahrscheinlichen Mittelwert der Durchbiegung führt. Da $\varkappa_m$ in der Balkenmitte bei konstanter Höhe den Ausschlag für die Verformung gibt, kann man die Durchbiegungen $f^{II}/f_b \cong \varkappa^{II}/\varkappa_b = I_b/I_{II}$ (b: Beton allein) setzen. Es genügt also, die I im Anfangs- und Endzustand (vor und nach Kriechen und Schwinden) anzugeben. Dies wird in H. 240, 6.3.4 oder B. Kal. 1982 I Seite 958 mit einer Reihe von Diagrammen bewerkstelligt. Zu deren Verständnis wird nachstehend eine leicht zu übersehende Ableitung geboten. Die Ergebnisse stimmen für $t = 0$ genau, nach Kriechen für $t = \infty$ befriedigend mit denjenigen in H. 240 überein.

Abb. 4.2/18 zeigt die Trägheitsmomente I_I und I_{II} für *Rechteckquerschnitte*, bezogen auf dasjenige $I_b = bd^3/12$ des Betons allein. Sie sind abhängig von der Betonsorte, die mit $n = E_s/E_b$ in die Biegesteifigkeit $B = E_b I$ eingeht, sowie dem Gehalt an Zugbewehrung $A_s = \mu bh$ und Druckbewehrung $A_s' = \mu'bh$, deren Lage in der Abbildung angegeben ist. Die Kurven liefern I_I/I_b und I_{II}/I_b und damit:

Abb. 4.2/18. Trägheitsmomente von ein- und zweiseitig bewehrten Rechteckquerschnitten: I_b: ▶ reiner Betonquerschnitt, I_I: Stahlbetonquerschnitt Zustand I, I_{II}: Stahlbetonquerschnitt Zustand II. **a** Verhältnisse der Trägheitsmomente I als Funktion von $n\mu$; **b** Skala μ für B 25: $n = 7$; **c** Skala für genähertes Erfassen des Kriechens mit $E_{b\varphi} = E_b/(1 + \varphi)$; **d** Abstand x der Nullfaser vom Druckrand $\xi = x/h$ bez. $= x/d$. Die Bewehrung ist begrenzt auf $\mu = \mu_{gr} + \mu'$ (μ_{gr} vgl. 1.3.2)

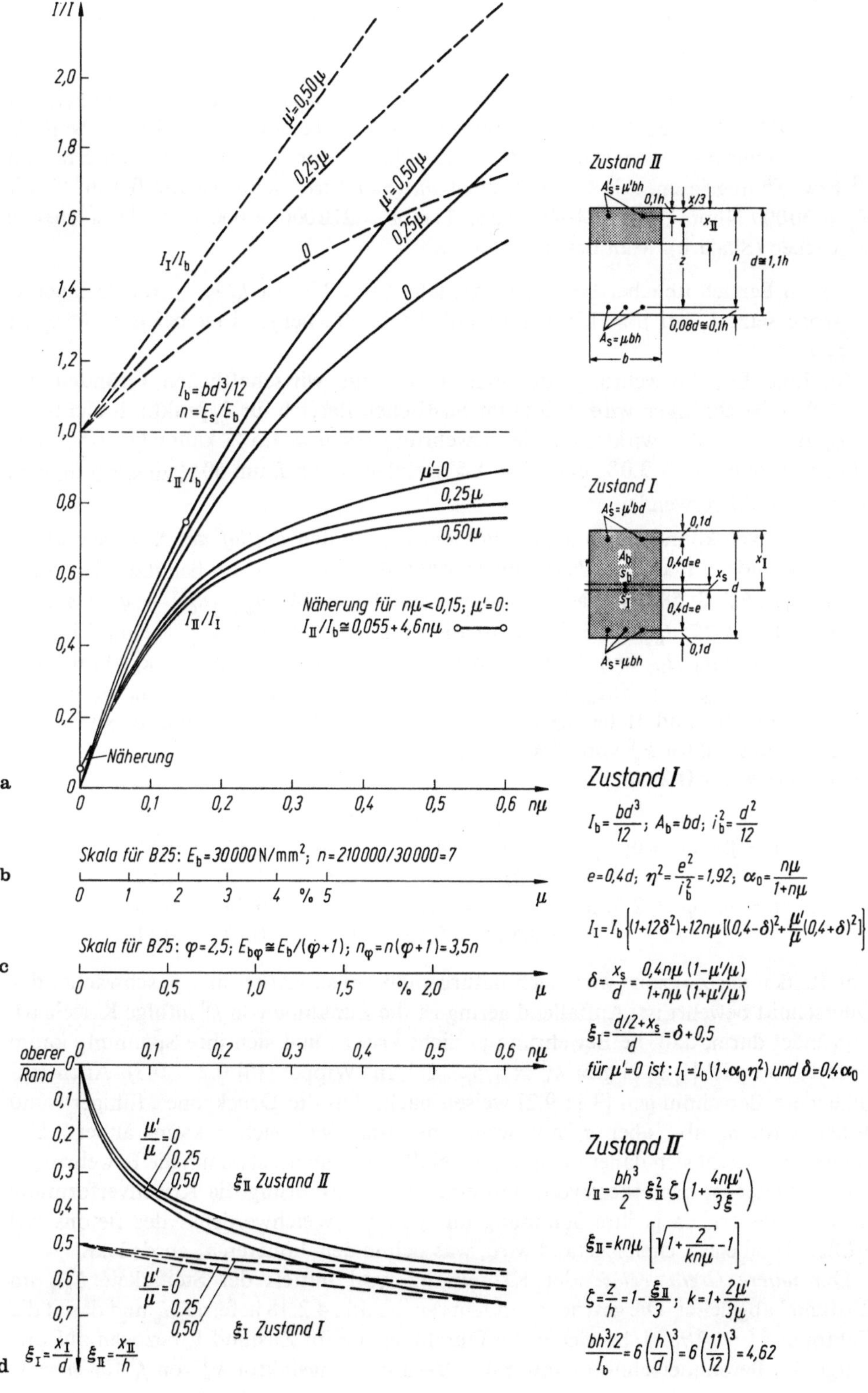

Zustand I

$$I_b=\frac{bd^3}{12}; \quad A_b=bd; \quad i_b^2=\frac{d^2}{12}$$

$$e=0,4d; \quad \eta^2=\frac{e^2}{i_b^2}=1,92; \quad \alpha_0=\frac{n\mu}{1+n\mu}$$

$$I_I=I_b\left\{(1+12\delta^2)+12n\mu\left[(0,4-\delta)^2+\frac{\mu'}{\mu}(0,4+\delta)^2\right]\right\}$$

$$\delta=\frac{x_s}{d}=\frac{0,4n\mu\,(1-\mu'/\mu)}{1+n\mu\,(1+\mu'/\mu)}$$

$$\xi_I=\frac{d/2+x_s}{d}=\delta+0,5$$

für $\mu'=0$ ist: $I_I=I_b(1+\alpha_0\eta^2)$ und $\delta=0,4\alpha_0$

Zustand II

$$I_{II}=\frac{bh^3}{2}\,\xi_{II}^2\,\zeta\left(1+\frac{4n\mu'}{3\xi}\right)$$

$$\xi_{II}=kn\mu\left[\sqrt{1+\frac{2}{kn\mu}}-1\right]$$

$$\zeta=\frac{z}{h}=1-\frac{\xi_{II}}{3}; \quad k=1+\frac{2\mu'}{3\mu}$$

$$\frac{bh^3/2}{I_b}=6\left(\frac{h}{d}\right)^3=6\left(\frac{11}{12}\right)^3=4,62$$

$$\varkappa_0^{\mathrm{I}} = M/E_b I_{\mathrm{I}} = k_0^{\mathrm{I}} M/E_b I_b = k_0^{\mathrm{I}} \varkappa_b \quad \text{mit} \quad k_0^{\mathrm{I}} = I_b/I_{\mathrm{I}}$$

$$\varkappa_0^{\mathrm{II}} = M/E_b I_{\mathrm{II}} = k_0^{\mathrm{II}} M/E_b I_b = k_0^{\mathrm{II}} \varkappa_b \quad \text{mit} \quad k_0^{\mathrm{II}} = I_b/I_{\mathrm{II}}$$

(Die in H.240 benutzten Verhältniswerte $\varkappa$ werden hier mit k bezeichnet, da $\varkappa$ nach DIN 1080 Teil 1 (76) der Stabkrümmung vorbehalten ist und hier ebenfalls auftritt). Zunächst werden die I_{II}/I_b im Zustand II für die *oberen Grenzwerte* von $\varkappa^{\mathrm{II}}$ bzw. f^{II} abgelesen. Als Leitwert dient $n\mu$ (Skala a); weiter ist für Beton 25 mit $E_b = 30\,000\ \mathrm{N/mm^2}$ (DIN 1045, Tab. 11), $n = 210\,000/30\,000 = 7$ als solcher μ angegeben (Skala b). Man liest folgendes ab:

(a) Im Bereich üblicher Bewehrungsgehalte ($\mu < 2\%$) ist $I_{\mathrm{II}} < I_b$; die versagende Zugzone setzt I_{II} bei $\mu = 1\%$ bereits auf die Hälfte herab. Erst bei $\mu \cong 3{,}5\%$ ist $I_{\mathrm{II}} \cong I_b$.

(b) Eine Druckbewehrung, die man schon aus wirtschaftlichen Gründen auf $\mu' \leqq 0{,}5\mu$ beschränken wird, bringt im elastischen Bereich für I_{II} praktisch nichts.

(c) Im Zustand I wirkt sich die Bewehrung bis $\mu = 1{,}5\%$ kaum ($<20\%$) aus. Man muß schon $\mu = 3{,}0\%$ und $\mu' = 1{,}5\%$ einlegen, um I_{I} um 50% zu steigern, also sehr viel Stahl verwenden.

Die Kurven können auch angewandt werden um den *Einfluß des Kriechens* abzuschätzen, indem man den Näherungsansatz $E_\varphi = E_0/(1 + \varphi)$ benutzt, den auch Brendel [1/26.2, S. 584] und Mayer [16] vorgeschlagen. Mit $n_\varphi = n_0(1 + \varphi)$ liest man (Skala c für B 25) $I_{\mathrm{II}\varphi}/I_b$ ab. Dann ist die Steifigkeit $B_\varphi = E_\varphi I_{\mathrm{II}\varphi} = E_0 I_{\mathrm{II}\varphi}/(1 + \varphi)$ $= E_0 I_{\mathrm{II}0}(1 + \varphi) I_{\mathrm{II}\varphi}/I_{\mathrm{II}0}$ und die Durchbiegung steigt auf $f_\varphi^{\mathrm{II}} = f_0^{\mathrm{II}}(1 + k_b^{\mathrm{II}}\varphi)$ mit dem Faktor $k_k^{\mathrm{II}} = [I_{\mathrm{II}0}(1 + \varphi)/I_{\mathrm{II}\varphi} - 1]/\varphi$. Man erhält also mittels $k_0^{\mathrm{II}} = \varkappa_0^{\mathrm{II}}/\varkappa_b \cong f_0^{\mathrm{II}}/f_b$ $\varkappa$ bzw. f im Zustand II bezogen auf die Werte des Betonquerschnittes sowie den Vergrößerungsfaktor k_k^{II} von f_0^{II} infolge $\varphi = 1$, beispielsweise für B 25 und

		$\mu = 0{,}5$	1,0	1,5	2,0 %
$t = 0;\ \varphi = 0;$	$\mu' = 0: k_0^{\mathrm{II}} =$	4,35	2,50	1,82	1,54
	$\mu' = 0{,}5\mu: =$	4,15	2,33	1,73	1,43
$t = \infty;\ \varphi = 2{,}5;$	$\mu' = 0: k_k^{\mathrm{II}} =$	0,15	0,20	0,24	0,26
	$\mu' = 0{,}5\mu: =$	0,13	0,16	0,12	0,11

Das Reißen der Zugzone wirkt sich naturgemäß um so stärker aus, je schwächer der Querschnitt bewehrt ist. Auffallend gering ist die Zunahme von f_0^{II} infolge Kriechens, begründet darin, daß die Bewehrung ja nicht kriecht und sich ihre Spannung kaum ändert! (Brendel [1/26.2] gibt $k_k^{\mathrm{II}} \cong 1/5 \dots 1/3$ an, Wippel [18] 0,2 ... 0,3). Auch eingehendere Berechnungen [9.1; 9.2] weisen nach, daß die Druckzone „fülliger" und höher wird, σ_b ab-, aber σ_s nur wenig zunimmt, weil sich z kaum ändert. Der Querschnitt dreht sich daher nicht um die Nullinie, sondern etwa um die Bewehrungsachse. Weiter ist bemerkenswert, daß eine Druckbewehrung die Kriechverformung stark herabsetzt, da ja ihre Spannung infolge des „Weichwerdens" des Betons viel größer als im elastischen Zustand wird, was sich in dem höheren n_φ ausdrückt.

Der *untere Grenzwert* $\varkappa^{\mathrm{I}}$ der Krümmung wird mittels der Steifigkeit $E_b I_{\mathrm{I}}$ im Zustand I abgeleitet. Die gestrichelten Kurven in Abb. 4.2/18 liefern I_{I}/I_b und damit die Faktoren $k_0^{\mathrm{I}} = f_0^{\mathrm{I}}/f_b$, d. h. wieder die Durchbiegung im Zustand I, bezogen auf diejenige des Betonquerschnittes sowie den Vergrößerungsfaktor k_k^{I} von f_0^{I} für $\varphi = 1$:

$$
\begin{array}{llllll}
\text{z. B. für B 25 und} & \mu = 0,5 & 1,0 & 1,5 & 2,0\,\% \\
t = 0;\ \varphi = 0;\ \mu' = 0: & k_0^I = 0,93 & 0,89 & 0,85 & 0,81 \\
\mu' = 0,5\mu: & = 0,91 & 0,83 & 0,77 & 0,72 \\
t = \infty;\ \varphi = 2,5;\ \mu' = 0: & k_k^I = 0,81 & 0,75 & 0,69 & 0,66 \\
\mu' = 0,5\mu: & = 0,71 & 0,59 & 0,50 & 0,49
\end{array}
$$

Das Verhalten der Querschnitte weicht viel weniger von denjenigen der Betonquerschnitte ab als im Zustand II.

Abb. 4.2/19 zeigt für einen *Plattenbalkenquerschnitt* die nämlichen Zusammenhänge für $n\mu$ (Skala a), wobei im Zustand II der Steg nicht mitwirkt. Bereits bei

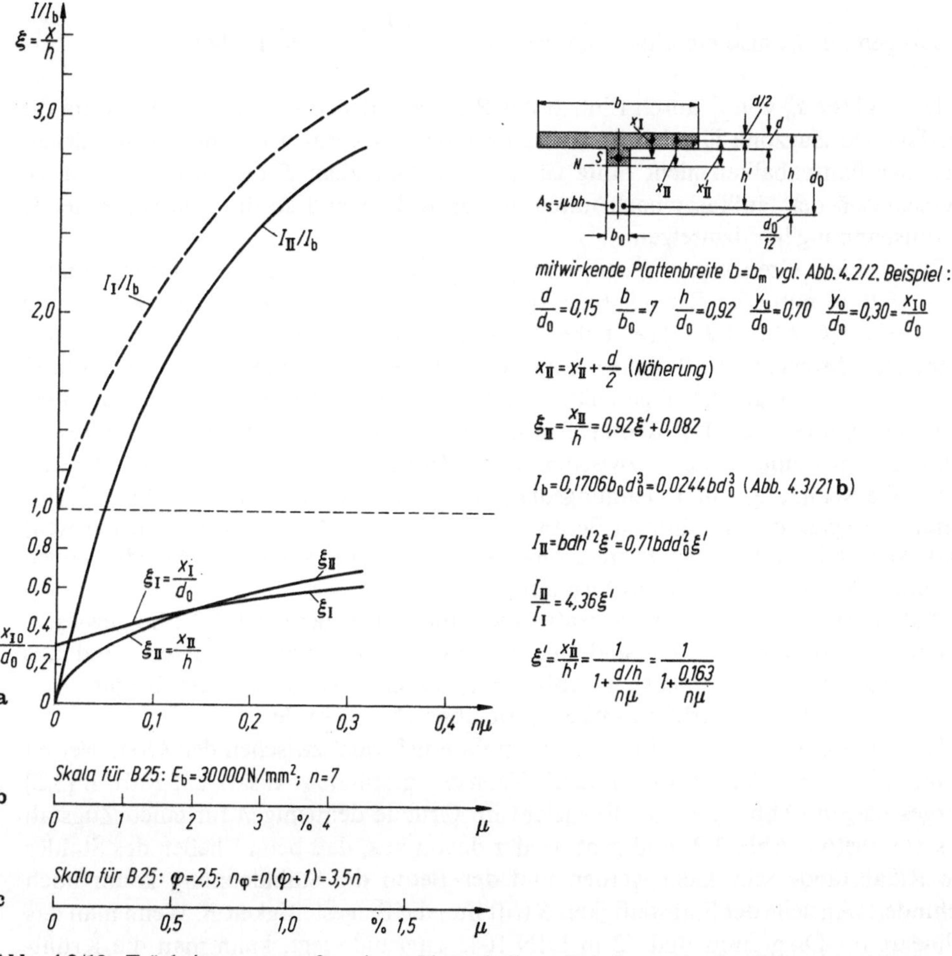

Abb. 4.2/19. Trägheitsmomente für einen Plattenbalken. Bei I_{II} wurde der Steg vernachlässigt (Abb. 4.3/1) und die Betonspannungen im Druckgurt gleichförmig verteilt angenommen. Dementsprechend ist die Lage der Nullfaser für die Berechnung von I_{II} auf Mitte Platte bezogen (x'_{II}), aber auch in der üblichen Weise auf den Druckrand (x_{II}) und letztere als $\zeta_{II} = x_{II}/h$ außer $\zeta_I = x_I/h$ für Zustand I aufgetragen. Die Bewehrung des gezeichneten Profils ist begrenzt durch $M_u = A_s\beta_S z = bdz\beta_R$ auf $\mu_{gr} = A_s/bh = d\beta_R/h\beta_S = 0,164\beta_R/\beta_S \cong 0,10B_N/\beta_S$ ($\beta_R = 0,6B_N$ nach DIN 4227) z. B. für:

B_N:	B25	B45
BSt III, $\quad \beta_S = 420\ \text{N/mm}^2$:	$\mu_{gr} = 0,60$	$1,08\,\%$
Spannst., $\quad \beta_S = 1470\ \text{N/mm}^2$:	$\mu_{gs} = 0,17$	$0,31\,\%$

Querschnittswerte für andere Verhältnisse b/b_0 und d/d_0 findet man in Abb. 4.3/21 b.

$\mu \cong 0,7\%$ (Skala b) ist $I_{II} \cong I_b$; aber da sich $\mu = A_s/bh$ auf ein gedachtes Rechteck mit der Plattenbreite b_m bezieht, ist diese Bewehrung schon sehr stark. Auch die Kriechwirkung kann wieder durch Dehnen der Abszissenachse (Skala c) abgeschätzt werden.

Man erhält für B 25 und

$$
\begin{array}{lllll}
\mu & = 0,25 & 0,5 & 1,0 & 1,5\% \\
t = 0;\ \varphi = 0: & k_0^I = 0,80 & 0,67 & 0,54 & 0,47 \\
& k_0^{II} = 2,30 & 1,25 & 0,74 & 0,58^a \\
t = \infty;\ \varphi = 2,5: & k_k^I = 0,71 & 0,54 & 0,44 & 0,49 \\
& k_k^{II} = 0,13 & 0,21 & 0,33 & 0,41
\end{array}
$$

[a] bezogen auf I_b, also einschließlich des Faktors $\left(\dfrac{d_0}{h}\right)^3 \dfrac{b_i}{b_m}$ in H. 240!

Der Faktor k_0^{II} von f_b durch Eintritt der Risse ist kleiner als beim Rechteck, da die fortfallende Zugzone ja schmaler ist. Das Kriechen vermehrt f_0^{II} hingegen stärker, weil der Plattenbalken nicht fähig ist, bei abnehmendem E die Druckzone durch Verschieben der Nullfaser nach unten zu vergrößern und so die kriecherzeugende Betonspannung herabzusetzen.

Die beiden Grenzwerte $\varkappa^{II}$ und $\varkappa^I$ geben, wie gesagt, nur die Krümmungen $\varkappa = M/B$ im mittleren Bereich eines Balkens in Zustand I und II. Die Berechnung von $f = \varkappa l^2/k$ (Abb. 4.2/17) setzt aber konstante Steifigkeit voraus. Diese ändert sich jedoch mit Moment und Bewehrung längs des Balkens. Außerdem kann der Abstand der Risse nur ungefähr abgeschätzt werden, da sich den Lastspannungen stets Eigenspannungen (1.1.1.3) überlagern, die oft rißauslösend wirken. Den ungleichmäßigen Spannungszustand zwischen zwei Rissen veranschaulicht Abb. 4.2/20a durch die Spannungs- und Dehnungsdiagramme im Zustand I und II, Abb. 4.2/20b durch die Spannungsverläufe in Beton und Stahl (vgl. I A, Abb. 4.4/3 schematisch) und Abb. 4.2/20c bestätigt letztere qualitativ durch spannungsoptische Messungen an einem Modellbalken mit präformierten Rissen [19].

Auf die Streuungen der Schnittkraftberechnung wurde bereits in 4.2.1 hingewiesen. Auch E_b und φ nach DIN sind nur Mittelwerte verschiedener Betone und aus Belastungszyklen gewonnen (I A, Abb. 1.3/1). Deshalb kann die Durchbiegung von Stahlbetonbalken nur verhältnismäßig grob abgeschätzt werden.

H. 240 gibt in 6.3.5 eine einfache Interpolationsformel zwischen den Grenzwerten f^I und f^{II} (Abb. 4.2/21a). Einen durch Versuche gestützten Ansatz hat Rabich [3/5] vorgeschlagen (Abb. 4.2/21b). Er gleicht im Grunde demjenigen für einen Zugstab aus Stahlbeton (Abb. 3/3) und geht wieder davon aus, daß beim Fließen des Stahles die Rißabstände sehr klein werden und der Beton die Stahldehnung kaum noch behindert. Anstelle der Stabsteifigkeit S tritt nun die Biegesteifigkeit B. Wenn man das bilineare σ/ε-Diagramm Bild 12 in DIN 1045 zugrunde legt, kann man die Krüm-

Abb. 4.2/20. Dehnungs- und Spannungszustände in einem gerissenen Rechteckbalken. **a** Spannungen ▶ aus einem Moment, das $\sigma_s \cong$ zul $\sigma_s = 232\,\mathrm{N/mm^2}$ und $\sigma_b = 10\,\mathrm{N/mm^2}$ hervorruft (Quantifizierung zu I A, Abb. 4.4/3); **b** schematische Spannungsverläufe zwischen zwei Rissen; **c** das Trajektorienbild eines entsprechenden Abschnittes zwischen zwei Rissen läßt die gekrümmte Nullfaser erkennen; **d** Hauptspannungen $\sigma_{1,2}$ in einem bewehrten, mit einer Einzellast belasteten Balkenmodell aus Kunstharz ($n\mu = 0,16$) [19] mit präformierten Rissen, spannungsoptisch ermittelt.

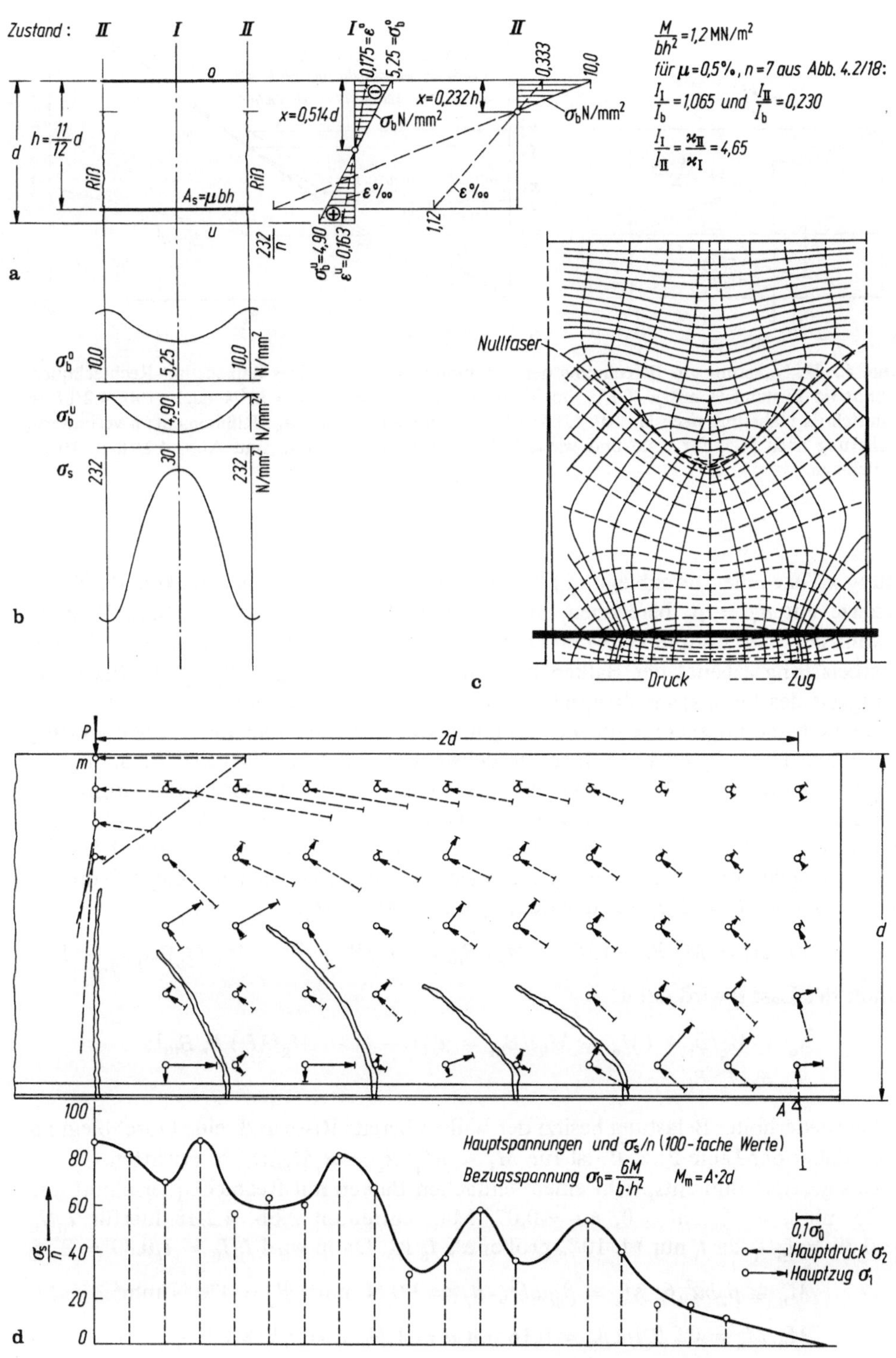
Zustand :
II   I   II   I   II
o
h = 11/12 d
d
Riß   Riß
A_s = μ bh
u
a
0,175 = ε°
5,25 = σ_b°
x = 0,514 d
σ_b N/mm²
x = 0,232 h
0,333
10,0
σ_b N/mm²
ε ‰
ε ‰
1,12
232/n
σ_b^u = 4,90
ε^u = 0,163
M/bh² = 1,2 MN/m²
für μ = 0,5 ‰, n = 7 aus Abb. 4.2/18 :
I_I/I_b = 1,065 und I_II/I_b = 0,230
I_I/I_II = κ_II/κ_I = 4,65
σ_b°   10,0   5,25   10,0   N/mm²
σ_b^u   4,90   N/mm²
σ_s   232   30   232   N/mm²
b
Nullfaser
Druck   ----- Zug
c
P
m
2d
d
A
100
80
60
40
20
0
σ_s/n
Hauptspannungen und σ_s/n (100-fache Werte)
Bezugsspannung σ_0 = 6M/(b·h²)   M_m = A·2d
0,1σ_0
Hauptdruck σ_2
Hauptzug σ_1
d

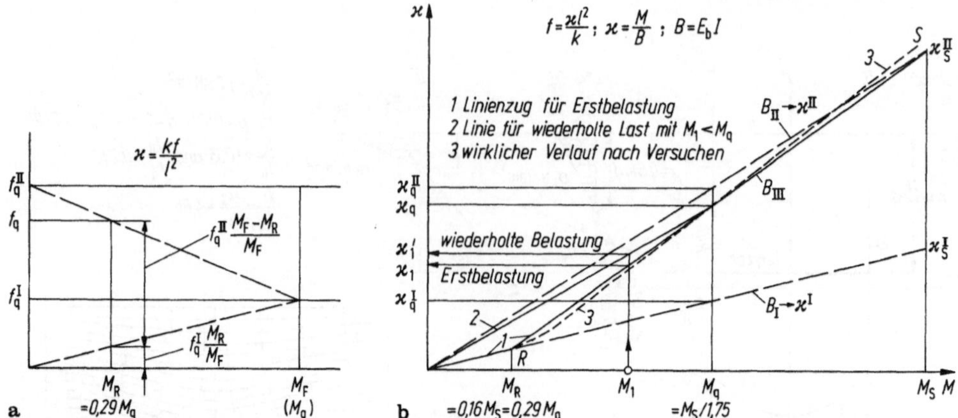

Abb. 4.2/21. Näherung zur Berechnung der Krümmung $\varkappa = M/B$ eines Balkens mit Rechteckquerschnitt im Zustand II mit $\mu = 1\%$, um damit die Durchbiegung $f = \varkappa l^2/k$ nach Abb. 4.2/17 zu ermitteln. **a** Näherung nach H. 240, 6.3.5; M_F: Feldmoment inf. q, M_R: Rißmoment; **b** verbesserte Näherung nach [3/5] für erste und wiederholte Belastung. I_I und I_{II} sind Abb. 4.2/18 u. 19 zu entnehmen.

mung $\varkappa_S^{II}$ bzw. die Durchbiegung $f_S^{II} = \varkappa_S^{II} l^2/k$ bei einem einfachen Balken als fiktive Grenze mit $\sigma_s = \beta_S$ berechnen, in dem man $M_S = \beta_S A_s z$ für Zustand II setzt. Damit liegt der Endpunkt S der Durchbiegung als Funktion von M fest. Bei der Erstbelastung arbeitet der Balken bis zum Rißmoment $M_R = \beta_Z W_u$ (β_Z Biegezugfestigkeit des Betons) im Zustand I (Punkt R). Die Verbindungslinie von R und S gibt eine Näherungsgerade für die Ganglinie von $\varkappa$, die die abnehmende Mitwirkung des Betons mit steigendem Moment berücksichtigt und durch die gedachte Steifigkeit B_{III} charakterisiert wird. Der geknickte Linienzug 1 entspricht der Erstbelastung und gilt nur bis zur Gebrauchslast q, d. h. bis $M_q = M_S/\gamma = M_S/1,75 = 0,57 M_S$. Die wirkliche Ganglinie 3 von $\varkappa$ ist natürlich gekrümmt, weicht aber wenig von 1 ab [3/5.2].

Die gedachte Biegesteifigkeit B_{III} ergibt sich entsprechend wie beim Zugstab mittels $B_I = E_b I_I$ und $B_{II} = E_b I_{II}$ aus der Bedingung bei $M = M_S$:

$$M_S/B_{II} = M_S/B_I + (M_S - M_R)/B_{III} \text{ zu } B_{III}/B_I = (1 - M_R/M_S)/(I_I/I_{II} - 1).$$

Unter der Last q wird dann

$$\varkappa_q = M_q/B_I + (M_q - M_R)/B_{III} = \varkappa_q^I[1 + (1 - M_R/M_q) B_I/B_{III}];$$
$$\varkappa_q^I = M_q/B_I.$$

Bei wiederholter Belastung besitzt der Balken bereits Risse und seine Durchbiegung folgt daher der Linie 2; z. B. ist für $M_1 < M_q$: $\varkappa_1 = \varkappa_q M_1/M_q$ zu erwarten.

Das gezeigte Bild entspricht einem einfachen Balken mit Rechteckquerschnitt aus B 25 mit $\mu = 1\%$, $\mu' = 0$, $n\mu = 0,07$. Man entnimmt Abb. 4.2/18 hierfür $I_{II}/I_b = 0,39 \cong I_{II}/I_I$, da I_I nur rd. 10% größer als I_b ist. Dann wird $I_I/I_{II} = 1/0,39 = 2,56$

$$M_R \cong \beta_Z b d^2/6; \ M_S = \beta_S \mu b h^2 \zeta \ \beta_Z \cong 3,0 \text{ N/mm}^2; \ \beta_S = 420 \text{ N/mm}^2$$

$$M_R/M_S = 0,2 \beta_Z/\mu\zeta\beta_S = 0,16 \text{ mit } d = 1,1h; \ \zeta = z/h \cong 0,9$$

$$M_{\mathrm{R}}/M_{\mathrm{q}} = 0{,}16 \cdot 1{,}75 = 0{,}28 \text{ da } M_{\mathrm{q}} = M_{\mathrm{S}}/1{,}75$$

$$B_{\mathrm{III}}/B_{\mathrm{I}} = (1 - 0{,}16)/(2{,}56 - 1) = 0{,}54$$

$$\varkappa_{\mathrm{q}} = M_{\mathrm{q}}/B_{\mathrm{I}}[1 + (1 - 0{,}28)/0{,}54] = 2{,}32\varkappa_{\mathrm{q}}^{\mathrm{I}} \cong 2{,}1\varkappa_{\mathrm{q}}^{\mathrm{b}}; \quad \varkappa_{\mathrm{q}}^{\mathrm{b}} = M_{\mathrm{q}}/E_{\mathrm{b}}I_{\mathrm{b}}$$
$$= \varkappa_{\mathrm{q}}^{\mathrm{I}}I_{\mathrm{II}}/I_{\mathrm{I}} = 2{,}32 \cdot 0{,}39\varkappa_{\mathrm{q}}^{\mathrm{II}} = 0{,}90\varkappa_{\mathrm{q}}^{\mathrm{II}} \text{ und entsprechend } f_{\mathrm{q}} = 0{,}9 f_{\mathrm{q}}^{\mathrm{II}}.$$

Für den Plattenbalken Abb. 4.2/19 mit $\mu = 0{,}5\%$; $n\mu = 0{,}035$ ist

$$I_{\mathrm{I}}/I_{\mathrm{b}} = 1{,}49 \qquad I_{\mathrm{II}}/I_{\mathrm{b}} = 0{,}78 \qquad I_{\mathrm{I}}/I_{\mathrm{II}} = 1{,}91 \qquad y_{\mathrm{ul}}/y_{\mathrm{ub}} = 0{,}62/0{,}70 \cong 0{,}9.$$

Man kann nicht wie beim Rechteck $I_{\mathrm{I}} \cong I_{\mathrm{b}}$ setzen!

$$M_{\mathrm{R}} = \beta_{\mathrm{Z}}I_{\mathrm{I}}/y_{\mathrm{ul}} = (\beta_{\mathrm{Z}}I_{\mathrm{b}}/y_{\mathrm{ub}}) \, (I_{\mathrm{I}}/I_{\mathrm{b}}) \, (y_{\mathrm{ub}}/y_{\mathrm{ul}}) = 0{,}057\beta_{\mathrm{Z}}bd^2$$

und im gleichen Rechnungsgang wie beim Rechteck:

$$M_{\mathrm{S}} = \beta_{\mathrm{S}}\mu bh^2\zeta = 0{,}78\beta_{\mathrm{S}}\mu bd^2 \qquad \zeta \cong (h - d/2)/h = 0{,}92$$

$$M_{\mathrm{R}}/M_{\mathrm{S}} = 0{,}074\beta_{\mathrm{Z}}/\mu\beta_{\mathrm{S}} = 0{,}106; \qquad M_{\mathrm{R}}/M_{\mathrm{q}} = 0{,}106 \cdot 1{,}75 = 0{,}185;$$
$$B_{\mathrm{III}}/B_{\mathrm{I}} = 0{,}98$$

$$\varkappa_{\mathrm{q}} = 1{,}83\varkappa_{\mathrm{q}}^{\mathrm{I}} \cong 0{,}96\varkappa_{\mathrm{q}}^{\mathrm{II}} = 1{,}23\varkappa_{\mathrm{q}}^{\mathrm{b}}.$$

Aus beiden Ergebnissen entnimmt man, daß der Mittelwert von $\varkappa_{\mathrm{q}}$ bei etwa $0{,}9\varkappa_{\mathrm{q}}^{\mathrm{II}}$ liegt, d. h. der Beton bei Vollast wenig mitwirkt. Wenn $M_{\mathrm{R}}/M_{\mathrm{q}}$ klein ist, fällt die B_{III}-Linie ohnehin fast mit der B_{II}-Linie zusammen, d. h. es ist $1/B_{\mathrm{III}} \cong 1/B_{\mathrm{II}} - 1/B_{\mathrm{I}}$.

Vergleichsweise ergibt die Interpolation von $f_{\mathrm{q}}^{\mathrm{I}}$ und $f_{\mathrm{q}}^{\mathrm{II}}$ nach Abb. 4.2/21a für $M_{\mathrm{R}}/M_{\mathrm{q}} = 0{,}29$:

$$f_{\mathrm{q}} = f_{\mathrm{q}}^{\mathrm{I}}0{,}29 + f_{\mathrm{q}}^{\mathrm{II}}0{,}71 = f_{\mathrm{q}}^{\mathrm{II}}(0{,}71 + 0{,}29 \cdot 0{,}39) = 0{,}82 f_{\mathrm{q}}^{\mathrm{II}}.$$

Diese Formel gibt eine kleinere Durchbiegung; die Differenz liegt aber im Rahmen der möglichen Genauigkeit.

Beim Berechnen der Durchbiegung eines statisch unbestimmt gelagerten Balkens wird man angenähert für diesen und auch die anschließenden Felder den für M_{q} oder M_1 abgelesenen $\varkappa$-Wert als $\varkappa_{\mathrm{m}}$ benutzen und mit den k aus Abb. 4.2/17 überschlagen (4.3.2): $f = \varkappa_{\mathrm{m}}l^2[1 - (M_{\mathrm{a}} + M_{\mathrm{b}}) \, k/16]/k$.

Merkbar können sich Balken auch infolge *Temperaturdifferenzen* zwischen Ober- und Unterseite verbiegen. Die Krümmung ist (I A, 1.3.4.2, dort als φ' bezeichnet) $\varkappa = 1/R = \alpha_{\mathrm{T}}(T_{\mathrm{o}} - T_{\mathrm{u}})/d$ und wird durch die gerissene Zugzone nicht beeinflußt, da Stahl und Beton das gleiche Maß α_{T} haben. Auch ungleichmäßig verteilte Temperaturen können eine Krümmung $\varkappa$ zur Folge haben (Abb. 1/4). Die Ausbiegung ist dann $f = \varkappa l^2/8$.

Bezüglich des untergeordneten und unsicheren Beitrages des *Schwindens* auf die Durchbiegung wird auf H. 240 oder B. Kal. 1980 I, S. 856 verwiesen. Er läßt sich grob mit $f_{\mathrm{s}}^{\mathrm{II}} = \varkappa_{\mathrm{s}}l^2/8$ mit $\varkappa_{\mathrm{s}} \cong \varepsilon_{\mathrm{s}}/h$ abschätzen.

Die Verformungsberechnung von Stahlbeton ist wegen der verschiedenen möglichen Zustände verwickelt und deshalb vielfach angegangen worden. Über die Kurzzeitdurchbiegung f_0 haben [20], über die Langzeitdurchbiegung f_∞ [21] gearbeitet. Zu der notwendigen Beschränkung auf ein zulässiges Maß nahmen [22] Stellung. Die von Schwerbeton abweichenden Eigenschaften von Leichtbeton berücksichtigen [23]. Bei gedrungenen Balken trägt nach 1.4 auch die Querkraft merkbar zu f bei und wird im Zustand II durch die Schubrisse vergrößert [24]. Ganz roh darf man abschätzen, daß dieses Maß dem bei Biegung entspricht, also bei durchschnittlicher Schlankheit und Bewehrung $f_Q^{II} \cong f_Q^{I} \cdot I_I/I_{II}$, also nach Abb. 4.2/18 und 19 $f_Q^{II}/f_Q^{I} \cong 2 \ldots 4$ ist. Über Messungen an Bauwerken berichten [25]. Insgesamt stimmen die berechneten Verformungen bei Laborversuchen meist befriedigend mit den gemessenen überein; sie werden aber in praxi meist nicht erreicht, da das statische System oft unklar ist und, vermutlich durch innere Umlagerung, Zustand II nur zögernd eintritt.

4.2.3.2 Spannbetonbalken

Bei 1-Spannbeton werden alle Biegezugspannungen „überdrückt" (4.3.2.1), so daß die Querschnitte im Zustand I arbeiten. Die Anfangskrümmung $\varkappa_0 = M/E_b I_I = (\varepsilon_o + \varepsilon_u)/d = (\sigma_{bo} + \sigma_{bu})/E_b h$ läßt sich mithin zutreffender berechnen als bei Stahlbeton.

Die Langzeitkrümmung $\varkappa_k \cong \varphi\varkappa_0$ infolge ständiger Last g ist in erster Näherung proportional dem Moment $M_0 = M_g - M_v(M_v = Ze)$. Wenn die Spannkraft Z infolge Kriechens um ΔZ nachläßt (Abb. 4.3/22), nimmt $M_\varphi = M_g - (M_v - \Delta M_v)$ gegenüber M_g um $\Delta M_v = \Delta Ze$ zu. Als Kriecherzeugendes M wird man genähert den Mittelwert $M = (M_g + M_p)/2 = M_g + \Delta M/2$ ansetzen und erhält $\varkappa_k \cong \varphi M/E_b I_I = \varkappa_0\varphi(1 + \Delta M_v/2M_0)$. Selbst bei „formtreuer Vorspannung" $(M_v = -M_g$, vgl. Abb. 4.2/6g) entsteht daher eine Durchbiegung aus der Krümmung $\varkappa_k \cong \varphi\Delta M_v/2E_b I_I$. Die Kriechdehnung wird durch die relativ schwache aktive [68], aber auch durch eventuell passive Bewehrung [66.4] behindert, was man mittels der Kurven I_I/I_b in Abb. 4.2/18 grob abschätzen oder mittels der Werte α_1 und α_2 (Abb. 4.3/22a) berechnen kann.

Abb. 4.2/22 gibt eine schematische Übersicht über die zu erwartenden Krümmungen eines Rechteckquerschnittes bei verschiedenen Vorspanngraden. Vereinfachend wurde die Mitwirkung des Betons der Zugzone vernachlässigt, was nach Abb. 4.2/21b wenig ausmacht, so daß gleich nach Überschreiten der Rißlast Zustand II voll eintritt. Die Bewehrungen μ^0 oder μ^1 für die Grenzfälle einer 0- oder 1-Vorspannung sind so bemessen, daß das gleiche M_q aufgenommen werden kann. Daraus folgt ein Bewehrungsverhältnis $\mu^0/\mu^1 \cong 2,5$ für Spannstahl mit $\beta_S^1 = 1450$ N/mm^2 und Baustahl III $\beta_S^0 = 420$ N/mm^2. Die Momente bei Erreichen der Streckgrenze verhalten sich wie $M_S^0/M_S^1 = 0,7$, die Krümmungen jedoch wie $\varkappa_S^1/\varkappa_S^0 \cong 3,0$. Bei der Vollast ist $\varkappa_q^0 = M_q/E_b I_{II}$, aber $\varkappa_q^1 = M/E_b I_I$. Da für M_q die Nullbedingung unten erfüllt werden soll, muß die Spannungsresultierende Z im oberen Kernpunkt $(k_0 = 0,17d)$ angreifen. Also ist nach Abb. 4.3/19 $M/M_q = Zk_0/Z(e + k_0) = 0,29$ $(e = 0,42d$ Spanngliedexzentrizität). Mithin ist $\varkappa_q^1/\varkappa_q^0 = MI_{II}/M_q I_I \cong 0,12$.

Das Verhalten des Querschnittes bei Teilvorspannung gleicht bis zur Rißlast dem bei voller Vorspannung. Die zugehörigen Endwerte $\varkappa_S$ wurden gleichmäßig zwischen $\varkappa_S^0$ und $\varkappa_S^1$ eingeschaltet.

Diese schematische Darstellung läßt folgendes erkennen:

(a) 1-Vorspannung gibt bis zu M_q sehr kleine Verbiegungen (nur $\sim 1/8$ derjenigen von Stahlbeton!), die jedoch bis $M_p \cong 0,7M_q$ negativ sind, was unangenehme Folgen haben kann (Abb. 4.2/13 bis 15). Diese lassen sich durch mäßigere Vorspannung mildern.

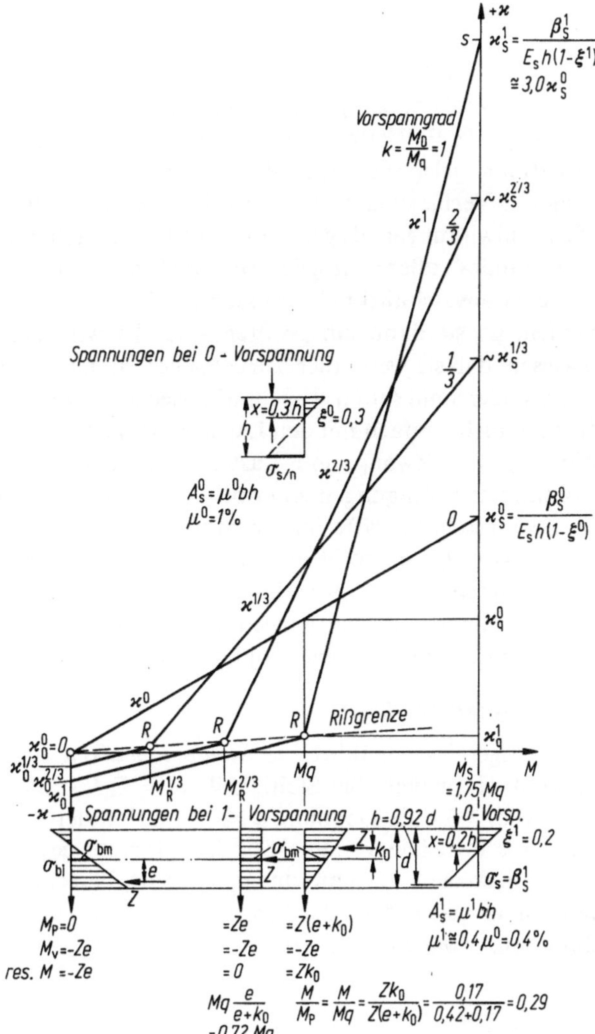

Abb. 4.2/22. Schematischer Vergleich der Krümmungen $\varkappa = M/B$ eines Balkens mit Rechteckquerschnitt bei verschiedenen Vorspanngraden k nach Abb. 4.1/2 ($k = 0;1/3;2/3;1$) bis zum Versagen durch Erreichen der Stahlstreckgrenze β_s

(b) Oberhalb der Rißlast wachsen die $\varkappa$ stärker als $\varkappa^0$. Ganz besonders mahnt der steile Anstieg von $\varkappa^1$ bei 1-Vorspannungen zur Vorsicht: schon bei geringem Überschreiten des Momentes M_q nehmen Krümmung und damit auch die Risse erheblich zu! Falls die Soll-Spannkraft nicht erreicht wird, beginnt diese bedenkliche Erscheinung schon für $M_p < M_q$. Es ist daher stets nötig, passive Bewehrung zuzulegen, um den Knick zu vermeiden und die Risse zu verteilen.

(c) Wenn man 1-Vorspannung für M_q fordert, ergibt sich zwangsläufig ein um rd. 50 % zu großes Bruchmoment: d. h. volle Vorspannung ist unwirtschaftlich hinsichtlich der Tragfähigkeit und das Ausschalten aller Biegerisse sozusagen ein Luxus. Allerdings ist der Rechteckquerschnitt ohnehin für 1-Vorspannung ungeeignet, wie in 4.3.2.1 gezeigt wird. Bei profilierten Querschnitten lassen sich Bruch- und Gebrauchslast besser aufeinander abstimmen.

4.2.4 Zwangsbeanspruchungen

Zwangsbeanspruchung wird nach 1.1.1.2 durch von außen aufgezwungene Änderungen der Randbedingungen (Stützensenkungen) oder durch Behinderung innerer Verformungen (z. B. Werfen, vgl. 1.1.1.3) verursacht. Erstere entsteht daher nur in statisch unbestimmt gelagerten Bauteilen und führt zur umgekehrten Aufgabe wie die Berechnung der Verbiegungen in 4.2.3 infolge von Lasten. Meistens werden die geometrischen Einwirkungen als gegebene Größen betrachtet und eine Rückwirkung des Stabwiderstandes außer acht gelassen. Im elastischen Bereich läßt sie sich leicht erfassen.

Die Zwangsschnittkräfte müssen zunächst für den homogenen Zustand berechnet werden, da sie dann am größten sind. Es wird schon in Abschnitt 1 darauf hingewiesen, daß sie wesentlich zurückgehen, wenn die Steifigkeit der Querschnitte, also deren Widerstand durch Risse und Kriechen abnimmt. Deshalb können sie in diesem Zustand nicht einfach mit den Lastschnittkräften überlagert werden. Die kombinierte Wirkung von Zwang und Lasten wäre dann nur durch iteratives Erfüllen der Kontinuitätsbedingungen zu ermitteln (4.2.1.1). Die Vorschrift in DIN 1045, 17.2.2, die Zwangsschnittkräfte im Grenzzustand III a (Nachweis der Bruchsicherheit) mit dem Faktor 1,0 einzuführen, während die Lastschnittkräfte mit 1,75 bzw. 2.1 zu multiplizieren sind, ist also sehr vorsichtig. In [1/2, Teil 5, 24] wird die Auffassung vertreten, Zwangskräfte bei Anwendung des Traglastverfahrens (4.2.5) gar nicht mehr zu berücksichtigen, was bei [26] bestätigt wird.

4.2.4.1 Kurzzeitwirkung

Kurzzeitiger Zwang führt bei *Stahlbetonbalken* zu Biegerissen, versetzt sie also in Zustand II, wobei die Steifigkeit $B = E_b I$ stark nachläßt. Für Zugstäbe (3.1) zeigt Abb. 3/3a die Dehnung ε als Funktion der Längskraft N an. Man liest umgekehrt aus dem Diagramm Abb. 3/3b für ein gegebenes ε_0 die Zwangskraft N_0 ab und kann so die Stahlspannung $\sigma_{s0} = N/A_s$ berechnen. In ganz entsprechender Weise kann man nach der gleichen Quelle [3/4] auch bei Biegung vorgehen. Einen ähnlichen, etwas komplizierteren, aber kaum „genaueren" Vorschlag findet man in

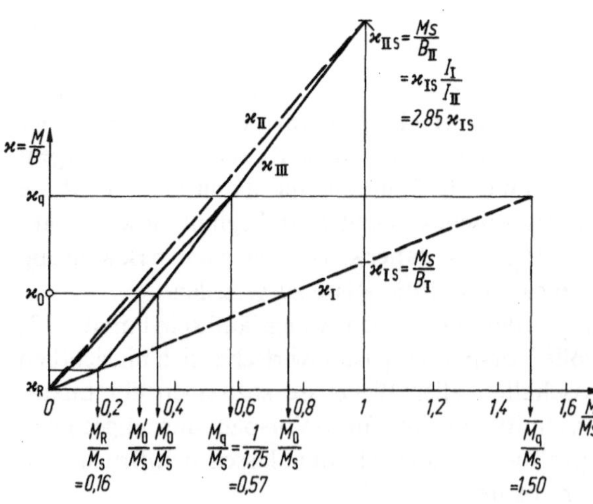

Abb. 4.2/23. Ermittlung der Momente bei Biegezwang im Zustand II (Krümmung $\varkappa_0$ gegeben) mit Hilfe der Näherung Abb. 4.2/21b für einen Balken mit $\mu = 1\%$; M_0: bevor, M_0' nachdem er unter der zulässigen Last q in Zustand II geraten ist

[1/30.1, Bild 15.2]. Abb. 4.2/23, liefert die Krümmung $\varkappa$ als Funktion von M oder umgekehrt M_0 infolge einer aufgezwungenen Krümmung $\varkappa_0$. Es sind daraus auch die unterschiedlichen Werte M_0 und M_0' zu ersehen, je nachdem, ob der Balken erstmalig der Zwangskrümmung $\varkappa_0$ ausgesetzt wird oder ob dieser schon eine größere Krümmung $\varkappa_q$ aus einer Last q vorausgegangen ist.

Anstelle der Stabsteifigkeiten S_I und S_{II} treten jetzt die Biegesteifigkeiten $B_I = E_b I_I$ und $B_{II} = E_b I_{II}$ (vgl. Abb. 4.2/17), in die außer dem Bewehrungsverhältnis μ auch der innere Hebelarm z eingeht.

Zur Ermittlung des Bilinear-Diagramms ist die Gleichung für $\varkappa = \varkappa_0$ zu Abb. 4.2/21 nach M_0 aufzulösen und gibt:

$M_0/\bar{M}_0 = (B_{III}/B_I + M_R/\bar{M}_0)/(B_{III}/B_I + 1)$ mit $\bar{M}_0 = \varkappa_0 B_I$. Die zugehörige Stahlspannung ist $\sigma_{s0}/\bar{\sigma}_{s0} = M_0/\bar{M}_0$ und wird auf die untere Grenze σ_{sR} bei $\varkappa_0 = \varkappa_R^I = M_R/B_I$ bezogen. Das M_R (Rißmoment) ist definiert durch Erreichen der Zugfestigkeit β_z des Betons und beträgt $M_R \cong 2\beta_z I_I/d$. Die Stahlspannung nach Überschreiten von β_Z ist $\sigma_{sR}^{II} = M_R h(1 - \xi)n/I_{II} = 2n\beta_Z(1 - \xi)hI_I/dI_{II}$ und für $\mu = 1\%$: $\sigma_{sR}^{II} = 2 \cdot 7 \cdot 3{,}0(1 - 0{,}31)0{,}92 \cdot 2{,}85 = 77$ N/mm². Ferner ist $\bar{\sigma}_{s0}/\sigma_{sR}^{II} = \varkappa_0/\varkappa_R^{II}$, somit $\sigma_{s0}/\sigma_{sR}^{II} = (\varkappa_0/\varkappa_R^I)(M_0/\bar{M}_0)$. Bei gegebenem $\varkappa_0/\varkappa_R^I$ sind folgende Grenzen zu beachten, wobei auf die Diskussion für den Zugstab unter Zwang (Abschn. 3) verwiesen wird:

(a) Wenn $\varkappa_0 < \varkappa_R^I$ ist, reißt der Balken nicht.

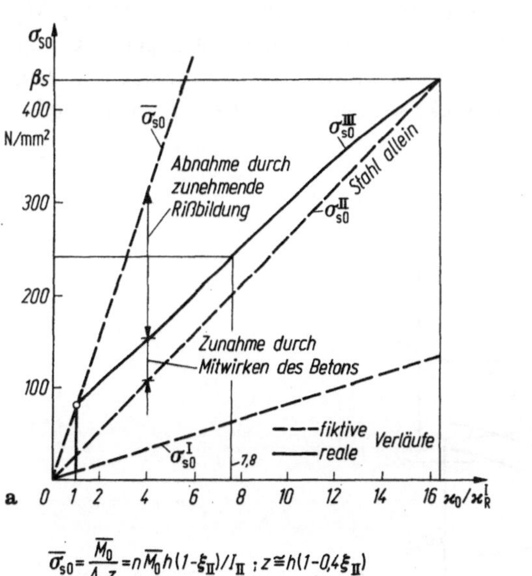

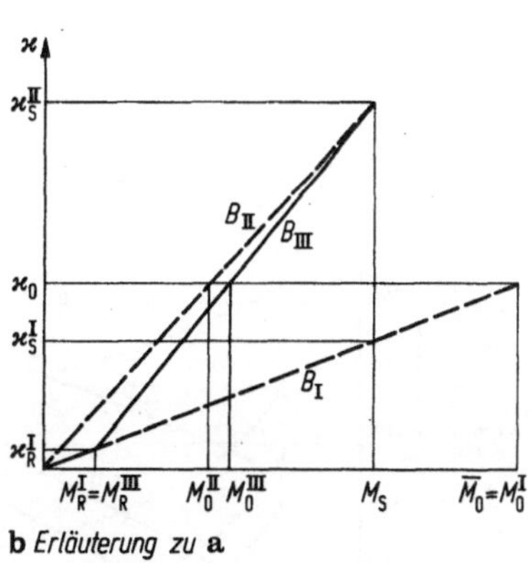

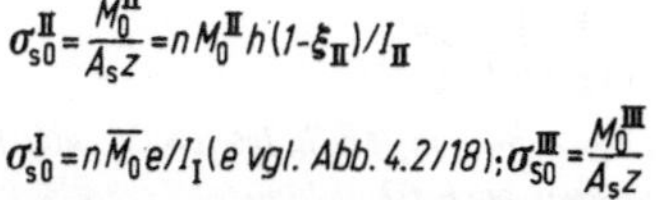

$$\bar{\sigma}_{s0} = \frac{\bar{M}_0}{A_s z} = n\bar{M}_0 h(1-\xi_{II})/I_{II} \; ; z \cong h(1-0{,}4\xi_{II})$$

$$\sigma_{s0}^{II} = \frac{M_0^{II}}{A_s z} = nM_0^{II}h(1-\xi_{II})/I_{II}$$

$$\sigma_{s0}^{I} = n\bar{M}_0 e/I_I \, (e \text{ vgl. Abb. 4.2/18}); \sigma_{s0}^{III} = \frac{M_0^{III}}{A_s z}$$

Abb. 4.2/24. Abhängigkeit der Stahlspannung σ_{s0} beim Balken Abb. 4.2/23 durch Zwang $\varkappa_0$, bezogen auf die Krümmung $\varkappa_R^I$ beim ersten Riß mit und ohne Abbau durch weitere Risse. **a** Verlauf der Stahlspannung σ_{s0}; **b** Zugehörige Ableitung der Zwangsmomente M_0 und Berechnung der σ_{s0}

(b) Wenn $M_0 = M_q > M_S/\gamma_s$ ist, wird nach der konventionellen Definition die Sicherheit ($\gamma_s = 1{,}75$) gefährdet, obgleich keine lineare Beziehung zwischen M_q und $\varkappa_q$ besteht. Die Gleichung für $M_0/\bar{M}_0$ ergibt in diesem Falle $\bar{M}_0 = 1{,}50\,M_S$ und infolgedessen $\varkappa_q/\varkappa_S^I = \bar{M}_0/M_S = 1{,}50$, ferner $\varkappa_q/\varkappa_R^I = 8{,}5$, wie auch aus dem Diagramm abzulesen ist.

(c) Wenn man unter Zwang das Erreichen der Streckgrenze in Kauf nimmt, ist $M_0 = M_S$ einzusetzen, und man erhält $\bar{M}_0 = 2{,}87 M_S$, ferner $\varkappa_0/\varkappa_R^I = 16{,}5$. Abb. 4.2/24 zeigt den Verlauf von σ_{s0} abhängig von $\varkappa_0/\varkappa_R^I$ innerhalb dieser Grenzen.

(d) Gefährlich ist eine zu schwache Bewehrung, weil sie gleich beim ersten Riß bis zur Fließgrenze beansprucht wird. Diese Erscheinung wird als „schlagartiger Bruch" bezeichnet [1/2, Teil 1, 7.5]. Dann muß sein $M_R = 1{,}2 b h^2 \beta_Z/6 < M_S = \beta_S \mu b h^2 \zeta$ ($\zeta \approx z/h \cong 0{,}9$), mithin bei BSt III $\mu > 0{,}2 \beta_Z/\beta_S \zeta = 0{,}2 \cdot 3{,}0 \cdot 100/420 \cdot 0{,}9 \cong 0{,}15\%$.

(e) Den allgemeinen Zusammenhang von $\varkappa_0$, μ und σ_{s0} stellt Abb. 4.2/25 dar. In den Grundgleichungen werden zur Berechnung von B_I und B_{II} die Größen ζ und I_I/I_{II} Abb. 4.2/18 entnommen. Die Grenzen von σ_{s0} sind für $\gamma = 1{,}75$ und $= 1{,}25$ eingetragen. Der letztere Wert kann als ausreichend angesehen werden [1/2, Teil 4, S. 27], da ja wachsende Momente bei nichtlinearem Verhalten des Balkens weiterhin abgebaut werden.

Die Zwangsbeanspruchung von Plattenbalken wird auf dem gleichen Weg unter Benutzung von Abb. 4.2/19 berechnet. Infolge der schmalen Zugzone ist $M_R/M_S = n\beta_Z I_I h \xi'_{II}/\beta_S I_{II} d\xi'_I \cong I_I/20 I_{II}$ meist sehr klein; das Verbiegen wird dann genau genug durch $B_{II} = E_b I_{II}$ beschrieben. Das „Ersatzrechteck" für die Druckzone nach H. 220, S. 61 darf deshalb nicht auf die Zugzone erstreckt werden, um I_b bzw. I_I zu ermitteln.

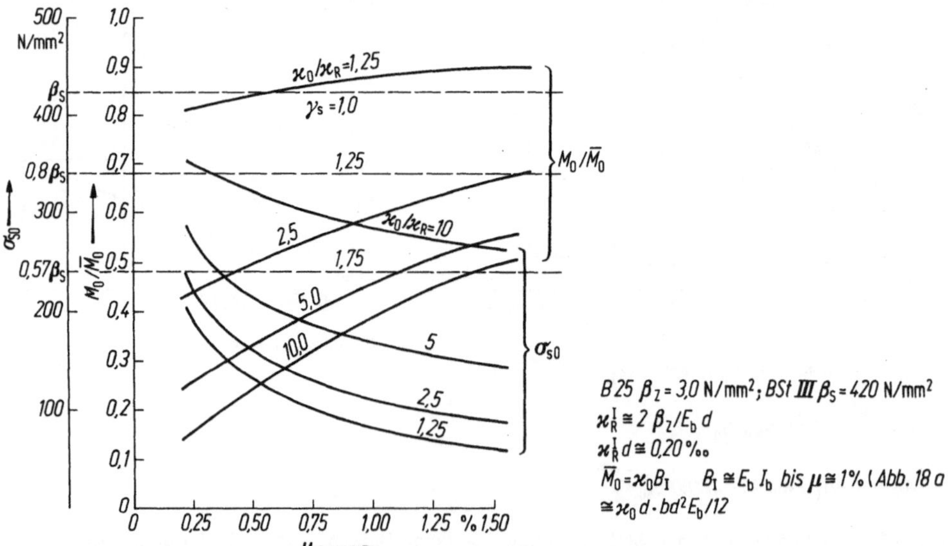

Abb. 4.2/25. Biegezwangsspannungen σ_{s0} der Bewehrung eines Balkens im Zustand II, abhängig von Bewehrungssatz μ und bezogener Krümmung $\varkappa_0/\varkappa_R^I$

Zwei Beispiele sollen die Anwendung bei verschiedenen Arten von Zwängen zeigen.

(a) *Ungleichförmige Erwärmung* nur des mittleren von drei Feldern eines Balkens um ΔT (I A, 1.3.4.2) (Abb. 4.2/26a). Dann ist in jedem Schnitt $\varkappa_0 = \varkappa_T = \alpha_T \Delta T/d$ und für das freie Balkenfeld $f_{T0} = \varkappa_T l^2/8$ (Abb. 4.2/26b). Für das beiderseits *starr eingespannte* Feld muß die Verbiegung elastisch voll rückgängig gemacht werden durch $\bar{M}_T = \varkappa_T B_I = \varkappa_T E_b I_I$ bei homogenem Verhalten; im Zustand II ergäbe sich für den Balken (Abb. 4.2/23) das Moment M_T. Man kann auch die Gleichung für

$$\varkappa_T = M_T/B_I + (M_T - M_R)/B_{III}$$

nach M_T auflösen und erhält

$$M_T/\bar{M}_T = (B_{III}/B_I + M_R/\bar{M}_T)/(B_{III}/B_I + 1); \quad B_{III}/B_I = 0,54$$

und für

$\bar{M}_T/M_R =$	1	1,4	2	4	8	
$M_T/\bar{M}_T =$	1	0,84	0,67	0,51	0,43 $= B/B_I$.	

Diese Werte gelten für Erstbelastung ($M_T = M_0$). Bei einem mit $M_q > M_0$ vorbelasteten Balken wäre $M'_T = M'_0$ abzulesen. Für andere Bewehrungsverhältnisse müßte man M_S und M_R errechnen und I_I/I_{II} der Abb. 4.2/18 entnehmen.

Bei der *elastischen Einspannung* in die Seitenfelder (Abb. 4.2/26c) ist $\delta_{aT} = \delta_{bT} = \varkappa_T l/2$, $\delta_{aa} = \delta_{bb} = l/3 + l/2 = 5l/6B$ und $M_a = M_b = \delta_{aT}/\delta_{aa} = 3\varkappa_T B/5 = 3M_T/5$. Man schreibt $M_a/B = 3\varkappa_T/5 = \varkappa_0 = \bar{M}_a/B_I$, geht mit $\varkappa_0$ oder $\bar{M}_a = \bar{M}_0$ in die Grundformel oder in das Diagramm Abb. 4.2/23 ein und erhält $M_a/\bar{M}_a = M_0/\bar{M}_0$ (Abb. 4.2/26d). Die Durchbiegung in der Mitte wäre bei starrer Einspannung $f_T = 0$ und ist beim Durch-

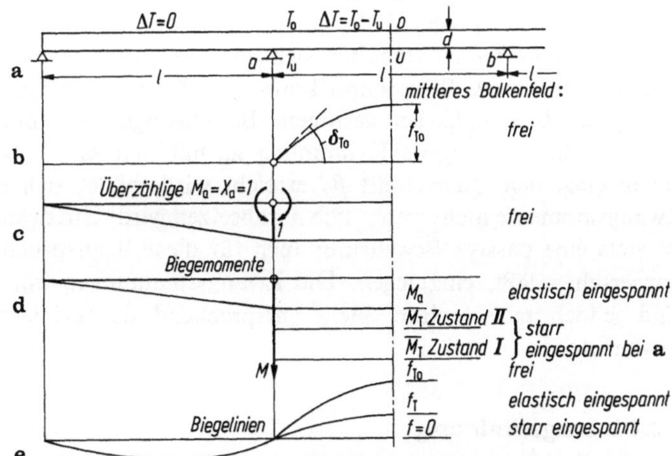

Abb. 4.2/26. Dreifeldbalken, dessen Ober- und Unterseite im Mittelfeld ungleich um ΔT erwärmt werden. **a** System; **b** Verformung im Hauptsystem; **c** Momente M_1 infolge der Überzähligen $X_a = 1$; **d** Biegemomente im Balken, vergleichsweise auch für starre Einspannung in a; **e** Biegelinien für die drei Lagerungsfälle

laufbalken $f_T = \varkappa_T l^2/8 - M_a l^2/8B = (\varkappa_T l^2/8)(1 - 3/5) = 2f_{T0}/5$ (Abb. 4.2/26e). Die Biegelinie hängt also nicht von B ab: das ist ja gerade das Kennzeichen der Zwangsbeanspruchung!

(b) Derselbe Dreifeldbalken soll eine *Stützensenkung* $\Delta_a = \Delta_b$ erleiden (Abb. 4.2/27). In diesem Falle ist $\delta_{a0} = \delta_{b0} = \Delta_a/l$ und $M_a = M_b = 6B\Delta_a/5l^2$ oder $M_a/B = \varkappa_0 = 6\Delta_a/5l^2 = \bar{M}_a/B_I$, woraus auf dem gleichen Wege wie bei (a) sich M_a ergibt. Die Durchbiegungsordinate in der Mitte ist $f_0 = \varkappa_0 l^2/8 = 3\Delta_a/20$, wiederum unabhängig von M_a.

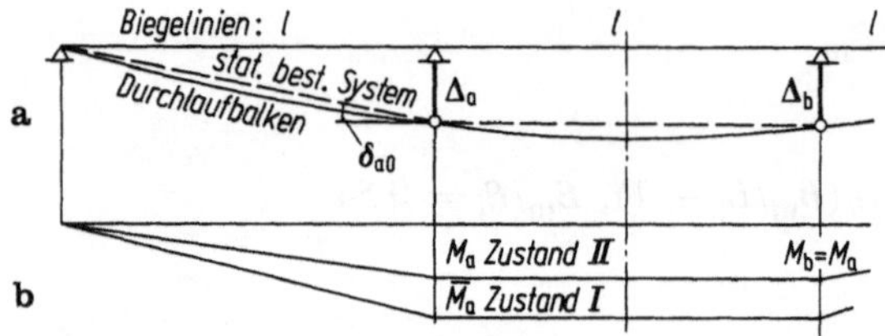

Abb. 4.2/27. Dreifeldbalken, dessen Innenstützen sich um Δ senken. **a** System und Biegelinien; **b** Momente im Zustand I und II.

Insgesamt ist bei Stahlbeton festzustellen, daß durch Rißbildung die Zwangsmomente um so mehr abgebaut werden, je geringer der Balken bewehrt ist. Allerdings steigt dann die Stahlspannung an, was gegeneinander abzuwägen ist. Da die Stabsteifigkeit durch mehrere stark streuende Faktoren beeinflußt wird (Verbund, Zugfestigkeit, Elastizitätszahl, Eigenspannungen), dürfte die gezeigte Abschätzung ein ausreichendes Bild der Vorgänge geben. Eingehend haben sich neuerdings mit diesem Problem Noakowski [27; 3/6.1] beschäftigt sowie Falkner [3/3], dessen Ergebnisse auch bei Leonhardt [1/2, Teil 4, S. 27] und B. Kal. 1979 II, S. 643 herangezogen werden. Diese Autoren geben auch die größten Durchmesser der Bewehrungsstäbe an, die die wichtige gute Verteilung der Risse und damit deren unschädliche Breite gewährleisten (4.5.1.1) (Abb. 3/3f). Speziell Stützensenkungen werden in [28; 9.4] behandelt.

1-Spannbetonbalken verhalten sich homogen, solange die Betonzugfestigkeit nicht überschritten wird. Ihre Schnittkräfte aus Zwang sind dann im Zustand I mit der Steifigkeit $B_I = E_b I_I$, bei geringem Bewehrungsgehalt mit $\sim E_b I_b$ zu berechnen, also für die erzwungene Krümmung $\varkappa_0$ mit den $\bar{M}_0 = \varkappa_0 B_I$ identisch. Wenn in einem einzelnen Querschnitt β_Z erreicht wird, bildet sich ein kurzer Riß, der die Zwangsmomente nicht wesentlich herabsetzen wird. Um dessen Breite klein zu halten, ist stets eine passive Bewehrung auch für diese Beanspruchung, die sich nie genau vorhersehen läßt, einzulegen. Die Zwangsspannungen $\sigma_{b0} \cong \bar{M}_0 d/2I_b = \varkappa_0 E_b d/2$ sind jedoch meist relativ klein entsprechend der größeren Schlankheit d/l von Spannbeton.

4.2.4.2 Langzeitwirkung

Im Vergleich zu Stahlbetonbalken, bei denen im Zustand II $\bar{M}_0$ auf M_0 abgebaut wird, treten also bei *Spannbetonbalken* die Zwangsspannungen zunächst in voller Größe auf. Im Gegensatz zu jenen werden sie jedoch bei diesen stark vermindert unter langzeitig wirkendem Zwang, wie schon in 1.1.1.2 grundsätzlich erwähnt.

Allerdings gilt das nur für **äußeren Zwang**. Dabei sind geometrische Randbedingungen (Krümmung $\varkappa_0$ und daraus folgende Faserdehnungen $\varepsilon_0 = \varkappa_0 y$) einzuhalten, die in jedem Zeitintervall erfüllt werden müssen. Weil der Verlauf des Kriechens stark von den äußeren Umständen abhängt, betrachten wir den Abbau der Spannungen nur als Funktion des Kriechmaßes φ (I A, Abb. 1.3/5), nicht der Zeit. Die jeweilige elastische Dehnung $\varepsilon_{el} = \sigma/E_0$ wird um $d\varepsilon_b = \varepsilon_{el}\, d\varphi$ vermindert. Da ε_0 gegeben ist, muß $d\varepsilon_0 = d\varepsilon_{el} + d\varepsilon_k = 0$ sein, d. h. $d\sigma/E_0 + \sigma d\varphi/E_0 = 0$ oder, unabhängig von E_0,

$$d\sigma/d\varphi + \sigma = 0\,.$$

Diese Differentialgleichung beschreibt das *„Gesetz des organischen Wachsens* (oder Abnehmens)“: die Änderung hängt vom erreichten Zustand ab in der Form $\sigma = \sigma_0 e^{-\varphi}$ mit dem Anfangswert $\varepsilon_0 = \sigma_0/E_0$. Dieser Vorgang wird auch als Relaxation (Entspannung) bezeichnet.

Was für Einzelfasern gilt, läßt sich im Zustand I auf die Krümmung $\varkappa_0$ und die Zwangsmomente übertragen. Ich zeige das an dem einfachen Beispiel eines Zweifeldbalkens (Abb. 4.2/28 a), dessen mittleres Lager um $\varDelta$ nachgibt. Dadurch entsteht das Stützmoment $X_{10} = \delta_{10}/\delta_{11} = 3E_0 I \varDelta/\mathrm{l}^2$ mit $\delta_{10} = 2\varDelta/l$ und $\delta_{11} = 2l/3EI$. Der Kriechabbau von X_{10} wird nach obigem dargestellt durch $dX_1/d\varphi + X_1 = 0$ und beträgt $X_1 = X_{10} e^{-\varphi}$ (Abb. 4.2/28 b). Hieraus lesen wir zwei wichtige Tatsachen ab:

(a) Der mechanische Inhalt der Differentialgleichung besagt, daß die Zunahme an Kriechverdrehung im geführten Schnitt die elastische Verformung des Balkens allmählich ersetzt.

(b) Die Änderung der Zwangskräfte wird nur vom Verlauf des Kriechvorganges unmittelbar beeinflußt, von der Koordinate Zeit nur mittelbar. Die von verschiedenen Forschern gefundenen, sehr differierenden Kriechgesetze sind daher ohne Einfluß. Der Belastungszeitpunkt spielt nur insofern eine Rolle, als sich bei einem älteren Beton ein kleineres Endkriechmaß ergibt. Wir können von jedem Zeitpunkt an die $d\varphi$ zu zählen beginnen.

(c) X_1 nimmt sehr stark mit steigendem φ ab und bei $\varphi = 1$ auf rd. 40 %, bei $\varphi = 2$ auf rd. 15 %.

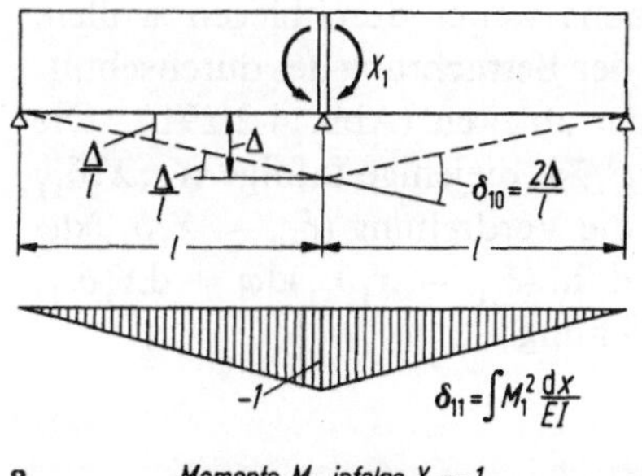

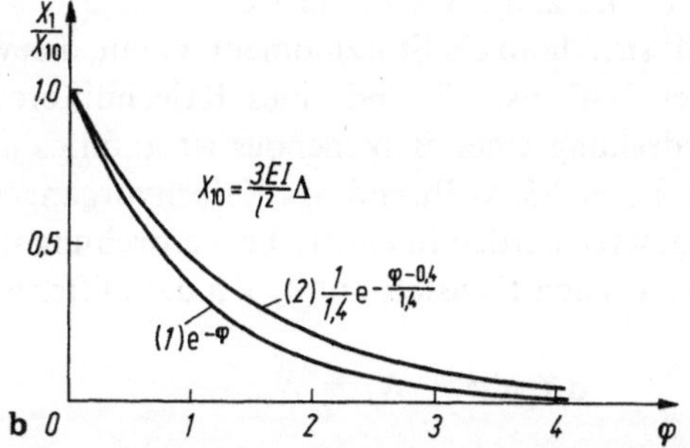

Abb. 4.2/28. Einfluß des Betonkriechens auf die Momente in einem homogenen Balken infolge Senkens der Mittelstütze um $\varDelta$. **a** Hauptsystem und Verformung; **b** Verlauf des Stützmomentes X_1 mit wachsendem Kriechmaß φ; (*1*) nach der alten, (*2*) nach der verbesserten „Dischinger-Formel" [8]

Dieser Vorgang hat große Bedeutung (vgl. I A, 1.3.2):

(a) Unerwünschte Zusatzspannungen aus Stützenverschiebungen verschwinden nach einigen Monaten zum größten Teil, da der junge Beton meist bereits vor dem Auftreten der maximalen Verkehrslast erheblich gekrochen ist. Das Tragwerk „kriecht sich zurecht", und zwar um so rascher und stärker, je früher der Zwang eintritt.

(b) Absichtliche Zusatzspannungen, die man durch Absenken der Mittelstütze hervorruft, um ein unbequem großes elastisches Stützenmoment zu vermindern, gehen in kurzer Zeit auf einen kleinen Rest zurück. Diese viel angewandten Manipulationen, zu denen auch das Gewölbeexpansionsverfahren gehört, beruhen daher oftmals auf der Fiktion eines rein elastischen Baustoffes. Ihr Ergebnis läßt sich nur durch Wiederholen in größeren Zeitabständen aufrechterhalten.

Von dem einfachen Beispiel kann leicht auf das Verhalten eines mehrfach statisch unbestimmten Systems geschlossen werden. Alle Überzähligen und damit auch sonstigen Schnittkräfte ändern sich nach dem Gesetz $X_k = X_{k0} e^{-\varphi}$. Die Funktionswerte $e^{-\varphi}$ liefert jeder Rechner. Die Kriechverformungen werden durch Bewehrung behindert (vgl. Abb. 4.3/22) [9.5; 66.4]. Auch langsam auftretender Zwang (Zeitsetzen) vermindert dessen Wirkung [29].

Bei *Stahlbetonbalken* interessiert nur der in 4.2.4.1 behandelte Anfangszustand, in dem die auftretenden Risse zu decken sind. Wenn die Zwangsmomente später durch Kriechen abgebaut werden, ist das nur beruhigend. Aus dem Vergleich mit der geringen Zunahme der Krümmung $\varkappa$ durch das Kriechen bei gegebenem Moment (vgl. 4.2.3.1) ist außerdem zu schließen, daß umgekehrt das Moment bei aufgezwungenem $\varkappa_0$ sich nur wenig ändert. Die Kriechkrümmung $\varkappa_k^{II}$ für $\varphi = 1$ beträgt hiernach bei konstantem Moment nur 15 bis 25% der elastischen $\varkappa_0$. Die Steifigkeit B nimmt dann im Verhältnis $\varkappa_0/(\varkappa_0 + \varkappa_k^{II}\varphi)$ auf etwa $1/(1 + 0,2) \cong 85\%$ ab, aber auf rd. 90%, wenn man den Abbau von M durch Kriechen berücksichtigt; das ist also nicht nennenswert und wird auch durch Versuche bestätigt [26.1].

Innerer Zwang — sozusagen mit endogener Ursache bei fixierten Randbedingungen — liegt bei einer behinderten Kriechverformung vor. Das ist dann der Fall, wenn der vorhandene Kräftezustand nicht der Kontinuitätsbedingung entspricht, z. B. wenn ein Zweifeldbalken aus vorgefertigten Einzelbalken besteht, die, als man die Durchlaufwirkung herstellte, bereits unter der Wirkung des Eigengewichtes standen (Abb. 4.2/29a). Wenn sie sich infolge des Kriechens weiter durchbiegen wollen, stellt sich dann ein Stützmoment X_1 ein, das wir aus der Betrachtung des durchschnittenen Balkens während eines Kriechdifferentials $d\varphi$ ableiten (Abb. 4.2/29b): Die Verdrehung eines Balkenendes ist anfangs $\delta_{10} = gl^3/24$, diejenige infolge $X_1 : X_1\delta_{11}$ mit $\delta_{11} = l/3$. Während des Kriechvorganges muß die Verdrehung $(\delta_{10} - X_1\delta_{11})d\varphi$ umgesetzt werden in elastische Verdrehung $dX_1\delta_{11}$, d. h. $(\delta_{10} - X_1\delta_{11})d\varphi = dX_1\delta_{11}$, woraus nach Division mit $\delta_{11}d\varphi$ die Differentialgleichung

$$dX_1/d\varphi + X_1 = X_{10}$$

folgt. $X_{10} = \delta_{10}/\delta_{11} = gl^2/8$ ist das Stützmoment für den Fall, daß die Balken von Anfang an als Durchlaufträger gewirkt hätten. Mit der Bedingung $X_{10} = 0$ für $\varphi = 0$ ergibt sich $X_1 = X_{10} (1 - e^{-\varphi})$. Wir stellen fest (Abb. 4.2/29c), daß das durch

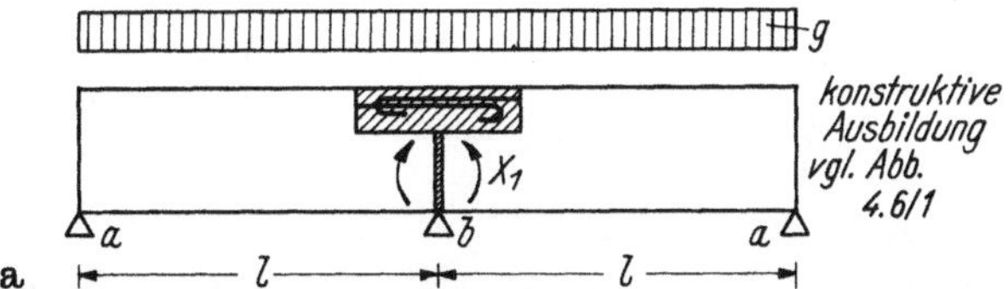

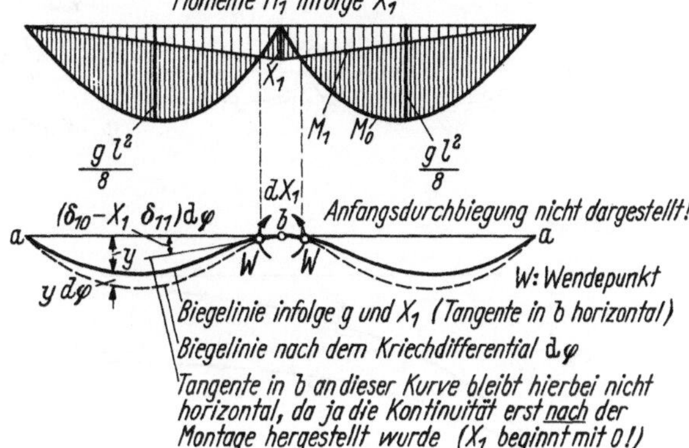

Abb. 4.2/29. Einfluß einer Anfangsbelastung g vor dem Herstellen der Kontinuität eines homogenen Zweifeldbalkens. **a** System und Momente im Verlauf des Kriechens: Aufbau eines Stützmomentes X_1; **b** dX_1 beim Anwachsen von φ um dφ; ist bis zum Herstellen der Kontinuität bereits ein Teil φ_0 des Kriechens eingetreten, so ist nur der Restbetrag $\varphi_\infty - \varphi_0$ für X_1 maßgebend; **c** Verlauf von X_1 infolge Kriechens für verschiedene Endkriechzahlen φ

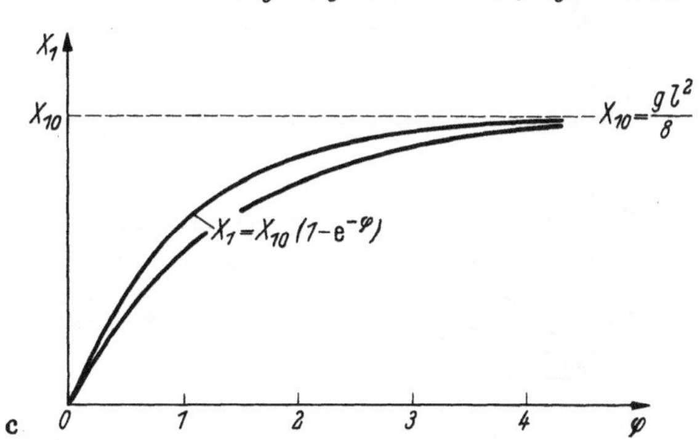

die statisch bestimmte Montage ausgeschaltete Stützenmoment zum größten Teil wiederkehrt, z. B. bei $\varphi = 2$ bereits zu 85 %! Bei unserem Balken wäre also die Kontinuitätsbewehrung über der Stütze nicht nur für M_p, sondern für $M_\mathrm{p} + 0{,}85\,M_\mathrm{g}$ zu bemessen. Andererseits sind die Feldquerschnitte für die Momente M_0 ohne den sich ja erst später einstellenden Abzug infolge X_1 zu berechnen.

In gleicher Weise behandeln wir den Balken, wenn zwischen dessen Ober- und Unterseite unterschiedliches Schwinden oder Temperaturdehnung zu erwarten ist, das eine Verkrümmung (Werfen, vgl. 1.1.1.3) und einen Auflagerdrehwinkel α_s hervorruft (Abb. 4.2/30a). An Stelle des Belastungsgliedes $\delta_{10}\mathrm{d}\varphi$ tritt die gegenseitige Verdrehung der Stützquerschnitte $\mathrm{d}\delta_\mathrm{s}$, wobei für ein Balkenende $\delta_\mathrm{s0} = \alpha_\mathrm{s}$ ist. Die Differentialgleichung lautet dann

$$\mathrm{d}X_1/\mathrm{d}\varphi + X_1 = \mathrm{d}\delta_\mathrm{s}/\delta_{11}\mathrm{d}\varphi \ .$$

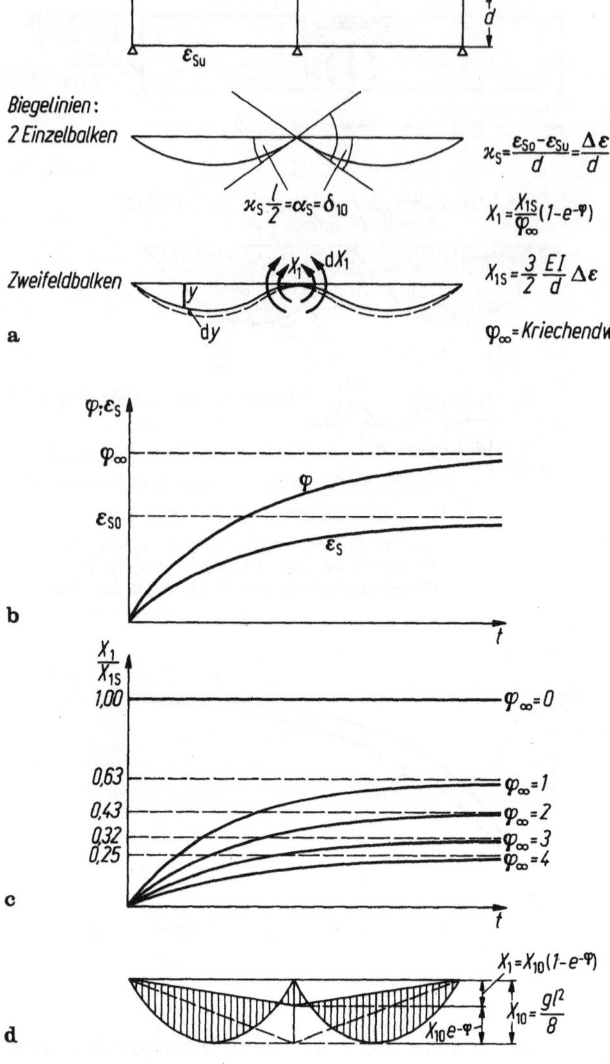

Abb. 4.2/30. Momente eines homogenen Balkens infolge Schwindkrümmung (Werfen $\varkappa_s$, Abb. 1/4) mit Kriechabbau. **a** angenommene Schwindkrümmung $\Delta\varepsilon_s/d$ durch ungleichmäßiges Austrocknen von Ober- und Unterseite; Biegelinie in stat. best. System; dX_1 infolge eines Schwindinkrimentes $d\,\Delta\varepsilon_s/d$; **b** Schwind- und Kriechverlauf, zeitlich affin angenommen; **c** entstehende Stützmomente X_1, abhängig von der Endkriechzahl φ_∞ nach (1) (vgl. Abb. 4.2/28; **d** Zusammenhang zwischen der Wirkung von innerem und äußerem Zwang

Um die Rechnung zu vereinfachen, pflegt man etwas grob anzunehmen, daß der Schwindverlauf dem Kriechverlauf entspricht (Abb. 4.2/30b) und erhält $d\delta_{s0}/d\varphi = \delta_{s0}/\varphi_\infty$. Die rechte Seite der Gleichung ist dann $\delta_{s0}/\varphi_\infty\delta_{11} = X_{1s}/\varphi_\infty$ und die Lösung

$$X_1 = X_{1s}(1 - e^{-\varphi})/\varphi_\infty \quad \text{(Abb. 4.2/30c)}.$$

X_{1s} ist das Stützmoment im elastischen Zustand ohne Kriechabbau.

Man sieht die Verwandtschaft zwischen dem *Aufbau* eines Stützmomentes X_1 infolge eines *inneren* Zwanges und dem *Abbau* eines solchen infolge eines *äußeren* Zwanges, wenn man sich diesen durch eine fiktive Stützensenkung Δ (Abb. 4.2/28) entstanden denkt, die gerade das Stützmoment X_{10} des kontinuierlichen, elastischen Balkens erzeugt. Es wird durch Kriechen auf $X_{10}e^{-\varphi}$ abgebaut, so daß $X_{10}(1 - e^{-\varphi})$

übrig bleibt (Abb. 4.2/30d). Allerdings haben Versuche gezeigt [30], daß wegen des „toten Ganges" (Diskontinuität) in der Verbindung nur etwa $^2/_3$ von X_1 aufgebaut wird.

Ich habe den vorstehenden Betrachtungen die „alte Dischinger-Formel" mit $\alpha = 1$ zugrunde gelegt, welche die Veränderungen infolge φ etwas überschätzt. Rüsch führt in [8] eine „verbesserte Dischinger-Formel" ein, bei der der elastische (umkehrbare) Anteil des Kriechens ($\sim 40\%$) der elastischen Verformung zugeschlagen wird und nur noch $0,6\varphi$ das eigentliche irreversible Fließen beschreibt [8, S. 69]. Er stellt die Ergebnisse dieser und anderer Formeln in Diagrammen gegenüber [8, S. 106]. Die Unterschiede sind unbedeutend, wenn man an die vielen Faktoren denkt, welche die Kriechzahl φ beeinflussen und alle erheblich streuen (I A, 1.3.2 sowie DIN 4227 (79), 8).

Vorgefertigte *Spannbetonbalken*, die man nachträglich kontinuierlich macht, werden nach Abb. 4.2/29 behandelt. Ein einfaches Beispiel (Zweifeldträger aus zwei Balken mit geraden Spanngliedern) zeigt Abb. 4.2/31. Das ausgeschaltete Stützmoment kehrt hiernach durch die Kriechverformung größtenteils wieder. Die durch die Bewehrung behinderte Verformung [66.4] wird hier ganz roh mit etwa $0,7\varphi$ statt mit φ abgeschätzt (genauer nach Abb. 4.3/22). Auch hier baut sich in praxi nur etwa $^2/_3\, X_1$ auf.

Bei *Stahlbetonbalken* spielt der Zwang infolge von „endogenen" Krümmungen im Zustand II im allgemeinen keine wesentliche Rolle. Gegebenenfalls kann man ihn in ähnlicher Weise wie schon erwähnt, für äußeren Zwang abschätzen.

Abschließend sei nochmals darauf hingewiesen, daß in diesem Abschnitt alle Fragen im Rahmen linearen Baustoffverhaltens behandelt wurden und die verschiedenen Spannungszustände nur unter der Voraussetzung homogenen Verhaltens überlagert

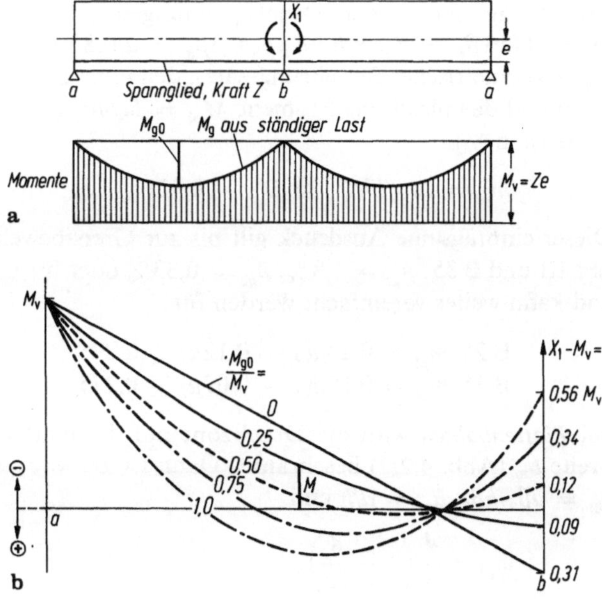

Abb. 4.2/31. Zwei Spannbettbalken sind nach der Montage kontinuierlich gemacht worden. **a** anfänglich wirkende Momente M_g aus Eigengewicht g und M_v aus der Spannkraft Z; **b** Aufbau eines Stützmomentes X_1 wie in Abb. 4.2/30 dargestellt. Statt mit $\varphi = 3,0$ wird mit $\bar\varphi = 0,7\varphi = 2,1$ gerechnet, um die Abnahme von Z infolge Kriechens und Schwindens angenähert zu berücksichtigen. Endzustände $X_1 = X_{10}(1 - e^{-\bar\varphi}) = 0,875 X_{10}$; $X_{10} = M_v(1,5 - M_{g0}/M_v)$: Grenzwert für von vornherein kontinuierliche Balken

werden können. 1-Spannbeton entspricht dieser am ehesten, während bei k-Vorspannung ($k = 0 \ldots 0{,}7$) die Berechnungen wegen fortschreitender Rißbildung nur den Charakter von Näherungen besitzen.

4.2.5 Schnittkräfte im Bruchzustand

Bereits im Zustand II, also noch unter Gebrauchslast, weichen die Momente im Durchlaufbalken infolge bereichsweisen Auftretens von Rissen von denjenigen nach der E-Theorie im Zustand I ab, wie z. B. Abb. 4.2/3 zeigt. Dadurch machen sich dann auch die verschiedenen Bewehrungsgehalte bemerkbar (vgl. Abb. 4.2/18 u. 19).

Bei weiterer Laststeigerung wird die Nichtlinearität der Verformungen noch stärker, da der Stahl im Zustand III, der bereits in 1.2.2 gekennzeichnet wurde, zu fließen beginnt (Abb. 1/3b). Diese experimentell gefundene $M/\varkappa$-Beziehung hängt von Querschnittsform, Bewehrungsgehalt, Verbund, Betonverformung und Rißzustand ab, wechselt also von Schnitt zu Schnitt. Man legt der Berechnung daher vereinfachte $M/\varkappa$-Kurven (Abb. 1/3c) zugrunde, die allerdings nur die beiden ersten Faktoren berücksichtigen, d. h. „nackten Stahl" voraussetzen, also auch stark vereinfacht sind. Mit Kurve *1* [33.7] können, wie erwähnt, die δ-Werte für die Kontinuitätsbedingungen nur abschnittweise berechnet und diese iterativ erfüllt werden, was nur mit Hilfe von Computern möglich ist. Kurve *2* wäre leichter zu handhaben, setzt aber den Zustand II voraus, besser wäre Abb. 4.2/21 heranzuziehen. Dieser Zwischenbereich ist zwar wissenschaftlich interessant, für die Praxis aber eine Grauzone ohne wesentliche Bedeutung.

An Stellen der Größtwerte der Momente bilden sich schließlich sogenannte Fließgelenke, bei denen auch bei weiterer Verdrehung der Wert M_{pl} annähernd konstant bleibt. Die Zugkraft im Stahl $Z_S = A_s \beta_S$ ist dann praktisch unabhängig von der Stahldehnung ε_s. Daraus leitet man für einen *Rechteckquerschnitt* mit Hilfe des „Blockdiagramms" der Druckspannungen (H. 220, Bild 1.13) angenähert ab: $D_u = 0{,}8bx\beta_R = Z_S$, $x/h = \mu\beta_S/0{,}8\beta_R = \bar{\mu}/0{,}8$ mit $\bar{\mu} = \mu\beta_S/\beta_R$ (mechanischer, $\mu = A_S/bh$ geometrischer Bewehrungssatz), den inneren Hebelarm $z = h - 0{,}4x = h(1 - 0{,}5\bar{\mu})$ und das plastische Moment $M_{pl} = \beta_R bh^2 \bar{\mu}(1 - 0{,}5\bar{\mu})$ oder in dimensionsloser Form (μ in %):

$$m_{pl} = M_{pl}/bh^2\beta_R \cong \bar{\mu}(1 - 0{,}5\bar{\mu}) \, .$$

Dieser einprägsame Ausdruck gilt bis zur Grenzbewehrung μ_{gr} (vgl. 1.3.2), z. B. für BSt III und B 35: $\mu_{gr} = 1{,}8\%$, $\bar{\mu}_{gr} = 0{,}33\%$ oder für B 25: $\mu_{gr} = 1{,}5\%$, $\bar{\mu}_{gr} = 0{,}36\%$ und kann weiter vereinfacht werden für:

$$\text{B 25}: m_{pl} = 0{,}24\mu(1 - 0{,}12\mu) \leqq 0{,}295$$
$$\text{B 35}: m_{pl} = 0{,}18\mu(1 - 0{,}09\mu) \leqq 0{,}275$$

Bei *Plattenbalken* wird die Druckzone auf die Plattendicke d und die mitwirkende Breite b_m (Abb. 4.2/2) beschränkt. Dann ist $D_u = b_m d\beta_R = Z_u = \mu_{gr}\beta_S b_m h$ folglich $\mu_{gr} = d\beta_R/h\beta_S$, $\bar{\mu}_{gr} = d/h$ und

$$m_{pl} = \frac{d}{h}\left(1 - \frac{d}{2h}\right),$$

für d/h = 0,32   0,25   0,20   0,15   0,10 = $\bar{\mu}_{gr}$

m_{pl} = 0,275   0,22   0,18   0,14   0,10

μ_{gr} = 1,8   1,4   1,1   0,8   0,55% für B 35.

Ist die Bewehrung schwächer, geht m_{pl} im Verhältnis μ/μ_{gr} zurück.

In dieser Ableitung stecken einige Vereinfachungen, die aber angesichts der streuenden Grundlagen durchaus gerechtfertigt sind:

(a) Die Stahlspannung steigt in Wirklichkeit oberhalb β_S durch Verfestigung noch etwas an (I A, Abb. 3.1/2) und führt zu einem gegenüber M_{pl} um 5 bis 10% größeren M_u (vgl. 4.3.1.1, Frage (d)).

(b) Der Betondruck wurde mit β_R, statt mit 0,95 β_R wie in H. 220 eingeführt; das macht aber für M_{pl} nur etwa 2% aus.

(c) Das Parabel/Rechteck-Druckdiagramm (DIN 1045, Bild 11) oder das bilineare Diagramm DIN 1045, Bild 10, liefern noch geringere Abweichungen.

(d) Die benutzten Kurven setzen ein Ebenbleiben der Querschnitte voraus. Bei zunehmender Rißbreite muß sich aber der Stahl auf einer endlichen Länge dehnen, was nicht mehr mit Mikrorissen (I A, Abb. 4.4/2) allein zu erklären ist, sondern auf eine lokale Zerstörung des Verbundes hindeutet.

(c) Die bei weiterem Fließen des Stahles abnehmende Höhe der Druckzone vergrößert z und damit M_u um etwa 5%, was auch vernachlässigt wird.

Die auf den Kurven 1 und 2 in Abb. 1/3c aufgebauten *statischen* Berechnungen liefern eine „untere Grenze" der Traglast. Hierbei wird eine beliebige M-Verteilung aufgesucht, die sowohl das Gleichgewicht erfüllt als auch an keiner Stelle die M_{pl} überschreitet. Zum Beispiel werden für den Balken Abb. 4.2/32 nur so große Momentenparabeln für Gleichlasten q_u (= Traglasten) zwischen die M_{Spl} „eingehängt", daß die M_{Fpl} nirgends überschritten werden [36.1].

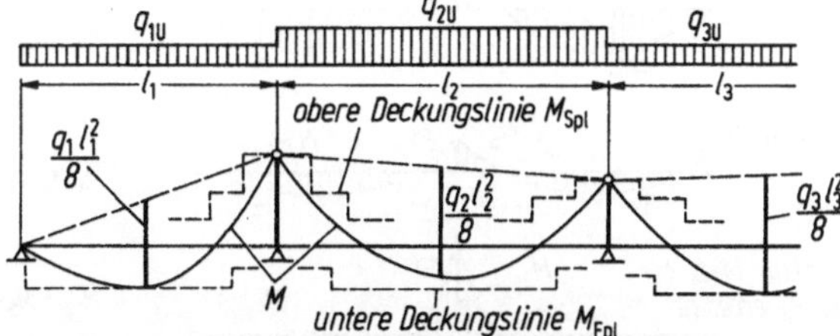

Abb. 4.2/32. Statisches Verfahren, um einen „unteren Grenzwert" (lower bound) für die Traglast q_u = 1,75q eines Durchlaufbalkens zu ermitteln: die M-Linien für q_u müssen innerhalb M_{pl} liegen

Sehr einfach auch für die Praxis zu handhaben ist das *kinematische* Verfahren, welches die Kurve 3 benutzt, d. h. die elastischen Krümmungen (0,2 ... 0,3 der möglichen plastischen) vernachlässigt und nur die M_{pl} in den „Fließgelenken" beachtet. Damit wird das Aufsuchen der Traglast zu einer *Gleichgewichts*aufgabe. Ursprünglich für Stahlbalken nach DIN 1050 entwickelt, liefert dieses Verfahren auch für Stahlbetonbalken eine realistischere Abschätzung der Tragfähigkeit als die E-Theorie, allerdings nur eine „obere Grenze" dafür, falls die Gelenke nicht genau an den ungünstigsten Stellen angenommen werden. Da auch bei Spannbetonbalken im allgemeinen die Bewehrung ins Fließen kommt, bevor die Betondruckzone versagt, kann das Verfahren auch für sie verwendet werden. Die künstliche Vordehnung des (aktiven) Spannstahles von 3 bis 5‰ hilft dabei, daß dessen hohe Streckgrenze β_S schon bei „Dehnungen" der Zugzone erreicht wird, bei welcher auch der passive Stahl fließt. Allerdings darf das Spannglied nicht zu stark diskordant sein (vgl. 4.3.2.1), damit es noch eine „wirksame" Lage besitzt; denn die Zusatzmomente aus Vorspannung verschwinden im Bruchzustand ebenso wie Momente aus Zwang (1.2.2). Extrem ungünstig wäre z. B. der Fall Abb. 4.2/6a.

Um das Verfahren zu erläutern, zeige ich als erstes Beispiel das Verhalten von Zweifeldbalken bei Laststeigerung. Zur Vereinfachung wird $z = \text{const}$ gesetzt, so daß die Momente stets der Bewehrung proportional sind: $M = A_s \sigma_s z$. Zunächst (Abb. 4.2/33a) soll die Bewehrung im Feld (M_F) und über der Stütze (M_S) den Momenten für Vollast q mit der Sicherheit $\gamma = 1{,}75$ entsprechen. Steigt q weiter um Δq an, so nehmen beide, annähernd auch im Zustand II, im Verhältnis der Anfangswerte zu und werden gleichzeitig die plastischen Werte $M_{Spl} = 1{,}75\,M_S$

Abb. 4.2/33. Plastisches Verhalten eines Zweifeldbalkens nach dem Traglastverfahren mittels „Fließgelenken", das einen „oberen Grenzwert" (upper bound) liefert. **a** Zunahme der Bemessungslast q, so daß bei $q_u = 1{,}75q$ gleichzeitig $M_{Spl} = 1{,}75M_S$ und $M_{Fpl} = 1{,}75M_F$ erreicht wird; **b** Balken unter ständiger Last g und einer zunehmenden Einzellast P im rechten Feld; *nacheinander* werden M_{Fpl} unter P_1 und M_{spl} unter $P_2 = P_u$ erreicht. **c** Balken mit $l_1 = 3l_2$; belastet in l_1 mit $g = q/3$, in l_2 mit q sowie einer ansteigenden Zusatzlast p, die zuerst M_{Fpl} bei $p = 0{,}75q$ und M_{Spl} erst unter $p_u = 2{,}16q$ erzeugt. M_S bemessen für Vollast q, M_F für $q + p_u$

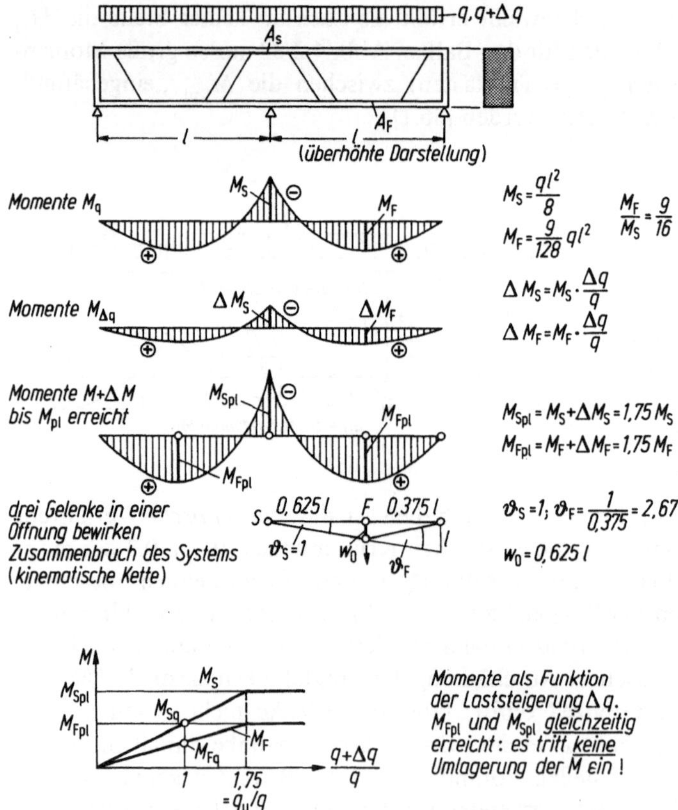

Abb. 4.2/33a

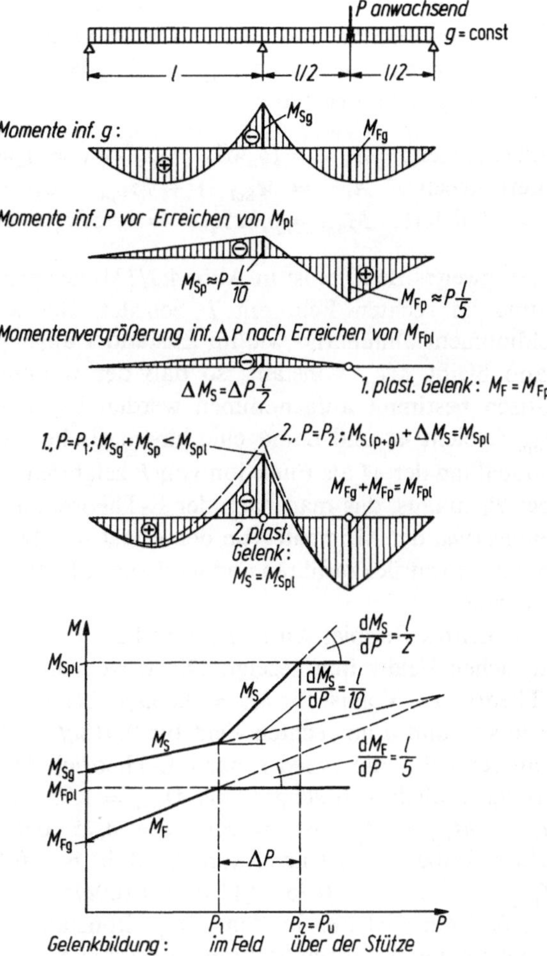

Abb. 4.2/33b

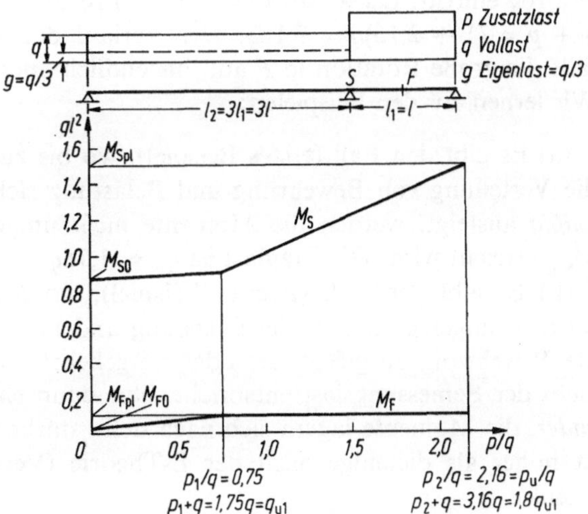

Abb. 4.2/33c

und $M_{\mathrm{Fpl}} = 1,75\,M_{\mathrm{F}}$ erreichen. Dann besitzt jedes Feld drei Gelenke und wird zu einer kinematischen Kette. Die Darstellung der M als Funktion von Δq zeigt unmittelbar, daß die Traglast $q_{\mathrm{u}} = 1,75q$ beträgt. Das Prinzip der virtuellen Arbeit liefert das gleiche Ergebnis:

äußere Arbeit: $A_{\mathrm{a}} \;\; = \int q_{\mathrm{u}}w\mathrm{d}x = q_{\mathrm{u}}\int w\mathrm{d}x = q_{\mathrm{u}}w_0 l/2 = 0,3125q_{\mathrm{u}}l^2$

innere Arbeit: $A_{\mathrm{i}} \;\; = M_{\mathrm{Spl}} \cdot 1 + M_{\mathrm{Fpl}} \cdot 2,67 = 2,5 M_{\mathrm{Spl}}$,   da $M_{\mathrm{F}}{:}M_{\mathrm{S}} = 9{:}16$.

$A_{\mathrm{a}} = A_{\mathrm{i}}$ liefert: $M_{\mathrm{Spl}} = 0,125q_{\mathrm{u}}l^2 = 1,75 M_{\mathrm{S}}$,   ebenso $M_{\mathrm{Fpl}} = 1,75 M_{\mathrm{F}}$.

Als zweites Beispiel ist in Abb. 4.2/33b der gleiche Balken mit der ständigen Last g und im rechten Feld mit P belastet. Bei wachsendem P werden Stütz- und Feldmoment annähernd wie im Zustand I ansteigen, bis im Feld M_{Fpl} erreicht ist. Dann bleibt M_{Fpl} konstant, so daß der weitere Zuwachs ΔP allein durch ΔM_{S} statisch bestimmt aufgenommen werden kann, bis schließlich mit $P_2 = P_{\mathrm{u}}$ auch M_{Spl} erreicht ist und damit eine kinematische Kette im rechten Feld entsteht. Die Darstellung der M als Funktion von P zeigt den Gewinn $\Delta P = P_2 - P_1$ an Traglast über P_1 hinaus, das man nach der E-Theorie als Bruchlast annimmt. Er ist auf die *Umlagerung* der Momente von der zuerst überbeanspruchten Stelle nach einer noch tragfähigen zurückzuführen und wird auch als *Anpassung* des Balkens an die Belastung bezeichnet.

Als drittes Beispiel wird in Abb. 4.2/33c das Verhalten eines Balkens mit sehr ungleichen Feldweiten gezeigt. Die Bewehrung A_{s} über der Stütze wird (nach der E-Theorie) bei Vollast für $M_{\mathrm{S}} = 0,865ql^2$ bemessen, A_{F} im Feld bei $g = q/3$ (angen.) im linken und q im rechten Feld für $0,018ql^2$. Alsdann wird rechts eine Zusatzlast p aufgebracht, die (wieder nach E-Theorie) $M_{\mathrm{S}} = 0,0314pl^2$ und $M_{\mathrm{F}} = 0,110pl^2$ erzeugt. p allein soll steigen, bis $M_{\mathrm{Fpl}} = 1,75 \cdot 0,018\ ql^2 = 0,032\ ql^2$ erreicht, d. h. $M_{\mathrm{Fq}} + M_{\mathrm{Fp}} = M_{\mathrm{Fpl}}$ ist, woraus $p = 0,75 \cdot 0,018ql^2/0,110\ l^2 = 0,13q$ folgt. Das Feld soll aber $1,75q$ tragen können, d. h. $p = 0,75q$: die Bewehrung muß also für $M_{\mathrm{Fpl}} = ql^2(0,018 + 0,75 \cdot 0,110) = 0,100ql^2$ verstärkt werden. Dann bildet sich bei $x \cong 0,4l$ ein Gelenk, in dem M_{Fpl} konstant bleibt, so daß bei einer weiteren Zunahme von p statisch bestimmt entsteht: $\Delta M_{\mathrm{S}} = pl^2(0,6^2 + 0,4 \cdot 0,6)/2 = 0,30pl^2$ bis $M_{\mathrm{Spl}} = 1,75 \cdot 0,865ql^2 = 1,51ql^2$ erreicht ist, was bei $p = 0,75 \cdot 0,865ql^2/0,30l^2 = 2,16q$ eintritt. Dieses dritte Gelenk im rechten Feld begrenzt dessen Traglast auf $q + p = (1 + 2,16)q = 3,16q$. Der Verlauf der M ist wieder aufgetragen und es fällt die große Rotation in F auf, bis endlich auch $M_{\mathrm{S}} = M_{\mathrm{Spl}}$ ist.
Wir lernen aus den Beispielen:

(a) Es gibt den Fall (erstes Beispiel), wo bis zur Traglast *nichts* geschieht: wenn die Verteilung von Bewehrung und Belastung sich entsprechen und letztere *gleichmäßig* ansteigt, werden die Momente *nicht* umgelagert, da gleichzeitig M_{Fpl} und M_{Spl} erreicht wird. Die Traglast ist $q_{\mathrm{u}} = 1,75q$.

(b) Es gibt den Fall (zweites Beispiel), wo *Nützliches* geschieht: die Momente werden umgelagert, falls die Belastung anders verteilt ist als diejenige, für welche die Bewehrung ausgelegt ist; oder umgekehrt: wenn die Bewehrung (absichtlich) nicht der Bemessungslast entspricht. Nur dann entstehen die Fließgelenke *nacheinander*, die Momente lagern sich nach den „stärkeren" Stellen um, und die Traglast ist höher als diejenige nach der E-Theorie (Versagen bereits beim ersten Fließgelenk).

Diese „Reserve" an Tragfähigkeit ist allgemein um so größer, je besser die Einzelglieder in das Gesamttragwerk „eingebunden" sind, entsprechende sogenannte „konstruktive Bewehrungen" vorausgesetzt. Zum Beispiel können im Katastrophenfall Rahmentragwerke den Verlust einer Stütze, oder ein Durchlaufbalken die Zerstörung in der Mitte eines Feldes überstehen. Dies begründet die bekannte „Zähigkeit" des Stahlbetons. Umgekehrt kann man, wie schon 1.2.2 erwähnt, eine gewünschte Verteilung der Momente im „Grenzzustand der Tragfähigkeit" durch die Anordnung der Bewehrung herbeiführen, etwa um die Bauhöhe im Feld oder — umgekehrt — die Bewehrung über der Stütze herabzusetzen. DIN 1045, 15.1.2 (vgl. H. 240, 1.5) erlaubt eine Variation der letzteren um nur $\pm 15\%$ mit Rücksicht auf den Gebrauchszustand.

(c) Es gibt aber auch den Fall (drittes Beispiel), wo *zuviel* geschieht, d. h. die Umlagerung so groß ist, daß das erste Fließgelenk sich sehr stark verdrehen müßte, bis das zweite „anspringt". Es kann dann bereits durch Versagen der Druckzone erschöpft sein. Dieser Folge großer Steifigkeitsunterschiede hat man den Namen eines „Paradoxons" gegeben und durch den Nachweis der Verformung charakterisiert [1/11.2, I S. 180].

Angesichts dieses Phänomens stellt sich die Frage, welche Rotation man einem Fließgelenk zumuten darf. Dazu muß man sich vergegenwärtigen, daß zur Zeit, als Johansen [5/61.1] diese Theorie schuf, nur BSt I mit sehr großem Fließvermögen und kleinem Haftverbund verfügbar war. Dieser wurde an einem überbeanspruchten Querschnitt auf eine gewisse Länge zerstört und es entstand in einem Balken durch einen klaffenden Riß ein sichtbares „Gelenk", in einer Platte eine „Bruchlinie", genauer eine Fließgelenklinie. Bei den heutigen Profilstählen mit ihrem hochwirksamen Formverbund bilden sich an jenen Stellen viele dünne Risse, so daß statt eines „Gelenkes" eine „Fließzone" vom 1- bis 2fachen der Nutzhöhe entsteht. Auch bei Platten sind diese zu beobachten (vgl. Abb. 5/53a). Wie zahlreiche Versuche gezeigt haben, liefern die Ansätze der „Bruchlinientheorie" aber trotzdem befriedigende Traglasten und man spricht weiter von „Fließlinien" bzw. „-gelenken".

Die Größe der nötigen „Rotationen" ϑ der „Fließgelenke" liegt in der Größenordnung der elastischen Enddrehwinkel der entsprechenden Balkenbereiche im Zustand I und II, ebenso die Durchbiegungen. Sie können auf dieser Grundlage abgeschätzt werden [33.6]. Bei Versuchen hat sich außer zahlreichen anderen Faktoren ein wesentlicher Einfluß der Querkraft und deren Deckung durch Bügel herausgestellt, neben dem vorherrschenden von M, d. h. der Biegebewehrung [31; 36.1]. Einen vorsichtigen, aus umfangreichen Auswertungen stammenden Anhalt für ϑ bei Rechteckquerschnitten findet man bei [1/30.1, 8.4] (Abb. 4.2/34), der hier durch die zugehörigen Bewehrungsgehalte für BSt III ($\beta_S = 420$ N/mm^2) und B 25 ($\beta_R = 17,5$ N/mm^2) ergänzt worden ist.

In [1/2, Teil 4, S. 160] und B. Kal. 1984 II sowie [32] ist das plastische Verhalten ausführlich abgehandelt. Im Ausland wird das Traglastverfahren, vor allem für Platten (vgl. 5.3.3) viel angewandt, weshalb vor allem dort eine umfangreiche Literatur entstanden ist [33; 6.5, Bd. II u. 1/28]. Die Ansätze sind auch durch Versuche genügend bestätigt [34], wobei z. B. in [34.4] die Bruchlasten sich als praktisch unabhängig von Zwangs- und Vorspannmomenten erwiesen. Das Rißbild im Gebrauch war selbst beim Halbieren der Bewehrung über der Stütze und Verstärken im Feld um 30% noch erträglich [33.4].

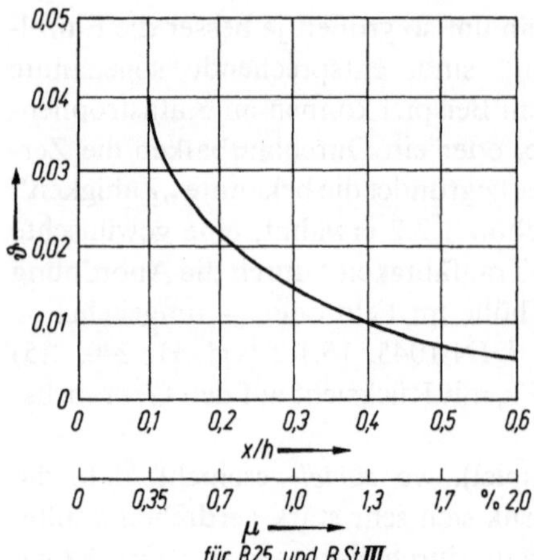

Abb. 4.2/34. Zulässige Rotation ϑ in einem plastischen Gelenk bei reiner Biegung [1/30.1, Bild 8.2], abhängig von dem Abstand x/h der Nullfaser vom Druckrand, ergänzt durch die entsprechenden Bewehrungsgehalte für BSt III und B 25

Gewisse Grenzen müssen beim Anwenden der Traglastberechnung im Auge behalten werden:

(a) Die Superposition verschiedener Belastungen (Eigen-, Nutzlast usw.) ist in der gewohnten Form *nicht* zulässig, da die Kräfte mit jenen nicht linear verknüpft sind. Die einzelnen Teile eines Tragwerkes, d. h. die einzelnen Felder eines Balkens sind also nacheinander getrennt für die jeweils ungünstigste Lastkonstellation zu untersuchen.

(b) Das Verfahren darf nicht bei hohen, beweglichen Nutzlasten (z. B. von Brücken), vor allem nicht solchen mit alternierendem Vorzeichen (Wind, Schwingungen) verwendet werden. Bei mäßigen, seltenen Lastwechseln („vorwiegend ruhende Lasten" nach DIN 1045, 2.2.4), die außerhalb des Bereiches möglicher Baustoffermüdung liegen, kann sich das Tragwerk „einspielen", d. h. nach anfänglichen plastischen Verformungen wieder elastisch verhalten.

(c) Nicht alle Systeme eignen sich dafür: die Steifigkeit der Glieder darf nicht zu verschieden sein,

(d) Wenn *ein* Querschnitt versagt, weil ihm ein zu großer Rotationswinkel ϑ zugemutet wird, ehe der Nachbar für ihn „einspringt" (die Berechnung läßt das nicht unmittelbar erkennen!), wird die Traglast überschätzt. Die ϑ werden selten überschlagen (bei Platten nie!), so daß man stets nur wesentlich geringer als mit μ_{gr} (vgl. 1.3.2) bewehren sollte. CEB [1/30.1, 9.1.5] schreibt für Platten in diesem Falle $\mu \leqq \mu_{gr}/2$ vor — eine gute Regel! Kommt man damit nicht aus, kann die Druckzone von Balken, die ja die ϑ begrenzt, durch Umschnüren wie bei hochbeanspruchten Stützen (vgl. Abb. 2/6) verstärkt werden und eine höhere Stauchung vertragen [35; 1/2 Teil 4, Bild 8.8].

(e) Der Nachweis der Traglast sagt durchaus nichts über den „Grenzzustand der Gebrauchsfähigkeit" aus. Nach dem in 1.3.1 und 4.3.1.1 Gesagten ist es ratsam, nicht allzusehr von der Bewehrung nach der E-Theorie abzuweichen, da die Lebensdauer von Bauten in erster Linie vom Verhalten unter den ständigen Lasten abhängt. Das sollen folgende, absichtlich extreme Beispiele verdeutlichen: Man könnte bei einem eingespannten Balken (Abb. 4.2/35a) theoretisch auf eine untere Bewehrung ganz verzichten. Dann wäre $M_{Fpl} = 0$ und der Balken würde an dieser Stelle schon

Abb. 4.2/35. Eingespannte Balken mit extremen Bewehrungsanordnungen, die beide die Traglast $P_u = 1{,}75\,P_q$ gewährleisten, jedoch bereits unter Nutzlast unbrauchbar wären. **a** ohne untere Bewehrung; **b** ohne obere Bewehrung (vgl. Abb. 5/52). Anmerkung: Die Enden gezogener Bewehrungsstäbe werden hier und im folgenden stilisiert durch rechtwinklige Haken angedeutet, auch wenn reine Verbundverankerung ausreicht.

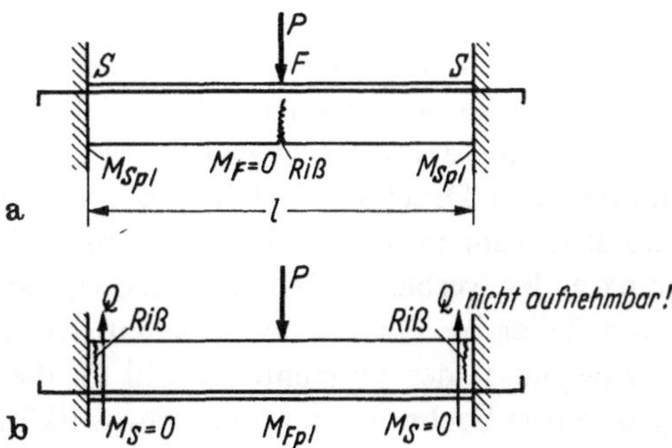

bei sehr kleiner Last klaffend reißen und dadurch unbrauchbar. Jedoch wäre seine Tragfähigkeit gesichert, wenn $P_u l/4 \leqq M_{\text{Spl}}$ ist. Derselbe, aber nur unten bewehrte Balken (Abb. 4.2/35b) wäre ebenfalls tragsicher mit $M_{\text{Fpl}} = P_u l/4$. Die Risse an den Enden kennzeichnen den Balken aber wieder als Fehlkonstruktion.

(f) Dieses zweite Beispiel zeigt außerdem die Gefahr auf, daß der Balken die Querkraft in den Rissen nicht aufnehmen kann! Denn die Risse laufen über die ganze Höhe und auf die Verdübelung durch die Bewehrung kann man sich nicht verlassen. Man darf sich deshalb an der Stelle eines Grenzmaximums von M (4.3.1.1) nicht mit der Bruchsicherheit auf Biegung zufrieden geben, sondern muß auch die Querkraft bedenken, wozu ich in der Literatur allerdings keinen Hinweis gefunden, aber entsprechende Schäden mehrfach beobachtet habe (vgl. II A, Abb. 3/39).

g) Wenn aus der Buchlast P_u die Gebrauchslast $P = P_u/\gamma$ ($\gamma = 1{,}75$) abgeleitet wird, entspricht die Sicherheit derjenigen eines stat. best. Systems. Demgegenüber enthält ein stat. unbest. System, das nach der E-theorie für diejenige Last bemessen wird, die in nur *einem* Querschnitt zum Versagen mit $\gamma = 1{,}75$ führt, stets eine „stille Reserve" an Sicherheit.

Diese Gesichtspunkte haben bislang dazu bewogen, das Traglastverfahren in die deutsche Norm *nicht* aufzunehmen (bis auf die erwähnte vorsichtige Konzession der Umlagerung!). Es gehört nur in die Hand des Fachmannes. Denn es ist nicht dazu da, die „schwierige" E-Theorie entbehrlich zu machen! Aber sehr zu begrüßen ist es, wenn eine ausgewogene Darstellung [36] den Boden für diese Methode bereitet, welche die Tragfähigkeit unserer Bauten realistischer als bisher zu beurteilen gestattet.

4.3 Bemessung

Es ist üblich, wie in 1.3. geschildert, von der „Bemessung der Querschnitte" zu sprechen. Dieses Vorgehen verstellt aber den Blick auf den durchgehenden Kraftfluß, der die Lasten den Auflagern zuleitet. Er wird durch die Hauptspannungslinien veranschaulicht, wie das für Balken im Zustand I Abb. 4.3/7 und im Zustand II Abb. 4.2/20 zeigen.

Die *ideale Bewehrung* müßte den Zuglinien folgen, im Steg die Umlenkkräfte der Drucklinien aufnehmen und stetig gekrümmt sich in der Zugzone konzentrieren.

Die Summe dieser Kräfte ist im horizontalen und im vertikalen Mittelschnitt eines Balkens gleich groß (Abb. 4.3/8). Dieses Bild ist aber insofern unvollkommen, als es die Dehnungen von Beton und Stahl nicht berücksichtigt. Bereits in 1.3 wurde erwähnt, daß der Stahl erst dann in Aktion tritt, wenn der Beton reißt. Nun folgen die Risse anfangs den Drucklinien (I A, Abb. 1.2/14) und zerlegen den Balken bei weiterer Laststeigerung in einzelne Elemente, die sich gegeneinander um Drehpole D (Schwerpunkte der verbleibenden Druckzone) bewegen. Das Berechnen der Bewehrung kann daher im Grunde als kinematische Aufgabe betrachtet werden, bei der die Bezugspunkte der Momente sowohl für die äußeren Lasten als auch für die inneren Kräfte jene Drehpole sind und nicht willkürlich gewählt werden können. Dieser Weg führt naturgemäß zu den gleichen Kräften wie der statische Ansatz, führt aber darüber hinaus auch zu der Erkenntnis, daß (vgl. 1.3) Stäbe dann am wirksamsten hinsichtlich Querschnitt und Rißbreite sind, wenn sie die Risse rechtwinklig kreuzen (Abb. 1/10). Den notwendigen Bezug auf das Rißbild zeigt beispielsweise Abb. 4.3/13d und 4.5/4a: die Bewehrung nahe dem Balkenauflager würde für einen senkrechten Schnitt als $A_s = M/z\sigma_s$ viel zu schwach ausfallen. DIN 1045, 18.7.2 korrigiert diesen Fehler durch den Hilfsbegriff „Versatzmaß v der Momentenfläche" (Abb. 4.5/3a).

Die Beanspruchung des *Betons* kann man ebenfalls qualitativ aus dem Trajektorienbild ablesen (I A, 1.2.1.1) und an denjenigen Stellen, wo diese sich zusammendrängen (meist identisch mit den Drehpolen), rechnerisch nachweisen. Darüber hinaus ist zu beachten, daß die Druckzone versagen kann, wenn die Umlenkkräfte der Drucklinien nicht durch Stegbewehrung aufgenommen werden (Abb. 4.3/13b). Aus Abb. 4.5/4a ist die Notwendigkeit einer Stegbewehrung (Bügel) zu erkennen.

Im *Fachwerkmodell* nach Ritter/Mörsch werden die Spannungstrajektorien grob zu Stäben zusammengefaßt. Die auch im Bruchbild stets durch Risse deutlich hervortretenden schrägen Druckglieder werden durch Zugglieder ergänzt, die man aus praktischen Gründen ebenfalls schräg unter 45° (Abb. 4.3/12a) oder senkrecht (4.5/4a) führt. Wie hier angedeutet, werden die Gurtkräfte durch die veränderten Drehpole wesentlich beeinflußt (4.3/10b). Ein Modell für den Kraftfluß in einem Plattenbalken zeigt Abb. 4.3/1b).

Bei der *Bemessung* mit den üblichen Hilfsmitteln (H. 220) (vgl. 1.3.2) wird allerdings die Aufnahme der Biegung M und der Querkraft Q in getrennten Abschnitten behandelt. Die Stahlbetonquerschnitte werden für die Grenzwerte von M dimensioniert (4.3.1.1). Im Feld ist ein echtes Maximum vorhanden, charakterisiert durch $dM/dx = Q = 0$, was die Bemessung für M allein rechtfertigt. Über den Stützen verwendet man die gleichen Ansätze, obgleich hier ein Grenzmaximum von M mit $Q \neq 0$ vorliegt. Man befindet sich damit im allgemeinen auf der „sicheren Seite", weil der Querdruck die Festigkeit etwas herauf —, den Schrägzug aber wesentlich herabsetzt, wovon man aber nur bei sehr gedrungenen Balken (z. B. Konsolen 4.7) Gebrauch macht. Die Interaktion von M und Q wird durch Hilfsbegriffe wie „Schubschlankheit" M/Qh (Abb. 4.3/13d u.e) berücksichtigt.

Diese Zusammenhänge im Auge, benutzte ich im folgenden doch noch den gewohnten Weg der Bemessung, die aus der Technischen Biegelehre abgeleitet ist, weil für diesen die erwähnten und anerkannten Hilfsmittel zur Verfügung stehen. Denn es ist weder der Ort noch der Zweck dieses Werkes, eine neue, kohärente Bemessungsmethode auszubauen. Einen Entwurf, alle Bauteile konsequent nach dem Verlauf der Kraftlinien zu bemessen, hat Schlaich [37] geliefert. Dabei wird unterschieden zwischen den Bereichen mit stetiger Form und Belastung, die nach der Technischen Biegelehre (einachsiger Zustand) behandelt werden können, und den unstetigen Bereichen (konzentrierte Lasten und Ecken) (Abb. 1/5 u. I A, Abb. 4.1/11). Deren zweiachsiger Spannungszustand wird zu Fachwerken vereinfacht, die aus dem Trajektorienbild abgeleitet werden und daher Gleichgewicht und Kontinuität erfüllen.

Die geometrischen Daten eines Querschnittes — Beton und Stahl — werden, wie gesagt, für gegebene Schnittkräfte M_B, Q und M_T ($N \cong 0$ bei Balken) festgelegt und möglichst optimiert. Man darf dabei jedoch nicht aus dem Auge verlieren, daß jene ihrerseits wieder von dem Gewicht und der Steifigkeit der Querschnitte abhängen. Eine „genaue" Bemessung ist daher, besonders bei statisch unbestimmten Systemen, eigentlich nie ohne Iteration möglich. Im Brücken- und Hallenbau wird man für ein wirtschaftliches Tragwerk die „Statik" mit den zunächst geschätzten Querschnitten nach der Bemessung korrigieren. Im Hochbau verfährt man jedoch meist großzügiger und verzichtet auf eine entsprechende Berichtigung der Schnittkräfte. Das ist nicht nur Bequemlichkeit des Konstrukteurs, sondern wäre ein überflüssiger Aufwand, da, wie in Abschnitt 1 gezeigt, die Voraussetzungen der Schnittkraftberechnung sehr idealisiert sind und die Wirklichkeit hiervon entsprechend abweicht.

Nach den grundsätzlichen Bemerkungen in 1.3 ist aus verschiedenen Gründen das einheitliche „Gebäude" der Berechnung von der Schnittkraftermittlung bis zur Bemessung auf linear-elastischer Grundlage teilweise verlassen worden. Selbst beim Berechnen der Bauteile werden noch verschiedene „Zustände" berücksichtigt. Die Forschung bemüht sich naturgemäß um eine einheitliche und praktikable Anweisung für den Nachweis der Tragsicherheit oder umgekehrt eine einfache Bemessung.

Es ist nötig, über zweierlei zu verfügen: eine wirtschaftliche „freie" Dimensionierung ist meist nur für die wenigen, ausgezeichneten Stellen eines Tragwerkes möglich, wo die Schnittkräfte Extremwerte annehmen (Feld- und Stützenquerschnitt). Im übrigen liegen die Betonabmessungen fest, so daß nur die Bewehrung zu ermitteln ist („gebundene" Bemessung). Maßgebend für die Bemessung sind:
für Stahlbeton   DIN 1045 (78),
für Spannbeton   DIN 4227, Teil 1 (79)
für Massivbrücken DIN 1075 (81),
(gesammelt in DIN-Taschenbuch 37 (79): Beton und Stahlbeton), ferner im Bereich des BMV (Bundesministerium für Verkehr ZTVK (80) (zusätzliche technische Vorschriften für Kunststoffbauten).
Zum Einarbeiten in die Bemessung ist [38.1] äußerst nützlich. Eine historische Übersicht der Bemessung findet man in [38.2].

Sehr informativ ist mitunter der „Blick in Nachbars Garten", d. h. der Vergleich mit den Normen anderer Länder (B. Kal. 1981 II S. XXI), z. B. der DDR [39], der Schweizer SIA-Norm 162 (1968), vor allem der CEB/FIP „Mustervorschrift" [1/30.1] und Vergleichsrechnungen [40; 1/30.3].

4.3.1 Stahlbetonquerschnitte

Sie durchlaufen bei steigender Last die Zustände I, II und III, deren Bedeutung in Abschn. 1 charakterisiert ist, und werden nacheinander für die Aufnahme der Schnittkraftkomponenten bemessen.

4.3.1.1 Bemessung auf Biegung

Die Querschnitte müssen in denjenigen Fällen als homogen wirkend (*Zustand I*), d. h. druck- und zugfest betrachtet werden, in denen es auf Rissefreiheit ankommt, insbesondere also bei Flüssigkeitsbehältern. Die Wanddicke ist dann nach DIN 1045, 17.6.3 durch die zulässige Zugspannung $\sigma_v = \eta\sigma_{bz}(\sigma_{bz} \geq N/A_1 + My_{0,u}/I_1)$ begrenzt. Die Bewehrung trägt wenig zu den Querschnittswerten A_1 und I_1 bei (Abb. 4.2/18). Sie muß aber anderseits auch für die Tragsicherheit im Zustand II ausreichen. Man sollte sie jedoch nicht stärker als nötig machen, um σ_{bz} herabzusetzen, weil man dadurch Eigenspannungen (Zug an der Außenseite!) infolge Schwindbehinderung erzeugt (I A, Abb. 1.3/13). Es ist nicht ratsam, Behälterwände dicker als etwa 30 bis 40 cm auszuführen, da auch bei sorgfältiger Nachbehandlung (I A, 1.1.7) Risse aus dem Feuchtigkeits- und Temperaturgefälle zu fürchten sind. Dieses Risiko läßt sich entweder durch Aufbringen einer Dichtungshaut (B. Kal. 1977 II, S. 644) oder durch Vorspannen des Betons weitgehend beherrschen. Die Auffassung, eine gebogene Platte sei dann dicht [41], wenn ihre Druckzone im Zustand II wenigstens 15 cm dick sei, halte ich für nur bedingt zutreffend.

Zustand II ist zur Beurteilung des „Grenzzustandes der Gebrauchsfähigkeit" unentbehrlich. Da hiervon auch die Lebensdauer der Bauten entscheidend abhängt, die viel häufiger von „schleichenden" Gefahren (Durchbiegungen, Risse, besonders Korrosion usw.) als vom Versagen unter Lasten bedroht wird, muß beim Anwenden der „plastischen Bemessung" ausdrücklich auf die Notwendigkeit eines entsprechenden Nachweises hingewiesen werden [4.2.1; 1/31]. Hilfsmittel hierfür bieten die in 1.3 angeführte Literatur, H. 220 sowie die Diagramme Abb. 4.2/18. In [42.2] wird empfohlen, hierbei für B 15/25/35/45 mit $n = E_s/E_b = 16{,}5/10{,}0/7{,}0/5{,}4$ zu rechnen.

Die mitwirkende Breite b_m der Platte bei **T** *und* **TT**-*Querschnitten* wird im Hochbau für alle Zustände und Belastungen mit dem einfachen Ansatz in H. 220 (79), 1.3.1 (Abb. 4.2/2) abgeschätzt, wie man ihn auch zur Ermittlung der Schnittkräfte benutzt. Zur Bemessung von Brücken ist eine bessere Näherung für b_m vorgeschrieben (DIN 1075 (81), 5.1.3.2), die sich an die Ergebnisse der Elastizitätstheorie [43] anlehnt. Sie liefert den Größtwert der Längsspannungen σ_x auf einer „mittragenden Breite" b_m in der Form $\sigma_x = D/db_m$, wobei $D \cong M/z$ ist. Denn der Steg nimmt nur einen vernachlässigbar kleinen Teil des Biegemomentes auf (Abb. 4.3/1 a) (vgl. B. Kal. 1978 II S. 508), so daß der Kräftefluß in einem Plattenbalken durch ein Fachwerkmodell (Abb. 4.3/1 b) vereinfacht dargestellt werden kann. Nach der Scheibentheorie sind unter einer Streckenlast die σ_x in der Platte fast gleichförmig verteilt (Abb. 4.3/1 c); sie konzentrieren sich aber stark in der Angriffsstelle einer Einzellast (Abb. 4.3/1 d) [43/12]. Das gilt — wie dargestellt — sowohl an einer Zwischenstütze, als auch — auf dem Kopfe stehend — im Feld unter einer Einzellast. In diesem Falle ist die lokale große Druckspannung σ_x völlig unbedenklich, worauf ich schon in I A, Abb. 1.3/8 am Beispiel einer Rahmenecke hingewiesen habe. Bei der Platte gilt das in verstärktem Maße, da die Spannungen infolge der nichtlinearen σ-ε-Beziehung des Betons (I A, Abb. 1.3/1) „in die Breite zu laufen" vermögen und die Spitze im Zustand III ganz verschwindet.

Die Konzentration der σ_x unter P führt zu Querspannungen σ_y mit den Resultierenden Z_q und D_q, qualitativ erkennbar aus dem Hauptspannungsverlauf (Abb. 4.3/2, die Ausdeutung vgl. I A, Abb. 1.2/4). Z_q ist bei einem Randbalken gegebenen-

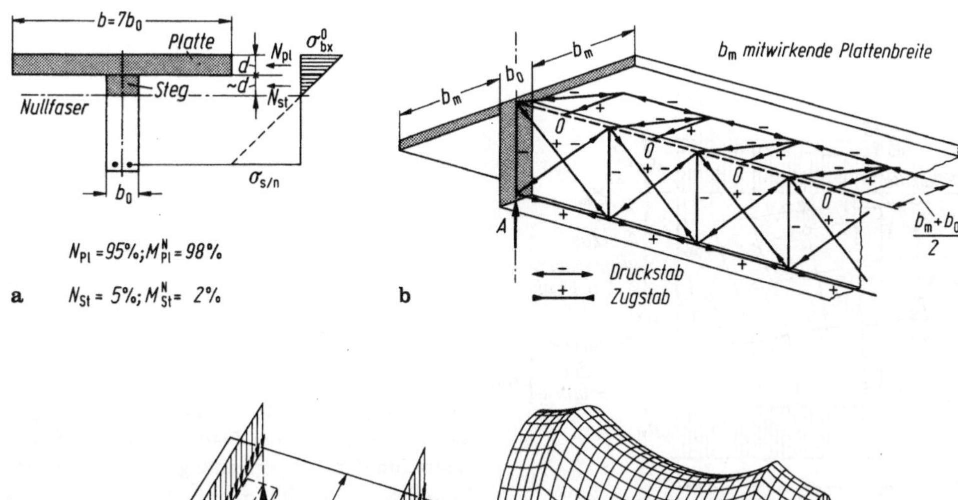

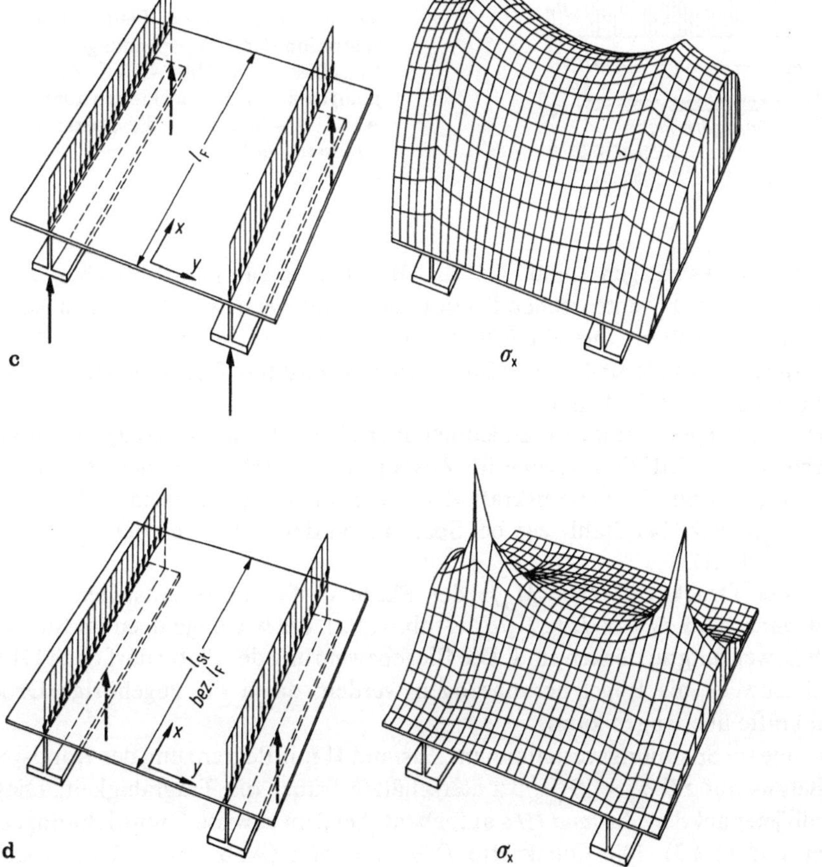

Abb. 4.3./1. Längsspannungen σ_x in einem Plattenbalken. **a** Anteile der Platte und des Steges an Längskraft N und Moment: Steganteil kann vernachlässigt werden; **b** axonometrische Darstellung des Kräfteverlaufes in einem Plattenbalken durch ein Fachwerkmodell entsprechend Abb. 4.3/12 für einen Rechteckbalken; **c** Querverteilung der σ_x nach der Elastizitätstheorie im Feld; **d** desgl. über einer Zwischenstütze oder umgekehrt unter einer Einzellast im Feld [43.12]

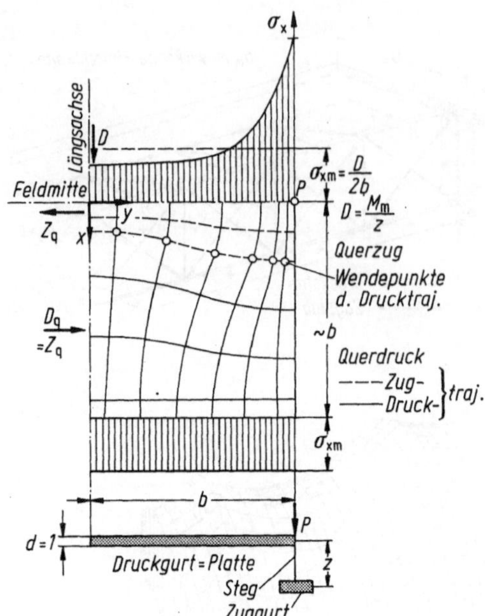

Abb. 4.3/2. Schematischer Verlauf der Hauptspannungslinien in der Platte infolge der Konzentration der Längsspannungen σ_x unter einer Einzellast nach Abb. 4.3/1d. Aus den Krümmungen der Drucktrajektorien kann anhand von Abb. 1.2/4 in I A auf die Querspannungen geschlossen werden

falls zu berücksichtigen (Abb. 4.5/7a). Bei dem erwähnten Abflachen der Spitze werden Z_q und D_q entsprechend vermindert und verschwinden, wenn sich ε_b der Stauchung ε_{bu} nähert. Die auf Bild 17 in [43/12] dargestellten Zusatzkräfte Z_q und D_q infolge Plastifizierung sind denjenigen aus Zustand I entgegengesetzt gerichtet und heben diese schließlich auf.

Die Spannungsspitze darf man jedoch über einem Zwischenauflager nicht vernachlässigen. Zwar wird die Zugzone im Zustand II und III a ohne den Beton bemessen und man deckt nur die Gesamtkraft $Z = M_S/z$, aber mit Rücksicht auf die Rißbreite muß man sowohl bei Stahl- wie bei Spannbeton der Verteilung der σ_x entsprechend bewehren (4.5.1).

Aus der Druckkraft $D = M_m/z$ der Platte in Feldmitte entstehen Schubkräfte am Steganschluß $T_{1,2} \cong D\, b_{m1,2}/b_m$ (Abb. 4.2/2), die wie diejenigen im Steg (4.3.1.2) durch Bewehrung zu decken sind. Die Biegebewehrung der Platte darf nach DIN 1045, 18.8.5 teilweise als Bügel herangezogen werden, da ja die zugehörige Druckzone Schubkräfte übertragen kann.

Die lineare Spannungsverteilung im Zustand II mit Begrenzung der Randspannung des Betons auf zul $\sigma_b = W_{b28}/3$ unterschätzte früher die Tragfähigkeit. Diese wird deshalb jetzt auf den *Zustand III a* aufgebaut, bei dem gewisse Grenzdehnungen einzuhalten sind (1.3.2). Die Gurtkräfte $D \doteq Z = M/z$ (Abb. 4.1/1) ändern sich zwar wenig gegenüber II, da der innere Hebelarm z stets etwa $0{,}9h$ beträgt. Weil die Betondruckspannungen aber infolge der Plastifizierung „fülliger" verteilt sind (Abb. 4.1/3d), ergeben sie eine größere Druckkraft D_u [44] und erlauben deshalb eine stärkere Bewehrung, mithin ein größeres Tragmoment $M_u = Z_u z = D_u z$ und daraus abgeleitet $M_q = M_u/\gamma$ $(\gamma = 1{,}75)$, wie auch durch Versuche, z. B. in [45], nachgewiesen wurde. Bei Plattenbalken ist $D_u \cong b_m d\beta_R$, da bis etwa $d/d_0 = 0{,}25$ der rechteckige Teil des σ_b-Diagramms in die Platte fällt und der Anteil des Steges minimal ist

(Abb. 4.3/1 a). b_m wird hier aus der „elastischen Berechnung" übernommen, da sich die unter einer Einzellast ohnehin abflacht.

Diese Gedanken sind in den erwähnten Lehrbüchern, etwa [1/2; 3; 26], so ausführlich dargelegt und ihr Gebrauch durch viele Hilfsmittel, etwa in H. 220 (79) [1/4] oder jährlich im B. Kal. I, so erleichtert, daß ich hier darauf nur verweise [46].

Die „plastische Bemessung" hat die Ausnutzung der Querschnitte so gesteigert, daß einige Fragen über die Folgen gegenüber dem früher Bewährten interessant sein dürften:

(a) Gibt es eine *wirtschaftlichste Querschnittshöhe*? Wegen der vielen Parameter beantworte ich sie nur an zwei Beispielen mit angenommenen Einheitspreisen. Bei einer freiaufliegenden Platte (Abb. 4.3/3a), einmal zwei- einmal vierseitig gestützt, nehmen die Kosten/m^2 mit der Dicke ab. Erst jenseits der Grenze der Schlankheit $h = l/35$, die DIN 1045, 17.7.2 mit Rücksicht auf die Durchbiegungen begrenzt,

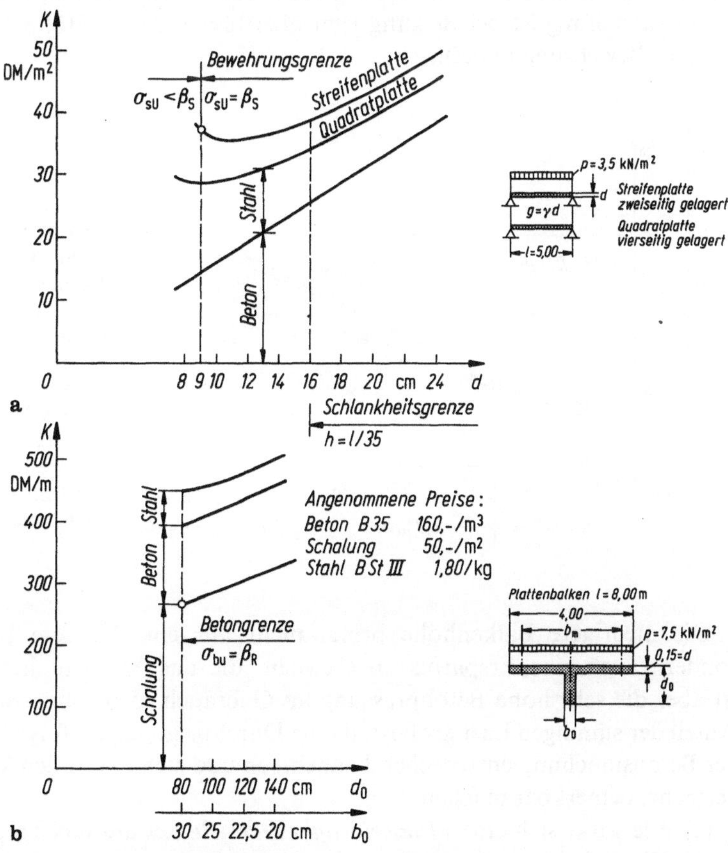

Abb. 4.3/3. Beispiele für die Herstellkosten, abhängig von der Konstruktionshöhe d_0. **a** Massivplatte, zweiseitig und umfangsgelagert mit 5,0 m Spannweite; außer der unteren Bewehrung ist bei der Quadratplatte die nach DIN 1045, Bild 48, geforderte obere Eckbewehrung berücksichtigt; **b** Plattenbalken mit 8,0 m Spannweite; in den Stahlkosten sind die Tragbewehrung und die erforderlichen Bügel enthalten

würde das Minimum bei etwa $l/50$ erreicht. Ein Plattenbalken (Abb. 4.3/3b) wird ebenfalls bei der kleinstmöglichen Höhe am wirtschaftlichsten. Die Grenze liegt bei $d_0 = l/10$ und wird durch die Festigkeit der Druckzone bestimmt.

(b) Wie hoch ist bei Zustand II die *Betonspannung im Gebrauch*, wenn ein Rechteckquerschnitt nach Zustand IIIa bemessen wird? Der Vergleich ist für einen Plattenbalken von minderem Interesse, da bei diesen die zulässige Pressung β_R im allgemeinen selten ausgenutzt wird. Abb. 4.3/4 beschränkt sich auf „schwache" Bewehrung in dem Sinne, daß maßgebend für das Versagen die Streckengrenze β_S des Stahles ist (Bereiche 2 und 3 in Bild 13 von DIN 1045). Man erkennt, daß jetzt der Beton weitaus stärker ausgenutzt wird, als das früher möglich war, d. h. man kann Balken schlanker konstruieren. Bis zu zul σ_b stimmen die Gebrauchsmomente praktisch überein: d. h. die früheren zul $\sigma_b = W_{b28}/3$ ergeben die gleiche Sicherheit $\gamma = 1,75$, wie sie der plastischen Bemessung zugrunde liegt: sie waren also gut gewählt! Wenn aber bei B 25 (früher B 300) zul $\sigma_b = 10$ N/mm² eingehalten werden sollte, durfte M/h^2 nicht 1,11 übersteigen. Für ein Moment $M' > M$ mußte h vergrößert werden auf $h' = \sqrt{M'/1,11}$. Die teuere Aushilfe einer Druckbewehrung samt der nötigen Knickaussteifung ist bei Biegung jetzt überflüssig, da die Höhe der Betondruckzone sich der Bewehrung anpaßt.

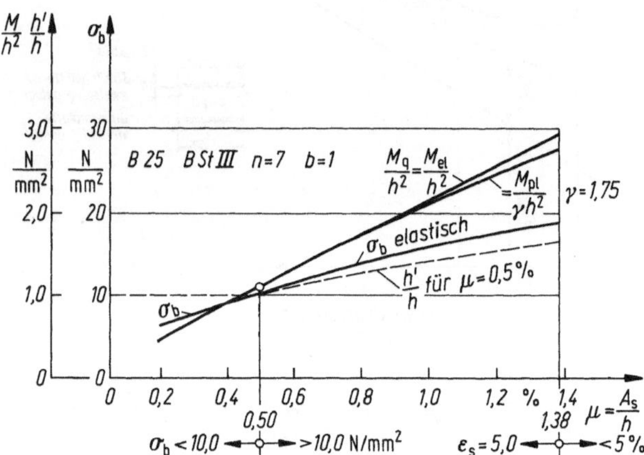

Abb. 4.3/4. Vergleich der zulässigen Momente M_q für einen Rechteckquerschnitt aus B 25 ($n = 7$), bewehrt mit BSt III, berechnet im elastischen (M_{el}) und plastischen (M_{pl}) Zustand. Die Grenze für M_{el} liegt bei zul $\sigma_b = 10,0$ N/mm² ($\mu \cong 0,5\%$). Für größere Momente muß $\mu = 0,5\%$ eingehalten und h auf h' vergrößert werden, damit $\sigma_b = 10$ N/mm² eingehalten wird

Die niedrigere Balkenhöhe bringt nicht nur eine kleinere Konstruktionshöhe, sondern auch eine Ersparnis an Gewicht, die das Moment herabsetzt. Immerhin ist aber die sehr hohe Betonpressung im Gebrauch nicht ohne Bedenken, wenn der Anteil der ständigen Last groß ist, da die Durchbiegungen infolge kurz- und langzeitiger Betonstauchung entsprechend zunehmen und sich durch den kleineren Hebelarm vermehrt bemerkbar machen.

(c) Wie wirkt sich eine *Minderfestigkeit des Betons* auf das Tragmoment M_{pl} aus? Auch diese Frage ist nur für einen Querschnitt mit $\mu < \mu_{gr}$ (1.3.2) wesentlich. Aus Abb. 4.3/5 ist zu erkennen, daß sich nur ein kleiner Bruchteil des Abfalles von β_R auf M_{pl} auswirkt. Das ist sehr tröstlich und beruht darauf, daß bei einem schlechteren Beton die Nullfaser tiefer rückt und sich eine höhere Druckzone ausbildet, jedoch z sich nur sehr wenig ändert. Die Kurz- und Langzeitdurchbiegung

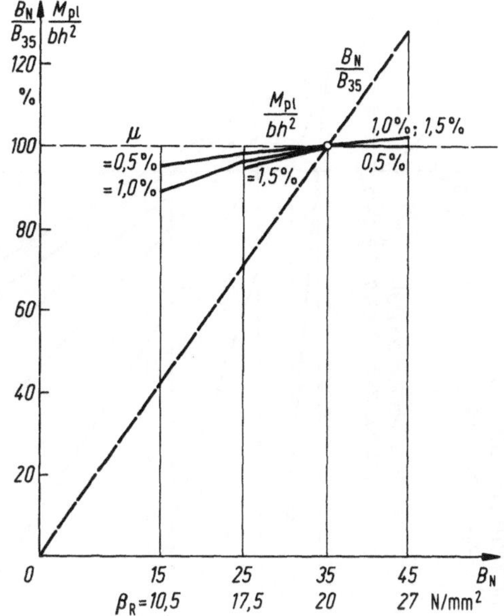

Abb. 4.3/5. Die Auswirkung einer Mehr- oder Minderfestigkeit gegenüber der Sollfestigkeit eines B 35 bei reiner Biegung auf das Tragmoment M_{pl} ist kaum merkbar!

wird allerdings bei geringerer Betonfestigkeit infolge des kleineren E_b stärker beeinflußt (4.2.3.1). Für einen Plattenbalken mit dünner Platte gilt diese Überlegung u.U. nicht!

(d) Wie wirkt sich die *Begrenzung von* $\varepsilon_s \leqq 5{,}0\%_0$ auf das Tragmoment eines Rechteckquerschnittes aus? Die Rechnung wird für unbegrenztes ε_s sehr einfach, da die Form der Druckspannungsverteilung sich nicht ändert, weil stets $\varepsilon_{bu} = 3{,}5\%_0$ erreicht wird und deshalb der „Völligkeitsgrad" $= 0{,}8$ ist. Dann ist aus $D = Z{:}x/h$ $= 1{,}25\mu\beta_S/\beta_R$ u. $z/h = 1 - 0{,}4x/h = 1 - 12\mu$ mit $\beta_S = 420\,\text{N/mm}^2$ u. $\beta_R = 17{,}5\,\text{N/mm}^2$, ferner $M_u = A_s\beta_S = \mu bh^2\beta_S z/h$. In Abb. 4.3/6 ist das Ergebnis beider Berechnungsweisen gegenübergestellt: für die Tragsicherheit ist es praktisch belanglos, ob man die Stahldehnung beschränkt oder nicht. Das ist ja auch verständlich, weil z kaum von der Druckspannungsverteilung abhängt und Z_u in beiden Fällen gleich groß ist. Allerdings wächst die Durchbiegung mit zunehmendem $\varepsilon_s/(h - x)$ sehr stark an: aber wen interessiert schon das Aussehen eines Balkens im „Grenzzustand der Tragfähigkeit"? Dieser soll ja nur als Maß für die Sicherheit des Gebrauchsmomentes $M_q = M_u/\gamma$ dienen. Ich will mit diesem Vergleich nicht eine Änderung der gewohnten Bemessung anregen, sondern nur darauf hinweisen, daß ein einfacher Überschlag recht zuverlässig sein kann, wenn man sich über den mechanischen Hintergrund klar ist. Übrigens bestätigt jener die alte Erfahrung, daß ein Balken bei Biegung, auch mit schwacher Bewehrung, stets dann durch Betonbruch „stirbt", wenn man ihn so weit belastet, daß die Druckzone entsprechend eingeschnürt wird.

Legt man statt des idealisierten bilinearen σ_s-ε_s-Verlaufes nach DIN 1045 die wirkliche, ausgerundete Linie für den üblichen kaltverformten BSt III K (Torstahl) (I A, Abb. 3.1/2) (vgl. auch CEB [1/30.1, 3.1.6] und Ö-Norm 4200 Teil 9, 1.3.4 im B. Kal. 1974 I, S. 724), ebenso für den BSt IV K, zugrunde, weicht M_u um ± 5 bis 12% ab. Diese Differenzen sind wesentlich größer als diejenigen aus verschiedenen ε_{su}!

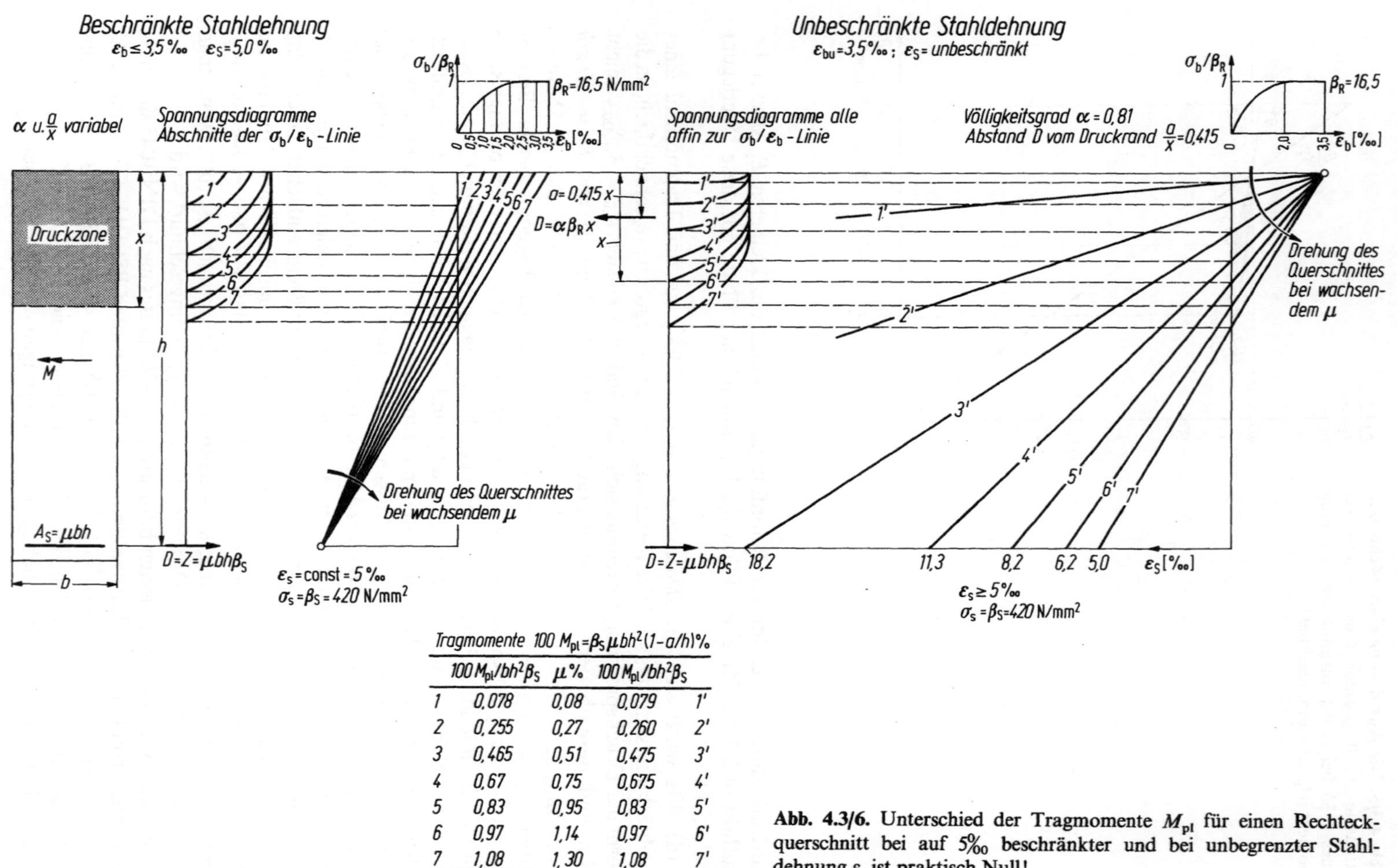

Tragmomente $100 M_{pl} = \beta_S \mu bh^2 (1-a/h)\%$

	$100 M_{pl}/bh^2\beta_S$	$\mu\%$	$100 M_{pl}/bh^2\beta_S$	
1	0,078	0,08	0,079	1'
2	0,255	0,27	0,260	2'
3	0,465	0,51	0,475	3'
4	0,67	0,75	0,675	4'
5	0,83	0,95	0,83	5'
6	0,97	1,14	0,97	6'
7	1,08	1,30	1,08	7'

Abb. 4.3/6. Unterschied der Tragmomente M_{pl} für einen Rechteckquerschnitt bei auf 5‰ beschränkter und bei unbegrenzter Stahldehnung ε_s ist praktisch Null!

Das gleiche Diagramm läßt erkennen, daß die K-Stähle sich beim Recken über die konventionelle Streckgrenze hinaus verfestigen, schon bei $\varepsilon_s \cong 10\%_{00}$ um etwa 10 bis 14 % [47], entsprechend auch M_u zunimmt. Diese Erscheinung zerstreut zusätzlich die Bedenken gegen eine „Freigabe" von ε_{su}.

(e) Wie kann man für *Überschläge* vorgehen, wenn die erwähnten Hilfsmittel nicht zur Hand sind oder man die Zusammenhänge schnell und einfach durchschauen will? Man ersetzt das unstetige Parabel-Rechteck-Diagram der σ_b (Bild 11 DIN 1045) durch das „Block-Diagramm", das für Sonderfälle in H. 220, 1.6 (Höhe $0{,}8x$; $\sigma_b = 0{,}95\beta_R$) zugelassen, angesichts der soeben erörterten willkürlichen Konventionen aber durchaus sinnvoll ist. Im Ausland wird es viel verwendet und auch von CEB [1/30.1, 10.4.3.2] als gleichberechtigt anerkannt. Da es praktisch die gleiche Größe und Lage der Druckresultierenden D wie das „genaue" Diagramm

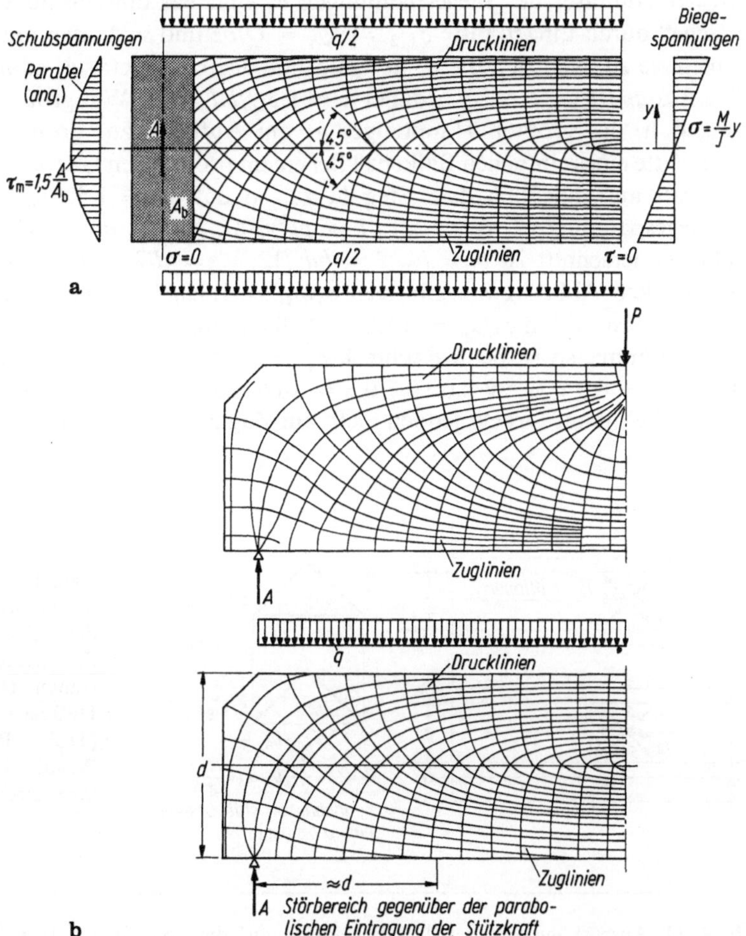

Abb. 4.3/7. Hauptspannungsrichtungen (Trajektorien) für einen einfachen, homogenen Balken mit Rechteckquerschnitt. **a** Stützkraft parabolisch verteilt gemäß der Schubspannungsverteilung bei linearem Verlauf der Längsspannungen σ_x in den Querschnitten eingetragen; **b** Trajektorienbilder durch konzentriert eingetragene Stützkräfte und verschiedene Lasten (vgl. Abb. 1/5).

liefert, ist ein Vergleich der Tragfähigkeit bei Biegung mit Längskraft überflüssig. Besonders nützlich ist dieses Rechteck bei zweiachsialer („schiefer") Biegung, bei unregelmäßigen Querschnitten und beim Knicken schlanker Stäbe (nicht bei gedrungenen anwendbar!).

4.3.1.2 Bemessung auf Querkraft

Es ist, wie einleitend erwähnt, eigentlich willkürlich, die Deckung der Biege- und schrägen Hauptzugspannungen σ_1, die den Steg in wechselnden Richtungen durchziehen und ineinander übergehen, zu trennen (Abb. 4.3/7), d. h. die Bemessung für M und für Q zu „entkoppeln" (DIN 1045). Bei der Bewehrungsführung (4.5.1.1) ist das jedoch zu berücksichtigen.

In der Nullfaser der Biegespannungen σ_x sind bekanntlich außerhalb der „Störbereiche" durch Einzelkräfte $\sigma_{1,2} = \pm\tau = Q/bz$ und verlaufen unter 45°. Darunter nehmen sie zu, weil sich die σ_x der Zugzone dazu geometrisch addieren.

Im *Zustand I* ist $z = 2d/3$, daher $\tau = 1{,}5Q/bd = \sigma_1$. Wie groß ist das Verhältnis σ_1/σ_B, d. h. des größten Hauptzuges σ_1 am Auflager zur größten Biegespannung in der Mitte eines einfachen Balkens? Bei einem profilierten Querschnitt weist man die Querkraft ausschließlich dem Steg b_0 zu, so daß $\sigma_1 = 1{,}5A/b_0d = 0{,}75pl/b_0d$ ist. Die Biegespannung ist $\sigma_B = My_u/I = pl^2y_u/8I$, also $\sigma_1/\sigma_B = 6I/b_0dly_u$. Für einen Rechteckquerschnitt ist $b = b_0$, $I = bd^3/12$, $y_u = d/2$, also $\sigma_1/\sigma_B = d/l$. Für den Plattenbalken Abb. 4.2/8 ergibt sich $\sigma_1/\sigma_B = 1{,}46d/l$. Bei einer mittleren Schlankheit $d/l = 8$ ist mithin $\sigma_1/\sigma_B = 0{,}125 \dots 0{,}185$. Bemißt man mit einer Druckspannung von 8,0 N/mm², so ist beim Rechteck $\sigma_1 = 0{,}125 \cdot 8{,}0 = 1{,}0$ N/mm², beim Plattenbalken $\sigma_B = 8{,}0\,y_u/y_o \cong 8{,}0 \cdot 0{,}7/0{,}3 = 18{,}6$ und $\sigma_1 = 0{,}185 \cdot 18{,}6 = 3{,}5$ N/mm², was dem Beton auf Druck, jedoch nicht auf Zug zugemutet werden kann.

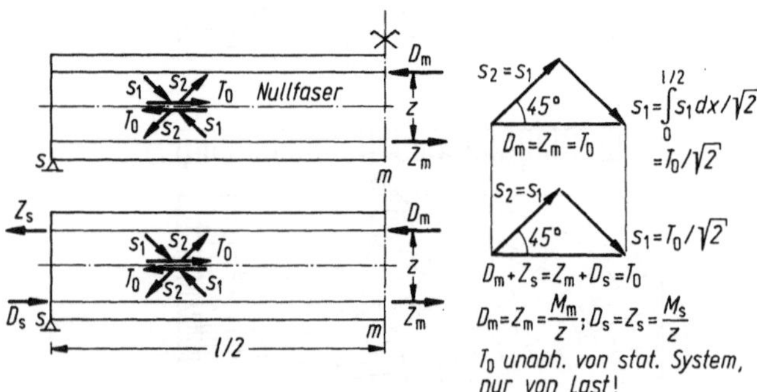

Abb. 4.3/8. Die Schubkraft in der Nullfaser des halben Feldes eines einfachen oder durchlaufenden Balkens konstanter Höhe ist gleich der Differenz der Gurtkräfte (Techn. Biegelehre); gilt für Zustand I und II! (Nullfaserlage verschieden)

Abb. 4.3/9. Auswirkung wechselnder Balkenhöhe auf die vom Steg aufzunehmende Querkraft. **a** angenäherte Ableitung am Stabelement (bei nicht parallelen Gurten sind die σ_x nicht mehr linear verteilt!) und Ergebnisse bei verschiedenen Verläufen von M und h; **b** Anwendung bei Auflagerschräge an einer Zwischenstütze; **c** Anwendung auf Dreieck-Dachbinder: Die größten Gurtkräfte D und Z treten nicht in der Mitte auf! Die Schubkraft $t = \tau b$ ist am Auflager sehr groß und fordert besondere Maßnahmen, um Z zu verankern (vgl. Abb. 4.3/12c)

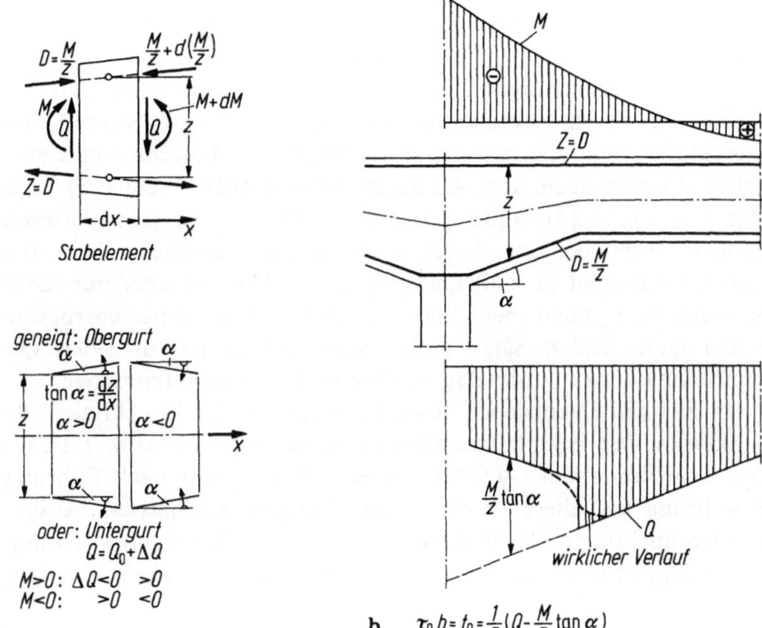

$D=\frac{M}{Z}$
$\frac{M}{Z}+d\left(\frac{M}{Z}\right)$
M
$M+dM$
Q
Q
z
$Z=D$
dx
x
Stabelement
geneigt: Obergurt
α
α
$\tan\alpha=\frac{dz}{dx}$
$\alpha>0$
$\alpha<0$
z
x
α
α
oder: Untergurt
$Q=Q_0+\Delta Q$
$M>0:\ \Delta Q<0\quad>0$
$M<0:\quad\quad>0\quad<0$
a
M
$Z=D$
z
$D=\frac{M}{Z}$
α
$\frac{M}{Z}\tan\alpha$
Q
wirklicher Verlauf
b $\quad\tau_0\,b=t_0=\frac{1}{2}\left(Q-\frac{M}{Z}\tan\alpha\right)$

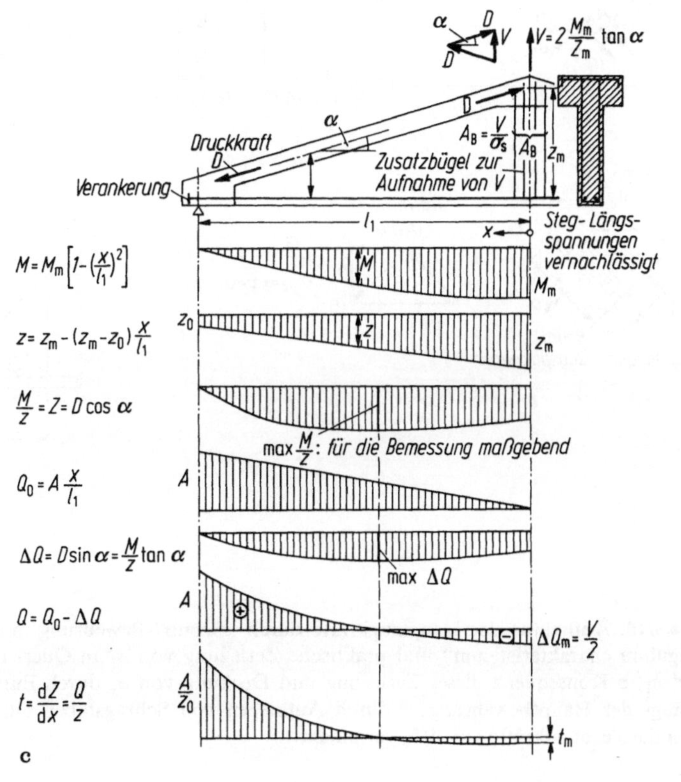

α
D
V
D
$V=2\frac{M_m}{Z_m}\tan\alpha$
D
$A_B=\frac{V}{\sigma_s}$
A_B
z_m
Druckkraft
Zusatzbügel zur
Aufnahme von V
Verankerung
l_1
x
Steg-Längs-
spannungen
vernachlässigt
$M=M_m\left[1-\left(\frac{x}{l_1}\right)^2\right]$
M
M_m
$z=z_m-(z_m-z_0)\frac{x}{l_1}$
z_0
z
z_m
$\frac{M}{Z}=Z=D\cos\alpha$
$\max\frac{M}{Z}$: für die Bemessung maßgebend
$Q_0=A\frac{x}{l_1}$
A
$\Delta Q=D\sin\alpha=\frac{M}{Z}\tan\alpha$
$\max\Delta Q$
$Q=Q_0-\Delta Q$
A
$\Delta Q_m=\frac{V}{2}$
$t=\frac{dZ}{dx}=\frac{Q}{Z}$
$\frac{A}{Z_0}$
t_m
c

Die Summe der Schubkräfte T für eine Balkenhälfte ist einerseits gleich der Differenz der Gurtkräfte zwischen Feldmitte und Auflager (Abb. 4.3/8), woraus sich der Gesamtschrägzug $S_1 = T/\sqrt{2}$ ergibt. Druck- und Zugzone werden gewissermaßen durch die σ_1 mit schrägen Stichen „vernäht", was deren Aufgabe verdeutlicht.

Die Summe der τ muß anderseits wegen $\tau_{xy} = \tau_{yx}$ in jedem Querschnitt gleich der Querkraft Q sein, die sich aus der Differenz der Biegemomente ergibt. Bei veränderlicher Höhe ist nach Abb. 4.3/9a angenähert $Q\,dx = z\,d(M/z) = [dM/z\,dx - M\,dx/z^2\,dx]z = Q_0 - (M/z)\,(dz/dx) = Q_0 - D \tan \alpha$. Q_0 (für $h = $ const) wird also vermindert, wenn bei pos. M die Höhe h mit x anwächst ($\alpha > 0$) oder bei neg. M dasselbe abnimmt ($\alpha < 0$) und umgekehrt. Das gilt aber nur für kleine Neigung α, da sonst die σ_x nicht mehr linear verteilt sind. Bei einer vorrückenden Verkehrslast gelten diese beiden Sätze nicht mehr und es ist für jeden Querschnitt mittels Einflußlinien max Q und das zugehörige Moment aufzusuchen.

Im *Zustand II* entstehen Risse in Richtung der Drucklinien, die ja beide rechtwinklig zu den Hauptzugrichtungen verlaufen (I A, Abb. 1.2/17) und naturgemäß den Kraftfluß ändern. Dieser richtet sich nunmehr nach Führung und Stärke der Bewehrung und diese ist der neuen Aufgabe anzupassen. Ausgangspunkt hierfür können nur die durch die Risse vorgegebenen Bewehrungsrichtungen sein, insofern ist das Trajektorienbild doch ein geeigneter Anhalt. Da beim einachsigen Biegezustand

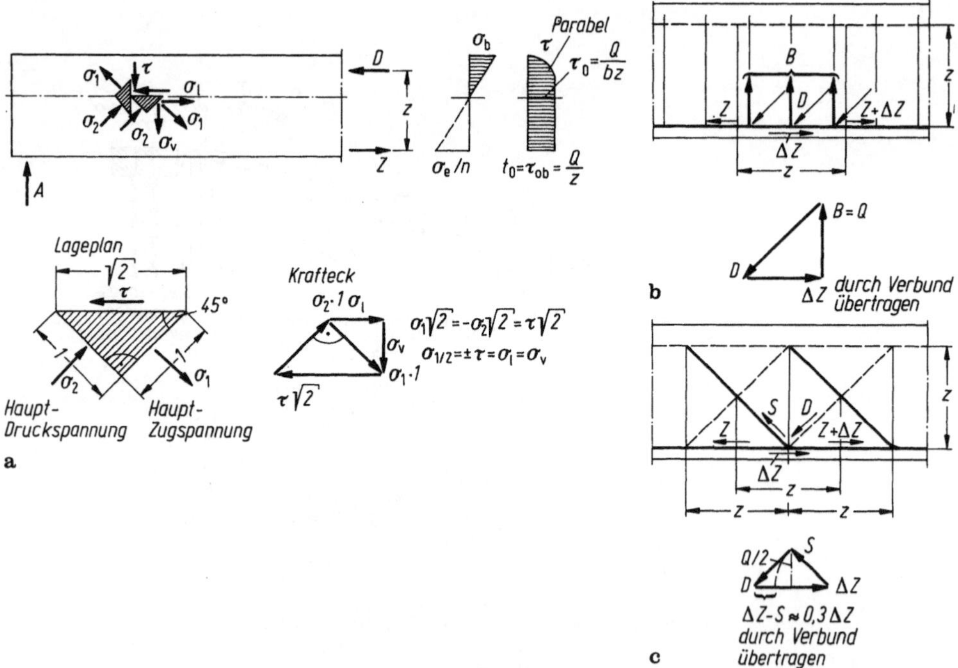

Abb. 4.3/10. Aufnahme der Hauptzugkräfte durch „Schub"-Bewehrung. **a** Ableitung der $\sigma_{1,2}$ am „triangulum charakteristicum" und praktische Zerlegung von σ_1 in Quer- und Längskomponente σ_v und σ_l; **b** Konsequenz dieser Zerlegung und Deckung von σ_v durch Bügel sind Verbundkräfte Q/z längs der Hauptbewehrung; **c** durch Aufbiegen von Schrägstäben aus der Hauptbewehrung werden die Verbundkräfte auf 30% vermindert.

in der Nullfaser $\sigma_{1,2} = \pm\tau$ ist, spricht man von „Schub"-Sicherung, obgleich die Stäbe nur Zug- aber keine Schubkräfte aufnehmen können.

Wegen der erwähnten ständigen Umlagerungen bei steigender Last wird die „Schub"-Bewehrung nach DIN 1045, 17.5.4 ebenso wie in den CEB-Richtlinien [1/30.1, 11] im Gegensatz zur Biegebewehrung für den Gebrauchszustand berechnet. Die unter 45° verlaufenden σ_1 werden entweder durch Schrägstäbe oder nach Zerlegen von σ_1 in Quer- und Längsrichtung (σ_v und σ_l, Abb. 4.3/10a) durch Bügel und Längsstäbe aufgenommen. Letztere werden allerdings nach DIN 1045, 21.1.2 erst bei Balkenhöhen >1 m nötig. Bei niedrigeren Balken denkt man sich die Summe der $\sigma_1 = Q$ durch eine um $Q/2$ verminderte Druck- und eine um $Q/2$ vermehrte Zugkraft gedeckt (Versatzmaß v). Die Art der Stegbewehrung beeinflußt, wie Abb. 4.3/10b zeigt, die Verbundspannung τ_{h0} im Untergurt. Bei Bügeln muß diese auf der Länge z die gesamte Änderung $\Delta Z = \Delta M/z = Qz/z = Q$ übertragen. Biegt man jedoch Stäbe der Hauptbewehrung zur Aufnahme des Schrägzuges auf, so beträgt τ_h nur etwa 30% von τ_{h0} (Abb. 4.3/10c).

Der schräge Druck σ_2 wird in DIN 1045, Tab. 13 in Form von zul τ begrenzt und dadurch wird, vor allem bei Plattenbalken, die Stegdicke festgelegt. Das gilt nur, wenn $\sigma_2 = \tau$ ist. Wenn eine Druckspannung σ_y hinzutritt, wird $\sigma_2 > \tau$ und $\sigma_1 < \tau$, was bei der Bemessung gegebenenfalls zu berücksichtigen ist. Das ist z. B. bei Zwischenauflagern von Balken der Fall, wo die Stützkraft lokalen Druck σ_y erzeugt (Abb. 4.3/11). Ausführlich sind diese Zusammenhänge von Bay dargestellt [48] (Abb. 1/5). DIN 1045 trägt letzterem in Bild 15 Rechnung. Auch bei anderen zweiachsig beanspruchten Bauteilen, z. B. Konsolen (4.7) und Scheiben (6.3.1.2) ist τ

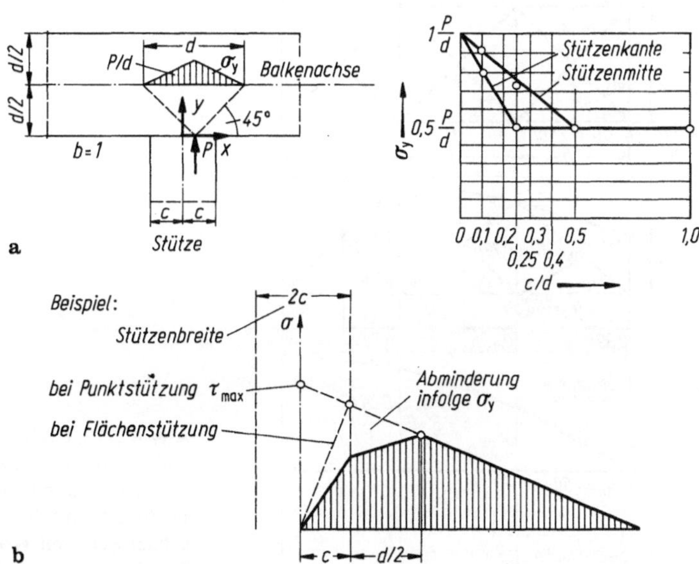

Abb. 4.3/11. Senkrechte Druckspannungen σ_y aus der Stützkraft vermindern den Hauptzug (vgl. Abb. 1/5d). **a** Näherung nach Bay [48, BuSt 1955]; **b** Auswirkung auf „Schub"-Hauptzug-Diagramm (vgl. Abb. 4.3/31, die τ werden fast nicht geändert!). Vorsicht: Bei Angriff von P am oberen Rand kehren die σ_y ihr Vorzeichen um und vergrößern die σ_1! Z. B. mittelbares Auflager vgl. Abb. 4.5/5a

weder ein Maß für den Hauptdruck noch für den Hauptzug und der Begriff „Schubdeckung" wird sinnlos, was leider oft übersehen wird.

Für den praktischen Gebrauch wird viel das auf Ritter und Mörsch zurückgehende, aus dem Trajektorienbild abgeleitete, parallelgurtige Fachwerk benutzt (Abb. 4.3/12a). Es liefert den oberen Grenzwert für die gleichgroß angenommenen Wandglieder (sog. „volle Schubdeckung"). Die Druckdiagonalen S_2 (Beton) sind jedoch viel steifer als die Zugglieder S_1 (Stahl), wodurch das Fachwerk statisch unbestimmt wird. In [49] wurde versucht, dieses Kräftebild rechnerisch zu erfassen.

Der nach den Auflagern zu geneigte Verlauf der Drucklinien legt es nahe, den Obergurt entsprechend zu führen (Abb. 4.3/12b), wodurch Q um dessen senkrechte Komponente und damit auch S_1 vermindert wird (Abb. 4.3/12d). Der Grenzfall bei Gleichlast wäre ein Parabelbogen mit Zugband („bow-string", Abb. 4.3/12c). Im Steg wird dann überall $S_1 = 0$, was man aber mit der durchgehend gleichen Untergurtkraft $U = M_\mathrm{m}/z$ erkauft, die am Balkenende verankert werden muß (vgl. I A, Abb. 4.3/1g oder mit Ankerplatte Abb. 4.7/7c). Bei solch einem schlanken Balken besteht aber die Gefahr, daß er durch Schrägzug am Auflager bricht (Abb. 4.3/13b und 4.5/4a), ehe die Biegebewehrung erschöpft ist. Man kann eben einem Balken sein Tragverhalten nicht vorschreiben!

Für den *Zustand III* ist eine praktikable Analyse des Tragverhaltens unter Querkraft noch nicht gelungen. Einerseits lassen sich die Kriterien des Zustandes IIIa

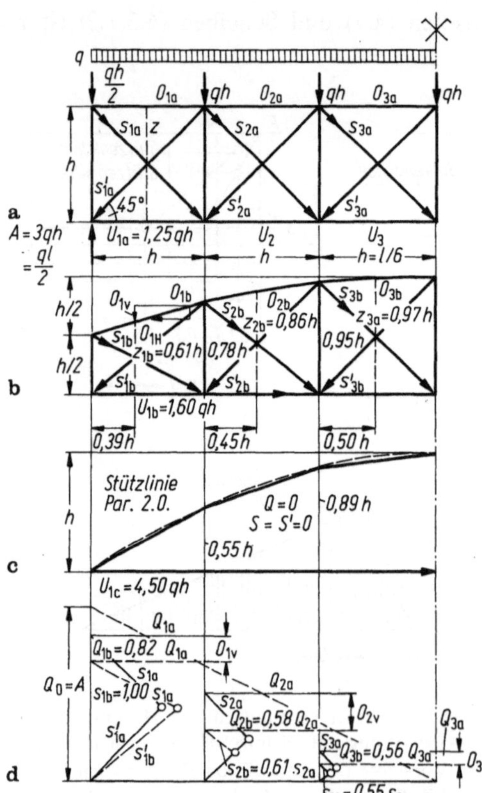

Abb. 4.3/12. Fachwerkmodell für Stahlbetonbalken mit gekreuzten Wandstäben. **a** parallelgurtiges Fachwerk (Ritter/Mörsch); **b** Fachwerk mit halber Höhe am Auflager; **c** Fachwerk mit Höhe Null am Auflager ist Stützlinie für q und gibt Stegkräfte $S = S'$ $= 0$; **d** Zerlegen der um O_v verminderten Querkräfte Q in die Richtungen der Wandglieder. Der Hauptzug S_1 wird im Fachwerk b) gegenüber a) vermindert

wie bei Biegung nicht verwenden, anderseits spielen eine Reihe von Faktoren mit, insbesondere der Anteil V, den die Druckzone von Q übernehmen kann, die, wie erwähnt, laufend die Kräfte umlagert. Es mußten also Balken mit „Schub"-Bewehrung nach Zustand II durch Versuche geprüft werden, ob diese die Grundforderung erfüllt, nämlich die Schrägzugkräfte so lange aufzunehmen, d. h. die Druck- mit der Zugzone wirksam zu „vernähen", bis die Biegetragfähigkeit erschöpft ist (DIN 1045, 17.5.1).

Das Schubproblem ist daher sehr viel experimentell studiert worden (man hat über 700 Veröffentlichungen darüber gezählt!), ich nenne nur [50]. Dabei wurde stets die Verquickung mit der Biegebeanspruchung deutlich.

Abb. 4.3/13a bis c zeigt die verschiedenen Brucharten, die meist (im Bereich der „schwachen" Bewehrung) jenseits von Zustand IIIa durch Versagen der eingeschnürten Druckzone charakterisiert sind, weil der Stahl fließt. Nur beim Schubdruckbruch bricht primär der Beton.

Beim Auswerten der Versuche benutzt man hauptsächlich zwei Parameter: die „Schubschlankheit" $M/Qh = Qa/Qh = a/h$, welche die Neigung $\tan \alpha = D'/Z'$ darstellt (Abb. 4.3/13d). D' und Z' sind nur *gedachte* Kräfte im Schnitt a. D' kann nicht am oberen Rand der Druckzone liegen und Z' ist kleiner als die wirkliche Zugkraft Z (Abb. 4.5/4a), weil die Risse nach dem Auflager zu schräg verlaufen. Ferner wird das Verhalten durch den „Schubdeckungsgrad" $\eta = a_s/a_{s0}$ gekennzeichnet, wobei a_s die vorhandene Stegbewehrung und a_{s0} diejenige nach Mörsch (parallel-gurtiges Fachwerk) bedeuten. Schließlich kann bei der Berechnung von a_s ein Betrag von etwa $\tau_{0D} \cong \beta_w/30$ abgezogen werden, der u. a. auf die Verzahnung in den Rissen („aggregate interlock") zurückgeführt wird. Denn deren Ufer verschieben sich im fortgeschrittenen Stadium infolge verschiedener Stauchung beider Seiten gegeneinander (I A, Abb. 1.2/14). Auch die Dübelwirkung der Bewehrung durch das Versetzen des Untergurtes (Abb. 4.3/13b) hat bei manchen Versuchen mitgewirkt. Man darf sich jedoch nicht darauf verlassen, da sie von der unsicheren Betonüberdeckung und der Bügellage abhängt [51].

Die größte Vorsicht ist bei Balken oder Platten ohne „Schub"-Bewehrung nahe dem Auflager geboten, da dann der Schrägzug allein vom Beton übernommen werden muß. Abb. 4.3/13e gibt das Tragverhalten von Balken ohne „Schub"-Bewehrung mit zwei Einzellasten wieder [52]. Erst die beigefügten Hinweise auf die innere Mechanik erklären den unharmonischen Verlauf der Bruchmomente. DIN 1045, 17.5.5 beschränkt diesen deshalb auf sehr kleine Werte τ_{011}.

Ausführlich dargestellt findet man die „Schub"-Sicherung in [1/2, Teil 1,8] sowie in [53]. In DIN 1045, 17.5 sind einige neuere Erkenntnisse in Form einfacher Formeln berücksichtigt, jedoch nach [53.5] in [1/30.1,11] besser zutreffend. Aus Versuchen wurde in [54] rein empirisch ohne mechanische Ausdeutung ein sehr einfacher Ausdruck für die erforderliche Bügelbewehrung abgeleitet.

4.3.1.3 Bemessung auf Torsion

Auch bei dieser Beanspruchung gibt der Zustand I Einblick in die Grundspannungen, die das Gleichgewicht sichern (1.1.1.1). Die nach de St. Venant benannte Theorie setzt voraus, daß die Querschnitte sich in ihrer Ebene nicht verformen und keine Längsspannungen auftreten. Jedoch müssen sich dann die Querschnitte infolge von Schubspannungen aus ihrer Ebene heraus verwölben können. Wenn diese Ver-

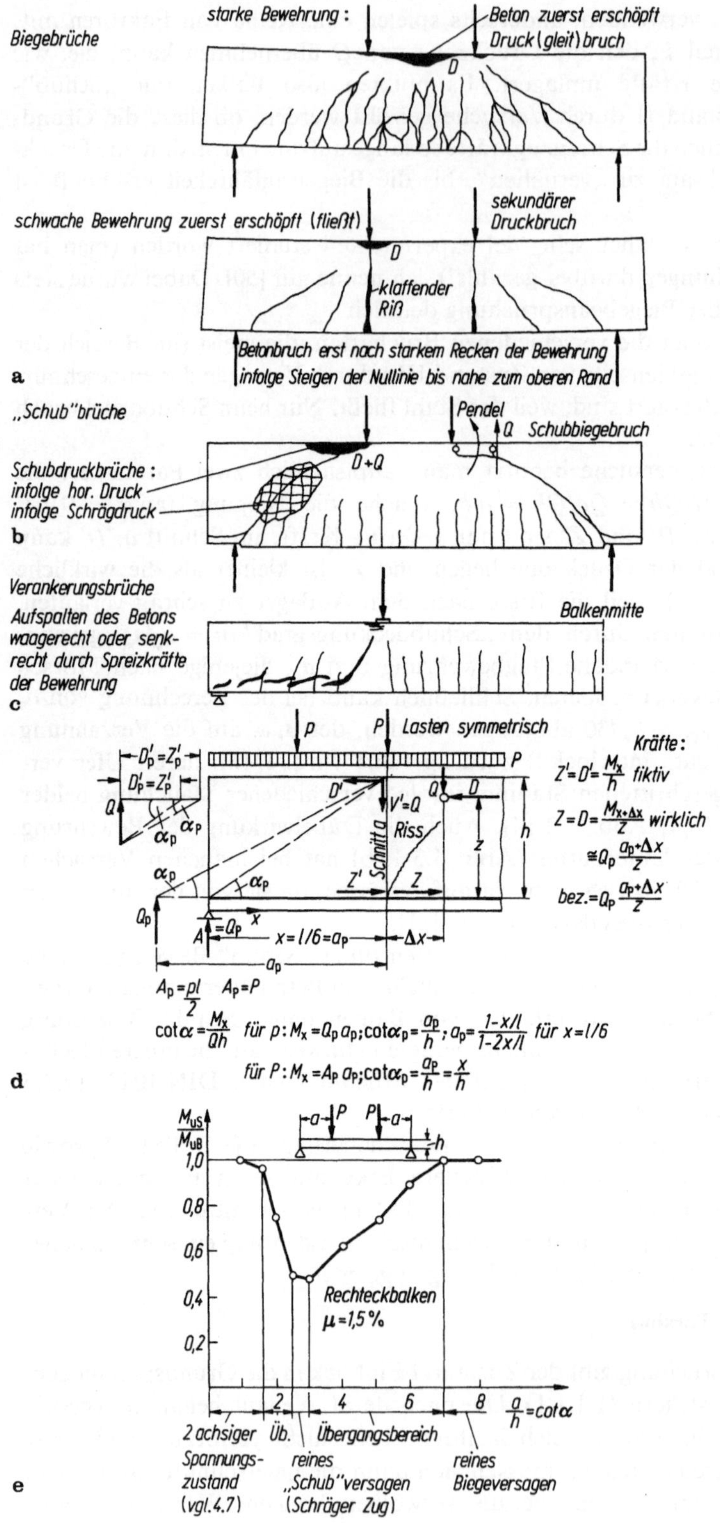
Biegebrüche
starke Bewehrung:
Beton zuerst erschöpft
Druck(gleit)bruch
D
schwache Bewehrung zuerst erschöpft (fließt)
sekundärer
Druckbruch
D
klaffender
Riß
Betonbruch erst nach starkem Recken der Bewehrung
infolge Steigen der Nullinie bis nahe zum oberen Rand
a
"Schub"brüche
Pendel
Q Schubbiegebruch
Schubdruckbrüche:
infolge hor. Druck
infolge Schrägdruck
D+Q
b
Verankerungsbrüche
Aufspalten des Betons
waagerecht oder senk-
recht durch Spreizkräfte
der Bewehrung
Balkenmitte
c
p
P Lasten symmetrisch
Kräfte:
$D'_P = Z'_P$
$D'_P = Z'_P$
Q
α_P
α_P
α_P
α_P
Q_P
D'
$V'=Q$
Riss
Q
D
Schnitt a
Z'
Z
h
z
$Z'=D'=\frac{M_x}{h}$ fiktiv
$Z=D=\frac{M_{x+\Delta x}}{Z}$ wirklich
$\cong Q_P \frac{a_P + \Delta x}{Z}$
$bez. = Q_P \frac{a_P + \Delta x}{Z}$
$A = Q_P$
x
$x = l/6 = a_P$
Δx
a_P
$A_P = \frac{pl}{2}$ $A_P = P$
$\cot\alpha = \frac{M_x}{Qh}$ für p: $M_x = Q_P a_P$; $\cot\alpha_P = \frac{a_P}{h}$; $a_P = \frac{1-x/l}{1-2x/l}$ für $x = l/6$
für P: $M_x = A_P a_P$; $\cot\alpha_P = \frac{a_P}{h} = \frac{x}{h}$
d
$\frac{M_{uS}}{M_{uB}}$
a P P a
h
1,0
0,8
0,6
0,4
0,2
Rechteckbalken
$\mu = 1,5\%$
2
4
6
8
$\frac{a}{h} = \cot\alpha$
2 achsiger Üb. Übergangsbereich
Spannungs-
zustand
(vgl.4.7)
reines
"Schub"versagen
(Schräger Zug)
reines
Biegeversagen
e

formung an den Stabenden behindert wird oder das Torsionsmoment M_T sich längs der Stabachse ändert, entstehen (entsprechend wie bei Biegung 1.1.1.1) Zusatz-(Wölb-)Spannungen, die jedoch nur die Kontinuität herzustellen haben und meist vernachlässigt werden. Allerdings können sie bei aufgelösten, dünnwandigen Profilen wichtig werden (Abb. 4.3/14d).

Aus der Festigkeitslehre [55] und B. Kal. 1981 I, S. 510 entnimmt man die Angaben der Abb. 4.3/14a. Ungünstig sind schlanke Querschnitte, bei denen an den Enden der kleinsten Durchmesser sehr große Schubspannungen τ auftreten und die sich auch stark um ϑ/m verwinden. Auch aus solchen Teilen zusammengesetzte offene Querschnitte leisten der Torsion nur geringen Widerstand. Bei ihnen spielt die Querschnittsverwölbung, die bei Einspannungen und Wechsel von M_T behindert wird, die vorherrschende Rolle gegenüber der einfachen „St. Venant-Torsion" [56], bei der überall $\sigma_x = 0$ ist. M_T wird dann hauptsächlich durch die Biegung der Teilrechtecke in ihrer Ebene aufgenommen (Abb. 4.3/14b). Die weitaus größte Steifigkeit bezogen auf die Querschnittsfläche weisen dünnwandige Hohlprofile auf, die im Brückenbau viel ausgenutzt wird (II A, Abb. 2.2/6). Bei ihnen treten deshalb die Wölbspannungen zurück.

Bei Stahlbetonstäben ist τ, berechnet für den Vollquerschnitt im Zustand I, begrenzt nach DIN 1045, 17.5.6. Die Bewehrung wird jedoch für die Zugkräfte eines gedachten Hohlquerschnittes A_H bemessen (Abb. 4.3/15a), dessen Wandmitte durch die innere Stablage festgelegt wird. Der Schubfluß t in diesem ist unabhängig von der Querschnittsform und Wanddicke d überall $t = M_T/2A_H$. Die zweckmäßigste Bewehrung würde dem Hauptzug $s_1 = t$ unter 45° folgen (Abb. 4.3/15b), da die Risse in Richtung des Hauptdruckes s_2 verlaufen. Weil das zu unpraktisch ist, transformiert man wie beim Balken s_1 in zwei Kräfte $s_q = s_l = t$ quer und längs zur Stabachse (Abb. 4.3/15c). Die entsprechenden Bügel und Längsstäbe werden daraus mit $\sigma_s = \beta_S/1{,}75$ abgeleitet. Wie bei Balken hat diese Transformation etwas größere Rißbreiten zur Folge (Abb. 1/10). Über Versuche unterrichtet [57].

Der Verwindungswinkel ϑ/m im Zustand II ist ein Vielfaches von demjenigen in Zustand I, weitaus mehr als das entsprechende Verhältnis bei Biegung. In Abb. 4.3/16 wird die Verformung γ eines Oberflächenelementes in beiden Zuständen abgeschätzt und man gelangt zu einem Verhältnis 1:15, das nach II A, Abb. 2.2/16 eine Stabverwindung $\vartheta r = 3\gamma_m/4$, also $3 \cdot 15/4 \cong 11$ zur Folge hätte. Sie wird durch den mitwirkenden Kern gemildert, erklärt aber die aus Versuchen gewonnenen Werte $\vartheta_{II}/\vartheta_I$ = 1/3 ... 1/10 je nach Bewehrung [58; 1/2, Teil 4,7.9] und H. 240, 1.4.2.

◀ **Abb. 4.3/13.** Brucharten von Rechteckbalken mit zwei Einzellasten. **a** Belastung bis zum Bruch des Betons gesteigert: bei „starker" Bewehrung ist dann $\sigma_s < \beta_S$, bei „schwacher" erst nach starkem Strecken des Stahles bei $\sigma_s = \beta_S$ (1.3.2); **b** „Schub"-Brüche am Balkenende: bei fehlender oder zu schwacher „Schub"-Bewehrung läuft gekrümmter Riß entlang Drucklinie; (Abb. 4.3/7b) und die verbleibende Druckzone wird durch Zusammenwirken von D und Q zerstört [44]; bei „voller Schubdeckung" kann der Schrägdruck σ_2 besonders bei Plattenbalken den Beton des Steges überbeanspruchen; **c** Verankerungsbrüche durch Überwinden des Verbundes, meist durch Spaltzug in senkrechter oder waagerechter Ebene (I A, 4.1/2 und 4.2/6); **d** geometrische Ausdeutung des Parameters M/Qh („Schubschlankheit"), der das Zusammenwirken von Biegung und Schub angenähert erfaßt, gezeigt für Schnitt a bei $x = l/6$; **e** „Schubbruchmoment" M_{uS} im Verhältnis zum Biegebruchmoment M_{uB} eines Balkens ohne „Schub"-Bewehrung mit zwei Einzellasten nach [1/2, Teil 1, Bild 8.14]; Angabe der Bruchart zugefügt als mechanische Erklärung für sog. „Schubtal"

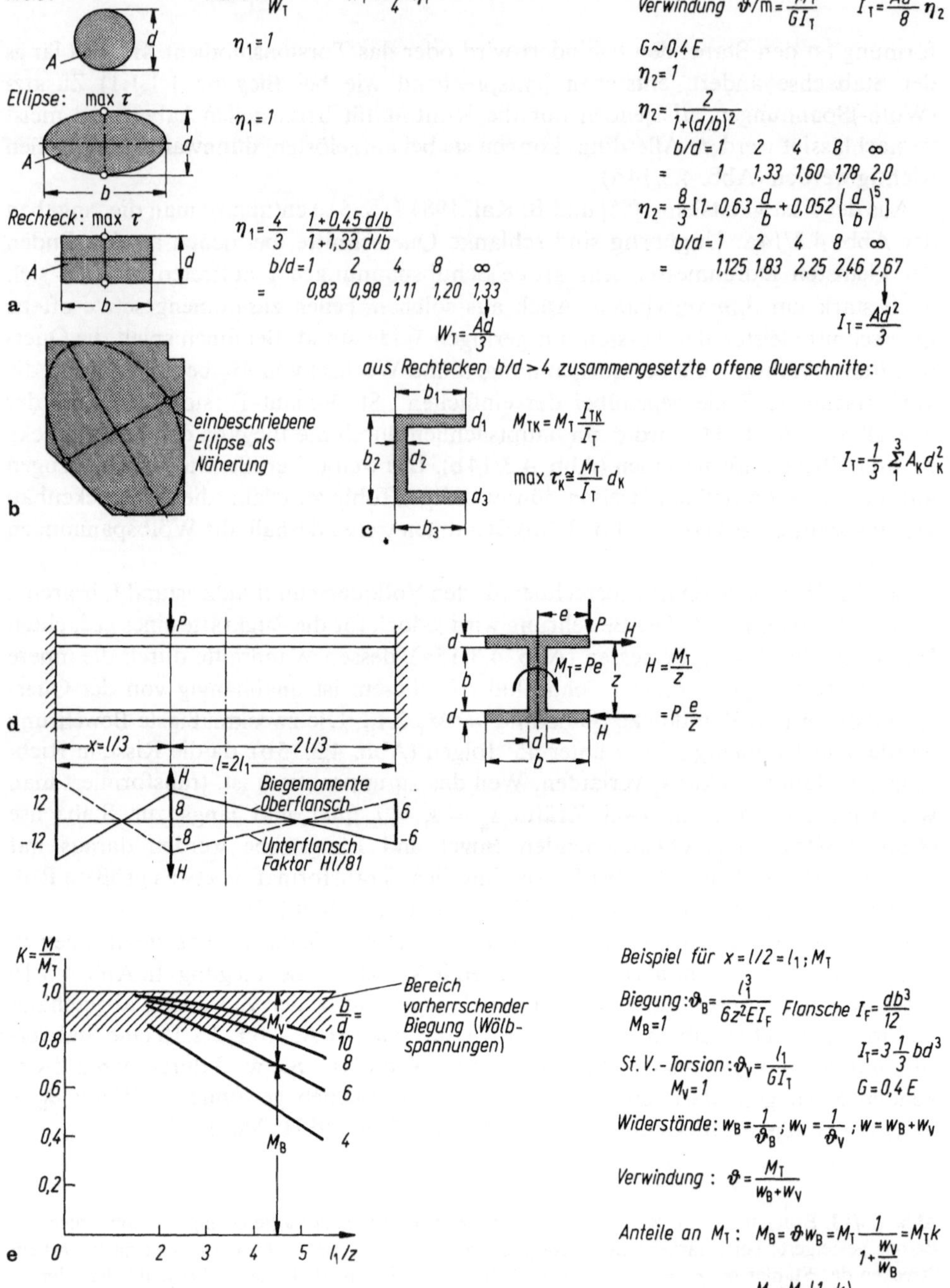

Abb. 4.3/14. Größtwerte der Schubspannung τ und Verwindung ϑ/m von tordierten, homogenen Stäben mit Vollquerschnitt („St. Venant-Torsion"). **a** regelmäßige Querschnitte; **b** Näherung für unregelmäßige Querschnitte; **c** aus schlanken Rechtecken zusammengesetzte, offene Querschnitte; **d** Beispiel für vorwiegende Wölbspannungstorsion; **e** für den aus schlanken Rechtecken bestehenden, an beiden Enden eingespannten **I**-Querschnitt nehmen die Wölbspannungen $\sigma_B = \sigma M_B/db^2$ mit wachsender Schlankheit l/b des Balkens ab.

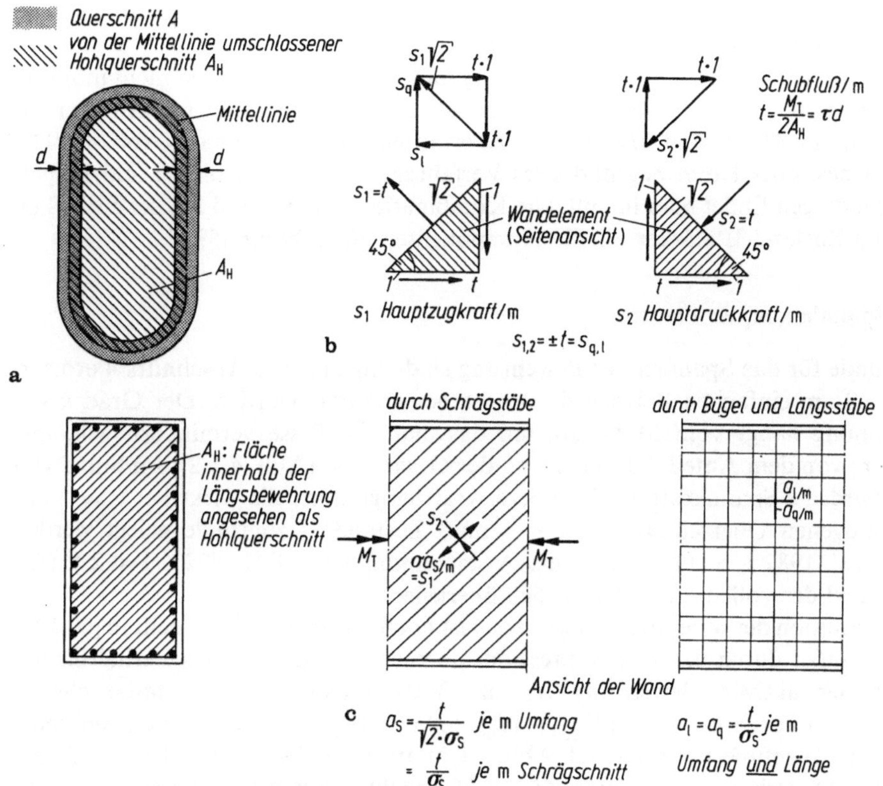

Abb. 4.3/15. Modell für tordierten Stahlbetonstab: Hohlquerschnitt A_H, der die innere Stablage umschließt. **a** Definition von A_H (Wanddicke ohne Bedeutung, da τ_{max} für Vollquerschnitt berechnet wird); **b** Ableiten der Schrägzug- und -druckkräfte $s_{1,2}$ aus dem Schubfluß $t = M_T/2A_H$; **c** der Hauptzug s_1 ist durch Schrägstäbe zu decken oder nach Zerlegen in Quer- und Längskomponenten $s_{1,q}$ durch entsprechende Bewehrung $a_l = a_q = t/\sigma_s$

Diese große Verwindung ist konstruktiv sehr wichtig. Wenn die Torsion unter die Grundspannungen (1.1.1.1) zu rechnen und für das Gleichgewicht notwendig ist, hat man sehr steife (Zustand I) Balken zu wählen. Wenn sie jedoch nur statisch unbestimmte Zusatzspannungen erzeugt, gehen diese bei wachsender Last auf einen Bruchteil gegenüber denjenigen im Zustand I zurück. Sofern man etwa eine Platte

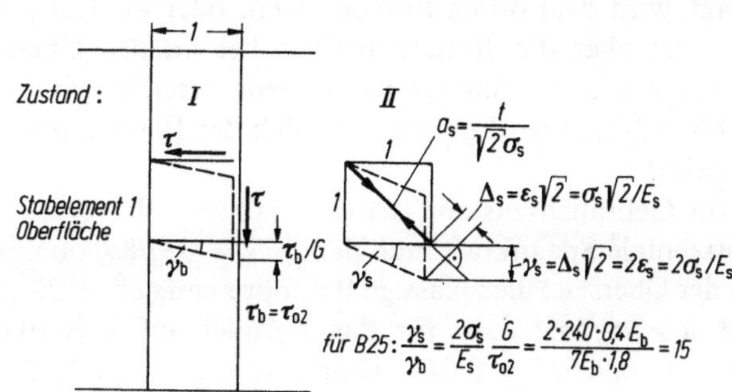

Abb. 4.3/16. Überschlag der Schubverformung eines Wandelementes bei Torsion im Zustand I und II

mittels der Torsionssteifigkeit eines Balkens einspannen möchte und diese im Zustand I berechnete, täuschte man sich gewaltig (II A, Abb. 3/3).

Meist tritt Torsion zusammen mit Biegung und Querkraft auf. Es ist nicht möglich, das Zusammenwirken im Zustand II „genau" zu verfolgen. Man pflegt daher die Bewehrung für M_B, Q und M_T getrennt zu ermitteln und zu addieren (Abb. 4.5/11): ein einfaches, aber kaum begründbares Verfahren. Versuchsergebnisse und Bemessungsgrundlagen findet man in [59]. Die Kombination von M_B und M_T setzt die Steifigkeit im Zustand II stärker als die Komponenten allein herab [59.1].

4.3.2 Spannbetonquerschnitte

Die Gründe für das Spannen der Bewehrung sind eingangs des Abschnitts 4 erörtert und in 3.2 am einfachen Beispiel des Zugstabes erläutert worden. Der Grad k der Vorspannung hängt vom Maße ab, um das man die Risse vermindern will, insbesondere von dem Anteil der Dauer- an der Gesamtlast (Abb. 4.1/2). Im Sinne von 1.1.1.1 wird die Spannkraft Z als äußere Kraft eingeführt. Sie wirkt bei $k = 1$ auf den homogenen Querschnitt, bei $k < 1$ muß Zustand II zugrunde gelegt werden [60] (B. Kal. 1982 I, S. 1166). Teilweise Vorspannung ist in DIN 4227, Teil 2 E (82) geregelt und der vollen oft wirtschaftlich überlegen.

Die Definition der *teilweisen Vorspannung* ist noch umstritten (Übersicht in [60.12]). Sie kann außer durch das Dekompressionsmoment M_D auch als das Verhältnis des Anteiles der aktiven Bewehrung A_z am Bruchmoment der Gesamtbewehrung $A_z + A_s$, also durch $k' = M_{uz}(M_{uz} + M_{us})$ [60.6; 60.9] oder durch eine „Referenzkraft F" [60.8] definiert werden (vgl. Abb. 4.1/2). Im ersten Fall vermeidet man Biegerisse unter Dauerlast g, wenn man $M_D = M_g$ macht; im zweiten Fall sind die Rißbreiten gesondert nachzuweisen.

Um den charakteristischen Unterschied zu Stahlbeton herauszustellen, behandle ich hier nur 1-(volle) mit gelegentlichen Hinweisen auf $\sim 0{,}8$ (beschränkte)-Vorspannung. Ferner werden nur Spannglieder vorausgesetzt, die mit dem Beton in Verbund stehen (I A, Abb. 3.2/10 u. 11). Denn *Spannbeton ohne Verbund* (DIN 4227, Teil 6 E (82) wird nur in Sonderfällen verwendet, z. B. für Flachdecken (II A, 3.2) oder provisorische Bauten. Da hier der Korrosionsschutz durch den Beton oder den Verpreßmörtel entfällt, müssen die Spannglieder durch besondere Umhüllungen geschützt werden. Ein schwerwiegender Mangel dieser Bauweise besteht darin, daß der Stahl nicht an der örtlichen Dehnung des Betons teilnimmt, sondern sich dieser durch „Nachrücken", d. h. deren Verteilen auf seine ganze Länge, weitgehend entzieht [61]. Dieses Verhalten ist bei Spanngliedern, die über mehrere Felder reichen, besonders ausgeprägt, wird zwar durch Reibung mehr oder weniger behindert, wie Versuche zeigten. Es setzt aber die Bruchsicherheit bei lokaler Überlastung stark herab, weil die Streckgrenze des Stahles nicht mehr erreicht wird. An einem einfachen Beispiel (Abb. 4.3/17a) wird gezeigt, wie sich der Fortfall des Verbundes bei 1-Vorspannung auswirkt.

Im Gebrauchszustand sei der Balken voll vorgespannt (Abb. 4.3/17b) und die horizontale Spannkraft muß dann $Z_0 = 3Pl/8d$, ob mit, ob ohne Verbund, sein. Um an der Oberseite die zulässige Betonpressung $\sigma_b^0 = 2Z_0/d$ einzuhalten, wird μ begrenzt auf $\mu = \sigma_b^0/2\sigma_z^0$, d. h. für das Beispiel auf $\mu = 10{,}0 \cdot 100/2 \cdot 800 = 0{,}625\%$ und $n\mu = 7 \cdot 0{,}00625 = 0{,}044$. Damit ist $Z_0 = \sigma_b^0 d/2$, $P_0 = 4\sigma_b^0 d^2/3l$ und $M_0 = P_0 l/4$

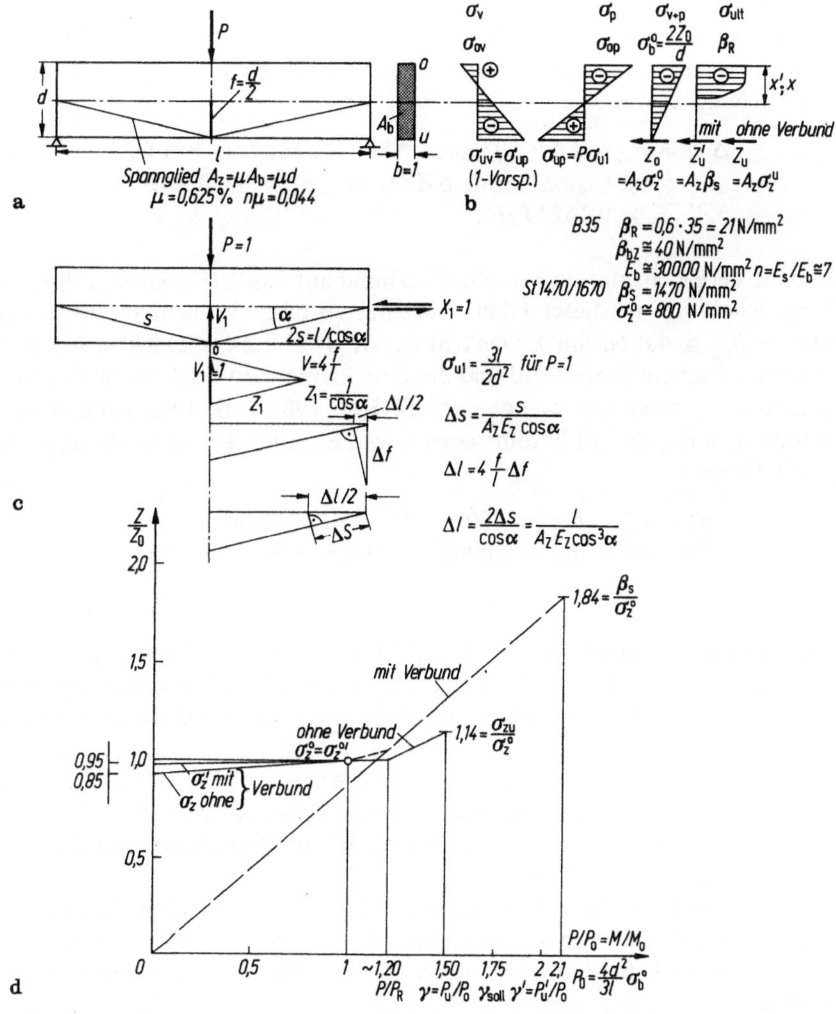

Abb. 4.3/17. Beispiel für einen voll vorgespannten Balken ohne und zum Vergleich mit Verbund zwischen Spannglied und Beton. **a** System und Belastung; **b** Spannungsverläufe im Gebrauchs- und Bruchzustand; **c** Hauptsystem und Überzählige X_1: waagerechte Komponente der Spannkraft sowie geometrische Beziehungen zur Berechnung der δ-Werte; **d** Gegenüberstellung der Spanngliedkräfte $Z = A_z\sigma_z$ und der Bruchsicherheiten γ' mit und γ ohne Verbund

$= \sigma_b^0 d^2/3 = 3{,}33d^2$. Bei einer Steigerung von P um ΔP ist der Balken ohne Verbund ein innerlich statisch unbestimmtes System. Als Überzählige wird die horizontale Steigerung der Spannkraft $\Delta Z = X_1$ eingeführt (Abb. 4.3/17c). Für diese ist:

$$\delta_{10} = \Delta l_P = P\,\Delta f_1 4f/l \quad \text{mit} \quad \Delta f_1 = \sigma_{u1}l^2/6E_bd; \ \sigma_{u1} = 3l/2d^2$$

δ_{11}: Anteil Beton aus Biegung $= V_1\,\Delta f_1 4f/l = (4f/l)^2\,\Delta f_1$,

      Anteil Beton aus Längskraft $= l/dE_b$,

      Anteil Stahl $(Z_1 = 1/\cos\alpha) = l/A_zE_s\cos^3\alpha$;

$X_1/Z_0 = 2/3\varkappa_z \quad \varkappa_z = 1 + 1/2n\mu\cos^3\alpha = 1 + 1/0{,}09\cos^3\alpha$.

Die Stahldehnung liefert zu δ_{11} den größten, aber für $l/d > 4$ wenig veränderlichen Beitrag, so daß i. M. $\Delta Z/Z_0 \cong 0{,}05 \Delta P/P$ ist. Die Betonspannung am unteren Rand wächst auf $\Delta\sigma_u = \sigma_{u1}(\Delta P - \Delta V) = 0{,}965\sigma_{u1}\,\Delta P$. Demgegenüber entsteht bei Balken *mit* Verbund

$$\Delta\sigma'_u = \sigma_{u1}I_b\xi'_I\,\Delta P/I_I f;\ \text{nach Abb. 4.2/18}:\ I_I/I_b = 1{,}09;\ \xi = 0{,}53$$
$$= 0{,}87\sigma_{u1}\,\Delta P\ \text{und}:\ \Delta Z' = n\sigma'_u A_z = 0{,}057 Pl/d$$
$$\Delta Z'/Z_0 = 0{,}152\Delta P/P\,,$$

also im Vergleich zum Balken ohne Verbund auf das $0{,}152/0{,}050 \cong 3$fache (Abb. 4.3/ 17d). Allerdings ist dieser Überschlag nur so lange brauchbar, bis der Beton reißt ($\Delta\sigma_u = \beta_{bz} \cong 4{,}0 \text{ N/mm}^2$). Das tritt bei $\Delta P/P \cong 0{,}2$ ein. Darüber hinaus öffnet sich unter der Last ein grober Riß und die Druckzone wird stark eingeschnürt. Die Stahlspannung σ_z steigt nur wenig; nach B. Kal. 1981 I, S. 1082 kann beim Bruch des Betons etwa $\Delta\sigma_z \cong 110 \text{ N/mm}^2$ gesetzt werden, eine genaue Rechnung findet man in [6.15]. Dann ist

$$\sigma_z^u = \sigma_z^o + \Delta\sigma_z = 800 + 110 = 910 \text{ N/mm}^2\,,$$
$$\xi = \mu\sigma_z^u/0{,}8\beta_R = 0{,}00625\cdot 910/0{,}8\cdot 0{,}6\cdot 35 = 0{,}34$$

$$z/d = \zeta = 1 - 0{,}4\xi = 0{,}865 \qquad \text{und} \qquad M_u = \sigma_z^u\mu d^2\zeta = 4{,}95d^2\,.$$

Die Bruchsicherheit ist nur $\gamma = 4{,}95/3{,}33 = 1{,}50$ und muß durch passive Bewehrung auf den vorgeschriebenen Wert gebracht werden [61.2], was den Spannbeton ohne Verbund verteuert. Der Balken *mit* Verbund versagt jedoch durch Erreichen der Streckgrenze β_S. Dann ist $\xi' = \mu\beta_S/0{,}8\beta_R = 0{,}55;\ \zeta' = 1 - 0{,}4\cdot 0{,}55 = 0{,}78;\ M'_u = 0{,}78\beta_S A_z d = 7{,}20d^2$ mithin $\gamma = 7{,}20/3{,}33 = 2{,}15 > 1{,}75$. Das „Nachrücken" der Bewehrung setzt also das Bruchmoment herab auf $M_u/M'_u = 4{,}95/7{,}20 \cong 70\%$. Dabei wird M'_u durch Fließen des Stahles, M_u durch schlagartigen Bruch der Druckzone verursacht.

Diese Gefahr des Betonbruches, der sich ja nicht ankündigt, kann im Bauzustand vor dem Verpressen von Spanngliedern entstehen. So ist z. B. eine Brückenkatastrophe zu erklären [62]. Deshalb sind auch die angeführten Zwischenzustände zu untersuchen.

Die Bemessung von *Spannbeton mit Verbund* ist geregelt in DIN 4227 (79) Teil 1 samt „Erläuterung" [63], Spannleichtbeton in DIN 4227, Teil 4 E (82). Ausführlich ist die Berechnung von Spannbeton mit Verbund jährlich dargelegt in B. Kal. I sowie in [1/2, Teil 5] und in den früher genannten Lehrbüchern [6], sowie einleitend in [73].

4.3.2.1 Bemessung auf Biegung

Da sowohl der Bruchsicherheitsnachweis wie bei Stahlbeton gefordert wird, aber zusätzliche bestimmte Randspannungen eingehalten werden sollen, sind sowohl der Gebrauchs- als auch der „Grenzzustand der Tragfähigkeit" IIIa zu untersuchen. Denn es kann bei Spannbeton nicht von einem auf den anderen geschlossen werden, wie Abb. 4.1/3 zeigt. Im *Gebrauchszustand* sollen die Spannungsgrenzen in allen Schnitten eines Balkens eingehalten werden. Infolgedessen wird man zuerst den höchstbeanspruchten bemessen und dann den Nachweis für das ganze Feld anschließen. Dabei ist stets von der Drucklinie y (Resultierende der Betonspannungen; Abb. 4.2/5 bis 10) auszugehen, die bei einem einfachen Balken mit der Zuglinie (Spannglied mit Ordinaten e) identisch ist. Die an den Balkenenden verankerte Kraft Z_0 wird entweder durch Spannen gegen den erhärteten Beton (I A, Abb. 3.2/11) oder durch Umsetzen einer Spannbettkraft Z_{00} (I A, Abb. 3.2/10) erzeugt. In diesem Falle wirkt Z_{00} als äußere Kraft und geht durch die Elastizität des Betons auf $Z_0 = Z_{00}(1 - \alpha)$ zurück. α (Abb. 4.3/22 u. I A, S. 87) ist derjenige Teil einer Kraft 1 in der Stahlachse, der von diesem aufgenommen wird.

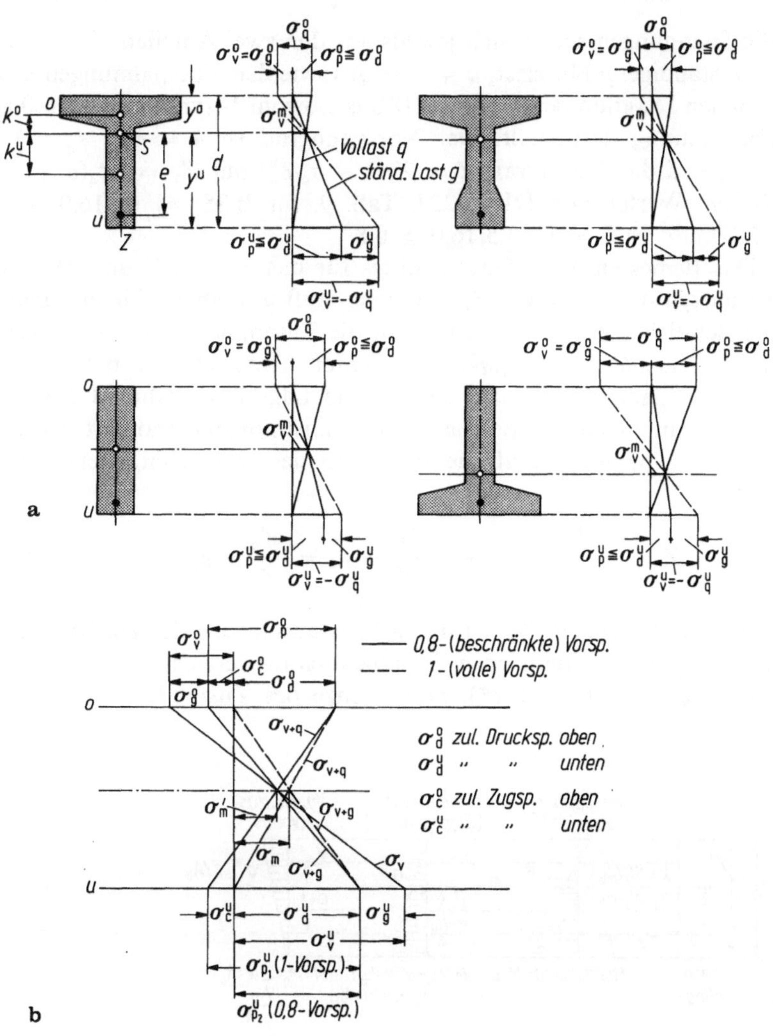

Abb. **4.3/18.** Spannungsverhältnisse bei verschiedener Höhenlage des Schwerpunktes in profilierten Querschnitten. **a** bei voller Vorspannung: σ_p Spannungen infolge veränderlicher (Nutz)Last p, σ_g Spannungen infolge minimaler (ständiger) Last g, σ_v Vorspannungen infolge Spannkraft Z, σ_q Spannungen infolge maximaler (Voll)Last q; **b** bei (beschränkter) 0,8-Vorspannung. *Wichtige Feststellung*: Die Betonrandspannungen sind *Differenzen* der Last- und Vorspannungen, reagieren also sehr stark schon auf *kleine* Abweichungen der Größe und Lage der Spannkraft sowie der Lasten!

Bei Spannbeton wird angestrebt, an den beiden Rändern eines gewählten Querschnittes je zwei Bedingungen zu erfüllen (Abb. 4.3/18):

Grundgleichungen für Anfangszustand Spannkraft Z_0
oberer Rand: min $\sigma^o = \sigma^o_{v0} + \sigma^o_g = 0$; $(= \sigma^o_c)$
unterer Rand: max $\sigma^u = \sigma^u_{v0} + \sigma^u_g = \sigma^u_d$
für Endzustand Spannkraft Z

$$\max \sigma^o = \sigma^o_v + \sigma^o_q = \sigma^o_d \qquad\qquad \sigma^{o,\,u}_q = M_q/W_{o,u} = M_q/A_b k_{u,o}$$
$$\min \sigma^u = \sigma^u_v + \sigma^u_q = 0 \; ; (= \sigma^u_c) \qquad \sigma^{o,\,u}_v = Z(1 + e/k_{u,o})/A_b$$

Die Spannungen setzen sich jeweils aus den zwei Anteilen: Lastspannungen σ_g und σ_p (g ständige, p Nutzlast, $g + p = q$) sowie den Vorspannungen σ_v zusammen.

In den Diagrammen Abb. 4.3/18b ist sowohl 1- (volle) als auch 0,8- (beschränkte) Vorspannung dargestellt. Der Vorspanngrad ist $k = M_D/M_q = 1 - \sigma^u_c/\sigma^u_q$ (Abb. 4.1/2) und die Spannkraft $Z = Z_1(1 - \sigma_c/\sigma^u_q)$ mit $Z_1 = M_q(e + k_0)$. Mit den zulässigen Werten von DIN 4227, Tab. 9, für B 35: $\sigma^u_d = 16,0$ N/mm^2 und $\sigma^u_c = 3,5$ N/mm^2 ist $k = 1 - 3,5/16,0 \cong 0,8$.

Das Bemessen eines Querschnittes für das Maximal- und Minimalmoment und Ausnützen der zulässigen Spannungen läuft auf ein Probieren hinaus. Sie läßt sich übersichtlicher gestalten, wenn man die Zusammenhänge vereinfacht und dadurch die *funktionalen Abhängigkeiten* leichter übersieht. Im betrachteten Querschnitt liegt die Spannkraft Z nach Größe und Lage fest, während die Resultierende der Druckspannungen entsprechend dem Lastmoment wandert (Abb. 4.3/19a). Bei voller Vorspannung muß sie innerhalb des Querschnittskernes bleiben. Hieraus folgt:

$$Z = \frac{M_p}{k_o + k_u} \; ; \qquad e = \frac{M_g}{Z} + k_u = \frac{M_q}{Z} - k_o.$$

Wenn der errechnete Wert für e größer ausfällt als der ausführbare Wert e^*, muß man auf die Erfüllung *einer* Randbedingung verzichten ($\sigma^o = 0$) (Abb. 4.3/19b). Dann ist $Z = M_q(k_o + e^*)$. Die Grenze des Zustandes, bei dem die Spannkraft

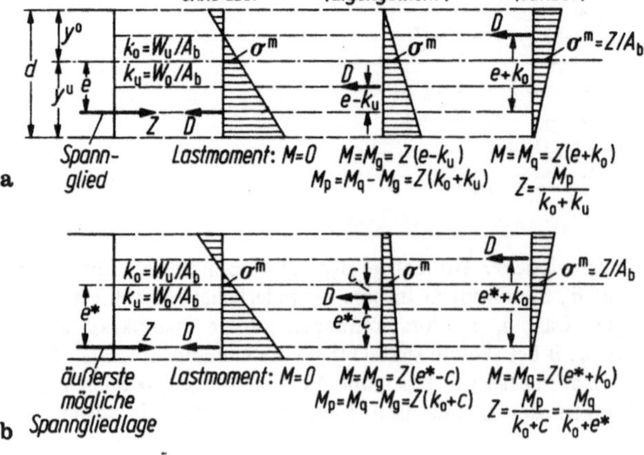

Abb. 4.3/19. Lage und Größe der konstant angenommenen Druckkraft $D = Z$ bei verschiedenen Laststufen; **a** alle vier Grenzwerte der Randspannungen erreichbar; **b** $\sigma^o_d = 0$ nicht erreichbar, da Spannglied außerhalb des Querschnittes liegen müßte.

unabhängig von der ständigen Last ist, wird begrenzt durch $M/M_q \leqq (e^* - k_u)/(e^* + k_o)$ (bei Rechteckquerschnitt $M_g < 0,4 M_q$; **I**-Querschnitt etwa $M_g < 0,3 M_q$). Bei Balken mit geringem Nutzlastanteil M_p (Dachbinder, Brücken: $M_p < 0,5\,M_q$) wird man daher stets $e = e^*$ zu wählen haben. Bei Montagebalken für Decken ($M_g \approx 0$) muß man dagegen das Spannglied in den unteren Kernpunkt legen, wenn Zugspannungen in der oberen Randfaser ausgeschlossen werden sollen, oder auch dort vorspannen (Abb. 4.5/15).

Die erforderlichen Widerstandsmomente ergeben sich, solange $e < e^*$ ist, zu: $W_o = I/y^o = M_p/\sigma_d^o$; $W_u = I/y^u = M_p/\sigma_d^u$. Sie sind wieder unabhängig vom Eigengewichtsanteil, weil dieser ja allein von der Exzentrizität des Spanngliedes zum unteren Kernpunkt aufgenommen wird, sofern das innerhalb des Querschnittes möglich ist. Wir erkennen aus dem ausschlaggebenden Einfluß der „Momentenschwankung" $M_p = M_q - M_g$, daß Spannbeton besonders bei vorherrschender ständiger Last wirtschaftlich ist. Bei Vorzeichenwechsel der Momente fallen Querschnitt und Bewehrung größer als bei Stahlbeton aus, so daß Spannbeton in solchen Fällen (Stützen mit Windmomenten, Maste) hohe Betongüte erfordert, da sich Vor- und Lastspannungen addieren.

Damit beide Druckspannungen σ_d^o und σ_d^u (DIN 4227 Tab. 9) ausgenutzt werden, muß $y^o/y^u = \sigma_d^o/\sigma_d^u \cong 1/1,3$, mithin $y^o \cong 0,43 d$ sein. Bei symmetrischen Querschnitten ist $W_o = W_u = M_p/\sigma_d$ und an beiden Rändern kann nur σ_d^o ausgenutzt werden. Wenn $e = e^*$ ausgeführt werden muß, ist $W_o = M_q(k_o + k_u)/\sigma_d^o(k_o + e^*)$, $W_u = M_p/\sigma_d^o$ oder $I = M_q d k_o/\sigma_d^o(k_o + e^*)$. Dann wird $y^o/y^u < 1,3$, was auf die besondere Eignung des **T**-Querschnittes bei vorherrschendem Eigengewicht hinweist (Abb. 4.3/18a).

Bei 0,8-Vorspannung läßt man gewisse Zugspannungen an der Ober- und Unterseite (σ_c^o bzw. σ_c^u) zu (Abb. 4.3/18b), was als Erweiterung des Kernes auf k_o' und k_u' gedeutet werden kann:

$$k_o' = k_o \, \frac{1 + \dfrac{\sigma_c^u}{\sigma_d^o}}{1 - \dfrac{\sigma_c^u}{\sigma_d^o} \cdot \dfrac{y_o}{y_u}}, \qquad k_u' = k_u \, \frac{1 + \dfrac{\sigma_c^o}{\sigma_d^u}}{1 - \dfrac{\sigma_c^o}{\sigma_d^u} \cdot \dfrac{y^u}{y^o}}.$$

Dann ist vereinfacht, aber genügend genau

$$Z = \frac{M_p}{k_o' + k_u'}, \qquad e = \frac{M_g}{Z} + k_u' = \frac{M_q}{Z} - k_o',$$

$$W_o = \frac{M_p}{\sigma_d^o + \sigma_c^u}; \qquad W_u = \frac{M_p}{\sigma_d^u + \sigma_c^u},$$

ferner für den Fall $e = e^*$:

$$Z = \frac{M_q}{k_o' + e^*}; \qquad W_o = \frac{M_q}{\sigma_d^o} \cdot \frac{k_o' + k_u}{k_o' + e^*}; \qquad W_u = \frac{M_p}{\sigma_d^u + \sigma_c^u};$$

$$I = \frac{M_q}{\sigma_d^o + \sigma_c^u} \cdot \frac{d k_o'}{k_o' + e^*}.$$

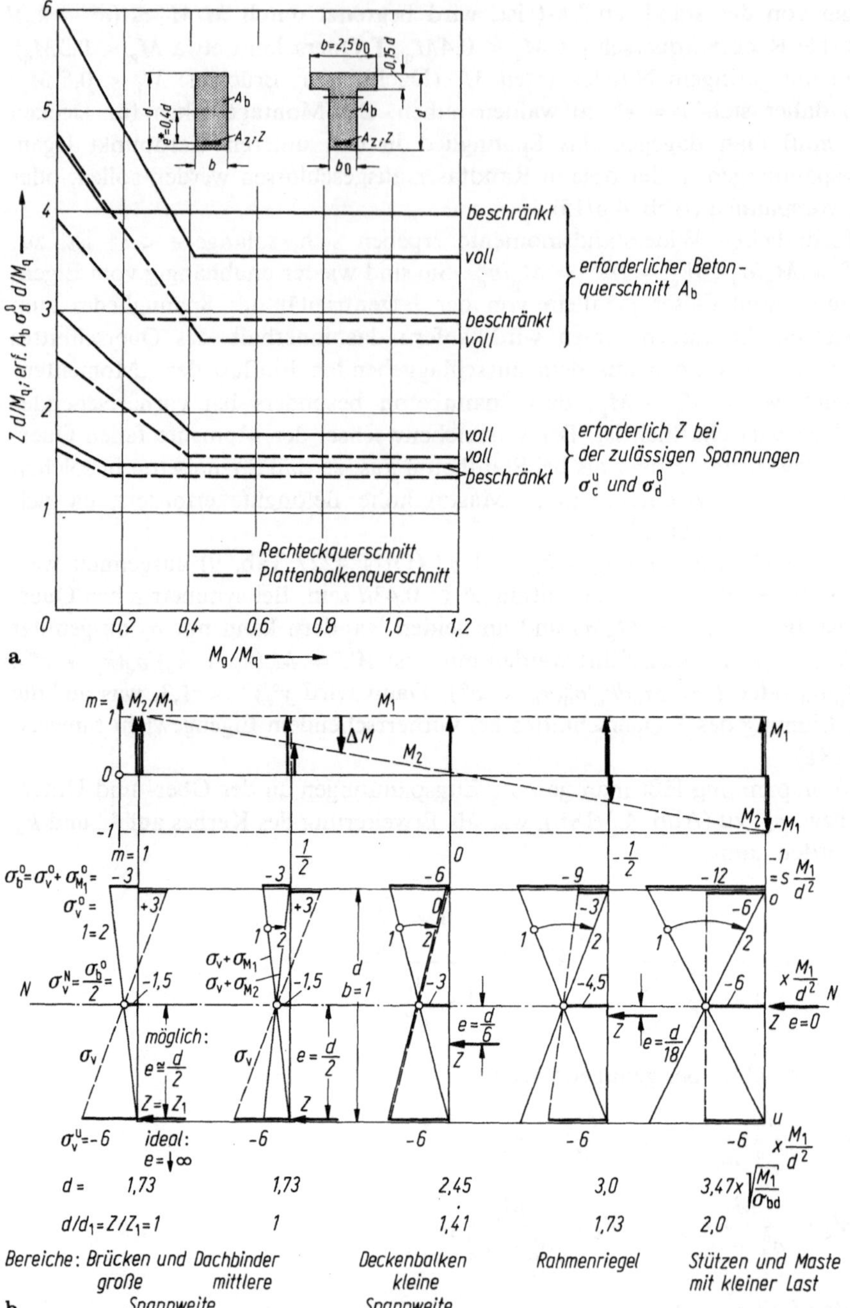

Abb. 4.3/20. Vergleich der Betonabmessungen und der Spannkraft bei voller und bei beschränkter 0,8-Vorspannung für verschiedene Verhältnisse M_g/M_q. **a** bei konstanter Querschnittshöhe und Spannkraft Z; **b** Vereinfachte Bemessung von Rechteckquerschnitten (b = 1) für volle Vorspannung bei zwischen M_1 und M_2 um $\Delta M = M_1 - M_2$ wechselndem Moment und der zul. Betonpressung σ_d angepaßter Höhe d. *Regel*: Spannbeton ist auch bei Biegung nur für kleine Lastwechsel wirtschaftlich (vgl. Abb. 3/6c).

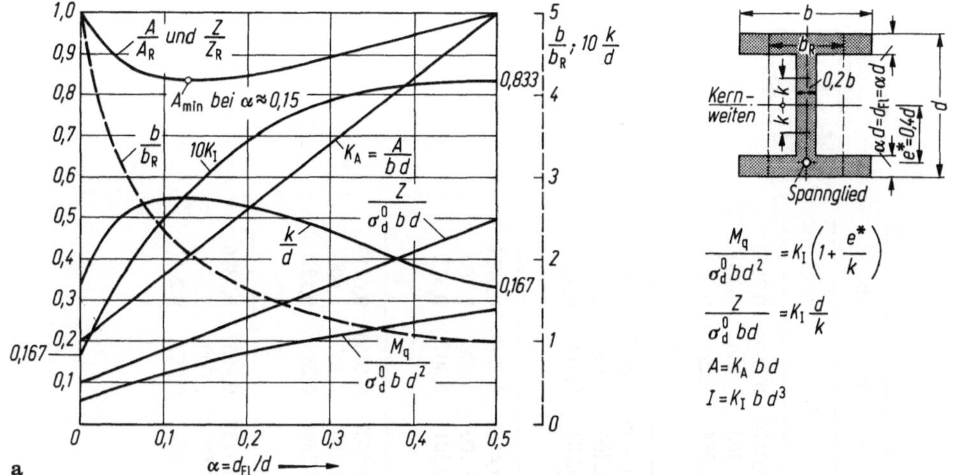

Abb. 4.3/21 a

Abb. 4.3/21. Geometrische Bemessungshilfen für profilierte Querschnitte. **a** Balkenquerschnitte gleicher Höhe und Tragfähigkeit für volle Vorspannung und $M_g/M_q \geqq 0,6$. Die Querschnitte sind durch Formfaktoren K_A und K_I charakterisiert. Die Bezugsgrößen b_R, A_R, Z_R gelten für den Rechteckquerschnitt gleicher Tragfähigkeit; **b** geometrische Werte für **T**- und **I**-Querschnitte.

◄

Rechengang:

1) Nullbedingung bei u:
$$0 = \frac{6M_1}{d^2} - \frac{Z}{d}\left(1 + \frac{e}{k}\right)$$

2) desgl. bei o:
$$0 = -\frac{6M_2}{d^2} - \frac{Z}{d}\left(1 - \frac{e}{k}\right); \quad k = \frac{d}{6}$$

3) aus 1) u. 2) Lage von Z:
$$\frac{e}{d} = \frac{1}{6}\frac{1+m}{1-m}$$

4) aus 2) rel. Grösse von Z:
$$Z = \frac{M_1}{e+k} = \frac{6M_1}{d}\frac{1}{1 + 6\dfrac{e}{d}}$$

5) Vorspannungen allg. und mit 4)
$$\sigma_v^{u,\,0} = \frac{Z}{d}\left(1 \pm 6\frac{e}{d}\right); \quad \sigma_v^N = \frac{Z}{d}$$

$$\sigma_v^u = \frac{6M_1}{d^2}: \quad \sigma_v^0 = \frac{6M_1}{d^2}\frac{1 - 6\dfrac{e}{d}}{1 + 6\dfrac{e}{d}}$$

6) $\sigma_b^0 = \sigma_d$ einhalten
$$\sigma_d = \sigma_v^0 + \sigma_{M1}^0 = s\frac{M_1}{d^2}; \quad d = \sqrt{\frac{M_1}{\sigma_d}}\sqrt{s}$$

7) abs. Größe von Z
$$Z = \sigma_v^N d = \frac{\sigma_d}{2}\sqrt{\frac{M_1}{\sigma_d}}\sqrt{s}; \quad \frac{Z}{Z_1} = \frac{d}{d_1}$$

Abb. 4.3/21b. Querschnittswerte für **I** und **T**-Querschnitte nach [6.7]

Trägheitsmoment, Querschnittsfläche und Kernweite für **I**-Querschnitt

b/b_0	1,5	2	2,5	3	3,5	4	4,5	5	6	7	8	9	10
$d/d_0 = 0,05$													
$I/b_0 d_0^3$	0,0947	0,1059	0,1172	0,1285	0,1398	0,1511	0,1624	0,1737	0,1962	0,2188	0,2414	0,2640	0,2866
$A/b_0 d_0$	1,050	1,100	1,150	1,200	1,250	1,300	1,350	1,400	1,500	1,600	1,700	1,800	1,900
k/d_0	0,180	0,193	0,204	0,214	0,224	0,232	0,241	0,248	0,262	0,274	0,284	0,293	0,302
$d/d_0 = 0,10$													
$I/b_0 d_0^3$	0,1037	0,1240	0,1443	0,1647	0,1850	0,2053	0,2257	0,2460	0,2867	0,3273	0,3680	0,4087	0,4493
$A/b_0 d_0$	1,100	1,200	1,300	1,400	1,500	1,600	1,700	1,800	2,000	2,200	2,400	2,600	2,800
k/d_0	0,188	0,207	0,222	0,235	0,247	0,257	0,265	0,273	0,286	0,297	0,307	0,314	0,321
$d/d_0 = 0,15$													
$I/b_0 d_0^3$	0,1107	0,1381	0,1655	0,1928	0,2202	0,2476	0,2750	0,3023	0,3571	0,4118	0,4666	0,5213	0,5761
$A/b_0 d_0$	1,150	1,300	1,450	1,600	1,750	1,900	2,050	2,200	2,500	2,800	3,100	3,400	3,700
k/d_0	0,192	0,212	0,228	0,241	0,252	0,261	0,268	0,275	0,286	0,294	0,301	0,307	0,311
$d/d_0 = 0,20$													
$I/b_0 d_0^3$	0,1160	0,1487	0,1812	0,2140	0,2467	0,2793	0,3120	0,3447	0,4100	0,4753	0,5407	0,6060	0,6713
$A/b_0 d_0$	1,200	1,400	1,600	1,800	2,000	2,200	2,400	2,600	3,000	3,400	3,800	4,200	4,600
k/d_0	0,193	0,212	0,227	0,238	0,247	0,251	0,260	0,265	0,273	0,280	0,284	0,288	0,292
$d/d_0 = 0,25$													
$I/b_0 d_0^3$	0,1198	0,1562	0,1927	0,2292	0,2657	0,3021	0,3386	0,3750	0,4478	0,5208	0,5937	0,6667	0,7396
$A/b_0 d_0$	1,250	1,500	1,750	2,000	2,250	2,500	2,750	3,000	3,500	4,000	4,500	5,000	5,500
k/d_0	0,192	0,208	0,220	0,229	0,236	0,242	0,246	0,250	0,256	0,260	0,264	0,267	0,269

Abb. 4.3/21b (Fortsetzung).

Trägheitsmoment, Widerstandsmoment, Querschnittsfläche, Kernlage und -weite für T-Querschnitt

b/b_0	1,5	2	2,5	3	3,5	4	4,5	5	6	7	8	9	10
$d/d_0 = 0{,}05$													
$I/b_0 d_0^3$	0,0888	0,0941	0,0991	0,1038	0,1084	0,1128	0,1170	0,1209	0,1285	0,1355	0,1419	0,1479	0,1534
$W_u/b_0 d_0^2$	0,173	0,180	0,186	0,191	0,196	0,201	0,205	0,209	0,216	0,222	0,228	0,233	0,237
$W_o/b_0 d_0^2$	0,182	0,197	0,212	0,227	0,242	0,258	0,272	0,287	0,317	0,348	0,376	0,406	0,435
$A/b_0 d_0$	1,025	1,050	1,075	1,100	1,125	1,150	1,175	1,200	1,250	1,300	1,350	1,400	1,450
y^u/d_0	0,512	0,523	0,533	0,543	0,553	0,562	0,571	0,579	0,695	0,610	0,623	0,636	0,647
k_u/d_0	0,178	0,188	0,197	0,206	0,216	0,224	0,232	0,239	0,254	0,267	0,279	0,290	0,300
k_o/d_0	0,169	0,171	0,173	0,174	0,174	0,174	0,474	0,174	0,173	0,171	0,469	0,166	0,164
$d/d_0 = 0{,}10$													
$I/b_0 d_0^3$	0,0930	0,1018	0,1098	0,1172	0,1244	0,1303	0,1362	0,1415	0,1512	0,1597	0,1673	0,1740	0,1800
$W_u/b_0 d_0^2$	0,178	0,188	0,196	0,204	0,211	0,216	0,221	0,225	0,233	0,239	0,244	0,249	0,252
$W_o/b_0 d_0^2$	1,050	1,100	1,150	1,200	1,250	1,300	1,350	1,400	1,500	1,600	1,700	1,800	1,900
$A/b_0 d_0$	1,050	1,100	1,150	1,200	1,250	1,300	1,350	1,400	1,500	1,600	1,700	1,800	1,900
y^u/d_0	0,521	0,541	0,559	0,575	0,590	0,604	0,617	0,629	0,650	0,669	0,685	0,700	0,713
k_u/d_0	0,185	0,202	0,217	0,230	0,243	0,253	0,263	0,273	0,288	0,302	0,312	0,322	0,330
k_o/d_0	0,170	0,171	0,171	0,170	0,169	0,166	0,168	0,160	0,155	0,150	0,144	0,138	0,133
$d/d_0 = 0{,}15$													
$I/b_0 d_0^3$	0,0961	0,1072	0,1169	0,1256	0,1333	0,1402	0,1465	0,1522	0,1622	0,1706	0,1778	0,1841	0,1897
$W_u/b_0 d_0^2$	0,181	0,193	0,202	0,210	0,217	0,222	0,227	0,231	0,233	0,243	0,247	0,251	0,255
$W_o/b_0 d_0^2$	0,205	0,241	0,291	0,312	0,347	0,381	0,414	0,447	0,510	0,571	0,630	0,687	0,741
$A/b_0 d_0$	1,075	1,150	1,225	1,300	1,375	1,450	1,525	1,600	1,750	1,900	2,050	2,200	2,350
y^u/d_0	0,530	0,555	0,578	0,598	0,616	0,632	0,646	0,659	0,682	0,701	0,718	0,732	0,744
k_u/d_0	0,190	0,209	0,226	0,240	0,252	0,263	0,271	0,279	0,291	0,300	0,308	0,312	0,315
k_o/d_0	0,168	0,168	0,165	0,161	0,157	0,153	0,149	0,145	0,136	0,128	0,121	0,114	0,109

Abb.4.3/21b (Fortsetzung).

b/b_0	1,5	2	2,5	3	3,5	4	4,5	5	6	7	8	9	10
$d/d_0 = 0{,}20$													
$I/b_0 d_0^3$	0,0982	0,1107	0,1212	0,1304	0,1383	0,1453	0,1516	0,1571	0,1666	0,1746	0,1813	0,1872	0,1922
$W_u/b_0 d_0^2$	0,188	0,195	0,205	0,212	0,218	0,224	0,228	0,232	0,238	0,243	0,247	0,251	0,254
$W_o/b_0 d_0^2$	0,212	0,256	0,297	0,338	0,377	0,415	0,453	0,488	0,555	0,620	0,679	0,737	0,792
$A/b_0 d_0$	1,100	1,200	1,300	1,400	1,500	1,600	1,700	1,800	2,000	2,200	2,400	2,600	2,800
y^u/d_0	0,536	0,567	0,592	0,614	0,633	0,650	0,665	0,678	0,700	0,718	0,733	0,746	0,757
k_u/d_0	0,192	0,213	0,228	0,241	0,251	0,259	0,266	0,271	0,278	0,281	0,283	0,283	
k_o/d_0	0,167	0,162	0,158	0,152	0,146	0,140	0,134	0,129	0,119	0,111	0,103	0,097	0,091
$d/d_0 = 0{,}25$													
$I/b_0 d_0^3$	0,0996	0,1127	0,1237	0,1328	0,1407	0,1475	0,1535	0,1588	0,1680	0,1750	0,1819	0,1875	0,1924
$W_u/b_0 d_0^2$	0,184	0,196	0,205	0,212	0,218	0,223	0,227	0,231	0,237	0,241	0,246	0,250	0,253
$W_o/b_0 d_0^2$	0,217	0,265	0,311	0,354	0,395	0,435	0,472	0,507	0,575	0,637	0,697	0,750	0,803
$A/b_0 d_0$	1,125	1,250	1,375	1,500	1,625	1,750	1,875	2,000	2,250	2,500	2,750	3,000	3,250
y^u/d_0	0,542	0,575	0,602	0,625	0,644	0,661	0,675	0,687	0,708	0,725	0,739	0,750	0,760
k_u/d_0	0,193	0,212	0,226	0,236	0,243	0,249	0,252	0,254	0,256	0,255	0,253	0,250	0,246
k_o/d_0	0,163	0,157	0,150	0,142	0,135	0,127	0,121	0,116	0,106	0,097	0,089	0,083	0,078

Die Grenze zwischen beiden Fällen liegt bei $M_\mathrm{g}/M_\mathrm{q} = (e^* - k_\mathrm{u}')/(e^* + k_\mathrm{o}')$, und zwar unter derjenigen für volle Vorspannung. Man ersieht ferner aus den Formeln, daß bei beschränkter Vorspannung die Spannkraft kleiner und das erforderliche Widerstandsmoment nur wenig größer ausfallen, wodurch der Stahlaufwand verringert wird (Abb. 4.3/20). Allerdings muß der Zugspannungskeil durch schlaffe Bewehrung gedeckt werden (DIN 4227, 10.2.1), sofern nicht das Spannglied diese Zusatzkraft im Rahmen der zulässigen Spannung aufnehmen kann. Die Verringerung der Spannkraft Z' gegenüber derjenigen bei voller Vorspannung (Z) bei gleichbleibendem Querschnitt kann man bereits aus Abb. 4.3/18b ablesen: die Spannkraft Z ist stets $\sigma_\mathrm{m} A_\mathrm{b}$, woraus $Z' = Z\sigma_\mathrm{m}/\sigma_\mathrm{m}' < Z$ folgt. Man erkennt weiter, daß die Verminderung des Querschnittes A_b durch Profilierung bei Spannbeton nicht nur das Gewicht des Balkens, sondern auch unmittelbar die erforderliche Spannkraft herabsetzt.

Wirtschaftliche Querschnittsformen sind dadurch charakterisiert, daß sie ein gegebenes Moment mittels einer möglichst kleinen Spannkraft aufnehmen. Der Ausdruck für $Z = M_\mathrm{p}/(k_\mathrm{o} + k_\mathrm{u}) = M_\mathrm{p} y^\mathrm{o} y^\mathrm{u}/i^2 d$ zeigt, daß bei gegebener Balkenhöhe $i^2 = I/A_\mathrm{b}$ durch Konzentration der Querschnittsfläche an den Rändern möglichst groß werden soll (Abb. 4.3/21a), d. h. aus Steg und Gurten gebildete Profile vorzuziehen sind, für die die Tabelle (Abb. 4.3/21b) Querschnittswerte angibt. Die Profilierung findet jedoch eine wirtschaftliche Grenze in den wachsenden Schalungskosten, der erforderlichen konstruktiven, schlaffen Bewehrung und dem erschwerten Einbringen des Betons. Diese Gesichtspunkte sind von Fall zu Fall gegeneinander abzuwägen.

Eine graphische Bemessung schlägt [65] vor.

Die Spannkraft Z, die in den angegebenen Formeln konstant angenommen wurde, wird wie bei Zugstäben (Abschnitt 3) infolge der *Langzeitverformung des Betons* (Kriechen ε_k und Schwinden ε_s) vermindert.

Abb. 4.3/22a zeigt ein Stabelement, bei dem zunächst im elastischen Zustand $Z_0 = 1$ auf den Beton in der Achse der Bewehrung A_z wirkt. Der Verbund wird durch die Kraft $X_1 = \delta_{10}/\delta_{11}$ hergestellt, die mithin den bereits benutzten Wert α als Anteil des Stahles an Z_0 angibt. Dabei ist in der Faser e $\delta_{10} = \varepsilon_\mathrm{b}^e = \delta_\mathrm{b}^e/E_\mathrm{b}$ und $\delta_{11} = \delta_{10} + 1/A_\mathrm{z} E_\mathrm{s}$. Enthält der Beton eine passive Bewehrung A_s, so hat er nur die Kraft $1\text{-}\alpha_{0\mathrm{s}}$ aufzunehmen. Es ist für:

$$
\begin{array}{llll}
Z_0 = 1 \text{ zentrisch} & & \text{exzentrisch angreifend,} & \\
\text{ohne} & \text{mit} & \text{ohne} & \text{mit Bewehrung } A_\mathrm{s} \\
\sigma_\mathrm{b}^e = 1/A_\mathrm{b} \cdot 1 & (1 - \alpha_{0\mathrm{s}}) & 1 + \eta^2 & (1 - \alpha_{0\mathrm{s}})(1 + \eta^2) = \delta_0 \,.
\end{array}
$$

Durch das Kriechen ändert sich die Spanngliedkraft Z laufend, und zwar während eines Kriechinkrimentes $\mathrm{d}\varphi$ um $\mathrm{d}Z$. Die Betonfaser e wird dabei kürzer um $\varepsilon_\mathrm{b}^e \, \mathrm{d}\varphi = (\sigma_\mathrm{b}^e/E_\mathrm{b}) \, \mathrm{d}\varphi = Z\delta_{10} \, \mathrm{d}\varphi$ (I A, 1.3.2). Die Verbundkraft X_1 stellt durch die elastische Dehnung $X_1\delta_{11}$ die Kontinuität wieder her und ändert zum Erhalten des Gleichgewichtes die Kraft in A_z um $\mathrm{d}Z = X_1$. Mithin ist $Z\delta_{10} \, \mathrm{d}\varphi = -X_1\delta_{11} = -\mathrm{d}Z\delta_{11}$ oder $\mathrm{d}Z/\mathrm{d}\varphi + \alpha Z = 0$, wobei der dem jeweiligen Fall entsprechende Wert $\alpha = \delta_{10}/\delta_{11}$ aus Abb. 4.3/22a zu setzen ist.

Diese Differentialgleichung beschreibt wieder das Gesetz des organischen Wachsens mit dem Anfangswert $Z = Z_0$:

$$
Z = Z_0 \, \mathrm{e}^{-\alpha\varphi} \text{ und dem Kraftabfall infolge Kriechens:}
$$

$$Z_k = Z_0 - Z = Z_0(1 - e^{-\alpha\varphi}) \text{ (Abb. 4.3/22 b) oder bezogen auf } A_z:$$

$$\sigma_{zk} = \sigma_{z0}(1 - e^{-\alpha\varphi}), \quad \text{wobei} \quad \sigma_{z0} = n\sigma_{b0}^e(1 - \alpha)/\alpha = \sigma_{b0}/\mu_z(1 + \eta^2)$$

gesetzt werden kann, wenn $A_s = 0$ ist. Da $\alpha_{1,2}/\alpha_{z0} \cong 1 - \alpha_{1s} < 1$, weil der Verbund-querschnitt „härter" als der Beton allein ist, wird Z/Z_0 in diesem Fall größer, also der Kriechverlust Z_k/Z_0 kleiner, wie zu erwarten ist. Die Spannung „neben" dem Spannglied ist σ_b^e und ergibt mit $\sigma_z/n\sigma_{bv}^e = Z_s/Z_b = (1 - \alpha)/\alpha$ als „kriecherzeugender" Spannung: $\sigma_{zk} = \sigma_{bv}^e n[(1 - \alpha)/\alpha](1 - e^{-\alpha\varphi})$. Wenn in der Faser e aus äußerer Dauer-last g noch eine Zugspannung $\sigma_{bg}^e = M_g e/I_b$ wirkt, vermindert sie den Kriechabfall im Stahl (σ_{bv}^e ist <0!) auf

$$\sigma_{zk} = n(\sigma_{bv}^e - \sigma_{bg}^e)[(1 - \alpha)/\alpha](1 - e^{-\alpha\varphi}).$$

Diese Ableitungen fußen auf der „alten Dischinger-Gleichung", die $\varepsilon_b\, d\varphi$ zur Gänze als irreversibel ansieht. Nach neuerer Auffassung [8, S. 68] wird der verzögert-elastische Teil der Verformung (I A, Abb. 1.3/5) der elastischen zugezählt, ε_b auf $E_b/1,4$ bezogen und φ zu $\varphi' = (\varphi - 0,4)/1,4$. Das Kriechgesetz $e^{-\alpha\varphi}$ wird dann zu $e^{-\alpha(\varphi - 0,4)/(1 + 0,4\alpha)}$. Der Unterschied ist in [8, S. 106] aufgetragen und erreicht selbst für $\varphi = 3$ und $\alpha = 0,5$ (höchstens!) erst rd. 10 %, geht also in den Streuungen der Stoffziffern E_b und φ unter [1/1]. Ein anderer Ansatz von Trost für σ_{zk} in Form einer algebraischen Gleichung [8, S. 80] gibt auch nur wenig abweichende Werte. Andere Darstellungen findet man in [1/2, Teil 5, Kap. 23] und in [66], in [67] sogar den Nachweis, daß die einzelnen Spannungsanteile eigentlich nicht superponierbar sind.

Um den Einfluß des Schwindens zu berücksichtigen, nimmt man recht angenähert an, daß ε_s zeitlich affin zu φ verläuft, was die Rechnung vereinfacht. Wenn also $\varepsilon_{s,t} = K\varphi_t$ ist, wird $d\varepsilon_s = (\varepsilon_{s\infty}/\varphi_\infty)\,d\varphi$ und der Abfall vom Anfangswert $\sigma_{s0} = (1 - \alpha)\varepsilon_s E_s$ (I A, S. 86) ist $\sigma_{zs} = (\sigma_{s0}/\alpha\varphi)(1 - e^{-\alpha\varphi})$ (Abb. 4.3/22c).

Obgleich mit jedem Handrechner die e-Funktion schnell berechnet werden kann, sind mitunter Näherungen nützlich. Vorab gebe ich praktische Grenzwerte von α für B 35 an:

Rechteckquerschnitt:

$\mu = 1\% ; \quad n = 7 ; \quad e = 0,4d ; \quad \eta = e/i = 0,4/0,29 \cong 1,4$

$\alpha_{0z} = 0,07/1,07 = 0,065 ;$

$\alpha_{1z} = 0,065(1 + 1,4^2)/(1 + 0,065 \cdot 1,4^2) \cong 0,17$

I-Querschnitt:

$d/d_0 = 0,15 ; \quad b_0/b = 7 ; \quad I = 0,412 b_0 d_0^3 ; \quad A = 2,80 b_0 d_0 ; \quad i = 0,38 d_0$

$e = 0,45 d_0 ; \quad \eta = 0,45/0,38 \cong 1,2 ; \quad \mu = 0,5\% ; \quad n\mu = 0,035$

$\alpha_{0z} = 0,035/1,035 = 0,034 ;$

$\alpha_{1z} = 0,034(1 + 1,2^2)/(1 + 0,035 \cdot 1,2^2) = 0,08$

α_0 und $\alpha = 1$ bedeuten ein „starres" Spannglied ($A_z E_z \to \infty$), das an der Beton-verkürzung nicht teilnimmt, also eine unnachgiebige Kompression der Faser e, d. h. einen Zwang zwischen festen Widerlagern. Die Betonspannung fällt dann mit $e^{-\varphi}$ ab, wie in 4.2.4.2 beschrieben.

1. Näherung (brauchbar bis etwa $\alpha\varphi = 0,15$) (Abb. 4.3/23) Anfangstangente β:

$\Delta Z = Z_K = Z_0\alpha$ ergibt mit $\sigma_b^e = \sigma_{bv}^e + \sigma_{bg}^e$

$\sigma_{zk} = \alpha\varphi\sigma_{z0} = n\varphi(1 - \alpha)\sigma_{b0}^e ; \quad \sigma_{zs} = \sigma_{s0} = \varepsilon_s E_s$

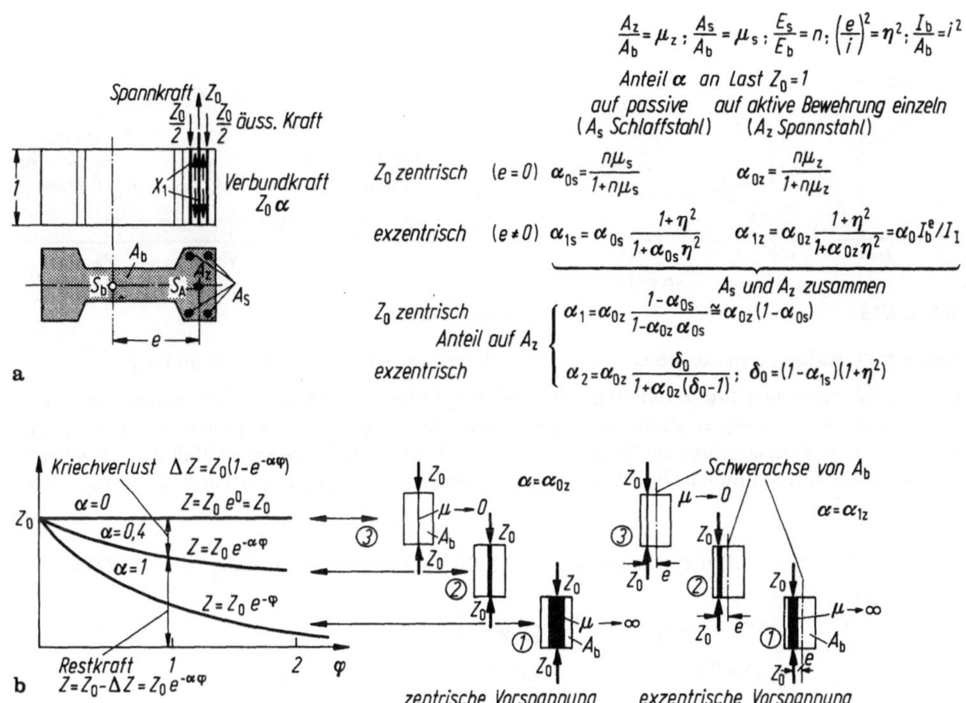

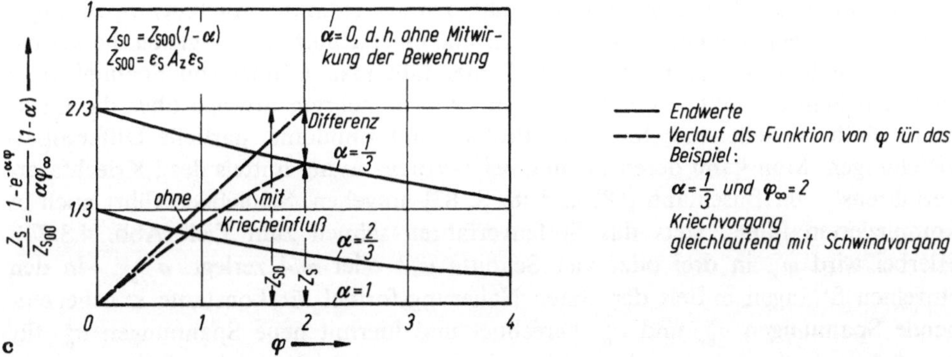

Abb. 4.3/22. Verminderung der Spanngliedkraft Z_0 infolge Kriechens und Schwindens. **a** Ableitung als statisch unbestimmte Größe X_1 und Anteilzahl α des Spannstahles A_z an einer in seiner Achse wirkenden Kraft 1 ohne und mit passiver Zulage A_s; **b** Verlauf von $Z=Z_0-\Delta Z$ als Funktion von Kriechzahl φ und α. Deutung: Fall (1): $\alpha=1$, Betonsäule zwischen *starren Widerlagern* eingespannt: Zwang (vgl. 4.2.4.2); Fall (2): Betonstab mit *Spannglied* vorgespannt: Fall (3): $\alpha=0$, Betonsäule mit *Gewichtsbelastung*; **c** Schwindverlust durch gleichzeitiges Kriechen (vgl. Abb. 4.2/30c).

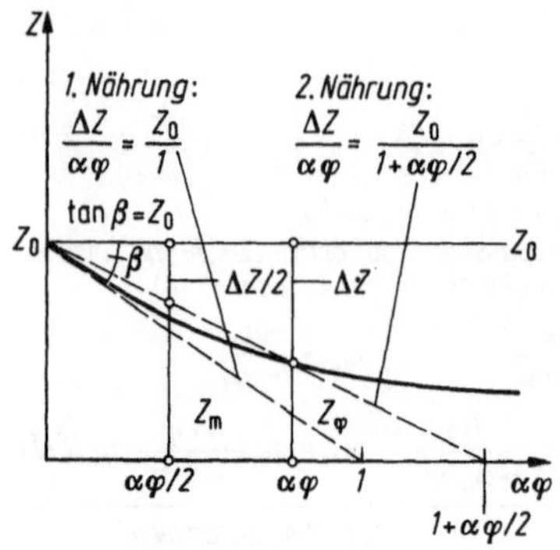
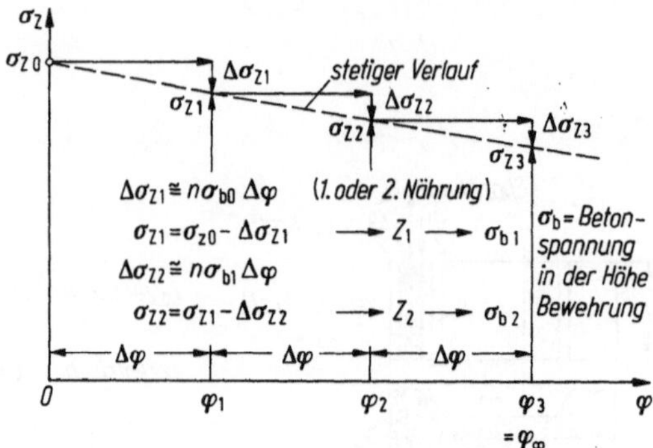

Abb. 4.3/23   **Abb. 4.3/24**

Abb. 4.3/23. Näherungen zur Berechnung des Verlustes an Stahlspannkraft ΔZ und σ_{zk}.

Abb. 4.3/24. Näherung Stufenverfahren: Beispiel für Zerlegung von φ_∞ in drei Stufen $\Delta\varphi = \varphi/3$. Ausgangswerte: σ_{z0}; σ_{b0}^e = Stahl- bzw. Betonspannungen vor dem Kriechen in Höhe e des Spanngliedes = kriecherzeugende Spannungen für die 1. Stufe. Schrittweise: Abfall $\Delta\sigma_{zk} \cong n\Delta\varphi\sigma_{b0}^e$ aus dem *Verbund* (Kontinuität) liefert aus *Gleichgewicht* $\Delta\sigma_b^e = \Delta\sigma_{zk}\mu_z(1 + \eta^2)$ und $\sigma_{b1}^e = \sigma_{b0}^e - \Delta\sigma_b^e$ usw.

2. Näherung (brauchbar bis etwa $\alpha\varphi = 1$) Sehne zwischen Z_0 und Z_k; kriecherzeugende Kraft:

$$Z_0 - \Delta Z/2 \quad \text{liefert} \quad \Delta Z = Z_0\alpha\varphi/(1 + \alpha\varphi/2) \quad \text{und}$$

$$\sigma_{zk} = \sigma_{z0}\alpha\varphi/(1 + \alpha\varphi/2) = \sigma_b^e n\varphi(1 - \alpha)/(1 + \alpha\varphi/2).$$

Diese Formel ist mit derjenigen von Rüsch (B. Kal. 1979 I, S. 1016) identisch. Für Schwinden lautet diese Näherung:

$$\sigma_{zs} = \sigma_{s0}/(1 + \alpha\varphi/2) \, .$$

Für die praktische Berechnung nimmt man den in Feldmitte erhaltenen Spannungsabfall $\sigma_{z,k+s}$ einfachheitshalber meist für alle Querschnitte an, obgleich die kriecherzeugende Betonspannung wechselt. Ferner faßt man Bündel von Spanngliedern in ihrem Schwerpunkt zusammen. Wenn jedoch mehrere Stränge über die Querschnittshöhe verteilt sind, führt das Problem auf simultane, partielle Differentialgleichungen. Man kann deren Lösung bei 1-Vorspannung mittels des „Kriechfaserverfahrens" von Busemann [68] und [8, S. 83] umgehen. Schließlich führt auch in komplizierten Fällen stets das Stufenverfahren schnell zum Ziel (Abb. 4.3/24). Hierbei wird φ_∞ in drei oder vier Schnitte $\varphi/3$ oder $\varphi/4$ zerlegt, $\sigma_{z,k+s}$ in den einzelnen Strängen mittels der ersten Näherungsformel für konstante kriecherzeugende Spannungen σ_{bv}^e und σ_{bg}^e berechnet und hiermit neue Spannungen σ_{bv}^e für die nächste Stufe, also abwechselnd Kontinuität und Gleichgewicht erfüllt.

Abschließend wird festgestellt:

(a) Die Änderung der Stahlspannung hängt in erster Linie von der Betonspannung σ_b^e in gleicher Höhe, nur indirekt über A_z von σ_z ab. Infolgedessen fällt sie prozentual um so weniger ins Gewicht, je höher ein Stahl gedehnt wird.

(b) Der Spannungsverlust $\sigma_{z,k+s}$ ist um so kleiner, je mehr σ_{bv} durch σ_{bg}^e vermindert wird. Ein Pauschalwert, der mitunter zu $150 \, \text{N/mm}^2$ angenommen wird, kann also erheblich falsch sein: Bei Deckenbalken im Rohzustand ($\sigma_{bg}^e \ll \sigma_{bv}$) ist er zu klein, bei großen Dachbindern oder Brückenträgern ($\sigma_{bg}^e \cong \sigma_b$) zu groß.

(c) Die Kriechzahl hängt stark vom Betonalter und anderen Faktoren ab [69], worüber sich Angaben in DIN 4227,8 finden. Der Zeitverlauf φ_t ist besonders bei abschnittweiser Herstellung von Balken (vgl. II A, 2.2.1.3) zu berücksichtigen.

(d) Erfahrungsgemäß ist der Kriech- und Schwindverlust $\sigma_{z,k+s}$ an Stahlspannung für hochfesten Stahl und $g/q \cong 0,8$ bei rd. 5%, für $g/q \cong 0,2$ bei rd. 15%, für mittelharten Stahl bis zum Doppelten. Die Zunahme der Stahlspannung infolge der Nutzlast liegt bei rd. 5 bis 15%, die Gesamtänderung also zwischen $+5$ und -15%, also $Z/Z_0 = v \cong 0,85 \ldots 1,05$. Gewöhnlich trifft man die vereinfachende Annahme, daß die volle Nutzlast erst nach Kriechen und Schwinden aufgebracht wird. Der Anfangsspannkraft Z_0, kombiniert mit der ständigen Last g, steht dann im Endzustand die Spannkraft $Z = Z_0 v$ bei Vollast gegenüber. In den beiden Spannungsgleichungen für den Anfangszustand zu Abb. 4.3/18a wären daher die beiden aus Z folgenden Spannungen σ_z mit v zu dividieren. Es ist jedoch einfacher, die rechten Seiten der Gleichungen mit v zu multiplizieren. In die Bemessungsformeln hat man demnach zu setzen:

$$M'_g = vM_g \quad \text{statt} \quad M_g ,$$
$$\sigma_d^{u'} = v\sigma_d^u \quad \text{statt} \quad \sigma_d^u ,$$
$$\sigma_c^{o'} = v\sigma_c^o \quad \text{statt} \quad \sigma_c^o .$$

Da i. allg. $v < 1$ ist, wird dann die „Momentenschwankung" infolge der Nutzlast $M'_p = M_q - M'_g$ größer als M_p, wodurch sich größere Z und W ergeben. Die Abnahme von Z wirkt sich also ungünstig aus.

Der Bemessungsgang läßt sich nicht explizit durchführen. Ausgehend von M_g, M_p mit geschätzter Eigenlast g und Konstruktionshöhe d werden daher zweckmäßigerweise mit der Bruchsicherheit 1,75 die Gurtkräfte $D_u = Z_u = 1,75M_q/z$ zunächst überschlagen, worin $z \cong 0,8h$ (Rechteck) bis $0,9h$ (betonte Gurtungen) ist. Daraus werden $A_z = Z_u/\beta_S$ und der Druckgurt $A_b^o \cong D_u/0,8\beta_R'$ abgeleitet. Für ein Rechteck ist mit $x = A_b^o/b$ der angenommene Wert von $z = h - 0,4x$ zu kontrollieren. Ferner kann man die erforderliche Fläche A_b^u der „überdrückten Zugzone" eines I-Querschnittes überschlagen, welche im Gebrauch die überschüssige Spannkraft $\Delta Z = M_p/z$ bei Minimallast g aufzunehmen hat: $A_b^u \cong \Delta Z/\sigma_b^u$. Aus dem Verhältnis M_g/M_q ist zu ersehen, ob man $e = e^*$ ausführen oder das Spannglied höher legen muß. Weiter ist v abzuschätzen (0,9 ist ein häufiger Mittelwert) und dann Z, e, W, I zu berechnen.

Die Kernweiten k zu dem gewählten Querschnittstyp kann man aus Abb. 4.3/21b in der Form k/d entnehmen und in die Formeln (z. B. $Z = (M_p/d)/(k_o/d + k_u/d)$) einsetzen. Hinweise für eine ähnliche Überschlagbemessung finden sich auch im B. Kal. 1982 I, S. 1117.

Für den endgültigen Spannungsnachweis sind mit Z_0 und Z für Stahl $\sigma_z = Z/A_z$ und Beton $\sigma_{b,v}^{o,u} = (-Z/A_b)(1 \pm y/k_{u,o})$ (y: Ordinate der Drucklinie!) zu berechnen, mit den Spannungen aus Minimal- und Maximallast zu kombinieren und mit den zulässigen Werten zu vergleichen. Gegebenenfalls sind noch Montagezustände zu untersuchen. Zum Beispiel können ständige Lasten beim Spannen noch fehlen oder ihre Wirkung durch ein federndes Lehrgerüst behindert sein (vgl. II A, Abb. 2.2/29).

In den übrigen Balkenquerschnitten mit gleichem Profil können die vier zulässigen Randspannungen naturgemäß nicht ausgenutzt werden. Die beiden Gleichungen

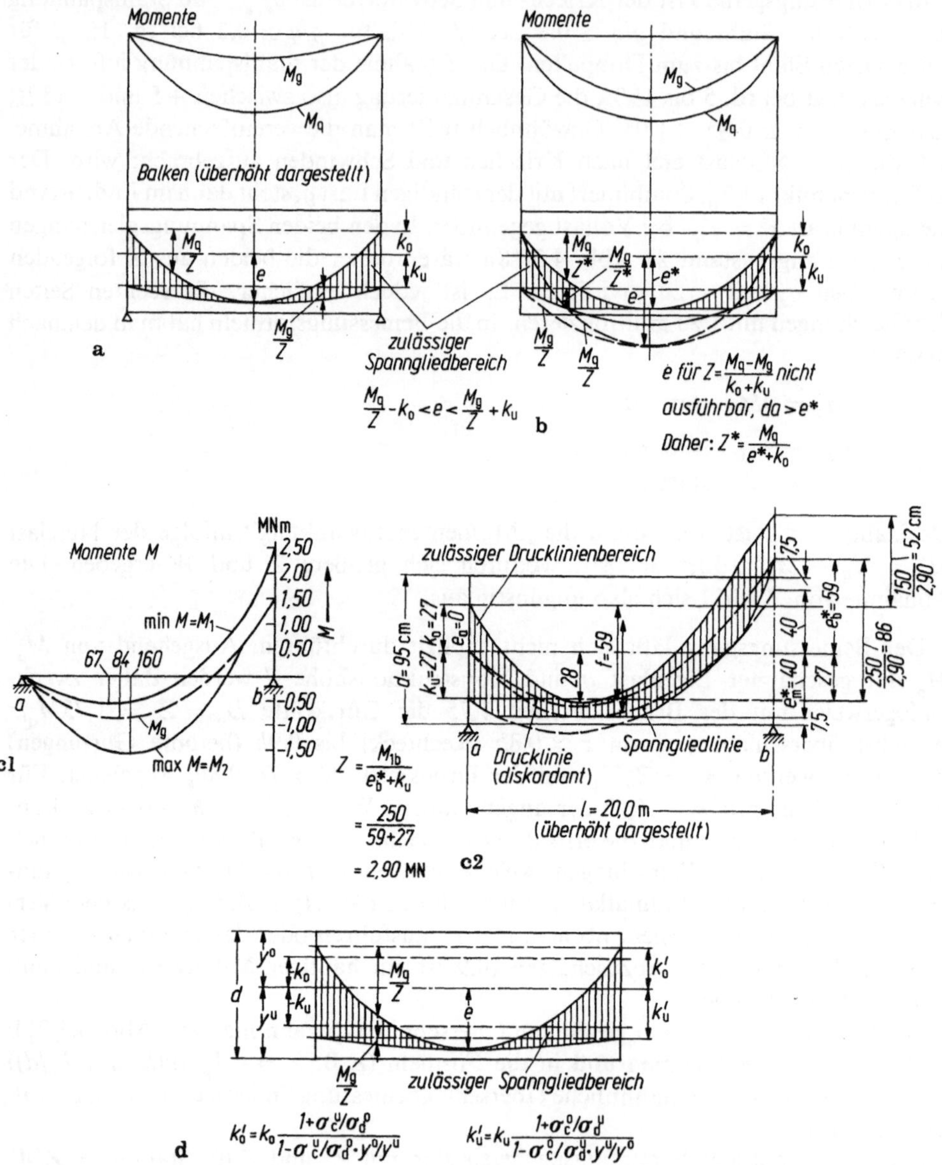

Abb. 4.3/25. Zulässiger Spanngliedbereich, bzw. Drucklinienbereich (bei stat. unbest. Balken), um Betonzugspannungen auszuschließen (1-Vorspannung). **a** für einen einfachen Balken mit vorwiegender Verkehrslast; **b** für einen Balken mit vorwiegend ständiger Last; **c** für das Endfeld eines symmetrischen Zweifeldträgers (Beispiel); **c1** Grenzwerte der Momente, **c2** Konstruktion des zulässigen Drucklinienbereiches für diskordantes Spannglied: f durch äußerste möglicher Spanngliedlage im Feld und bei Stütze b festgelegt; $e_b^* = f$; **d** zulässiger Spanngliedbereich bei 0,8-Vorspannung.

für die zulässigen Randspannungen σ_b^o und σ_b^u liefern bei 1-Vorspannung ($\sigma_c = 0$) die Ungleichung: $M_g/Z + k_u > e > M_q/Z - k_o$, die graphisch dargestellt den „zulässigen Spanngliedbereich" für einen einfachen Balken (Abb. 4.3/25a u. b), aber auch für einen Durchlaufträger (Abb. 4.3/25c) festlegt [6.5; 6.6]. Berührt das Spannglied die obere bzw. untere Begrenzung der schraffierten Fläche, so wird in diesem Querschnitt die Nullbedingung am unteren bzw. oberen Rande erfüllt. Für beschränkte Vorspannung geht man bei der Konstruktion des „zulässigen Spanngliedbereiches" vom „erweiterten Kern" aus (Abb. 4.3/25d). Damit gibt diese Fläche dem Konstrukteur eine anschauliche Eingrenzung der möglichen Lagen des Spanngliedes, sofern die Vorspannkraft über die ganze Balkenlänge konstant ist. Der Einfluß der Reibung auf den Spannkraftverlauf kann beim ersten Überschlag vernachlässigt werden (vgl. Abb. 6/22d).

Über die Einhaltung der maximalen Spannungen sagt diese Fläche nichts aus. Hierfür zeichnet man den „zulässigen Vorspannungsbereich" auf, der aus den vier Grundgleichungen zu Abb. 4.3/18 abgeleitet wird (Abb. 4.3/26).

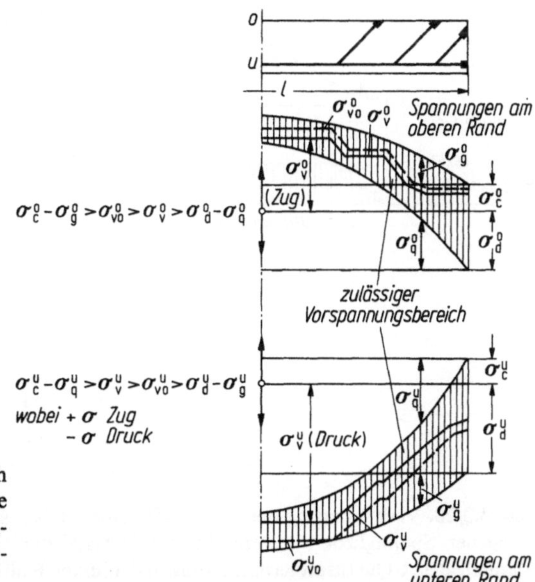

$$\sigma_c^o - \sigma_g^o > \sigma_{vo}^o > \sigma_v^o > \sigma_d^o - \sigma_q^o$$

$$\sigma_c^u - \sigma_q^u > \sigma_v^u > \sigma_{vo}^u > \sigma_d^u - \sigma_g^u$$

wobei $+ \sigma$ Zug
$- \sigma$ Druck

Abb. 4.3/26. Zulässiger Vorspannungsbereich zur Abstimmung der Vorspannungen auf die Lastspannungen. Spannungsdeckung des Balkens, anwendbar auch für abgestufte Spannglieder.

Beide Darstellungen lassen sich für ein- und mehrfeldige Balken anwenden. Bei letzteren ist die Drucklinie, nicht die Spanngliedlinie, in den zulässigen Bereich einzupassen, weshalb dann richtiger von dem „zulässigen Drucklinienbereich" gesprochen werden muß (Abb. 4.3/25c). Auch bei veränderlicher Balkenhöhe mit wechselnden Kernweiten ist dieser bei gleichbleibendem Z anwendbar (Abb. 4.3/27).

Der „zulässige Spannungsbereich", bei dem die Vorspannungen in die gegebenen Lastspannungen eingepaßt werden, ist noch universeller zu brauchen, da er auch bei gestaffelt verankerten Spanngliedern (Abb. 4.3/28), bei denen der „zulässige Spanngliedbereich" seinen Sinn verliert, ein anschauliches Hilfsmittel für den Konstrukteur bietet. Gerade in diesem Fall, bei dem man die Abstimmung der Vorspannung auf

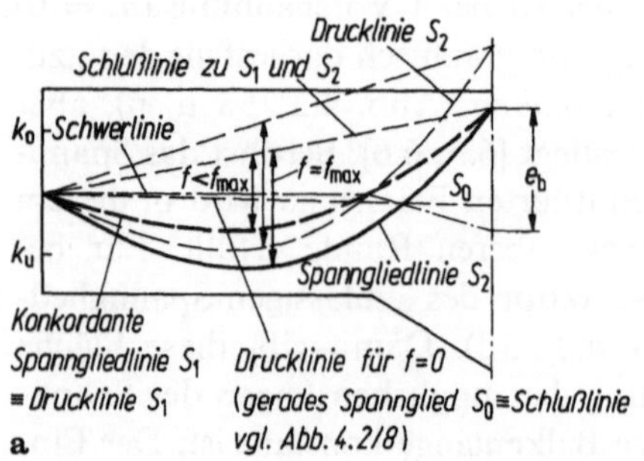
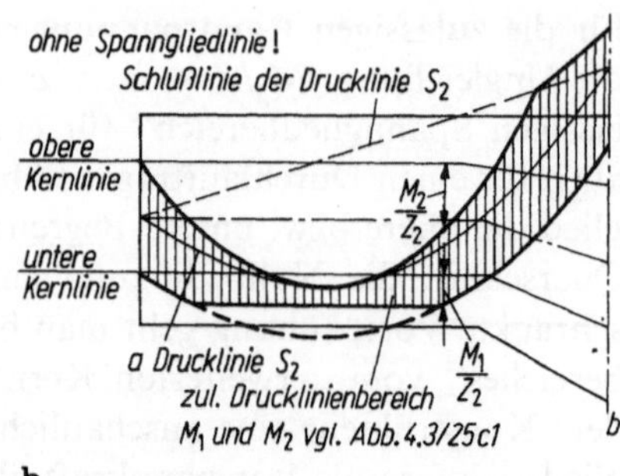

Abb. 4.3/27. Zulässiger Drucklinienbereich bei veränderlicher Balkenhöhe. **a** konkordantes (S_1) und diskordantes (S_2) Spannglied mit zugehöriger Drucklinie für Balken (vgl. Abb. 4.3/25a); **b** zulässiger Drucklinienbereich für die zu dem diskordanten Spannglied S_2 gehörige Spannkraft. Da S_1 kleinere Ordinaten besitzt als S_2, muß die zugehörige Spannkraft $Z_1 > Z_2$ sein: *Diskordanz ist wirtschaftlicher!*

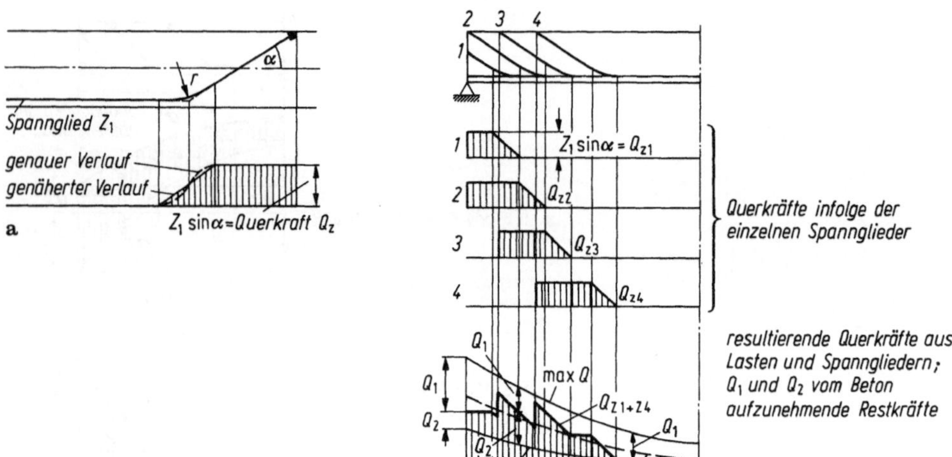

Abb. 4.3/28. Verminderung der Querkräfte eines Balkens durch die senkrechten Komponenten aufgebogener Spannglieder. **a** vereinfachter Verlauf der Querkraft im Bereich eines aufgebogenen Spanngliedes; **b** Querkraftverminderung in der linken Hälfte eines einfachen Balkens (vgl. Abb. 4.2/4b) durch mehrere Spannglieder.

die Biegemomente mit der zweckmäßigen Führung der Spannglieder zur Aufnahme der Querkräfte koppelt, ist diese Darstellung sehr nützlich. Man geht Schritt für Schritt vom Mittelquerschnitt nach den Auflagern vor und gewinnt aus den nötigen Randvorspannungen die Exzentrizitäten e des Spanngliedes und gleichzeitig die Verminderung Q_z der Querkräfte durch die senkrechten Komponenten der Spannglieder. Man wird hierbei anstreben, die restlichen Querkräfte $Q_{1,2} = Q - Q_z$ möglichst klein zu halten.

Die Biegespannungen sind vom Verankerungspunkt ab erst in einer Entfernung, die etwa gleich der Trägerhöhe ist, geradlinig verteilt und können innerhalb dieser

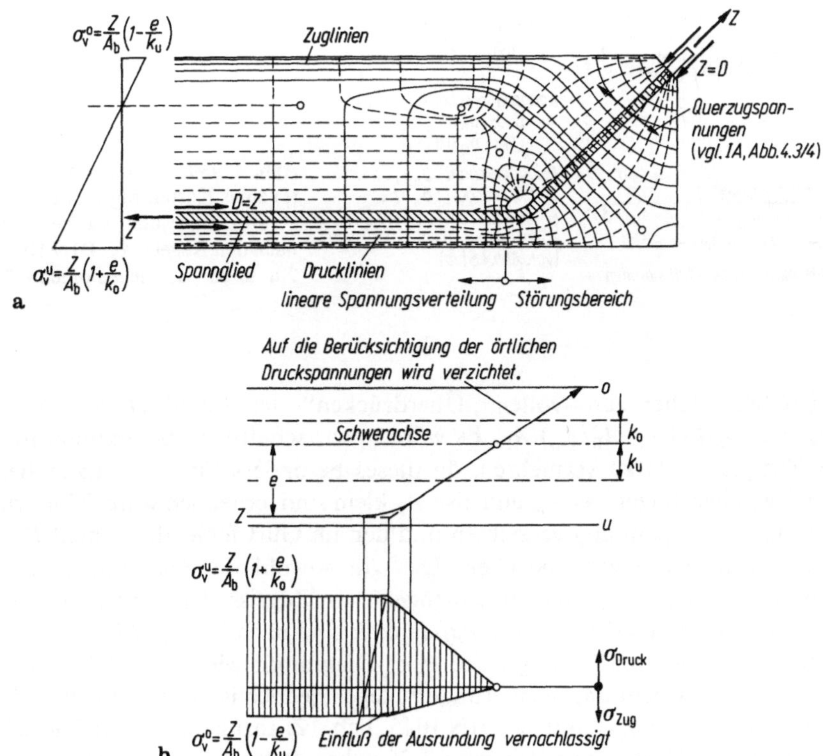

Abb. 4.3/29. Längsspannungen infolge eines aufgebogenen Spanngliedes. **a** Ergebnis einer spannungsoptischen Untersuchung: **b** Näherung für den Verlauf der Randspannungen

Strecke nur als zweidimensionaler Spannungszustand einer Scheibe ermittelt werden
(Abb. 4.3/29 a). Es wird daher eine vereinfachte Momentenfläche und Spannungsdeckung vorgeschlagen (Abb. 4.3/29 b).

Die vorstehende Überschlagbemessung setzt, wie eingangs betont, bestimmte
rechnerische Querschnitte A_R voraus, bestehend aus Steg und Flanschen mit der
Breite b_m, die die Längskraft $N_v = Z$ und die Momente $M_v = Z$ aufnehmen. Wenn
die Schlußlinienkraft Z selbst Momente hervorruft (Abb. 4.2/8), sind diese denjenigen
aus den Leibungskräften zuzuzählen.

Das trifft nicht mehr zu, wenn die mitwirkende Plattenbreite $b_m < b$ ist. Dann
verteilt sich infolge ihrer Scheibensteifigkeit die Ankerkraft Z vom Balkenende an
unter 1:2 nach beiden Seiten (DIN 1075 (81) Bild 4) auf den *Gesamtquerschnitt* A_G.
Bei einem Brückentragwerk mit im Grundriß verhältnismäßig schlanken Feldern
($b/l_0 \leq 0,1$; d. h. $2b/l_0 \leq 0,2$) ist nach DIN 1075, Bild 2 im Feld $b_m \cong b(\varrho_F \cong 0,95)$
und also $A_G \cong A_R$. Bei verhältnismäßig gedrungeneren Brückentafeln, insbesondere
aber über den Innenstützen, ist $b_m \ll b$ (Abb. 4.5/7), also $A_R < A_G$ (Abb. 4.3/30).
Dann werden zwar die M_v aus den Leibungskräften ebenso wie diejenigen aus den
M_q auf A_R bezogen, berücksichtigen also auch durch die Einschnürung von b_m die
Spannungsspitze infolge der Stützkraft (Abb. 4.3/1 c). Von der Längskraft $N = Z$
steht in A_R aber nur der Anteil $N_v' = ZA_R/A_G$ zur Verfügung. Im gezogenen Gurt

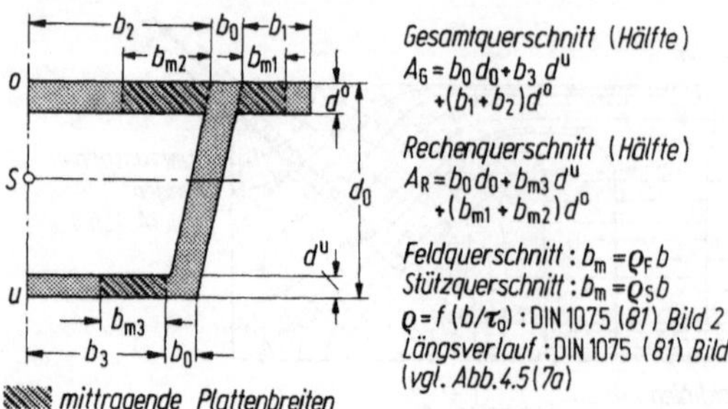

Abb. 4.3/30. Gesamtquerschnitt A_G (Hälfte) eines Kastenträgers, der die Spannkraft Z aufnimmt und Rechenquerschnitt A_R nach den Regeln von DIN 1075 (81) Bild 1, 2 u. 3, der die Biegemomente überträgt

$2b_m d$ fehlt daher zum vollen „Überdrücken" der Anteil D_v' aus $N - N_v'$, d. h. $D_v' \cong 2Zb_m d\,(1 - A_R/A_G)/A_R$. Es wäre unwirtschaftlich, die Spannkraft Z um $\Delta Z = Z(A_G/A_R - 1)$ zu vermehren, da dieses besonders für den kurzen Bereich über den Zwischenstützen, wo b_m und also A_R klein sind, erheblich wäre. Man wird deshalb hier auf 1-Vorspannung verzichten und den im Gurt fehlenden Anteil D_v' angenähert durch passive Zulagen abdecken. Das gilt sowohl im Feld unten, besonders bei Einzellasten, vor allem über Innenstützen, um Zugrisse fein zu halten.

Dem *Grenzzustand IIIa der Tragfähigkeit* sind nach DIN 4227, 11.1 als „rechnerischer Bruchnachweis" das gleiche σ_b-ε_b-Diagramm wie nach DIN 1045, 17.2 und dieselben Grenzdehnungen zu grunde zu legen, jedoch ist bei Spannbeton die Rechenfestigkeit $\beta_R = 0{,}6\beta_{WN}$ statt β_R (DIN 1045, Tab. 12) anzunehmen [70]. Die Schnittkräfte aus Gebrauchslast q sind mit dem 1,75fachen Betrag einzuführen; ihre Verteilung „darf" für den Zustand II berechnet werden, was aber nicht ohne Iteration möglich ist; meist wird man sich mit derjenigen aus Zustand I begnügen. Schnittkräfte aus äußerem und innerem Zwang sowie die statisch unbestimmten Zusatzkräfte aus Vorspannung (Abb. 4.2/6 bis 9) sollen nach DIN 4227, 11.1 mit dem einfachen Betrag berücksichtigt werden, was ihre Wirkung im Zustand IIIa zweifellos überschätzt [1/2, Teil 5, Kap. 24]. Die statisch bestimmten Momente aus Vorspannung entfallen, A_s und A_z werden beide passiv mit β_S berücksichtigt. Im B. Kal. 1982 I, S. 1169 und [1/30.1, 6] werden diese pauschalen Annahmen mit Hilfe von Teilsicherheitsbeiwerten genauer analysiert und es wird gezeigt, wie der „Bruch" nachgewiesen werden kann. Diese nur unter gewissen Annahmen gültigen Abschätzungen werden durch den Wunsch nötig, $\varepsilon_{su} = 5\%_0$ einzuhalten. Wenn man diese Grenze überschreitet, werden auch bei Spannbeton die Schnittkraftverteilung und die Tragfähigkeit nur von den Bewehrungsverhältnissen bestimmt (4.2.5), wobei alle Zwangsschnittkräfte, auch die Größe der Vordehnung, praktisch verschwinden, wie Versuche gezeigt haben, u. a. in [34.4; 71; 78.2]. Bei Stützquerschnitten wird die Bruchsicherheit ebenso für reine Biegung nachgewiesen, obgleich die Querkraft die Festigkeit der Druckzone zweifellos herabsetzt [72].

Nachstehend werden die aufnehmbaren Momente in Bruch-(M_u) und Gebrauchs-(M)zustand sowie die zugehörigen erforderlichen Bewehrungen A_{zu} und A_z verglichen. Für diese wurde ein St 1470/1670 mit zul $\sigma_z = 0{,}55\beta_z = 920\ \text{N/mm}^2$ im Gebrauch (DIN 4227 Teil 1, Tafel 9) verwendet, der beim Bruch mit β_S beansprucht wird. Die Betondruckspannung am oberen Rand beträgt dann $\beta_R' = 0{,}6B_N = 0{,}6\beta_{WN}$, im Gebrauch zul σ_b^o (Tafel 9). Mit diesen Daten und $h = 0{,}92d_0$ wurde für einen

Rechteck- und den Plattenbalkenquerschnitt Abb. 4.2/19 bei voller Vorspannung $\mu = A_z/bd_0$, M und M_u berechnet.

Querschnitt:	Rechteck				Plattenbalken				
B_N	β'_R N/mm²	σ_b^0 N/mm²	μ %	M_u/M	σ_b^0 N/mm²	μ %	M_u/M	$\sigma_{bu} > \beta'_R$!	μ_{gr} % $\sigma_{bu} = \beta'_R$
25	15	11	0,60	1,75	10	0,23	1,80	20,5	0,15
35	21	14	0,76	1,80	13	0,29	1,80	26,5	0,22
45	27	17	0,92	1,85	16	0,36	1,80	32,5	0,28
55	33	19	1,03	1,90	18	0,41	1,80	36,5	0,34

Hieraus ist zu folgern:

(a) Beim Rechteckquerschnitt genügen die für den Gebrauchszustand ermittelten Abmessungen von Beton und Stahl auch für den Nachweis der Bruchsicherheit.

(b) Bei dem untersuchten Plattenbalkenquerschnitt ist die Bewehrung korrekturbedürftig, da σ_b^0 rel. zu β'_R hoch angesetzt ist. Die Druckzone reicht deshalb für M_u nicht aus und der Bewehrungssatz muß auf μ_{gr} beschränkt werden. Das Verhältnis M_u/M bleibt jedoch gleich, da sich der Hebelarm z nicht ändert.

4.3.2.2 Bemessung auf Querkraft

Die schrägen Hauptspannungen $\sigma_{1,2}$ sind aus Schub-τ und Längsspannungen σ_x abzuleiten (Abb. 4.3/31) und unsymmetrisch über den Querschnitt verteilt (B. Kal. 1982 I, S. 1193), so daß sie für verschiedene Fasern berechnet werden müssen. Ferner verlaufen sie infolge der Längskraft steiler, die Risse und Druckstäbe also flacher als 45°. Dem trägt ein Fachwerkmodell mit entsprechend verlaufenden Wandstäben Rechnung (a. a. O., S. 1195). Es empfiehlt sich dringend, die Schrägzugspannungen kleiner als die zulässigen Werte nach DIN 4227, Tab. 9 zu halten, da die sonst notwendige „Schubbewehrung" empfindliche Kosten verursacht und die Ausführung behindert.

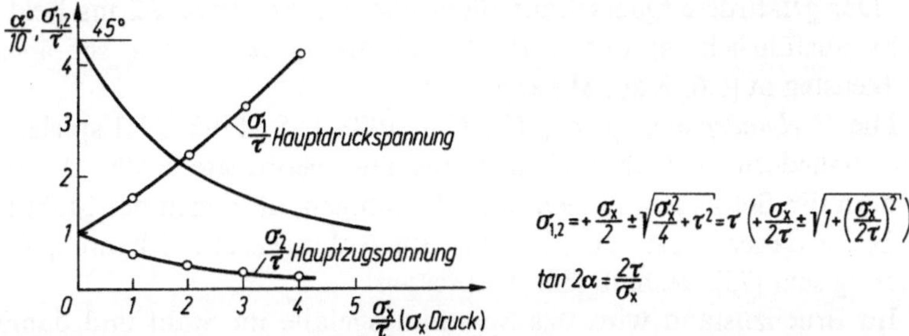

$$\sigma_{1,2} = +\frac{\sigma_x}{2} \pm \sqrt{\frac{\sigma_x^2}{4} + \tau^2} = \tau\left(+\frac{\sigma_x}{2\tau} \pm \sqrt{1 + \left(\frac{\sigma_x}{2\tau}\right)^2}\right)$$

$$\tan 2\alpha = \frac{2\tau}{\sigma_x}$$

Abb. 4.3/31. Hauptzug- und Druckspannungen in Abhängigkeit von dem Verhältnis der Längsspannung σ_x zur Schubspannung τ, sowie Neigung α des Hauptdruckes σ_2; Hauptzug σ_1 verläuft rechtwinklig dazu unter $\alpha + 90°$ (mit σ_x zunehmend steiler).

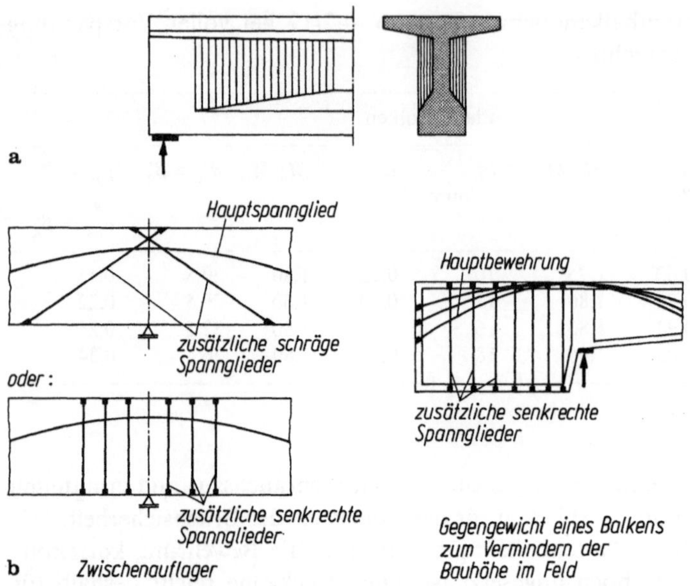

Abb. 4.3/32. Maßnahmen, um übermäßige Hauptzugspannungen an Auflagern herabzusetzen. **a** Verbreitern des Steges profilierter Balken; **b** Erzeugen von senkrechten Vorspannungen σ_{vy} mittels örtlicher, kurzer Spannglieder. Ausbreiten der Ankerkräfte im Steg nach Abb. 6/22b ist zu beachten!

Um den Schrägzug herabzusetzen stehen folgende Hilfsmittel zur Verfügung:
— Mit den bereits erwähnten senkrechten Komponenten der Spannkräfte lassen sich die Querkräfte vermindern (Abb. 4.3/28);
— die senkrechten Komponenten der Druckgurtkraft durch Anordnung von Auflagerschrägen wie beim Stahlbeton (Abb. 4.3/9);
— Erhöhen der Längsvorspannung (meist unwirtschaftlich);
— Verbreitern des Steges profilierter Balken an den Auflagern (Abb. 4.3/32a);
— lokale senkrechte oder schräge Spannglieder (Abb. 4.3/32b).
  Dieses Mittel ist nur bei hohen, kurzen, scheibenartigen Trägern angebracht. Ihre Kraft breitet sich wie in einer Scheibe rasch aus [73], was zu beachten ist.
— Berücksichtigen der senkrechten Spannungen infolge der Stützkräfte (Abb. 4.3/11). Der gefährdete Querschnitt rückt dadurch um etwa $d/2$ ins Feld.
Sehr ausführlich ist der Verlauf und die Deckung der schrägen Zugkräfte im Balkensteg in [6.6, Kap. 8] dargestellt.

Die *Verbundspannungen* τ_h (B. Kal. 1981 I, S. 1198) [74] spielen bei verankerten Spanngliedern im Gebrauch nur eine untergeordnete Rolle. Allein die Nutzlasten ändern die Betonspannungen und -dehnungen, an denen der Stahl teilnehmen muß; τ_h bleibt daher meist $<0{,}2\ \text{N/mm}^2$. Im Anfangszustand kann τ_h für die Rißbreiten wichtig sein [75], deshalb früh verpressen!

Im Bruchzustand wird das Spannungsgefälle im Stahl und damit τ_h viel größer. Wenn z. B. im Stützquerschnitt β_S erreicht wird, bleibt in der Entfernung l_1 im Nullpunkt von M $\sigma = \sigma_z$. Die Kraftdifferenz im Spannglied ist dann $\Delta Z = (\beta_S - \sigma_z)\, A_z$ und erzeugt $\tau_h \cong \Delta Z / l_1 U$ (U: wirksame Verbundfläche/m).

Bei Spannbettbalken ohne Endanker sind die Verbundspannungen bedeutend und erfordern volle Aufmerksamkeit (vgl. Abb. 4.5/12 u. 13 sowie I A, Abb. 4.2/6).

Die schiefen Hauptdruck- und Zugspannungen sowie deren Aufnahme durch Bewehrung sind sowohl für den Gebrauch als auch nach DIN 4227, 12.3 ebenso wie bei Biegung im „rechnerischen Bruchzustand" nachzuweisen, wobei gegebenenfalls eine gerissene Zugzone zu berücksichtigen ist und auf das Fachwerkmodell verwiesen wird [76]. Da sich das Verhalten von Spannbetonbalken im Zustand II und III demjenigen aus Stahlbeton zunehmend nähert, lassen sich die für letzteren vorliegenden Erkenntnisse (4.3.1.2 u. 3) angenähert auch auf erstere anwenden. Die Schwächung der Balkenstege durch Hüllrohre ist bei der Aufnahme des Schrägdruckes aufgrund von Versuchen [77] nach DIN 4227, Teil 1, 12 zu berücksichtigen. Über Schubversuche wird in [78] berichtet.

4.3.2.3 Bemessung auf Torsion

Die Hauptspannungen $\sigma_{1,2} = \pm\tau$ werden für Zustand I (Abb. 4.3/14) ermittelt und sind nach DIN 4227, 12.3.2 mit denjenigen aus Quer- und Spannkraft zu kombinieren, der Hauptzug gegebenenfalls nach 12.4.3 durch Bewehrung aufzunehmen. Da bei Brücken vielfach von der Torsionssteifigkeit I_T Gebrauch gemacht wird, um die Biegemomente in Längsrichtung gleichmäßig auf die Hauptträger zu verteilen (II A, Abb. 2.2/14), sollte man auf jeden Fall Zustand II vermeiden, da dann I_T auf einen Bruchteil zurückgeht (Abb. 4.3/16) und die Längsbiegesteifigkeit dafür einspringen muß! Beim Bruchsicherheitsnachweis ist es jedenfalls nicht korrekt, mit dem vollen I_T zu rechnen.

4.4 Stoßbeanspruchung von Balken

Bei der Aufnahme herabstürzender Gewichte wird die äußere Arbeit in innere verwandelt. Dabei wird nur an freien Fall aus geringer Höhe gedacht, nicht etwa an Geschosse, bei denen örtliche Zerstörungen auftreten, ehe der Stoß sich auf den ganzen Balken fortpflanzt, d. h., der Plötzlichkeitsgrad $\alpha = T_0/2T_s$ soll unter 1 liegen (T_0 Dauer einer Eigenschwingung, T_s Dauer des Stoßes). Auch ruckartiges, unachtsames Ausrüsten kann die statische Durchbiegung auf das Doppelte erhöhen. Im Rahmen elastischer Beanspruchungen können nur geringe Fallenergien aufgenommen werden (Abb. 4.4/1a). Bei plastischem Nachgeben bindet der Bruchquerschnitt, in dem der Stahl ins Fließen gerät, den Hauptanteil der Energie (Abb. 4.4/1b). Gegenüber der Stahldehnung spielt die Betonstauchung keine wesentliche Rolle, so daß das Spannungs-Dehnungs-Diagramm des Stahles ein Maß für die aufnehmbare plastische Arbeit abgibt. Allerdings gilt das Dehnungsdiagramm (I A, Abb. 3.1/2) für den δ_{10}-Stab, d. h. für eine Probenlänge gleich dem zehnfachen Durchmesser und ist deshalb nur innerhalb der Gleichmaßdehnung (unterhalb beginnender Einschnürung) auf längere Stäbe übertragbar. Es ist nun ungewiß, welche Länge der Bewehrung eines stoßbeanspruchten Balkens durch Überwinden des Verbundes plastisch gereckt wird. Allein diese Arbeit aus plastischer Verformung liefert einen nennenswerten Beitrag, der sich durch Abschätzen der Recklänge s [1/2, Teil 4,8.3] ermitteln läßt. Einen Anhalt vermag auch die plastische Rotation ϑ (Abb. 4.2/33) zu bieten. Sie liefert den Hauptanteil der inneren Arbeit $A_i = M_{pl}\vartheta$, welche die

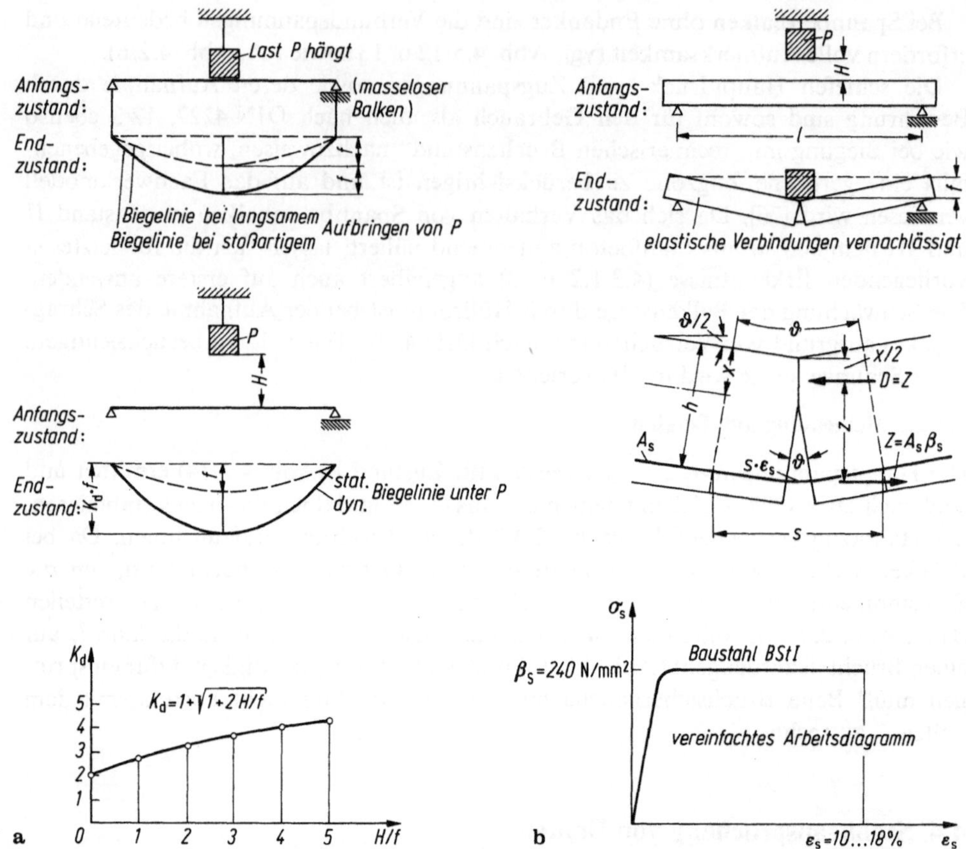

Abb. 4.4/1. Stoßbeanspruchung von Stahlbetonbalken durch ein fallendes Gewicht P. Dynamische Durchbiegung $= K_d f$; f: statische Durchbiegung infolge P; K_d = dynamischer Vergrößerungsfaktor. **a** elastisches Verhalten: der Stab schwingt anschließend um die statische Biegelinie mit der Frequenz n je min: $n = \dfrac{300}{\sqrt{f\,[\text{cm}]}}$ (vgl. II B, 2.2.4); die Spannungen wachsen im gleichen Verhältnis wie die Durchbiegungen; **b** plastisches Verhalten: äußere Arbeit $A_a = P(H + f)$ wird umgesetzt in innere Arbeit $A_i = M_{pl}\vartheta = Z_s z\vartheta$.

äußere Arbeit $A_a = P(H + f)$ aufnimmt. Dabei ist $f = \vartheta l/4$ und man erhält aus $A_i = A_a$: $f/H = 1/(M_{pl}/M_0 - 1)$ mit $M_0 = Pl/4$. Im vorliegenden Falle darf ϑ die erwähnte Grenze überschreiten und wird ganz roh für BSt I aus einer Fließdehnung $\varepsilon_s \cong 10\%$ auf einer Länge $s \cong h$ geschätzt zu $\vartheta_0 = \varepsilon_s s/z = 0{,}11$. Dann ist $f_0 = \vartheta_0 l/4 = 0{,}0275\,l = l/36$ und

für $M_{pl}/M_0 \cong \beta_s/\sigma_s =$

$M_{pl}/M_0 \cong \beta_s/\sigma_s =$	20	10	5	2
$f/H =$		0,055	0,11	0,25	1
$H/l =$		0,52	0,25	0,11	0,03 .

Die fallende Last sollte also, statisch wirkend, eine möglichst kleine Stahlspannung σ_s erzeugen. Jedoch sollte $\mu \cong 1{,}5\%$ BSt I, bzw. $\mu \cong 0{,}7\%$ BSt III nicht überschreiten, da sonst die Druckzone zuerst bricht, ehe der Stahl fließt. Für derart beanspruchte Balken dürfte gerippter BSt I oder mittelfester, glatter Rundstahl vorzuziehen sein, wie Schlagversuche z. B. an Spannbetonschwellen gezeigt haben. BSt I eignet sich wegen seines großen Arbeitsvermögens (Fläche des σ-ε-Diagramms) besonders gut. Ausländische Versuche haben diese Überlegung bestätigt [79]. Ferner ist ein statisch unbestimmtes System (Rahmen, Durchlaufbalken) vorzuziehen, da es wegen der Bildung mehrerer plastischer Gelenke zu größerer Arbeitsaufnahme als ein einfacher Balken befähigt ist (Abb. 4.2/35) und weniger leicht von den Lagern herabgleitet.

Stoßversuche haben gezeigt, daß die vergüteten Baustähle BSt III K auch bei schlagartiger Beanspruchung nicht spröde brechen [80]. Die Schlagzugfestigkeit ist danach rd. 1,9 β_S, die Verformungsfähigkeit die gleiche, die innere Arbeit also entsprechend höher. Nach [80.5] haben sich daher Balken ($l = 2,5$ m; $d = 30$ cm; $b = 12$ cm; $\mu = 0,3 \ldots 0,7\%$ BSt III; $T_s = 0,07$ s) unter dynamischer Bruchlast (Zerstörung der Druckzone) etwa doppelt soviel durchgebogen wie bei statischer. Stähle höherer Festigkeit (etwa St 1000) haben sich bei diesen Versuchen nicht bewährt. Der Beton ist auch bei Stoßbeanspruchung ausreichend schlagfest [81.1]. Der Balken muß aber diesfalls besonders eng verbügelt, noch besser die Druckzone mit einer Wendel umschnürt sein [35; 1/2 Teil 4, S. 153]. Er besitzt dann eine höhere Festigkeit (I A, Abb. 1.2/19) und vor allem Bruchstauchung als die statischen Werte. Die Schlagdruckfestigkeit von Beton kann durch Faserbewehrung auf den 4- bis 20fachen Wert gesteigert werden [8.12]. Druckbewehrung erwies sich nach [80.5] als ungünstig, da sie beim Stoß ausknickt. Einen allgemeinen Überblick über das Stoßverhalten von Stahlbetonbalken gibt [82].

4.5 Konstruktive Ausbildung von Ortbetonbalken

Mit der statischen Berechnung und Bemessung ist die Arbeit des Konstrukteurs keineswegs beendet. Es wird nochmals betont, daß ihr die besprochenen Idealisierungen des Systems und des Verhaltens der Baustoffe zugrunde liegen, die Wirklichkeit aber hiervon mehr oder weniger abweicht. Der beste Entwurf und die präziseste Berechnung sind nutzlos, wenn einerseits die getroffenen Annahmen nicht durch die Ausführung verifiziert, andererseits aber bei der Ausarbeitung der Detailpläne nicht die statischen Vernachlässigungen durch konstruktive Maßnahmen ergänzt werden.

4.5.1 Bewehrung

Die Bewehrung von Balken hat die Aufgabe (Abschn. 1.4), die Zugkräfte aufzunehmen, d. h. die Risse zu überbrücken, mit denen infolge der geringen Zugfestigkeit des Betons zu rechnen ist [83]. Sie muß aber dazu sauber und ausreichend mit Beton umhüllt sein:

(a) Zum Schutz vor Korrosion, die durch die unvermeidlich bis zu einer gewissen Grenze vordringende Karbonatisierung eingeleitet wird (I A, 3.2.3) [84; 1/31]. Es wird aufgrund von Erfahrungen angeregt, die Überdeckungsmaße nach DIN 1045, 13.2 u. U. um etwa 1 cm zu vergrößern, da sie praktisch stark streuen [2/8.3].

DIN 1075 (81), Tab. 1 schreibt bei Brücken, bei denen die Angriffe meist besonders stark sind, bereits größere Werte vor. Nach Auslagerungsversuchen ist die Betondeckung wichtiger als die Rißbreite [85.1]. Allerdings ist keine gravierende Korrosion durch Chloride oder CO_2 zu erwarten, wenn ein Bauteil entweder ständig vollständig trocken oder unter Wasser bleibt. Er ist erst dann gefährdet, wenn er wechselnd durchfeuchtet und ausgetrocknet wird [85.2, S. 13].

(b) Zum Schutz bei Brand (I A, 5.3). Die nach den heutigen Erkenntnissen nötigen Überdeckungsmaße sind je nach den „Feuerwiderstandsklassen" F30, 60, 90 (Widerstandszeit in Minuten beim „Normbrand" bis zur Gefährdung des Stahles) in DIN 4102, Teil 4 (81), Abschnitt 3 (Platten und Balken), Abschnitt 4 (Wände) angegeben und in [1/25] ausführlich erläutert.

(c) Zur Herstellung des Verbundes ist gute Umhüllung nötig. Kiesnester und Hohlräume infolge Setzens (I A, Abb. 1.1/5) müssen durch Nachrütteln beseitigt werden.

(d) Zur Aufnahme von Zugspannungen im Beton, die nicht alle durch Bewehrung gedeckt werden. Sie entstehen aus Spaltzug infolge Formverbund (I A, Abb. 4.2/6), aus Stabumlenkungen (I A, Abb. 4.1/1 u. 2) und in gekrümmten Balken (I A, (I A, Abb. 4.1/5) sowie in gering beanspruchten Balken aus Schrägzug (Schub), wo $\tau_0 < \tau_{012}$ (DIN 1045, Tab. 13) zugelassen wird.

(e) Zu große Überdeckung begünstigt allerdings Risse infolge Schwindbehinderung vor allem an den Kanten. ÖNorm 4200, Teil 8 schreibt bei mehr als 4 cm „eine besondere Bewehrung vor, die mit dem Konstruktionsbeton zu verbinden ist".

(f) Abweichungen von der richtigen Lage der Bewehrung beeinflussen die Tragfähigkeit um so mehr, je dünner ein Bauteil ist (5.4.1.3) [87].

Ins einzelne gehende Anleitung für das Ausbilden und Führen der Bewehrung findet man in DIN 1045, 18 samt „Erläuterungen", dazu [86], in der Literatur zu Abschnitt 1 [1/2, Teil 3,3] sowie in B. Kal. 1980 II, S. 870, so daß ich mich hier auf einige grundsätzliche Gesichtspunkte beschränke.

Der Abschnitt 18 in [1/30.1] „Bemessung und konstruktive Ausbildung" bringt einige neue, beachtenswerte Anregungen und die Spannungsoptik anschauliche Einblicke [19; 6/13].

4.5.1.1 Stahlbetonbalken

Bei Stahlbetonbalken hat die Bewehrung einerseits die durch die Risse eingeleitete Kinematik zum Stehen zu bringen. Das impliziert das Herstellen des Gleichgewichts, präzisiert aber den Vorgang, da man die Dehnungswege berücksichtigt.

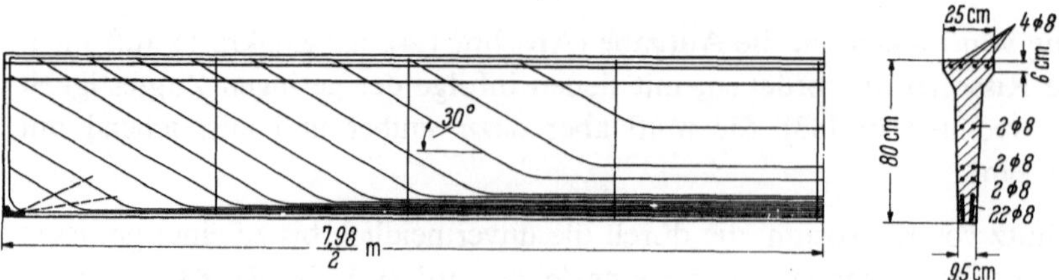

Abb. 4.5/1. Versuchsbalken mit extrem aufgeteilter, trajektorienartig geführter Bewehrung aus hochwertigem Stahl.

Anderseits ist die Rißbreite w klein zu halten, die von der Stahldehnung und dem Verbund (I A, 4.2 u. Abb. 4.4/3) abhängt sowie dem Verhältnis A/U des Stabes (3.1) und seiner Richtung (Abb. 1/10). Wie Abb. 4.4/2 in I A zeigt, bleiben die Rißufer nicht eben, sondern der Beton um die Bewehrungsstäbe herum dehnt sich infolge von Mikrorissen mehr als in einiger Entfernung.

Auch Eigenspannungen (1.1.1.3) verwischen das rechnerische Bild. Die rein empirisch gewonnenen Rißformeln (DIN 1045, 17.6) [1/30.1, 15; 88] (Abb. 3.3f) liefern den Stabdurchmesser d_s als Funktion der „charakteristischen Rißbreite w," die je nach den Umweltbedingungen und der gewünschten Dauerhaftigkeit zwischen 0,1 und 0,4 mm liegen soll.

Versuche [89] haben gezeigt, daß in Balkenstegen mit extrem aufgeteilter Bewehrung (Abb. 4.5/1) selbst bei einer Stahlspannung von 400 N/mm² auch bei schwingender Belastung die Risse sehr fein bleiben. Der Arbeitsaufwand zum Bewehren und Betonieren war natürlich sehr groß. Praktisch ist also — wie so oft — ein Kompromiß zwischen dem statisch Wünschbaren und dem wirtschaftlich Machbaren nötig, ohne die Forderung der Tragfähigkeit und Dauerhaftigkeit zu opfern (I A, Abb. 4.4/4). Wichtig ist auch, das „Zusammenlaufen" der Risse in höheren Stegen (nach DIN 1045, 21.1.2 liegt die Grenze bei 1 m), das mit zunehmenden Breiten verbunden ist (I A, Abb. 4.4/2c), durch waagrechte Zusatzstäbe zu vermeiden (Abb. 4.5/2a u. b) [90].

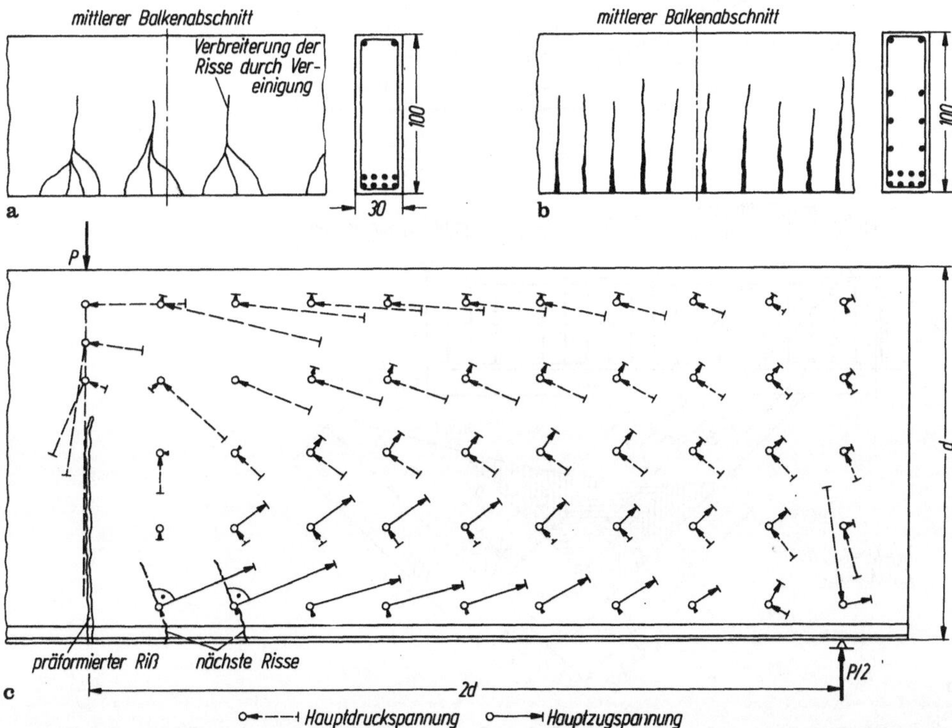

Abb. 4.5/2. Versuchsbalken mit reiner Biegung. **a** ohne, **b** mit Stegbewehrung; **c** Kunststoffmodell mit eingetragenen Richtungen und Größen der Hauptspannungen. Aus denjenigen am unteren Rand kann auf den nächsten Riß geschlossen werden [19].

Für diese Erscheinung gibt es drei Gründe:

(a) Die Zugzone wird nur am Rande gedeckt, erstreckt sich aber von unten bis zur Nullfaser;

(b) Bei Aufnahme des Schrägzuges σ_1 durch Bügel (Abb. 4.3/10) wird allein die Komponente σ_v gedeckt, nicht aber σ_1, wie das bei Torsion (Abb. 4.3/15) selbstverständlich ist. σ_1 wirkt bei den Stegrissen mit.

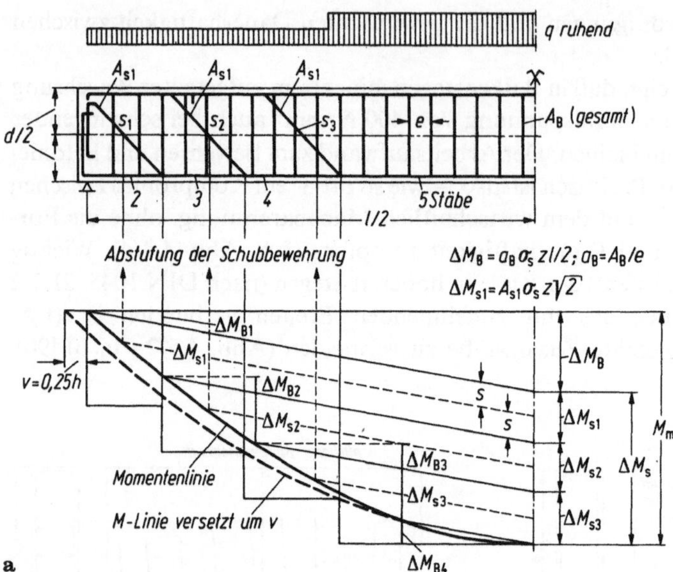

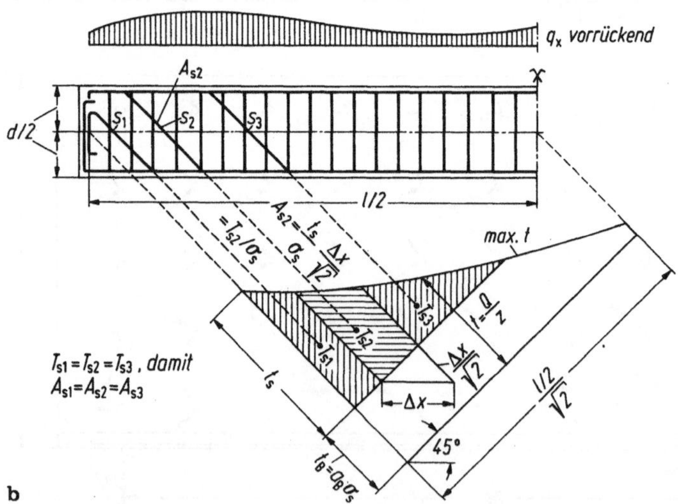

Abb. 4.5/3. Bewehrungsführung eines einfachen Balkens. **a** Abstufen und Aufbiegen der Hauptbewehrung aus der Momentenfläche für ruhende Last; **b** Aufteilen der „Schub"-Bewehrung aus der Schubflußfläche für ruhende und bewegliche Last. Momentendeckung gesondert untersuchen! Lage Stab S_3 entspricht der wichtigeren M-Deckung, nicht genau ΔM_{s3}

(c) Nachdem sich ein senkrechter Riß gebildet hat, entsteht im benachbarten Beton infolge der Verbundspannung τ_h (I A, Abb. 4.4/3a) ein Schrägzug, der die Ecke abzureißen trachtet. Abb. 4.5/2c zeigt diesen Hauptzug, der an einem Modell mit einem präformierten Riß spannungsoptisch ermittelt wurde [19]. Die Biegebewehrung ist diesfalls durch etwa 8% davon, über die Steghöhe verteilte, dünne Stäbe oder eine Baustahlmatte zu ergänzen.

Nach den Auflagern zu wird die Zugbewehrung entsprechend dem Verlauf von $Z = M/z$ abgestuft und gleichzeitig die erforderliche Schubdeckung ermittelt. Hierbei geht man von der Linie der Größtmomente aus (Abb. 4.5/3a) [1/26; 91], die aber für vorrückende Last die ΔM nur angenähert liefert, oder nach Mörsch von dem Verlauf der $t_0 = Q_{max}/z$ bzw. $\tau = t_0/b$, wobei Wanderlasten berücksichtigt werden können (Abb. 4.5/3b). Die Biegebewehrung wird zwar für die 1,75fachen Gebrauchsmomente M_q bemessen und die „Schub"-Bewehrung für die $Q_q = dM_q/d_x$, aber der Verlauf der Momente wird ja nicht geändert. Zugstäbe, die man nicht aufbiegt, müssen mit der Haftlänge l_1 nach DIN 1045, 18.5.2.2 verankert werden, was zwar Arbeit spart, aber Stahl kostet. Die gezeigte volle „Schub"-Deckung geht vom parallelgurtigen Fachwerkmodell mit 45°-Druckstreben aus; sie kann aufgrund umfangreicher Versuche nach DIN 1045, 17.5.5 vermindert werden, was ausführlich in H. 220, im B. Kal. 1979 II S. 683 und in [1/2, Teil 1, 8.5.3 u. Teil 3, 9.2] dargestellt ist.

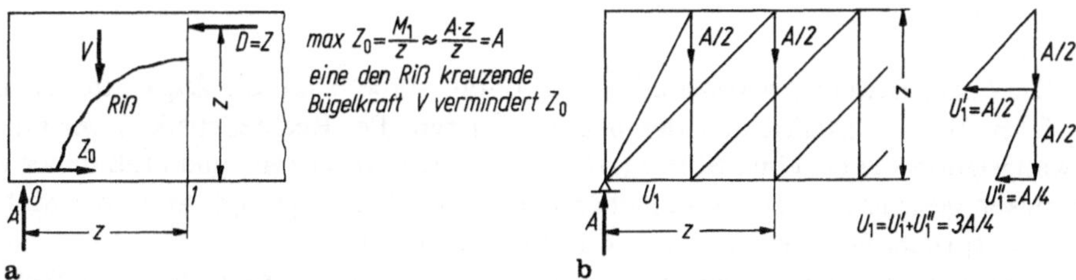

Abb. 4.5/4. Begründung für das „Versatzmaß v" der Momentenfläche zur ausreichenden Verankerung der Biegebewehrung. **a** Momentenbezugspunkt durch Riß festgelegt; **b** Fachwerkmodell (Abb. 4.3/12), abgewandelt in reines Ständerwerk ohne Zugdiagonalen.

Die Z-Linie Abb. 4.5/3a geht von senkrechten Schnitten aus. Das Rißbild Abb. 4.3/13 zeigt jedoch, daß der kinematische Bezugspunkt (Drehpol) um so mehr „rechts" vom gedachten Schnitt liegt, je mehr man sich dem Auflager nähert (Abb. 4.5/4a), und $Z \cong (M + Qa)/z$ ist. Dem trägt DIN 1045, 18.7.2 durch das „Versatzmaß v" der M-Linie Rechnung, wobei v von dem „Schubdeckungsgrad" abhängt. Denn in die Gleichung für Z geht die Kraft V der „Schub"-Bewehrung rückdrehend ein. Abb. 4.5/4b erläutert diesen Einfluß an einem Fachwerkmodell *ohne* Zugdiagonalen, das am Auflager $U_1 \cong 3/4\,A$ statt $U_1 = 1/2\,A$ *mit* Diagonalen (Abb. 4.3/12a) liefert. Am Balkenende ist die Zugkraft $Z = Av/h$ zu verankern, woraus sich die nötige „Überlänge" des Balkens ergibt. Starke Stäbe lassen dort wegen des notwendig großen Biegeradius eine Betonecke unbewehrt, die infolge des Lagerdruckes leicht abplatzen kann (vgl. Abb. 4.7/3). Sie ist durch zugelegte waagerechte, dünne Schlaufen zu sichern (Abb. 6/19). An Zwischenauflagern kann die theoretische Druckzone durch Stützensenkungen oder Brandeinwirkung abgebaut werden, so daß DIN 1045, 18.7.5 empfiehlt, 25 % der Feldbewehrung durchlaufen zu lassen.

Bei sogenannter indirekter Stützung von Balken auf einem Querträger (Abb. 4.5/5 a) fällt der Querdruck aus der Stützkraft (Abb. 4.3/11) fort, so daß diese je nach „Schub"-Bewehrung teils oben, teils unten übertragen wird, bei „Bogenwirkung" (Abb. 4.3/12 c) aber nur unten. Wegen dieser Unsicherheit fordert DIN 1045, 18.10.2 zu recht die Gesamtkraft durch Bügel in die Druckzone des Querträgers zu übertragen, die dessen Bewehrung umschließen müssen ([1/2, Teil 3, S. 139; 92] u. B. Kal. 1979 II, S. 697). Auch am Steg eines Balkens angreifende Einzellasten sind in die Druckzone zu „verhängen" (Abb. 4.5/5 b).

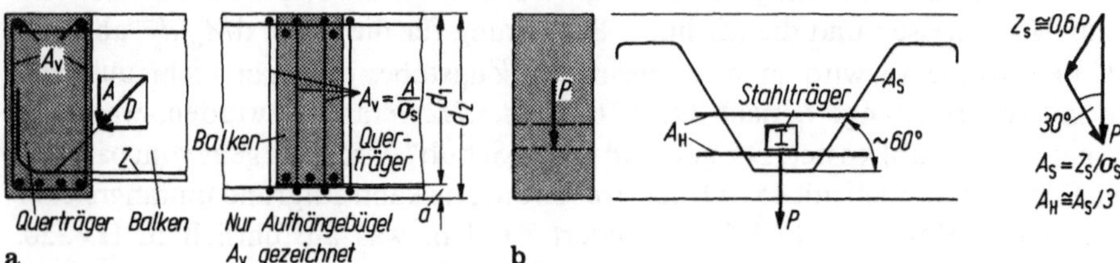

Abb. 4.5/5. Mittelbar auf einem Querträger gelagerter Balken. **a** Aufhängen der vollen Stützkraft *A*. Unterkanten der Balken um *a* gestaffelt, damit Kröpfen der Bewehrung vermieden wird; **b** Aufhängen eines durch eine Aussparung verlaufenden Stahlträgers

Die obere Bewehrung von Balken („Montagestäbe") soll die Zugkräfte der Bügel auf den Beton verteilen und deren Lage fixieren. Bei Rechteckbalken verstärkt sie zwangsläufig wie bei einer Stütze (Abschnitt 2) die Druckzone und muß daher gegen Knicken gesichert werden, damit sie nicht die Kanten absprengt, wenn der Stahl mit β_S beansprucht wird, wozu i. allg. die Bügel ausreichen.

Über den Zwischenstützen ist die obere Biegebewehrung gegen Herabdrücken beim Betonieren zu sichern und man muß bereits auf der Zeichnung eine Gasse zum Einführen des Rüttlers freilassen. Entsprechend dem starken Gefälle des Stützmomentes sind die Verbundspannungen hier sehr groß, so daß die Stäbe durch Nachrütteln besonders sorgfältig mit Beton umhüllt werden müssen (I A, Abb. 1.1/5). Andernfalls lagern sich die Momente teilweise ins Feld um.

Bei durchlaufenden *Plattenbalken* wird über den Zwischenstützen der Hauptteil der oberen Bewehrung über dem Steg verlegt, was auch der in 4.3.1.1 (Abb. 4.3/1 c) beschriebenen Konzentration der Längsspannungen entspricht. Jedoch wird auch die Platte neben dem Steg auf Zug beansprucht und muß gegen grobe Risse gesichert werden [93.1]. Man verlegt daher einen Teil der Gurtbewehrung (etwa 1/2) in die Platte (Abb. 4.5/6a). DIN 1045, 18.7.1 beschränkt diese Verteilung auf $b_m/2$ (b_m: „mitwirkende Plattenbreite", Abb. 4.2/2). Da die Platte aber zur Gänze im Zugbereich liegt, muß sie dazwischen zusätzlich eine Bewehrung erhalten, um die Risse zu verteilen; 1/4 der Gurtbewehrung A_s dürfte ausreichen, sofern nicht eine Mindestbewehrung von $\mu \cong 0{,}4 \ldots 0{,}8\,\%$ [1/2, Teil 4, 2.7] mehr ergibt. Abb. 4.5/6b zeigt Risse in der Deckenplatte einer Tiefgarage, die zu schwach bewehrt war, wodurch kalkhaltiges Wasser durchtropfte und Lackschäden an den Wagen verursachte.

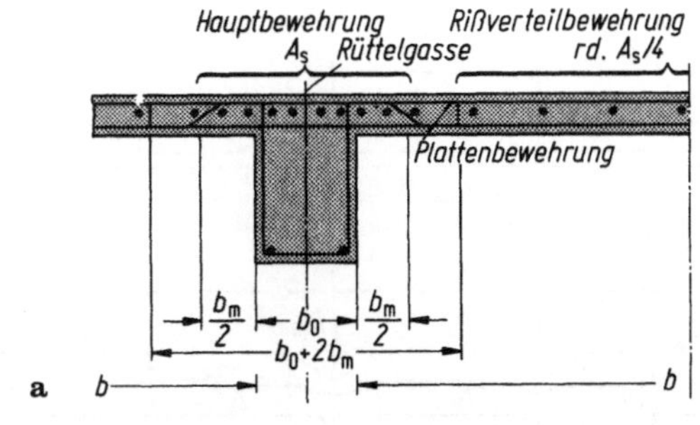

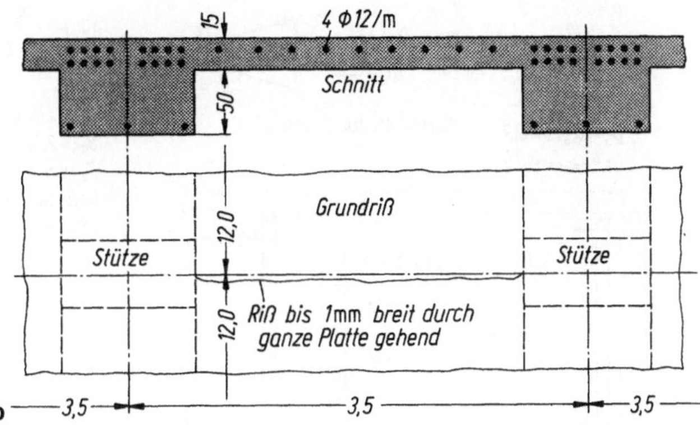

Abb. 4.5/6. Verteilen der oberen Bewehrung in einem Plattenbalken und Zulagestäbe zwischen den mitwirkenden Plattenbreiten b_m. **a** Anordnung; **b** klaffender Riß bei unzureichender Bewehrung in der Platte einer 12 m weit gespannten Garagendecke

Die Schubkräfte zwischen Platte und Steg (vgl. Abb. 4.3/1 b) werden für „übliche Hochbauten" (DIN 1045, 2.2.4) für die Breite b_m (4.3.1.1) berechnet und nach DIN 1045, 18.8.5 an den Balkenenden auf einer Strecke $b_m/2$ angeschlossen. Versuche [93.2] haben gezeigt, daß die übliche Bemessung mit dem Fachwerkgleichnis stark auf der sicheren Seite liegt.

Bei Brücken ist nach DIN 1075 (81), 5.1.3.2 variable mittragende Breite b_m anzunehmen. Die Konzentration der Längsspannungen σ_x (Abb. 4.3/2) führt zu Querspannungen σ_y, deren Resultierende Z_q und D_q mit Hilfe der Angaben in DIN 1075 für ein Beispiel abgeschätzt werden (Abb. 4.5/7a). Im Feld entsteht infolge einer Einzellast P in der oberen Platte ein Querzug Z_{qP}, der im allgemeinen von der Biegebewehrung der Platte aufgenommen werden kann. Da die b_m auch für die Bemessung im Zustand III a angenommen werden, obgleich dann die Konzentration der σ_x verschwindet (4.3.1.1), wird man sich konsequenterweise von ihrer Wirkung zu überzeugen haben. In der unteren Platte eines Kastens ist über dem Zwischenauflager B unter den getroffenen Annahmen aus der Stützkraft eine Kraft $Z_{qs} = D_{qs}$ durch Bewehrung aufzunehmen. Sie ist wesentlich größer und konzentrierter als diejenige aus einer Fahrzeuglast Z_{qP}!

Der Plattenrand am Endauflager muß einen Zuggurt erhalten, den man angenähert als Untergurtbewehrung einer horizontal liegenden Scheibe (Abb. 6/17), belastet mit $D = M_m/z = pb$ betrachten kann (Abb. 4.5/7b); denn die Druckspannungen

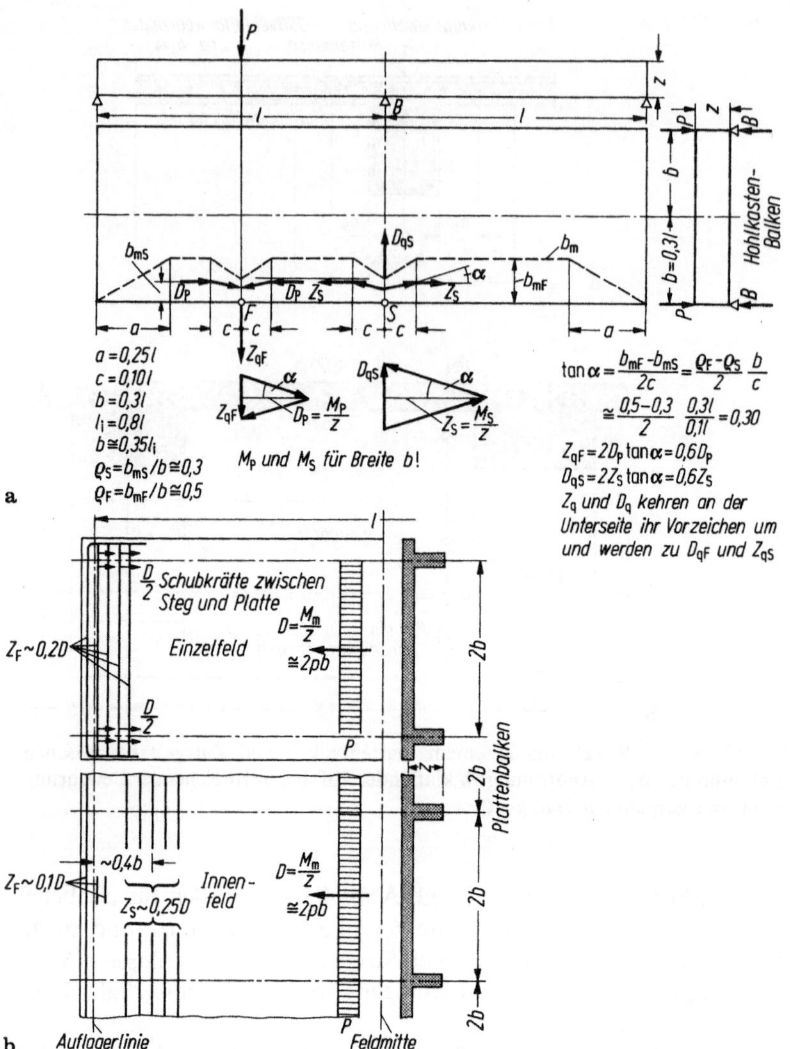

Abb. 4.5/7. Quer zur Längsachse der Balken in die Platte einzulegende Scheibenbewehrungen. **a** mittragende Plattenbreiten b_m bei Brücken nach DIN 1075 (81), um die Spitzen der Längsspannungen σ_x bei Einzellasten (Abb. 4.3/2) und daraus abgeleitet die quer gerichteten Kräfte Z_q und D_q [1/2, Teil 2, S. 56] beispielsweise bei einem Hohlkasten genähert zu erfassen; **b** am Ende der Platte erforderliche Randbewehrung, abgeschätzt wie bei freitragender Wand (6.3.1.2) unter Gleichlast.

σ_x sind in Feldmitte etwa gleichförmig verteilt (Abb. 4.3/1c). Danach ist am Rand eines Einzelfeldes $Z_F\cong0,2D$, bei mehreren Feldern $Z_F\cong0,1D$ aufzunehmen. Im zweiten Falle sind über den Stegen bei etwa $0,4b$ vom Balkenende Stäbe für $Z_s\cong0,25D$ einzulegen.

Die „Schub"-Sicherung sollte nicht nur aus aufgebogenen Schrägstäben bestehen, da deren Abstände meist zu groß sind, um das Feld der Schrägspannungen gleichmäßig zu decken. Abb. 4.5/8 zeigt das Ende eines 21 m langen Fertigbalkens, der

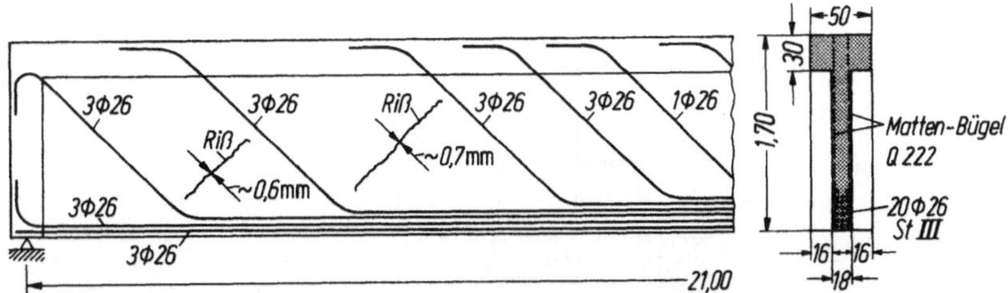

Abb. 4.5/8. Fehlerhafte „Schub"-Bewehrung eines vorfabrizierten Stahlbetonbalkens: zu große Abstände der Schrägstäbe oder zu schwache Verbügelung!

zwar statisch unbedenkliche Risse aufwies, die aber im Freien mit der Zeit infolge Rostens zu Absprengungen geführt hätten. Die Flächenbewehrung aus Baustahlmatten war zu schwach. Die Fachwerkanalogie ist eben nur eine Summenbetrachtung und muß dem Stahlbeton durch flächiges Decken der Zugkräfte angepaßt werden! Wenigstens $^1/_3$ des Schrägzuges sollte durch Bügel gedeckt werden. Diese sind nach DIN 1045, 18.8.2 sowohl längs als auch bei breiten Balken quer zu verteilen, denn die Schrägdruckkräfte S_2 sind über die ganze Stegbreite verteilt (B. Kal. 1979 II, S. 686). Ferner sind sie durch Umfassen der Zugbewehrung und ausreichenden Formverbund in der Druckzone (DIN 1045, 18.8.2) sicher zu verankern [94.1]. Überlegen hinsichtlich geringer Rißbreite sind Schrägbügel [1/2, Teil 3, 9.2.3], da sie in Kraftrichtung verlaufen (Abb. 1/10a) [24, Bild 3], aber meist sind sie zu arbeitsaufwendig. Für kleine und mittlere Balken sind in dieser Beziehung „Bügelmatten" [1/2, Teil 3, 9.2.2] sehr praktisch.

Die verschiedenen Aufgaben der Bügel sind
— Zug- und Druckzone zu „vernähen", bis die Biegebewehrung fließt und der Beton bricht;
— die schrägen, am Auflager gekrümmten Risse zu stabilisieren, d. h. ihr Weiterlaufen zu verhindern, damit es nicht zu den Schubbrüchen Abb. 4.3/13b kommt [94.2];
— den vorzeitigen Bruch der Biegedruckzone durch Fixieren der oberen Stäbe gegen Knicken hinauszuschieben;
— die Spaltzugkräfte aus aufgebogenen Stäben, Endhaken und aus dem Verbund (I A, Abb. 4.1/2 u. 4.2/6) zu decken, falls der Beton versagt. Nötigenfalls sind sie dort enger zu stellen (Balkenende);
— Überbrücken von horizontalen Betonierfugen (die eigentlich unerwünscht sind!), aber zwischen Steg und Platte häufig angeordnet werden;
— Fixieren der Längsbewehrung in der richtigen Lage, damit sie beim Betonieren nicht an die Schalung gedrückt und die lebenswichtige Überdeckung eingehalten wird (I A, Abb. 3.2/8).

Aussparungen in Balkenstegen stören weniger die Aufnahme der Momente als der Querkräfte. Sie sind daher möglichst vom Auflager weg zu verschieben und kreisförmig auszubilden. Der Restquerschnitt kann angenähert als geschlossener Rahmen berechnet werden (Abb. 4.5/9a), dessen M-Null-Punkte in Feldmitte liegen. Die Querkraft Q verteilt man im Verhältnis der Steifigkeiten I auf die Riegel und erhält die Eckmomente $M_E = Qa/2$. Allerdings liegt der untere Riegel in der Zugzone, dürfte geris-

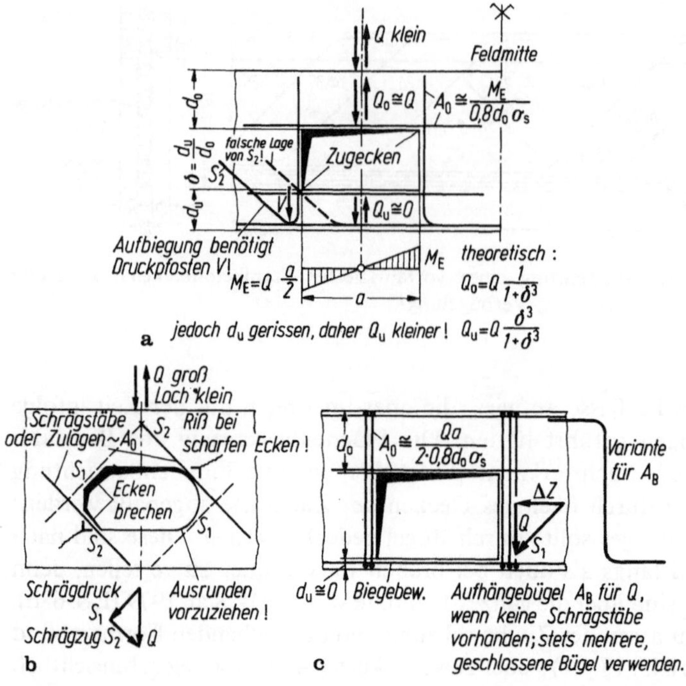

Abb. 4.5/9. Einfassen der Aussparung in einem Balkensteg. **a** Überschlag der Bewehrung wie für einen Rahmenträger; **b** bei relativ großer Querkraft sind die Ecken auszurunden und durch Schrägstäbe zu sichern; **c** bei extrem tiefer Lage der Aussparung ist die gesamte Querkraft nach oben zu „verhängen". Gegebenenfalls ist der verbleibende obere Riegel auf Biegung mit Längskraft zu untersuchen.

sen und deshalb sehr weich sein, so daß man seinen Anteil vernachlässigen sollte. Sie sind durch senkrechte und waagerechte Stäbe, die am besten die ganze Aussparung einfassen, zu decken. Bei großen Querkräften sollten Zugecken, wo theoretisch unendlich große Zugspannungen auftreten und oft Risse zu finden sind, gebrochen und Schrägstäbe zugelegt werden (Abb. 4.5/9 b). Bei bedeutenden Aussparungen liefert die Spannungsoptik oder die FEM Aufschluß über den Kräftezustand [1/21; 1/22] (Abb. 6/16; I A, Abb. 1.2/5).

Bei *Torsion* ist es viel zu umständlich, die Bewehrung der 45°-Hauptrichtung folgen zu lassen (Abb. 4.5/10a) da sie um die Kantenstäbe herumgeführt werden müßte. Man deckt anders als bei Schub die s_l und s_q (Abb. 4.3/15) durch Bügel und Längsstäbe mit $a_l = a_q = t/\sigma_s$ (Abb. 4.5/10 b). Diese haben ja auch gegenüber Schrägstäben den Vorteil, ein M_T mit wechselndem Vorzeichen aufnehmen zu können. Besonders wichtig ist in der Ecke ein kräftiger Längsstab, obgleich dort theoretisch $\tau = 0$ ist. Er ist durch dicht stehende, *geschlossene* Bügel zu umfassen, da die Querkomponenten der schrägen Druckkräfte in diese eingeleitet werden, was leicht die Ecke absprengen kann. Die Längsstäbe sollen ebenfalls geringe Abstände besitzen und müssen in den Bauteilen, in die M_T eingetragen wird (Querbalken, Wände, Stützen), ordnungsgemäß verankert werden, da sie dort mit voller Kraft aufhören.

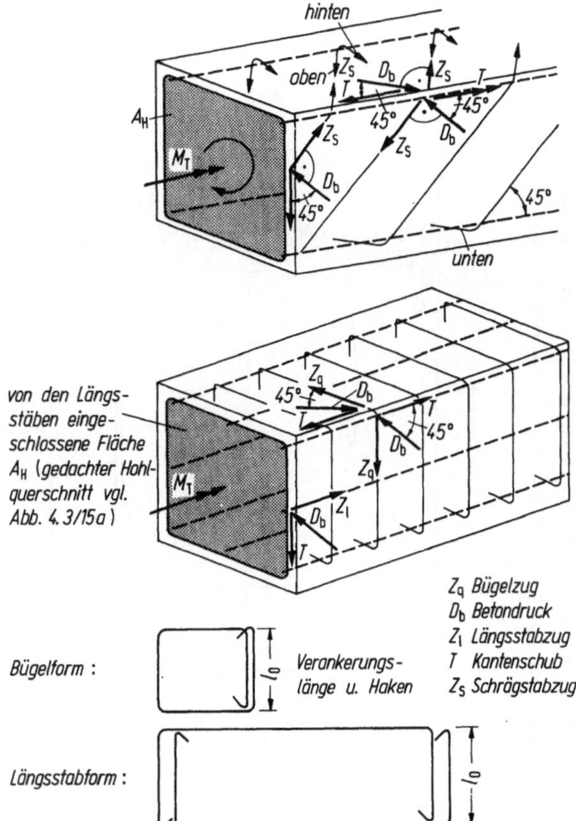

Abb. 4.5/10. Torsionsbewehrung eines mit M_T beanspruchten Rechteckbalkens. **a** Schrägstäbe nur für *einen* Drehsinn von M_T brauchbar und umständlich zu verlegen; **b** engliegende Bügel und Längsstäbe $a_l = a_q = t/\sigma_s$ sind einfacher und können $\pm\, M_T$ aufnehmen. Alle Stäbe sind bis zum Ende voll beansprucht und entsprechend zu verankern (Bügel übergreifend)!

Meist haben Balken außer Torsion noch Biegung und Querkräfte aufzunehmen. Die sehr komplizierten Spannungszustände, die man ohnehin im Zustand II nicht genau erfassen kann, werden meist nicht untersucht, sondern einfach die für die einzelnen Komponenten berechneten Bewehrungen addiert (Abb. 4.5/11) (DIN 1045, 17.5.6) [1/2, Teil 3, S. 147]. Diesbezügliche Versuche wurden bereits erwähnt [58; 59]. Auf die zusätzlichen Beanspruchungen durch in Achsrichtung wechselndes M_T (Wölbkräfte) wird in II A, 2.2.1.1 eingegangen.

Abb. 4.5/11. Näherungsweise bemessene Bewehrung für gleichzeitige Biegung, Querkraft und Torsion durch Überlagern der getrennt berechneten Anteile.

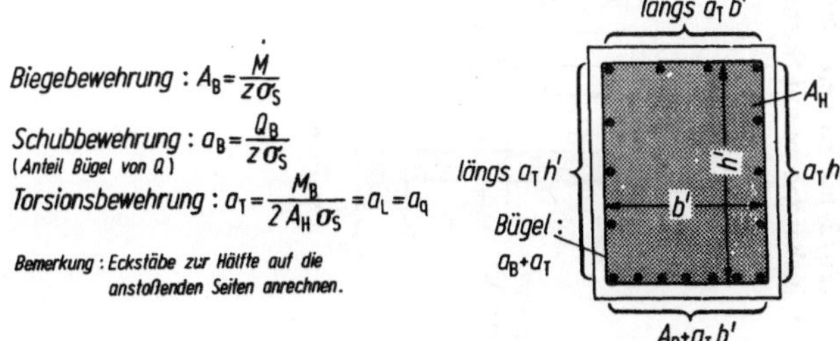

Biegebewehrung : $A_B = \dfrac{M}{z\,\sigma_s}$

Schubbewehrung : $a_B = \dfrac{Q_B}{z\,\sigma_s}$
(Anteil Bügel von Q)

Torsionsbewehrung : $a_T = \dfrac{M_B}{2\,A_H\,\sigma_s} = a_L = a_q$

Bemerkung : Eckstäbe zur Hälfte auf die anstoßenden Seiten anrechnen.

Abb. 4.5/12. a I-Balken mit zwei Spanngliedern, um den Zug an der Oberseite klein zu halten. Auswirkungen verschiedener Übertragungslängen $l_{\ddot{u}}$ nur lokal, insbesondere auf Stirnzug σ_y (Beispiel); Fortsetz. S. 173; **b** Rechteckbalken mit Einzelspannglied; Rand- und Verbundspannungsverlauf

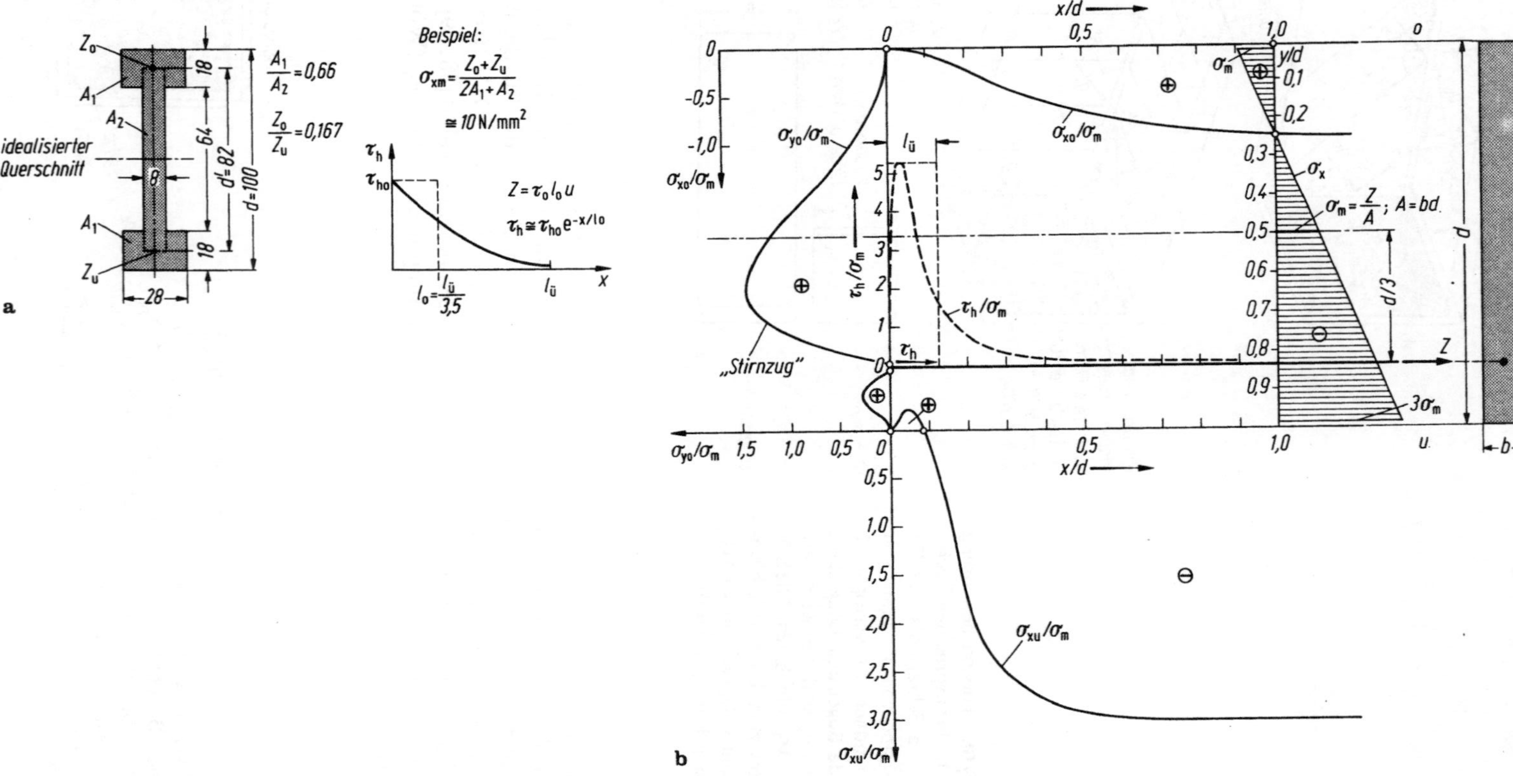

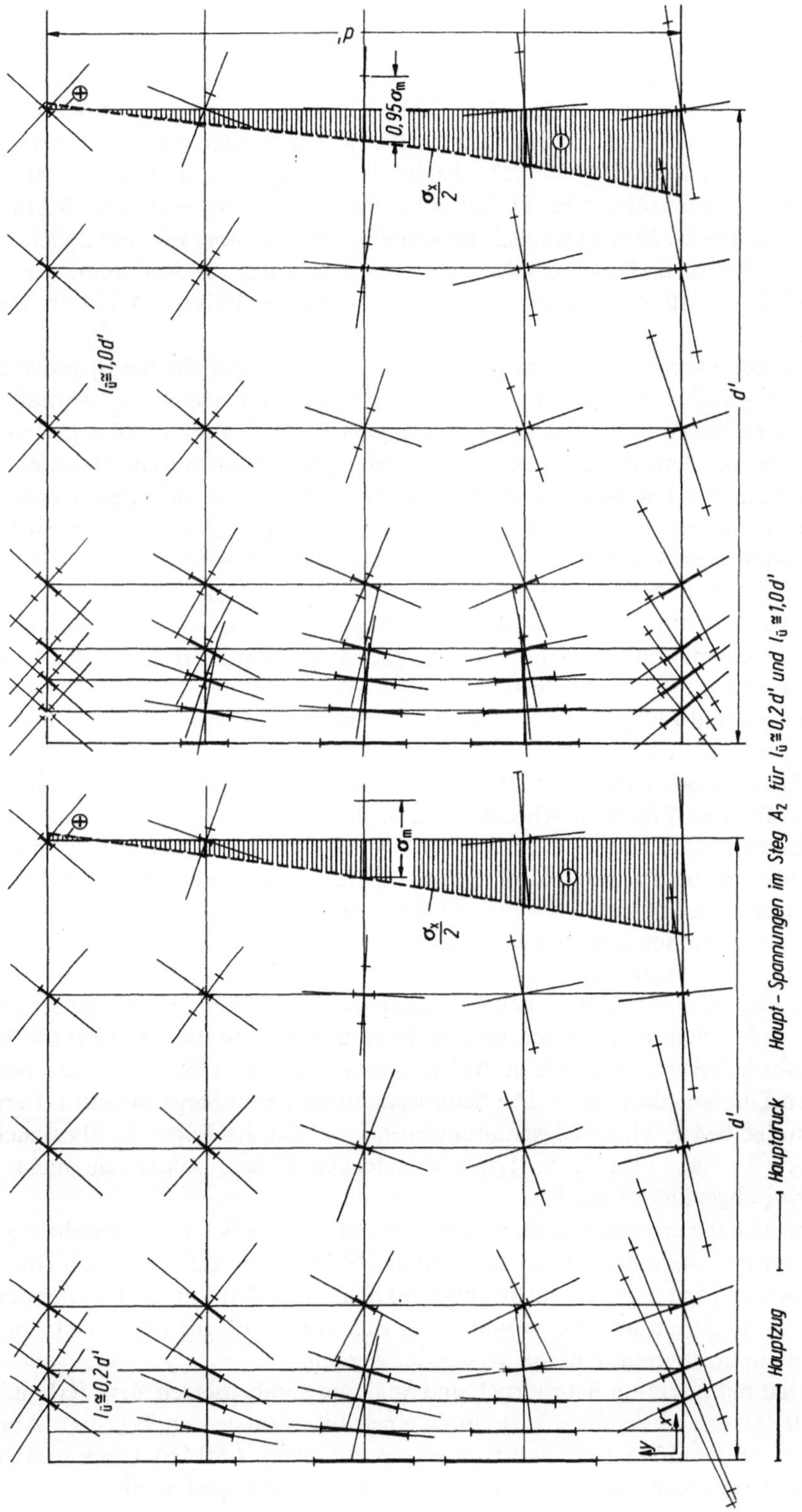

Abb. 4.5/12a (Fortsetzung). Hauptspannungen im Steg

4.5.1.2 Spannbetonbalken

Bei Spannbetonbalken ist die Entscheidung, ob sie vor oder nach dem Erhärten des Betons vorgespannt werden (I A, Abb. 3.2/10 u. 11), in erster Linie eine wirtschaftliche Frage. Eine Übersicht über die Möglichkeiten und Verfahren findet man im B. Kal. 1981 II, S. 877. Die beiden Fertigungsarten decken sich im wesentlichen mit den Bauweisen: bei Ortbeton werden die Spannglieder ohne Verbund gespannt und dieser erst nachträglich hergestellt; Vorspannung mit anfänglichem Verbund erfordert so umfangreiche Installationen, vor allem zur Aufnahme der Spannbettkraft Z_{00}, daß sie nur für werkmäßig gefertigte Balken (4.6.2) in Betracht kommt.

Gegenüber unseren etwas umständlichen Bezeichnungen für die Spannverfahren wird im englischen Sprachraum kurz und prägnant unterschieden, worauf es ankommt: der Beton wird prestressed (vor*gespannt*), der Stahl entweder pretensioned (vor*gedehnt* vor dem Erhärten des Betons) oder posttensioned (danach gedehnt).

Bei *Spannbettvorspannung* wird die Pressenkraft Z_{00} auf den Beton (keinesfalls schlagartig!) umgesetzt und geht dabei auf $Z_0 = Z_{00}(1 - \alpha)$ zurück. Sie wird durch den Verbund meist profilierter Drähte (I A, Abb. 4.2/1) übertragen [95]. Je besser der Verbund durch Rippen und relativ große Oberfläche U/A, d. h. je kleiner deren Durchmesser ist, um so kürzer wird die Übertragungslänge $l_{\ddot{u}} = k_1 d$, aber um so größer die Spaltzugspannung! Bei den üblichen Spannstahldrähten (B. Kal. 1982 I, S. 280) ist die Profilierung durch Versuche ausgewogen und der „Verbundbeiwert k_1" (zwischen 60 und $130 d_z$) in der „Zulassung" angegeben. Damit wird nach DIN 4227, 14.2 die Verankerung berechnet.

Der Spannungszustand am Balkenende ist zwei- und dreidimensional [96] und für einen profilierten Träger in Abb. 4.5/12a nach [97] für zwei verschiedene Übertragungslängen $l_{\ddot{u}}$ dargestellt. Je kürzer $l_{\ddot{u}}$ ist, um so mehr konzentrieren sich die fast senkrecht verlaufenden Hauptzugkräfte am Ende. Im Abstand $x \cong d$ sind die Längsspannungen σ_x bereits linear verteilt und die $\sigma_y = 0$. Dieses Ergebnis wurde analytisch erhalten und spannungsoptisch nachgeprüft. Auf letzterem Wege wurden die Randspannungen für einen vorgespannten Rechteckbalken mit ganz ähnlichem Verlauf ermittelt [98] (Abb. 4.5/12b). Auch hier fallen die erheblichen „Stirnzugspannungen" auf, die nicht selten zu Einrissen führen. In Abb. 4.5/13 ist die allein für die Spannkraft erforderliche Bewehrung in Anlehnung an B. Kal. 1982 I, S. 1202 und [97] für einen **I**-Balken dargestellt. Die Schubspannungen τ im Steganschluß 1-1 ergeben zwar infolge der σ_x Hauptzugspannungen $\sigma_1 < \tau$. Da die Bügel A_B aber auch den Stirnzug (B. Kal. 1982 I, S. 1200) abzudecken haben, sollten sie nicht unter $A_B = T/\sigma_s$ abgemindert werden.

Wenn auch die errechneten Zugspannungen im Endbereich einer Bewehrung zugewiesen werden, ist, anders als bei Biegung und Schub, das Auftreten auch von feinen Spaltrissen in Längsrichtung nicht unbedenklich, da es den Verbund vermindert, die Drähte etwas gleiten und die Verankerung sich vom Auflager weg verschiebt. Mithin muß ein hochwertiger Beton verwendet werden.

Man hat mitunter, um Betondruck und Spaltzug herabzusetzen, den Verbund eines Teiles der Drähte absichtlich, z. B. durch einen Bitumenanstrich, beseitigt (Abb. 4.5/14a) oder sie der Höhe nach auseinandergespreizt (Abb. 4.5/14b). Diese zusätzlichen Manipulationen können durch statische Vorteile aufgewogen werden.

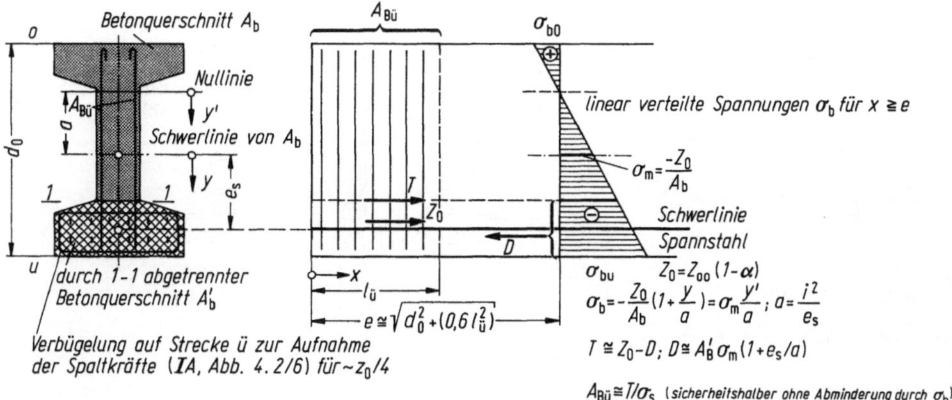

Abb. 4.5/13. Bewehrung des Endes eines Spannbettbalkens für Spaltzug und „Schub" einschließlich Stirnzug, zusätzlich zu den normalen Stegbügeln.

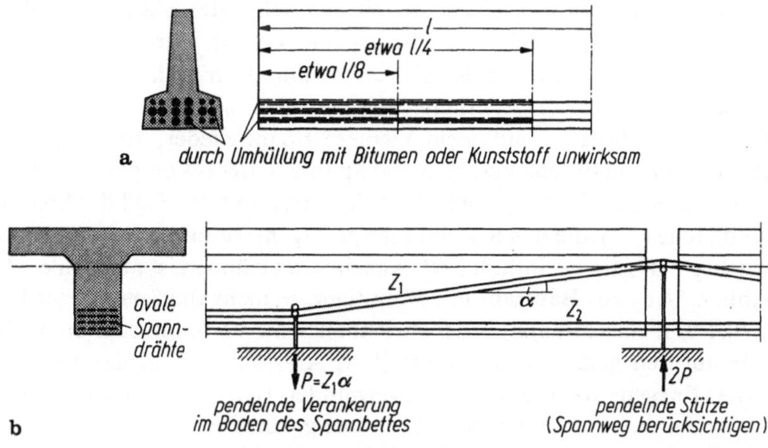

Abb. 4.5/14. Maßnahmen zum Vermindern der Spannungskonzentration am Ende von Spannbettbalken. **a** „Abisolieren" einzelner Spanndrähte durch Umhüllen gegen die Verbundspannungen; **b** Aufbiegen eines Teiles der Drähte mittels pendelnder Stützen.

Bei kleinen Balken herrschen meist die Vorspannungen σ_v wegen des geringen Gewichtes vor. Schließlich kann dieses ganz unwirksam werden, wenn sie beim Transport auf die Seite zu liegen kommen. Infolge der Lage der Spanndrähte weit außerhalb des Kernes entsteht dann an der Oberseite eine Zugzone, die oft zu Rissen führt (Abb. 4.5/15). Diese haben nun die Neigung, mit der Zeit zunehmend zu klaffen, da wie bei einer unbewehrten Stützmauer (I A, Abb. 1.3/7e), die Druckzone durch Kriechen komprimiert, die Zugzone aber spannungslos wird. Man muß daher solche Balken oben bewehren, darf aber diese Stäbe mit etwa $0{,}8\beta_s$ bemessen („Zugkeildeckung"). Sicherer ist es natürlich, auch im Obergurt ein oder zwei Spanndrähte anzuordnen. Die Tragfähigkeit im Zustand IIIa wird hiervon praktisch nicht berührt.

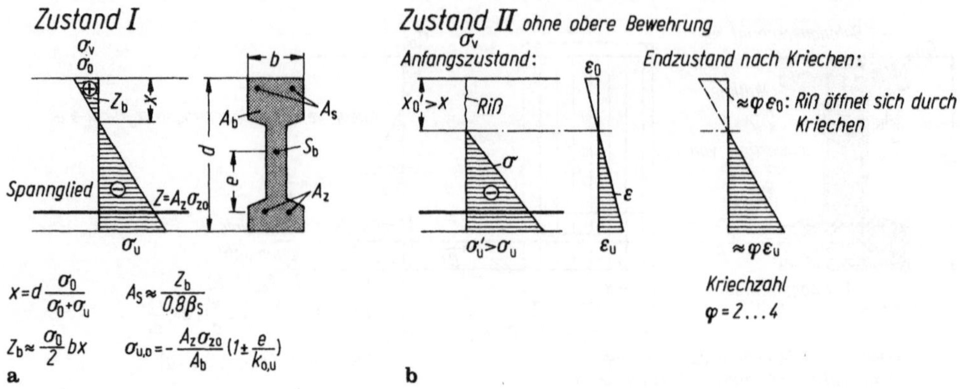

Abb. 4.5/15. Spannbettbalken mit stark exzentrischem Spannglied im Anfangszustand ohne Auflast. **a** Bemessen der oberen Bewehrung angenähert für Zustand I („Decken des Zugkeiles"); **b** Balken ohne obere Stäbe bekommt Risse, die sich durch Kriechen nach und nach verbreitern.

Die *Vorspannung von Ortbeton* mit Bündeln oder Stäben (zugelassene Verfahren B. Kal. 1982 II, S. 441) hat den großen Vorteil, durch Abstufen und Krümmen der Spannglieder sich dem Kräfteverlauf anpassen zu können.

Verteilt man die erforderliche Spannkraft Z statt auf wenige große — mitunter nur eines je Steg — auf viele ·kleinere Spannglieder, so vermehrt sich zwar der Arbeitsaufwand für das Verlegen und Spannen. Bei 1-Vorspannung besteht theoretisch kein Unterschied im Gebrauch. Jedoch wächst mit der Zahl der Spannglieder die Verbundfläche (3.1), die das Rißbild infolge Eigenspannungen (1.1.1.3) und vor allem die Bruchlast günstig beeinflußt [99]. Aus diesen Gründen ist auch eine „*Hautbewehrung*" (Abb. 4.5/16) aus Baustahl um so nötiger, je mehr die Spannkraft konzentriert wird [100]. Für kleinere Spannglieder spricht auch die Verteilung der Spannkraft am Balkenende auf den ganzen Querschnitt (I A, Abb. 4.3/4) und der Vorteil des Abstufens und Aufbiegens, das die Querkraft vermindert (Abb. 4.3/28). Auch die Möglichkeit des Versagens einzelner Stäbe spricht für eine größere Anzahl (DIN 4227 (79), 6.2.6).

In den Krümmungen entstehen infolge des Gleitens der Drähte in den Hüllrohren *Reibungsverluste* an Spannkraft, die meist nach dem linearisierten Seilreibungsgesetz von Coulomb als $\Delta Z = \alpha \mu Z$ (brauchbar bis $\alpha \mu \cong 0,15$) berechnet werden können (B. Kal. 1982 I, S. 1160) (Abb. 4.5/17a). Die Reibungszahlen $\mu \cong 0,25$ sind der Zulassung des jeweiligen Spannverfahrens zu entnehmen, streuen aber je nach Güte

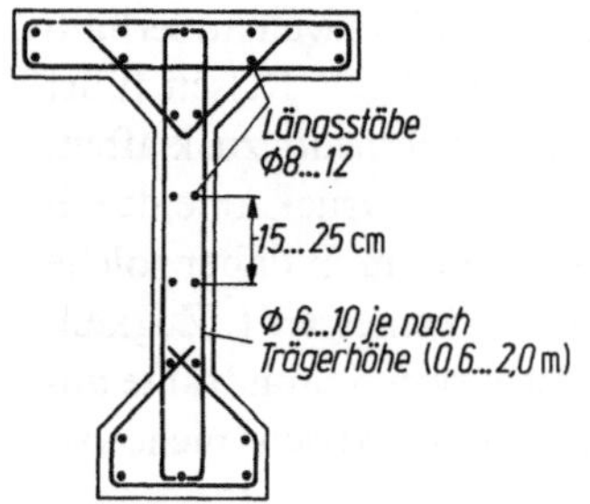

Abb. 4.5/16. Spannbetonbalken mittlerer und großer Höhe bedürfen stets einer passiven „Hautbewehrung" (mindestens 30 kg/m³) zur Verteilung von eventuellen Rissen aus Temperatur- und Schwindeigenspannungen (1.1.1.3).

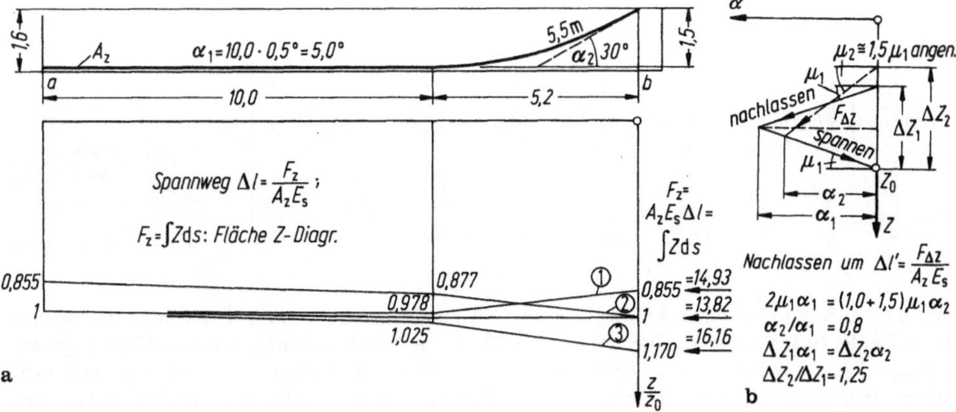

Abb. 4.5/17. Verlust an Kraft in Spanngliedern, die nachträglich gegen den erhärteten Beton gespannt werden, infolge der Reibung in gewollten und ungewollten Krümmungen, sowie Beziehung zwischen Spannkraft und -weg. **a** Spannen des geraden Stranges bei *a* mit Krümmung am Ende (Fall 1) ist günstig; Spannen bei *b* mit Krümmung am Anfang (Fall 2) ungünstiger: um im geraden Strang bei *a* Kraft „1" zu erreichen, muß (hier um 17%) „überspannt" werden (Fall 3); **b** beim Beurteilen der Wirkung des Nachlassens der Spannpresse um $\Delta l'$ auf die Kraft Z am Ende einer Krümmung, um die „Spitze" zu beseitigen, ist der „Katzenfell-Effekt" zu berücksichtigen. Die Spitze wird allerdings durch das Umsetzen der Kraft von der Spannpresse auf die Verankerung infolge des „toten Ganges" ohnehin abgeflacht.

der Ausführung stark [101]. Auch in „geraden" Strecken ist mit einer gewissen Reibung zu rechnen, weil die Spannglieder nie mathematisch gerade sind, was (laut Zulassung) als zusätzliche Krümmung von etwa 0,5°/m $\cong$ 0,2%/m Kraftabnahme berücksichtigt wird. Bei großen Spanngliedern kann man die Reibung mittels geschmierter Gleitbleche [6.1, Kap. 7] herabsetzen, so daß diese über mehrere Felder durchlaufen können. Es ist in jedem Falle nötig, aus dem Vergleich der Spannpressenkraft Z_0 (gemessen durch geeichtes Manometer!) mit der Verlängerung $\Delta l = \int \sigma_z \, dx / E_s$ des Spanngliedes auf den erreichten Kraftverlauf zu schließen (Abb. 4.5/17a). Um diesen zu „glätten", wird mitunter an den Enden bis zur erlaubten Grenze (DIN 4227,

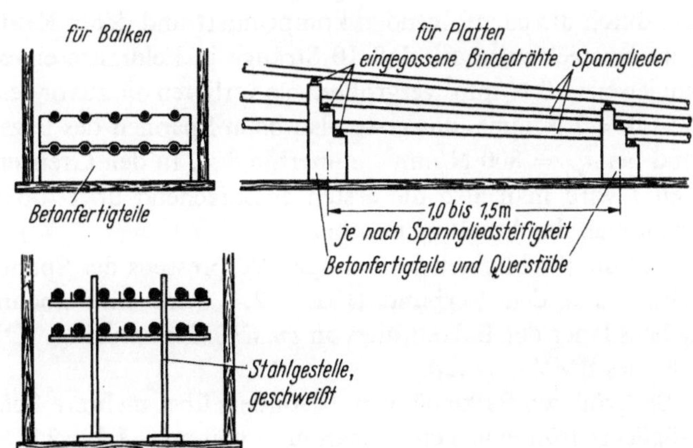

Abb. 4.5/18. Beispiele für das Unterstützen der Spannglieder in Hüllrohren, um ihre genaue Lage einzuhalten (Last des frischen Betons!).

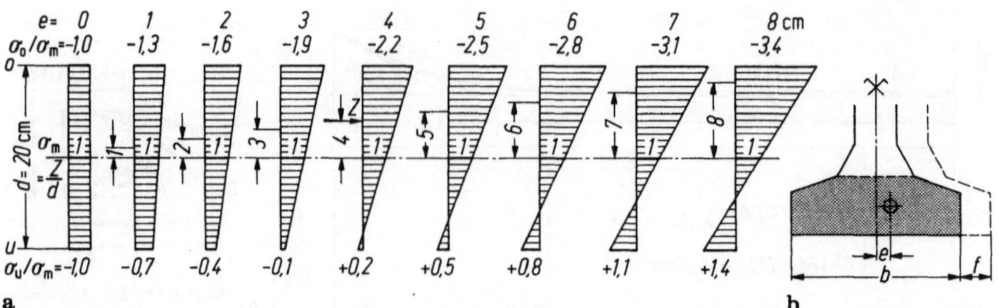

Abb. 4.5/19. Spannungs- und Verformungszustand reagieren sehr stark auf die Lage des Spanngliedes! **a** die Spannungen σ_v einer Platte $d = 20$ cm sind stark abhängig von der Höhenlage des Spanngliedes; **b** geringe seitliche Exzentrizität $e = 3$ cm der Spannkraft im Untergurt eines profilierten Balkens ($l = 15{,}0$ m; $b = 0{,}3$ m $Z = 300$ kN) verursacht eine seitliche Ausbiegung von $f = 1 \dots 3e$. Diese läßt sich jedoch durch seitliche Stützung (Spreizen oder Zugstäbe) beseitigen, wozu nur eine Kraft $H = 4Ze/l = 0{,}8\%$ von $Z = 2{,}4$ kN gehört

Tab. 9) von $+5\%$ überspannt und dann nachgelassen (Abb. 4.5/17b). Dabei darf man sich nicht täuschen: infolge des „Katzenfell-Effektes" ist μ beim Rückgang meist (bis zu 50%) größer als beim Hingang; auch vom Spannweg hängt μ ab [101.3].

Die Spannglieder sind nach Maßgabe ihrer Steifigkeit unverrückbar in nicht zu großen Abständen zu unterstützen (Abb. 4.5/18), um die „Girlandenbildung" infolge der Frischbetonlast klein zu halten. Abb. 4.5/19 soll zeigen, wie stark die Randspannungen von der genauen Höhenlage des Spanngliedes abhängen. Auch eine kleine seitliche Abweichung e von der Soll-Lage ändert die Randspannungen im Untergurt erheblich und führt im Beispiel der Abb. 4.5/19b zu einer merklichen waagerechten Krümmung $\varkappa = 2\Delta\sigma/bE_b$ mit $\Delta\sigma = 6\sigma_m e/b$ und zu $f = \varkappa l^2/10$. Die eingetragenen Zahlen und $\sigma_m = 10{,}0$ N/mm², $E_b = 30000$ N/mm² ergeben

$$f = \left(\frac{6}{5}\right)\left(\frac{\sigma_m}{E_b}\right)\left(\frac{l}{b}\right)^2 e = 1{,}0e = 3 \text{ cm},$$

was durch Kriechen auf 6 bis 8 cm vergrößert, also recht störend wirkt.

Es ist ferner zu berücksichtigen, daß der Beton neben den zuerst gespannten Strängen durch die nachfolgenden komprimiert und deren Kraft vermindert wird. Nimmt man beispielsweise an, daß 10 Stränge in Feldmitte eines Balkens den Betondruck um jeweils 1,0 N/mm² vergrößern, so verlieren die zuvor gespannten dementsprechend $7 \cdot 1{,}0 = 7$ N/mm², das erste also beim Spannen des letzten $9 \cdot 7 = 63$ N/mm², das sind bei $\sigma_{z0} = 800$ N/mm², immerhin 8%. In den Grenzen der Tab. 9 in DIN 4227, Teil 1 wird man also die ersten entsprechend über- oder sie später nachspannen, wenn man die Arbeit nicht scheut.

Auf die Wichtigkeit des baldigen Verpressens der Spanngliedkanäle für den Rostschutz und den Verbund (I A, 3.2.4) wird hier nochmals hingewiesen, da die Lebensdauer der Balken hiervon *entscheidend* abhängt (DIN 4227, Teil 5 (80), ARS 3/82 des BMV u. [102]).

Bei größeren Balkenlängen, besonders über mehrere Felder, ist es empfehlenswert, möglichst früh eine Teilvorspannung von etwa 1 bis 2 N/mm² aufzubringen, da die

Abkühlungs- und Schrumpfverkürzungen des Betons (I A, 1.1.8 und 1.3.3) durch die Schalung behindert werden. Außerdem wird hierdurch den Eigenspannungen aus dem Temperatur- und Feuchtigkeitsgefälle (I A, Abb. 1.3/12 u. 20) entgegen gewirkt. Maßgebend für diesen Zeitpunkt ist eine ausreichende Betonfestigkeit unter den Ankerkörpern, die etwa dem Verhältnis der Teil- zur Endspannkraft entsprechen muß. Sie hängt von der Außentemperatur und der Zementsorte ab (I A, Abb. 1.1/8 u. 9). Der durch diese Frühbelastung des Betons entstehende Spannkraftverlust kann später durch Nachspannen beseitigt werden.

Die erwähnte passive „Haut"- und Spaltzugbewehrung ist an Umlenkstellen großer Spannglieder durch Querroste zu ergänzen (Abb. 4.5/20a). Bei kleinen Spanngliedern kann der Spaltzug aus den Leibungsdrücken $p_1 = Z/R$ mit den zugelassenen Krümmungsradien R, die nach DIN 4227, Teil 1, Tab. 9 durch das Erreichen der Elastizitätsgrenze $\beta_{0,01}$ begrenzt sind, in der Regel vom Beton aufgenommen werden [103].

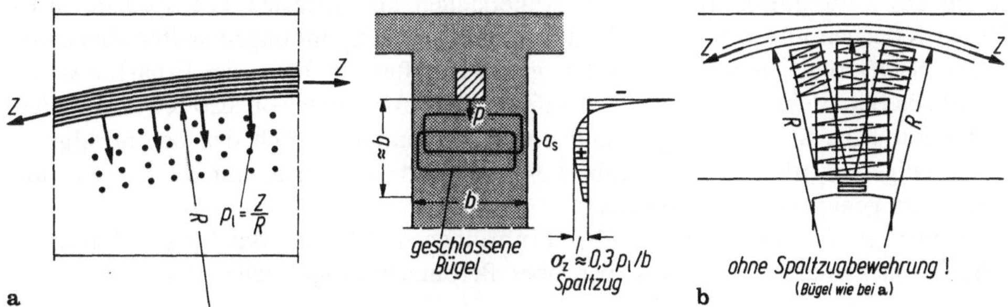

Abb. 4.5/20. Der Spaltzug unter den Umlenkungen großer Spannglieder (I A, Abb. 4.1/2) erfordert stets Querbewehrung. **a** Rostbewehrung, bemessen nach I A, 7.1: $a_s \cong p_1/4\sigma_s$, $p_1 = Z/R$; **b** kombinierte Wirkung von Umlenk- und Stützkraft an einer Zwischenstütze wird zweckmäßig durch mehrere Wendeln aufgenommen, um die Betonfestigkeit zu erhöhen. Spaltzug gesondert untersuchen (vgl. Bem. in 2.3.2!).

Über Zwischenstützen sind die Spanngliedradien in der Regel am kleinsten und stehen mit der Stützkraft im Gleichgewicht. Auch wenn der eigentliche Balkenquerschnitt hier meist durch einen Querträger verstärkt wird, entstehen sehr große lokale Betonpressungen und Spaltzüge. Man kann dann Wendel einlegen (Abb. 4.5/20b), die wie umschnürte Stützen (2.1) wirken und die Betonfestigkeit erhöhen; u. U. können sie auch den Spaltzug aufnehmen.

Die *Hauptzugkräfte* aus Schub und Torsion werden durch Vorspannung vermindert und „flachgedrückt" (Abb. 4.3/30). Wenn sie die zulässigen Werte nach DIN 4227, Tab. 9 überschreiten, wird die passive Bewehrung, vor allem im „Bruchzustand", meist sehr stark und dadurch teuer und behindert zudem die Ausführung. Die Maßnahmen nach Abb. 4.3/32 bewahren davor. Sie sind um so mehr zu empfehlen, als die entsprechenden Verformungen bei Spannbeton, ähnlich wie diejenigen infolge Biegung (Abb. 4.2/22), nach Überschreiten von Zustand I viel steiler ansteigen als bei Stahlbeton.

4.5.2 Betonieren

Die Mischung darf keinesfalls zu naß sein, da sonst die Festigkeit durch Setzen
(I A, 1.1.6) und Anreichern von Wasser gerade an der Oberseite beeinträchtigt wird;
denn hier wird der Beton des Balkens auf weite Strecken am höchsten beansprucht.
Die auf Erfahrungen beruhenden Angaben der Abb. 4.2/2 in I A warnen dies-
bezüglich.

Ferner ist die Körnung der Dichte der Bewehrung anzupassen. Es wird oft nötig, den
Auflagerbereich besonders von Spannbetonbalken mit ihrem Gewirr von Rosten,
Wendeln und Bügeln (I A, Abb. 4.3/4), sowie den hochbeanspruchten Kontaktflächen
der Ankerkörper mit Mischungen bis höchstens 16 mm Grobkorn zu betonieren. Gutes
Durchrütteln, auch bei Verwendung von Fließbeton, ist stets unerläßlich, um Kiesnester zu vermeiden! Auch Balken geringer Breite, z. B. 5-cm-Stege von Rippendecken
(DIN 1045, 21.2), dürfen nur ohne Grobkorn betoniert werden. Zahlreiche Beispiele
nicht umhüllter und daher rostgefährdeter Tragbewehrung solcher Decken mahnen
zur Sorgfalt!

Spannbetonbalken nehmen insofern eine Sonderstellung ein, weil beim Spannen der
Beton des Untergurtes und an den Ankerstellen am höchsten beansprucht wird.
Durch Kriechen und zusätzliche Lasten werden diese Spannungen später abgebaut.
Dieser Sachverhalt erfordert besonders gewissenhaftes Verfolgen des Erhärtungsvor-
ganges, da Betonfehlstellen sich gleich anfangs bemerkbar machen, also gewissermaßen
eine zusätzliche Stoffprüfung! *Stahlbetonbalken* sind bezüglich der Betonfestigkeit
weit weniger empfindlich, wie Abb. 4.3/5 zeigt; Plattenbalken nur dann, wenn ihr
Druckgurt genügend Fläche besitzt.

Im übrigen sind die Angaben über Einbringen und Schutz des jungen Betons in
I A, 1.1 nachzulesen. Neue Angaben über Betontechnologie siehe [104].

4.5.3 Schalung und Rüstung

Schalung und Rüstung legen die Form der Balken fest, so daß bei beiden neben der
Festigkeit auch ihre Steifigkeit unter Gewicht und Seitendruck des Betons besonders
zu beachten sind. Erstere (I A, 1.1.9) ist so zu konstruieren, daß die Seitenteile auf
dem Schalungsboden aufstehen, da sie dann leichter auszurichten sind. Außerdem
dürfen sie, um sie weiter zu verwenden, bereits entfernt werden, wenn der Beton ab-
zubinden beginnt. Das Balkengewicht muß von dem Boden der Schalung und der
Rüstung weiter aufgenommen werden, bis der Beton genügend erhärtet ist. Die
hierzu dienenden „Hilfs"- oder „Not"-Stützen (DIN 1045, 12.3.2) sollen das Durchhängen der Balken infolge elastischer und Kriechformänderungen des Betons vermindern. Diese sind ja um so größer, je jünger der Beton ist (I A, 1.3.1 u. 1.3.2),
so daß das Eigengewicht erst nach ausreichendem Erhärten voll wirksam werden
darf.

Die Unterrüstung der Stahlbetonbalken bestimmt deren Form in spannungslosem
Zustand und muß daher eine Überhöhung erhalten. Diese setzt sich aus den Einsen-
kungen des Gerüstes unter dem Betongewicht [I A, 1.1/60.2] sowie den späteren
Kurz- und Langzeitdurchbiegungen des Balkens (4.2.3) zusammen. Man gibt ihr
darüber hinaus meist einen kleinen Stich (etwa 1/200), der auch nach der Durchbiegung
aus Eigengewicht und Verkehrslast noch vorhanden ist, um bei vollständig horizon-

taler Unterkante den optischen Eindruck des „Durchhängens" zu vermeiden, worauf das Auge sehr empfindlich reagiert. Außerdem hat man dann einen Spielraum für die mit erheblichen Ungenauigkeiten behaftete Berechnung der Durchbiegungen.

Spannbetonbalken mittlerer Länge wölben sich unter ständiger Last meist mehr oder weniger nach oben (Abb. 4.2/13, 14 u. 22). Auch diese Verformung wird durch Kriechen vermehrt, so daß ein zusätzliches Überhöhen nicht nötig ist. Der Träger „rüstet sich selbst aus", indem er den „Zwang" (wie die Zimmerleute sagen und durch Anschlagen der Stützen feststellen) beseitigt. Diese „brummen" um so tiefer, je höher sie belastet sind. In der Tat wird die Eigenschwingzahl n durch eine Längskraft herabgesetzt, bis sie bei Erreichen der Knicklast P_E Null wird (B. Kal. 1978 II, S. 806).

P_E läßt sich für eine *schlanke* Stahl- oder Holzstütze baustellenmäßig einfach bestimmen: man legt sie als Balken auf zwei Lager im Abstand l, belastet sie mit einem beliebigen Gewicht Q in der Mitte und mißt die Durchbiegung f (Abb. 4.5/21). Dann ist: $f = M_m l^2/12EI = Q l^3/48EI$ (Abb. 4.2/17), also $EI = Q l^3/48f$ und die Euler-Last $P_E = \pi^2 EI/l^2 \cong Q l/5f$. Je nach Art und Sorgfalt des Einbaues kann dann die Stütze mit $P_E/3 \dots 5$ belastet werden.

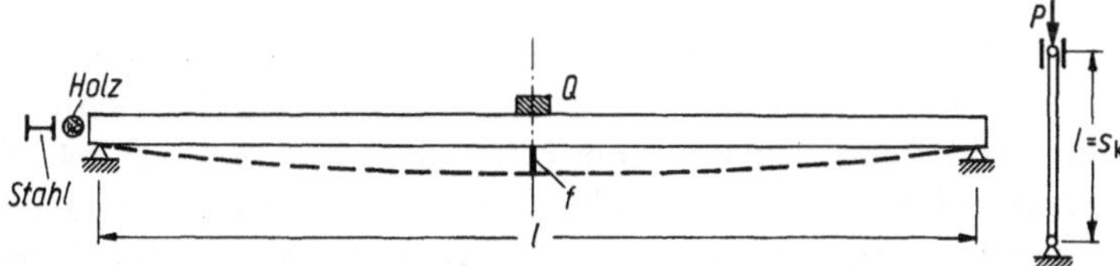

Abb. 4.5/21. Baustellenmäßige Ermittlung der Knicklast P einer schlanken Stütze durch Lagern als Balken und Messen der Durchbiegung f unter einer Last Q.

Die Anforderungen an Gerüste findet man in DIN 1045, 12 sowie in DIN 4421 (82), Vorschriften gesammelt in [105.5]; Angaben zur Schaltechnik in B. Kal. 1980 II, S. 817 und zur Rüsttechnik S. 844; zu Brückenrüstungen B. Kal. 1979 II, S. 920; zu Holzgerüsten B. Kal. 1980 II, S. 619; zu Rohrgerüsten, Rüstträgern und Rüststützen B. Kal. 1978 II, S. 698 und [105].

Auf die Wechselwirkung zwischen der Elastizität des Gerüstes und dem Tragwerk, insbesondere bei Durchlaufbalken, wird in II A, 2.2.1.3.1 eingegangen.

Die früher gebräuchlichen Holzrüstungen [106] sind wegen der hohen Stoffkosten und, was heute den Ausschlag gibt, den mangelnden Facharbeitern kaum noch im Gebrauch. Wirtschaftlicher sind trotz höherer Beschaffungskosten Stahlgerüste, bei kleinen und mittleren Spannweiten aus Schalungsträgern auf Stahljochen, bei größeren als Stand- oder Fächerrohrgerüste aus oft verwendeten Einzelteilen. Ihre Stabilität hängt ausschlaggebend von den Verbänden ab, die in den Knoten durch Reibungskupplungen angeschlossen werden [105.4]. Die Mehrzahl der schweren Bauunfälle bei Betonbrücken ist auf Versagen der Auskreuzungen oder andere Instabilitäten zurückzuführen. Ich habe beispielsweise gelegentlich des Einsturzes einer Hälfte eines 12 m hohen Rohrgerüstes an der anderen Hälfte festgestellt, daß 7 % der Klemmschrauben nicht richtig oder gar nicht angezogen waren! Eine Kontrolle mit dem Drehmomentschlüssel ist also unerläßlich. Weitere Quellen für das Versagen können sein:

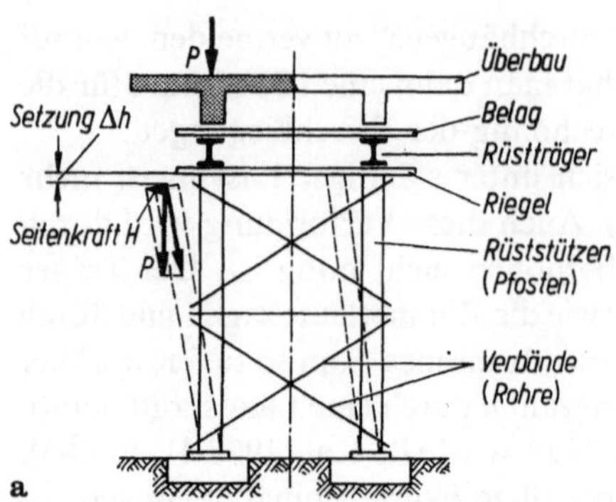
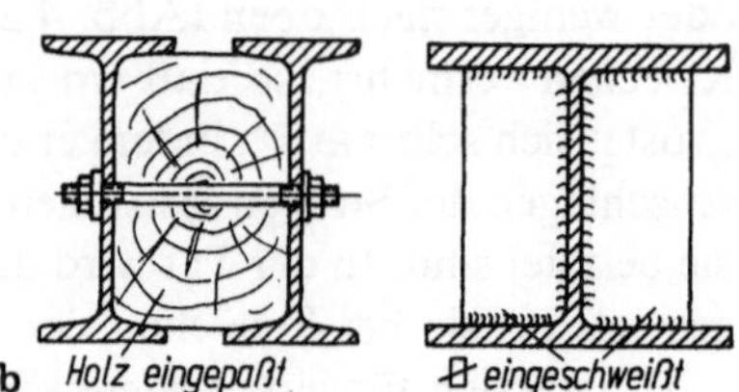

Abb. 4.5/22. Lehrgerüste aus Längsträgern und Einzeljochen. **a** Gefahr für Rüstjoche bei einseitigem Betonieren eines Balkentragwerkes: ungleichmäßiges Zusammendrücken der Pfosten führt durch ihre Verbände zu seitlichem Ausweichen und einer Horizontalkomponente H der Last; dieser sind die Diagonalen mitunter nicht gewachsen. Derselbe Effekt entsteht beim Betonieren auf volle Breite, wenn sich die Fundamente ungleich setzen! **b** Stahlträger müssen am Angriffspunkt großer Kräfte mittels Holzfutter oder eingeschweißter Bleche ausgesteift werden.

(a) Berechnen des Gerüstes allein für Vollast genügt nicht. Durch einseitiges Voreilen des Betonierens (Abb. 4.5/22a) wird der linke Pfosten elastisch zusammengedrückt und stellt über den Querverband das ganze Joch schief. Die dadurch entstehende Seitenkraft kann die allein für Wind bemessenen Diagonalen überbeanspruchen und so die Auslenkung noch vergrößern, bis das Joch instabil wird. Bei großen Gerüsten ist ein genauer Betonierplan festzulegen und rechnerisch zu verfolgen.

(b) Die Rüstung muß durch Untersuchen des Bodens sorgfältig gegründet werden, obgleich sie nur wenige Tage voll belastet wird. Wenn die Pfosten eines Joches (wie geschehen!) sich ungleichmäßig setzen, tritt derselbe gefürchtete Effekt wie bei einseitiger Last ein.

(c) Zu hoch herausgedrehte Spindelschrauben, die man für das Absenken vielfach verwendet, können sich durch Seitenkräfte oder exzentrische Belastung verbiegen und umkippen. Größere Höhendifferenzen sind daher durch breite Zwischenlagen auszugleichen, nicht durch die Spindelschrauben.

(d) Brücken mit schiefem Grundriß bedürfen besonderer Sorgfalt. Ihre Joche werden beim Betonieren stets einseitig belastet und müssen daher kräftige Verbände

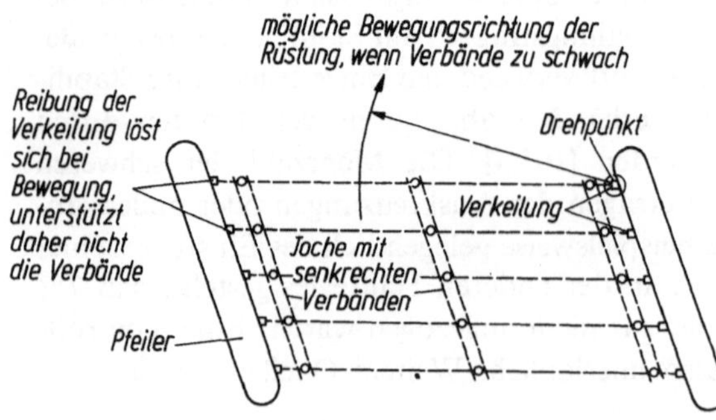

Abb. 4.5/23. Besondere Vorsicht bei Jochgerüsten schiefer Brücken; denn die bei geraden Brücken meist angebrachte Zusatzsicherung durch Verkeilen gegen die Widerlager versagt hier.

erhalten. Das Verkeilen gegen die Widerlager und Pfeiler, das bei rechtwinkligen Brücken zusätzliche Sicherheit schafft, nützt bei jenen wegen der möglichen Kinematik nichts (Drehen um Punkt D, Abb. 4.5/23).

(e) Verschiedentlich haben gedrungene Abfangeträger von Rüstungen aus I-Profilen versagt und zu Einstürzen geführt. Deren Stege sind sehr schwach und beulen unter lokalen Lasten oder weichen seitlich aus. Daher sind bei großen Lasten Querstege einzuschweißen oder bei geringerer Beanspruchung der Zwischenraum zwischen zwei Trägern mit Holz *satt* auszufüttern, das mittels Bolzenschrauben kraftschlüssig eingepreßt wird (Abb. 4.5/22 b).

(f) Spannbetonbalken mittlerer Spannweite wölben sich, wie erwähnt, auf (Abb. 4.2/13 bis 15) und setzen sich dabei auf ihre endgültigen Lager ab. Wenn diese aber noch nicht geliefert und eingebaut sind, stützt sich der Balken auf die Endjoche neben den Pfeilern ab, die dadurch weit überbeansprucht werden können.

Außer an die Verbiegung des Balkens ist an seine Untergurtverkürzung zu denken, die bei 1-Vorspannung etwa 0,2 bis 0,3‰ beträgt (Abschn. 7.2), bei einem 30-m-Balken mithin in der Größenordnung von 1 cm liegt. Um dem Ableiten der Spannkraft in die Rüstträger durch Reibung zu begegnen, müssen sich die Belaghölzer auf den Stahlträgern oder die Träger gegeneinander verschieben können (Verbindungen lösen!).

Durch die Beobachtung der Aufbiegung und Verkürzung kann die Spannkraft grob kontrolliert werden. Allerdings ist die Messung der Aufbiegung nur dann zuverlässig, wenn man die Bewegungen in drei Punkten (Enden und Mitte des Balkens) verfolgt, um das Zusammendrücken der Lager zu eliminieren. Ferner muß, vor allem im Sommer, der Einfluß ungleichmäßiger Temperaturen des Betons auf die Messung ausgeschaltet werden. Der Verfasser erinnert sich eines 30 m langen Balkens, der bereits unter der halben Spannkraft seine volle Aufwölbung zeigte, da inzwischen die Sonne die Oberseite der Fahrbahnplatte erwärmt hatte. Ein Regenguß ließ sie rasch auf den Sollwert zurückgehen! Aus den gleichen Gründen sind Messungen der Betondehnung auf der Baustelle stets mit großer Vorsicht auszuführen und zu bewerten.

4.6 Ausbildung von Fertigteilbalken

Zu den in 2.3.1 erwähnten allgemeinen Gesichtspunkten für das Verwenden vorfabrizierter Stützen kommt bei den Fertigbalken noch der Fortfall der erheblichen Rüstungskosten, ferner die gegenüber Stützen einfachere Montage (vgl. B. Kal. 1971 II, S. 81). Die heutigen starken Krane lassen Stückgewichte von über 100 t zu [2/10.8].

Große Balken müssen stets auf vorbereitete Lager und kleine Balken in einem von DIN 1045, 19.5.4 geforderten Mörtelbett verlegt werden, da sich die Lagerflächen nie genau planeben herstellen lassen. Dabei darf sich die Stützkraft infolge der unvermeidlichen Auflagerverdrehung weder an die Vorderkante der Abstützung noch an das Balkenende verlagern (vgl. Abb. 7/9 b). Besser nehme man eine größere Pressung in Kauf und konzentriere die Kraft auf den durch Bewehrung gesicherten Bereich.

Fertigbalken werden wegen der Transportkosten stärker als Ortbetonbalken auf Gewichtersparnis hin gestaltet und erhalten vielfach **T**- oder **I**-Querschnitt. Die in der

Anschaffung teuere Schalung wird durch häufige Benutzung wirtschaftlich tragbar. Zudem ist experimentell bestätigt worden [107], daß feingliedrige Balken wegen geringerer Eigenspannungen infolge von Schwinddifferenzen höhere Rißsicherheit als kompakte Querschnitte aufweisen (vgl. I A, 1.3.3).

Die in [2/10] und [108] angeführte Literatur sowie B. Kal. 1982 II, S. 533 und Beton- und Fertigteil-Jahrbuch (Bauverlag Wiesbaden) behandeln auch ausführlich Fertigbalken und ihre Verbindung. Auf die hohen Anforderungen an die Maßhaltigkeit von Fertigteilen wird in [2/9] hingewiesen.

4.6.1 Stahlbetonbalken

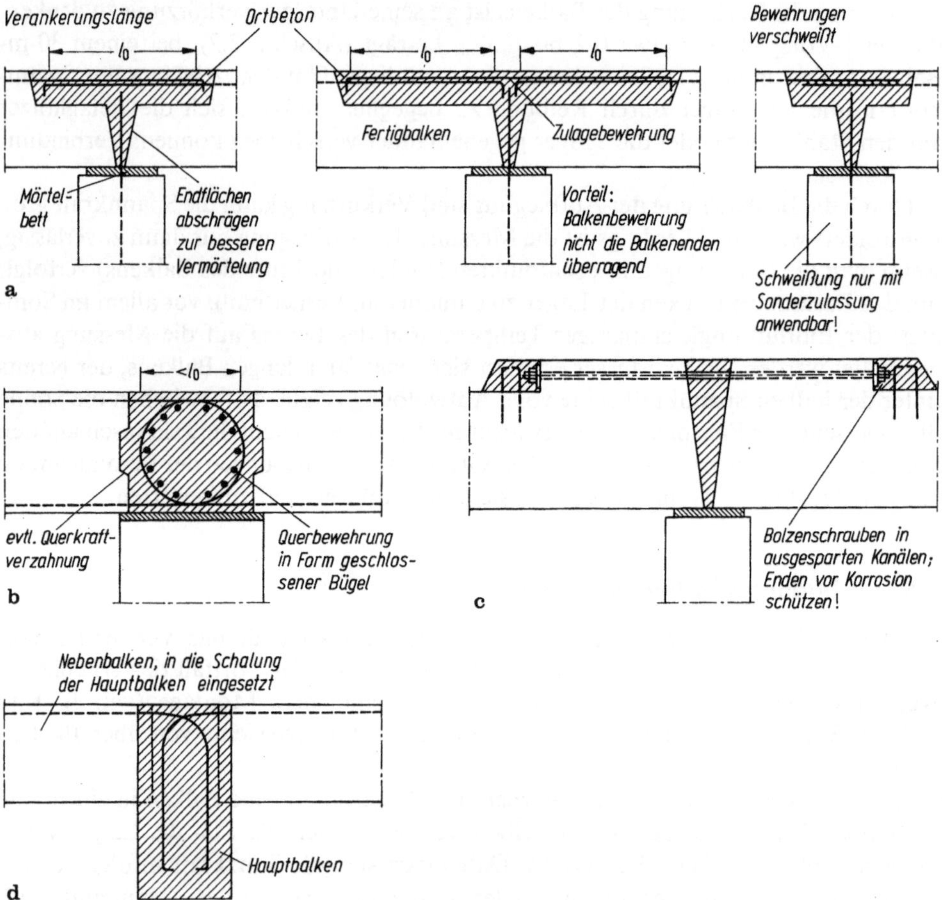

Abb. 4.6/1. Beispiele für das nachträgliche Herstellen der Durchlaufwirkung von vorfabrizierten Balken. **a** Übergreifen der Bewehrung mit Haftlänge oder durch (kürzere) waagrechte Schlaufen, eventuell auch Schweißen nach DIN 1045, Tab. 24 und 4099 (72); **b** Verbinden durch Haken; **c** bei großen Balken kraftschlüssig durch vorgespannte Gewindestäbe aus mittelhartem Stahl; **d** beim Einbinden in Hauptbalken findet die Bewehrung der Nebenbalken dort ausreichende Haftlänge.

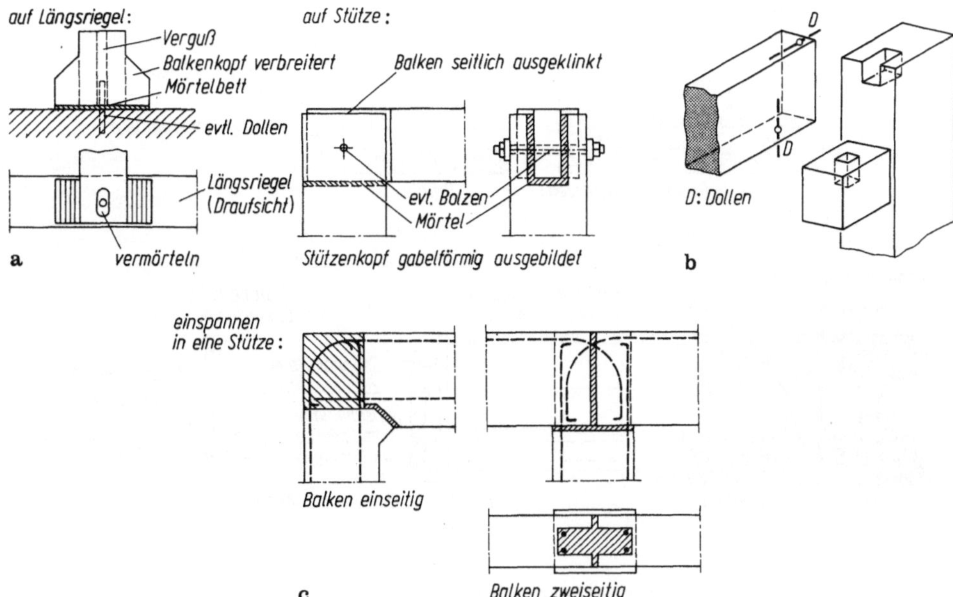

Abb. 4.6/2. Auflager von vorfabrizierten Balken sind gegen Umkanten bei der Montage sowie gegen Verschieben bei Erdbeben und Brand zu sichern. Maßnahmen gegen Abplatzen am Rand nach Abb. 7/10 beachten! a verbreitertes Auflager oder Gabellager mit Bolzensicherung; b in Aussparungen eingreifende kurze Dollen, die anschließend ummörtelt werden; c Einspannen des Balkens in End- und Zwischenstützen nur dann wirksam, wenn Verbundlängen ausreichen.

Bei Stahlbetonbalken läßt sich in Betonwerken die Güte durch Verteilen der Bewehrung (I A, Abb. 4.4/4) leichter verbessern als auf der Baustelle. Die Möglichkeiten des Stahlbetons können hierdurch ausgeweitet werden, ohne jene vorzuspannen.

Die Vorteile von Durchlaufbalken (vgl. 4.1) lassen sich auch mit vorfabrizierten Balken herstellen, die nachträglich kontinuierlich gemacht werden. Abb. 4.6/1 zeigt hierfür einige Möglichkeiten. Die Stoßfugen müssen konisch und nicht zu schmal sein (> 5 cm), damit sie satt mit Mörtel ausgefüllt werden können [2/12.2]. Für den Stoß der Zugbewehrung verwendet man Übergreifungen, besser waagerechte Schlaufen (kürzer!) oder senkrecht stehende, geschlossene Haken [108.1], die alle nach DIN 1045, 18 auszubilden sind. Auch die Verbindung mit einer Stütze, angefangen von der einfachen Sicherung gegen Verschieben und Umkanten (Abb. 4.6/2a) bis zur wirksamen Einspannung (Abb. 4.6/2b) läßt sich konstruktiv lösen.

Die durch Kriechen zunehmende Krümmung der Montagebalken erzeugt durch die nachträglich hergestellte Kontinuität Zwangsmomente, die in 4.2.4.2 behandelt werden. Sie sind bei Stahlbeton unbedeutend, werden zu recht vernachlässigt und wirken sich auch auf die Traglast nach 4.2.5 praktisch nicht aus.

4.6.2 Spannbetonbalken

Spannbetonmontagebalken werden nach 4.5.1.2 meist in 50 bis 100 m langen ortsfesten „Spannbetten" hergestellt (Abb. 4.6/3a). Dieses Verfahren ist wenig fehlerempfindlich und gut zu rationalisieren, da der große Spannweg von 200 bis 400 mm

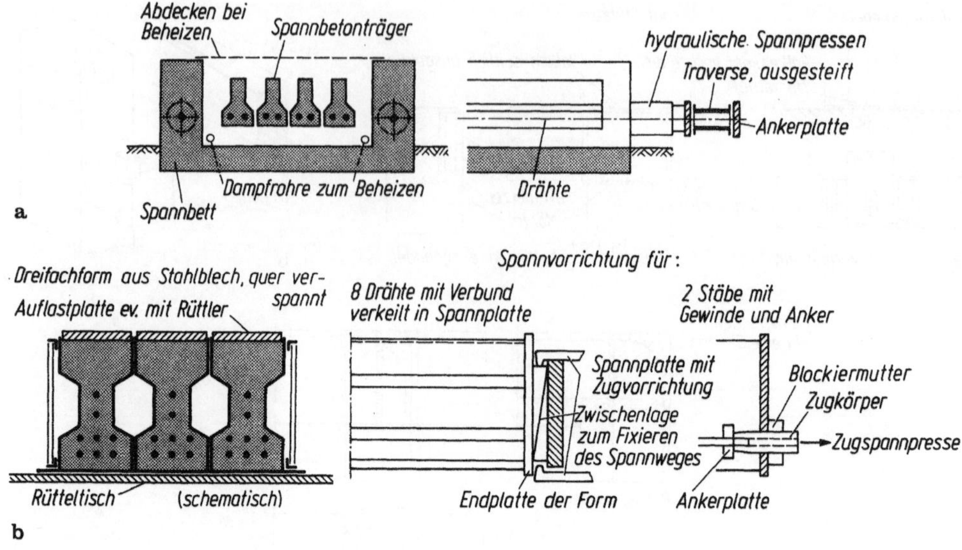

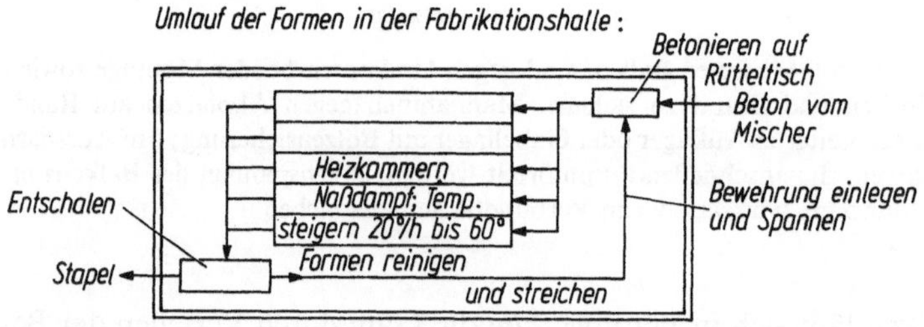

Abb. 4.6/3. Herstellen von kleineren Balken im Betonwerk mit anfänglichem Verbund. **a** Vorspannen im „Spannbett" (50 bis 100 m lang) gegen feste Widerlager; **b** Herstellen in umlaufenden Formen, gegen die die Bewehrung gespannt wird („Stück für Stück"); Vorteil: feste Arbeitsplätze, beschleunigen des Erhärtens des Betons in Heizkammern nach Vorlagern mind. 3 h.

leicht das Einhalten der richtigen Stahlspannung gewährleistet. Ihm stehen die hohen Investitionen für die überdachten Spannbetten, die Transportwege für den Beton und eventuell der große Aufwand für Beheizen zur Abbindebeschleunigung entgegen. Feststehende Formen werden zweckmäßigerweise elastisch gelagert, um die Rüttelwirkung nicht zu behindern. Diese wird erhöht und das Ausrichten der Formen erleichtert, wenn man die Stahlschalungen miteinander durch Laschen verbindet und den ganzen Zug mit etwa 5 t anspannt.

Auf diese Weise werden nicht nur kleine Fertigbalken für den Wohnungsbau und Kasettendeckenelemente für mehrstöckige Gebäude angefertigt (II A, 2.3 u. 3.3.6.2), sondern auch Brückenträger bis 20 m Länge (II A, Abb. 2.2/32) sowie Hallenbinder bis 40 m. Deren durch die Dachneigung bedingte Trapez- oder Dreieckform ist auch konstruktiv sehr günstig, da die Spannkraft am Ende unmittelbar in die Gurte eingeleitet wird und die Stegzugkräfte kleiner als bei parallelgurtigen Trägern (Abb. 4.5/12) sind. Die einfache Herstellung solcher großen Balken macht sie wirtschaftlich durchaus konkurrenzfähig auch bei Transportweiten von etwa 200 km.

Werden Balken bis zu etwa 4 m Länge mit Vorspannung gegen die entsprechend steifen Formen „Stück für Stück" angefertigt (Abb. 4.6/3 b), benötigt man ein wesentlich kleineres Gebäude und weniger Formen. Denn die Balken können nach 10 bis 12 h ausgeschalt werden, wenn sie etwa 8 h in Heizkammern bei 60 bis 70 °C bedampft werden. Die Zemente sprechen hierauf verschieden an (I A, 1.1.8) [109] und müssen beim Umsetzen der Spannkraft auf den Beton 80 % der Endfestigkeit besitzen (36 bis 44 N/mm² bei B 45 bzw. 55). Eine Erstarrungszeit von 2 bis 3 h vor dem Heizen ist einzuhalten. Als Nachteil dieses Verfahrens, das sich für große Stückzahlen gleichartiger Balken, z. B. Eisenbahnschwellen bewährt hat, sind der eventuelle Stahlverlust durch überstehende Enden, der je nach Art der Verankerung 0 bis 10 % beträgt, und die notwendig schweren Formen zu nennen. Andererseits läßt es sich weitgehend mechanisieren, da alle Arbeitsplätze ortsfest sind.

Auch Spannbetoneinzelbalken lassen sich zu Durchlaufträgern zusammensetzen, was jedoch nur bei größeren Nutzlasten p gegenüber der ständigen Last g Bedeutung besitzt. Auf die Umlagerung der Momente aus g durch Kriechen wird in 4.2.4.2 hingewiesen. Der Beton des Untergurtes erhält bereits aus der Spannkraft große Druckspannungen, denen sich weitere aus dem Stützmoment infolge Nutzlast überlagern. Um das zulässige Maß einzuhalten, kann man diejenigen aus der Spannkraft am Ende durch die in Abb. 4.5/14 dargestellten Maßnahmen vermindern.

Sehr große Brückenbalken werden mitunter aus vorgefertigten Einzelteilen (Segmenten) zusammengespannt, worauf in II A, 2.2.1.3.3 eingegangen wird.

4.6.3 Verbundbalken

Stahlbetonverbundbalken, auch „Mischbauweise" genannt, bestehen aus Fertigteilen, die nicht in voller Höhe vorfabriziert (nur Untergurt, eventuell mit Steg), verlegt und durch Ortbeton ergänzt werden. Da so meist größere Balken und Decken hergestellt werden, findet man dieses Vorgehen in II A, 2.2.1.3.2 u. 3.3.6.2 beschrieben.

4.6.4 Transport und Montage von Fertigbalken

Die *Montage* von Fertigbalken muß ebenso wie der *Transport* technisch und zeitlich genau vorausgeplant werden, da sonst ein wesentlicher Vorteil dieser Bauweise entfällt, etwa wenn durch Stockungen die Balken zwischengelagert oder wenn die teuren Hubgeräte (Autokrane) länger angemietet werden müssen. Durch Stahlleichtbeton (I A, 2) [23.3] können die Balkengewichte erheblich vermindert werden [110].

Auf den Fahrzeugen sind die Balken in den vorgesehenen Punkten zu lagern, da zu große Überstände Risse verursachen können. Sie sind ferner wirksam gegen Umkanten zu sichern, da beim Transport Seitenkräfte durch Schiefstehen der Wagen oder in Kurven nicht zu vermeiden sind.

Beim Versetzen darf ein Balken nicht in seiner Schwerachse drehbar aufgehängt werden (Abb. 4.6/4a), denn er stellt sich bei einer unvermeidlichen kleinen Unsymmetrie schräg, wodurch ihn die Komponente des Eigengewichtes quer zu seiner Tragebene verbiegt (Abb. 4.6/4b). Die Gleichgewichtslage ist stabil, wenn in bezug auf die Verbindungslinie der Aufhängepunkte das statische Moment des Balkengewichtes gleich Null wird, d. h. wenn der Schwerpunkt S der Biegelinie y unter dieser Linie liegt. Dann ist $s/a = \tan \varphi$; $a \tan \varphi = s$, wobei $s = \int gy\,\mathrm{d}x/\int g\,\mathrm{d}x$ ist. Die Biegelinie y

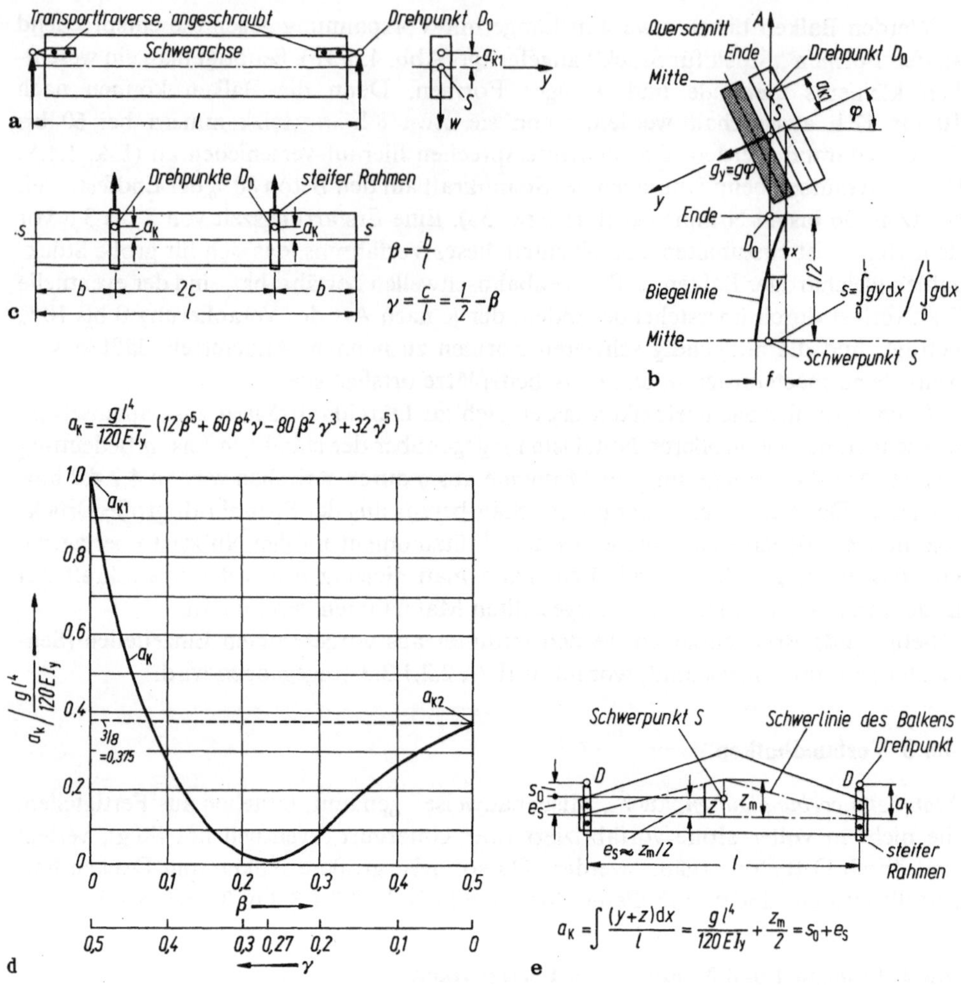

Abb. 4.6/4. Der Aufhängepunkt (Drehpunkt D) bei der Balkenmontage muß oberhalb der kritischen Höhe a_k über der Schwerachse liegen. **a** an den Enden unterstützter Balken; **b** Seitenkraft $g_y = g \cdot \sin\varphi$ bei schräger Lage und horizontale Biegelinie; **c** in Zwischenpunkten mittels angeschraubter Rahmen aufgehängter Balken; **d** kritische Drehpunkthöhe a_k für verschiedene Aufhängepunkte, unterhalb deren der Balken umkantet; **e** Näherung für die kritische Höhe a_k von Trapezbalken

infolge der Seitenkräfte $g \sin\varphi$ ist gleich der mit $\sin\varphi \cong \varphi$ multiplizierten Biegelinie y_0 infolge der in gleicher Richtung wirkenden Kräfte g, also der Biegelinie des auf der Seite liegenden Balkens. Diese besitzt den Stich f_0 und den Schwerpunktabstand s_0, so daß auch $s = s_0 \sin\varphi$, mithin $a \tan\varphi \cong s_0 \sin\varphi$ oder $a = s_0 = a_k$ die „kritische Aufhängehöhe" ist. Für gleichförmig verteiltes Eigengewicht g ist $s_0 = \int y_0 \, \mathrm{d}x/l = a_k$. Betrachtet man die Biegelinie y_0 als Parabel 2. Ordnung, wobei sicherheitshalber der Zustand II anzunehmen ist [111.1], so wird $a_k = s_0 = 2f_0/3$ mit $f_0 = M_0 l^2/10 E_b I_y$ und $M_0 = g l^2/8$ (Abb. 4.2/17), also $a_k \cong g l^4/120 E_b I_y$. Wenn der Balken weiter innen aufgehängt wird (Abb. 4.6/4c), vermindert sich a_k und ist in den Fünftelpunkten annähernd Null (Abb. 4.6/4d). Sehr empfindlich gegen Umkanten sind Balken mit veränderlicher Höhe, für die Abb. 4.6/4e einen Überschlag zeigt. Praktisch wird man stets einen Sicherheitszuschlag zu a_k von etwa 50 % machen. da die angegebene Näherung weder die Verwindung des Balkens infolge Torsion noch eine eventuelle Anfangsexzentrizität berücksichtigt.

Im eingebauten Zustand müssen die Balkenenden gegen Umkanten gesichert (Abb. 4.6/2) und der Obergurt durch Pfetten oder Verbände am Knicken gehindert werden. Jedoch kann ein schlanker Balken mit festgehaltenen Enden vor Anbringen der Verbände mitunter kippen, wobei er sich seitlich verbiegt und verdreht. Diese Erscheinung wird in II B, 4.4 behandelt und läßt sich (auf der sicheren Seite liegend) abschätzen, wenn man den Obergurt als an den Enden gelenkig gelagerten „Euler-Stab" mit einer Längslast gleich der größten Gurtkraft betrachtet [111.2]. Es ist unerläßlich, nicht nur die Stabilität zu untersuchen, sondern auch, wie in 2.1 gezeigt, den Einfluß einer Anfangsverbiegung und des Zustandes II zu überschlagen.

4.7 Gedrungene Balken und Konsolen

Bei Konsolen und kurzen Balken, deren Länge kleiner oder gleich ihrer Höhe ist, hat man ehedem [112], von der üblichen „Schubbeanspruchung", eine „Scherbeanspruchung" unterschieden. Bei dieser sollten die Schubspannungen in einem senkrechten statt in einem waagrechten Schnitt gedeckt werden, weil ersterer eine größere Länge besitze (Abb. 4.7/1). Diese Anschauung ergibt eine Bewehrung, die zwar auf der sicheren Seite liegt, aber unwirtschaftlich und unbequem einzubringen ist. Sie beruht jedoch auf der falschen Voraussetzung, daß die Spannungen σ_x geradlinig verteilt und dem Biegemoment proportional seien. Dadurch würde die Biegebewehrung im Lastangriffspunkt an der Oberseite theoretisch gleich Null. Bei Versuchen [113.1] versagten daher entsprechend bewehrte Konsolen durch den in Abb. 4.7/1 angedeuteten Riß gleich hinter der Lastplatte. Die inneren Kräfte lassen sich eben den Weg nicht vorschreiben, sondern wählen die steifere Abtragung, in diesem Falle durch ein schräges Druckglied. Die „Technische Biegelehre" ist hier überfordert, weil sie nur für schlanke Balken (1.1.1.4) gilt.

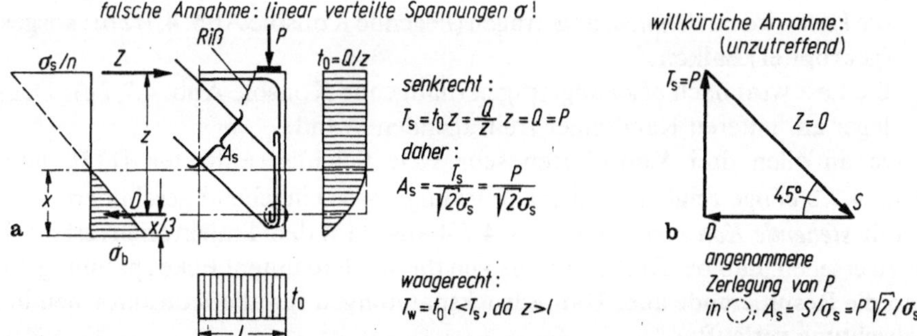

Abb. 4.7/1. Der Wirklichkeit widersprechende Annahmen bei kurzen Konsolen. **a** Anwendung der Technischen Biegelehre führt zum vorzeitigen Versagen. Anordnung und Bemessung *falsch!* **b** Zerlegen von *P* ohne Rücksicht auf Steifigkeiten (Druckstab steifer als Zugstab)

Denn die gedrungenen Balken und Konsolen sind *Scheiben*, bei denen die σ_y von gleicher Größenordnung wie die σ_x sind und deshalb der Hauptzug in der $\sigma_x = 0$-Faser viel kleiner als τ_{xy} ist. Man muß sich also vom eindimensionalen Denken wie auch bei den freitragenden Wänden lösen (6.3.1.2). Von diesen unterscheiden sich die Konsolen jedoch dadurch, daß die Größtwerte von M und Q im selben Querschnitt auftreten.

Das Spannungsbild wird mittels der Elastizitätstheorie (1.1.2) für den Zustand I berechnet. Bei Stahlbeton legt man dann eine Bewehrung ein, die einigermaßen den gebündelten Zuglinien folgt, und erhält so ein Fachwerk, dessen Kräfte kinematisch berechnet werden. Dieser Schluß von Zustand I auf III muß stets durch Versuche geprüft werden, weil sich die inneren Kräfte infolge der verschiedenen Dehnungen von Stahl und Beton in gewissem Maße umlagern. Immerhin darf man nicht allzusehr vereinfachen; z. B. deuten gekrümmte Drucklinien auf zusätzliche Umlenkkräfte hin (I A, Abb. 1.2/4), die durch zusätzliche Stäbe (Bügel) gedeckt werden müssen.

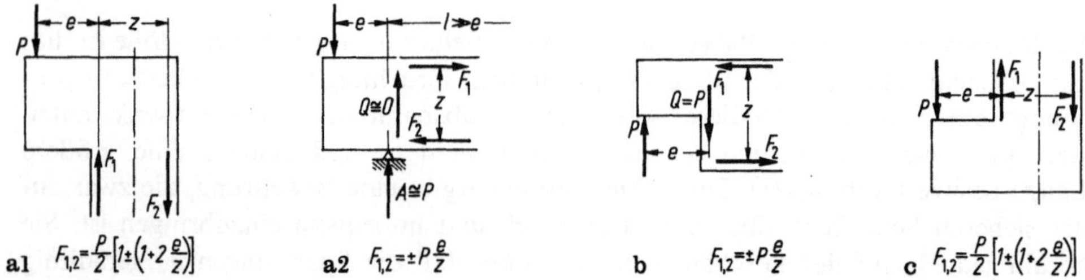

a1 $F_{1,2} = \frac{P}{2}\left[1 \pm \left(1 + 2\frac{e}{z}\right)\right]$ a2 $F_{1,2} = \pm P\frac{e}{z}$ b $F_{1,2} = \pm P\frac{e}{z}$ c $F_{1,2} = \frac{P}{2}\left[1 \pm \left(1 + 2\frac{e}{z}\right)\right]$

Abb. 4.7/2. Einteilen der Konsolen nach der Richtung, in der die Last fortgeleitet wird: **a** stehende, **b** liegende, **c** hängende Konsolen

Anders als bei schlanken Balken ist bei gedrungenen die Art der Abstützung wesentlich für den Kräftezustand (vgl. Abb. 6/18). Man hat deshalb hinsichtlich der Weiterleitung der Last drei Fälle zu unterscheiden (Abb. 4.7/2):
— die Last wird nach *unten* abgetragen (stehende Konsole, Abb. 4.7/2a): Stützenkonsole; überkragendes Balkenende, Einzellast nahe Balkenauflager,
— die Last wird nach *hinten* abgetragen (liegende Konsole Abb. 4.7/2b): ausgeklinkter (gekröpfter) Balken;
— die Last wird nach *oben* abgetragen (hängende Konsole Abb. 4.7/2c): Deckenauflager am unteren Rand einer freitragenden Wand.

Da an allen drei Konsolarten sehr viele Schäden auftreten [113], von denen Abb. 4.7/3 einige zeigt, wird deren Wirkungsweise eingehend geschildert.

Für *stehende Konsolen* zeigt Abb. 4.7/4 aus [114] den Trajektorienverlauf. Hieraus ist zu ersehen, daß bei Rechteckkonsolen die vordere untere Ecke spannungslos bleibt und die Resultierende aller Hauptdruckspannungen für alle Konsolformen in Diagonalrichtung verläuft.

Die Zugspannungen am belasteten Rand sind jedoch größer, als sie die lineare Theorie liefert und praktisch konstant vom Einspannquerschnitt bis zur Last. Mit diesen Erkenntnissen bewehrte Betonkonsolen zeigten ein Rißbild, das den Drucktrajek-

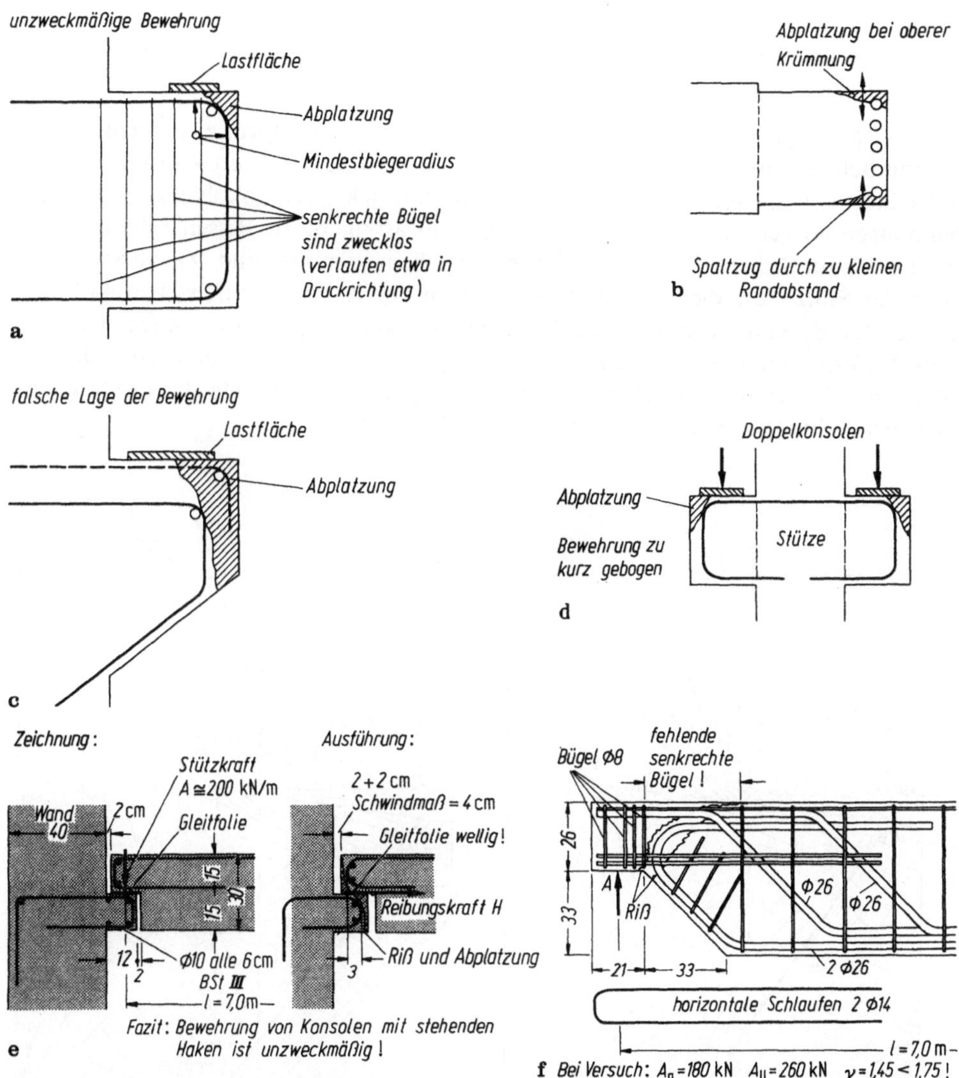

Abb. 4.7/3. Schäden an Konsolen bedrohen mitunter die Tragsicherheit ganzer Deckenfelder. **a** Stehende Bewehrung erfaßt nicht die vordere, belastete Kante des Betons; **b** ebensolche Bewehrung mit zu geringem Randabstand läßt den Beton durch Spaltzug abplatzen (I A, Abb. 4.1/2); **c** zu weit hinten liegende oder **d** zu kurze „Paßstäbe" führen zum Abplatzen des belasteten Betons; **e)** sehr knappe Auflagerkonsolen mit kaum ausführbarer und zudem schlecht verlegter Bewehrung. Mitwirkende Ursache für die entstehenden Risse war die große Lagerreibung infolge einer erheblichen Schwindverkürzung der aufgelagerten Platte; **f** fehlerhafte Bewehrungsführung in einem gekröpften Balken; die Kraft V (Abb. 4.7/16 u. 17) konnte nicht aufgenommen werden

torien entsprach (Abb. 4.7/5). Die Tragfähigkeit wurde durch Recken der Einspannbewehrung und nachfolgende Erschöpfung der Druckfestigkeit an der unteren, inneren Ecke erreicht. Ein „Abscheren" trat erst nach der Bruchstauchung der Druckzone durch Verlängern des Eckrisses in die „Nullzone" ein.

Aus diesen Ergebnissen, die sich an diejenigen von anderen Autoren [115] gut anschließen, kann mit praktisch genügender Genauigkeit in den Grenzen $0,3 < a/h < 1$ gefolgert werden:

(a) Die Randzugkraft Z wird unabhängig von der Konsolenform aus einem Krafteck ermittelt und ist von der Last an bis zum Einspannquerschnitt konstant.

(b) Im Steg sind die aus den ausgebauchten Drucktrajektorien ablesbaren Hauptzugspannungen so gering, daß sie unter Gebrauchslast nicht zu Rissen führen. Man muß jedoch zur Sicherheit eine Bügelbewehrung, bemessen für mind. $Z/3$ vorsehen.

(c) In der Stütze, die die Konsole trägt, tritt an der Zugdecke unter etwa 45° eine Schrägkraft Z_E von maximal etwa $0,7Z$ auf, die nur in geringem Maße von der Konsolenform abhängt. Ihre senkrechte Komponente ist durch eine entsprechende Zulage zur Stützenbewehrung zu decken. Schrägstäbe setzen stets die Breite eines möglichen Schrägrisses (Abb. 4.7/5) herab (Abb. 1/10).

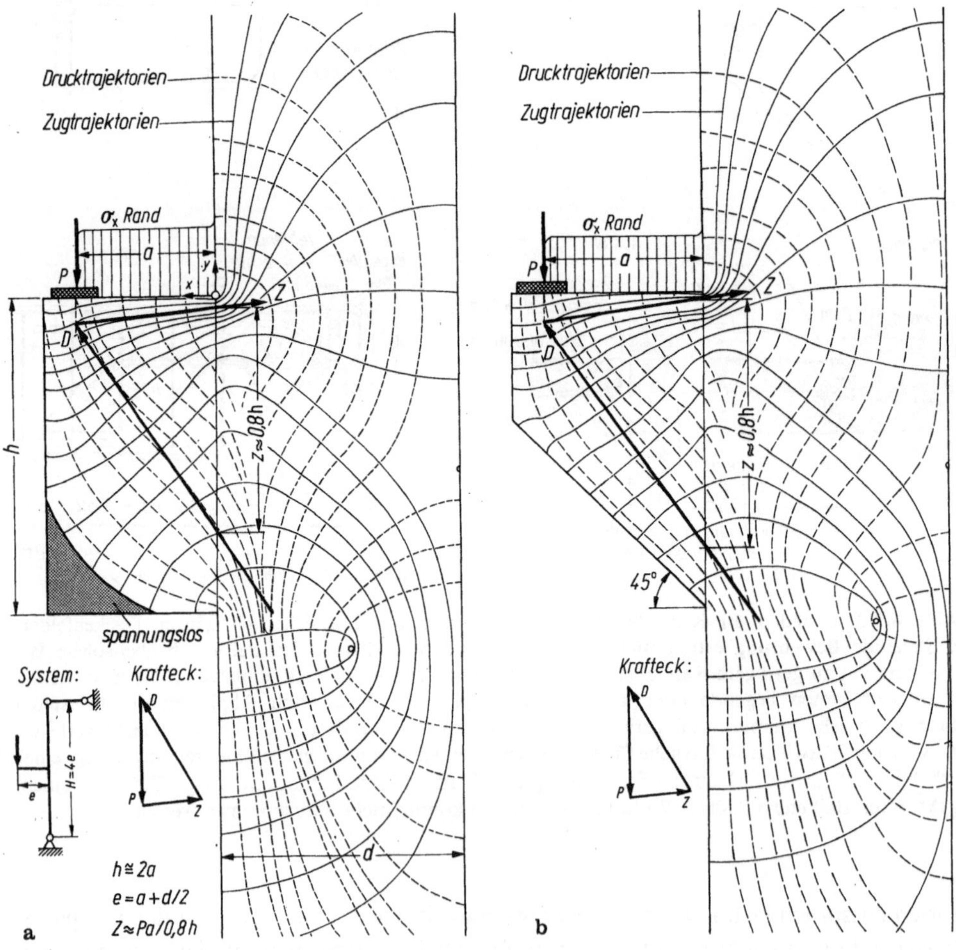

Abb. 4.7/4. Spannungsoptisch ermittelte Hauptspannungstrajektorien für gedrungene Stützenkonsolen und daraus abgeleitete innere Kräfte. **a** rechteckige; **b** abgeschrägte Form.

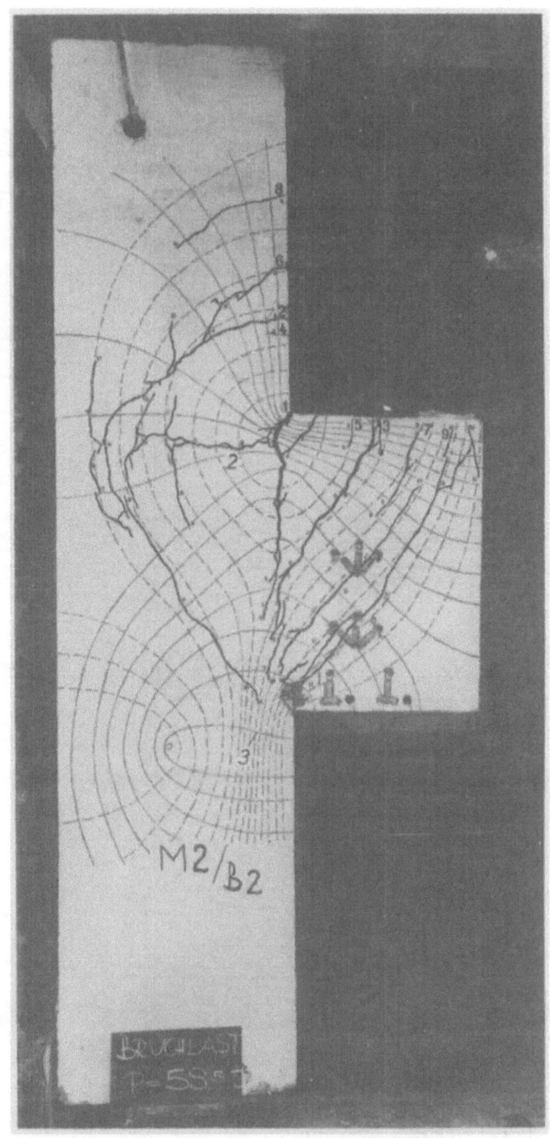

Abb. 4.7/5. Stahlbeton-Versuchskörper (Konsole 50/80 cm, Stütze 2,80 m hoch) mit aufgezeichneten Trajektorien nach Abb. 4.7/4a und Rißbild beim Bruch durch Fließen der Zugbewehrung. Dadurch Öffnen des Risses in der oberen Ecke; Drehen des Konsolkörpers und Stauchen des Betons in der unteren Ecke.

Hiernach läßt sich die zweckmäßige Bewehrung für eine rechteckige (Abb. 4.7/6a) und eine abgeschrägte Stützenkonsole (Abb. 4.7/6b) entwerfen. Entscheidend wichtig ist es, die Zugbewehrung am Konsolenende unter der Last gut zu verankern, da sie bereits dort *voll* durch Z beansprucht ist. Man leitet hier die Kraft wie auch an anderen Stellen, wo keine genügende Haftlänge zur Verfügung steht, am besten durch Schlaufenbildung in die Bewehrung ein. Abb. 4.7/7a zeigt diese Anordnung (ausführlich in [38.1, S. 124]). Die Stäbe dürfen nicht zu dick sein, damit die in DIN 1045, 18.3.1 Tab. 18 festgelegten Radien r (halbe Biegerollendurchmesser d_{br}) nicht zu groß werden und so die Ecken unbewehrt bleiben. Die erheblichen Spaltzugkräfte rechtwinklig zur Schlaufenebene werden von der Last „überdrückt", so daß das „Min-

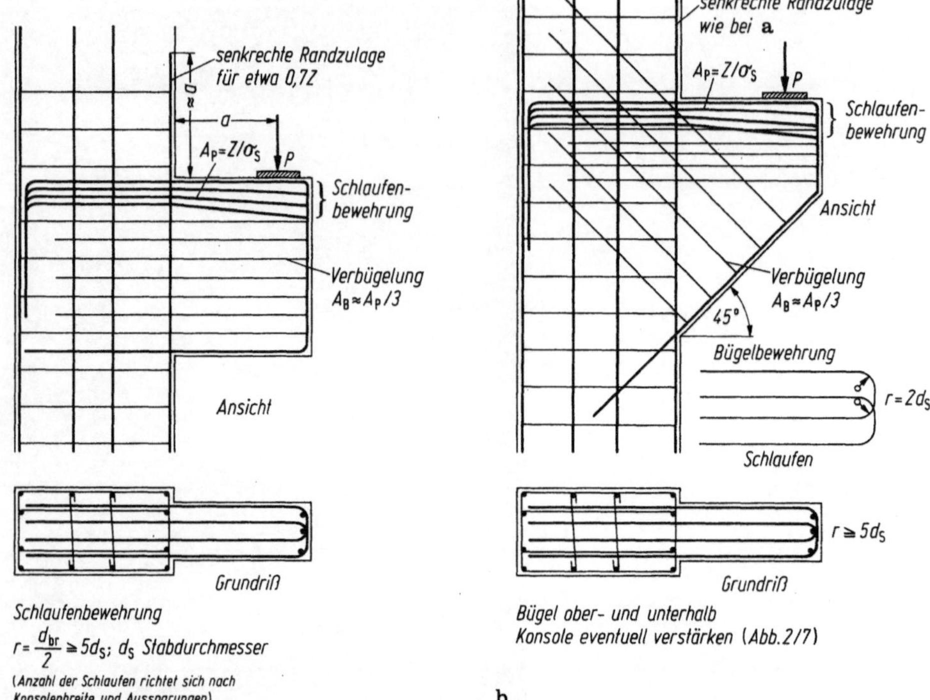

Abb. 4.7/6. Zweckmäßige Bewehrung für gedrungene Konsolen. **a** rechteckige; **b** abgeschrägte Form

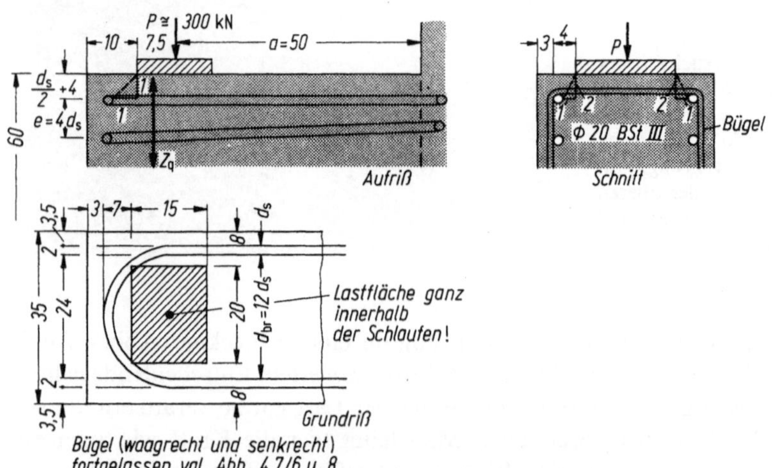

Abb. 4.7/7. Beispiel für die nötigen Randabstände der Lastfläche bei Schlaufenbewehrung (B. Kal. 1981 II, S. 585 und [1/2, Teil 3, S. 186]). Deren Biegerollendurchmesser müßte nach DIN 1045, Tab. 18 Zeile 5 für BSt III $d_{br} = 15d_s$ betragen (vgl. auch a. a. O. S. 42). Er kann unbedenklich auf $\cong 12d_s$ ermäßigt werden, obgleich die Bedingungen der Fußnote[32]) für die „Sonderregel" nach [86, 18, 5.5.2] $d_{br} = 10d_s$ nicht erfüllt sind, weil der Druck P der Lastplatte den Spaltzug der Schlaufen ($Z_q \cong 0,25P$) weitaus überwiegt.

destmaß" von d_{br} gewählt werden darf. Man muß jedenfalls peinlich darauf achten, daß die Lastfläche ganz innerhalb des umschnürten Betons liegt (Abb. 4.7/7b), weil nicht umfaßte Ränder abbrechen. Eine höhere lokale Pressung ist ganz unbedenklich. Außerdem muß die Druckfläche klein gehalten werden, damit sich Auflagerverdrehungen des Balkens nicht schädlich auswirken können (vgl. Abb. 7/10). Deshalb ist eine Bewehrung mit stehenden Bügeln völlig ungeeignet (Abb. 4.7/3a). Brauchbar ist jedoch auch eine Ankerplatte, an welche die Zugstäbe angeschweißt werden (Abb. 4.7/8).

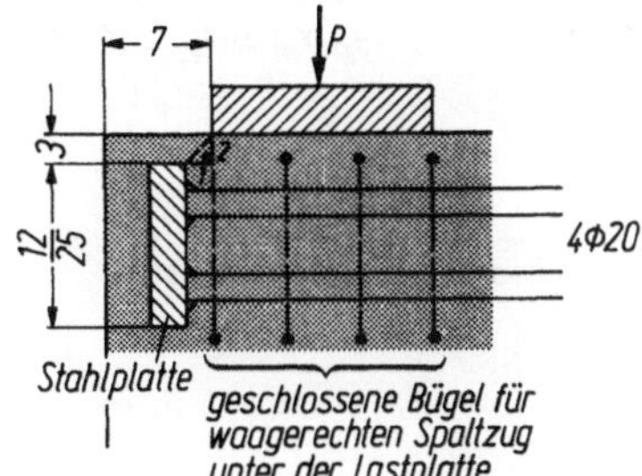

Abb. 4.7/8. Anschweißen der Zugstäbe an eine Ankerplatte nach DIN 1045, Tab. 24.

Die nötigen Betonabmessungen der Konsole lassen sich aus einer Betrachtung des Bruchzustandes (Abb. 4.7/9) nach [116] abschätzen. Hieraus wird abgeleitet, daß man in der Anschlußfläche eine *gedachte* Schubspannung τ_0 für B 25 einhalten muß von

$$\tau_0 = P/bh \leqq 4{,}0 - 2{,}0a/h \text{ in N/mm}^2.$$

H. 240, 2.6 schlägt vor:

$$\tau_0' = P/bz \leqq \tau_{03} - (\tau_{03} - \tau_{02})\, a/2h\,, \quad \text{d. h. für B 25:}$$

$$\tau_0 = P/bh \leqq 0{,}85[3{,}0 - (3{,}0 - 1{,}8)\, a/2h] = 2{,}55 - 0{,}51a/h \ (\text{Abb. 4.7/10}).$$

Die Zugkraft Z wird aufgenommen durch $A_z = Pa/z\sigma_s$, wobei H. 240 generell $z = 0{,}85h$ zuläßt, während nach [116] aufgrund des Bruchmechanismus Abb. 4.7/9 zu wählen ist z. B. bei $\mu = 0{,}8\%$:

für $a/h =$	0,3	0,5	0,8	1,0
$z/h \cong$	0,75	0,8	0,85	0,9 .

Zu A_p infolge P ist gegebenenfalls noch ein Anteil $A_H = H/\sigma_s$ aus einer Lagerreibungskraft $H = P\mu$ (7.3) hinzuzufügen (Abb. 4.7/9). σ_s wird, da der Bruch sich durch Risse „ankündigt", für BSt III $\sigma_s = 420/1{,}75 = 240$ N/mm² gesetzt. Die Stahldehnung wird durch die Grenze für τ zwangläufig auf $\varepsilon_s \cong 10 \dots 15\%_{00}$ beschränkt. Die Betonsorte wirkt sich, wie bei Balken (4.3.1.1), nur wenig auf die Zugbewehrung aus, so daß nach [116] stets mit den Werten für B 25 gerechnet werden darf. Die in zahlreichen Versuchen nachgewiesenen Tragfähigkeiten weisen viel größere Streuungen auf!

Bei höheren Konsolen als $a/h = 0{,}3$ nimmt die Neigung des Druckstabes nicht mehr zu, die Zugkraft infolgedessen nicht mehr ab, sondern ist mit $Z \cong 0{,}4P$ abzuschätzen.

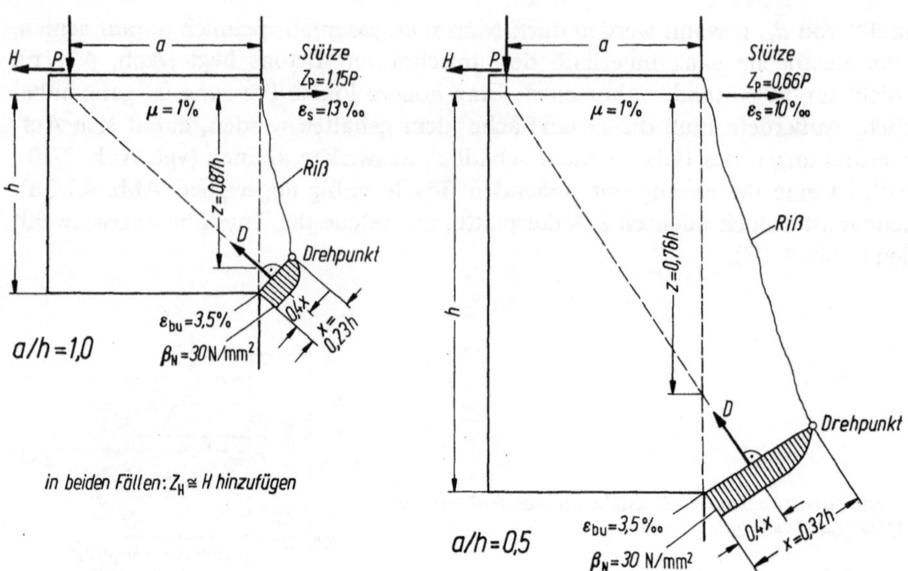

Abb. 4.7/9. Vereinfachter Bruchmechanismus von gedrungenen Konsolen [116], angelehnt an denjenigen von Balken (4.3.1.2). In der Druckecke wurde wegen des zweiachsigen Spannungszustandes die Bruchspannung des Betons zu β_N statt β_R (DIN 1045, Tab. 12) angenommen.

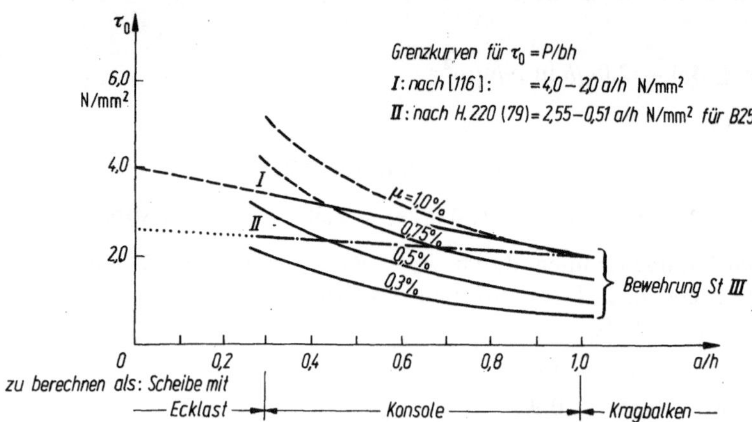

Abb. 4.7/10. Vorschläge für eine *gedachte* Vergleichsschubspannung $\tau_0 = P/bh$ nach [116] und nach H. 220 (79), 2.6 sowie die zum jeweiligen τ_0 gehörige Zugbewehrung $\mu = A_p/bh$.

Eine waagerechte Verbügelung (etwa für $Z/2$) ist wegen der gekrümmten Drucklinie auf die ganze Höhe nötig. Diese Aussage ist auf die Ergebnisse in [117] und [6/14] gestützt und kann auch genähert aus Abb. 6/17 abgeleitet werden. Diese liefert für die Scheibe mit Ecklast $Z/P \cong Z_m/A = 0,2pl/0,5pl = 0,4$.

Schlankere Konsolen als $a/h = 1$ gehen in Kragbalken über und bedürfen senkrechter Bügel, die nach DIN 1045, 17.5 zu bemessen sind.

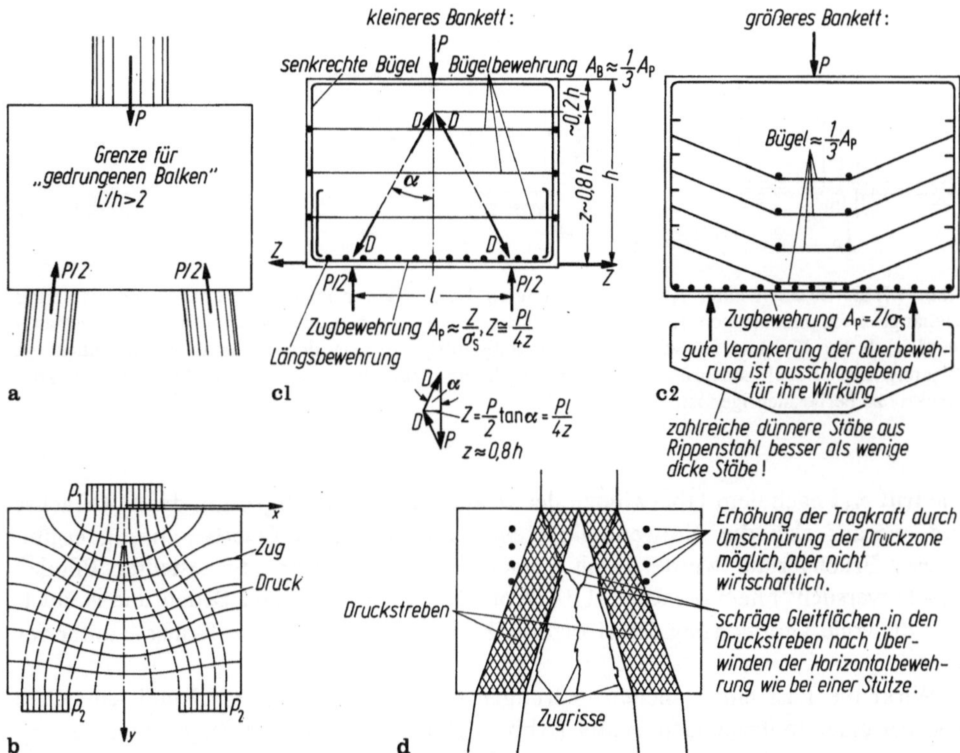

Abb. 4.7/11. Kräftebild und Bewehren von Pfahlkopfplatten. **a** Querschnitt und Grenze des Verhaltens als gedrungener Balken = Doppelkonsole; **b** Trajektorienverlauf (vgl. I A, Abb. 1.2/25 b, da Pfähle horizontal weich!); **c1,2** Bewehrungsvorschläge; **d** Bruchbild nach dem Fließen der Zugstäbe.

Ein Pfahlbankett (Abb. 4.7/11 a) oder ein Balkenende mit großer Querkraft [118] wird ähnlich wie eine Stützenkonsole beansprucht. Von einem Auflagerquader (I A, 7) unterscheidet es sich durch die auf zwei Teilstrecken konzentrierte Stützkraft, wodurch die Querzugspannungen vergrößert werden. Der Verlauf der Hauptspannungen (Abb. 4.7/11 b) gibt wieder einen Anhalt für die Bewehrungsführung (Abb. 4.7/ 11 c), die nach den Gesichtspunkten der Konsolen zu bemessen ist. Die Zerstörung eines stark bewehrten Banketts auf Druck entspricht der Gleitflächenbildung in den beiden Druckstreben (Abb. 4.7/11 d) wie bei einem Prisma (I A, Abb. 1.2/11 u. 7/2).

Abb. 4.7/12. Bruch eines unbewehrten Betonquaders beim „Scherversuch". Durch Zugrisse wurde er in zwei schräge Prismen aufgespalten und brach durch Überschreiten von deren Druckfestigkeit. Lagerung für Bruchform entscheidend (vgl. I A, Abb. 1.2/25).

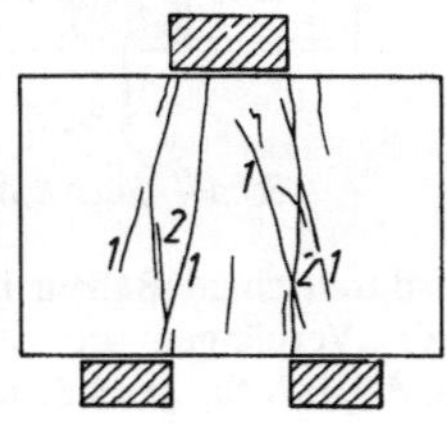

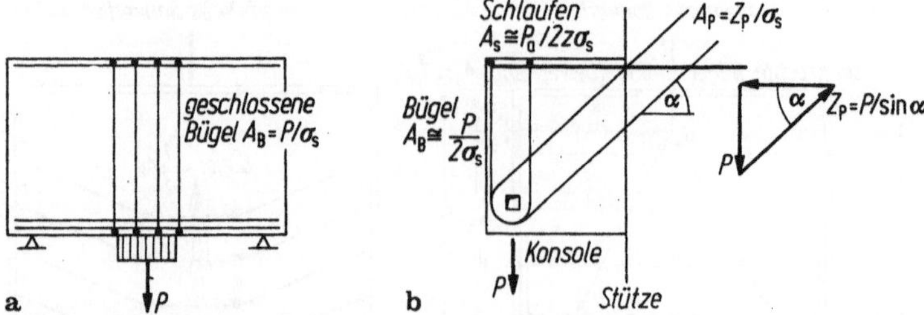

Abb. 4.7/13. Belasten einer Konsole am unteren Rand. Besser ist es, die Last durch stählernes Gehänge oben einzutragen [120.7]!; **a** idealisierte Balkenlast muß voll in Druckzone verhängt werden; **b** bei Konsole ist schräge Aufhängung nötig; infolge deren Dehnung wird auch die Biegung über Bügel „anspringen", so daß auch diese für einen geschätzten Anteil von P konstruktiv zu berücksichtigen ist.

Sie tritt erst nach dem Überwinden der waagrechten Zugfestigkeit in der Mittelachse ein, woraus sich die Notwendigkeit einer ausreichenden Querbewehrung ergibt. Dieser Bruchverlauf wurde durch Versuche selbst für sehr eng gestellte „Pfähle" („Scherversuch") nachgewiesen [119] (Abb. 4.7/12). Von größter Bedeutung ist auch hier die volle Verankerung der Horizontalbewehrung wie bei einer Konsole unter der Last.

Wirkt die Last eines solchen gedrungenen Balkens am *unteren* Rand, entstehen wie bei einer freitragenden Wand (Abb. 6/18a) entsprechende Zugspannungen σ_y, die durch senkrechte Bügel den Druckstreben zuzuleiten sind (Abb. 4.7/13a). Eine an einer Konsole *angehängte Last* erzeugt ein an der Waagrechten gespiegeltes Trajektorienbild wie in Abb. 4.7/4. Die der schrägen Druckkraft D entsprechende Zugkraft muß dann durch entsprechende Schlaufen aufgenommen werden, die unten die Zugkraft umfassen (Abb. 4.7/13b).

Ähnlich ist zu verfahren, wenn eine Konsollast „mittelbar", d. h. durch einen Querbalken eingetragen wird (Abb. 4.7/14a). Die Höhe des Lastangriffes ist dann unklar und man wird ungünstig annehmen, daß die Last im Zustand II und erst

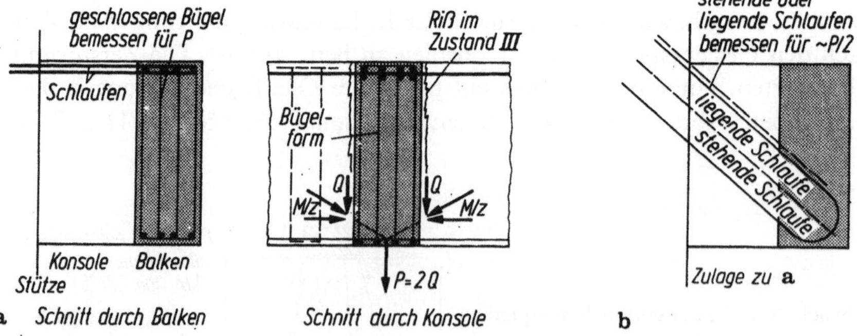

Abb. 4.7/14. „Indirekt" durch einen Balken in eine Konsole eingetragene Last. **a** Tragsicherheit gewährleistet durch volles „Verhängen" der Stützkraft nach oben; **b** Zulage von Schrägstäben bei großer Last gemäß Abb. 4.7/13b für geschätzten Anteil, etwa $P/2$.

recht im Zustand III a *unten* eingetragen wird (vgl. Abb. 4.5/5). Sie ist daher voll nach oben zu übertragen, wobei die geschlossenen (!) Bügel sowohl die unteren Balkenstäbe als auch die Schlaufen der Konsole umgreifen müssen. Bei bedeutenden Lasten wird wegen der Unklarheit des Kräftespieles empfohlen, jeweils etwa $^2/_3$ der Last aufzuhängen und durch Schrägstäbe zu übertragen, die unten durch Schlaufen gut zu verankern sind (Abb. 4.7/14b) [1/2, Teil 3, 13.2], da eine „gemischte" Tragwirkung auftreten wird.

Kranbahnbalken führen ständig wechselnde Auflagerdrehwinkel aus und würden bei fester Verbindung die Konsole durch Torsion bald zerrütten. Sie müssen deshalb stets drehbar aufgelegt werden.

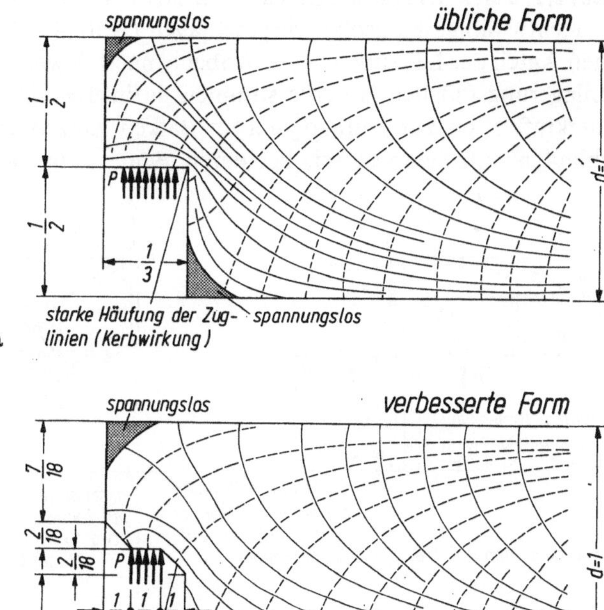

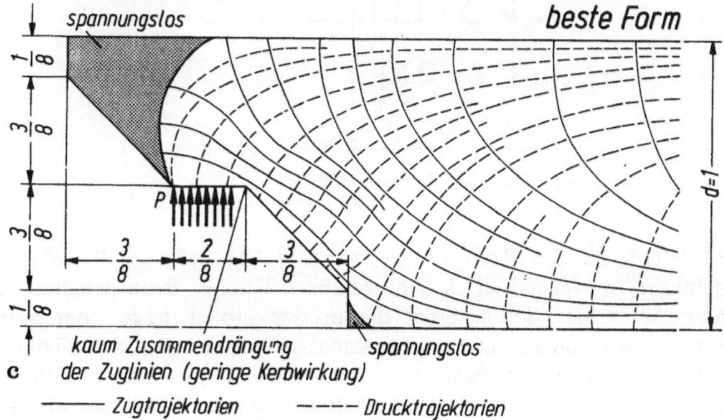

Abb. 4.7/15. Verschiedene Formen von gekröpften Balkenauflagern, charakterisiert durch die zugehörigen Hauptspannungslinien. **a** übliche Form; **b** Abschrägen der einspringenden Ecke setzt Kerbspannung wesentlich herab; **c** „glatter" Verlauf der Zuglinien bedeutet geringere Spannungskonzentration.

An *liegenden Konsolen* sind oft schwer behebbare Schäden durch falsche Bewehrung aufgetreten (Abb. 4.7/3; auch II A, Abb. 3/48). Den besten qualitativen Einblick gewährt wieder das Trajektorienbild Abb. 4.7/15. Die einfache rechtwinklige Form (Abb. 4.7/15a) zeigt die Zugspannungshäufung in der einspringenden Ecke, die auf die Gefahr eines Einrisses, auch bei entsprechender Bewehrung, hindeutet. Es wird daher empfohlen, die Ecke zu brechen (Abb. 4.7/15b). Eine noch stärkere Abschrägung (Abb. 4.7/15c) bringt sowohl ein weiteres „stream-lining" des Spannungsverlaufes als auch kleinere Umlenkwinkel und Spaltzüge der Tragstäbe. Diese lassen sich auch besser in der „spannungslosen" Ecke verankern. Abb. 4.7/16 zeigt die Bewehrungsführung für alle drei Konsolformen.

Verschiedene Autoren haben sich mit diesem wichtigen Detailpunkt befaßt, in [120; 1/2, Teil 3, 9.11] sowie B. Kal. 1982 II, S. 578 und zwei denkbare „Tragfachwerke" für rechtwinklige Konsolen vorgeschlagen (Abb. 4.7/17). In praxi wird jedes davon einen Anteil der Last übertragen, wobei je nach Bewehrungsführung eine beschränkte Umlagerung möglich ist. Alle stimmen darin überein, daß das Versetzmoment der Stützkraft P bis zur Aufhängung im Balken ganz oder teilweise durch horizontale Schlaufen aufzunehmen sei, bei deren Bemessung die Lagerreibung H nicht ver-

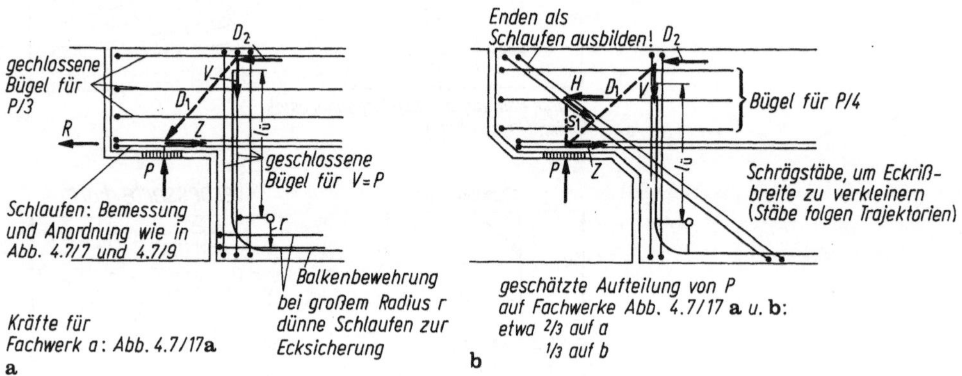

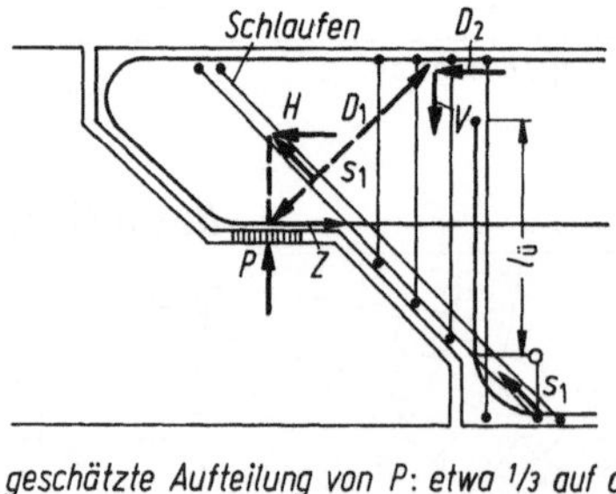

Abb. 4.7/16. Zu den Konsolformen Abb. 4.7/15 gehörige Bewehrungen ohne konstruktive Verbügelungen. **a** Normalfall; **b** Schrägstäbe bei hoher Beanspruchung zweckmäßig (Eckriß!); **c** erhöhter Anteil der Schrägstäbe, die in der „toten Ecke" der verlängerten Konsole gut verankert werden können. Die angegebenen Anteile von P für die Tragwirkungen sind geschätzt und daher sicherheitshalber *beide* etwas zu erhöhen! In jedem Falle ist zur Kraft Z noch eine Reibungskraft R je nach Lagerbauart und -weg (vgl. 7.3) hinzuzufügen!

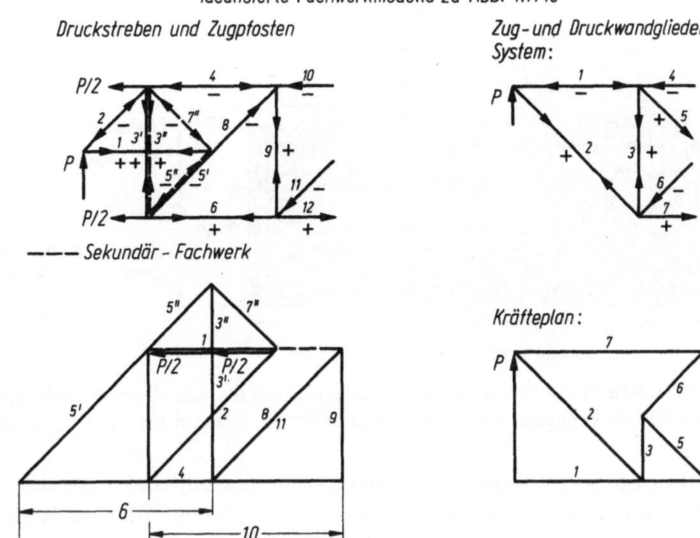

Abb. 4.7/17. Extreme Modelle für das Kräftebild liegender Konsolen. **a** Druckstäbe sehr steif, bei Form a) vorherrschend; 1 und 3 verlaufen in der Ecke unter 45° zum Hauptzug, so daß evtl. dort ein Riß im Zustand II zu erwarten ist (vgl. 5.4.1); **b** Form b): unzulängliche Abtragung in Konsole, da Z vernachlässigt, obgleich D_1 sehr steif! Mithin Überlagern (stat. unbest.) der Formen a) und b) nötig. Jedoch stets 2 in Ecke zur Rissicherung zu empfehlen.

gessen werden darf! Bei Form Abb. 4.7/17a wird die Querkraft durch einen Druckstab an senkrechte, geschlossene (!) Bügel weitergeleitet. Form Abb. 4.7/17b deckt sich zwar in der einspringenden Ecke gut mit dem Trajektorienbild, jedoch fehlt die waagrechte Zugkraft unter der Last (Abb. 4.7/15a). Außerdem können die Schrägstäbe nur in größeren Konsolen oder durch besondere Vorrichtungen (angeschweißte Platten) verankert werden. Sie halten den Eckriß feiner als unter 45° dazu verlaufende Stäbe (Abb. 1/10 u. I A, Abb. 4.1/11). Sie sind daher bei hoch beanspruchten Konsolen als Zulagen nützlich. Bezüglich der Tragsicherheit wird der schräge Druckstab vermutlich stets den größeren Anteil übernehmen, so daß die zugehörige Aufhängung sicherheitshalber für die Kraft P zu bemessen ist. Grundsätzlich darf man ein Fachwerkmodell nicht willkürlich wählen, sondern muß sich an das Trajektorienbild anlehnen, das ja das Rißbild präformiert; sonst riskiert man grobe Risse bereits im Zustand II.

Hängende Konsolen müssen mit dünnen Stäben bewehrt werden, damit man alle Betonkanten erfaßt [120.6]. Da in der Regel die aufzunehmenden Stützkräfte nicht groß sind, können waagrechte Schlaufen meist entbehrt werden (Abb. 4.7/18). Dieses Beispiel zeigt, daß die Konsole mindestens 20/25 cm groß sein muß und mit BSt III max. $\varnothing$ 12 bewehrt werden darf. Sie trägt dann etwa 250 kN/m. Die Aufhängebügel müssen die untere Wandbewehrung umgreifen und dürfen höchstens 10 bis 15 cm Abstand haben, um horizontale Risse fein zu halten. Es reicht nicht aus, sie für Vollast zu bemessen, da sie bei einseitiger Last wesentlich höher beansprucht werden!

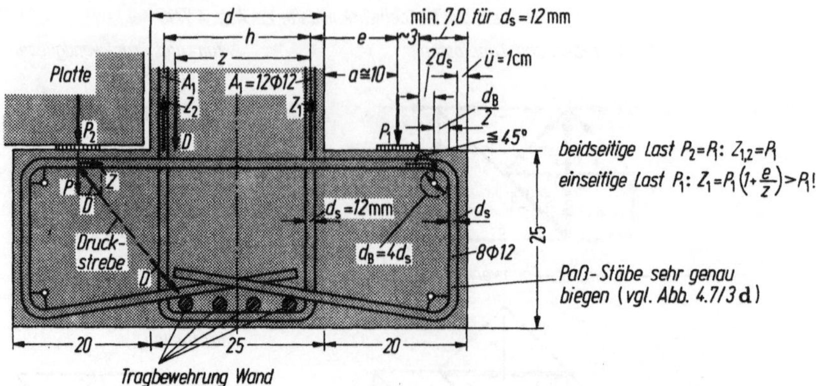

Abb. 4.7/18. Hängende Konsolen erfordern kleine Stabdurchmesser. Schrägstäbe meist nicht möglich, da sie nicht genügend verankert werden können. Beispiel für $P_1 = P_2 \cong 200$ kN und BSt III

Vorfabrizierte Konsolen bringen den Vorteil, daß man die Stützen- oder Wandschalung nicht ausschneiden und einen Kasten für die Konsole anbringen muß. Abb. 4.7/19a zeigt ein solches Fertigteil, das vor dem Betonieren der Stütze in deren Schalung eingesetzt wird und die nötige Anschlußbewehrung enthält. Seine Breite b' soll — wie stets — kleiner als diejenige der Stütze sein, damit die Bewehrungen aneinander vorbeilaufen. Die Ausführungen Abb. 4.7/19b und c dienen als Auflager kleinerer Lasten. Die Tragfähigkeit von b ist in [121.1] untersucht, diejenige von c in [121.2]. Die für größere Lasten geeignete Doppelkonsole ist [108.7] entnommen. Sehr kleine Lasten (Rohrleitungen u. dgl.) werden mittels Stahlkonsolen an einbetonierten Ankerschienen aufgehängt (B. Kal. 1982 I, S. 308) [121.3], die den Vorteil haben, daß man die genaue Höhe nachträglich einstellen kann.

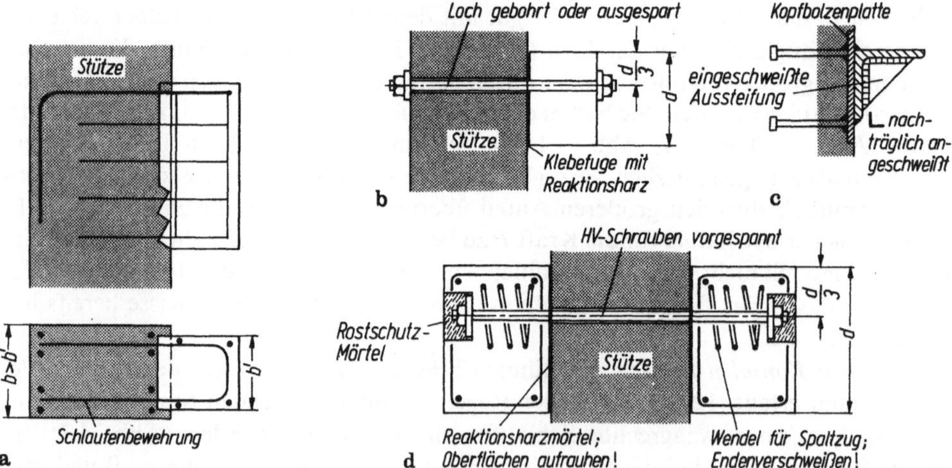

Abb. 4.7/19. Vorfabrizierte Konsolen. **a** in die Schalung der Stütze eingesetztes Fertigteil samt Bewehrung; **b** kleine Konsole, mit HV-Schraube gehalten; kann auch nachträglich mittels Kernbohrung angebracht werden; **c** in der Schalung befestigte Kopfbolzenplatte, an die später ein Stahlwinkel angeschweißt wird; **d** größere Doppelkonsole, die mit HV-Schrauben oder Gewindestahl St 885/1080 vorgespannt wird, um ein Öffnen der Fuge zu vermeiden und die Querkraft sicher zu übertragen.

5 Platten

Einleitend seien Bedeutung und Eigenart dieser „Flächenträger" kurz charakterisiert:

(a) *Funktion*: Ihre Aufgabe ist einerseits das Übertragen von Lasten nach Linien- oder Punktlagern, anderseits übernehmen sie den Abschluß von Räumen, wobei sie diese oft auch vor Feuchtigkeit, Wärme und Schall zu schützen haben.

(b) *Menge*: Rund $^2/_3$ von allem Stahlbeton wird in Form von Platten eingebaut, wie W. Haas/Delft einmal errechnet hat. Die intensive Beschäftigung mit ihnen lohnt sich also!

(c) *Probleme*: Das Abtragen der Lasten in der Ebene ist weitaus schwieriger zu erfassen als das einachsiale der Stäbe (Balken und Stützen). Es ist daher ein nahezu unerschöpfliches Thema für Theorie und Experiment; die Sammlung der Plattenliteratur von Naruoka [1.1] enthält 12717 Titel, einen wahren Ozean von Wissen!

(d) *Tragverhalten*: Platten verformen sich unter allen Lasten aus Gründen der Kontinuität muldenartig. Dieser stetig gekrümmten Biegefläche steht aber meist die Forderung eines Zuges ebener Auflagerlinien gegenüber (Randbedingung von Navier). Je größer die Diskrepanz zwischen beiden ist, um so bedeutender wird der Einfluß von Zusatzstützkräften (q^* als Funktion oder Festhaltekräfte E Abb. 5/5 bis 8): Zwanglos legt sich eine drehsymmetrisch belastete Kreisplatte auf ein Ringlager, extrem „vergewaltigt" wird die Biegefläche bei einer Dreieckplatte (Abb. 5/29).

Die Auswirkungen der Dehnung der Mittelfläche werden fast stets vernachlässigt, obgleich die hierdurch geweckten Membrankräfte unter Umständen eine — meist günstige — Rolle spielen (II A, 3.1.4).

(e) Die *Idealvorstellungen* der Homogenität (Rissefreiheit), Linearität (konstante E-Zahl) und Isotropie (gleiche Steifigkeit in allen Richtungen) liegen allen Plattenberechnungen der Praxis wie bei Balken zugrunde. Sie führen aber bei ersteren zu weitaus größeren Abweichungen von der Wirklichkeit als bei letzteren, wie z. B. anhand Abb. 5/58 in 5.4.1.1 erläutert wird. Das darauf aufgebaute perfekte und kohärente Gebäude der klassischen Plattentheorie ist daher nur als Modell zu betrachten. Allerdings ist es ja nur unter diesen Voraussetzungen möglich, Formeln, Computerprogramme und Platten-Tabellen, die für alle Baustoffe gelten, aufzustellen. Diese so überaus bequeme Unabhängigkeit, auch von der Bewehrung bei Stahlbeton, erkauft man mit eben diesem Modellcharakter. Wirklichkeitsnähere Forschungsarbeiten, wie z. B. in Abb. 5/46 bis 48, zeigen aber die Fähigkeit von Platten, selbst schon im Gebrauch, erst recht bei höherer Last (Abb. 5/49), latente Reserven zu mobilisieren.

(f) *Anschauung und Ausführung*: Das Ingenieurdenken ist befangen in kartesischen oder polaren Koordinatensystemen und daher dem „fließenden" Abtragen der Lasten, das sich in den Hauptmomentenlinien ausdrückt (z. B. Abb. 5/7, 8e, 30), nicht gemäß. Es benötigt deshalb Hilfsbegriffe wie „Drillmoment" und „Störzonen" (entsprechend etwa „Schubschlankheit" bei Balken), um sich der Wirklichkeit zu nähern. Die Bewehrung von Platten mit geraden Stäben unterliegt ebenfalls dem Zwang, sich den Achsrichtungen anzupassen, obgleich die Führung in den Hauptzugrichtungen konstruktiv ideal wäre. Dies führt zu den umstrittenen Transformationsgleichungen (5.4.1.1, Abb. 5/57).

5.1 Berechnung der Schnittkräfte im Gebrauchszustand

Die grundlegenden Annahmen findet man in Abschn. 1 und zwar die Methoden in 1.1.2, das Bemessen in 1.3 und das Verformen in 1.4. Die auch für Platten in Hoch- und Brückenbau anzunehmenden Lasten sind eingangs Abschnitt 4.2, die für die Bemessung maßgebenden Vorschriften in 1.1.2 zusammengestellt.

5.1.1 Analytische Berechnung

Die gebräuchliche Plattentheorie nach Kirchhoff findet man ausführlich in der Literatur dargestellt [2; 1/14.1; 1/19], ihre Geschichte in [1.2]. Weil deren Ansätze für den praktischen Gebrauch umständlich auszuwerten sind, haben verschiedene Autoren Einflußflächen veröffentlicht, mit deren Hilfe die Momente für Einzellasten, Lastengruppen und Teilflächenlasten (Fahrzeuge) rasch gewonnen werden, z. B. für: Plattenstreifen und allseitig gelagerte Rechteckplatten [3]; Randmomente eingespannter Platten [4].

Die zunächst überraschende, paradoxe Tatsache, daß in der Formel für die Momente aus einer Einzellast $m = P\eta$ (η Einflußordinate) die Spannweite der Platte, sei sie auf

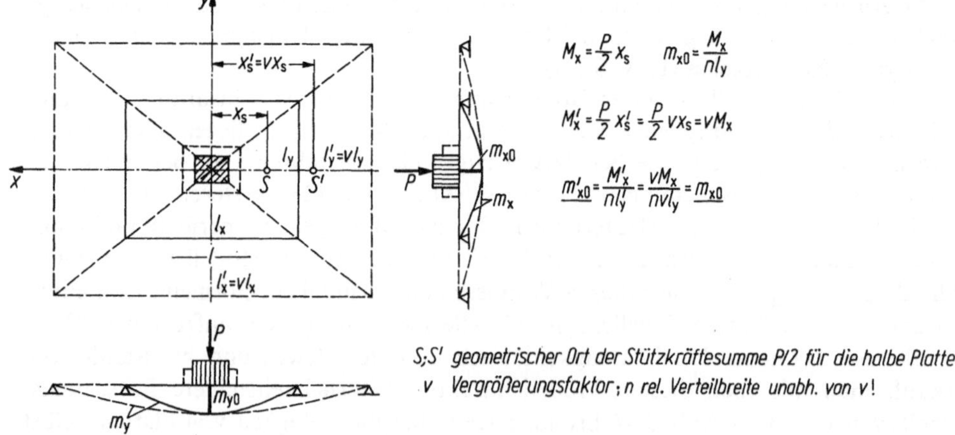

$$M_x = \frac{P}{2} x_s \qquad m_{x0} = \frac{M_x}{n l_y}$$

$$M_x' = \frac{P}{2} x_s' = \frac{P}{2} v x_s = v M_x$$

$$m_{x0}' = \frac{M_x'}{n l_y'} = \frac{v M_x}{n v l_y} = \underline{m_{x0}}$$

S;S' geometrischer Ort der Stützkräftesumme P/2 für die halbe Platte
v Vergrößerungsfaktor; n rel. Verteilbreite unabh. von v!

Abb. 5/1. Die Biegemomente von Platten infolge einer Einzellast sind unabhängig von deren absoluter Größe!

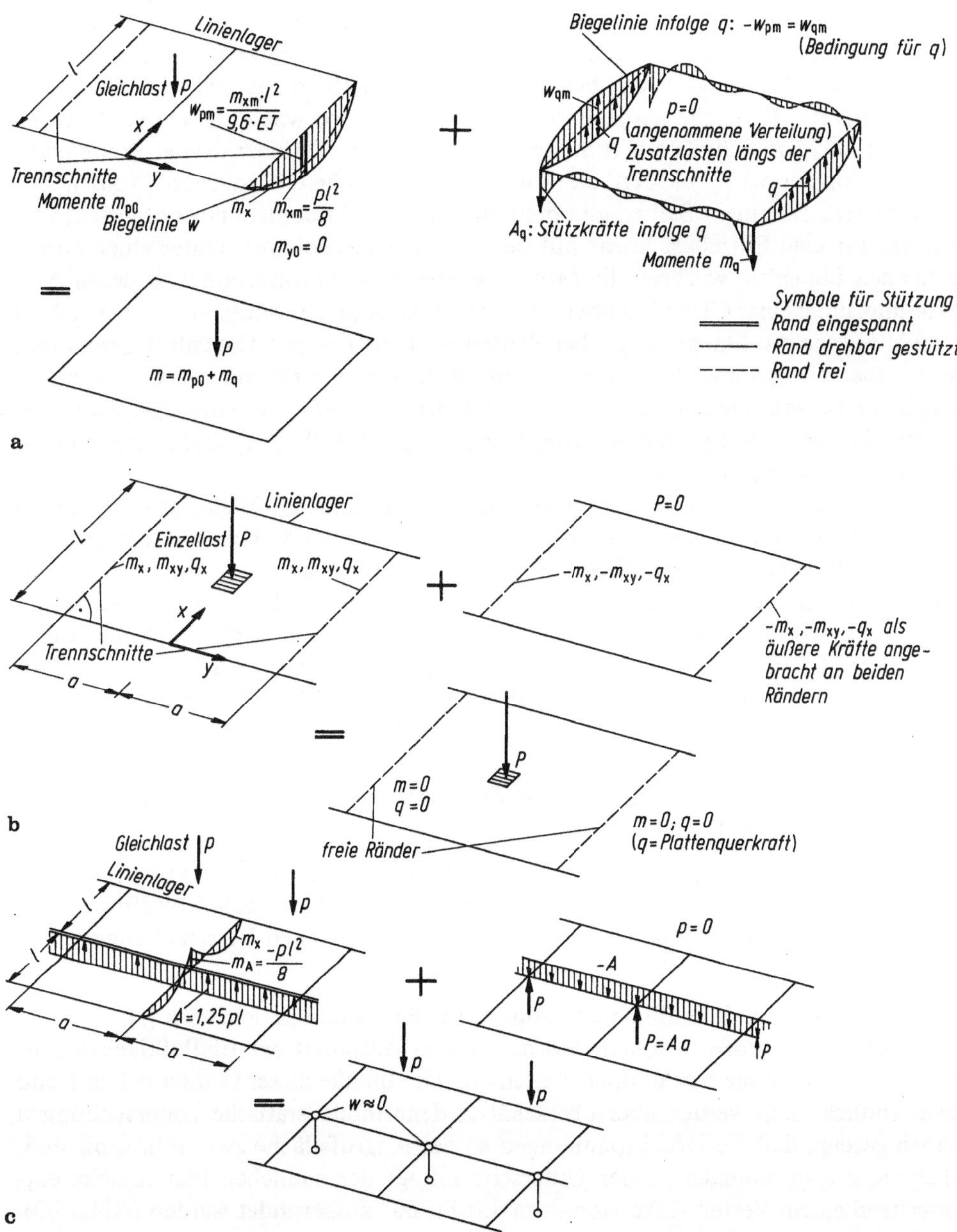

Abb. 5/2. Überlagerungsverfahren zum Berechnen von Platten aus bekannten Fällen durch Verändern der Randbedingungen. **a** umfangsgelagerte Rechteckplatte aus Streifenplatte unter Gleichlast p durch Anbringen einer Randlast q in Trennschnitten, welche die Durchbiegung $w_{pm} = 0$ macht (Näherung) ($v = 0$). Momente infolge q z. B. bei [2.6, S. 898 ff.]; **b** Streifenplatte mit begrenzter Breite unter Einzellast aus einer unendlich langen Streifenplatte durch Anbringen der Kräfte in den Trennschnitten mit umgekehrten Vorzeichen, so daß dort $m = q = 0$ wird; **c** in Abständen a punktgestützte Streifenplatte aus einer zweifeldrigen Streifenplatte unter Gleichlast p durch Umkehren der Stützkraft A und zusätzliche Stützkräfte P. 1.Näherung: Durchlaufbalken, 2.Näherung: Durchlaufbalken mit elastischer Stützung

dem ganzen oder nur einem Teil ihres Umfanges gelagert, überhaupt nicht vorkommt, erklärt sich daraus, daß die Dimension des Momentes m je Breiteneinheit MNm/m = MN beträgt. Wenn beispielsweise eine Platte mit geometrisch ähnlichem Umriß auf das Doppelte vergrößert wird (Abb. 5/1), so wächst zwar das Gesamtmoment in einem Schnitt auf den doppelten Betrag an. Da aber dessen Breite ebenfalls verdoppelt wird, bleiben die auf die Längeneinheit bezogenen Momente m unverändert. Bei einem Balken gibt man nur das Gesamtmoment eines Querschnittes an, das für eine Einzellast linear mit der Spannweite zunimmt. Unter einer durchgehenden Linienlast wachsen die Momente einer Platte proportional zu deren Ausdehnung, unter einer Gleichlast aber im Quadrat dazu, da ja die Gesamtlast in gleichem Verhältnis wie die Fläche steigt. Bei Platten im Hochbau mit Gleichlast beschränkt man daher die Spannweite tunlichst; dem setzen aber die zunehmenden Kosten der tragenden Balken eine untere Grenze. Bei befahrenen Platten mit vorwiegend konzentrierten Lasten (z. B. Fahrbahnen von Brücken, vgl. II A, 2.2.1.1) sind dagegen große Spannweiten wirtschaftlicher.

Die Schnittkräfte von Platten lassen sich oft in einfacher Weise aus bekannten Last- und Stützungsfällen durch das Überlagern von zusätzlichen Kräftegruppen ableiten, die veränderte Randbedingungen erzwingen. Da es sich hierbei stets nur um Randlasten handelt, wird die Lösung sehr vereinfacht (homogene Differentialgleichung), vor allem, wenn man die Zusatzkräfte Tabellen [2.6] entnehmen kann. Besonders günstig erweist sich dieses Verfahren bei konzentrierten Lasten, zu deren Wiedergabe beim Berechnen nach der Plattentheorie und Entwickeln der Lösungen in Fourier-Reihen eine sehr große Anzahl Reihenglieder berücksichtigt werden muß. Das Ergebnis der Überlagerung ist um so fehlerunempfindlicher, je kleiner die Veränderung des Kräftezustandes durch die Zusatzkräfte ist. Wir gehen nach folgendem Prinzip vor (Abb. 5/2):

Forderung im Trennschnitt:	Erfüllung durch Zusatzkräfte, welche:
freier Rand m und $q = 0$	die vorhandenen Schnittkräfte;
gestützter Rand nur $m = 0$	die vorhandenen Verschiebungen beseitigen.

Die Spiegelung von Einflußflächen kann deren Berechnung erleichtern [5].

Die unendlich großen Momentenordinaten im Aufpunkt der Einflußflächen rühren von der Annahme sehr dünner Platten her. Die Inhalte dieser Ordinatenkegel sind zwar endlich [3.2], werden aber überschätzt; denn modellstatische Untersuchungen haben gezeigt, daß die Druckspannungen an der Angriffsfläche zwar sehr groß sind, aber die Zugspannungen an der Unterseite infolge der endlichen Plattendicke entsprechend einem Verteilwinkel von etwa 45° bis 60° ausgerundet werden (Abb. 5/3). Schließlich sind ja alle konzentrierten Lasten praktisch auf eine gewisse Fläche verteilt.

Die Schnittkräfte von Platten mit *Gleichlasten* können Tabellenwerken entnommen werden [6], die für eine große Auswahl von Formen und Belastungen Momentenwerte und -verläufe angeben. Die geläufigsten Fälle finden sich jährlich im B. Kal. I alternierend: 1982, S. 397 „Tafeln für Rechteck- und Trapezplatten"; 1981, S. 345, „Besondere Kapitel der Schnittkraftermittlung" (unterbrochene Stützung, elastische Bettung u. dgl.). Alle hierin seit Jahrg. 1971 gebrachten Tabellen sind in B. Kal. I 1983 zusammengestellt.

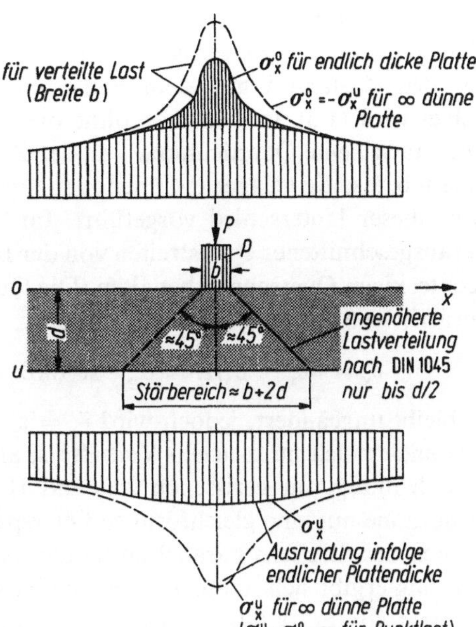

Abb. 5/3. Große Momentenordinaten unter einer Einzel- oder Linienlast werden durch die endliche Plattendicke vermindert [2.3]. Nach DIN 1045, Bild 44 darf dementsprechend eine solche Last (gilt sinngemäß auch für eine Stützkraft!) unter 45° auf die Mittelfläche verteilt werden

Im Laufe des letzten Jahrzehnts haben sich viele Ingenieurbüros mit größeren oder kleineren Computern ausgerüstet, für die man fertige Programme („Software") zur Berechnung von Platten kaufen kann. Sie verwenden die in 1.2.1 erwähnte Zerlegung der Platten in diskrete Elemente (Differenzenrechnung [6.2; 1/14.1; 1/20]) und gestatten auch, eine stetig wechselnde Plattendicke zu berücksichtigen. Wenn die Form der Platte oder ihre Stützung unregelmäßig sind, hilft nur die in 1.1.2 erwähnte FE-Methode (Ansätze für Platten bei [1/21; 6.2; 7]), für deren umfangreiche Matrizen allerdings eigene Programme aufgestellt werden müssen, die nur von großen EDV-Anlagen bewältigt werden. Ich empfehle auch an dieser Stelle, sich zunächst durch einfaches Abschätzen ein Bild vom Tragverhalten zu machen, einerseits um die Computerrechnung zu kontrollieren, andererseits um die eigene Einsicht in den Kräftezustand qualitativ zu schulen.

In die auf der Plattentheorie beruhenden Ansätze geht die Querdehnzahl v des Baustoffes ein. Wir erhalten ein Bild des Einflusses von v durch die Gleichung für das Moment m_x als Funktion der Biegefläche w:

$$m_x = \frac{EI}{1-v^2}\left(\frac{\partial^2 w}{\partial x^2} + v\,\frac{\partial^2 w}{\partial y^2}\right)$$

und nehmen an, daß die Krümmung $\partial^2 w/\partial x^2 = 1/R$ in beiden Achsrichtungen gleich groß sei. Dann ist

$$m_{x0} = \frac{EI}{1-v^2}\,\frac{1+v}{R} = \frac{EI}{(1-v)\,R}\,,$$

also für $v = 0$ 0,1   0,2
$m_x/m_{x0} = 1$ 1,11   1,25 .

Da für Beton $v = 0,15 \dots 0,2$ angegeben wird, scheint es auf den ersten Blick unvorsichtig zu sein, v zu vernachlässigen. Dieser Schluß ist aber abwegig, weil er nur für den Zustand I gilt, dem Bemessen aber der Zustand II oder IIIa zugrunde gelegt wird (1.3), in dem man ohne die Betonzugspannungen rechnet. Dann gibt es aber auch keine Querdehnung v in der Zugzone, sondern nur in der Druckzone. An einem beidseitig gelagerten, unendlich langen, gleichförmig belasteten Plattenstreifen wird dieser Unterschied vorgeführt. Im homogenen Zustand (Abb. 5/4a) muß ein herausgeschnittener Querstreifen von der Breite 1 aus Gründen der Kontinuität seinen rechteckigen Querschnitt behalten. Die Querdehnung $\varepsilon_y = v\varepsilon_x$ muß daher durch eine zusätzliche Spannung σ_y verschwinden:

$$\varepsilon_y = v\varepsilon_x - \sigma_y/E = 0, \quad \text{so daß} \quad \sigma_y = v\sigma_x \quad \text{und} \quad m_y = vm_x \quad \text{ist.}$$

σ_x bleibt ungeändert, jedoch wird $\bar{\varepsilon}_x = \varepsilon_x - v\sigma_y/E = \varepsilon_x(1 - v^2)$. Die Durchbiegung vermindert sich im gleichen Verhältnis, also mit $v = 0,2$ auf 96 % des Wertes ohne Querdehnung. Im gerissenen Zustand II (Abb. 5/4b) kann die Querdehnung der Druckzone nur eine gleichförmige Querspannung σ_y zur Folge haben, um die Seitenflächen des Streifens parallel zu halten. Aus der Gleichgewichtsbedingung in Querrichtung ergibt sich dann eine sehr kleine Querspannung $\sigma_y \cong 0,03\sigma_x$ und ein Quermoment von $m_y \cong 0,08m_x$ gegenüber dem in DIN 1045, 20.1.6.3 empfohlenen Wert von $0,2m_x$. Diese grobe Abschätzung wird in [3.1] allgemeiner und eingehender begründet mit dem Ergebnis, daß die Berechnung von Stahlbetonplatten allein mit $v = 0$ sinnvoll ist. Dann sind die Biegemomente jeweils der zugehörigen Krümmung proportional. Der „Streit um v" wird aber vollends gegenstandslos, wenn man beim Berechnen der Platten die anderen, wesentlich bedeutenderen Quellen von Ungenauigkeiten bedenkt:

— Die Anisotropie durch verschiedene Bewehrungen in den beiden Achsrichtungen, worauf in 5.4.1 eingegangen wird;

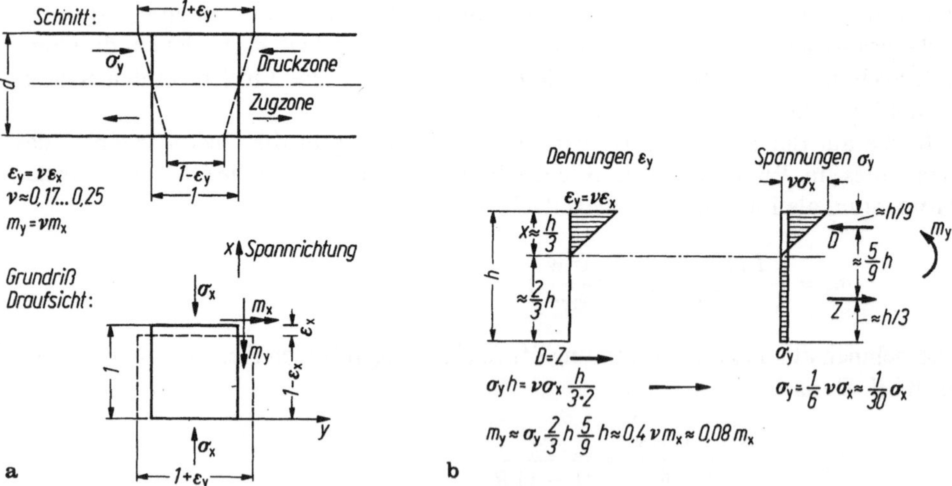

Abb. 5/4. Wirkung der Querdehnzahl v des Betons. **a** in der homogenen Platte (Zustand I); **b** in der Platte mit gerissener Zugzone (Zustand II)

— die Inhomogenität innerhalb eines Plattenfeldes, das im gerissenen Teil ein wesentlich geringeres Trägheitsmoment I_{II} als im nicht gerissenen Teil besitzt (5.3);

— die *Bemessung* der Querschnitte für die Momente des Zustandes III (plastisches Verhalten der Baustoffe), während die *Verteilung* der Schnittkräfte dem Zustand I entnommen wird: ein fast schizophrenes Vorgehen, das aber auf der „sicheren Seite" liegt;

— als Bestandteil einer Decke mit Balken nimmt eine Platte an deren Verformungen teil (II A, 3.1.1), wodurch ihre Randbedingungen und damit ihr Kräftezustand beeinflußt werden, ohne daß man dieser Wechselwirkung, z. B. „ungewollter Einspannung", im einzelnen nachzugehen pflegt (vgl. II A, 3.1).

Platten haben zudem als hochgradig statisch unbestimmte Systeme so große Reserven an Tragfähigkeit (1.2.2), daß es hinsichtlich der Tragsicherheit auf die Genauigkeit der Berechnung überhaupt nicht ankommt. Auch das Abschätzen des Tragverhaltens im Gebrauch (Rißbildung und Verformung) beruht auf so groben Annahmen, daß eine übertriebene Strenge der mathematischen Analyse nur die *Illusion* eines entsprechenden Erfassens der Wirklichkeit erweckt, ja fast als „Täuschungsversuch" anzusehen ist!

Die Berechnung liefert in einem rechtwinkligen Koordinatensystem zwei Biegemomente m_x und m_y sowie ein Drill- oder Torsionsmoment m_{xy}. Aus letzterem kann man Schubspannungen in senkrechten Schnitten ableiten (Abb. 5/5a), deren Größe mitunter zu Bedenken Anlaß gegeben hat, wenn sie die zulässigen Werte der DIN 1045, Tab. 13 überschreiten. Sie bedeuten jedoch gar nichts für die Tragfähigkeit einer Platte, die ausschließlich von den *Hauptspannungen* bzw. Hauptmomenten abhängt, ebenso wie bei den eingangs 4.7 charakterisierten Scheiben. Jene werden mittels des Mohrschen Kreises (B. Kal. 1982 I, S. 501) (Abb. 5/5b) oder den dort angegebenen Formeln abgeleitet. Für den Betondruckbruch ist an einer freien Oberfläche der Hauptdruck σ_1 maßgebend (I A, Abb. 1.2/14, Kreis 5). Der Hauptzug σ_2 (ebd. Kreise *1, 2, 3, 4*) verursacht Risse rechtwinklig dazu, also in Richtung σ_1 und ist maßgebend für die Bewehrung (5.4.1). Die m_{xy} sind daher nur Hilfsgrößen, um zusammen mit

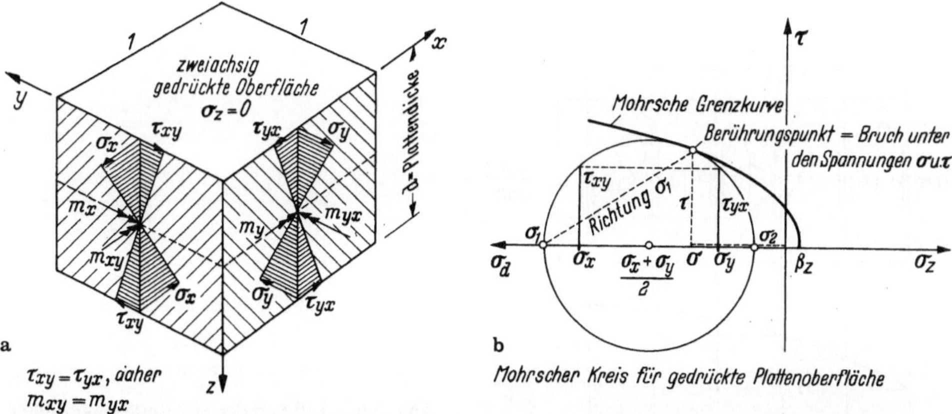

Abb. 5/5. Transformation der Spannungen σ_x, σ_y und τ_{xy} bzw. der Momente m_x, m_y und m_{xy} auf die Hauptrichtungen *1, 2* ergibt m_1 und m_2 ($\tau_{1,2} = 0$). **a** Einheitselement; **b** Mohrscher Kreis und Grenzkurve (I A, Abb. 1.2/14 Kreis 7: Gleitbruch schräg zur Oberseite)

den m_x und m_y die Hauptmomente m_1 und m_2 zu berechnen, auf die allein es ankommt.

Mit der klassischen Plattentheorie lassen sich an jedem Rand nur zwei Bedingungen vorschreiben; z. B. können an freien ($m = 0$, $q = 0$) oder drehbar gelagerten ($m = 0$, $w = 0$) Plattenrändern nur noch die normal dazu gerichteten Längsspannungen σ_n zu Null gemacht werden. Es verbleiben jedoch in beiden Fällen in den Stirnflächen waagrechte Schubspannungen, die sich nicht beseitigen lassen.

Um das zu verstehen, greifen wir zunächst auf den eindimensionalen Stab zurück, dessen Längsspannungen σ_x aus der Annahme des Ebenbleibens der Querschnitte berechnet werden (1.2). Daraus ergibt sich die lineare Spannungsverteilung und aus dieser *zwangsläufig* Schubspannungen $\tau = QS'/bI$ (B. Kal. 1982 I, S. 557), die bei einem Rechteck parabolisch verlaufen. Die τ verformen die Balkenelemente zu Rhomben, so daß die Querschnitte verwölbt werden (vgl. Abb. 1/12), worauf in 4.2.3 eingegangen wird. Jedenfalls erweist sich das Theorem von Bernoulli als Näherung und muß bei „Störzonen" (1.1.1.4), z. B. gedrungenen Balken und Platten (Abb. 5/3) sowie Scheiben (6.3.1.2) durch die Kontinuitätsbedingungen zweiachsig infinitesimaler Elemente ersetzt werden.

Bei Platten geht man, dem zweidimensionalen Spannungszustand entsprechend, von der Annahme aus, daß die Normalen auf der Mittelfläche gerade bleiben. Daraus folgen ebenfalls linear über die Dicke verteilte Biegespannungen und wiederum *zwangsläufig* Schubspannungen, welche die Normalen krümmen. Wie bei Balken ist das Ausgangstheorem also nur bei dünnen Platten (etwa $l/d > 4$) brauchbar. Die Randbedingungen können daher nur insoweit erfüllt werden, als sie sich in den Verformungen der Mittelfläche ausdrücken lassen, die ihrerseits als ausschließlich von den Biegespannungen abhängig angesehen wird. An den Rändern treten desdeshalb, weil sich, wie erwähnt, die Mittelfläche verwindet, „Randdrillmomente" auf, die sich nicht beseitigen lassen. Sie werden zu „Ersatzquerkräften" q^* zusammengefaßt (Abb. 5/6), die an gestützten Rändern zu den Anteilen $q = dm_n/dn$ addiert ($n \perp$ Rand) und an freien Rändern verschieden ausgedeutet werden [8]. Sie verschwinden dann, wenn die Hauptmomente m_1 und m_2 senkrecht und parallel zum Rand

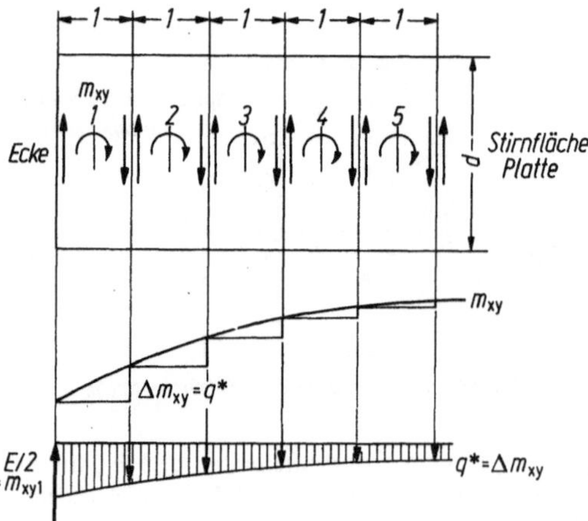

Abb. 5/6. Kräfte an der Stirnseite einer rechtwinkligen Plattenecke. Ableitung der „Ersatzquerkräfte" q^* und der negativen Eckkraft E aus den Randdrillmomenten m_{xy}

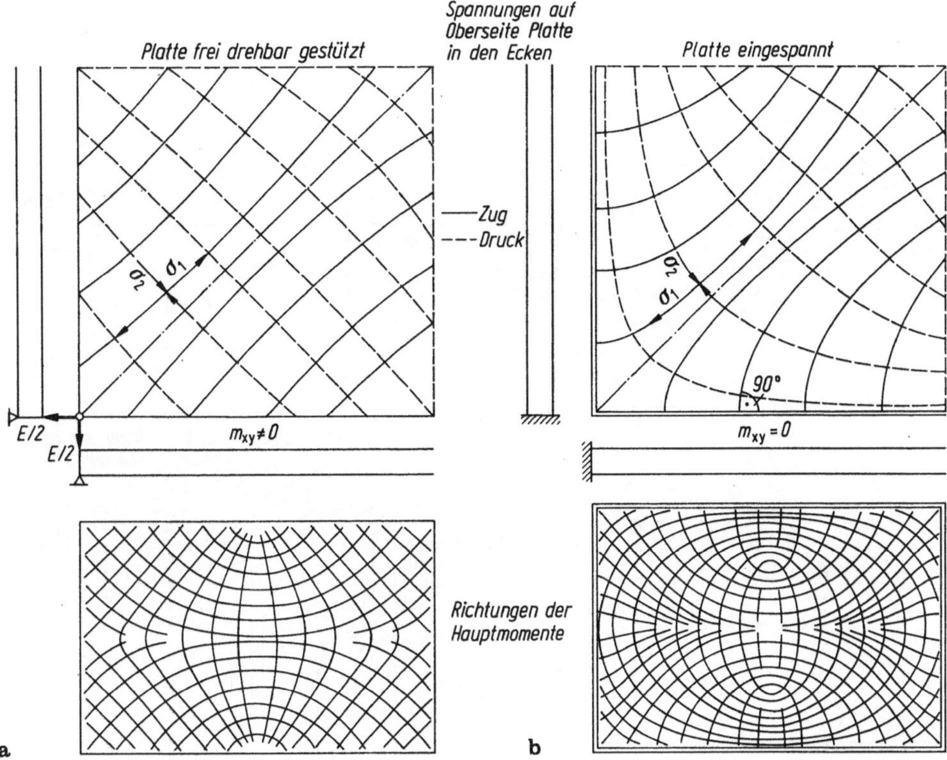

Abb. 5/7. Die Hauptmomentenlinien zeigen durch ihren Verlauf am Rand die Drillmomente an. **a** bei drehbarer Lagerung durch schräges Auftreffen $m_{xy} \neq 0$; **b** bei Einspannung durch rechtwinkliges Auftreffen $m_{xy} = 0$. Auf der Unterseite gleicher Verlauf, Vorzeichen vertauscht

verlaufen, da diese ja durch den Fortfall der Drillmomente $m_{1,2} = 0$ definiert sind, folglich auch an eingespannten Rändern (Abb. 5/7).

Ich zeige die physikalische Auswirkung dieser Unvollkommenheiten der Kirchhoffschen Theorie an einem einfachen, extremen Beispiel (Abb. 5/8a), einer Quadratplatte, die an zwei Ecken gestützt und an den anderen Ecken belastet ist. Die beiden Biegemomente sind in der ganzen Platte gleich groß $m_x = -m_y = \pm Px/2x = \pm P/2$. Infolgedessen gibt es in der Platte auch keine Querkräfte $q_x = \mathrm{d}m_x/\mathrm{d}x$ und $q_y = \mathrm{d}m/\mathrm{d}y = 0$. Wie werden dann aber die Lasten übertragen?

Die Antwort finden wir, wenn wir ein Randelement betrachten (Abb. 5/8b), denn dort treten über die ganze Länge konstante Randdrillmomente $m_{ab} = \pm m_{xy}$ auf [1/14.1, S. 645]. Die entsprechenden Kräftepaare heben sich gegenseitig auf, so daß keine „Ersatzquerkräfte" übrigbleiben bis auf die Ecken, wo die Einzelkräfte der beiden anstoßenden Seiten $2m_{ab} = 2P/2 = P$ der angreifenden Last entsprechen. Aus den Drillmomenten leitet man Randspannungen $\tau_{ab} = 6m_{ab}/d^2$ ab, die, wie Abb. 5/8c zeigt, mit den $\sigma_{x,y} = \pm 6m_{xy}/d^2$ im Gleichgewicht stehen. In der Stirnfläche erzeugen die τ_{ab} gleichgroße Hauptzug- und druckspannungen $\sigma_{1,2} = \pm\tau_{ab}$ (Abb. 5/8d), die sich wiederum in den Randspannungen an der Unterseite fortsetzen. Abb. 5/8e zeigt diesen räumlichen Trajektorienzug um die zwei Kanten für

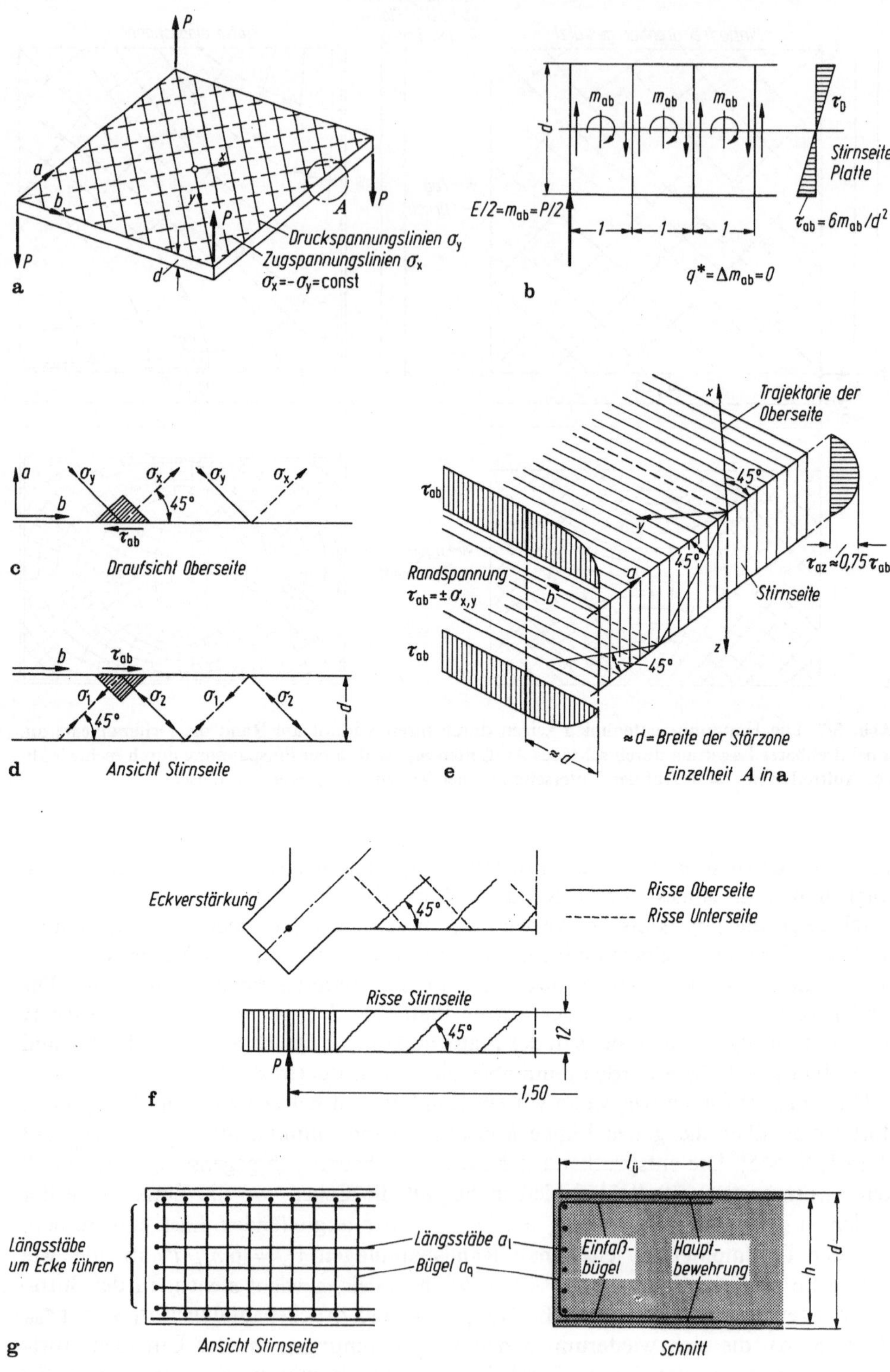

P
a
b
x
y
d
P
P
P
A
Druckspannungslinien σ_y
Zugspannungslinien σ_x
$\sigma_x = -\sigma_y = const$
a

m_{ab}
m_{ab}
m_{ab}
d
$E/2 = m_{ab} = P/2$
1
1
1
τ_D
Stirnseite
Platte
$\tau_{ab} = 6 m_{ab}/d^2$
$q^* = \Delta m_{ab} = 0$
b

a
σ_y
σ_x
σ_y
σ_x
b
45°
τ_{ab}
c
Draufsicht Oberseite

b
τ_{ab}
σ_1
σ_2
σ_1
σ_2
45°
d
d
Ansicht Stirnseite

x
Trajektorie der
Oberseite
45°
τ_{ab}
y
45°
a
b
45°
Randspannung
$\tau_{ab} = \pm \sigma_{x,y}$
τ_{ab}
$\tau_{az} \approx 0,75 \tau_{ab}$
Stirnseite
z
45°
$\approx d$
$\approx d = $ Breite der Störzone
Einzelheit A in a
e

Eckverstärkung
45°
Risse Oberseite
Risse Unterseite
Risse Stirnseite
45°
12
P
1,50
f

Längsstäbe
um Ecke führen
Längsstäbe a_l
Bügel a_q
Ansicht Stirnseite
g
$l_ü$
Einfaß-
bügel
Haupt-
bewehrung
d
h
Schnitt

◀ **Abb. 5/8.** Quadratplatte mit reiner Verwindungs-(Torsions-)beanspruchung. **a** Hauptmomentlinien (Gerade) aus Biegung $m_x = m_y = $ const in Diagonalrichtung; $q = dm/dx = 0$; **b** Randdrillmomente $m_{ab} = P/2$ ergeben die Eckkraft $E = 2m_{ab} = P$; **c** geometrische Addition der Hauptspannungen σ_x und σ_y zur Randschubspannung τ_{ab} an der Oberseite; **d** Zerlegung von τ_{ab} in zwei Hauptspannungen σ_1 und $\sigma_2 = \sigma_x$ und σ_y in der Stirnseite der Platte; **e** vollständiger Verlauf einer Hauptspannungslinie: in Wirklichkeit bildet diese keine Ecken, sondern taucht innerhalb eines Störbereiches räumlich gekrümmt von der Ober- nach der Unterseite; **f** Modellplatte aus Stahlbeton nach a; Risse an der Ober- und Unterseite sowie der Sitrnfläche senkrecht zu den Hauptzugspannungen [67.1]; **g** Netzbewehrung der Plattenstirnseiten zu bemessen für $Q:a_1 = a_q \cong Q/h\sigma_s$; im Falle f) ist $Q = P/2$ (vgl. Abb. 5/36).

---

eine Hauptrichtung. Es ist hierin angedeutet, daß natürlich keine jähe Umlenkung stattfindet, sondern diese innerhalb einer „Störzone" vor sich geht, deren Breite an einer Modellplatte mittels Spannungsoptik zu etwa d beobachtet [9] wurde. Die Richtigkeit des Gedankenganges wurde an einer Stahlbetonplatte von 1,5/1,5 m mit 12 cm Dicke festgestellt [67.1], die entsprechend Abb. 5/8a belastet war. Es bildeten sich lange vor dem Biegebruch an den Stirnflächen Risse unter 45° (Abb. 5/8f). Sie zeigten den gesuchten Weg der Querkräfte längs des Randes an, den die übliche Plattentheorie nicht nachweisen kann. Auch an schiefen Plattenbrücken wurden mehrfach diese Schrägrisse beobachtet [10]! Die genauere Plattentheorie, welche die Verkrümmung der Normalen zur Mittelfläche berücksichtigt [2.1] und dadurch die Bedingungen des freien Randes erfüllen kann, bestätigt diese „Störzone". Als Ergebnis halten wir fest:

Je mehr der Winkel, unter dem die Hauptmomenttrajektorien auf einen freien Rand auftreffen, von 90° abweicht, um so größer sind die „Randdrillungsmomente". Diese deuten stets auf einen wachsenden Querkraftanteil im Randbereich, der durch eine Bewehrung aus Längs- und Querstäben (Bügel) aufzunehmen ist (Abb. 5/8g). Schließlich ist das Problem der tordierten Platte mit demjenigen des tordierten Stabes (4.3.1.3) eng verwandt.

5.1.2 Modellstatik

Die Ermittlung des Schnittkraftzustandes von Platten an Modellen ist durch die Rechenautomaten stark zurückgedrängt worden, besonders seit es eine große Auswahl an Programmen für regelmäßig berandete Platten auch für kleinere Tischrechner gibt. Wenn jedoch Platten mit sehr unregelmäßiger Berandung, Dicke und Stützung zu berechnen sind, oder ihr Zusammenhang mit dem gesamten Tragwerk unübersichtlich ist, gibt die Messung an belasteten Modellen aus Mörtel [11], Kunststoffen [12], Metallen, Spiegelglas oder Gips [27.1] eine ausreichende Grundlage für die Bemessung, wie in 1.1.2 erwähnt, selbst im plastischen Bereich [13].

Allerdings haben die Modellwerkstoffe verschiedene Querdehnzahlen ν (Kunststoffe $\cong 0,35$; Glas $\cong 0,2$; Metalle $\cong 0,3$; Gips $\cong 0,25$; Zementmörtel $\cong 0,2$). Die Meßergebnisse lassen sich jedoch angenähert leicht umrechnen [3.2].

Eine Übersicht über die verschiedenen Verfahren findet man in [1/22.1]. Dort und in [1/24.1] sind auch die zu beachtenden Gesetze für die Übertragung der am Modell gewonnenen Werte auf die Hauptausführung beschrieben („Modellgesetze").

Bei konstanter Dicke einer Platte kann diejenige des Modells beliebig gewählt werden, da die Steifigkeit im Ausdruck für ein Moment $m = P\eta$ (η Einflußordinate) nicht vorkommt. Bei wechselnder Dicke, Verbindung mit Balken oder elastischer Lagerung muß jedoch strenge geometrische Ähnlichkeit gefordert werden.

Die Elastizitätszahl E ist an einem schmalen Eichstab zu ermitteln, um die Querdehnung v nicht zu behindern.

Feuchtigkeits-, Temperatur- und Kriecheinflüsse sind sorgfältig auszuschalten. Letztere lassen sich dadurch eliminieren, daß die aufeinanderfolgenden Belastungen jedesmal im gleichen Rhythmus aufgebracht werden, wodurch die verzögert-elastischen Verformungsanteile gleich gehalten werden (I A, Abb. 1.3/5). Grundsätzlich muß man sich darüber klar sein, daß sich Nebeneinflüsse um so mehr bemerkbar machen, je genauer man mißt!! Schließlich ist darauf zu achten, daß sich die Modellplatte nur so wenig ausbiegen darf, daß sich keine Membranwirkung (II A, Abb. 3/8) einstellt. Diese kündigt sich dadurch an, daß die Verformungswerte langsamer als die Last anwachsen. Als Meßverfahren kommen Verformungsmessung sowie Dehnungs- und Spannungsmessung in Betracht.

5.1.2.1 Verformungsmessung

Hierbei werden die Ordinaten der Biegefläche mit Hilfe der Differentialgleichung für die Plattenbiegung ausgewertet.

(a) *Messung der Durchbiegungen w.* Da das Biegemoment in k

$$m_{xk} = \frac{EI}{(1 - v^2)} \left(\frac{\partial^2 w}{\partial x^2} + v\,\frac{\partial^2 w}{\partial y^2} \right) = \frac{EI}{1 - v^2} \left(\frac{1}{R_x} + v\,\frac{1}{R_y} \right)$$

aus den zweiten Differenzen benachbarter Meßwerte [1/14.1, S. 680] (Abb. 5/9)

$$\frac{dw}{dx} \rightarrow \frac{w_k - w_{k-1}}{\Delta x} \quad \text{links, und} \quad \frac{w_{k+1} - w_k}{\Delta x} \quad \text{rechts von } k \text{ als}$$

$$\frac{1}{R_x} = \frac{d^2 w}{dx^2} = \frac{1}{\Delta x^2}\,(w_{k+1} - 2w_k + w_{k-1})$$

gewonnen werden, reagiert das Ergebnis äußerst empfindlich auf die unvermeidlichen Meßfehler, so daß es praktisch unbrauchbar ist.

(*b*) Die *Messung der Neigung der Biegefläche* des Modells gibt ein besseres Resultat, da hieraus durch nur einmalige Differenzenbildung die Neigungsänderungen, die den Krümmungen und damit den Biegemomenten proportional sind, berechnet werden.

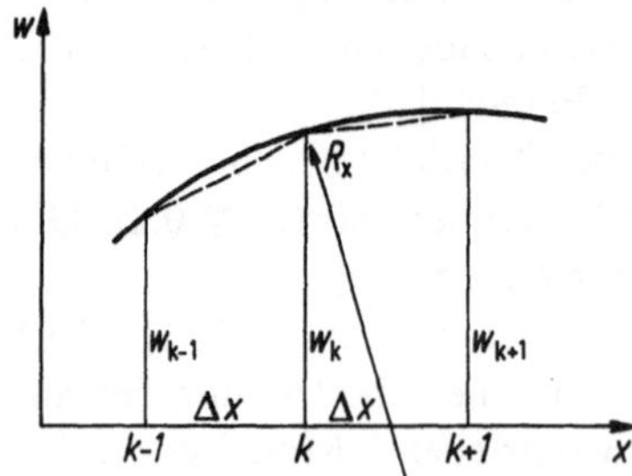

Abb. 5/9. Ermitteln der Krümmung $\varkappa_x = 1/R_x = d^2w/dx^2$ aus den Ordinaten w der Biegelinie

Zur Messung dienen z. B. Lichtstrahlen. Sie werden von kleinen Spiegeln reflektiert, die auf der Modelloberfläche aufgeklebt sind [15], und ihr Auswandern bei Belastung (Abb. 5/10) zeigt den Drehwinkel des Spiegels sowie die Richtung der Fallinie an. Damit können die Linien gleicher Neigung w' gezeichnet und hieraus die Hauptkrümmungsradien $R_{1,2}$ entnommen werden.

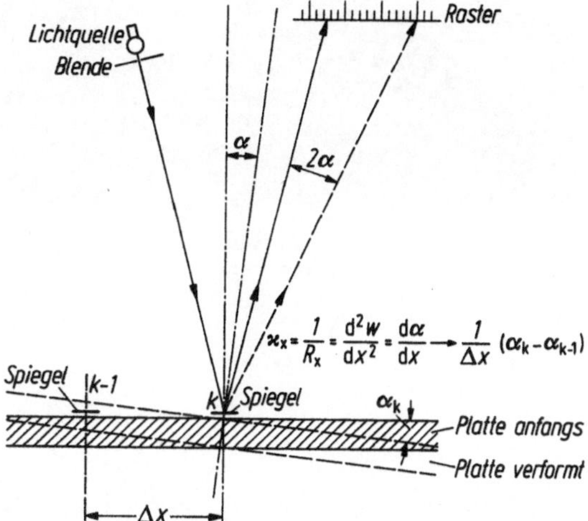

Abb. 5/10. Messen der Neigung $\alpha = \mathrm{d}w/\mathrm{d}x$ der Biegefläche, daraus Berechnen der Krümmung aus der Neigungsdifferenz $\varkappa = 1/R_x = \mathrm{d}\alpha/\mathrm{d}x = \mathrm{d}^2w/\mathrm{d}x^2 \to \Delta\alpha/\Delta x$

$$\varkappa_x = \frac{1}{R_x} = \frac{\mathrm{d}^2w}{\mathrm{d}x^2} = \frac{\mathrm{d}\alpha}{\mathrm{d}x} \longrightarrow \frac{1}{\Delta x}\,(\alpha_k - \alpha_{k\text{-}1})$$

Bei dem spiegeloptischen Verfahren von Koepcke [16] wird die Verformung von Kreisen, die auf die Modelloberfläche aufgezeichnet sind, zu Ellipsen mittels Stereokomparator ausgemessen.

Abb. 5/11. Das Moirée-Verfahren zeigt die Neigungen der gesamten Biegefläche durch Verzerren und Interferenzen eines von der gebogenen Platte gespiegelten Linienrasters an. **a** Prinzip der Apparatur; **b** Meßfotos einer Parallelogrammplatte, die auf zwei Seiten drehbar gelagert ist, mit einer Einzellast in Plattenmitte

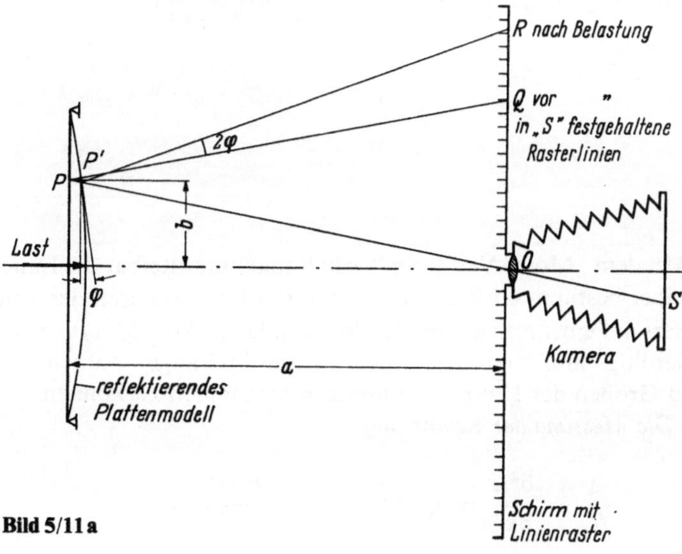

Bild 5/11 a

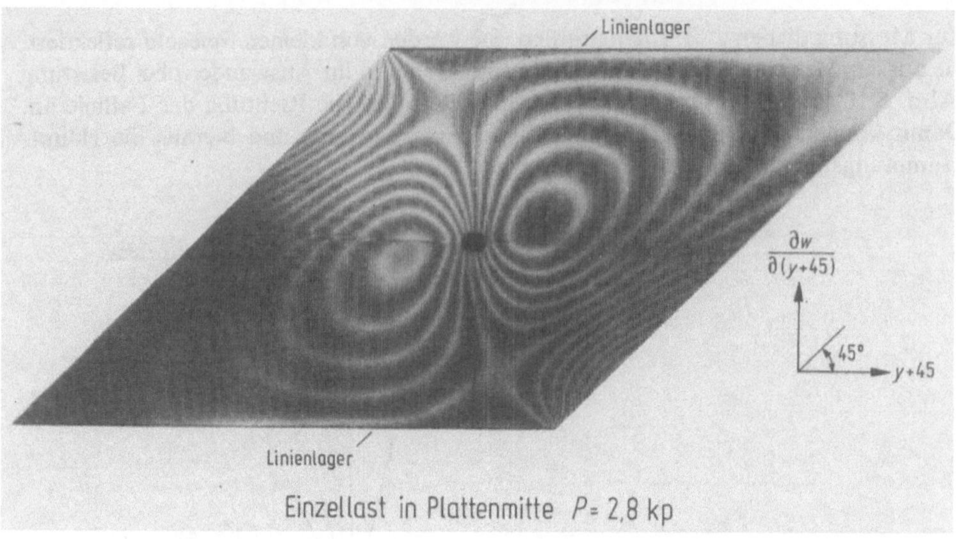

Einzellast in Plattenmitte $P = 2{,}8$ kp

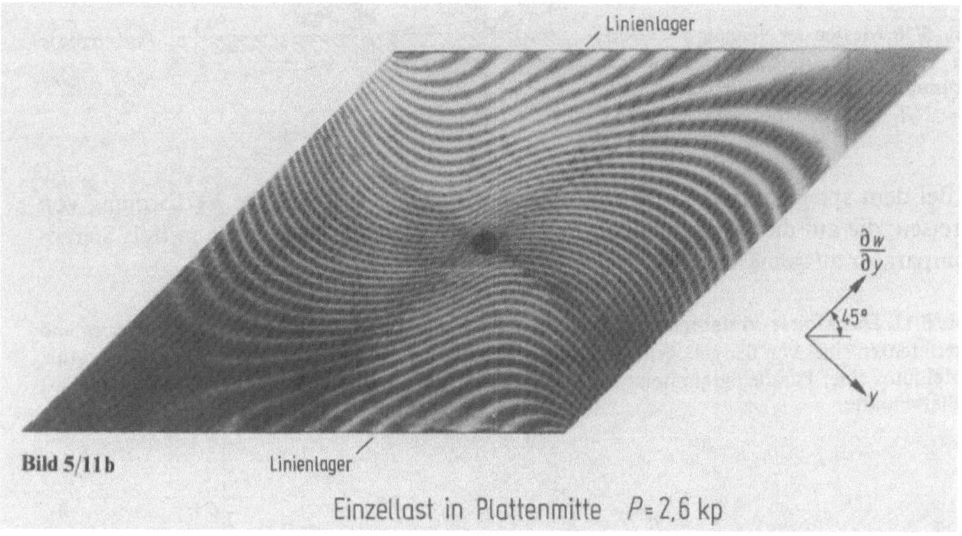

Bild 5/11b

Einzellast in Plattenmitte $P = 2{,}6$ kp

Mit dem „Moiré-Verfahren" erhält man unmittelbar die Linien gleicher Neigungen in einer bestimmten Richtung [17] durch Fotografieren der Spiegelung eines Linienrasters auf einer reflektierenden Modellplatte (Abb. 5/11) vor und nach der Belastung. Allerdings muß man den Raster in drei Stellungen aufnehmen, um die Richtungen und Größen der Hauptkrümmungen bestimmen zu können.

(c) *Die Messung der Krümmung*

$$\frac{1}{R_x} = \frac{\partial^2 w}{\partial x^2} = \varkappa_x \quad \text{und} \quad \frac{1}{R_y} = \frac{\partial^2 w}{\partial y^2} = \varkappa_y$$

liefert unmittelbar die Schnittkräfte (vgl. (a)), wodurch die Fehlerempfindlichkeit entsprechend gering wird. Hierzu benutzt man ein einfaches Gerät mit einer Meßuhr (Anzeigengenauigkeit 1/1000 mm, Abb. 5/12) [18] oder besser einen elektrischen induktiven Verschiebungsgeber (1/10000 mm). Es wurde weiterentwickelt, um gleich die Summe $\varkappa_x + \nu\varkappa_y$ zu erhalten [19]. Da die Modellplatten nicht genau eben hergestellt werden können, müssen ihre anfänglichen Krümmungen durch Ablesen jeweils vor und nach der Belastung eliminiert werden.

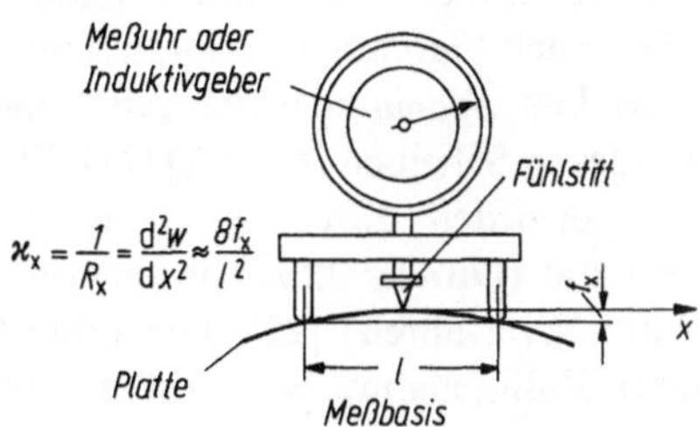

$$\varkappa_x = \frac{1}{R_x} = \frac{d^2w}{dx^2} \approx \frac{8f_x}{l^2}$$

Abb. 5/12. Unmittelbare Krümmungsmessung mittels Fühlstift in der Mitte einer Meßbasis *l*

Um Fehler aus dem Kriechen des Modellwerkstoffes und infolge des Versetzens des Gerätes zu vermeiden, läßt man dieses am Aufpunkt stehen und wandert mit der Last über die Platte. Man erhält hierdurch die Einflußfläche der Krümmung in der gewählten Richtung und, nach Messung in drei Richtungen, Achsen und Größe der beiden Hauptmomente. Mißt man die Krümmungen in je zwei zueinander senkrechten Richtungen, ergibt sich eine echte Meßkontrolle, da die Momentensumme und damit auch die Krümmungssumme aufeinander senkrechter Richtungen invariant ist.

In vielen Fällen hat sich gezeigt, daß die Hauptrichtungen der Biegemomente für die verschiedenen Belastungen nicht wesentlich voneinander abweichen. Man kann dann zunächst das Momentenbild für Eigenlast bestimmen und die Einflußflächen der Krümmungen infolge Verkehrslast für dieselben Hauptrichtungen ermitteln. Die Auswertung vereinfacht sich hierdurch bedeutend; jedoch ist in jedem Fall die Größe der Fehler zu prüfen.

An Unstetigkeitsstellen der Plattenstärke und unter Einzellasten ist dieses Verfahren mit Vorsicht auszuwerten, da dort die Mittelbildung über die Meßbasis nicht den Größtwert angibt.

5.1.2.2 Dehnungs- und Spannungsmessung

Am Modell liefert sie ebenfalls unmittelbar die Schnittkräfte.

(*a*) *Dehnungsmessungen* [20] sind am universellsten anwendbar, erfordern aber, im Gegensatz zur Krümmungsmessung, eingearbeitetes Personal. In drei Richtungen aufgeklebte, elektrische Dehnungsmeßstreifen (DMS) gestatten an jedem Punkt der Modelloberfläche die Bestimmung der Hauptdehnungen (Abb. 5/13). Bei reiner Biegung genügt die Messung auf einer Oberfläche. Feuchtigkeits-, Temperatur- und Kriecheinflüsse sind bei diesem Verfahren besonders sorgfältig auszuschalten. Es eignet sich zur Aufnahme sowohl von Einfluß- wie von Zustandsflächen und seine Handhabung wird durch selbstaufzeichnende und selbstaufschreibende Geräte

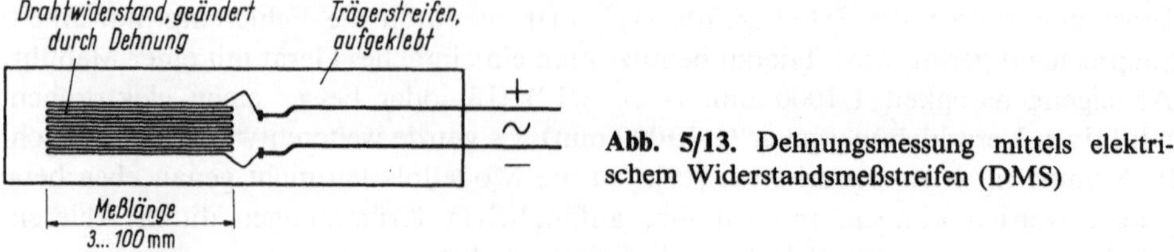

Abb. 5/13. Dehnungsmessung mittels elektrischem Widerstandsmeßstreifen (DMS)

sehr vereinfacht. Die aufzuwendenden Gerätekosten sind allerdings hoch, da die DMS nach Gebrauch verloren sind.

(*b*) Die *Spannungsoptik* gibt einen anschaulichen Überblick des Spannungszustandes in Scheiben (6.3.1.2) [21]. Die Platten sind diesem Meßverfahren erst zugänglich geworden durch Modelle aus zwei Schichten mit verschiedener optischer Aktivität (Durchlichtverfahren) oder durch Modelle mit verspiegelter Mittelschicht (Auflichtverfahren) [22]. Die Oberflächendehnungen können im Auflichtverfahren unter Zuhilfenahme von aufgeklebten, dünnen Folien gemessen werden [23]. Die Spannungsoptik gestattet, gegenüber den Dehnungsmessungen die Hauptrichtungen und Störbereiche unmittelbar sichtbar zu machen und gibt daher sehr anschauliche qualitative Einblicke in das Tragverhalten. Mittels des „Einfrierverfahrens" können auch räumliche Spannungszustände gemessen werden [24].

Das unbelastete Modell muß unbedingt spannungsfrei sein. Man mißt zweckmäßigerweise jeden Belastungszustand für sich und superponiert die Ergebnisse. Kriecherscheinungen machen sich bei Metallmodellen mit einer spannungsoptisch aktiven Schicht kaum bemerkbar. Das Verfahren eignet sich daher besonders zum Ermitteln von Zustandsflächen. Man wird die Lasten jeweils in die ungünstigste Stellung bringen, die, wie auch die Stellen der Maximalmomente, durch Vorversuche festzustellen sind. Hierin liegt ein Vorteil gegenüber der Verwendung von Einflußflächen, deren Aufpunkte man ja im allgemeinen ohne Kenntnis des Kräftezustandes festlegen muß. Ein Nachteil lag früher darin, daß eine vollständige quantitative Auswertung des Spannungszustandes sehr umfangreich und zeitraubend war. Diese kann aber jetzt durch EDV erheblich beschleunigt werden [1/24.1].

5.1.3 Gebräuchliche Plattenformen

Am bequemsten für deren Berechnung ist die Entnahme der Schnittkräfte aus den erwähnten Tabellenwerken [6], und wird hier nur jeweils durch spezielle Hinweise ergänzt. Die zweckmäßige Führung der Bewehrung ist von Leonhardt [1/2, Teil 3] sowie B. Kal. 1979, S. 613 ausführlich dargestellt, so daß darauf verwiesen wird. Ferner gibt der Abschnitt 18 der DIN 1045 sowie [4/86] eingehende „Bewehrungsrichtlinien". Allen Plattenformen gemeinsame konstruktive Gesichtspunkte werden in 5.4 erörtert.

5.1.3.1 Rechteckplatten, zweiseitig gelagert

Zweiseitig gelagerte Rechteckplatten, bei größerer Länge als Streifenplatten oder Vollstreifen bezeichnet, sind bei gleichförmiger Last vorwiegend einachsial beansprucht (Abb. 5/4).

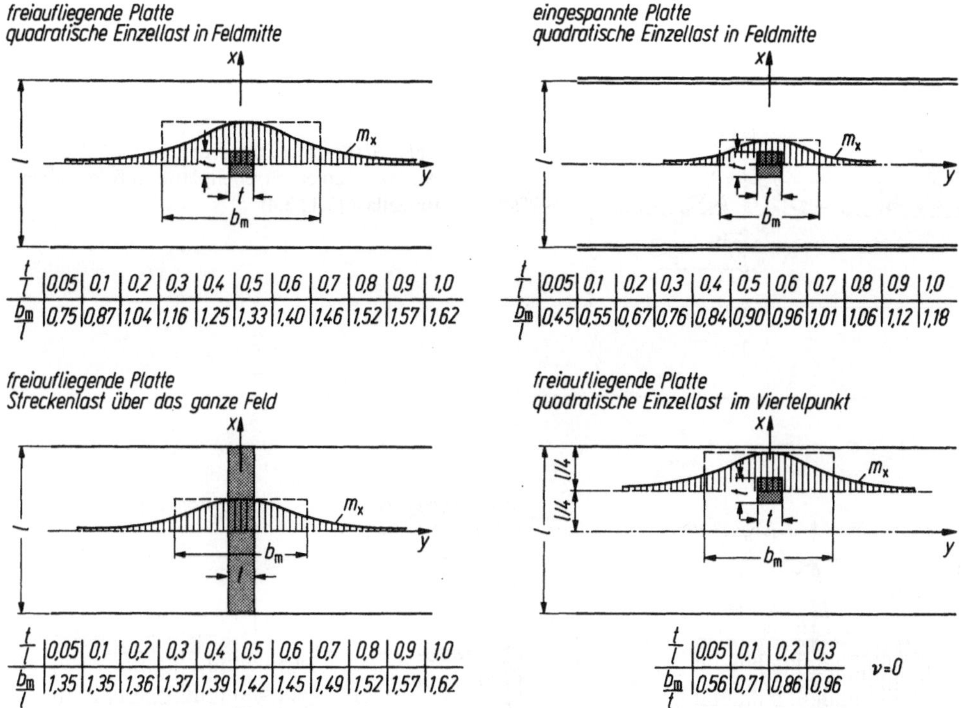

freiaufliegende Platte, quadratische Einzellast in Feldmitte:

$\dfrac{t}{l}$	0,05	0,1	0,2	0,3	0,4	0,5	0,6	0,7	0,8	0,9	1,0
$\dfrac{b_m}{l}$	0,75	0,87	1,04	1,16	1,25	1,33	1,40	1,46	1,52	1,57	1,62

eingespannte Platte, quadratische Einzellast in Feldmitte:

$\dfrac{t}{l}$	0,05	0,1	0,2	0,3	0,4	0,5	0,6	0,7	0,8	0,9	1,0
$\dfrac{b_m}{l}$	0,45	0,55	0,67	0,76	0,84	0,90	0,96	1,01	1,06	1,12	1,18

freiaufliegende Platte, Streckenlast über das ganze Feld:

$\dfrac{t}{l}$	0,05	0,1	0,2	0,3	0,4	0,5	0,6	0,7	0,8	0,9	1,0
$\dfrac{b_m}{l}$	1,35	1,35	1,36	1,37	1,39	1,42	1,45	1,49	1,52	1,57	1,62

freiaufliegende Platte, quadratische Einzellast im Viertelpunkt ($\nu = 0$):

$\dfrac{t}{l}$	0,05	0,1	0,2	0,3
$\dfrac{b_m}{t}$	0,56	0,71	0,86	0,96

Abb. 5/14. Gedachte mittragende Plattenbreite b_m unter konzentrierter Last: Verwandeln der tatsächlichen Momentenfläche in ein flächengleiches Rechteck mit gleichem Größtwert, gezeigt an einer Streifenplatte nach [3.1]

Teilflächen- und Einzellasten rufen jedoch auch in Querrichtung Biegemomente hervor, die aus Einflußflächen ermittelt werden. Im Hochbau dürfen nach DIN 1045, 20.1.4 die zusätzlichen Lasten einer „mitwirkenden Lastverteilbreite b_m" (besser wäre „mit*tragende* Plattenbreite im Unterschied zur „mit*wirkenden* Druckzone" bei Plattenbalken!) zugewiesen werden, die das gleiche Maximalmoment m_{xm} und die gleiche Momentensumme $M_m = m_{xm} b_m$ wie die Gesamtplatte aufweist. Im Hintergrund des Begriffes „b_m" steht die Erkenntnis, daß es wegen der „Anpassung" nach Abb. 5/47 wesentlich nur auf die Deckung des Gesamtmomentes ankommt. Einige Beispiele zeigt Abb. 5/14; sie läßt auch erkennen, daß b_m außer von der Größe t der Lastfläche auch vom Lastort und der Stützung der Platte abhängt. H. 240, 2.2.2 gibt in Tafel 2.1 Näherungsformeln für b_m, die zum Teil stark auf der „sicheren Seite" liegen. Die Quermomente in diesen Streifen dürfen nach DIN 1045, 20.1.6.3 zu 60 % der Momente in der Haupttragrichtung abgeschätzt werden.

Da die Querkräfte q_x jeweils dem Momentengefälle dm_x/dx proportional sind, gelten für sie andere „Verteilbreiten", für die in H. 240, Tafel 2.1 ebenfalls Näherungen angegeben sind. Bei größeren Lasten (Fahrzeuge) sollten die Querkräfte besser aus Einflußflächen [3.1; 4] entnommen werden, welche die Stützkräfte liefern (Abb. 5/15). Eine auf das Auflager zuwandernde Last erzeugt ja eine wachsende Querkraft, aber ein abnehmendes Moment.

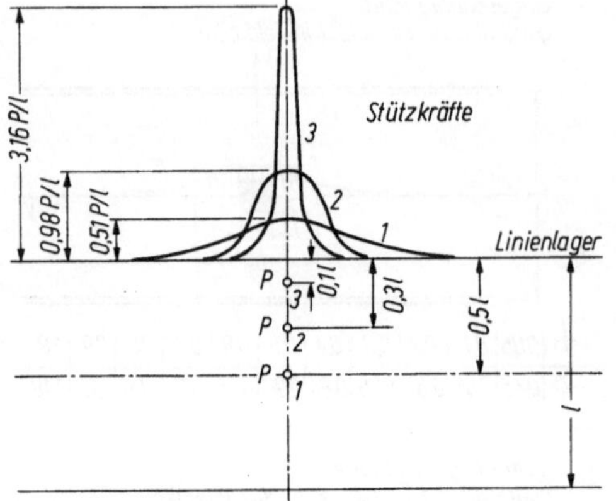

Abb. 5/15. Verteilung der Stützkräfte am Auflager einer Streifenplatte infolge einer Einzellast [3.1; 3.4]

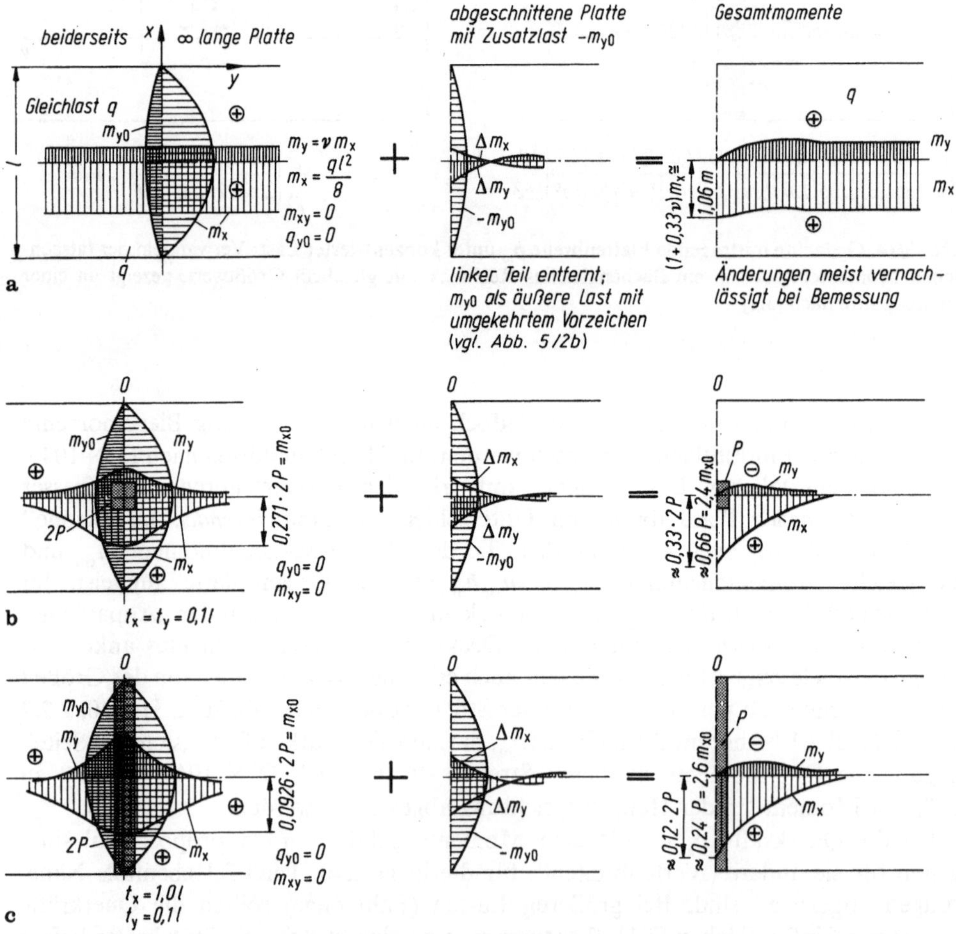

Abb. 5/16. Ermitteln der Momente einer frei drehbar gelagerten Halbstreifenplatte aus denjenigen des Vollstreifens durch Belasten des Trennschnittrandes (x-Achse) nach Abb. 5/2. **a** bei Gleichlast; **b** bei einer Einzellast 2P, damit beim Abtrennen jeder Rand P zu tragen hat; **c** bei Streckenlast 2P

Die Durchlaufwirkung ist bei Streifenplatten einfach aber nur grob zu über-schlagen, wenn man bei Einzel- oder Streckenlasten mit den „mitwirkenden Breiten b_m" rechnet. Eine Übersicht genauerer Verfahren findet man in B. Kal. 1982 I, S. 479.

Einachsig gespannte Streifenplatten endigen entweder mit einem freien oder einem unterstützten Rand (Halbstreifen). Im ersteren Falle geht man vom durchgehenden Plattenstreifen aus (Abb. 5/16), schneidet ihn unter der Last längs auf und läßt die dort angetroffenen m_{y0} mit umgekehrtem Vorzeichen auf ein Schnittufer als äußere Last wirken, wie Abb. 5/2 zeigt. Dadurch entstehen im unbelasteten Halbstreifen Δm_x und Δm_y, die zusammen mit den m_x und m_y die Momente im belasteten Halb-streifen ergeben. Gleichförmig belastet nehmen in der Mitte von dessen freiem End-rand ($v = 1/6$) das Moment m_x um nur 4% und die Durchbiegung um 7% zu (Abb. 5/16a). Bei einer Einzellast und einer Streckenlast am freien Rand wächst das Mittelmoment jedoch auf rund das 2,5fache an (Abb. 5/16b u. c)! Im Brückenbau ist das bei einer quer zwischen zwei Hauptträgern gespannten Fahrbahnplatte sehr unangenehm. Man wird dann meist einen Endquerträger anordnen müssen, der aber die Durchbiegung behindert und Längsmomente hervorruft, welche die Bewehrung komplizieren (vgl. Abb. 5/17).

Dieser Fall läßt sich auch im Hochbau nicht vermeiden, wenn die die Streifenplatte tragenden Balken ihrerseits von einem Unterzug oder einer Wand gestützt werden. Dann findet die Platte dort ein „unbeabsichtigtes Auflager", wodurch Biegemomente m_y rechtwinklig zur Haupttragrichtung entstehen [25]. Abb. 5/17 zeigt, daß diese von der ohnehin vorgeschriebenen Querbewehrung $a_y = 0,2a_x$ gedeckt werden und nur bei starrer Einspannung den Wert m_{x0} erreichen. Dementsprechend schreibt DIN 1045, 20.1.6.3 dort eine „Abreiß"- oder „Überlagebewehrung" von 60% der Hauptbewehrung vor. Durch einen Spalt zwischen Platte und Querträger nach II A, Abb. 3.2 läßt sich diese Störung vermeiden.

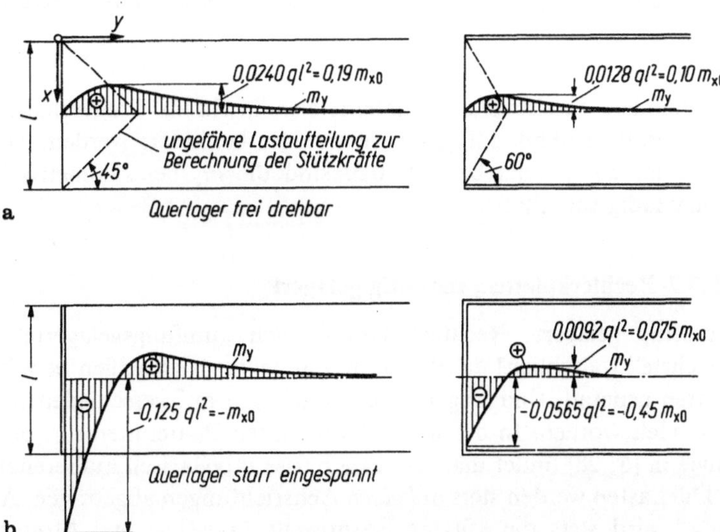

Abb. 5/17. Momente m_y einer am Ende starr gestützten Streifenplatte unter Gleichlast $q(v = 0)$, be-zogen auf $m_{x0} = ql^2/8$. **a** am Querauflager frei drehbar; **b** am Querauflager starr eingespannt

Streifenplatten, deren Breite etwa der Stützweite entspricht, sind im Brückenbau häufig. Wegen der konzentrierten Fahrzeuglasten sind die Schnittkräfte mittels Einflußflächen zu berechnen [6.3; 26]. In [27.1] findet man für Straßenfahrzeuge der DIN 1072 (76) fertig ausgewertete Bemessungsgrundlagen. Bei anderen Lastenzügen, z. B. Straßen- oder Eisenbahnen, muß man auf die Einflußflächen zurückgreifen. Für Militärfahrzeuge ist diese Arbeit in [4/1] geleistet. [27.2] bietet ein Näherungsverfahren für durchlaufende Streifenplatten begrenzter Breite unter Straßenlasten.

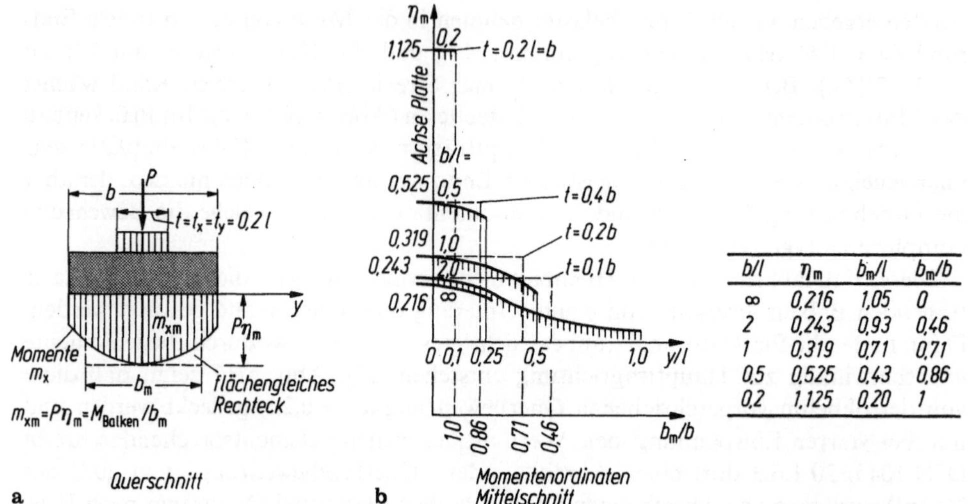

b/l	η_m	b_m/l	b_m/b
∞	0,216	1,05	0
2	0,243	0,93	0,46
1	0,319	0,71	0,71
0,5	0,525	0,43	0,86
0,2	1,125	0,20	1

Abb. 5/18. Mittragende Lastverteilbreiten b_m von Streifenplatten mit endlicher Breite b (zweiseitig gelagerte Rechteckplatten) unter einer Einzellast P in der Mitte, Größtmoment $m_{xm} = P\eta$. **a** Mittelschnitt in y-Richtung; **b** Momentenverlauf in der Querachse y für verschiedene Plattenbreiten

Schmalere Streifenplatten nähern sich in ihrem Tragverhalten mehr und mehr einem Balken (Abb. 5/18), da sie weniger behindert werden, sich in Querrichtung zu krümmen. Bereits bei $b \cong 0,5\,l$ sind die m_x bei symmetrischer Last praktisch gleichmäßig verteilt.

5.1.3.2 Rechteckplatten, vierseitig gelagert

Vierseitig gelagerte Rechteckplatten, auch „umfangsgelagerte" oder „kreuzweise bewehrte" (fälschlich! da *alle* Platten in *beiden* Richtungen bewehrt werden müssen) Platten genannt, sind wegen ihrer Häufigkeit auf verschiedenen Wegen theoretisch behandelt worden. In der in 5.1.1 genannten Plattenliteratur, besonders im B. Kal. sowie in [6; 28] findet man die Ergebnisse tabellarisch aufbereitet.

Die Lasten werden stets in *beiden* Achsrichtungen abgetragen. Als „Haupttragrichtung" wird stets die kürzere Spannweite (x-Achse und Momente $m_x = \int \sigma_x z \, dx$) bezeichnet. Abb. 5/19 gibt hierfür einige markante Werte, aus denen man folgendes lernt:

	a		b		c		d	
l_y/l_x	m_x/ql_x^2	m_y/m_x	m_x/ql_x^2	m_y/m_x	m_x/P	m_y/m_x	m_x/P	m_y/m_x
1,0	0,037	1,00	0,018	1,0	0,274	1,0	0,233	1,0
1,1	0,045	0,80	0,022	0,76	0,284	0,95	0,241	0,965
1,2	0,052	0,66	0,026	0,60	0,293	0,91	0,248	0,928
1,3	0,060	0,54	0,029	0,47	0,300	0,88	0,252	0,905
1,4	0,067	0,45	0,031	0,38	0,306	0,85	0,255	0,890
1,5	0,073	0,38	0,034	0,30	0,311	0,83	0,257	0,880
1,75	0,086	0,26	0,037	0,17	0,321	0,78		
2,0	0,096	0,18	0,040	0,095	0,327	0,76		
$\infty(\nu=0)$	0,125	0	0,042	0	0,327	0,76	0,26	0,85
$\infty(\nu=1/6)$	0,125	0,16	0,042	0,16	0,368	0,82		

Abb. 5/19. Biegungsmomente im Mittelpunkt von verschieden gelagerten und belasteten Rechteckplatten ($\nu = 0$) [2.8; 3.1; 6.2]

(a) Gleichlast p erzeugt Momente, die mit l^2 ansteigen. Der Anteil der Haupttragrichtung l_x ist um so größer, je gestreckter die Platte ist, weil prinzipiell bei einem statisch unbestimmten Tragwerk die steiferen Teile die Lasten „anziehen". Das Moment m_x in der Mitte der frei aufliegenden Quadratplatte ist nur 29 % desjenigen der Streifenplatte, 43 % bei beiderseitiger Einspannung.

(b) Eine Einzellast erzeugt Momente, die, wie früher bewiesen, unabhängig von der Spannweite sind. Das Verhältnis der Momente m_x der Quadrat- zur Streifenplatte bei $\nu = 0$ ist 84 % bei drehbarer Lagerung und 90 % bei Einspannung. Das bedeutet bei Gleichlast eine wesentlich höhere Querabtragung in die Nebenrichtung, so daß hierfür umfangsgelagerte Platten besonders vorteilhaft sind. Bei konzentrierter Last wird die Nebenrichtung „von selbst" durch das zweidimensionale Tragverhalten herangezogen und zeigt wieder, daß weitgespannte Streifenplatten für Straßenbrücken besonders geeignet sind.

In die Tragwirkung einer drehbar aufgelagerten Quadratplatte gibt Abb. 5/20 Einblick. Die Achsmomente m_x und m_y sind etwa parabolisch verteilt, woraus nach Abb. 4.2/17 eine Biegelinie (Parabel 4. Ordnung) mit dem Pfeil $f_m = m_x l_1^2/10EI_I$ mit $I_I = d^3/12$ entsteht. In Richtung eines Diagonalschnittes verläuft das Hauptmoment m_1 jedoch alternierend mit Nullstellen in den Wendepunkten W der Biegelinie und das Hauptmoment m_2 rechtwinklig dazu ist fast konstant. Dieser Streifen muß also an der Ecke durch eine Kraft E festgehalten und anschließend in der Richtung 2 durch Querstreifen unterstützt werden, die wiederum einen „kürzesten Weg" zur Abtragung der Flächenlast darstellen. Die Kraft $E = 2m_{xye}$ kennen wir aus Abb. 5/7. Sie erzeugt in der Platte ein nach der Mitte zu abnehmendes negatives Biegemoment $m_1 = -m_{xy}$ in Diagonalrichtung, die durch eine obere Eckbewehrung nach DIN 1045, 20.1.6.4 (in den Stirnseiten verankern!) aufzunehmen ist. Der wirkliche Verlauf der Stützkräfte $\bar{q}$ ist ebenfalls angegeben und läßt die Eckkraft E als Hilfsvorstellung hervortreten, da ja in einem Punkt die Stützkraft nicht von Null auf E springen kann. Jedenfalls ist die Summe der Stützkräfte $\bar{q} = q + q^*$, wobei die Querkraft q den Anteil aus den dm_n/dn anzeigt und etwa der Stützkraft bei Gleichlast nach DIN 1045, 20.1.5, Bild 46 entspricht. Je Seite ist die Summe der q^* gleich E,

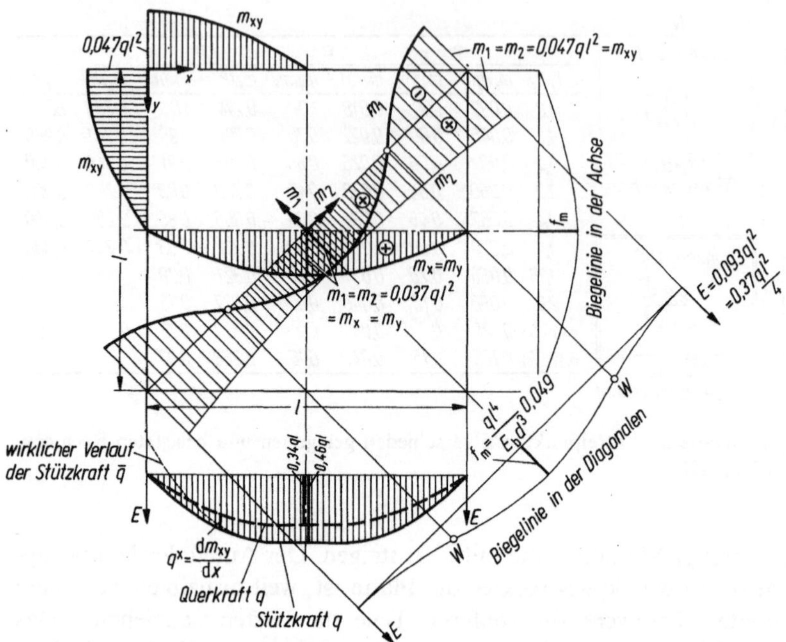

Abb. 5/20. Verlauf der Biegemomente in Achs- und Diagonalrichtung sowie der Stützkräfte einer freiaufliegenden Quadratplatte mit Gleichlast q [B. Kal. 1982 I, S. 484 u. 402]

wodurch die Stützkraft gegenüber einem Viertel der Gesamtlast erheblich vermehrt wird:

$$l_y/l_x = 1,0 \qquad 1,5 \qquad 2,0$$
$$E \;\;= 0,093 \qquad 0,123 \qquad 0,133 \; ql_x{}^2$$
$$= 37 \qquad 33 \qquad 27\% \text{ von } ql_xl_y/4 \, .$$

Die Last der Randträger wird mithin unterschätzt, wenn die Ecken festgehalten werden [29]. Bei eingespannten Rändern ist die Stützkraft $\bar{q}$ gleich der Querkraft q, da die Drillmomente dort aufgenommen werden. An Ecken mit „gemischter" Lagerung der Ränder wird die Kraft E vermindert, jedoch nicht der Beitrag q^* an der Stützkraft des drehbaren Randes. Man sollte daher auch in diesem Fall die gleiche obere Eckbewehrung wie bei drehbaren Lagern einlegen.

Wenn die Ecken nicht durch Auflast fixiert werden, wie z. B. bei Flachdächern, hebt sich dort die Platte ein wenig ab, die Entlastung des mittleren Teiles durch die neg. m_1 wird kleiner und die Achsmomente nehmen nach H. 220, Tafel 2.3 und [30] zu, und zwar um:

$$35 \qquad 23 \qquad 12\% \, ,$$
$$\text{wenn } l_y/l_x = 1,0 \qquad 1,5 \qquad 2,0 \text{ ist} \, .$$

Die Berechnung der Durchbiegung von Platten wird, wie Abb. 1/13c zeigt, mittels des Reduktionssatzes auf diejenige wie von Balken (4.2.3) zurückgeführt. Meist begnügt man sich mit der einfachen Schlankheitsregel nach DIN 1045, 17.7.2, die aber nicht ausreicht, wenn die Durchbiegungen nachteilige Folgen haben können (Abb.

4.2/11 bis 15 und II A, 3.3.1). In USA fordert man in diesem Falle $l/16$ bis $l/11$ [4/104.5].

Die Vergrößerung der für Zustand I berechneten Durchbiegung f_0 infolge Rißbildung und Kriechens kann nach Abb. 4.2/18 und 21 überschlagen werden; ausführlich untersucht ist sie in [31].

Benachbarte Deckenfelder beeinflussen sich gegenseitig, wobei vereinfachend drehbare oder starre Lagerung auf den unterstützenden Balken angenommen werden darf. Genauer erfaßt sind die konstruktiven Zusammenhänge in II A, 3.1. Unter den genannten Annahmen sind die Einspannmomente angenähert für durchgehende Vollast q = ständige Last g + Nutzlast p am größten. Die Grenzwerte der Feldmomente erhält man nach DIN 1045, 20.1.5 (H. 240, 2.3.3) durch Belastungsumordnung. Dabei werden die Schnittkräfte für Vollast mit $g + p/2$ (Ränder starr eingespannt) ermittelt und dann diejenigen aus $\pm p/2$ schachbrettartig alternierend (Ränder drehbar) überlagert (Abb. 5/21). Dieses im Hochbau für feldweise Flächenlasten zulässige Verfahren ist im B. Kal. 1982 I, S. 475 vorgeführt. Dort findet man auch Hinweise auf besser begründete Verfahren, die man bei stark voneinander abweichenden Feldweiten, insbesondere auch bei Teilflächen- und Einzellasten braucht [32; 1/19.2]. Die Kontinuität von Platten wirkt sich ganz anders aus als bei Balken.

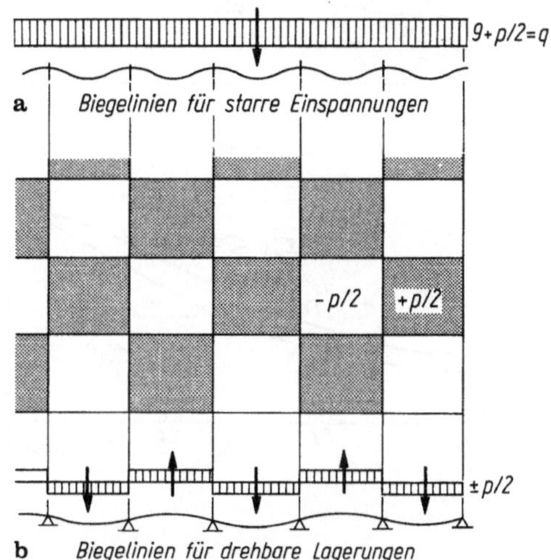

Abb. 5/21. Angenäherte Ermittlung der Momente durchlaufender Rechteckplatten. Grenzwerte der Stützmomente für $q = g + p$: Platten starr eingespannt; Grenzwerte der Feldmomente durch Überlagern von: **a** durchgehender Belastung $g + p/2$: Platten starr eingespannt und **b** schachbrettartig wechselnder Belastung mit $\pm p/2$

Denn ein Randmoment klingt in einem Plattenfeld viel stärker ab als in einem Balkenfeld. Abb. 5/22 zeigt diese Momentenverläufe für Rechteckplatten mit verschiedenen Seitenverhältnissen λ. Hiernach ist der belastete Plattenrand viel steifer als ein entsprechendes Balkenende und das entstehende Moment am eingespannten Gegenrand viel kleiner als bei einem Balken. Hinzu kommt, daß die Auflagerverdrehungen stets durch Balken oder Wände behindert werden, also die Übertragung der Randmomente von Feld zu Feld entsprechend „abgebremst" wird. Die Wirkung einer örtlichen Deckenbelastung pflanzt sich daher praktisch nur in die unmittelbaren Nachbarfelder fort und braucht deshalb meist nur angenähert untersucht zu werden.

Die Querkräfte an den Zwischenstützen infolge Teillasten konzentrieren sich ähnlich wie bei Endlagern (Abb. 5/15) sehr stark [4; 33].

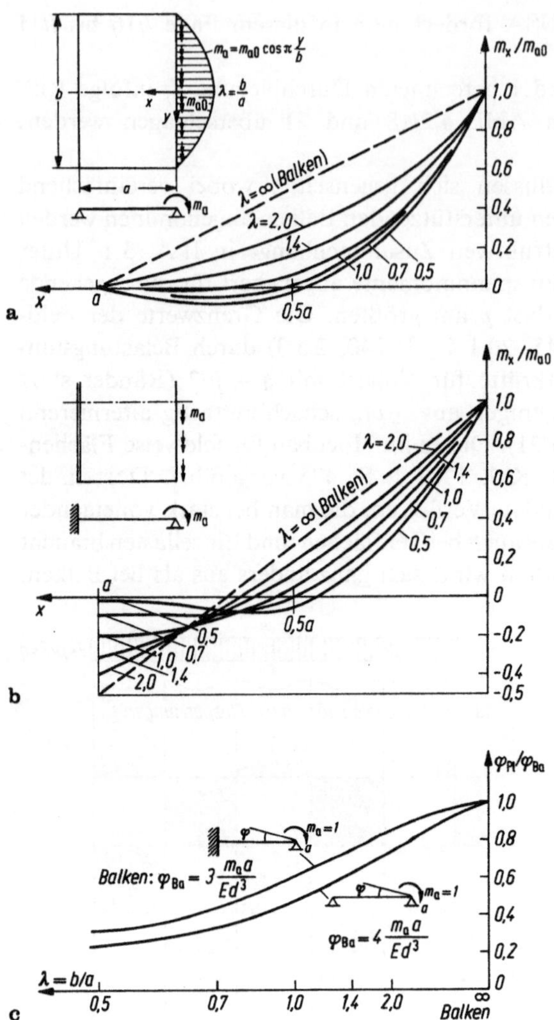

Abb. 5/22. Momentenverläufe und Endverdrehungen von umfangsgelagerten Rechteckplatten mit dem Seitenverhältnis $\lambda = b/a$ unter einer Momentenrandbelastung mit cos-Verlauf [6.2]. **a** Gegenrand frei drehbar; **b** Gegenrand starr eingespannt; **c** Endverdrehungen φ_{Pl} am belasteten Rand, verglichen mit denjenigen φ_{Ba} eines entsprechend gelagerten Balkens (Seitenränder drehbar gelagert)

5.1.3.3 Rechteckplatten, dreiseitig gelagert

Dreiseitig gelagerte Rechteckplatten kommen bei Balkonen, Treppenpodesten, Behälterwänden und Brückenwiderlagern vor. Ihr Kräftezustand kann nach dem Vorbild der Abb. 5/2 aus demjenigen einer vierseitig gelagerten Rechteckplatte abgeleitet werden, indem man die Stützkräfte einer Seite mit umgekehrtem Vorzeichen als äußere Kräfte anbringt (Abb. 5/23). Für die gängigen Fälle sind bequeme Formeln und Tafeln vorhanden (B. Kal. 1982 I, S. 442) und [34]. Angaben für die bei Behältern auftretende Dreieckslast (Flüssigkeitsdruck) enthalten [a.a.O, S. 458] und [6.3; 35]. An dieser Stelle findet man auch ausführliche Darstellungen des Schnittkraftverlaufes, ebenso für *Trapezplatten* unter hydrostatischer Last (B. Kal. 1980 I, S. 448).

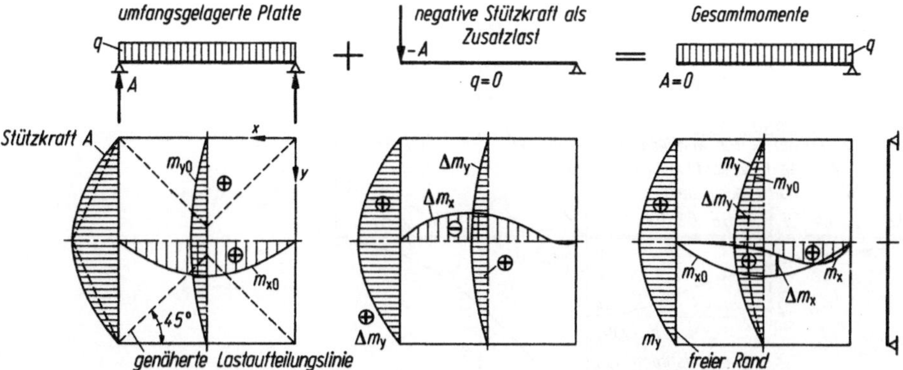

Abb. 5/23. Ableitung der Schnittkräfte einer dreiseitig drehbar gelagerten Rechteckplatte mit Gleichlast nach der Methode in Abb. 5/2 durch Anbringen der negativen Stützkräfte am freien Rand

Die starke Unsymmetrie dieser Platten in der einen Achsrichtung ergibt große Drillmomente, die auf entsprechende Abweichungen der Hauptmomente von den Achsrichtungen deuten. Die Abtragung der Lasten in der Diagonalrichtung spielt hier eine große Rolle, worauf beim Bewehren Rücksicht zu nehmen ist [1/2, Teil 3, 8.3.2]. Bei schlanken Platten empfiehlt es sich, die Durchbiegung am freien Rand auf dem in Abb. 1/9c gezeigten Weg zu überschlagen (Abb. 5/24).

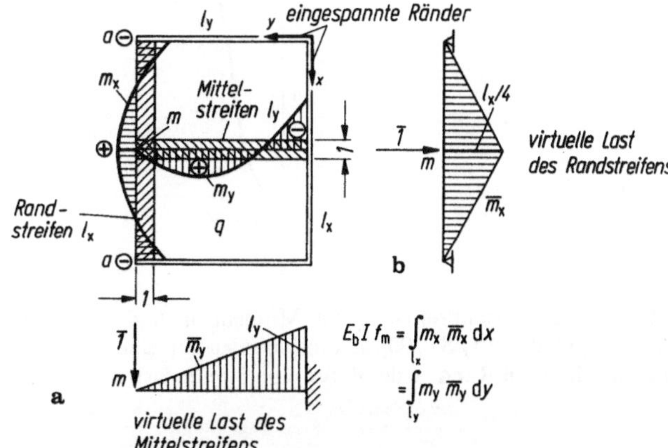

Abb. 5/24. Berechnen der Durchbiegung in der Mitte m des freien Randes einer dreiseitig eingespannten Platte (Verläufe von m_x und m_y aus B. Kal. 1982 I, S. 444) mittels virtueller Belastung. **a** auf dem Mittelstreifen Richtung y oder **b** auf dem Randstreifen Richtung x

5.1.3.4 Kragplatten

Kragplatten teilen mit gleichen Konsequenzen die Eigenschaften aller Platten: bei Gleichlast wachsen die Momente im Quadrat der Auskragung, bei einer mit der Einspannung parallelen Linienlast am Rand wachsen sie linear, bei einer Einzellast an gleicher Stelle sind sie konstant. Abb. 5/25 zeigt die Schnittkraftverläufe im Einspannquerschnitt und die „Lastverteilbreiten" b_m von Moment m und b_q von Querkraft q für Einzel- und Streifenlast. Es ist bemerkenswert, daß die b_q für die Querkraft q wesentlich kleiner sind als die b_m für das Moment m und gegensinnig

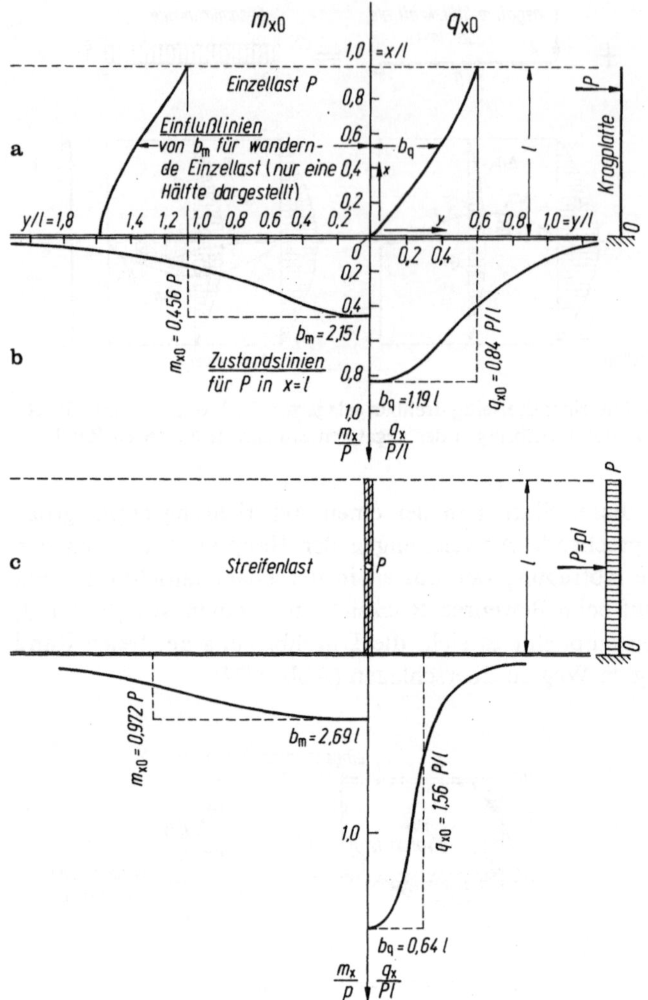

Abb. 5/25. Lastverteilbreiten b_m für Moment m_x und b_q für Querkraft q_x im Einspannquerschnitt einer Kragplatte [3.1, S. 390]. **a** Einflußlinien für eine wandernde Einzellast; **b** Zustandslinien für eine Einzellast am Rand; **c** desgl. für eine Streifenlast

verlaufen. Die in H. 240, Tafel 2.1 angegebenen Breiten b_m sind mithin vorsichtig gewählt [36]. Bei beschränkter Plattenbreite sind die Verteilbreiten kleiner [37].

Bei weit auskragenden Platten herrscht die Eigenlast stark vor. Dem kann durch nach innen mit dem Anlauf α zunehmender Plattendicke (Abb. 5/26a) abgeholfen werden, ähnlich wie bei Kragbalken mit geschwungenem Untergurt (II A, Abb. 2.2/20). Das Einspannmoment $m_g = m_{g0}(1 - \alpha/3)$ nimmt dadurch, bezogen auf das Moment $m_{g0} = gl^2/2$ bei konstanter Dicke, nicht allzuviel ab. Die durch die Bewehrung zu deckende Zugkraft $Z_s \cong m_g/0{,}8d_s$ wird jedoch merklich kleiner (Abb. 5/26b). Diese Wirkung wird etwas abgeschwächt, wenn man eine gleichförmige Nutzlast p berücksichtigt, die beispielsweise gleich $g_0/2 = d_0\gamma/2$ ($\gamma = 24$ kN/m³ Wichte) angenommen wird, so daß $m_q = m_g + m_p = m_{g0} (1{,}5 - \alpha/3)$ ist. Der Anlauf α der Platte nach

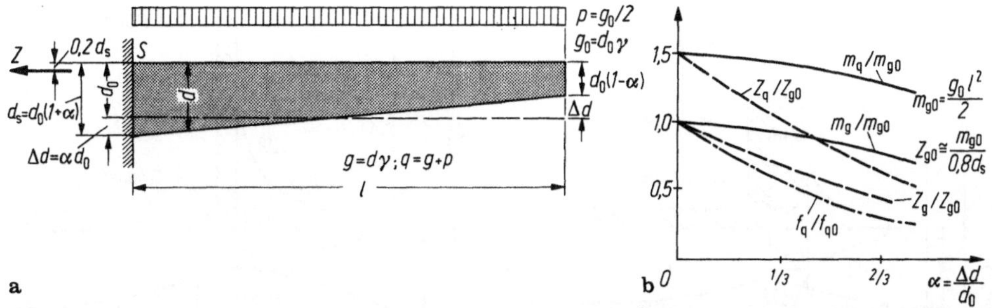

Abb. 5/26. Kragplatte mit linear nach außen abnehmender Dicke d und Gleichlast p. **a** Schnitt; **b** Einspannmomente, Bewehrungszugkraft $Z \cong m_s/0{,}8d_s$ und Durchbiegung f am Rand als Funktion des Anlaufes $\alpha = \Delta d/d$

innen bringt den weiteren Vorteil, die Durchbiegung f des Randes erheblich zu vermindern (Abb. 5/26b). Einflußflächen für solche Platten findet man in [38]; für $\alpha = 0{,}5$ nimmt die Größtordinate von m um rd. 30 % zu.

Man muß allerdings bei der Berechnung der Durchbiegung f_0 des Randes stets berücksichtigen, daß die Einspannung mehr oder weniger elastisch ist. Abb. 5/27 zeigt, daß eine in ein anschließendes, ebenfalls gleichförmig belastetes Deckenfeld eingespannte Kragplatte sich bis zu $2f_0$ durchbiegen kann. Im Abschnitt über „Decken" (I A, 3 Abb. 3/29 u. 30) wird auf Schäden hingewiesen, die auf diesen Umstand zurückzuführen waren. Der Spitzenwert des Einspannmomentes infolge einer *Einzellast* wird durch elastische Nachgiebigkeit vermindert; das Moment läuft sozusagen „in die Breite" [39].

Kragplatten *umfassen* mitunter die *Ecke eines Gebäudes*. Nach Untersuchungen an einer Modellplatte mittels Krümmungs- und Dehnmessungen [40] ergab sich ein Kräftebild (Abb. 5/28), das naturgemäß an der Diagonalrichtung zu spiegeln

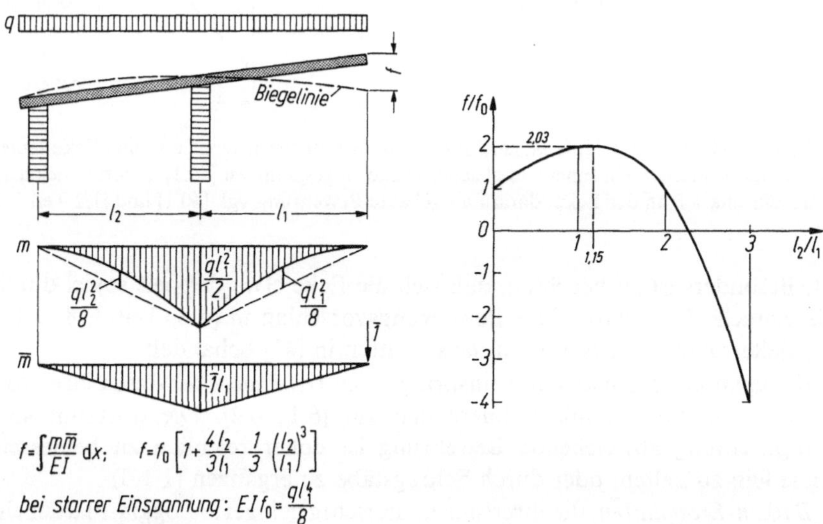

Abb. 5/27. Durchbiegung f des Randes einer elastisch in ein Nachbarfeld eingespannten Kragplatte mit durchgehender Gleichlast q

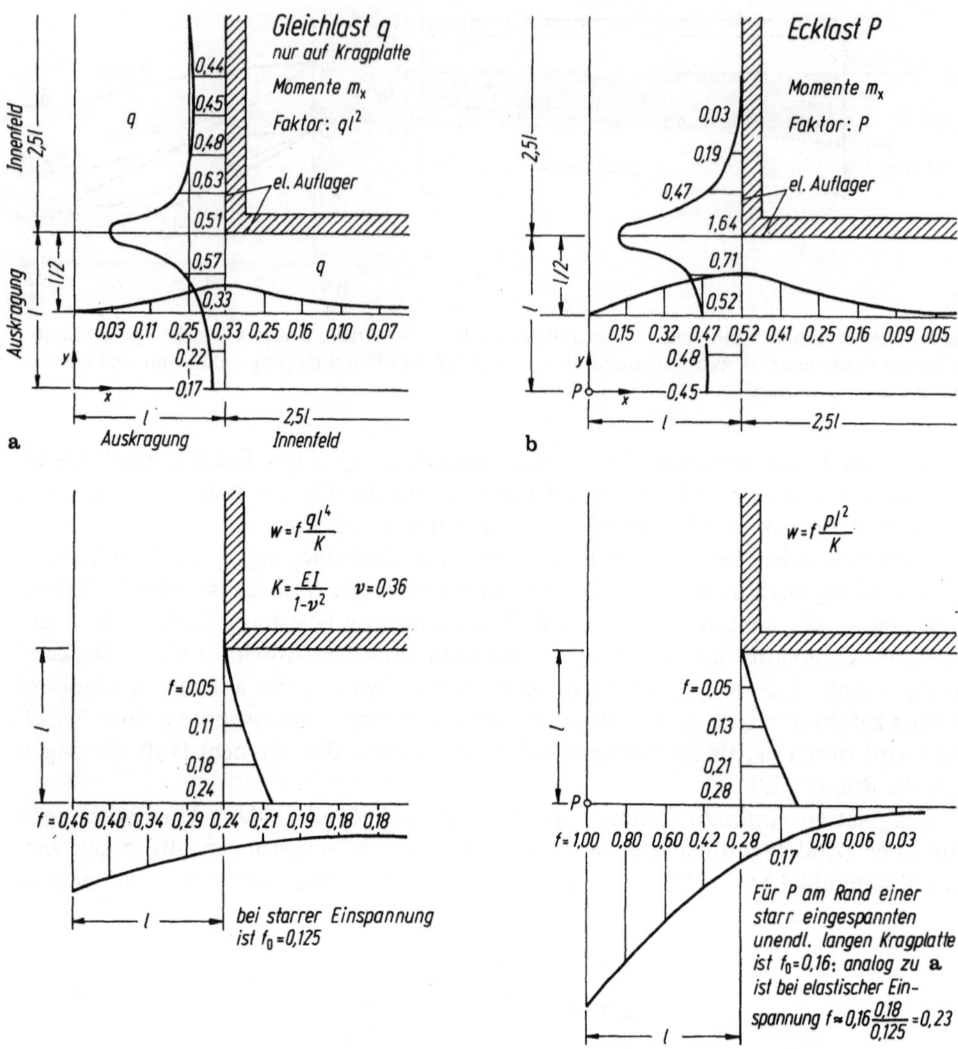

Abb. 5/28. Momentenverläufe m_x und Randdurchbiegungen w einer um eine Ecke laufenden Kragplatte, die elastisch in ein Innenfeld gleicher Dicke eingespannt ist [40.1]. **a** unter Gleichlast q; **b** unter einer Einzellast P an der Ecke; darauf aufgebaute Bewehrung vgl. [40.1] und [1/2 Teil 3, 8.3.4]

ist. Besonders ist zu beachten, daß sich die Ecke etwa doppelt soviel durchbiegt wie die einfache Kragplatte. Der Bewehrungsvorschlag in [1/2, Teil 3, 8.3.4] ist hieraus abgeleitet. Ausführlich werden diese Platten in [41] behandelt.

Kragplatten *innerhalb* einer einspringenden *Gebäudeecke* weisen ihre größten Feldmomente in ihrer Winkelhalbierenden auf [6.1; 6.2]. Die dort um 45° von der Hauptrichtung abweichende Bewehrung ist daher reichlich zu bemessen, um die Risse fein zu halten, oder durch Schrägstäbe zu ergänzen (1.1.3).

Balkon-Kragplatten, die ihrerseits in dreiseitig gelagerte Loggia-Platten eingespannt sind, werden oft unter der Annahme berechnet, daß die Stützkräfte der äußeren Platte (m und q) gleichförmig verteilt auf den Rand der inneren eingetragen werden.

Da dieser aber elastisch nachgibt, wandern die Schnittkräfte in der Anschlußfuge erheblich nach den steiferen Auflagern zu ab, wobei allerdings Gesamtmoment und -querkraft konstant bleiben. Um keine groben Risse an den Gebäudeecken zu erhalten, muß man die Bewehrung entsprechend verteilen, wofür [1/2, Teil 3, 8.3.2.3] einen Anhalt gibt.

5.1.3.5 Kreisplatten

Die Kreisplatten und Kreisringplatten mit Stützung am Innen- oder Außenrand unter rotationssymmetrischer Belastung lassen sich in geschlossenen Formeln berechnen, da die Schnittkräfte nur vom Radius abhängen. Deren Verlauf findet sich für verschiedene Fälle tabelliert im B. Kal. 1964 II, S. 203 sowie in [6.1; 6.3; 42] und [1/14.1]. Die beiden letzten Literaturstellen bringen auch Angaben für Kreisplatten unter antimetrischer Last. Polygonförmige Platten können nach [43] angenähert wie Kreisplatten behandelt werden.

Die Bewehrung wird nur bei Kreisringplatten in den Hauptrichtungen der Momente, d. h. nach Polarkoordinaten verlegt. Bei Vollplatten ist das zu unbequem. Die hierfür übliche orthogonale Bewehrung verläuft daher i. allg. schräg zu den Hauptrichtungen und hat nach 1.3.1, Abb. 1/10, größere Rißbreiten im Zustand II, mithin Zonen wechselnder Steifigkeit zur Folge. Die Momente werden hierdurch nach den Durchmessern umgelagert, bei denen Bewehrung und Hauptrichtung zusammenfallen, worauf in 5.3 eingegangen wird. Außerdem wird die Wirkung der Richtungsabweichung nach 5.4.1 durch die Randbedingungen der Verformung begrenzt. Erfahrungsgemäß wird weder die Gebrauchs- noch die Tragfähigkeit durch diese Bewehrungsanordnung beeinträchtigt.

5.1.3.6 Dreieckplatten

Sie tragen ihre Lasten annähernd wie Kreisplatten ab, die auf den Seitenmitten und Quergurten rechtwinklig zu den Winkelhalbierenden aufliegen („Ersatzkreisplatte") [44] (Abb. 5/29) und die gleichen Randbedingungen aufweisen. Wie bei den Rechteckplatten tritt eine negative Eckkraft auf und hat ebensolche Momente in der Diagonalen zur Folge. Ausführliche Angaben bieten [6.1; 6.2; 45].

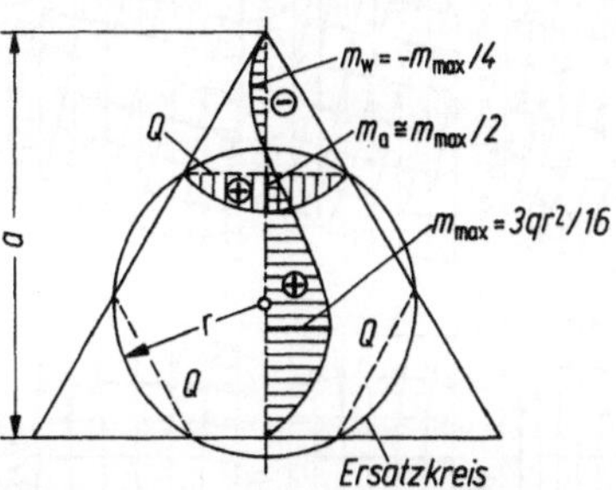

Abb. 5/29. Momentenverlauf in einer gleichseitigen, freiaufliegenden Dreieckplatte [44] und „Ersatzkreis" mit dem Radius r, der gleiches Mittenmoment m_{max} liefert: $r = 0{,}35a$ bei Gleichlast q, $r = 0{,}38a$ bei Einzellast P

In den Ecken bilden sich Quergurte Q in der Platte aus, die eine Einspannung infolge der festgehaltenen Ecken verursachen

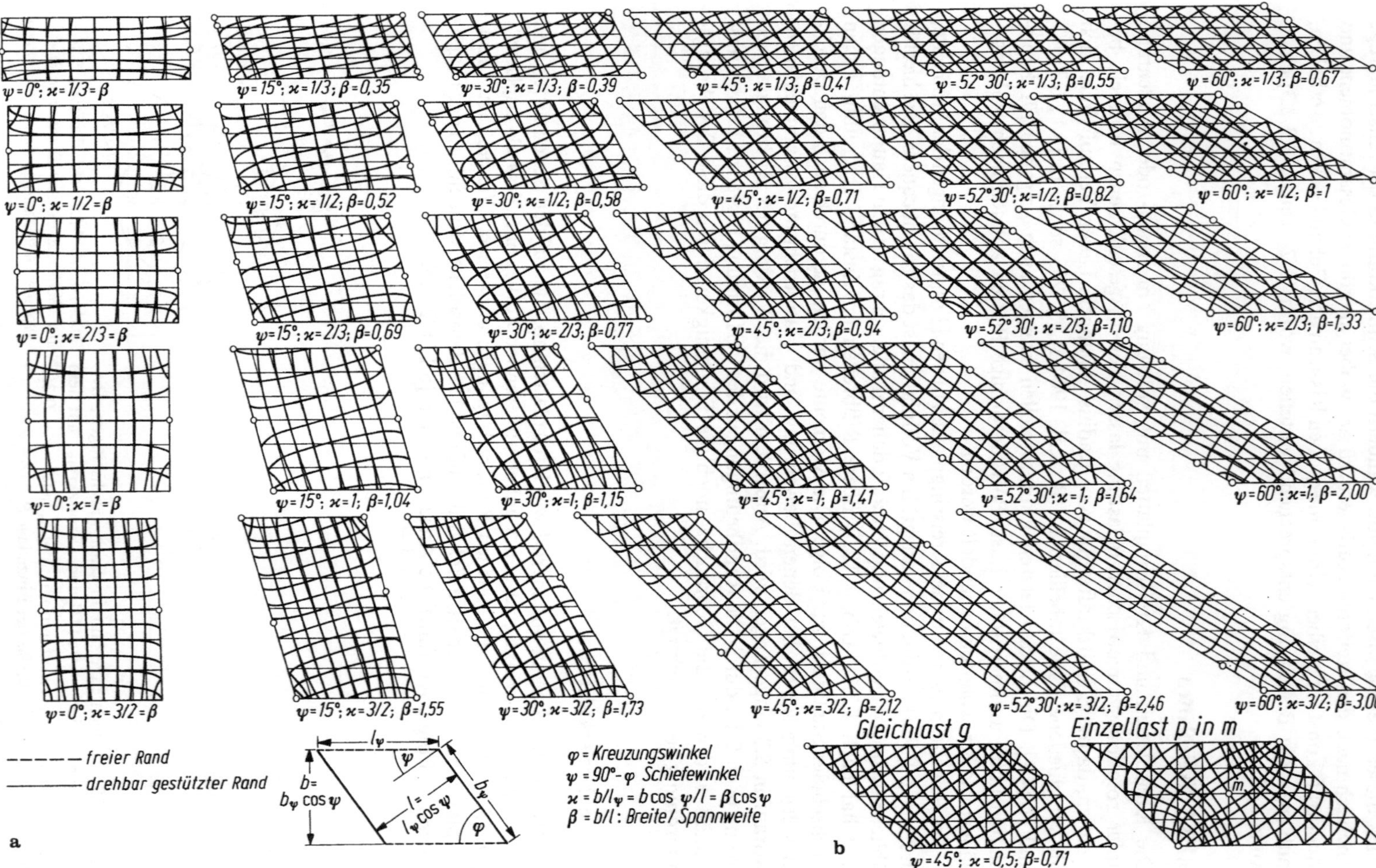

$\psi=0°; \varkappa=1/3=\beta$
$\psi=15°; \varkappa=1/3; \beta=0,35$
$\psi=30°; \varkappa=1/3; \beta=0,39$
$\psi=45°; \varkappa=1/3; \beta=0,41$
$\psi=52°30'; \varkappa=1/3; \beta=0,55$
$\psi=60°; \varkappa=1/3; \beta=0,67$
$\psi=0°; \varkappa=1/2=\beta$
$\psi=15°; \varkappa=1/2; \beta=0,52$
$\psi=30°; \varkappa=1/2; \beta=0,58$
$\psi=45°; \varkappa=1/2; \beta=0,71$
$\psi=52°30'; \varkappa=1/2; \beta=0,82$
$\psi=60°; \varkappa=1/2; \beta=1$
$\psi=0°; \varkappa=2/3=\beta$
$\psi=15°; \varkappa=2/3; \beta=0,69$
$\psi=30°; \varkappa=2/3; \beta=0,77$
$\psi=45°; \varkappa=2/3; \beta=0,94$
$\psi=52°30'; \varkappa=2/3; \beta=1,10$
$\psi=60°; \varkappa=2/3; \beta=1,33$
$\psi=0°; \varkappa=1=\beta$
$\psi=15°; \varkappa=1; \beta=1,04$
$\psi=30°; \varkappa=1; \beta=1,15$
$\psi=45°; \varkappa=1; \beta=1,41$
$\psi=52°30'; \varkappa=1; \beta=1,64$
$\psi=60°; \varkappa=1; \beta=2,00$
$\psi=0°; \varkappa=3/2=\beta$
$\psi=15°; \varkappa=3/2; \beta=1,55$
$\psi=30°; \varkappa=3/2; \beta=1,73$
$\psi=45°; \varkappa=3/2; \beta=2,12$
$\psi=52°30'; \varkappa=3/2; \beta=2,46$
$\psi=60°; \varkappa=3/2; \beta=3,00$
––––– freier Rand
——— drehbar gestützter Rand
φ = Kreuzungswinkel
ψ = 90°– φ Schiefewinkel
$\varkappa$ = b/l$_\psi$ = b cos ψ/l = β cos ψ
β = b/l : Breite/Spannweite
a
Gleichlast g
Einzellast p in m
b
$\psi=45°; \varkappa=0,5; \beta=0,71$

5.1.3.7 Parallelogrammplatten, zweiseitig gelagert

Parallelogrammplatten, die nur auf zwei gegenüberliegenden Seiten gestützt sind, werden häufig für schiefwinklige Kreuzungen von Verkehrswegen verwendet. Die Schiefe macht sich um so mehr bemerkbar, je schmaler die Platte im Verhältnis zur Spannweite ist. Breite Platten tragen die Lasten vorwiegend senkrecht zu den Lagerlinien ab, weil jene sich den „kürzesten Weg" suchen. Dieser führt bei annähernd gleichseitigen Platten von einer stumpfen Ecke zur gegenüberliegenden, so daß dort eine starke Konzentration der Stützkräfte zu erwarten ist. Guten Einblick in die Abtragung einer gleichförmigen Belastung geben die Hauptmomentrichtungen (Abb. 5/30a) [46]; diejenigen für eine Einzellast in der Mitte weichen nur wenig davon ab (Abb. 5/30b), so daß die hierfür berechneten Hauptmomente mit ausreichender Genauigkeit zu denen aus Gleichlast algebraisch addiert werden dürfen. Die „Endhaken" der Trajektorien an den gestützten Rändern sind auf die Unvollkommenheit der Plattentheorie (5.1.1) zurückzuführen. An sich verläuft die Hauptkrümmung der Platte $\varkappa_n$ normal zum Rand und m_n müßte bei $v = 0$ die gleiche Richtung haben. Die Trajektorienbilder lassen qualitativ erkennen, daß die Hauptproblematik schiefer Platten in folgendem besteht:

(a) Die Trajektorien drängen sich in den stumpfen Ecken zusammen und deuten dadurch auf große Momente. Sie verlaufen in beiden Ecken angenähert in der Winkelhalbierenden (Abb. 5/31).

(b) Sie treffen schiefwinklig auf die freien Ränder und rufen dort, wie in Abb. 5/8 gezeigt, einen gestörten Bereich etwa mit der Breite d hervor, der wie ein Randbalken zu bewehren ist. Zahlreiche Brücken dieser Art weisen Schrägrisse an den Stirnseiten auf, die auf eine fehlende „Schubbewehrung" deuten!

(c) Sie endigen an den gestützten Rändern ebenfalls schräg und zeigen dadurch Rand-Drillmomente an, die zu stark ungleichmäßig verteilten Stützkräften führen, eben zu jener Konzentration an der stumpfen Ecke und gegebenenfalls bei großer Schiefe zum Abheben an der spitzen Ecke.

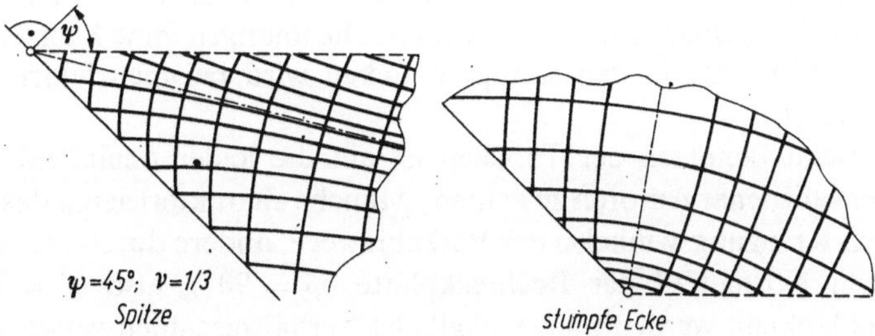

Abb. 5/31. Qualitativer Verlauf der Hauptrichtungen der Momente für $v = 1/3$ in der spitzen und in der stumpfen Ecke: mittlere Richtung ungefähr Winkelhalbierende. [46]

Abb. 5/30. Richtung der Hauptmomente in Parallelogrammplatten mit verschiedener Schiefe ψ und Seitenverhältnis $\beta = b/l$ oder $\varkappa = \beta \cos \psi$ berechnet mit Querdehnungszahl $v = 1/6$ [46]. **a** Trajektorien für Gleichlast; **b** desgleichen für eine Einzellast in der Mitte und zum Vergleich für Gleichlast: Kein wesentlich anderer Verlauf der Hauptrichtungen!

Nicht aus dem Trajektorienbild erkennbar, aber leicht vorzustellen, ist folgende Eigenart: der freie Plattenrand ist um so weiter gespannt, je größer die Schiefe Ψ ist und will sich daher stark durchbiegen. Sein Ende an der stumpfen Ecke wird jedoch durch den Auflagerstreifen, der gerade bleiben muß, festgehalten, so daß sich ein Einspannmoment einstellt (Abb. 5/32), das mit der Schiefe zunimmt. Der rasche Anstieg der Momente bedeutet eine entsprechende Querkraft $Q = \mathrm{d}M/\mathrm{d}r$ in Randrichtung, die ebenfalls zu decken ist.

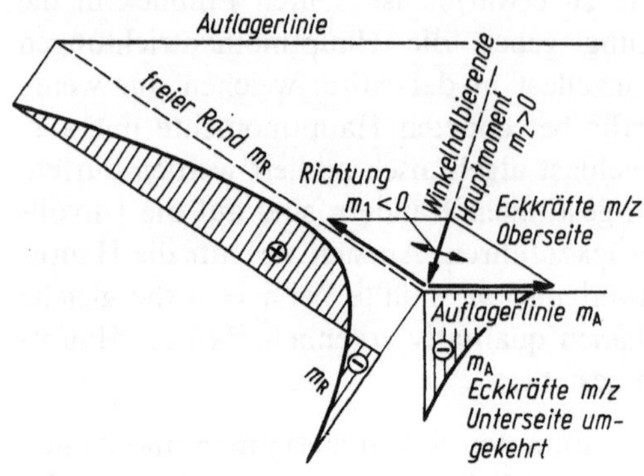

Abb. 5/32. Schematisch dargestellte Momente m_A längs des freien Randes und m_A längs der Auflagerlinie sowie des Gleichgewichtes der Kräfte m/z an der Oberseite der stumpfen Ecke einer schiefen Platte. An der Unterseite Vorzeichen vertauscht

Quantitativ kann man den Schnittkraftzustand mittels Differenzenansätzen (z. B. nach [47]) oder FEM rasch berechnen, sofern entsprechende „Software" vorliegt. Platten mit stark unregelmäßiger Berandung (gekrümmte Ränder) lassen sich auch mit der Modellstatik recht anschaulich (5.1.2; Krümmungsmessung oder DMS) untersuchen. Letztere liefern auch, angeklebt an Pendellager, die Stützkräfte. Es gibt für schiefe Platten einige Tafelwerke, denen man die nötigen Daten, z. T. auch Zustands- und Einflußflächen für die Hauptmomente und deren Richtungen entnehmen kann [48]. Für die Wirkung von Straßenfahrzeugen sind fertig ausgewertete Schnittkräfte verfügbar [49]. Auch über durchlaufende, schiefe Platten gibt es ein umfangreiches Tabellenwerk [50], das ein Verzeichnis der internationalen Literatur über Parallelogrammplatten enthält. Die unangenehme Konzentration der Stützkräfte und Momente in den stumpfen Ecken wird bei mehrfeldrigen Platten stark abgemindert.

Beim Benutzen der Tabellen ist auf die leider uneinheitliche Bezeichnungsweise verschiedener Autoren zu achten: Manche charakterisieren das Parallelogramm durch den Kreuzungswinkel φ der Verkehrswege, andere durch die Abweichung Ψ (Schiefe) vom Normalfall der Rechteckplatte ($\varphi = 90°$), also $\Psi = 90 - \varphi$. Auch für die Schlankheit werden unterschiedliche Verhältniszahlen verwendet.

Angesichts der nach Größe und Richtung stark wechselnden Momente ist es schwierig, die Bewehrung einigermaßen den Hauptrichtungen anzupassen. Es wird geraten, (ich folge hierbei [51], sowie z. T. [1/2, Teil 6, 12.2]), an den Stellen größerer Beanspruchung möglichst nicht mehr als 20° davon abzuweichen, um die Risse fein zu halten (1.3.1).

Aufgrund dieser Erkenntnisse wird folgendes empfohlen:

(a) Die *untere* Tragbewehrung wird in der nach [46] empfohlenen Richtung γ (Abb. 5/33) angeordnet. Wenn diese streckenweise von der Hauptrichtung mehr als

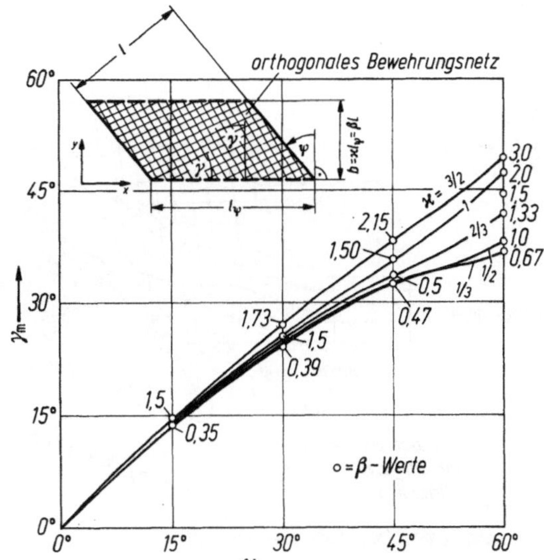

Abb. 5/33. Mittelwert γ_m der Winkel γ, die die Hauptmomente m_1 mit der Auflagerlinie bilden, abhängig von Schiefe ψ und Seitenverhältnis $\varkappa$ bzw. β, berechnet mit $\nu = 1/6$ [46]. Orthogonales Bewehrungsnetz schematisch

etwa 15° differiert, sind die Hauptmomente darauf zu transformieren. Es ist üblich, hierbei nach [52] zu verfahren, jedoch ist auch die Umrechnung nach Abb. 5/57 ausreichend. Um die Stäbe zu verankern, sind ihre Enden aufzubiegen. Die Querbewehrung wird bei schmalen Platten senkrecht zur Hauptbewehrung verlegt und in der Nähe der Auflager gefächert (Abb. 5/34), bei breiten Platten wird sie durchgehend parallel zu diesen geführt. Die großen Hauptzugspannungen in der stumpfen Ecke (etwa in der Winkelhalbierenden) sind durch Zulagen zu decken.

(b) Die *obere* Bewehrung liegt großenteils in der Druckzone, soll aber mit Rücksicht auf Temperatur- und Schwindspannungen ein Mindestmaß (etwa ein Netz von 5 $\varnothing$ 10/m, bei dicken Platten mehr) nicht unterschreiten. Die resultierenden Zugkräfte von Rand- und Auflagerbalken ergeben Druck in der Winkelhalbierenden der schiefen Ecke, erfordern jedoch eine Verbindungsbewehrung (Abb. 5/35).

(c) Die *freien Ränder* sind wie ein Balken mit der Breite d auszubilden, der für die in die Randrichtung transformierten, schief ankommenden Hauptmomente zu bemessen ist. Außerdem muß die Stirnseite der Platte mit Bügeln und Längsstäben

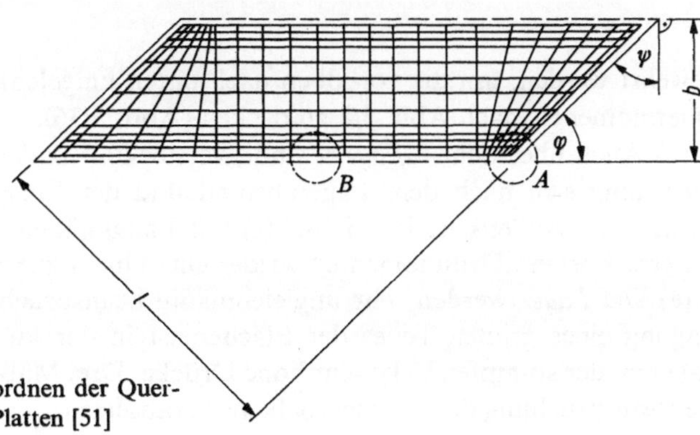

Abb. 5/34. Empfehlung zum Anordnen der Querbewehrung bei relativ schmalen Platten [51]

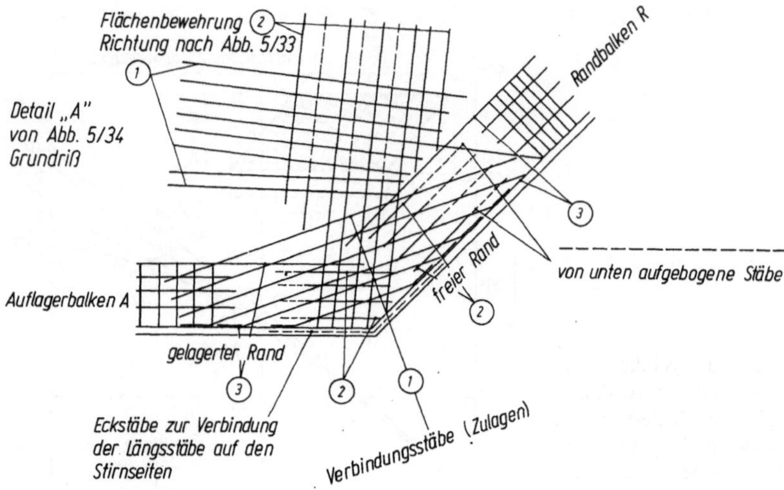

Abb. 5/35. Empfehlung für die obere Bewehrung an der stumpfen Ecke einer schiefen Platte [51]. Die durchgehende Zugkraft ist durch Zulagestäbe abzudecken, da horizontales Umbiegen der Gurtstäbe schwierig wäre und zu großem vertikalem Spaltzug führte mit der Gefahr des Abplatzens der Betondeckung. An der Unterseite Kräfte gemäß Abb. 5/32 decken

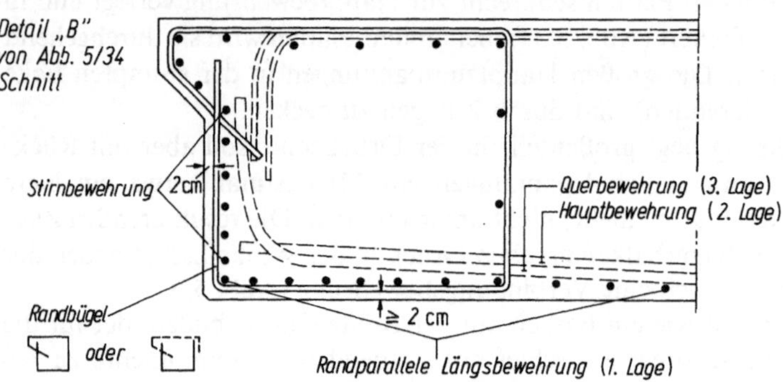

Abb. 5/36. Empfehlung für das Bewehren des freien Randes einer schiefen Platte [51] (vgl. auch Abb. 5/5g)

bewehrt werden, um die von oben nach unten umgelenkten Kraftkomponenten des Quermomentes nach Abb. 5/8 zu decken (Abb. 5/36).

(d) Auch über den *Auflagern* sind „versteckte" Balken auszubilden, deren Beanspruchung sich nach dem Lagerabstand und der Einspannung des freien Randes richtet. Die Außenseite ist wie bei (c) mit Längsstäben und Bügeln zu versehen, da die errechneten „Drillmomente" wieder eine Umlenkung der Hauptkräfte bedeuten.

(e) Die *Lager* werden sehr ungleichmäßig beansprucht. Durch die erwähnte Abtragung eines großen Teiles der Flächenlast in der kurzen Diagonalen erhält das Lager an der stumpfen Ecke sehr hohe Drücke. Drei Maßnahmen können diese sowie die Beanspruchung des Auflagerbalkens herabsetzen:

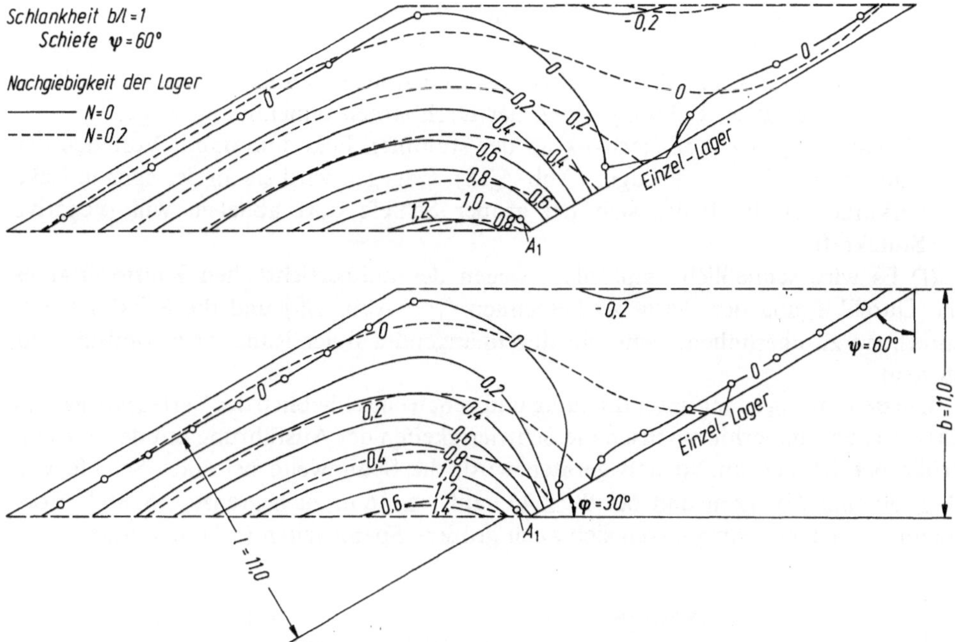

Abb. 5/37. Einflußflächen der Stützkraft am ersten Lager A_1 der stumpfen Ecke und Auswirkung der elastischen Nachgiebigkeit N [53.2]. **a** bei 5, **b** bei 9 Stützstellen

Abb. 5/38. Abgeminderte Spitzenwerte der Stützkräfte durch konstruktive Maßnahmen, deren günstige Auswirkung am einfachsten modellstatisch nachgewiesen wird. **a** Verlängern des Auflagers durch Ausrunden der Plattenstirnfläche an der stumpfen Ecke; **b** Verkürzung der Platte an der spitzen Ecke

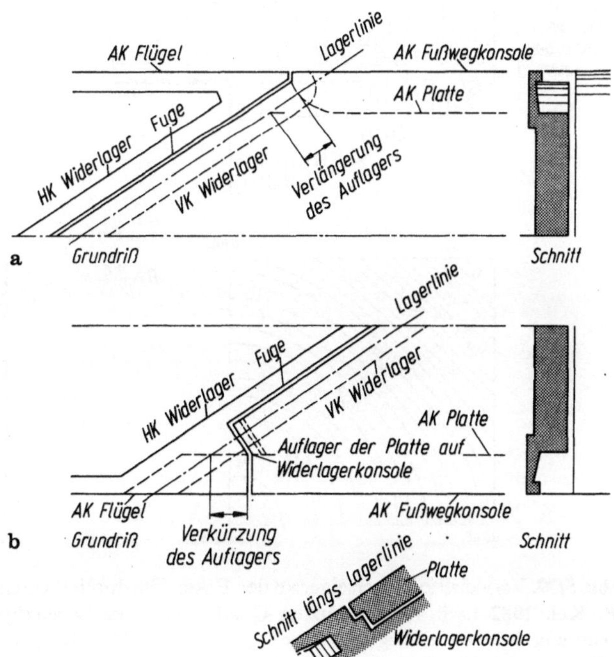

— Größere Lagerabstände nach [1/2, Teil 6, S. 123];
— elastisch federnde Verformungslager nach 7.3.6 [53], deren Wirkung aus einer Einflußfläche (Abb. 5/37) abzulesen ist; sie sind wegen der nötigen Verschieblichkeit nach zwei Richtungen und der Drehbarkeit ohnehin angezeigt;
— Verlängerung der Auflagerbank an der stumpfen Ecke und damit Verteilen der Stützkraft auf mehrere Lager (Abb. 5/38). Dagegen wird sie an der spitzen Ecke verkürzt, da die Platte sich bei großer Schiefe dort abheben will (negative Stützkraft).

(f) Es wird schließlich empfohlen, wegen des unübersichtlichen Kräfteverlaufes die Durchbiegung der Platte zu berechnen (vgl. Abb. 1/9) und die Schalung entsprechend zu überhöhen; denn ein durchhängender freier Rand wirkt optisch sehr störend.

Die Bewehrung ist mitunter dreilagig und genau einschließlich des Verlegevorganges darzustellen. Immerhin wachsen die Schwierigkeiten der Ausführung mit der Plattengröße beträchtlich an, so daß geraten wird, die Spannweite bei einer Schiefe von $\Psi \cong 60°$ auf $l \cong 12$ m und bei $\Psi \cong 45°$ auf $l \cong 16$ m zu begrenzen. Mittels Vorspannen der Bewehrung lassen sich auch größere Spannweiten (5.2) bewältigen.

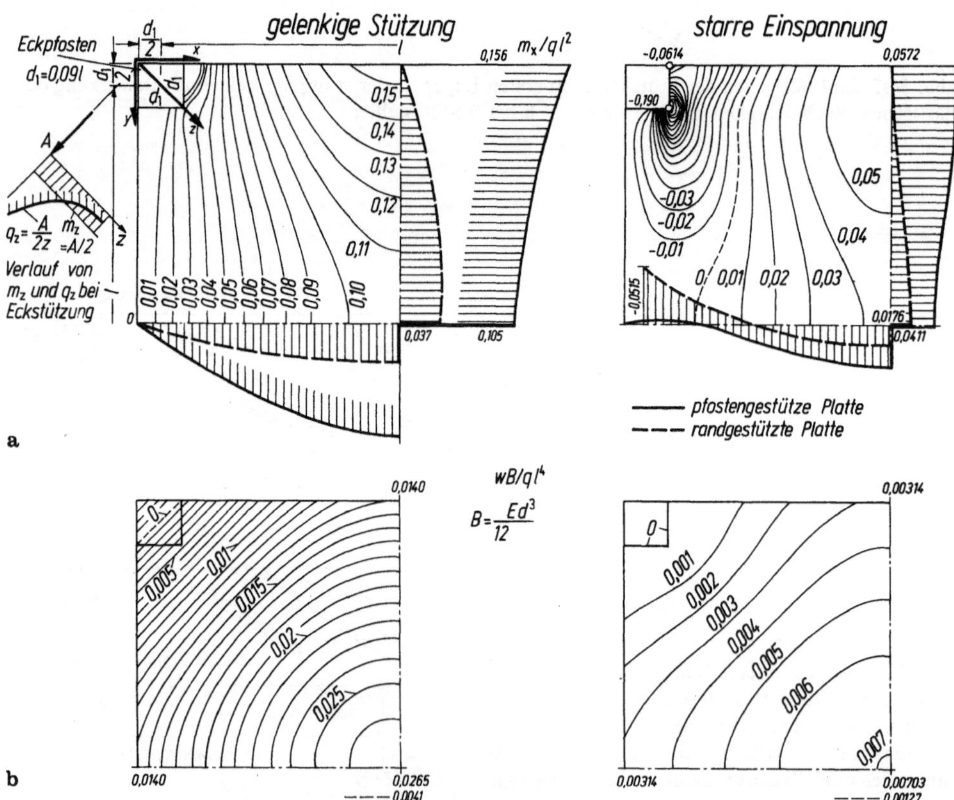

Abb. 5/39. Vergleich zwischen einer an den Ecken [54] durch Pfosten und einer auf dem ganzen Umfang (B. Kal. 1982 I, S. 402) gestützten Quadratplatte bei gelenkiger Lagerung und bei starrer Einspannung ($v = 0$). **a** Biegemomente $m_x = m_y$ für Gleichlast; **b** zugehörige Durchbiegungen w. In [54] ist auch der Einfluß elastischer Pfosten angegeben

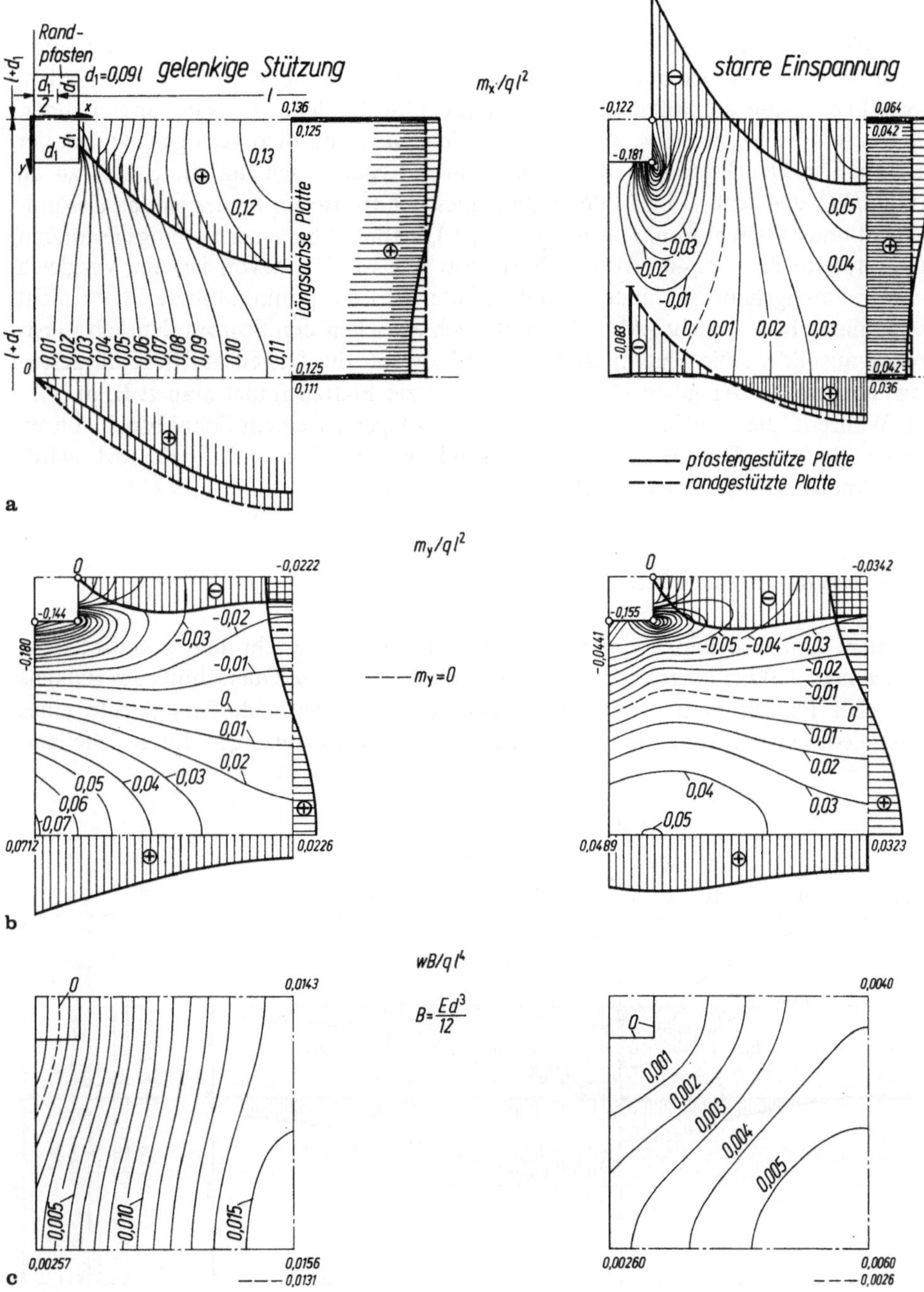

Abb. 5/40. Vergleich einer durch einzelne Pfosten [54] und einer durchgehend gelagerten unendlich langen Streifenplatte unter Gleichlast bei gelenkiger Lagerung und bei starrer Einspannung $v = 0$. **a** Biegemomente m_x Querrichtung; **b** Biegemomente m_y (Längsrichtung); **c** zugehörige Durchbiegungen w. In [54] ist auch der Einfluß elastischer Pfosten angegeben

5.1.3.8 Punktgestützte Platten

Sie spielen ihre Hauptrolle als vielfeldrige Decken (Pilz- oder Flachdecken) und werden in II A, 3.2 behandelt. Einen grundsätzlichen Einblick soll Abb. 5/39 [54] geben. In der Nähe der Stütze bleibt das Moment infolge der an der Ecke angreifenden Stützkraft A konstant $m_z = Az/2z = A/2$, sieht man von dem geringen Beitrag der Last ab. Die Querkraft $q = A/2z$ wächst aber hyperbolisch auf die Stütze zu an (Abb. 5/39a und Abb. 5/8). In der Achse eines quadratischen Feldes ist das Gesamtmoment unter Gleichlast $pM = pl/8$ ($P = pl^2$), während bei einer umfangsgestützten Quadratplatte $M \cong pl/40$ (Abb. 5/39a), also nur rd. 1/5 davon ist. Im Vergleich zu einer durchgehend gestützten Streifenplatte wird die punktgestützte Platte nicht so ungünstig beansprucht (Abb. 5/40), da sich zwischen den Stützen deutlich Gurtstreifen ausbilden: die Platten sind ja stets bestrebt, die Lasten auf dem kürzesten Wege abzutragen. Angaben für gemischt gestützte Platten findet man z. B. in [6.1; 6.2]. Während die großen Querkräfte q am Auflager zu einem Schubbruch führen können, der als „Durchstanzen" bei Flachdecken in II A, 3.2.1 behandelt wird, ist die Anordnung der Biegebewehrung nicht schwierig.

5.2 Vorspannen von Platten

Zwischen dem Vorspannen von Platten und Balken besteht der grundsätzliche Unterschied, daß bei letzteren die volle Spannkraft auf *jeden* Querschnitt des Balkens wirkt. Bei Platten breiten sich im Gegensatz dazu die Schlußlinienkräfte eines Spanngliedes in Richtung der Verbindungslinie der Verankerungen durch Scheiben-

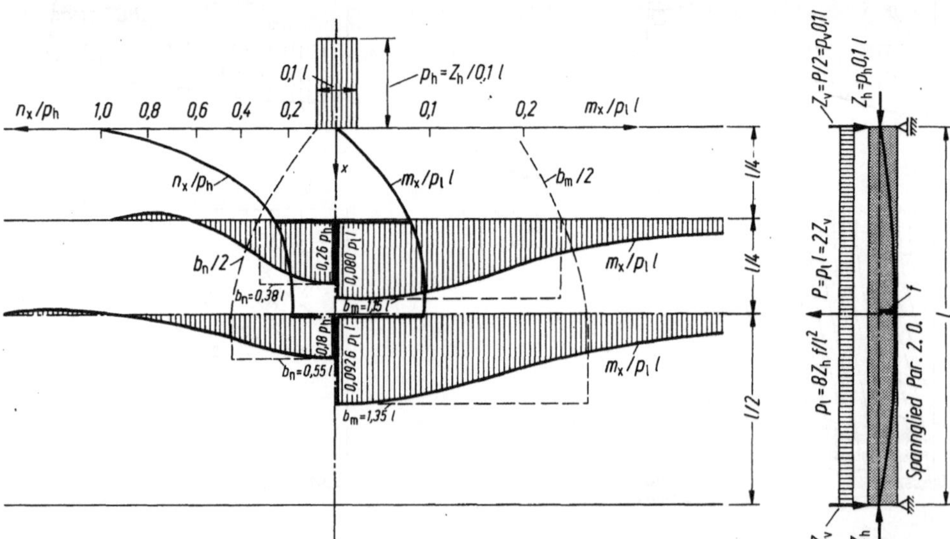

Abb. 5/41. Wirkungen eines parabolisch gekrümmten Einzelspanngliedes in einer Streifenplatte, dessen Kraft Z auf $0{,}1l$ verteilt eingetragen wird. **a** Längskräfte n_x infolge der Schlußlinienkraft Z_h, Verläufe in $l/4$ und $l/2$ sowie Verteilbreiten $b_n = Z_h/n_{x0}$ [6.1] u. B. Kal. 1978 II, S. 549; **b** Biegemomente m_x infolge der Leibungskräfte p_l, Verläufe in $l/4$ und $l/2$ sowie Verteilbreiten $b_m = M_x/m_{x0}$ mit $M_{1/4} = 3M_{1/2}/4$ und $M_{1/2} = p_l l^2/8 = Z_h f$ [3.1]

wirkung in ganz anderer Weise aus (Abb. 5/41a) als die Wirkung der Leibungskräfte infolge der Krümmung des Spanngliedes (Abb. 5/41b) [55] und B. Kal. 1981 I,
S. 397. Liegen in einer Platte gleichartige Spannglieder in geringem Abstand, so
wirken beide Anteile gleichförmig („verschmiert"), und bei einer statisch bestimmt
gelagerten Platte („lange" Streifenplatte) kann ein Querstreifen wie ein Balken
behandelt werden. Die meisten Platten sind jedoch statisch unbestimmt gelagert,
so daß durch die behinderten Verformungen der Platte Diskordanz (Abb. 5/42)
entsteht, d. h., die Drucklinie (Resultierende der Betonspannungen) fällt nicht mehr
mit der Zuglinie (Spannglied) zusammen. Die Wirkung der Spannglieder ist daher
in drei Anteilen zu untersuchen (Abb. 5/42a):

(a) Die *Ankerdrücke*, die auf die Plattenmittelfläche versetzt sind, (Schlußlinienkräfte p_h) (Abb. 5/42b), rufen gleichförmig verteilte Druckspannungen $\sigma = -p_h/d$
hervor.

(b) Die *Randmomente* $p_h e$, die beim Versetzen der Ankerkräfte entstehen. Sie
erzeugen nur bei einer Streifenplatte ein über die ganze Spannweite l_x konstantes,
positives Moment. Bei Rechteckplatten nehmen die Randmomente $p_h e$ nach der
Mitte zu stark ab (Abb. 5/42c), so daß sie nicht wie bei der Streifenplatte und
bei einem Balken die Wirkung der vergrößerten p_1 kompensieren (Abb. 4.2/4),
sondern hier von Vorteil sind.

(c) Die *Leibungskräfte* p_1, die aus der Umlenkung der Spannglieder entstehen und
mit den senkrechten Komponenten p_v der Ankerdrücke *eine* Gleichgewichtsgruppe
bilden. Die infolge der behinderten Plattenverformung hervorgerufenen Stützkräfte
A bilden ihrerseits *eine zweite* Gleichgewichtsgruppe. Bei Spanngliedern, die nach
einer quadratischen Parabel geführt werden, entstehen gleichförmig verteilte, nach
oben gerichtete Drücke $p_1 = p_h/R = 8p_h f/l^2$ je m². (Abb. 5/42d). Deren Wirkungen
(Momente, Quer- und Stützkräfte) sind die gleichen wie diejenigen einer Flächenlast
p mit umgekehrtem Vorzeichen.

Grundsätzlich wäre es gleich, ob man die den Lasten entgegenwirkenden Leibungskräfte p_1 durch Spannglieder parallel zu der Seite l_x oder l_y erzeugen würde. Da jedoch
die größeren Momente in der (kürzeren) Haupttragrichtung auftreten (5.1.3.3) und
zudem die zugehörigen Spannglieder infolge des größeren Parabelstiches f_x stärker
wirken, wird man meist allein in dieser Richtung die Spannglieder krümmen. Auch
würde die Durchdringung beider Scharen das Verlegen sehr erschweren. Außerdem
erzeugt man ja durch Vorspannen in der x-Richtung ohnehin Momente m_y. Da aber
die Kraft $n_y = p_{hy}$ fehlt, wird man in der y-Richtung etwas schlaffe Bewehrung
benötigen oder schwach zentrisch mit geraden Gliedern („teilweise") vorspannen.

Bei der Berechnung vorgespannter Platten ist allerdings besonders das Prinzip
im Auge zu behalten, auf das ich schon bei den Balken (4.2.1.2) hingewiesen
habe:

Ohne Verformung keine Vorspannungen! d. h. man muß Festhaltungen vermeiden,
die den Spanngliedern entgegenwirken. Die Plattentabellen gewährleisten von selbst,
daß die Auflagerbedingungen der Biegefläche für die Leibungskräfte p_1 eingehalten
werden. Die Randmomente $p_h e$ fordern Drehbarkeit und die Schlußlinienkräfte p_h
Verschieblichkeit der Auflager. Wenn diese Voraussetzungen durch anschließende
Felder oder stützende Balken nicht erfüllt sind, bleiben die Randkräfte ganz oder
teilweise dort „hängen" und ihre Wirkung auf die Platte wird entsprechend herab-

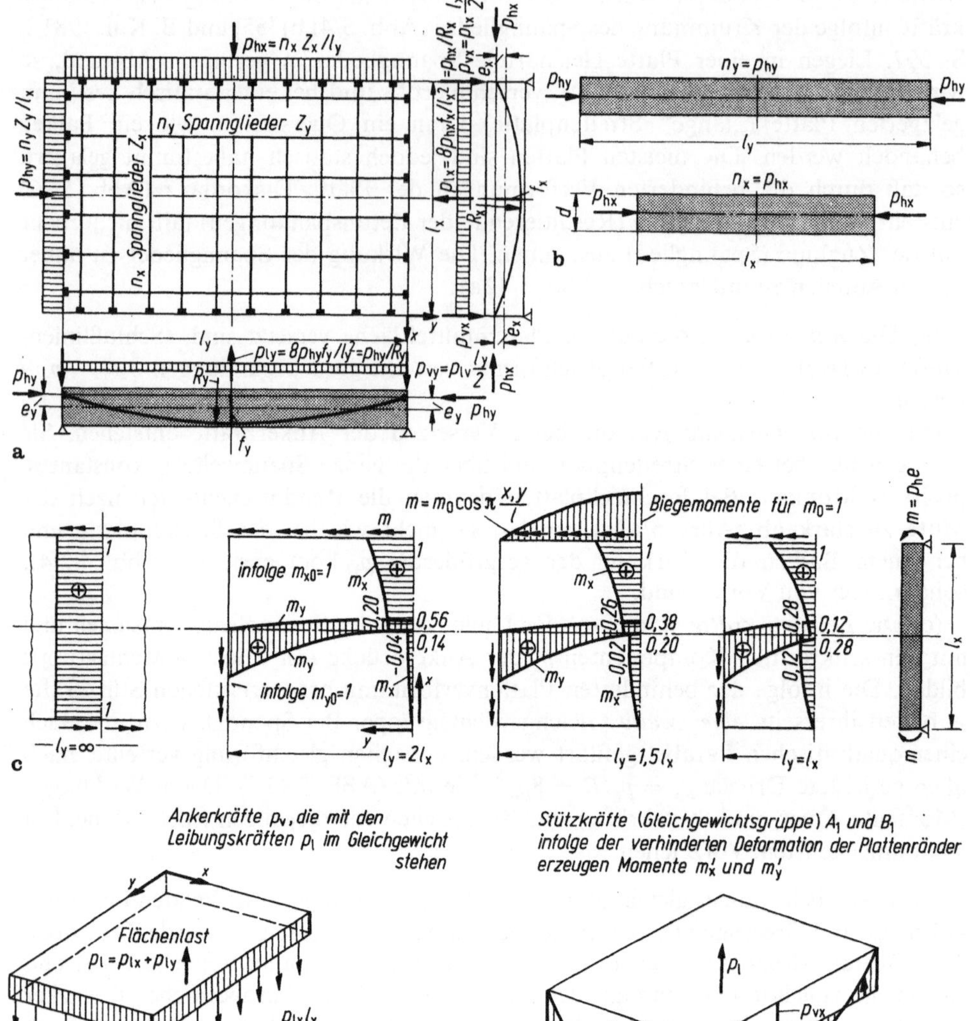

Abb. 5/42. Rechteckplatte, am Umfang drehbar gelagert, mit parabolischen, exzentrisch oberhalb der Mittelfläche verankerten Spanngliedern. **a** auf die Platte wirkende Kräfte p_h (waagrechte Ankerdrücke), p_v (senkrechte Ankerdrücke) und p_l (Leibungsdrücke, die mit den p_v im Gleichgewicht stehen); **b** die in die Mittelfläche versetzten p_h führen zu gleichförmig verteilten Längskräften n; **c** die Randmomente $p_h e$ rufen in Rechteckplatten nach den Achsen zu stark abnehmende positive Momente hervor (vgl. Abb. 5/22) (Randmomente in cos-Verteilung nach [6.2, S. 342]); **d** Belastung und Stützkräfte der Platte infolge der aus Leibungsdrücken p_l und den senkrechten Ankerkräften p_v bestehenden Gleichgewichtsgruppe; **e** Zusatzrandkräfte A_1 und B_1 (Gleichgewichtsgruppe), welche die ebenen Ränder herstellen. Gesamtmomente $m_{x,y}$ infolge p_l aus Tabellen (z. B. B. Kal. 1982 I, S. 402)

gesetzt. Allgemein gesprochen: die Grundkräfte, d. h. die Spannkräfte im Stahl und die Leibungsdrücke hat man in der Hand, wobei allerdings die gegenseitige Beeinflussung benachbarter Spannglieder durch die fortschreitende Kompression des Betons während des Spannvorganges zu beachten ist (4.5.1.2). Die Vorspannungen σ_v im Beton zum „Überdrücken" von Zugzonen hängen aber auch stark von Zusatzkräften aus den Randbedingungen (1.1.1.1) ab. Letztere müssen möglichst zutreffend beurteilt werden, da die angestrebten $\sigma_b = \sigma_p + \sigma_v$ ja als *Differenzen* zwischen den Vor- und Lastspannungen σ_p erhalten werden, also sehr fehlerempfindlich sind.

Nicht nur die höheren Kosten gegenüber Stahlbeton sind der Anwendung der Vorspannung im Hochbau oft hinderlich, sondern auch der monolithische, vielfach statisch unbestimmte Charakter z. B. von mehrgeschossigen Rahmen. Nur bei Plattendecken ohne Balken (Flachdecken II A, 3.2.1) ist das Vorspannen konstruktiv und wirtschaftlich häufig vorteilhaft.

Im Brückenbau legt man mehr Wert auf statische Klarheit, so daß dort vorgespannte Platten für mittlere Spannweiten (15 bis 25 m) viel verwendet werden. Als Beispiel zeigt Abb. 5/43 eine zweiseitig gelagerte Rechteckplatte. Am übersichtlichsten wirken parabolisch gekrümmte Spannglieder in der Längs- und gerade in der Querrichtung (Abb. 5/43a). Ersteres läßt man zweckmäßig in der Mittelebene endigen und erzeugt damit $p_1 = 8Z_h f/l^2$. Eine um e höherliegende Verankerung brächte zwar ein vergrößertes $f' = f + e$ und vermehrte p_1. Das Mittelmoment $m_m = p_1 l^2/8 - Ze$

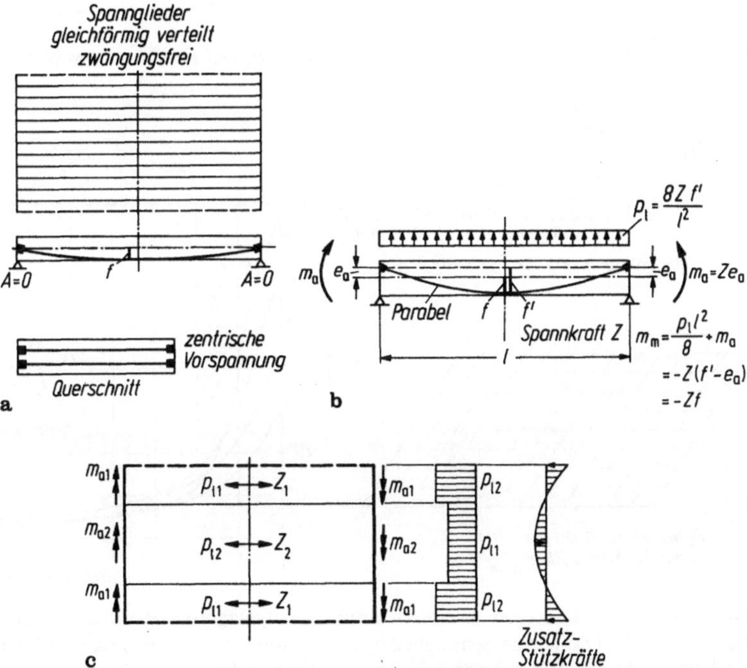

Abb. 5/43. Zweiseitig drehbar gelagerte Rechteckplatte mit parabolischen Spanngliedern. **a** bei zentrischer Verankerung entstehen Momente nur infolge der Leibungskräfte p_1; **b** eine um e_a höher liegende Verankerung bringt kein größeres Mittelmoment (im Gegensatz zu den umfangsgelagerten Platten Abb. 5/42c); **c** den Momenten einer Straßenbrücke angepaßte Spanngliedverteilung führt zu Querbiegung und nur geringem Erfolg in Feldmitte (Nachweis mittels Einflußflächen [26])

bliebe jedoch $m_m = Z(f' - e) = Zf$ (Abb. 5/43b)! Es wäre also nichts gewonnen. Bei den üblichen Lagerbauarten (7.1) gibt es keine Längsbehinderung. Es muß nur dafür gesorgt werden, daß die Platte sich auch quer dazu zwanglos verkürzen kann. Entweder spannt man sie zuerst quer vor, so lange sie noch auf der Schalung liegt, oder man verwendet querverschiebliche Lager (7.3.6), die auch dann noch nachgeben, wenn sich die Platte infolge der Längsvorspannung auf jene abgesetzt hat.

Nun sind bei einer solchen Platte durch außermittige Fahrzeugstellungen die Momente im Randstreifen größer als im mittleren. Es läge daher nahe, ersteren stärker vorzuspannen als den letzteren (Abb. 5/43c). Die Wirkung der unterschiedlichen Leibungskräfte p_{11} und p_{12} wäre mittels Einflußflächen [26] zu berechnen und würde infolge der Quersteifigkeit der Platte in der Mitte keinen wesentlichen Unterschied der Biegespannungen, erst recht keinen der zentrischen Längsspannungen zwischen

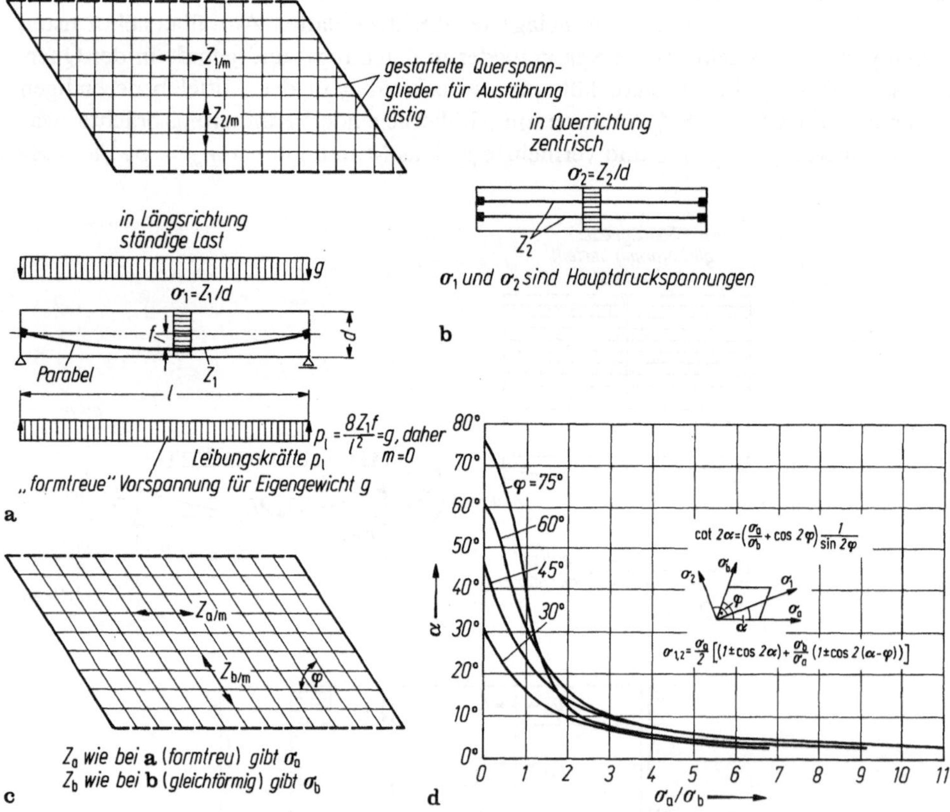

Abb. 5/44. Vorspannen einer zweiseitig drehbar aufgelagerten Parallelogrammplatte mit parabolischen, zentrisch verankerten Spanngliedern. **a** „formtreue" Vorspannung in Längsrichtung für ständige Last ergibt ein klares Kräftebild ohne statisch unbestimmte Zusatzkräfte; **b** rechtwinklig zur Achse verlaufende Querspannglieder ohne Exzentrizität erzeugen zentrische Querspannungen zum ganzen oder teilweisen „Überdrücken" der Quermomente; **c** zentrische Querspannglieder sind zwar alle gleich lang, erzeugen auch eine gleichförmige Spannung σ_b, die aber schräg zur Achse verläuft und nach **d** zu der Längsspannung σ_a aus der Hauptvorspannung geometrisch zu Hauptdruckspannungen σ_1 und σ_2 zu addieren ist

innen und außen erbringen. Hingegen erhielte die Platte in der Mitte positive Quermomente und zusätzliche Auflagerdrücke, deren Summe Null ist. Diese Anordnung brächte kaum einen Vorteil.

Was bringt bei zweiseitig aufliegenden Parallelogrammplatten (5.1.3.7) das Vorspannen? Deren sehr ungleichmäßigen Spannungszustand aus Eigenlast sowie die „Randdrillung" (Abb. 5/8) kann man vollständig kompensieren, wenn die Platte in der Längsrichtung „formtreu" vorgespannt wird. Man gibt den Spanngliedern eine solche Form, daß ihre Leibungskräfte an jedem Punkt der ständigen Last gleich sind und verankert sie außerdem in der Mittelfläche (Abb. 5/44a). Die Platte bleibt unter Eigenlast dann mangels Biegung eben, und die Stützkräfte sind gleichmäßig verteilt. Behält man die parabolische Form bei und vergrößert die Spannkraft, so wirken die Leibungskräfte, die das Eigengewicht überwiegen, nach oben und rufen daher einen Spannungszustand ähnlich demjenigen aus Eigenlast mit umgekehrtem Vorzeichen hervor. In der Querrichtung gibt man der Platte zweckmäßigerweise eine zentrische Vorspannung nach Abb. 5/44b. Die Länge der Spannglieder nimmt zwar nahe den Auflagern laufend ab, aber beide Vorspannungen sind Hauptspannungen. Sie werden mit denen aus den Nutzlasten zu resultierenden Spannungen an Ober- und Unterseite der Platte nach Größe und Richtung zusammengefaßt. Parallel zu den Auflagern angeordnete Querspannglieder (Abb. 5/44c) sind zwar gleichlang, ihre Ankernischen liegen aber schräg zur Ansichtsfläche. Ferner sind aus den beiden schief aufeinanderstehenden Vorspannungen erst die Hauptvorspannungen zu ermitteln (Abb. 5/44d) und dann mit denen aus den Lasten zusammenzusetzen. Verbleibende Zugbereiche sind mit passiver Bewehrung abzudecken (beschränkte Vorspannung).

Die dargestellte Spanngliedführung eignet sich hauptsächlich für mittlere Verhältnisse und bis etwa $\Psi = 35°$ Schiefe. Für die zweckmäßige Anordnung in besonders schlanken oder gedrungenen schiefen Platten geben die Hauptmomentlinien Abb. 5/30 Fingerzeige. Andere als die gezeigte, mitunter wirtschaftlichere Spanngliedführungen, werden in [57] vorgeschlagen. Auch zweiseitig aufliegende Trapezplatten werden zweckmäßig formtreu vorgespannt [56].

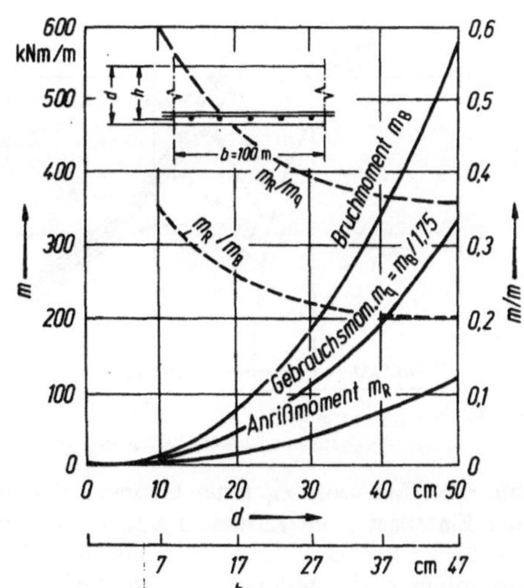

Abb. 5/45. Anrißmoment m_R einer Platte mit β_{bz} $= 2,3\,\mathrm{N/mm^2}$, rechnerisches Buchmoment m_B mit der Grenzbewehrung μ_{gr} entsprechend den zulässigen Grenzdehnungen ε_b und ε_s, sowie das Gebrauchsmoment $m_q = m_B/1,75$ nach [2.9]

5.3 Verhalten von Platten mit nichtlinearem Verformungsgesetz

Wenn auch, wie schon in 1.3 erwähnt, für die praktische Berechnung der Schnittkräfte nur der Gebrauchs- und der Grenzzustand der Tragfähigkeit Bedeutung
besitzen, so sind doch die Zwischenstadien besonders bei den innerlich und äußerlich
hochgradig statisch unbestimmten Platten interessant, um sie mit den Rechnungsgrundlagen zu vergleichen. Zustand I deckt sich weitgehend mit den Annahmen der
E-Theorie, da die Platten homogen und isotrop sind und der Baustoff eine lineare
σ-ε-Linie aufweist. Die Stahlspannungen sind klein ($\sigma_s = n\sigma_b$ mit $n = E_s/E_b$), so daß
der Bewehrungsgehalt die Trägheitsmomente wenig beeinflußt (Abb. 4.2/18).

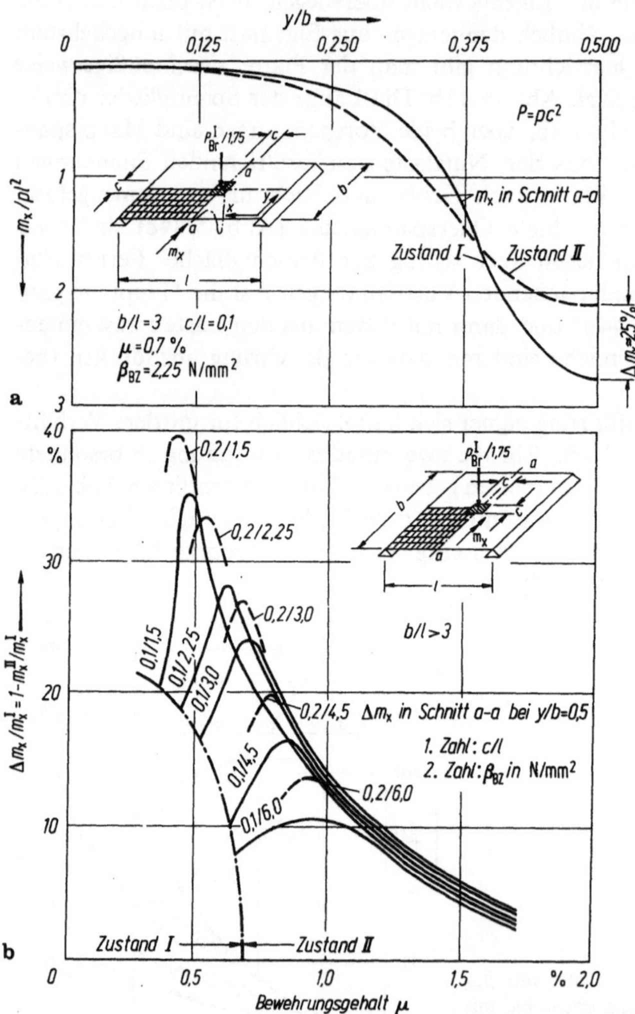

Abb. 5/46. Momente m_x unter Gebrauchslast in der Achse einer rechteckigen Streifenplatte aus
einer Einzellast P im Zustand I und II. **a** Verteilung der Momente m_x in der Querrichtung bei
$\mu_x = 0,7\%$; **b** Abbau des Größtmomentes m_x^I im Zustand I unter der Last in %, abhängig von
Bewehrungsgehalt μ und Betonzugfestigkeit β_{Bz} [58.1]

5.3.1 Im gerissenen Zustand II

Bereits unter Gebrauchsmoment m_q sind feine Risse zu erwarten (Zustand II) (Abb. 5/45), die das Trägheitsmoment je nach Bewehrungsgehalt herabsetzen (Abb. 4.2/18) und, wie in 1.2.2 angedeutet, besonders bei Platten die Biegemomente nach den steiferen, ungerissenen Stellen umlagern. Dieser Vorgang ist mit einigem Aufwand (FEM) auch rechnerisch verfolgt worden [58], und für eine Streifenplatte unter Einzellast in Abb. 5/46 nach [58.1] als Beispiel dargestellt. Man sieht deutlich, wie die Momentenspitze durch „Breitlaufen" abgebaut wird. Ich bringe diese Überlegungen nicht, um sie anzuwenden, sondern um den Glauben an die Genauigkeit der Bemessungsgrundlagen zu relativieren.

5.3.2 Im teilplastischen Zustand III a (rechnerischer Bruch)

Zustand III a ist festgelegt durch die Grenzdehnungen der Baustoffe als „rechnerischer Bruch" (Abb. 1/3 b) und in Abb. 5/47 a veranschaulicht am Beispiel einer freiaufliegenden Rechteckplatte mit schwacher Bewehrung. Nur der hochbeanspruchte

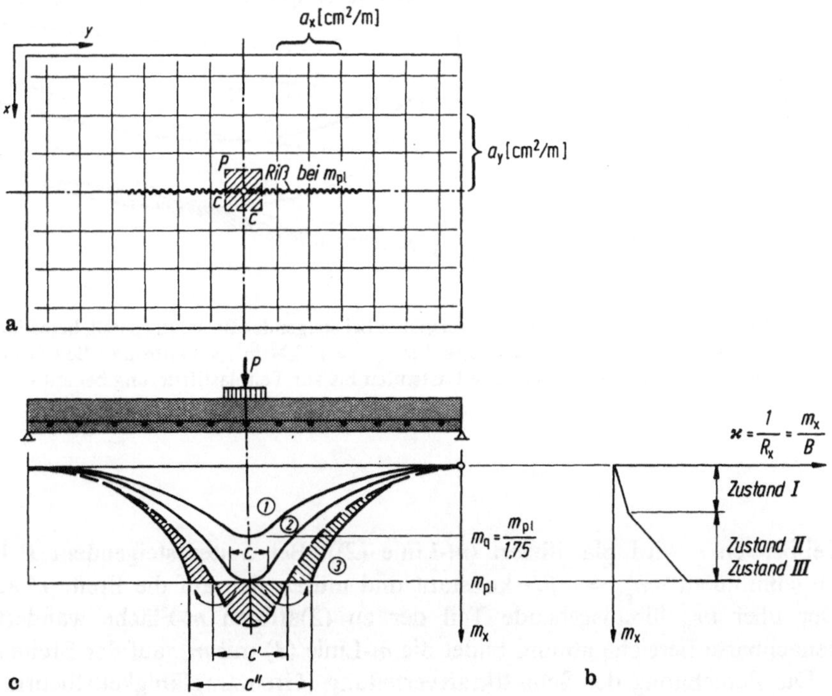

Abb. 5/47. Schematische Darstellung der Momentenverteilung in einer vierseitig drehbar gelagerten Rechteckplatte unter einer Einzellast P. **a** Platte mit Bewehrung und idealisiertem Rißverlauf (nur Hauptrisse); **b** übliche vereinfachte $m — \varkappa$-(Momenten-Krümmungs)Beziehung; **c** Verlauf der Momente m_x; (1) bei Gebrauchslast q, Umlagern im Zustand II nach Abb. 5/46 nicht berücksichtigt; (2) bei 1,75facher Gebrauchslast, geometrisch ähnlich zu (1) angenommen: Grundlage für die Bemessung nach DIN 1045 (1.3.2); (3) Ausbreiten der Momente m_x beginnt beim Überschreiten von m_{pl} in Querrichtung: „Anpassen" der Platte an die Last (schraffierte Flächen gleichen sich aus). Endzustand vgl. Abb. 5/50 a

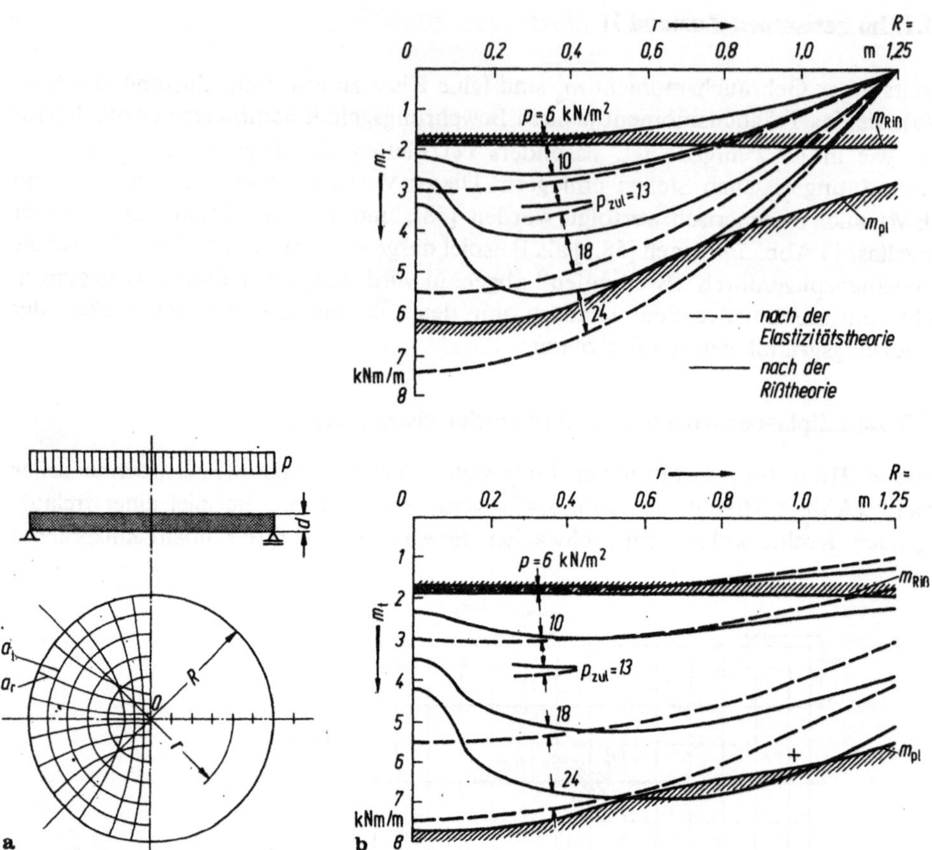

Abb. 5/48. Momentenverläufe in einer Kreisplatte bei steigender Belastung p [60], berechnet mit durch Risse veränderten Steifigkeiten, bemessen für $p_{\text{zul}} = 13$ kN/m². **a** Platte und Bewehrungsführung; **b** Momente m_r und m_t für verschiedene Laststufen bis zur Teilplastifizierung bei etwa $r \cong 0{,}6R$

Teilbereich c wird plastifiziert (m-Linie (2)). Bei weiter steigendem P bleibt das „Fließmoment" $m_{\text{pl}} = a_s \beta_S z$ konstant und müßte sich auf die Breite c' ausdehnen. Der über m_{pl} hinausgehende Teil der zu (2)affinen m-Fläche wandert aber in benachbarte Bereiche ab und bildet die m-Linie (3) mit m_{pl} auf der Breite c''.

Die Berechnung der Schnittkraftverteilung (Grenztragfähigkeitstheorie für „statisch zulässige Momentenfelder") ist wegen des sich mit steigender Last ständig ausbreitenden Überganges von Zustand I nach II und IIIa höchst umständlich und nur iterativ mittels EDV möglich [59].

Man verzichtet deshalb für die Bemessung kurzerhand darauf, obgleich hierdurch die „untere Grenze" (lower bound) der Traglast erhalten wird. Abb. 5/48 zeigt die Umlagerung der Momente in einer Kreisplatte vom Zustand I bis IIIa. Der Stahl fließt keineswegs zuerst in der Mitte, sondern in einem Kreis mit $r \cong 0{,}6R$ [60].

5.3.3 Im vollplastischen Zustand III b (Bruch)

Wichtiger und leichter zugänglich ist der *Endzustand IIIb* (vgl. 1 und 1.2.2), in den [61; 1/28] einführen. Man geht von der durch viele Versuche gestützten Vorstellung aus, daß sich in ausgezeichneten Richtungen, die im großen Ganzen mit denjenigen der größten Hauptmomente im Zustand I übereinstimmen, klaffende Risse bilden („kinematisch zulässige Verschiebungsfelder"). In diesen fließt der Stahl allenthalben, so daß die Querschnitte rechtwinklig zu den Stäben wie bei Balken (4.2.5) das „plastische Moment" $m_{pl} = a_s \beta_S z$ aufnehmen. Daher der Name „Fließgelenklinientheorie" oder kurz „Bruchlinientheorie" von Johansen [61.1]. Diese stammt (vgl. 4.2.5) aus der Zeit, als man BSt I verwendete, der deutliche Fließgelenke bildete. Die heutigen profilierten BSt III und IV führen zu „Fließzonen" (Abb. 5/53) mit vielen feinen Rissen. Obgleich sich dann kein ausgeprägtes „Bruchlinienbild" einstellt, haben Versuche mit diesen Stahlsorten auch nach jener Theorie befriedigende Traglasten ergeben [62]. Diese liefert zwar die „obere Grenze" (upper bound) der Tragfähigkeit, wird aber durch die nicht berücksichtigte Membranwirkung (II A, 3.1.4) unterstützt.

Bei schräg zur Bewehrung verlaufenden Rissen projiziert man die Kräfte der Stäbe nach dem Vorbild der Abb. 5/55 in deren Richtung und der Normalen dazu. Weil die Risse Linien von Größtmomenten sind, sind dort die Querkräfte $q = dm/dn$ gleich Null. Damit sind alle Kräfte an den Rändern der Plattenteile bekannt, die durch Bruchlinien getrennt sind, und man kann für jedes *einzeln* Gleichgewichtsbedingungen aufstellen (Grenzgleichgewichts- oder statische Methode). Hierbei sind noch „Knotenkräfte" (nodal forces) zu berücksichtigen, die aus den Torsionsmomenten in den Rissen stammen (Abb. 5/49a) und als Querkräfte zwischen den Teilen an den Schnittpunkten der Bruchlinien wirken [63; 61.1; 61.2].

Der einfachere Ansatz von Johansen [61.1] geht davon aus, daß die Summe der Knotenkräfte Null ist und sie daher aus einer virtuellen Arbeitsgleichung für die *Gesamt*platte herausfallen. Es genügt dann, einen Riß in eine Treppenlinie zu zerlegen, deren Stufen rechtwinklig zu den Stäben a_x und a_y stehen, und die Momentenanteile m_x und m_y getrennt wirken zu lassen (Abb. 5/49a). Die in den Gelenklinien zusammenhängenden Plattenteile bilden dann eine „kinematische Kette", deren Bewegung durch einen einzigen Parameter, z. B. die virtuelle Durchbiegung f in der Mitte beschrieben werden kann. Die Gesamtarbeit der äußeren Lasten und der inneren Kantenmomente muß bei der gedachten Verschiebung Null sein. Diese Energie- oder kinematische Methode findet man für viele Plattenformen- und Lasten ausführlich dargestellt in [64; 61].

In dem einfachen Beispiel einer freiaufliegenden Rechteckplatte mit Gleichlast p_u (Abb. 5/49b) ist die Verdrehung der Teile (*1*) $\vartheta_1 = f/b$ ($b = l_x/2$) und diejenige der Teile (*2*) $\vartheta_2 = f/a$ (a noch unbekannt). Die Arbeitsgleichung für die schraffierten Plattenteile lautet dann für $f = 1$:

Drehung Scheibe (*1*) um ihr Auflager: $A_i = -\int_{l_y} m_x \vartheta_1\, dy = -m_x l_y/b$; $A_a = p_u F_x s_x/b$.

Drehung Scheibe (*2*) um ihr Auflager: $A_i = -\int_{l_x} m_y \vartheta_2\, dx = -m_y l_x/a$; $A_a = p_u F_y s_y/a$.

Die Summe $A_i + A_a = 0$ liefert $p_u = \left(m_x l_y + m_y l_x \dfrac{b}{a} \right) \Big/ \left(F_x s_x + F_y s_y \dfrac{b}{a} \right)$.

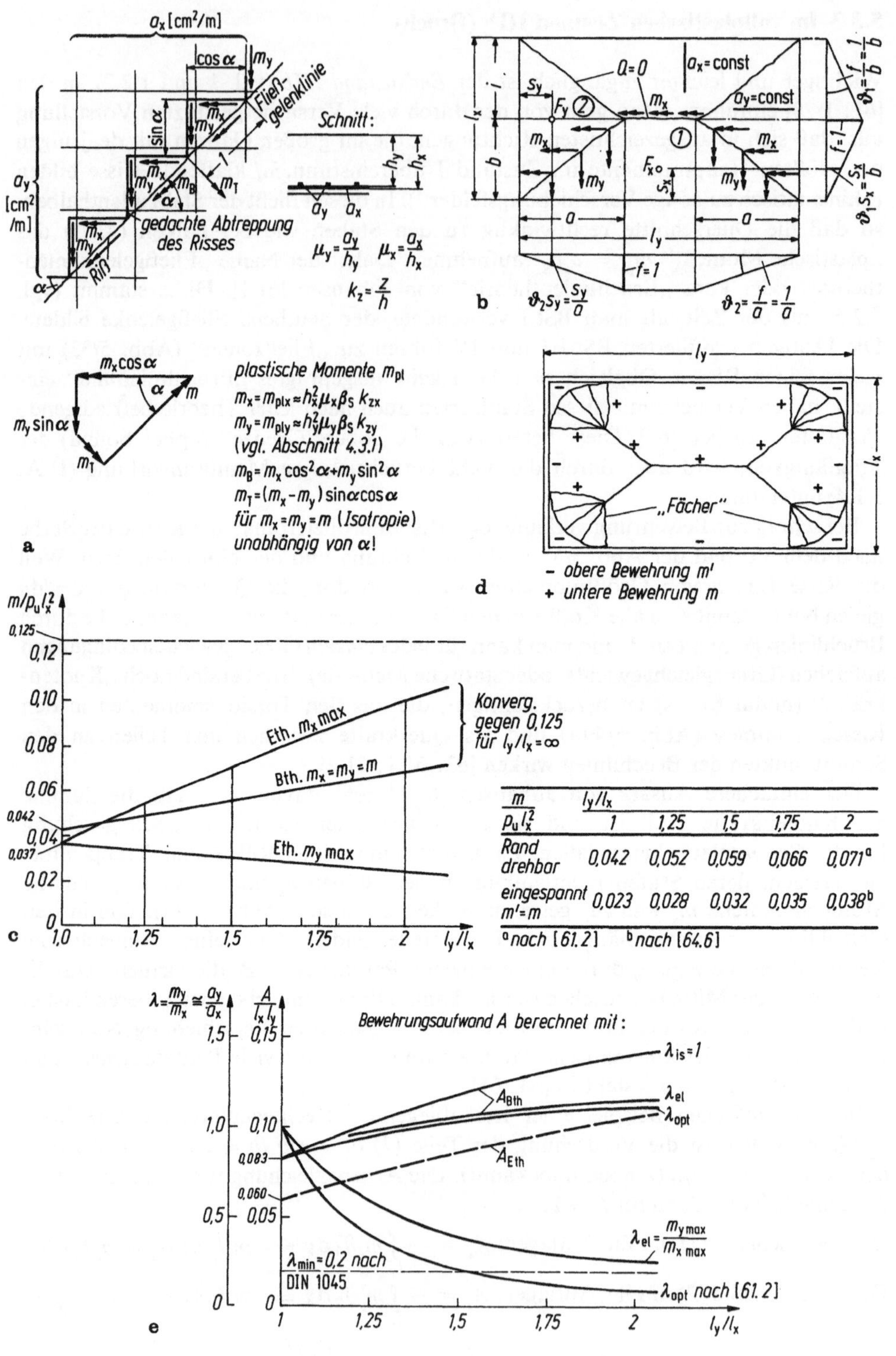

$\dfrac{m}{p_u l_x^2}$	l_y/l_x				
	1	1,25	1,5	1,75	2
Rand drehbar	0,042	0,052	0,059	0,066	0,071[a]
eingespannt $m' = m$	0,023	0,028	0,032	0,035	0,038[b]

◀ **Abb. 5/49.** Fließgelenklinien einer am Umfang frei drehbar gelagerten Rechteckplatte unter Gleichlast [61.2], die die Platte in starre Teilflächen zerlegen. **a** geometrische Addition der plastischen Momente m_x und m_y in den Bewehrungsrichtungen zu einem Hauptmoment m in Rißrichtung [61.1]; **b** Einfacher Rißlinienverlauf, bei dem die Eckfesthaltekraft E keine Arbeit leistet; Teilflächen F_x und F_y und ihre Schwerpunktabstände s_x und s_y von den Auflagerlinien, um die sich die Teilflächen drehen; **c** Vergleich der Tragmomente $m_{x\,max}$ u. $m_{y\,max}$ nach der Eth. (B. Kal. 1982 I, S. 402) und $m_x = m_y = m$ nach der Bth. [61.2, S. 229] bei Isotropie ($a_x = a_y$ bzw. $m_x = m_y$); **d** Fließlinienfiguren und Traglasten p_u für eingespannte, isotrope ($m_x = m_y$) Rechteckplatten [64.6 II, S. 138]; **e** Vergleichswerte A_E und A_B des Stahlbedarfs für mit Eth. und Bth. berechnete Platten nach d) für verschiedene $\lambda = m_y/m_x \cong a_y/a_x$ bei der Bth.

Das Ergebnis hängt noch vom Verhältnis b/a ab. Man bestimmt es durch Differentiation so, daß p_u ein Minimum wird. Es ist in Abb. 5/49c nach [61.2, S. 229] als Funktion von l_y/l_x aufgetragen und demjenigen nach der Elastizitätstheorie (Eth.) gegenübergestellt. Das auf die Traglast p bezogene erforderliche Moment m_x ist oberhalb $l_y/l_x \cong 1{,}1$ nach der Bruchlinientheorie (Bth.) kleiner als dasjenige nach der Eth., weil bei dieser das Fließmoment nur in der Mitte erreicht wird, bei der ersteren dagegen auf die ganze Schnittlänge „aktiviert" wird. Beim Bemessen nach DIN 1045 „nippt" man sozusagen nur im gefährdeten Querschnitt an der Sicherheit, während man nach der Plastizitätstheorie den ganzen Becher austrinkt. Dieser Sachverhalt müßte wie erwähnt beim Festlegen der Sicherheitsbeiwerte v berücksichtigt werden (vgl. 4.2.5 Schluß, Pkt. (g) S. 115).

Abb. 5/49d gibt die m-Werte für Gleichlast p an, sowohl für eine freiaufliegende Platte mit festgehaltenen Ecken nach [61.2, S. 229 oder 64.6 II S. 57], als auch für eine eingespannte Platte mit isotroper Bewehrung ($m_y/m_x \cong a_y/a_x = 1$) samt dem zugehörigen Fließlinienbild nach [61.2, S. 354; 64.6, II S. 138; 64.13]. p_u hängt nur von $m + m' = m(1 + m'/m)$ ab; jedoch warnt Abb. 5/52 vor gefährlichen Extremen von m'/m.

Abb. 5/50a zeigt drei Fließlinienfiguren für eine freiaufliegende Platte mit *Einzellast P* in der Mitte [64.6, I S. 116]. Sie führen zu wesentlich unterschiedlichen Momenten (Abb. 5/50b). Die richtigen Fließlinien, die das Minimum der Traglast liefern, sind selbst für diese einfache Platte von großer Bedeutung. Ohne obere Bewehrung der Ecken steigt das Moment unabhängig von l_y/l_x auf $m/P = 0{,}16$.

Wirtschaftlich interessant ist es, den *Stahlaufwand* für Platten beim Berechnen nach der Eth. mit demjenigen nach der Bth. zu vergleichen. Die Stahlmenge durchlaufender *Balken* wird durch die Berechnungsweise meist wenig beeinflußt, da die Momente nur in Längsrichtung umgelagert werden, was beim Bemessen lokale Vorteile bringen und sich durch verschiedene Stablängen auswirken kann. Bei *Platten* werden, wie in 1.2.2 erwähnt, die Momente nach *zwei* Richtungen umverteilt, so daß sich die Traglasten nach Eth. und Bth. wesentlich unterscheiden. In Abb. 5/49e ist der Stahlaufwand A von freiaufliegenden Rechteckplatten unter *Gleichlast* aufgetragen. Hierbei wurde vereinfacht:

(a) Nutzhöhe h und Hebelarm z werden konstant und in beiden Tragrichtungen gleich angenommen, so daß man statt der Bewehrungen a_x und a_y die Momente m_x und m_y vergleichen kann.

(b) Um unabhängig von der absoluten Größe der Platte und ihrer Last zu sein, werden bei der Bth. die $m_{pl}/p_u l^2$, bei der Eth. die $vm_{el}/p_u l^2$ ($v = 1{,}75$) ein-

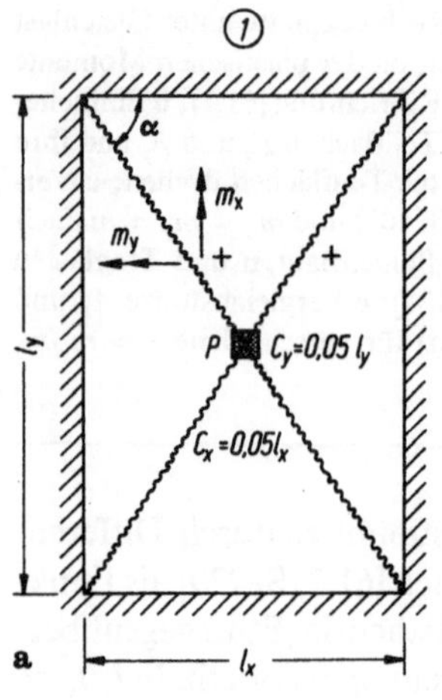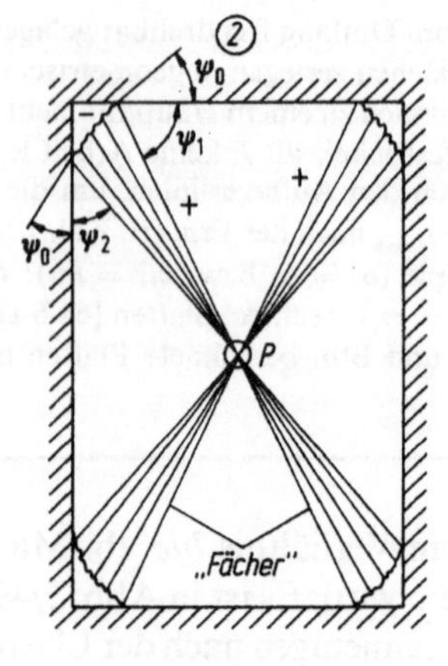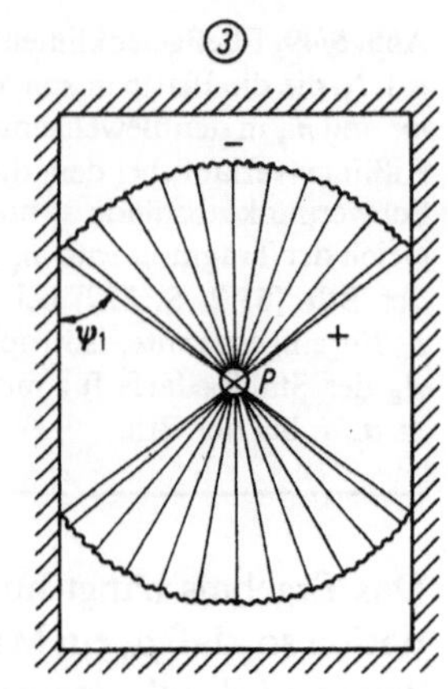

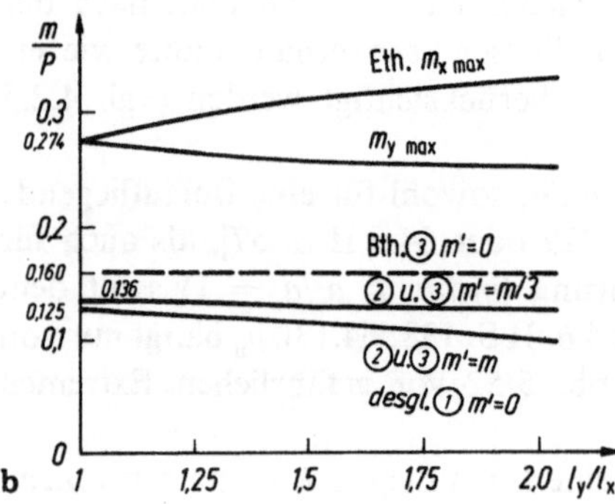

Abb. 5/50. Verschiedene Fließgelenklinien einer frei aufliegenden Platte mit und ohne oberer Bewehrung $a'_x = a'_y$ und entsprechenden $m'_x = m'_y$. **a** „Bruchlinien" nach [64.6 I, S. 117 u. 64.13]; **b** Vergleich der Momente nach Eth. (Größtwerte) und Bth. (const Werte). *Wichtig*: Mit (1) nimmt P_u bei wachsendem l_y/l_x *zu*: dieser Widersinn zeigt an, daß bei $m' = 0$ die Figur (1) falsch, sondern (3) maßgebend ist ($P_u = 0{,}16$ m)!

geführt. Natürlich läßt sich auch der Bth. eine abgestufte Bewehrung zugrunde legen, um Stahl zu sparen. In [64.14] sind dafür fertige Formeln zu finden. Bei den letzteren stimmt zwar wegen der Umlagerung $vm_{el}/p_u l^2$ nicht mit $m_{el}/p l^2$ überein (vgl. 5.4.1.1), was aber durch DIN 1045 legitimiert ist. Der Faktor $p_u l^2$ wird daher ebenfalls fortgelassen.

(c) Der Vergleich wird auf Platten $l_y/l_x \leqq 2$ beschränkt. Darüberhinaus tragen sie vorwiegend in der kleineren Spannrichtung ab.

(d) Die obere Eckbewehrung ist nach der Bth. für das Gleichgewicht entbehrlich, jedoch für den Gebrauchszustand in jedem Falle nötig. Sie kann daher aus dem Vergleich herausbleiben.

(e) Die Momente nach der Eth. werden für die Querdehnzahl $v = 0$ eingeführt.

(f) Die Bewehrungsstäbe laufen in Tragrichtung durch, da sie entweder unten liegen bleiben oder aufgebogen werden. Auch Betonstahlmatten werden meist nicht gekürzt eingebaut.

(g) Quer zur Tragrichtung muß die nach der Bth. berechnete Bewehrung voll durchgelegt werden, da sonst die Voraussetzung der Berechnung zerstört wird. Die mit der Eth. ermittelte Bewehrung darf jedoch nach DIN 1045, 20.1.6.2 in einem $l_x/5$ breiten Randstreifen rund auf die Hälfte vermindert werden. Dadurch wird die Gesamtmenge A der Bewehrung, ausgedrückt in den Momenten:

$$\text{nach Bth.:} \quad A_B = m_x l_x l_y + m_y l_y l_x = l_x l_y (m_x + m_y)$$
$$\text{nach Eth.:} \quad A_E = m_x l_x [(l_y - 0,4 l_x) + 0,4 l_x/2] + m_y l_y (0,6 l_x + 0,4 l_x/2)$$
$$= l_x l_y [0,8 m_y + (1 - 0,2 l_x l_y) m_x]$$

$l_y/l_x =$	1	1,25	1,5	1,75	2,0
Faktor für m_x:	0,80	0,84	0,87	0,88	0,90

Man entnimmt dem Schaubild:

— A_E ist stets am sparsamsten, vor allem wenn die Bewehrung in den Randbereichen abgestuft wird;

— A_B ist mit der üblichen isotropen Bewehrung ($a_x = a_y$, d. h. $\lambda_{is} = m_y/m_x = 1$) am aufwendigsten. Sie wird wesentlich vermindert, wenn man a_y/a_x auf $\lambda_{el} = m_{yel}/m_{xel}$ verkleinert und erreicht nach [61.2, S. 357] mit λ_{opt} das Minimum. Allerdings ist diese „optimale" Bewehrung z. T. nicht ausführbar, da λ nach DIN 1045, 20.1.6.3 den Wert 0,2 nicht unterschreiten darf. Aber die Anpassung an die Eth. lohnt sich!

Für eine *Einzellast P* in Plattenmitte, auf ein Rechteck mit $c_x/l_x = c_y/l_y = 0,05$ verteilt, ist ein einfacher Vergleich nicht möglich, da die Größtmomente aus Eth. [6.2, S. 117] und aus Bth. [64.6 I, S. 117] stark voneinander abweichen, also meist eine andere Plattendicke gewählt werden muß. Außerdem ist nach der Eth. der Verlauf der m so „spitz", daß man die Bewehrung stärker als bei Gleichlast abstufen wird, was man bei der Bth. nicht darf, weil die m_x und m_y jeweils auf der ganzen Fläche gleich angenommen und auch aktiviert werden.
Aus Abb. 5/50c liest man ab:

(a) die Momente m/P sind unabhängig von der absoluten Plattengröße (vgl. Abb. 5/1), sowohl nach der Eth. als auch der Bth.

(b) die Umlagerung, d. h. das Ausbreiten der m-Spitze (schematisch in Abb. 5/47 dargestellt), ist unter der Einzellast viel ausgeprägter als bei Gleichlast;

(c) das Verhältnis $\lambda_{el} = m_y/m_x$ liegt nur wenig unter 1, so daß ein Abweichen von der isotropen Bewehrung bei der Bth. nutzlos erscheint.

(d) Das zwei- bis dreimal so große $m_{x\,max}$ unter einer Einzellast P nach der Eth. gegenüber $m_{x\,const}$ nach der Bth. verlangt eine um 40 bis 70 % dickere Platte als nach der Bth., wenn man auf gleicher Basis bemißt. Allerdings sind unter der Einzellast die Rißbreiten im Gebrauch sowie die Gefahr des Durchstanzens stets (II A, 3.2.2) besonders zu untersuchen.

Eine abgewandelte Methode wurde von Hillerborg [65] entwickelt. Bei ihr wird eine Platte, gegebenenfalls auch mit Öffnungen, in mehrere statisch bestimmte Streifen zerlegt („strip method"), die ohne Rücksicht auf Kontinuität und Kinematik einzeln berechnet werden (Abb. 5/51). Dieses Vorgehen scheint primitiv, gewährleistet zwar stets die Tragfähigkeit, erfordert aber viel Einblick in die Zusammenhänge, damit keine unzulässigen Risse im Gebrauch infolge unverträglicher Verformungen entstehen.

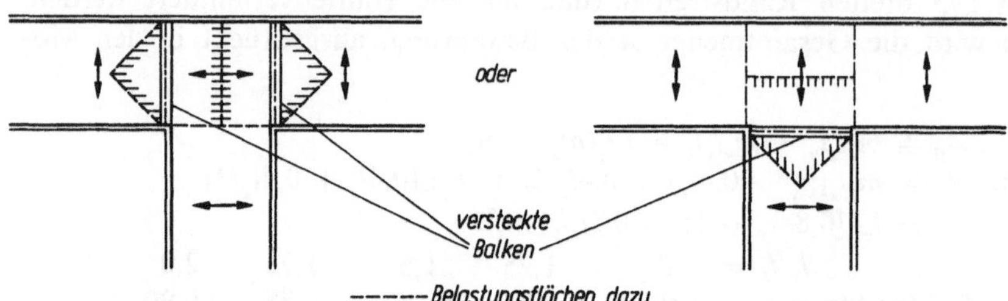

Abb. 5/51. Streifenmethode nach Hillerborg [65.1], angewandt auf zwei aneinanderstoßende Platten. Verschiedene Möglichkeiten der Lastabtragung, die das Gleichgewicht gewährleisten, die Kontinuität aber wegen der „Anpassung" der Platten an die Lasten vernachlässigen

Obgleich das Bemessen von Platten nach dem Endzustand III b bestechend einfach erscheint, gehört es ebenso wie bei Balken (4.2.5) nur in die Hand des erfahrenen Fachmannes. Denn die dort abgesteckten Grenzen sind für Platten noch zu ergänzen:

(a) Das Nachweisverfahren der Tragfähigkeit setzt eine „vernünftige" Anordnung der Bewehrung voraus, für die es bei Platten ja ungleich mehr Varianten aber weniger Anhaltspunkte als bei Balken gibt. Ein auf die E-Theorie gestützter Überschlag ist daher stets nützlich bis unentbehrlich. Denn die Zahl der Rand- und Kontinuitätsbedingungen, deren Mißachtung im Gebrauch zu Rissen führt, ist bei Platten ja viel größer; z. B. liefert die „einfache" Fließfigur Abb. 5/50a zwar ein zutreffendes P_u, aber ein schlechteres Verhalten als Abb. 5/50b mit „Fächer" zum Erfassen der festgehaltenen Ecken durch eine obere Bewehrung.

(b) In den Ansätzen der kinematischen Theorie kommen nur die Bewehrungen in den „Bruchlinien" vor, die stets gleichförmig in jeder Richtung angenommen werden, um die Rechnung nicht zu komplizieren. Wenn man die Stäbe danach verlegt, wird der Stahlaufwand relativ hoch, obgleich man die Traglast zutreffender erfaßt. Eine Abstufung der Bewehrung ist nur durch eine „Anleihe" an die m-Verläufe der E-Theorie möglich und vermindert den Stahlaufwand, würde aber den Rechenaufwand vermehren.

(c) Der gezeigte „kurze Weg" der m-Umlagerung macht es bei Platten i. allg. unnötig, die Gelenkrotation ϑ zu untersuchen. Um den Betonbruch auszuschließen, genügt die erwähnte CEB-Regel, $\mu = \mu_{gr}/2$ für die Hauptbewehrung einzuhalten. Sie führt nach DIN 1045 für B 25 und BSt III zu max $\mu \cong 1{,}4/2 = 0{,}7\,\%$ (vgl. 1.3.2).

(d) Der Verlauf der Fließgelenklinien muß geschätzt werden, was bei unregelmäßigen Lasten, Plattenformen und -stützungen (z. B. Kombination von Linien- und Einzelstützen) sehr schwierig ist und gilt dann auch nur für die gewählte Belastung. Sehr viele Plattenformen und ihre Fließgelenklinien sowie Literaturangaben bieten [64.6; 4/31.4]. Und gerade in solchen Fällen würde man gern die Eth. auf einfache Weise umgehen! Allein der zutreffende Bruchlinienverlauf, der mitunter experimentell an bewehrten Mörtelmodellen aufgesucht worden ist, führt zum Minimum der Traglast. Die Superposition der Wirkung verschiedener Lasten ist nur sehr angenähert möglich [61.2, S. 232], weil jeder ein anderes Fließlinienbild zugeordnet ist.

(e) Die gegenseitige Beeinflussung benachbarter Felder durch wechselnde Belastung kann nicht berücksichtigt werden, wodurch z. B. bei kleinen Feldern neben großen die obere Bewehrung falsch eingeschätzt werden kann (Abb. 4.2/33c). CEB [1/30.1; 9.1.5] gibt daher u. a. Regeln für die Momenten- d. h. Bewehrungsverhältnisse von Stütze und Feld.

(f) Schwerwiegender als bei Balken ist die Unmöglichkeit, vom Bruch- auf den Gebrauchszustand zu schließen. Da aber das Verhalten unter den normalen Lasten hinsichtlich Rissen, Korrosion, Durchbiegung und Schwingungsverhalten (vgl. II B, 2.2.4) für die Dauerhaftigkeit ausschlaggebend wichtig ist, mahnt dieser Mangel sehr zur Vorsicht. Ich zeige in Abb. 5/52 absichtlich karikierte Beispiele für unbrauchbare Bewehrungsführungen, die jedoch zu ausreichenden Traglasten führen. Im Falle Abb. 5/52c besteht außerdem wie in Abb. 4.2/35 die Gefahr des Querkraftbruches, auf den die Bruchlinientheorie überhaupt nicht eingeht, wie z. B. im Falle der Abb. 5/60. Die Dübelwirkung (dowel-effect) hängt von der Betonüberdeckung ab und ist unzuverlässig [66; 4/51].

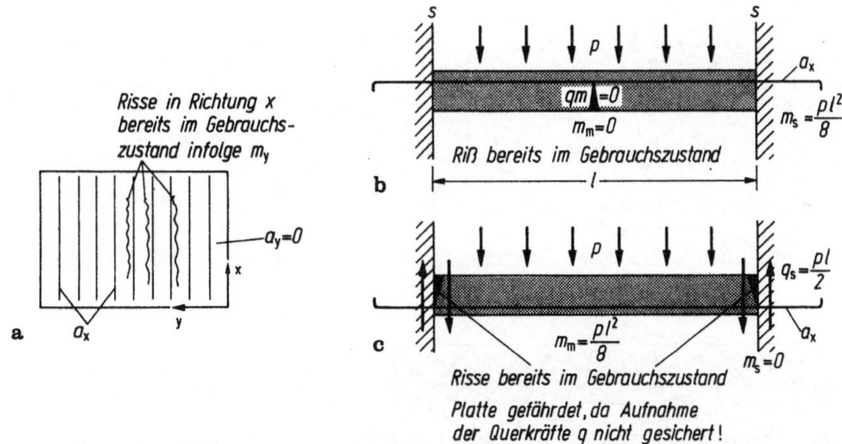

Abb. 5/52. Extrem gewählte Bewehrungsanordnungen, für die sich zwar die Bruchsicherheit nachweisen läßt, bei denen jedoch die Platten bereits bei Gebrauchslast weit klaffende Risse bekommen würden. **a** umfangsgelagerte Rechteckplatte, nur einachsig bewehrt; **b** beiderseits eingespannte Streifenplatte, ausschließlich mit oberer Bewehrung; **e** wie b, jedoch nur Unterseite bewehrt. Gefahr des Querkraftbruches! (vgl. Abb. 5/60 u. 4.2/35)

Aus diesen Gründen ist die Methode der plastischen Traglastermittlung bei uns nicht zugelassen, obwohl sie im Ausland (z. B. Skandinavien, Niederlande, Brasilien) seit Jahren mit Erfolg verwendet wird.

5.4 Bemessung, Konstruktion und Ausführung von Platten

5.4.1 Ortbetonplatten

5.4.1.1 Bemessung

Der Bemessung werden in DIN 1045, 15.1.2 die Verläufe der Schnittkräfte nach Stadium I, d. h. wie sie sich aus der E-Theorie ergeben, zugrunde gelegt. Ich habe in 5.3 erläutert, warum dieses Modell die Wirklichkeit zwar nur unvollkommen wiedergibt, die Ergebnisse jedoch stets auf der „sicheren Seite" liegen, wirtschaftlich zum Optimum hinsichtlich des Stahlaufwandes führen und auch den Gebrauchszustand hinreichend zu beurteilen gestatten.

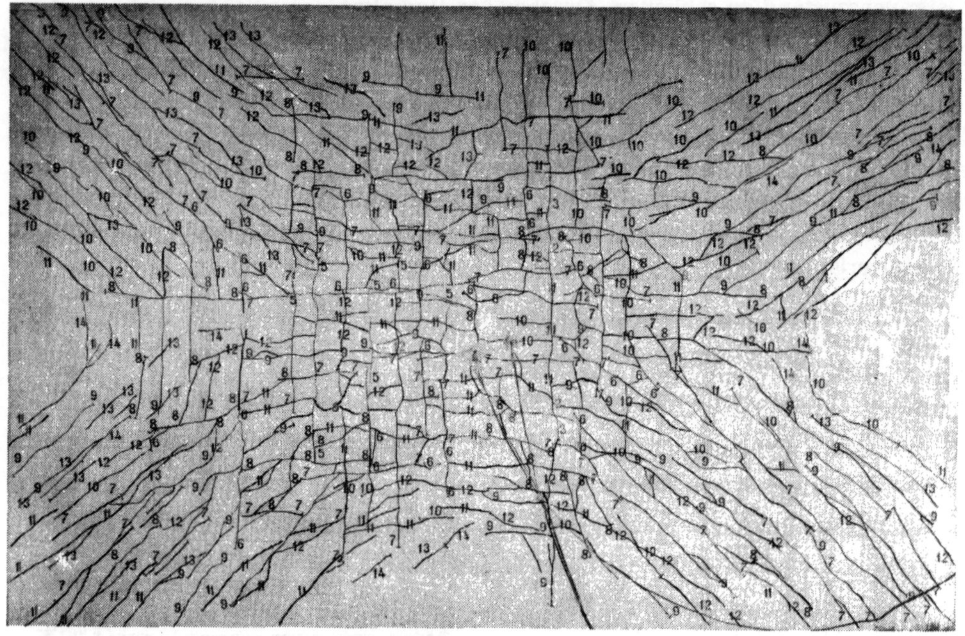

a

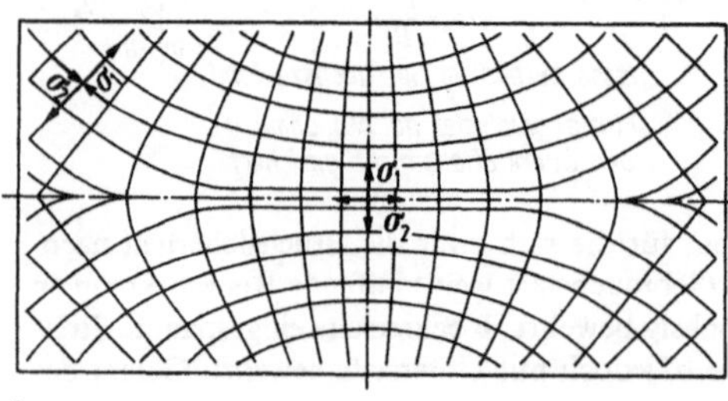

b

Abb. 5/53. Rißbild einer gleichförmig belasteten Rechteckplatte 2,0/3,0 m, $d = 10$ cm mit orthogonalem Bewehrungsnetz $\mu_x = 1,0\%$; $\mu_y = 0,44\%$ BSt III parallel zu den Achsen. **a** die Risse bei 1,7facher Gebrauchslast folgen, beeinflußt von den Bewehrungsstäben als Schwachstellen, den Hauptrichtungen der Momente (rechtwinklig zum Zug); **b** zugehöriger Trajektorienverlauf der Hauptspannungen auf der Unterseite

Die Ermittlung der Bewehrung wird wie bei Balken (4.3.1.1) stets für Querschnitte vorgenommen, bei denen (wenigstens fiktiv) Zustand II eingetreten, d. h. die Zugzone gerissen ist. Nun stehen die Risse sowohl bei ihrem ersten Auftreten als auch beim Plastifizieren der Bewehrung (Zustand IIIa, der nach DIN 1045, 17.2.1 für die Bemessung maßgebend ist), stets senkrecht auf den Hauptzuglinien (I A, Abb. 1.2/14). Das ist ausführlich z. B. in [52.1] belegt. Mithin sind die Hauptmomente maßgebend, deren Größtwerte sich meist auf den Plattensymmetrieachsen finden. Dort liegt in der Regel die Bewehrung entsprechend und ist deshalb am wirksamten. Das beweist eine kinematische Betrachtung (1.3.1, Abb. 1/10).

Wenn noch ein zweites Hauptmoment mit gleichem Vorzeichen vorhanden ist, bildet sich eine weitere zugehörige Schar von Rissen orthogonal zu den ersten (Abb. 5/53) und erfordert eine zweite Bewehrungslage. Läuft auch diese senkrecht zu den Rissen, so spricht man von „Trajektorienbewehrung", die hinsichtlich Stoffaufwand und Rißbreiten optimal ist. Die Festigkeit der Oberseite wird durch die zweiachsige Beanspruchung nur minimal erhöht (rd. 10 % nach [31]), wie auch nach Abb. 1.2/9 in I A zu erwarten ist (Kurve $\sigma_1 = 0$). Die Bemessung der Platte für einachsige Biegung bei gleichsinnigen Momenten ist daher gerechtfertigt.

Leider ist es sowohl bei Platten als auch bei Scheiben und Schalen wirtschaftlich im allgemeinen nicht möglich, die Bewehrungsstäbe den Hauptzugrichtungen folgen zu lassen. Bezüglich der Wirkung einer schräg die Risse kreuzenden Bewehrung gibt es (vereinfacht) drei verschiedene Auffassungen [52.1]:

Methode 1: Reine Gleichgewichtsbetrachtungen (Leitz, Scholz, Kuyt, Flügge), die alle Verformungen vernachlässigen, aber Bewehrungen liefern, die „auf der sicheren Seite" liegen.

Methode 2: Ansätze, die sich auf eine „Scheibe" beziehen (zu der auch die Zugzone einer Platte gerechnet wird), deren Gleichgewicht sowie Verträglichkeit

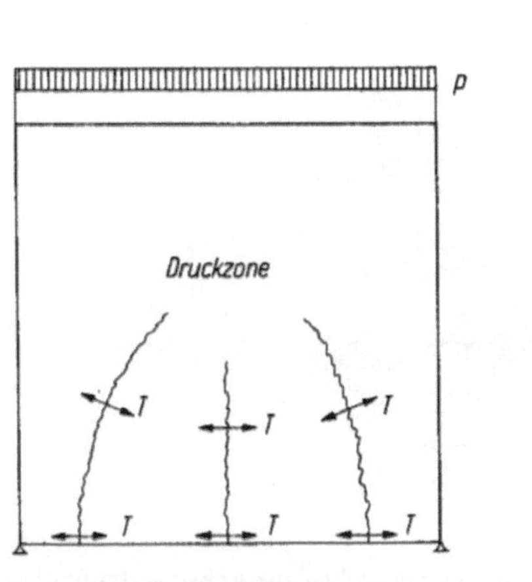

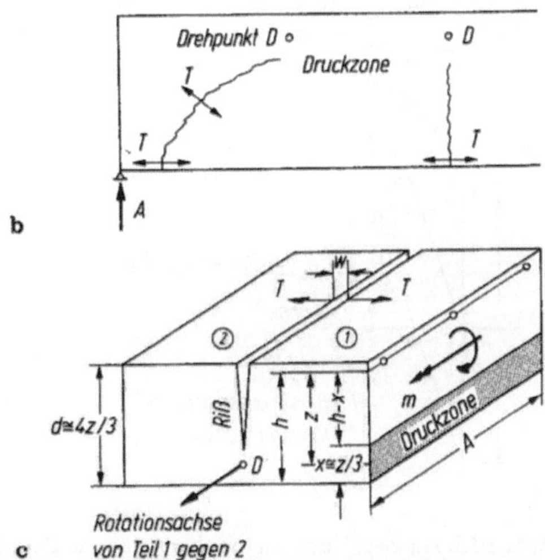

Abb. 5/54. Die Bewegungen in den Trennrissen verlaufen senkrecht zu diesen, wenn die Risse in einer Druckzone auslaufen und dort am Verschieben in Rißrichtung gehindert werden, solange die Druckzone intakt bleibt. **a** freitragende Wandscheibe; **b** Balkenende mit Biegung und Querkraft; **c** Plattenelement unter reiner Biegung

der Verformungen *in* ihrer Ebene formuliert werden [52.1]. Kinematische Randbedingungen werden dabei allerdings nicht eingebaut. Diese erzwingen einerseits bei Scheiben die Trennung der Rißufer senkrecht von einander und verhindern ein Verschieben in Rißrichtung, weil die beiden Teile in der Regel in einer Druckzone zusammenhängen (Abb. 5/54). Ferner lassen die Auflager von Platten meist nicht zu, daß sich die Teile um die Normale zum Riß verdrehen. Das gilt für die in Abb. 5/55 gezeigte Streifenplatte, aber ebenso für die in Hauptdruckrichtung verlaufenden Risse von Rechteck- und Kreisplatten, in denen sich die Plattenteile scharnierartig gegeneinander verdrehen (Abb. 5/49b).

Methode 3: Der für die Bemessung vorgeschriebene Zustand der Plastifizierung der Baustoffe entzieht den elastischen Verträglichkeitsbedingungen ihre Grundlage und man kann nur aus der erwähnten Kinematik im Zustand IIIa das Gleichgewicht beschreiben. Die Spannung in der Bewehrung wird gleich der Fließgrenze β_S gesetzt [67]. Unter der Annahme (Abb. 5/55) nur *einer* sehr schräg ($\alpha = 30°$) zur Hauptrichtung verlaufenden Bewehrungslage a_x entsteht eine schräge Zugkraft $Z = a_x\beta_S$ und eine ebenso große, parallele Druckkraft, die σ_b um 15% gegenüber

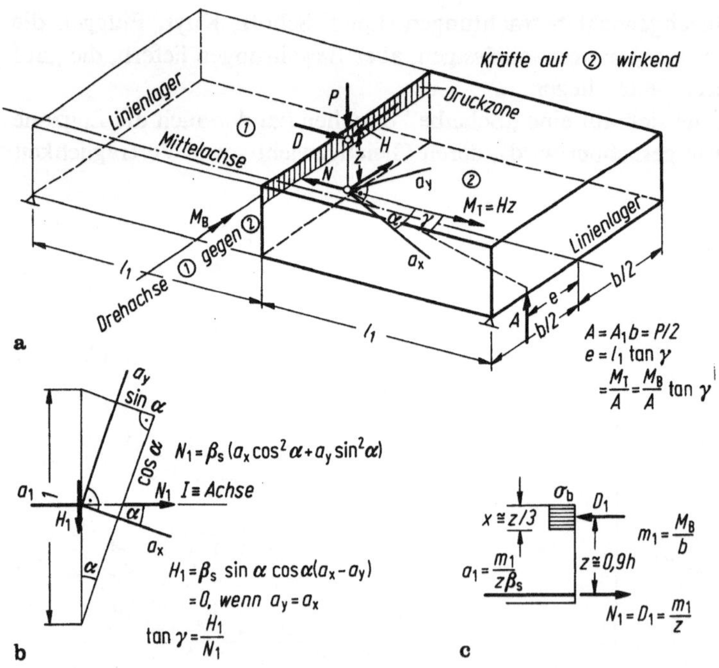

Abb. 5/55. An zwei Rändern drehbar gelagerte Rechteckplatte mit zwei schief zur Achse verlaufenden orthogonalen Bewehrungsscharen a_x und a_y cm²/m. **a** Aufnahme des Biegemomentes $M_B = m_1 b$ im Mittelschnitt und des Torsionsmomentes $M_T = Hz_m$ am Auflager durch Exzentrizität e der Stützkraft A; **b** Untergurtelement mit den Bewehrungszugkräften $a_x\beta_S$ und $a_y\beta_S$ (β_S Streckgrenze) und deren Resultierenden N_1 und H_1 in und senkrecht zur Hauptrichtung I; **c** Längsschnitt zu b) und Ermittlung der gedachten Bewehrung a_1 in Hauptrichtung I senkrecht zum Riß

σ_{b0} bei $\alpha = 0$ vermehrt. Das Torsionsmoment $M_T = Hz$ wird dem Auflager zugeleitet, wodurch die Stützkraft A um $e = M_T/A$ $= M_B \tan\alpha/A$, bei einer Einzellast in der Mitte um $e = l_1 \tan\alpha$, bei verteilter Last um $e = (l_1 \tan\alpha)/2$ seitlich zu liegen kommt. Meist wird man dafür sorgen, daß H durch eine zweite Bewehrungslage a_y verringert wird, was bei orthogonalen, gleichstarken Stäben für alle Winkel α vollständig gelingt. In [68] wird aus Versuchen abgeleitet, daß bei schwacher Bewehrung die Schubbeanspruchung der Druckzone unbeachtlich ist.

Der „Kinking-Effekt" (Abb. 5/56) wird meist übertrieben dargestellt [6.1], spielt aber hinsichtlich der Tragfähigkeit keine wesentliche Rolle [67.1]. An gleicher Stelle wird darauf hingewiesen, daß die Rißweiten hierdurch unvermeidlich anwachsen, je mehr die Bewehrung von der Hauptrichtung abweicht: bei $\alpha = 45°$ wird die Rißweite gegenüber $\alpha = 0$ im Erschöpfungszustand etwa verdoppelt. Im Gebrauchszustand war nach Versuchen kein Anwachsen der Rißbreiten mit α festzustellen [67.1].

Abb. 5/56. Kröpfung eines Bewehrungsstabes an einem Riß „Kinking-Effekt"). **a** übliche Darstellung; **b** wirkliche Verhältnisse maßstabgerecht gezeichnet

In Abb. 5/57a werden die nach den verschiedenen Methoden erforderlichen Bewehrungen a_x und a_y für ein Hauptmoment M_I gegenübergestellt. Dabei ist ein orthogonales Bewehrungsnetz mit gleichen Hebelarmen $z_m = (z_x + z_y)/2$ in beiden Richtungen x und y angenommen.

Methode 1 sollte man nicht mehr verwenden, da alle Verträglichkeiten vernachlässigt werden;

Methode 2 liefert stärkere Querbewehrung a_y als Methode 3, da die Aussteifung durch die Druckzone und die kinematischen Bedingungen vernachlässigt werden;

Methode 3 ergibt praktisch die gleiche Hauptbewehrung a_x wie Methode 2 und verbürgt die Tragsicherheit, bei „vernünftiger" Anwendung auch befriedigendes Verhalten unter Gebrauchslast. Die Druckzone wird nur gering auf Schub beansprucht. Der Ansatz entspricht übrigens der Transformation von Johansen (Abb. 5/49a) sowie [69, S. 161].

Wenn zwei gleichsinnige Momente m_1 und m_2 in den Hauptrichtungen I und II aufzunehmen sind, erzeugen sie Zugkräfte $N_1 = m_1/z_m\beta_S$ und $N_2 = m_2/z_m\beta_S = kN_1$, wobei wieder Fließen der Bewehrung in beiden Richtungen vorausgesetzt wird. Die Gleichgewichtsbedingungen

Richtung I : $a_x \cos^2 \alpha + a_y \sin^2 \alpha = a_I$,
Richtung II: $a_x \sin^2 \alpha + a_y \cos^2 \alpha = a_{II} = ka_I$

lassen sich nicht gleichzeitig erfüllen, da sie zu negativen Bewehrungen führen würden. Für den Fall, daß die Bewehrungen in den Hauptrichtungen liegen ($\alpha = 0$),

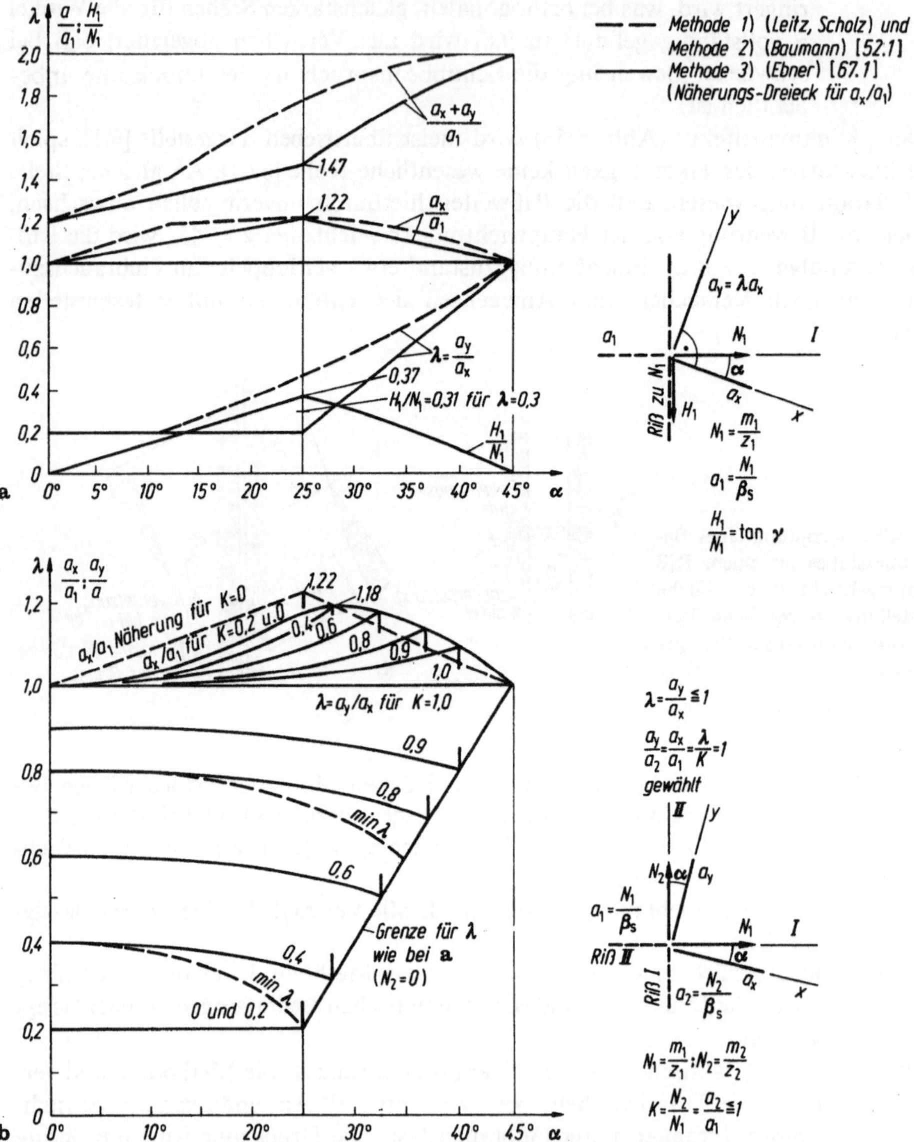

Abb. 5/57. Vergleich des erforderlichen Bewehrungsaufwandes a_x und a_y für ein orthogonales Netz, berechnet nach den Methoden 1, 2 und 3. **a** bei einachsiger Momentenbeanspruchung Näherungsdreieck für a_x/a_1; **b** bei zweiachsiger Momentenbeanspruchung m_1 und $0 < m_2 < m_1$; (erweiterter Ansatz nach Methode 3).

Bem. zu a): das in B. Kal. 1975 I, S. 265 und in [6.1, Bild 2.10] wiedergegebene Diagramm wurde nach der Quelle [67.1] berichtigt. Diese wird ausführlicher in einem Beitrag des Verfassers im „Bauingenieur" 1984 H. 2 begründet.

ist $a_x = a_I$ und $a_y = a_{II} = ka_I$, also $a_y/a_x = k$ nötig und wird als Grundlage beibehalten. Dann ergeben sich die in Abb. 5/57b etwas vereinfacht dargestellten Verläufe von a_x/a_I aus Gleichung (Richtung) I. Durch Einsetzen von a_x und $a_y = ka_x$ wird die linke Seite von Gleichung (Richtung) II stets etwas größer als ka_I, so daß die Tragfähigkeit gewährleistet ist. Die zweiachsige Druckbeanspruchung der Oberseite braucht nicht nachgewiesen zu werden, da hierdurch die Betonfestigkeit wie erwähnt etwas erhöht wird (I A, Abb. 1.2/14 u. 15).

Einen weiteren Verstoß gegen die Isotropie (gleiche Steifigkeit in allen Richtungen) wie bei der Richtungsabweichung, begeht man beim Bemessen der Bewehrung in den Achsrichtungen, wenn man sie den Biegemomenten anpaßt. Bereits im Gebrauch, bei dem Zustand II eintritt, verhalten sich die Momente m wie die Krümmungen $\varkappa = 1/R$, z. B. im Falle einer Rechteckplatte 1,0/1,5 m mit Gleichlast (Abb. 5/58) wie $\varkappa_x/\varkappa_y = m_x/m_y = 35{,}7/13{,}7 \cong 2{,}6$ (B. Kal. 1982 I, S. 402). Aber auch die Stahlspannungen $\sigma_s = \varepsilon_s E_s = \varkappa(h - x)\, E_s$ sind, unabhängig von der Bewehrungsstärke, den Krümmungen $\varkappa$ proportional, mithin $\sigma_{sx}/\sigma_{sy} \cong \varkappa_x/\varkappa_y = 2{,}6$. Das Momentenverhältnis 2,6 entspricht aber der Voraussetzung $I_x = I_y$, die nur bei $a_x = a_y$ erfüllt wäre. Wenn aber die Bewehrung den Momenten angepaßt, also $a_x/a_y \cong m_x/m_y$ gemacht wird, ist auch $I_x/I_y \cong m_x/m_y = 2{,}6$. Um zu sehen, wie sich diese Anisotropie auswirkt, bedienen wir uns der einfachen Streifenmethode von Marcus [1/14.1, S. 694] und vernachlässigen die Drillsteifigkeit, betrachten also nur die zwei Mittelstreifen, die gleiche Durchbiegung f aufweisen müssen. Hierfür ist

$$m_x/m_y = (l_y/l_x)^2 \, (I_x/I_y) = 1{,}5^2 \cdot 2{,}6 = 5{,}8 \;!,$$

d. h. die Last wird vorwiegend in der x-Richtung abgetragen. In der Tat treten auch im Versuch die ersten Risse in y-Richtung auf. Die Bemessung aufgrund der Momente des Zustandes I, den alle Tabellen voraussetzen, führt also im Gebrauch bei Eintritt von Zustand II zu einem stark abweichenden Momentenbild, so daß eine große Genauigkeit gar nicht gerechtfertigt ist. Auch der Streit: Rechnen „mit oder ohne Querdehnzahl v" (vgl. 5.1.1) wird dementsprechend gegenstandslos.

Bei Steigerung der Last wird zuerst die Bewehrung der Haupt-, dann auch die der Nebentragrichtung ins Fließen kommen, d. h. $\sigma_{sx} = \sigma_{sy} = \beta_S$. Dann wird $m_x/m_y \cong a_x/a_y$ erreicht, d. h. die Verteilung der Bewehrung bestimmt weiterhin diejenige der Momente; man kann diese also in einem gewissen Rahmen „trimmen" (5.3.3).

Obgleich ich es für nötig hielt, auf gewisse Diskrepanzen zwischen Plattentheorie und Wirklichkeit hinzuweisen, führt jene doch zu befriedigendem Verhalten: Sie

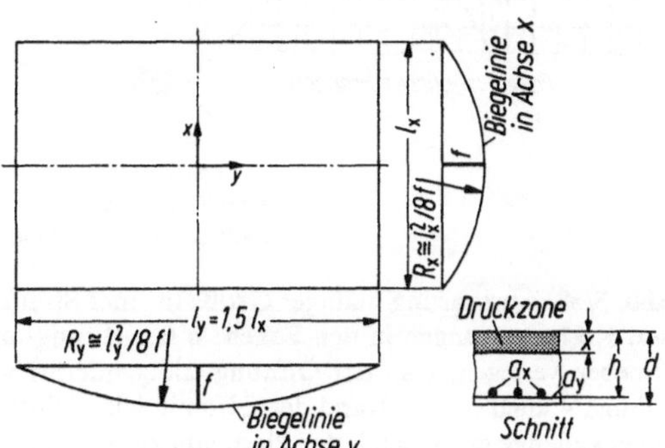

Abb. 5/58. Biegelinien in den Achsen einer gedrungenen, freiaufliegenden Rechteckplatte $(l_y/l_x \cong 1{,}5)$ (schematisch)

berücksichtigt einerseits angenähert die Kontinuität und ermöglicht dadurch, den Gebrauchszustand zu beurteilen. Anderseits verbürgt die Einhaltung des Gleichgewichtes die Tragfähigkeit, wie auch immer die Momente sich verteilen. Schließlich ist nachgewiesen, daß eine dem elastischen Zustand überall angepaßte Bewehrung angenähert zum Minimum des Stahlaufwandes führt [61.2; 61.3] was sich freilich praktisch nicht voll verifizieren läßt.

Wie erwähnt, geben die Hauptmomentenlinien immer ein Bild idealer Bewehrungsführung, dem man jedoch selten folgen kann. In wichtigen Fällen wird man gleichsinnige Hauptmomente z. B. bei Kreisplatten m_r und m_t in die Bewehrungsrichtungen nach Abb. 5/57b transformieren. Im allgemeinen reicht es aus, wenn das entsprechende orthogonale Netz für die Achsmomente bemessen wird. Gegensinnige Momente werden getrennt behandelt.

5.4.1.2 Konstruktive Hinweise

Die folgenden konstruktiven Hinweise sind nötig, da die Wirklichkeit von den Rechenannahmen abweicht. *Aussparungen* in Platten werden bei mäßiger Größe (etwa $a < l_x/5$) nur konstruktiv berücksichtigt, indem man die auf sie entfallenden Stäbe daneben verlegt (Abb. 5/59). Es wird sehr empfohlen, die Ecken zu brechen oder besser auszurunden, da von ihnen infolge hoher Kerbspannungen oft Risse ausgehen, und diesen durch Schrägstäbe zu begegnen. Die Störung des Spannungszustandes durch größere Löcher sollte rechnerisch verfolgt werden, wofür man im B. Kal. 1977 I, S. 317 und in [70; 6.2] Angaben findet. Die *Auflager* werden als frei drehbar oder eingespannt idealisiert, was jedoch im Hochbau selten genau zutrifft und durch Zulagen berücksichtigt werden muß (Abb. 5/60c).

Streckenweise *ausfallende Auflager* werden üblicherweise durch in der Platte „versteckte Balken" überbrückt („deckengleiche Unterzüge" H. 240, 2.4) [71; 6.1]. Wenn die Öffnung l' kleiner als etwa $l_x/3$ ist (l_x kleinere Plattenspannweite), genügt eine für die Stützkraft berechnete Zulagebewehrung. Ist $l' < 3l_x/4l_x$ ($d \cong l_x/20$ ange-

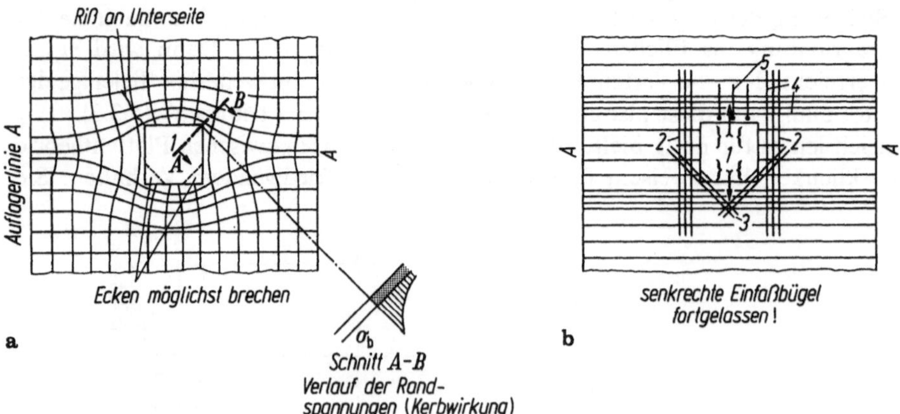

Abb. 5/59. Aussparung mäßiger Größe in einer Streifenplatte. **a** Hauptmomentenlinien (schematisch) und Kerbspannungen in den Ecken; **b** Bewehrungsanordnung: *1* auf die Öffnung entfallende Stäbe daneben verlegen, *2* an der Öffnung endigende Stäbe auswechseln, *3* schräge Eckstäbe zur Rißverteilung, *4* auch oberen Rand der Öffnung leicht einfassen, *5* alle Ränder mit Bügeln einfassen, deren Schenkellänge etwa gleich der Plattendicke ist (4 und 5 nur, wenn etwa d > 20 cm ist)

nommen), ist der in H. 240 angegebene Nachweis als Plattenbalken zu führen. Bei noch größeren Lücken muß man die in Abb. 5/2 angedeutete und in B. Kal. 1977 I, S. 327 ausgeführte, universelle Methode anwenden: die Stützkraft q der Platte mit durchgehendem Auflager, dazu bei Einspannung das Randmoment m, werden an ihr als äußere Kräfte mit umgekehrtem Vorzeichen angebracht (vgl. 5.1.1). Die Ergebnisse beider Schritte sind zu überlagern. Die hierbei erhaltenen Schnittkräfte setzen Zustand I der Platte voraus, können daher die Zusatzbewehrung über der Öffnung nicht berücksichtigen. Wenn Zustand II und III eintritt, macht sich aber die größere Steifigkeit des „versteckten Balkens" bemerkbar, dieser wird die Lasten „anziehen" und die Bemessung als Plattenbalken rechtfertigen. Die Plattenmomente werden dann jedenfalls weniger gestört, als die elastische „genaue" Rechnung ausweist [72].

Auf unbeabsichtigte Auflager durch Querbalken (Abb. 5/17) bei Streifenplatten und die nötige Zulagebewehrung wird hier nochmals hingewiesen.

Die Wirkung der elastischen Nachgiebigkeit von stützenden Balken in senkrechter Richtung sowie der Einspannung in Randbalken wird in II A, 3.1.1 behandelt, im Hochbau nur konstruktiv berücksichtigt.

Die Elastizität einer „starren" Einspannung vermehrt das Feldmoment, braucht jedoch i. allg. rechnerisch nicht verfolgt zu werden, da die Momente sich im Zustand II ohnehin anders als gerechnet verteilen (5.3.1).

Bei Kragplatten (5.1.3.4) werden durch gleichmäßige elastische Einspannung die Momente nicht berührt, die Durchbiegung wird jedoch erheblich größer (Abb. 5/27). Ungleichmäßiger elastischer Widerstand ändert den Verlauf des Einspannmomentes sehr stark (5.1.3.4, umlaufende und Balkon-Kragplatte).

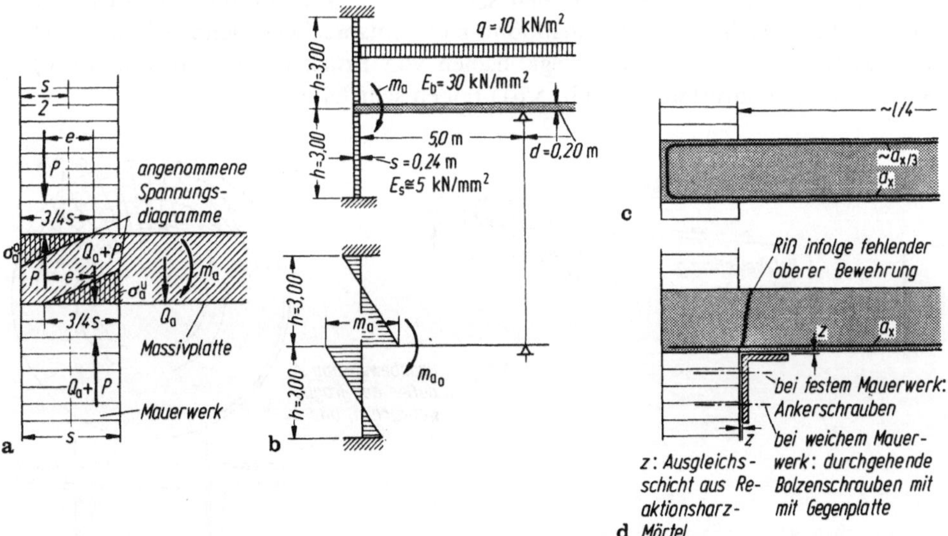

Abb. 5/60. Unbeabsichtigte Einspannung eines als „frei drehbar gelagert" gerechneten Plattenrandes in Mauerwerk. **a** angenäherte Verteilung der Auflagerspannungen und Wirkung der Mauerauflast; **b** Beispiel für die Wirkung der Elastizität des Mauerwerkes unter der Annahme, daß Platte und Mauer im Knoten fest verbunden sind; **c** erforderliche obere Bewehrung (DIN 1045, 20.1.6.2); **d** nachträglich angebrachte Stützung, wenn mangels oberer Bewehrung die Platte durchgerissen ist

Wichtig ist zu berücksichtigen, daß bei Endauflagern in Wänden Platten sich oft nicht frei verdrehen können. Abb. 5/60 zeigt an einem Beispiel, wie groß das Einspannmoment m_a im Mauerwerk werden kann. Es wird entweder begrenzt durch die vorhandene Auflast (Abb. 5/60a) oder durch den elastischen Widerstand. Mit den eingezeichneten Annahmen ist $P = \gamma sh$ und ergibt für $h = 3$ m:

Wichte	$\gamma =$	$m_a = Ps/2$	
		$s = 24$ cm	$s = 38$ cm
Hintermauerungssteine	18 kN/m³	1,56 kN	3,90 kN
Bimshohlsteine	13 kN/m³	1,12 kN	2,82 kN

Bei größerer Auflast wächst m_a proportional an. Der elastische Widerstand des Mauerwerks, das oben und unten durch weitere Platten eingespannt sein soll, wird nach H. 240, 1.6 abgeschätzt. Mit den Daten der Abb. 5/60b ist bei starrer Einspannung $m_{a0} = -ql^2/12 = -20,8$ kN und bei elastischer $m_a \cong 0,58m_{a0} = -12,1$ kN. Dem entspräche eine Mauerhöhe nach Abb. 5/60a von $h = 24$ m. Mithin ist also in der Regel die Auflast, nicht die Rahmenwirkung für die Einspannung der Decke maßgebend. Man muß deshalb konstruktiv für dieses ungewollte Festhalten der Decke eine obere Bewehrung einlegen, für die etwa $^1/_3$ der Feldbewehrung ausreicht (Abb. 5/60c). Fehlt diese, macht sich das Auflager durch einen Riß statisch bestimmt (Abb. 5/60d). Dieser geht wie in Abb. 5/52c bis auf die Bewehrung durch und macht die Querkraftaufnahme unmöglich (Abb. 4.2/35 u. II A, Abb. 3/39). Auf die Bewehrungsstäbe als Dübel kann man sich nicht verlassen [66] und muß in solchem Falle der Einsturzgefahr durch eine nachträgliche Stützung begegnen.

Sehr stark sind Kragplatten im Freien Schwind- und Temperaturspannungen ausgesetzt, wenn sie sich an der Einspannung nicht entsprechend dehnen können und einen Zwang erleiden; z. B. Fußwegkonsolen von Brücken oder kreisringförmige Kragplatten an Schornsteinen (Abb. 5/61) reißen sehr häufig.

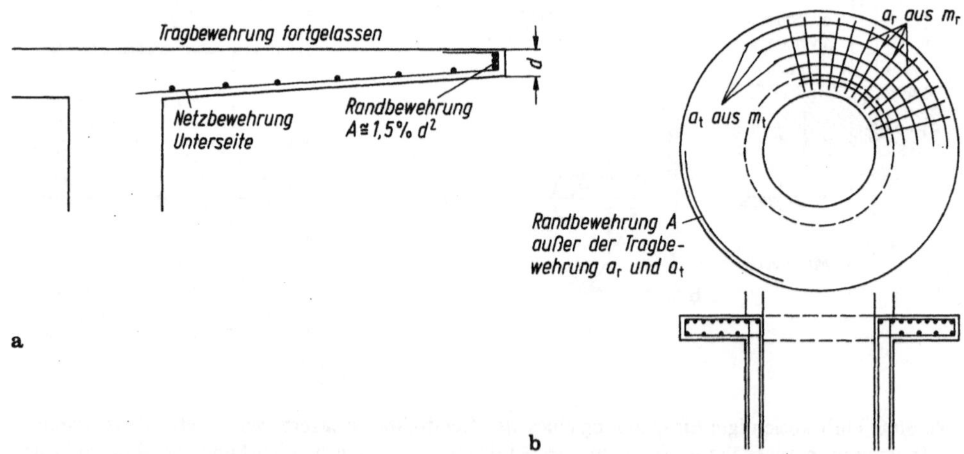

Abb. 5/61. Randbewehrung von Kragplatten zur Verteilung von Schwind- und Temperaturrissen. **a** Rand der Fußwegkonsole einer Brücke; **b** Kreisringplatte an einem Schornstein oder Fernmeldeturm

Die einfachste Maßnahme, diesen Zwang zu beseitigen, ist, die Platte durch Fugen im Abstand von etwa $2l$ (l Auskragung) zu unterteilen. Diese Empfehlung ist begründet im Verlauf der Längsspannungen (B. Kal. 1978 II, S. 524), der in Abb. 6/26 wiedergegeben ist. Sie scheitert jedoch meist an der Schwierigkeit und den Kosten, um diese Fugen zuverlässig zu dichten. Deshalb muß jede Kragplatte eine kräftige, verteilte Längsbewehrung erhalten, die zwar die Rißbildung nicht beseitigt, jedoch den Abstand der Risse und damit deren Breite auf das unschädliche Maß von 0,2 mm vermindert. Rechnerisch läßt sich hierfür kaum ein Maß angeben, da die Zugkräfte im Zustand I, die ja ohnehin nur geschätzt werden können, durch die Risse stark herabgesetzt werden. Abb. 3/3 kann einen Anhalt bieten. Immerhin dürfte für mittlere Verhältnisse eine gut aufgeteilte Randbewehrung A von etwa 1,5% von d^2 (d Plattendicke) ausreichen. Als Flächenbewehrung ist $^1/_5$ der Kragbewehrung oben ohnehin vorgeschrieben und beiderseits einzulegen.

Ich will mit diesem Ausblick auf die „Decken" (II A, Abschn. 3) bewußt machen, daß eine Platte meist mit einem Tragwerk konstruktiv zusammenhängt und nicht für sich allein betrachtet werden darf. Demzufolge mögliche Schäden werden in II A, Abb. 3/29 bis 38 gezeigt. Auch in [6.3] sind Beispiele aufgeführt.

Auch die *Wirtschaftlichkeit* von Platten ist nur im Rahmen des gesamten Bauwerkes zu beurteilen. Immerhin zeigen die einfachen Beispiele Abb. 4.3/3, daß die nach DIN 1045, 17.7 zugelassene Dicke nicht das Kostenminimum bringt, sondern infolge des geringeren Eigengewichtes erst noch dünnere Platten. Diese dürfen aber nicht ausgeführt werden, da die Gebrauchsfähigkeit durch übermäßige Durchbiegung beeinträchtigt wird (H. 240, 6.1). Auch zu geringe Schalldämmung (II A, 3.3.2) und das Schwingungsverhalten verbieten meist zu dünne Platten.

Schließlich werden hinsichtlich des *Brandschutzes* (II A, 3.3.4) an die Bewehrung und ihre Betonüberdeckung besondere Forderungen gestellt (DIN 4102, Teil 4 (81) u. [1/25]), die je nach den Feuerwiderstandsklassen F 30, 60 oder 90 gestaffelt sind.

5.4.1.3 Ausführung

Bei der Ausführung von Platten sind die in I A, 1.1 für Stahlbeton allgemein geltenden Maßnahmen zu beachten. Ihre geringe Dicke erfordert aber besondere Vorsicht:

(a) Der Beton darf keinesfalls zu naß eingebracht werden (Lieferbeton nicht verwässern!), weil er sich dann setzt (I A, Abb. 1.1/5), die obere Schicht sich mit Wasser anreichert und ihre Festigkeit dadurch stark vermindert wird (I A, Abb. 1.1/1). Im Feld wird dadurch gerade die Druckzone geschwächt und über den Stützen der Korrosionsschutz des Stahles beeinträchtigt.

(b) Die Bewehrung ist genau zu verlegen und zu fixieren, da sich bei Platten auch cm-Abweichungen der Höhenlage stark bemerkbar machen. Wenn z. B. bei einer 15 cm dicken Platte die Bewehrung nur um 1,5 cm zu hoch liegt, bedeutet das 12% von h; das aufnehmbare Moment $m = kbh^2\sigma_s$ wird jedoch dadurch um rd. 25% vermindert! Deshalb sind besonders die oberen Stäbe über Zwischenauflagern fest zu unterstützen, damit sie vor und beim Betonieren nicht heruntergetreten werden. DIN 1045, 17.2.1 und [1/30.1; 5.2] fordern daher bei sehr dünnen Platten eine größere Bruchsicherheit, die in [4/87] kritisch beleuchtet wird.

(c) Die Schalung ist gehörig zu überhöhen, um die elastische- und Kriechdurchbiegung zu kompensieren. Das Auge reagiert auf ein „Durchhängen" sehr empfindlich, so daß besser etwas zu viel zugegeben wird. Auch die spätere Behandlung der Untersicht (Putz, Anstrich) ist bei der Wahl der Schalung zu bedenken (I A, 1.1.9.1).

5.4.2 Fertigteilplatten

Die Gesichtspunkte, die allgemein für und gegen das Bauen mit Fertigteilen sprechen, sind in 2.3 zusammengestellt.

Die Auflösung einer Platte in einzelne vorfabrizierte Streifen hat den Nachteil, daß sich konzentrierte Lasten (5.1.1) mangels Biegesteifigkeit in Querrichtung nicht mehr ausbreiten können und die Platte deshalb höher beansprucht und dicker werden muß (Abb. 5/62). Deshalb werden solche Platten im allgemeinen nur für gleichförmig verteilte Nutzlasten verwendet.

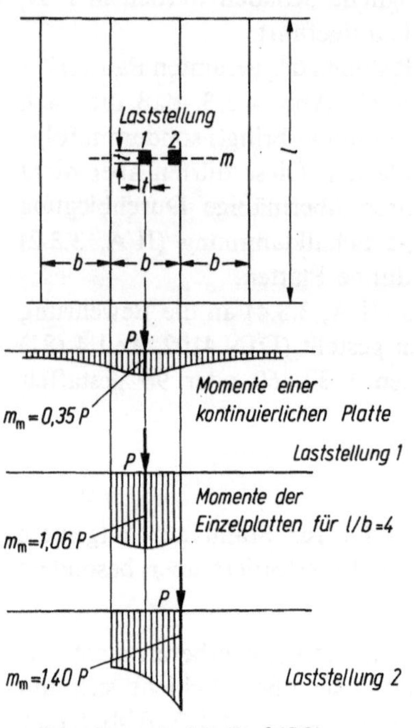

Abb. 5/62. Momentenverteilung in einer schmalen Einzelplatte infolge einer Einzellast P in Mittel- und Randstellung. Eine Verzahnung der Fugen nach Abb. 5/63a ist zur Aufnahme der Querkräfte aus wandernden Einzellasten nicht zuverlässig genug [26]

5.4.2.1 Schwerbetonplatten

Platten aus Schwerbeton mit vollem Rechteckquerschnitt werden nur bis etwa 2 m Spannweite hergestellt, da ihr Gewicht sonst zu groß wird. Sie brauchen nur auf der Unterseite bewehrt zu werden, jedoch ist ihre Oberseite deutlich zu kennzeichnen. Im Spannbett vorgespannte Platten mit Vollquerschnitt können bis 4 m noch wirtschaftlich sein. Darüberhinaus verwendet man Hohlplatten (Abb. 5/63a u. b) mit kreisförmigen oder rechteckigen ausgerundeten Aussparungen, deren Mindestabmessun-

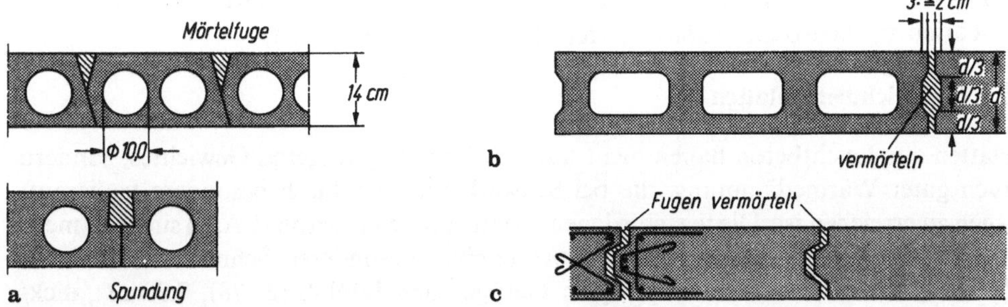

Abb. 5/63. Hohlplatten (vorgefertigt) nach DIN 1045, 19.3. **a** schmale Dielen bis etwa $l = 4$m; **b** breitere Hohlbalken bis etwa $l = 7$m; Fugenausbildung nach DIN 1045, Bild 40; **c** Beispiel für Querverbindung nach DIN 1045, 19.7.1 Tab. 27; Bewehrung von Nut und Feder nur bei dickeren Platten mit größeren Nutzlasten nötig (vgl. auch II A, Abb. 3/45)

gen in DIN 1045, 19.3 geregelt sind, im Gegensatz zu „Rippendecken" in 21.2.2. Die Breite der Stege (oft ohne Schubbewehrung) wird durch τ_{011} DIN 1045, Tab. 13 begrenzt. Da die Nutzlasten auf Teilflächen beschränkt sein können, sind die Fugen stets zu verzahnen (Abb. 5/63c). DIN 1045, 19.7.1, Tab. 27 schreibt diese Querverbindungen je nach Nutzlast vor. Wenn man bei großen Wohnbauvorhaben entsprechende Krane zur Verfügung hat, kann man raumgroße, vorfabrizierte Voll- oder Hohlplatten verlegen und so die lästige Fugenfüllung ersparen. Auch können sich keine Stoßfugen infolge Schwindens öffnen. Meist wird dann schon im Lieferwerk die vorgesehene Installation gleich einbetoniert. Die Auflager solcher bis 20 m² großer Platten müssen allerdings sehr sorgfältig vorbereitet werden, damit diese durchgehend satt aufliegen (Mörtelbett allein genügt nicht!)

Gegebenenfalls können einzelne Plattenstreifen, entsprechend wie Balken (II A, 2.2/37), durch nachträgliche *Quervorspannung* zu monolithischer Wirkung gebracht werden (Abb. 5/64a). Die Biegespannungen aus den Momenten m_y sind voll zu überdrücken und für die Aufnahme der Querkraft (verteilt auf etwa $l/3$) sorgt die Reibung $\mu_R \cong 0{,}3$, so daß $Z_1 \mu_R \geqq Q_1$ sein muß. Auch bei größerer Spannweite und Fahrbahnbreite kann man auf diese Weise untergeordnete Plattenbrücken für kleine Fahrzeuglasten bauen (Abb. 5/64b).

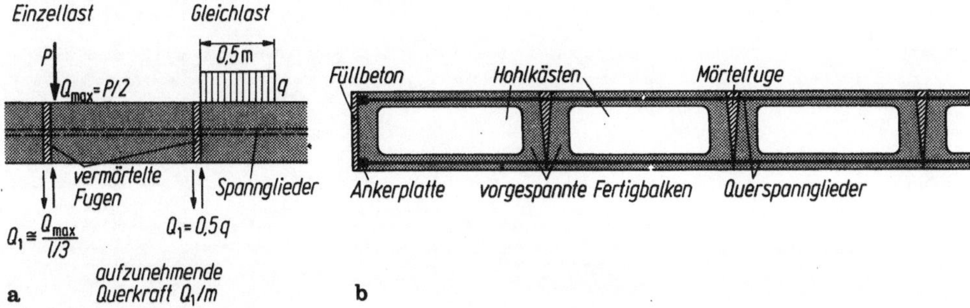

Abb. 5/64. Nachträgliche Quervorspannung von Fertigplatten, um die kontinuierliche Wirkung herzustellen und aufzunehmende Querkräfte nach DIN 1045, 19.7.5. **a** Vollplatten; **b** Hohlplatten

Die Herstellung von durchlaufenden Decken aus Fertigplatten wird in II A, 3.3.6.2 beschrieben, ebenso die vorfabrizierter Plattenbalken (Kasetten).

5.4.2.2 Leichtbetonplatten

Platten aus Leichtbeton haben nicht nur den Vorteil geringeren Gewichtes, sondern auch guter Wärmedämmung, die bei Schwerbeton nur durch besondere Isolierauflagen zu erreichen ist. Die verschiedenen Arten von Leichtbeton (I A, 2) sind alle mehr oder weniger porös, so daß die Bewehrung einer besonderen Schutzumhüllung bedarf: bei Beton mit haufwerkporigem Gefüge nach DIN 4232 (78), 7.9 mit „dicksämigem Zementleim", bei geschlossenem Gefüge nach DIN 4219, Teil 2 (79) Tab. 1 durch entsprechende Betonüberdeckung, bei Gas- und Schaumbeton nach DIN 4223 E (78), 6.2 durch einen „besonderen Korrosionsschutz" (oft wird Bitumen oder Dispersionsanstrich auf Zementbasis gewählt), dessen Eignung nach 11.3 zu prüfen ist.

Die Grundlagen für die Berechnung sind in den angegebenen DIN-Blättern, bei CEB in [1/30.1, 20] und in [I A, 2/21] zu finden. Die Schubtragfähigkeit ist allerdings mit Vorsicht zu beurteilen [73]. Die vorwiegend für Dächer verwendeten Leichtplatten werden ausschließlich in Betonwerken angefertigt und nach Listen verkauft, in denen stets ein Vermerk über Zulassung, Überwachung und statische Prüfung enthalten ist.

Oft werden die Dachdecken, die von Stahl- oder Stahlbeton-Pfetten und Bindern getragen werden, zur Aussteifung gegen Windkräfte herangezogen. Um dazu eine „Dachscheibe" zu bilden, müssen die Querkräfte durch Verdübeln und die Biegemomente durch Randbewehrung aufgenommen werden (II A, Abb. 3/46). Auch für die Überleitung der Windkräfte in die Unterkonstruktion ist durch konstruktive Maßnahmen zu sorgen, da man sich nicht auf die Reibung in den Fugen verlassen darf.

6 Wände

Wie die Decken vereinigen die Wände die raumabschließende mit der tragenden Funktion. Letztere besteht in erster Linie in der Aufnahme senkrechter und waagrechter (Wind, Erdbeben) Lasten, die dem Wandfuß zugeleitet werden. Bei wenigen Geschossen kommt man mit mäßigen Festigkeiten aus. Die große Tragfähigkeit von Betonwänden wird erst bei vielgeschossigen Bauten ausgenutzt. Bewehrt, ermöglichen sie die Abstützung in einzelnen Punkten (Wandscheiben). Sie können auch zusätzlich Drücke senkrecht zu ihrer Ebene (Plattenwirkung, Abschn. 5) aus Flüssigkeits (5.1.3)-, Schüttgut (II B, 2.4)- oder Erddruck (II B, 2.5) übertragen, wobei sich die Abgrenzung zwischen „Scheibe" und „Platte" wieder als fließend erweist. Gekrümmte und im Grund- oder Aufriß gefaltete Scheiben sind Gegenstände der Abschnitte II A, 5 (Schalen) und II A, 4 (Faltwerke).

Unter dem Schutz eines Innenraumes ist nicht nur dessen Abtrennung vom Außenraum, sondern auch die Wärme- und Schallabschirmung, oft auch die Abhaltung von Feuchtigkeit und Feuer zu verstehen. Abb. 6/1 zeigt schematisch die verschiedenen Wandbauarten und ihre vorwiegenden Aufgaben. Sind diese nicht „unter einen Hut zu bringen", müssen sie mehrschichtig ausgeführt werden. Auch der Brandfall ist zu berücksichtigen (vgl. 1.3) [1/25]. Hinweise für Anstriche findet man in I A [5/30 bis 32], über die Dauerhaftigkeit wasserabweisender Silicone in [29.2].

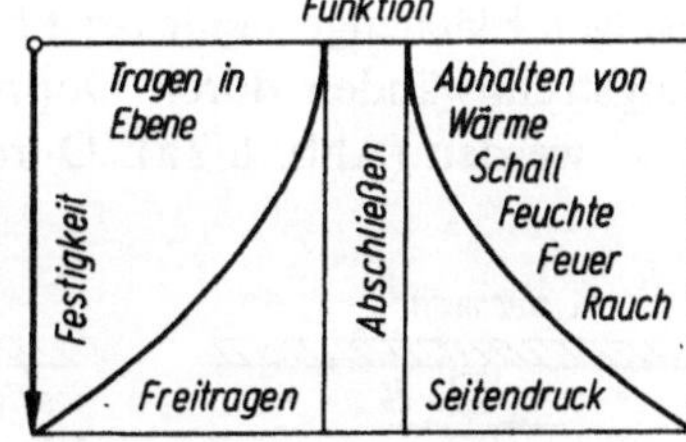

Abb. 6/1. Schematische Darstellung der Aufgaben von Wänden

Die beiden Wandbauweisen erfüllen verschiedene Aufgaben:

	Gut	Gering	Abhilfe
Leichtwände	Wärmeschutz	Tragfähigkeit Schallschutz Feuchteschutz	StB Skelett mit Ausfachung Doppelwand Putz; Sandwichbauweise
Betonwände	Tragfähigkeit Schallschutz Feuchteschutz	Wärmeschutz	Dämmschicht

Der Zielsetzung dieses Buches entsprechend werde ich vorwiegend Betonwände behandeln, die anderen Arten nur insoweit, als sie in Verbindung mit Betonkonstruktionen verwendet werden. Allgemeine Orientierung über Wände im Wohnungsbau geben [1].

In dem jährlich erscheinenden „Mauerwerk-Kalender" [2.1] (kurz: M. Kal.) findet man Daten für Steine und ihre Eigenschaften (vgl. auch [2.2]), für ihre Verarbeitung zu Mauerwerk und alle diesbezüglichen Vorschriften, insbesondere auch über den Wärme- und Schallschutz, letztere Daten auch im Abschn. „Bauphysik" des B. Kal. II, 1979 und 1983. Dieses Gebiet ist im Hinblick auf die Energiewirtschaft besonders wichtig und wird in vielen Büchern behandelt, ausführlich z. B. in [3], auch schon in [I A, 1.3/52 u. 53], weitere Hinweise in II A, 3.3.

In DIN 4108 (81) (Wärmeschutz) und der meisten Literatur wird mit stationärem Wärmestrom und linearer Temperaturverteilung gerechnet. Schwieriger zu verfolgen, aber zutreffender ist wegen des periodischen Verlaufes der Außentemperatur der instationäre Wärmeübergang (vgl. I A Abb. 1.3/22a u. b). Infolge der in der Wand gespeicherten Wärme ist auf der Innenseite nur ein Bruchteil des linearen Temperaturgefälles vorhanden, weshalb der Wärmeübergang entsprechend kleiner ausfällt (M. Kal. 1982, S. 147). Ein sehr interessantes Beispiel bringt [3.7]. Mit dem linearen Endzustand rechnet man also zu ungünstig [3.8].

Hier sei auch auf das Problem der natürlichen „elektrischen Felder" hingewiesen, die angeblich in Massivbauten beeinträchtigt werden [4], was der Gesundheit schaden soll!?

6.1 Leichtwände

Leichtwände sind überall dort am Platze, wo geringe Tragfähigkeit ausreicht und gute Wärmedämmung gefordert wird (I A, Abb. 2/2b), also hauptsächlich für Wohnhäuser mit wenigen Geschossen. Die Richtwerte für den Wärmeschutz DIN 4108 (81) sollten zugunsten der Wohnlichkeit und der Ersparnis an Heizungskosten tunlichst überschritten werden. Ein ausreichender Schallschutz (DIN 4109 (79)) wird wegen des geringen Flächengewichtes erst bei größeren Wandstärken erreicht. Er kann bei Wohnungstrennwänden durch Doppelwände oder Vorsetzen biegeweicher Schalen bewirkt werden (Abb. 6/2a). Durch den Luftzwischenraum wird die Dämmung ver-

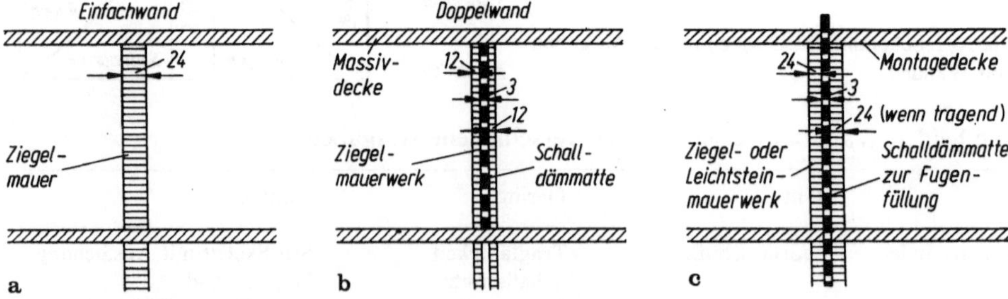

Abb. 6/2. Schalldämmung bei Wohnungstrennwänden mit steigenden Anforderungen. **a** mind. ein Stein starke Ziegelwand; **b** besser: Doppelwand; **c** am besten: durch das ganze Haus gehende Fuge. (vgl. Schallschutz Decken II A, Abb. 3/32)

bessert, vor allem die direkte Körperschallübertragung vermindert. Um beim Mauern der Wände Schallbrücken durch Mörtelleisten zu vermeiden, legt man zweckmäßig eine körperschalldämmende Schicht (Weichplatten) ein. Weitaus besser wird der Schutz, wenn die beiden Bauteile vollständig voneinander getrennt werden (Abb. 6/2b) (vgl. II A, 3.3.2); dann müssen aber so dicke tragende Wände vorgesehen werden, wie sie für Einzelwände vorgeschrieben sind.

Für am Ort betonierte Wände sind die betreffenden Stoff-Normen, für aus vorgefertigten Steinen gemauerte Wände allgemein DIN 1053 Teil 1 (74), bei „ingenieurmäßig bemessenen Bauten" DIN 1053 Teil 2 E (81) maßgebend (M. Kal. 82, S. 53). Beachtenswert sind auch die Handbücher von CEB in I A [2/21].

6.1.1 Ortbeton-Leichtwände

Für Ortbeton-Leichtwände nach DIN 4232 (78) verwendet man zumeist leichte Zuschlagstoffe (I A, 2.2), die von sich aus eine bessere Wärmedämmung als schwere Zuschlagstoffe (Kies) besitzen, und verbessert die Dämmung noch durch Gefügehohlräume (Haufwerkporigkeit). Solche „Schüttbetonwände", mit geschoßhohen Tafeln geschalt oder in Gleitschalung hergestellt, erweisen sich auch für Hochhäuser mitunter als wirtschaftlich. Über die Elastizitäts-, Kriech- und Schwindeigenverkürzungen liegen nur wenige Beobachtungen vor. Jedenfalls sind sie höher als bei dichtem Beton, so daß bei der Kombination mit härteren Tragteilen (Verkleidungen aus Naturstein oder Betonplatten, Stahlbetonstützen und -wände) wegen der Kräfteumlagerung Zwänge (1.1.1.2) entstehen können, denen durch Fugen oder zur Rißverteilung durch Bewehren Rechnung zu tragen ist [5].

6.1.2 Leichtsteinwände

Gemauerte Leichtwände aus *zementgebundenen Hohl- oder Schaumbetonsteinen* verschiedener Größe nach DIN 18151 (79) dienen bei niedrigen Bauten als Tragwände, unbelastete Trennwände oder als Ausfachungen von Skelettbauten (DIN 4103 (74)). Sie schwinden stärker als das Stahlbetontragwerk, so daß sie sich von diesem zumeist ablösen (Abb. 6/3). Die dabei entstehenden Risse führen oft zu Reklamationen, sind aber kaum zu vermeiden und kommen erst nach vollständigem Austrocknen bis auf einen Rest zur Ruhe (ehestens nach einer Heizperiode), der auf ständige Temperatur- und Feuchtigkeitswechsel zurückzuführen ist. Eine Drahtgewebeeinlage im Putz oder Überdecken mit Fasertapete wird auch ihn beseitigen, wenigstens mildern.

Abb. 6/3. Leichtwand als Ausfachung eines Stahlbetonskeletts neigt zum Ablösen infolge unterschiedlicher Längenänderungen (Schwinden, laufende Wärme- und Feuchtigkeitseinwirkungen)

Die gute Wärmedämmung von Leichtwänden wird durch die Mörtelfugen beeinträchtigt, die bei Außenwänden als „Kältebrücken" wirken und sich bei glatter Wandoberfläche infolge Thermodiffusion (Niederschlag von Staub vorzugsweise an kühleren Stellen) innen als dunkles Netz abzeichnen. Diese unangenehme Erscheinung lält sich durch Unterbrechen der Mörtelfugen oder Verwendung von Mörtel aus Leichtsand mildern (M. Kal. 1982, S. 304). Man kann auch nachträglich eine dünne Wärmedämmung aufbringen. Neuerdings werden die lästigen Kältebrücken in Leichtsteinwänden dadurch beseitigt, daß man die Steine maßhaltig (Toleranz wenige Zehntel Millimeter) herstellt oder auf genaues Maß abfräst und mit Reaktionsharz verklebt.

Wegen der geringen Festigkeit der Leichtwände ist unter den Auflagern von Deckenbalken mitunter ein festeres Mauerwerk (DIN 1053, 7.4.1.3) und die stockwerksweise Zusammenfassung durch „Ringanker" erforderlich, deren Abmessungen und Bewehrung nach DIN 1053, 3.4 aber nur als Minimum zu betrachten sind. Der Wärmeschutz dieser Massivstreifen darf nicht vergessen werden (Abb. 6/4), um lästige Kondensatbildung infolge der besseren Wärmeleitfähigkeit auf der Innenseite zu verhindern. Sie ist besonders in feuchten Räumen (Küchen, Bädern, Schlafzimmern) zu fürchten, vor allem in Ecken, wo die Luft von zwei oder drei Seiten abgekühlt wird, und führt zum Befall mit dunklen Sporen, der kaum zu beseitigen ist. Auf das Zusammenwirken von Wänden und Decken wird weiter in II A, 3.3.6 eingegangen (unbeabsichtigte Einspannung, Dehnungsbehinderung usw.).

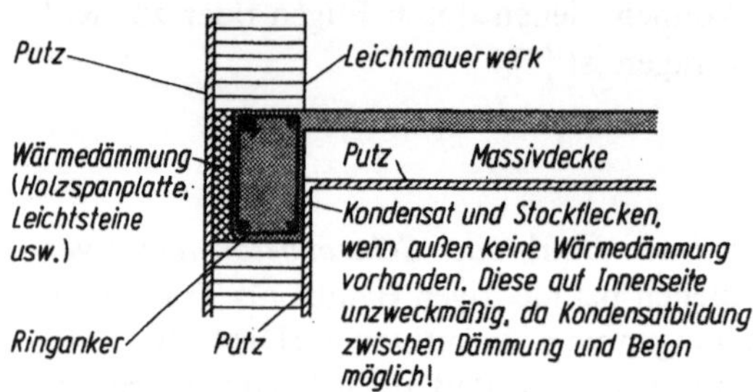

Abb. 6/4. Ringanker oder Randstreifen einer Massivdecke müssen nach außen wärmegedämmt werden!

Für leichte *Vollsteine* (DIN 18 152 (78)) werden die gleichen Zuschlagsstoffe wie für Dachplatten (I A, 2.2) verwendet: Bims, schaumige Hochofenschlacke, Blähton, Blähschiefer usw., oder sie bestehen aus Gas- oder Schaumbeton (I A, 2.1; DIN 4165 (79)).

Hohlsteine bestehen aus festeren Mischungen als die Vollsteine, um ausreichende Festigkeit zu erreichen, und enthalten Kammern, die die Wärmedämmung verbessern und größere Steine zu vermauern gestatten. Hohlsteine aus gebranntem Ton (DIN 105 (69) bis (75)) haben den Vorteil, daß das Schwinden und Kriechen auf die Mörtelfugen beschränkt ist, das Gesamtmaß also sehr klein ausfällt. Hochlochziegel, in deren Masse Polystyrol-Kügelchen eingeschlossen sind, steigern durch diese Porosität die guten Eigenschaften von gebranntem Ton.

In Erdbebengebieten sollte die Steinfestigkeit nicht nur nach der statischen Last gewählt werden, sondern auch nach den waagrechten Schubkräften, die durch die Massenbeschleunigung entstehen (II B, 2.2.4.2). Erfahrungen sind in [6] niedergelegt und warnen vor Hohlsteinen mit kleiner Festigkeit.

6.2 Schwersteinwände

Schwersteinwände (Ziegel DIN 105 (69 bis 75), Kalksandsteine DIN 106 (72 bis 79) [7], Hüttensteine DIN 398 (76) werden bei der sog. „gemischten Bauweise" mehrstöckiger Bauten als tragende Wände für Stahlbetondecken verwendet. Ihr Schallschutz ist wegen des großen Gewichtes gut (M. Kal. 1981, S. 245), der Wärmeschutz weniger, so daß hierfür größere Wandstärken, zweischalige Wände nach DIN 1053, 5.2 oder besondere Dämmschichten erforderlich sind. Es ist zu beachten, daß die Reihenfolge der Schichten zwar bei dem üblicherweise angenommenen, stationärem Wärmestrom keine Rolle spielt, aber bei der erwähnten periodischen Erwärmung stark variiert. Auch die Thermodiffusion macht sich oft an von Heizkörpern oder Lampen erwärmten Stellen solcher Wände bemerkbar, wenn diese auf der Außenseite abgekühlt werden (Abb. 6/5).

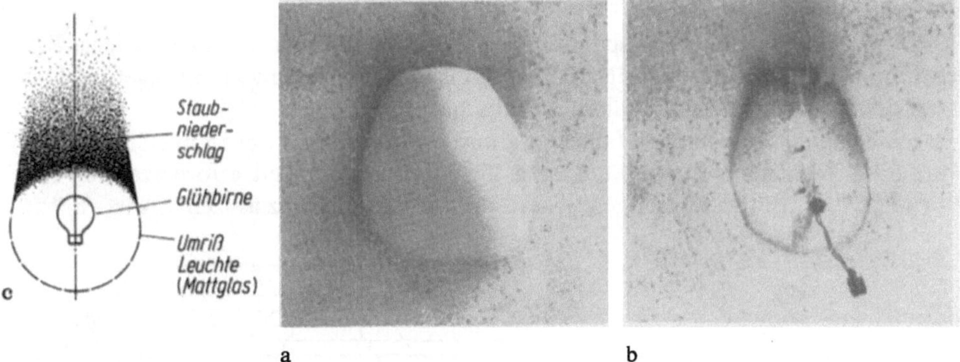

Abb. 6/5. Staubniederschlag infolge Thermodiffusion hinter einer Leuchte an der Innenseite einer Außenwand aus Vollziegeln. **a** vor, **b** nach Abnahme des Schirmes. **c** schematisiert: Staub in Warmluft schlägt sich auf kühler Wand nieder. Gleiche Erscheinung über Warmwasser-Heizkörpern!

Das Wärmedehn- und Schwindmaß von Ziegelmauerwerk ist klein (I A, 6.1), so daß Baukörper mit 30 bis 50 m Länge ohne Bedenken ausgeführt werden können. Bei Kalkmörtel besteht geringere Neigung zur Rißbildung als bei Zementmörtel. Kalksandsteine schwinden stärker, so daß 15 m Wandlänge ohne Fuge nicht überschritten werden sollte.

Die zulässigen Druckspannungen von Mauerwerk aller Art sind in DIN 1053, 7.4 festgelegt. Sie sind auf dessen empirisch ermittelte Festigkeit bezogen, die weit unter derjenigen der Steine liegt. Der Grund hierfür wurde in dem großen Unterschied der Querdehnzahlen von Mörtel und Steinen gefunden: der erstere dehnt sich quer zur Lastrichtung wesentlich mehr, so daß die entstehende horizontale Zwangskraft die Stoßfugen öffnet und die Steine zerreißt (Abb. 6/6), entsprechend wie bei Verformungslagern die große Querdehnung des Gummis den Bruch der Bewehrungsbleche einleitet (Abb. 7/21 b). Deshalb kann die Steinfestigkeit um so weniger ausgenutzt werden, je höher sie ist, wie man aus Tab. 10 in DIN 1053 abliest (M. Kal. 1982, S. 453).

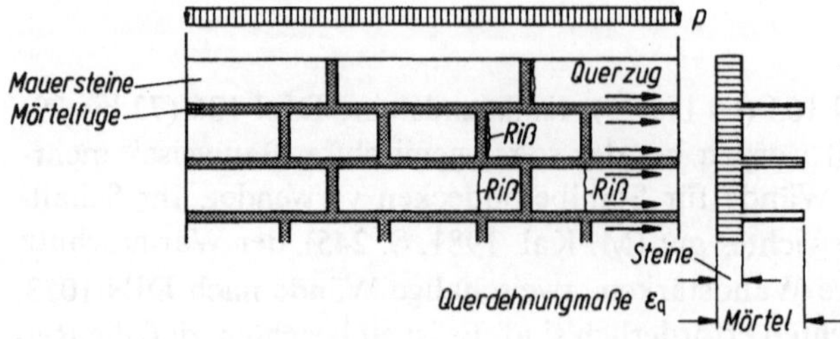

Abb. 6/6. Schematische Darstellung der Querzugkräfte in einer belasteten Wand, ausgelöst durch die verschiedene Querdehnung von Mauersteinen und Mörtel

Ein statischer Nachweis der Tragfähigkeit ist nur in seltenen Fällen nötig. Im allgemeinen sind die Mindestwanddicken einzuhalten, die in DIN 1053, 3.2 vorgeschrieben sind. Auch eine Untersuchung auf Knicken ist in der Regel entbehrlich, wenn bei tragenden Wänden die Schlankheit wie in DIN 1053, 7.4.2.4 berücksichtigt wird und sie durch Querwände (im Verband gemauert!) nach 3.3 ausgesteift werden. Bei brandgefährdeten Bauten kann auch DIN 4102, Teil 2 (77) für die Wanddicke maßgebend sein.

Um für Mauerwerk Zwangsspannungen (1.1.1.2) berechnen zu können, die zu Rissen führen würden, sind in DIN 1053, 7.3 Verformungskennwerte angegeben. Den Grad des Zwanges muß man allerdings abschätzen.

Rechteckige Öffnungen in Mauerwerk wurden in früheren Zeiten mit Stürzen aus Holz oder Werkstein überdeckt. Deren kleine Biegesteifigkeit erforderte die Ausführung von „Entlastungsbögen", um die Auflast herabzusetzen (Abb. 6/7a).

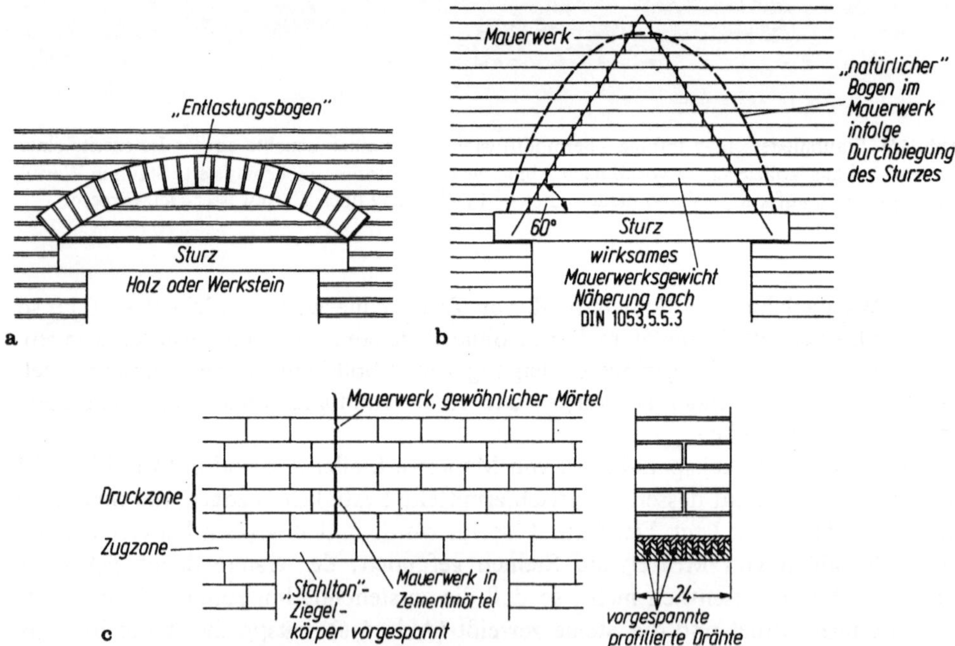

Abb. 6/7. Bogenwirkung in genügend hohem Mauerwerk führt zur Entlastung des Sturzes über einer Öffnung (vgl. Wandscheibe Abb. 6/18c). **a** ein Sturz mit geringer Biegesteifigkeit (Naturstein) erfordert einen besonderen Entlastungsbogen; **b** ein biegesteifer Sturz profitiert von der „natürlichen" Bogenwirkung; **c** ein keramischer Sturz (vgl. II A, Abb. 3/40) wirkt als Zugband dieses Bogens

Immerhin bildet sich in jedem guten Mauerwerk von allein ein solcher Bogen, sobald der Sturz sich etwas verformt. Man braucht diesen daher nur für die Eigenlast unterhalb des Bogens zu berechnen, wofür DIN 1053, 5.5.3 (Abb. 6/7b) einen Anhalt bietet. Die Stürze werden jetzt meist als vorfabrizierte Stahlbetonbalken verlegt. Man kann sie aber auch aus bewehrten keramischen Steinen herstellen, die mit dem aufliegenden Mauerwerk im Verbund stehen und für dieses als Zuggurt wirken (Abb. 6/7c) [8].

Ausfachungen von Stahlbetonskeletten, mitunter mit $^1/_2$ Stein Dicke vor den Außenstützen als Verkleidung durchgeführt, werden zweckmäßigerweise alle 3 bis 4 m durch Riegel abgefangen, um die Formänderungsdifferenzen klein zu halten (Abb. 6/8). Auch bei der Ausfachung von Stahlkonstruktionen unterteilt man die Gesamthöhe in der gleichen Weise. Das Mauerwerk ist durch Anschlußstäbe $\varnothing$ 6, eingeschossene Bolzen, Ankerschienen oder durchgehende Falze mit den Stahlbetonstützen zu verbinden. Die Größe der Felder ist in DIN 1053, 3.2.4 mit Rücksicht auf Standsicherheit und Winddruck beschränkt. Als Aussteifung von Rahmentragwerken darf die Ausfachung nicht in Rechnung gestellt werden, weil sie gegebenenfalls später einmal entfernt wird.

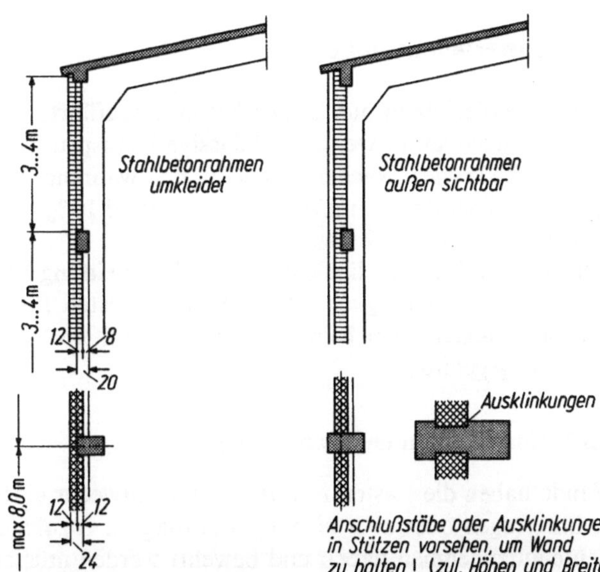

Abb. 6/8. Unterteilung der Ausfachung eines Stahlbetonskeletts in Höhenabschnitte

Gemauerte Giebel- oder Treppenhauswände ohne wesentliche Öffnungen können zur Aussteifung großräumiger Stockwerkbauten herangezogen werden, wenn Horizontalkräfte aus Wind (DIN 1055, Teil 4 (77)) oder Erdbeben (II B, 2.2.4.2; DIN 4149 (81)) durch die Scheibenwirkung monolithischer oder aus Fertigteilen entsprechend ausgebildeter Decken (II A, Abb. 3/45, 46, 47) einwandfrei auf sie übertragen werden. Bei solchen „Windscheiben" sind die Spannungen in der Aufstandsfuge sowie die Neigung der Resultierenden aus Auflast und Querkraft in jedem Geschoß zu untersuchen (Abb. 6/9). Falls erforderlich, können die Verformungen der Windscheibe mit den erwähnten Stoffkennwerten überschlagen werden.

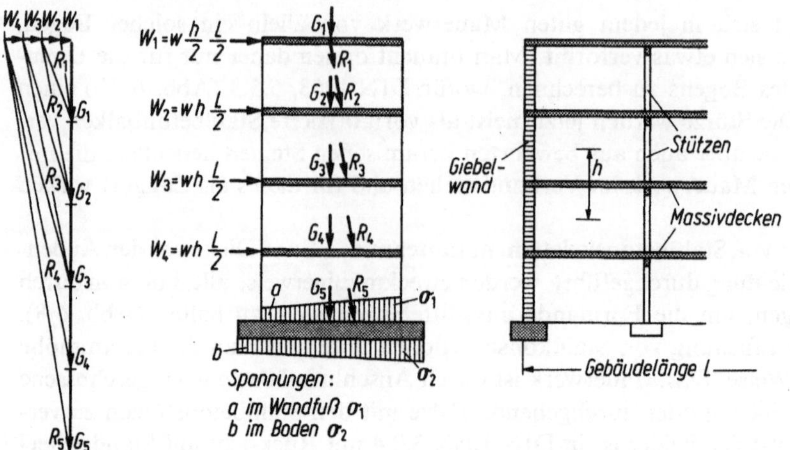

Abb. 6/9. Schema der statischen Untersuchung einer Giebelwand, die als Kragscheibe die Windkräfte der Decken (vgl. II A, Abb. 3/46) zu übertragen hat

6.3 Schwerbetonwände

Wände werden dann aus Schwerbeton ausgeführt, wenn man dessen große Festigkeit ausnutzen kann. Denn die zulässige Beanspruchung beträgt (ohne Knickgefahr) $1/2{,}1 = 0{,}475$ der Rechenfestigkeit β_R, während Mauerwerk aus hochwertigen Steinen und Mörtel (Gruppe III) mit nur rund 10 % von deren Festigkeit beansprucht werden darf, wie in 6.2 begründet.

In wirtschaftlicher Hinsicht ist die Entscheidung zwischen beiden Bauweisen nur von Fall zu Fall möglich: den höheren Kosten für den Aufbau von Mauerwerk aus Einzelsteinen steht beim einfachen „Schütten" von Beton der Aufwand für die Schalung gegenüber.

6.3.1 Konstruktion und Bemessung

Wände haben die Lasten in ihrer Ebene entweder einer durchgehenden Fundierung zu übertragen oder aber einzelnen Auflagern zuzuleiten, wobei sie Versetzungsmomente aufzunehmen haben und bewehrt werden müssen. Sie können eben oder profiliert sein, um die Steifigkeit zu erhöhen [9].

6.3.1.1 Durchgehend gestützte Wände

Diese werden entweder kontinuierlich von Decken oder in einzelnen Punkten von Stützen belastet. Wenn deren Ausbreitungskegel unter einer Neigung von 1:2 (DIN 1045, 17.9) sich in der Aufstandfuge berühren, genügt eine unbewehrte Wand. Bei größeren Lastabständen wirkt die Wand als „freitragend" (6.3.1.2) und ist entsprechend zu bewehren.

Die zulässigen Beanspruchungen aus Druck und Knickgefahr sowie die Mindestdicken sind in DIN 1045, 25.5 geregelt. Schlanke Wände werden wie „Stützen" (2.1) behandelt, wobei aber aussteifende Querwände die „wirksame Knicklänge" nach

DIN 1045, 25.5.4 herabsetzen. Bewehrte Wände sind nach DIN 1045, 17.3 und 17.4 zu bemessen, wozu H. 220, 4 Hilfsmittel bietet. Für *unbewehrte* Wände ist DIN 1045, 17.9 zu beachten und die Näherung in H. 220, 4.2.7. Hiernach darf unter Gebrauchslast der Querschnitt höchstens bis zur Mitte einreißen, was eine Kraftexzentrizität von $e = d/3$ für ein Rechteck bedeutet. In diesem Grenzzustand ist also $N = \sigma_b d/4$, während die Längskraft beim *bewehrten* Querschnitt im plastischen Zustand $N_i = n_i\, d\beta_R$ beträgt. Um die mögliche Exzentrizität e' der letzteren zu finden, wird $N = N_i$ und $\sigma_b = \beta_R/3$ gesetzt, woraus $n_i \cong 0,1$ folgt. Das Interaktionsdiagramm für das Beispiel Abb. 2/3a liefert hierzu als Grenzwert $m_i \cong 0,22$ und $e'/d = m_i/n_i = 0,22/0,1 = 2,2$, d. h. den rd. 7fachen Wert von e/d! Eine unbewehrte Wand ist also nur mit geringer Schlankheit ausführbar, wie auch aus Bild 4.2.7 in H. 220 hervorgeht. Der Ansatz von DIN 1045 wird jedoch als ungünstig angesehen [10]. Abb. 6/10a und b zeigen die charakteristischen Spannungsdiagramme eines Knickstabes im Mittelquerschnitt, sowie Abb. 6/10b für ein Beispiel die zulässige Längskraft als Funktion der Schlankheit s_k/d.

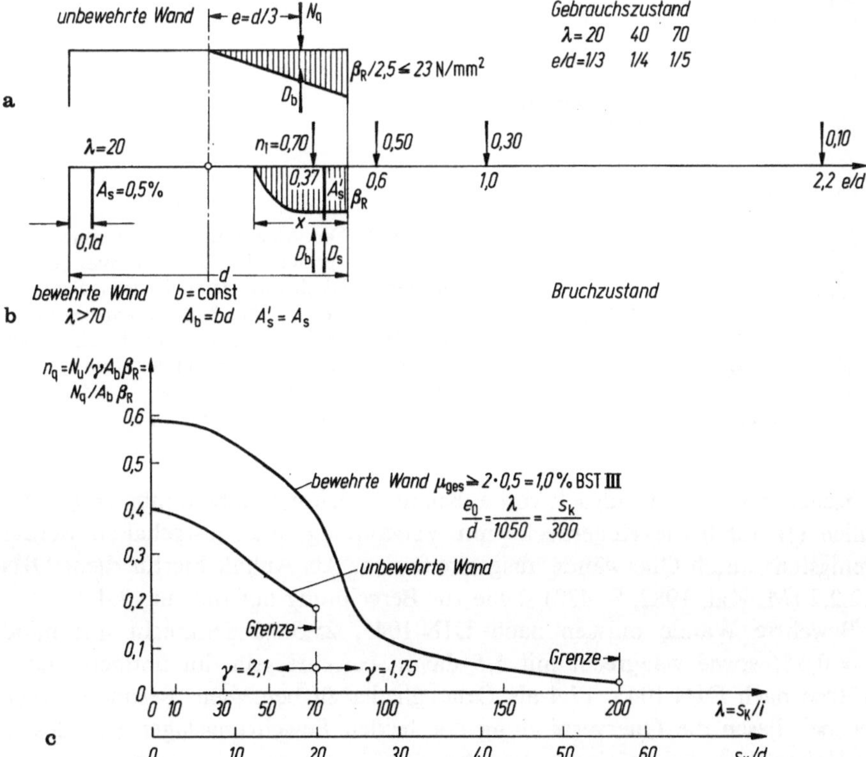

Abb. 6/10. Beispiele für die Knickgefahr von Betonwänden mit Längslast N/lfd. m Wand ohne aussteifende Querwände, daher Verhalten wie Stützen (2.1). **a** unbewehrte Wand: größte zulässige Exzentrizität e von N_q im Gebrauch in Stützenmitte und zugehöriges Spannungsdiagramm (H. 220, 4.2.7); **b** bewehrte Wand: mögliche Exzentrizitäten e der bezogenen Längskraft $n_i = N_i/d\beta_R$ für den Querschnitt Abb. 2/3a im Bruchzustand; **c** Vergleich der zulässigen, bezogenen Längskraft für die unbewehrte und die nach b bewehrte Wand als Funktion der Schlankheit $\lambda = s_k/i \cong 3,5 s_k/d$

Allerdings sind durch Querwände, beispielsweise im Abstand der 1,5fachen Stockwerkhöhe $h_s = 3,0$ m, ausgesteifte, unbewehrte, 10 cm dicke Wände im mehrgeschossigen Wohnungsbau durchaus möglich (DIN 1045, 25.5.2), da dann die Knicklänge $h_k \cong 0,7 h_s \cong 2,0$ m noch im zulässigen Bereich $h_k/d = 20$ liegt. Die notwendige Wärmedämmung muß bei dieser Bauweise auf der Außenseite liegen, um „Kältebrücken" zu vermeiden (Abb. 6/11).

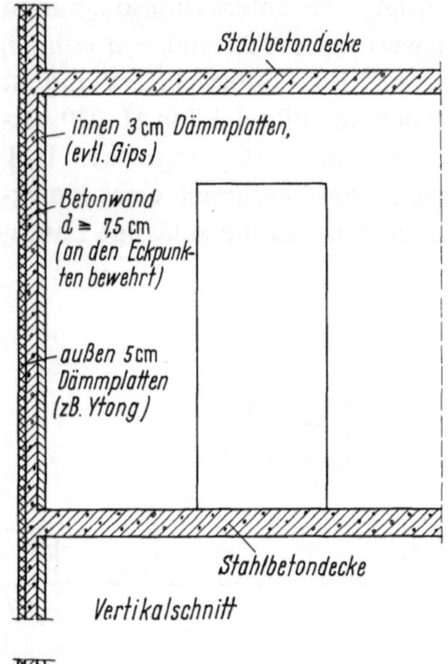

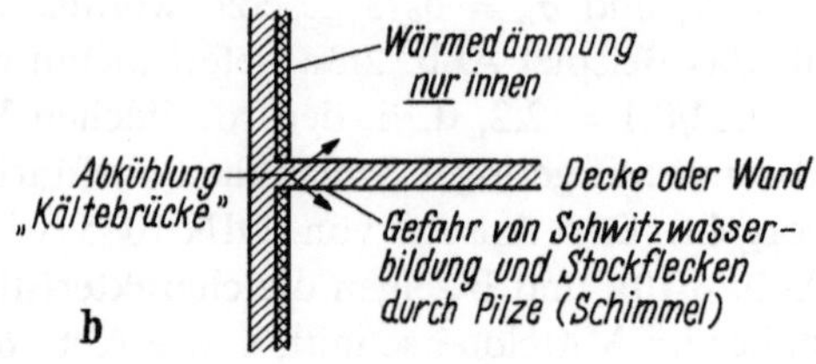

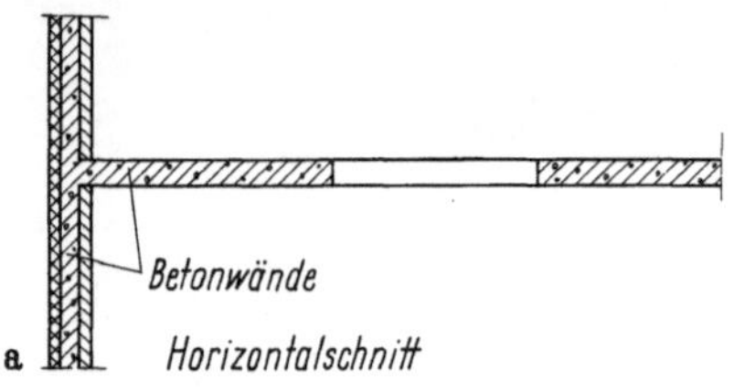

Abb. 6/11. Die Aussteifung von Betonwänden durch Querwände ermöglicht, deren Dicke herabzusetzen. Dabei ist bei Außenwänden die Wärmedämmung zu bedenken (vgl. II A, Abb. 3/33)! **a** am besten ist durchgehende äußere Dämmung; **b** Unterbrechung der theoretisch gleichen Dämmung auf der Innenseite führt zu „Wärme (von außen betrachtet) — oder „Kälte (von innen betrachtet) — brücken"

Kellerwände, die Erddruck von außen aufzunehmen haben, müssen *vor* dem Verfüllen (!) durch die Kellerdecke mit Verzahnung oben festgehalten werden oder wenigstens durch Querwände ausgestreift sein. Als Anhalt hierfür dient DIN 1053, 3.2.2.2 (M. Kal. 1982, S. 428) sowie zur Berechnung auf Biegung 7.4.3.

Bewehrte Wände müssen nach DIN 1045, 25.5.5.2 senkrecht mit mindestens $\mu = 0,5\%$ sowie waagrecht mit 1/5 davon bewehrt sein, im übrigen sind sie wie Stützen nach DIN 1045, 17.4 als Druckglieder zu bemessen. Besonders wichtig ist wie bei diesen die Querverbindung der beiden Bewehrungslagen (mindestens vier „S-Haken"/m², bei stärkerer Bewehrung Bügel); denn Versuche haben gezeigt, daß bei unzureichender Querbewehrung und Betondeckung die senkrechten Stäbe ausknicken und die Tragfähigkeit gefährden können (Abb. 6/12), was bei der vorgeschriebenen Ausführung allerdings nicht eintritt [2/8].

Mitunter werden belastete Riegel oder Kragbalken in Wände eingespannt. Der hierdurch verursachte lokale Spannungszustand wurde in [11] untersucht.

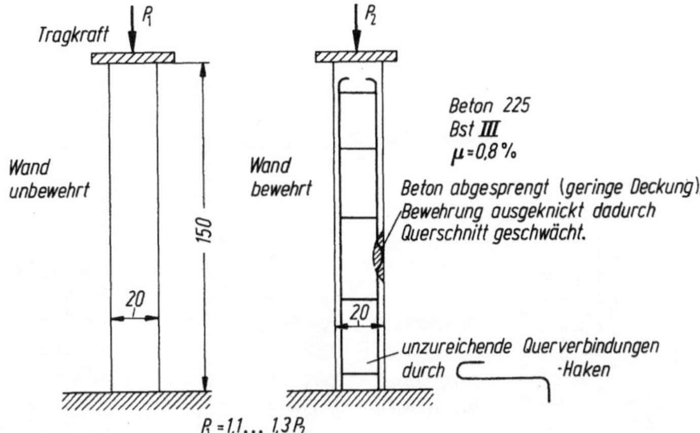

Abb. 6/12. Eine ungenügend durch Betondeckung und Bügel gegen Ausknicken gesicherte Wandbewehrung kann eine kleinere Tragfähigkeit als diejenige einer unbewehrten Wand ergeben!

6.3.1.2 Freitragende Wände (Scheiben)

Freitragende Wände sind sehr steif und werden als gedrungene Balken und Konsolen (4.7), als Abfangträger in Hochbauten (Abb. 6/13), als Windscheiben (Abb. 6/9), als Silowände (Abb. 6/15b) und für Brückentragwerke (II A, Abb. 2.1/6) benützt. Auch in kleinerem Maßstab macht man zum seitlichen Versetzen großer Kräfte von solchen sehr steifen Bauteilen Gebrauch (Abb. 6/14). Und doch ist diese Erkenntnis nicht Allgemeingut! Mir wurde ein Rißschaden in einer zweistöckigen Giebelwand aus unbewehrtem Beton vorgelegt, die laut Berechnung durch einen Stahlträger „abgefangen" sein sollte (Abb. 6/15a). Ein Überschlag der Verformungen von Scheibe und Träger zeigte jedoch sofort, daß diese Vorstellung ganz abwegig war: der Träger war gegenüber der Wand so weich, daß er sich jeder nennenswerten Lastaufnahme entzog und überließ diese ausschließlich der unbewehrten Wand, deren Beton im Feld und an den Auflagern entsprechend dem Zugverlauf gerissen war. Ein anderer Fall betraf einen Silo, der Anzeichen von Überlastung der Eckstützen zeigte (Abb. 6/15b): Die Silolasten q/m waren wie bei einem durchlaufenden Balken auf die

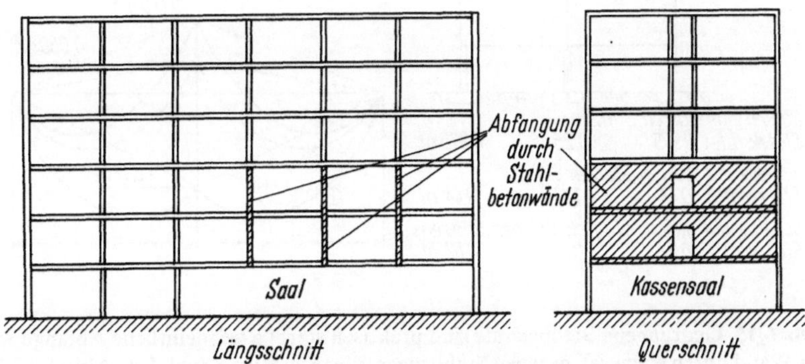

Abb. 6/13. Abfangen von Wandlasten mittels steifer Stahlbetonscheiben bei Geschoßbauten (vgl. II A, 2.3)

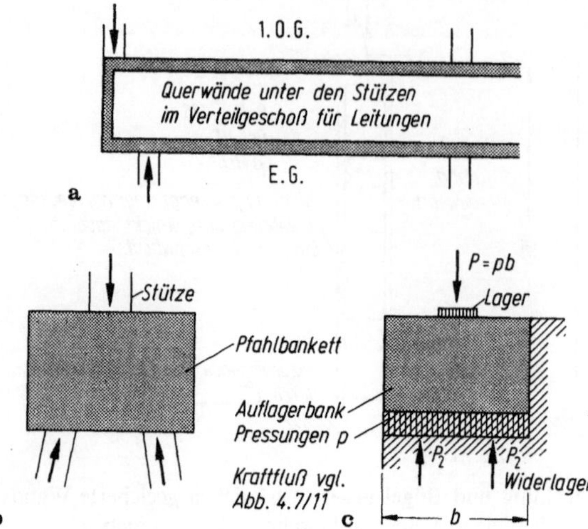

Abb. 6/14. Gedrungene Scheiben zum Versetzen großer Kräfte auf kleine Entfernungen. **a** auskragende Querwand zum Abfangen von Fassadenstützen mehrerer Geschosse (4.7); **b** Pfahlbankett unter einer Hallenstütze (II B, 3.3.3); **c** Auflagerbank zur Verteilung der Last eines Brückenlagers (II B, 3.1.1)

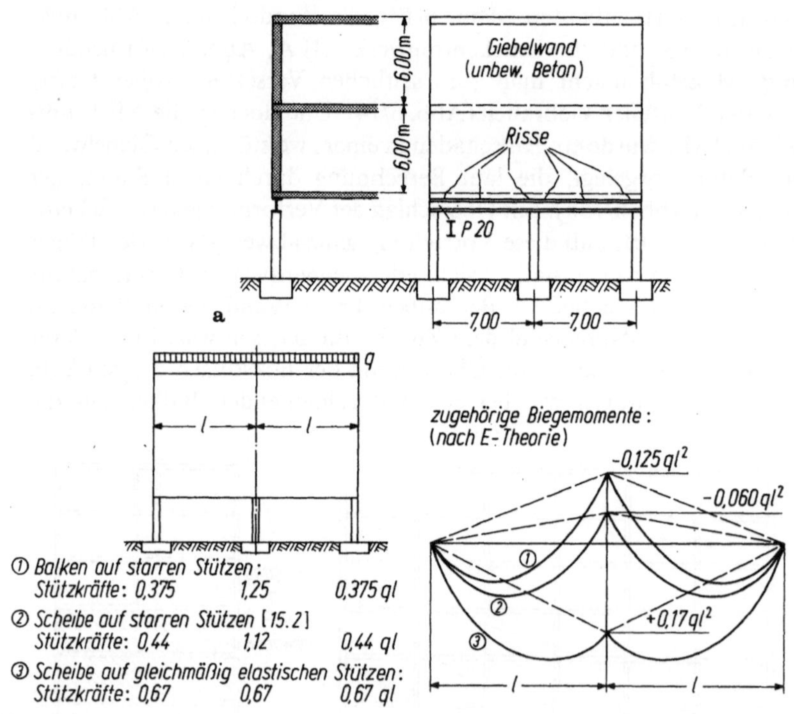

Abb. 6/15. Gedrungene Betonwände sind praktisch starr! **a** vermeintliche Abfangung einer unbewehrten Wand durch einen rel. weichen Stahlträger führte zu Rissen (vgl. I A, Abb. 1.2/17); **b** die elastische Nachgiebigkeit der Stützen unter einer Wand ist weitaus größer als deren Deformation, so daß sie die Stützkräfte und damit die Beanspruchung der Wand bestimmt!

Stützen verteilt worden. Der zugehörigen Verbiegung konnte die Silowand aber gar nicht folgen, sondern sie verhielt sich als „starre Scheibe", so daß die drei gleich ausgebildeten und fundierten Stützen auch gleiche Lastanteile bekamen (Abb. 6/15b). Die Siloecken wurden daher deutlich überbeansprucht. Auf die Wechselwirkung der Steifigkeiten von Bauwerk und Fundierung wird in II B, 3.2.2 näher eingegangen. Die Verformungen einer Scheibe können leicht nach Abb. 1/13b berechnet werden.

Freitragende Wände werden in der Mechanik als „Scheiben" bezeichnet, die sich von den „Stäben" mit ihrem vorwiegend einachsigen Spannungszustand (σ_x) dadurch unterscheiden, daß die zweite (orthogonal stehende) Spannung σ_y die gleiche Größenordnung besitzt. In 1.1.1.4 wird unter dem Begriff „Störspannungen der Technischen Biegelehre" auf diesen Übergang vom „Balken" zur „Scheibe" bereits hingewiesen.

In 4.3.1.2, 4.7 und 5.1.1 sowie I A, S. 63 ist schon betont, daß die Schubspannungen τ für den Beton nicht interessant sind, sondern nur die Hauptspannungen $\sigma_{1,2}$. Nun sind diese in der Nullinie eines Balkens — ich möchte sagen unglücklicherweise — gleichgroß ($\sigma_{1,2} = \pm\tau$), so daß man nicht von „Hauptzug" sondern von „Schub" spricht. Diese Relation gibt es nun im ebenen Spannungszustand durchaus nicht mehr, sondern die Hauptspannungen betragen (vgl. z. B. [1/14.1]):

$$2\sigma_{1,2} = (\sigma_x + \sigma_y) \pm \sqrt{(\sigma_x - \sigma_y)^2 + 4\tau_{xy}^2}.$$

Dieses Umdenken fällt offenbar etwas schwer; denn z. B. bei den gedrungenen Konsolen (4.7) wird immer wieder versucht, τ_{xy} als Maß der Anstrengung des Betons anzusehen, wofür allein $\sigma_{1,2}$ maßgebend sind. Auch die Unregelmäßigkeiten in der „Schubbemessung" der Balken in der Nähe der Auflager sind auf die dort mitwirkenden σ_y zurückzuführen, die den Hauptzug herabsetzen, wie das Bay ausführlich vorgeführt hat (Abb. 4.3/11) [4/48].

Der Spannungszustand von Scheiben infolge von Lasten und Kräften ist in das Schema (1.1.1) sowohl unter „Grund-" als auch unter „Zusatz"-Spannungen einzuordnen, da sie innerlich hochgradig statisch unbestimmte Bauteile sind. Schleeh zeigt (B. Kal. 1978 II, S. 484 u. 538), daß es für das Verständnis förderlich und zum Erfassen der Wirkungsweise recht sinnvoll sein kann, den „Navier"-Anteil (Technische Biegelehre, 1.1.1) der Spannungen von dem „Verträglichkeits"-Anteil (Zusatzspannungen, deren Summe = 0 sein muß), zu trennen, da ersterer als „Grundspannungen" ja das Gleichgewicht mit den Lasten schon herstellt. Infolgedessen sind die Spannungen bei linearer σ-ε Beziehung unabhängig von E, φ und ν, solange keine geometrischen Randbedingungen vorgeschrieben sind. Die Theorie des ebenen Spannungszustandes findet man beispielsweise in [1/14; 1/19.1 u. 3] sowie in B. Kal. 1967 II, S. 1 und 1978 II, S. 477. Geschlossene Lösungen sind nur bei einfachen Umrißformen und konstanter Dicke möglich. In komplizierteren Fällen helfen die in 1.1.2 erwähnten numerischen Methoden weiter, insbesondere die FEM, die aber nur mit Verständis zu verwenden ist (B. Kal. 1978 II, S. 600). Bei Scheiben mit sehr unregelmäßiger Berandung oder Öffnungen gibt die Modellstatik (1.1.2), besonders die Spannungsoptik sehr anschauliche Einblicke in ihren Kräftezustand mittels polarisiertem Licht (I A, [1.2/11]), ferner [12]. Die Isoklinen (Interferenzlinien) zeigen unmittelbar die Richtung der Hauptspannungen σ_1 und σ_2, die Isochromaten deren Differenzen $\sigma_1 - \sigma_2$. Allein hieraus erhält man schon wichtige qualitative Hinweise für eine zweckmäßige Bewehrungsführung (I A, Abb. 1.2/4) [13]. Die Größe von σ_1 und σ_2

selbst gewinnt man durch Messen der Dickenänderung des Scheibenmodells, die proportional $\sigma_1 + \sigma_2$ ist [12], durch Auszählen der Isochromaten (der Spannungssprung zwischen zwei dieser Linien ist konstant) oder durch fortlaufendes Ansetzen des Gleichgewichtes der Scheibenelemente vom Rand her. Sehr deutlich gibt die Spannungsoptik Aufschluß über die Auswirkung in Wänden von Einzellasten, Öffnungen, Einsprüngen oder Einspannungen [14; 21] (B. Kal. 1978 II, S. 603) sowie von Spanngliedern, z. B. bei einem Wehrpfeiler (Abb. 6/16), sogar von der Inhomogenität des Betons (Abb. 4.2/20d; I A, Abb. 1.2/5) und konstruktiven Änderungen. Nach [21.6] erfordern nur auflagernahe Öffnungen außer der konstruktiven eine nachgewiesene Bewehrung.

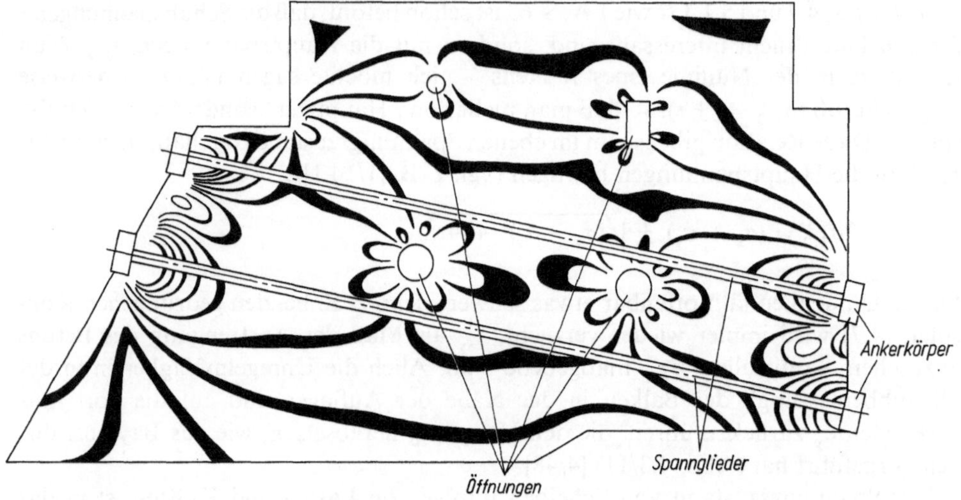

Abb. 6/16. Die Spannungsoptik liefert einen guten Einblick in den Spannungszustand von Wänden, beispielsweise in den eines vorgespannten Wehrpfeilers mit Öffnungen. Die in der einspringenden Ecke und unter den Ankerkörpern gehäuften Isochromaten deuten auf Spannungsspitzen

Die Ergebnisse der Berechnungen sind vielfach tabelliert (H. 240 u. [15]). Abb. 6/17 zeigt für gängige freitragende Wände die inneren Spannungen σ_x im homogenen Zustand. Sie hängen für $h/l > 1$ fast nur von l ab und werden zu resultierenden Zugkräften Z zusammengefaßt, aus denen man durch Division mit der zulässigen Stahlspannung $\sigma_s = \beta_S/\gamma_s$ die erforderlichen Stahlquerschnitte ableitet. Das ist, wie in 1.3.1 erwähnt, zwar keineswegs zutreffend, weil die Betondehnungen bzw. Rißbreiten und dementsprechend auch die Stahlspannungen in den verschiedenen Fasern stark voneinander abweichen. Aber das Verfahren hat sich insofern bewährt, als Versuche sowohl die Tragsicherheit als auch ein gutes Verhalten im Gebrauch nachgewiesen haben [16].

Eine Theorie des gerissenen Zustandes II und III gibt es nur in Ansätzen [17; 4/32.5], so daß wir auch hierfür praktisch die Stahlspannungen nicht kennen, bevor der Stahl überall fließt. Ferner kann man analog zu den Balken (Abb. 1/9) schließen, daß das Einreißen der Zugzone den inneren Hebelarm vergrößert und unter der Annahme eines gleichbleibenden Momentes die Zugkraft im Zustand II kleiner als diejenige im Zustand I ist.

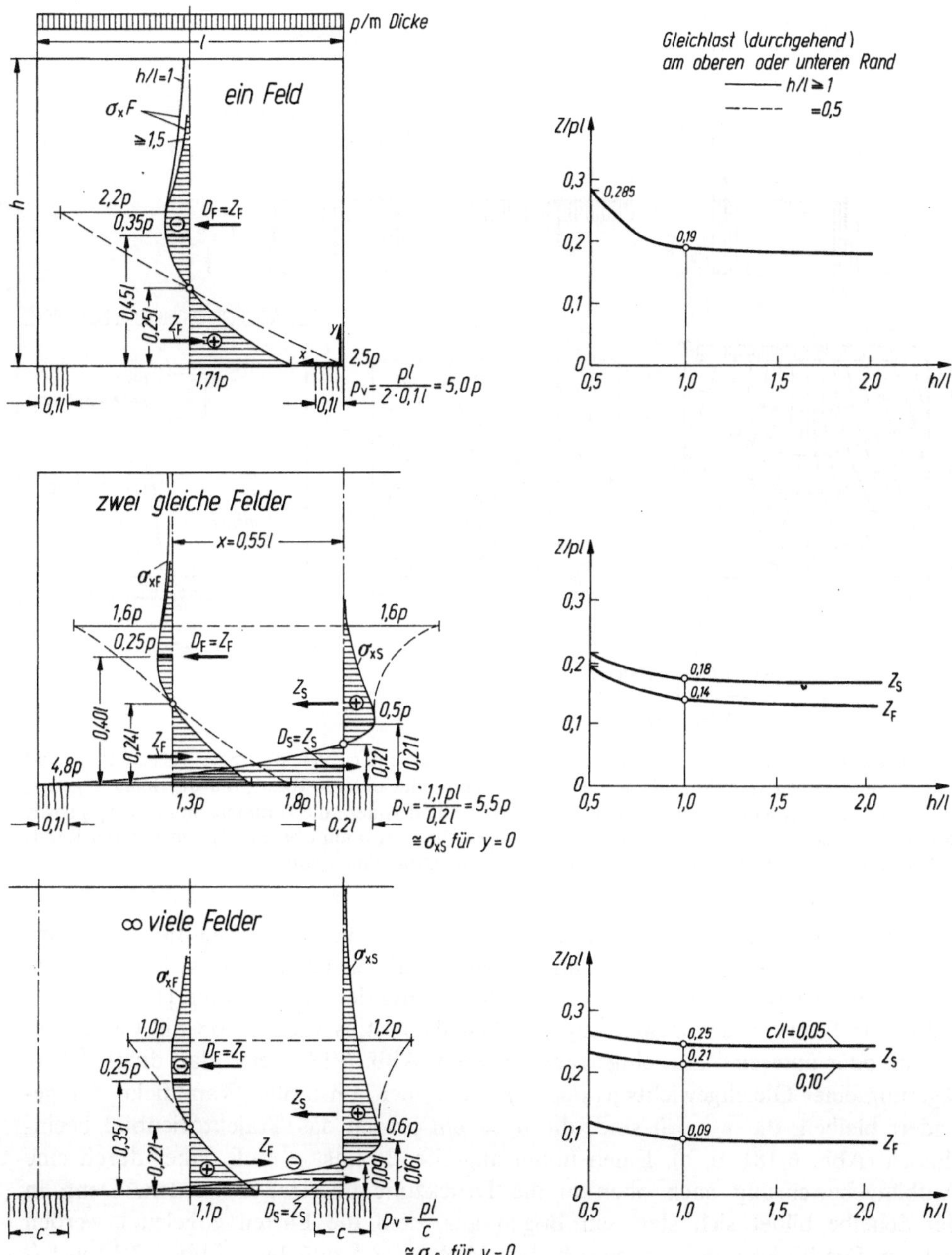

Abb. 6/17. Darstellung der Spannungen σ_x sowie deren Summen Z_F im Feld und Z_S über der Stütze für Wände auf starren Stützen über ein, zwei und unendlich viele Felder nach [15.2]. Die Verläufe wurden auf y/l (nicht auf y/h) bezogen, weil bei Wänden $h/l \geq 1$ die Tragwirkung, praktisch von der Höhe h unabhängig, sich im unteren Bereich mit der Höhe l abspielt. Bei der gezeichneten Lage der Z ist diese Verzerrung zu berücksichtigen! Bei Wänden $h/l = 0,5$ verlaufen die σ_x schon fast wie bei „Balken" geradlinig („Navier-Verteilung"). Elastische Stützung kann das Kräftebild grundlegend ändern (Abb. 6/15 b)!

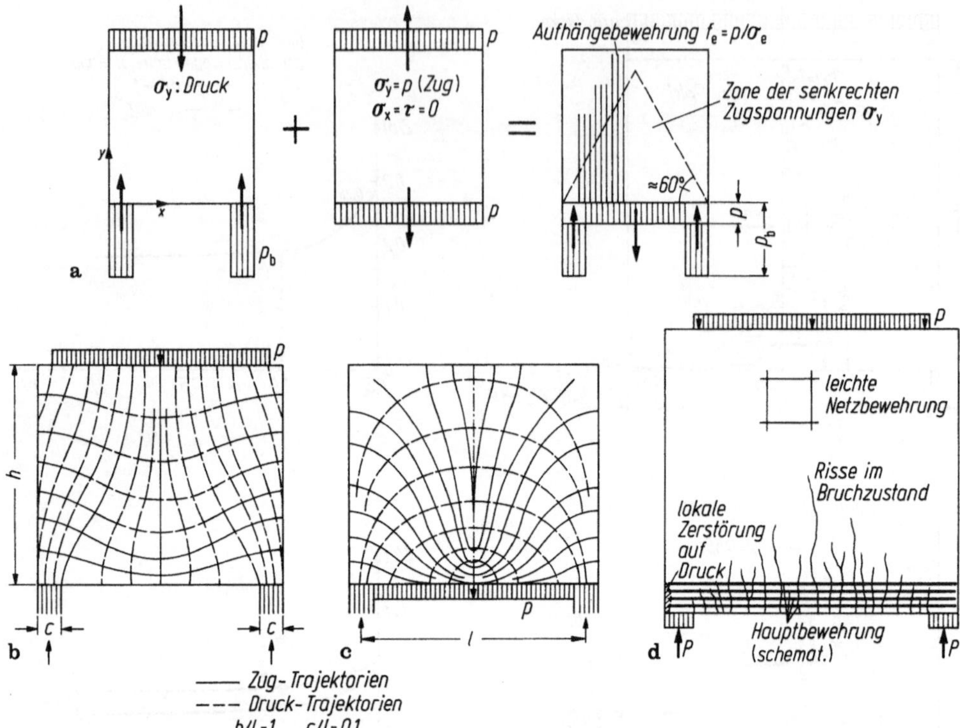

Abb. 6/18. Bei einer Wand konstanter Dicke mit senkrechter, gleichförmiger Belastung p sind **a** die σ_x unabhängig vom Angriff der Last p am oberen oder unteren Rand; nur die Spannungen σ_y aus einer Gleichgewichtsgruppe $\pm p$ sind zu überlagern und ändern die Hauptspannungen $\sigma_{1,2}$ sowie deren Richtungen [1/2, Teil 2, S. 20]; **b** Trajektorien für Last p am oberen; **c** p am unteren Rand; **d** Rißbild einer von oben belasteten Scheibe entspricht Drucklinien von b

Bei über mehrere Felder durchlaufenden Wänden können die Zugkräfte nicht aus den Biegemomenten M_x eines schlanken Balkens abgeleitet werden, weil die Verformungen infolge der τ und σ_y eine andere Verteilung der M_x bewirken [18].

Für die Führung der Bewehrung von Scheiben ist es wichtig, ob die Lasten am oberen oder unteren Rand eingetragen werden. Abb. 6/18a zeigt, daß durch Überlagerung einer Gleichgewichtsgruppe $\pm p$ die σ_x bei konstanter Wanddicke d ungeändert bleiben, die $\tau_{xy} = 0$ sind, die $\sigma_y = p/d$ jedoch das Trajektorienbild beeinflussen (Abb. 6/18b u. c). Einen unten angreifende Last p muß daher durch eine Aufhängebewehrung nach oben in die Druckzone übertragen werden. Denn in der Scheibe bildet sich stets ein Bogen aus, dem die Lasten zugeleitet werden müssen. Die Bilder von Versuchsscheiben (Abb. 6/18d zu 6/18b; Abb. 1.2/17 in I A zu 6/18c) zeigen, daß die Risse immer den Drucklinien folgen, weil beide rechtwinklig zum Hauptzug stehen. Der tragende Bogen herrscht im Bruchzustand vor und führt zu einer konzentrierten Kämpferkraft K (Abb. 6/19), deren senkrechte Komponente der Stütze zugeleitet wird, so daß an dieser Stelle der Beton am höchsten auf Druck beansprucht wird, die Scheibe also gegebenenfalls lokal die Dicke der Stütze erhalten muß. Die waagrechte Komponente ist gleich dem konzentrierten Zug Z_F in Feldmitte und voll durch Bewehrung zu decken. Diese muß daher in

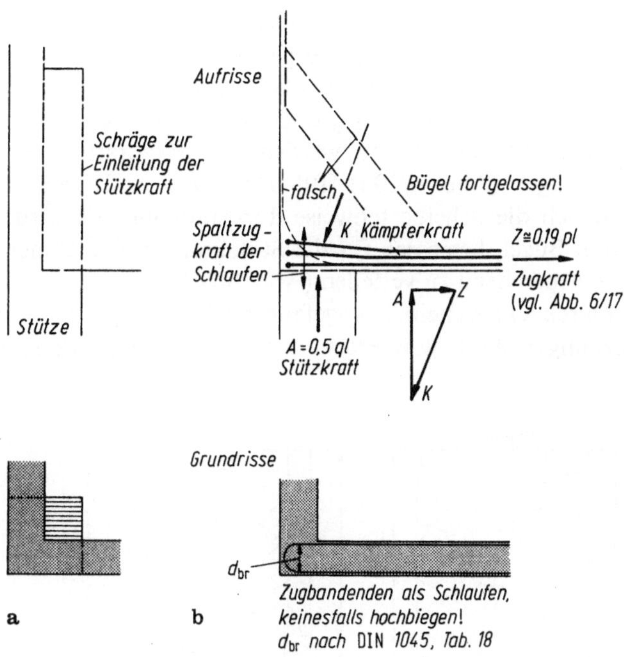

Abb. 6/19. Grundsätze zur Ausbildung des Endauflagers einer Wandscheibe. **a** die Betonpressung am Stützenanschluß ist die größte Druckbeanspruchung in der ganzen Scheibe. Die Stützkraft muß gegebenenfalls durch eine senkrechte Eckschräge in die Wand eingeleitet werden; **b** die Zugkraft in Feldmitte läuft im Zustand III bis zum Auflager durch: ihre Verankerung durch Schlaufen oder Ankerplatten (Abb. 4.7/8) ist daher lebenswichtig. Der Spaltzug wird durch die Stützkraft A „überdrückt"

waagerechten Schlaufen endigen oder eine besondere Verankerung (vgl. Abb. 4.7/8) erhalten. Der Spaltzug hieraus wird durch die Stützkraft überdrückt.

Bei Scheiben über mehrere Felder sind die Endauflager ebenso auszubilden. Die Bewehrung des unteren Randes erhält zwar über den Zwischenstützen theoretisch Druck; es wird jedoch dringend geraten, sie in gleicher Stärke wie in den Feldern durchlaufen zu lassen. Denn elastische, vor allem ungleichmäßige Stützensenkungen, z. B. Nachgeben einer Innenstütze, können eine starke Umlagerung der Kräfte in der steifen Wand zur Folge haben (Abb. 6/15b). Deshalb sollte man auch am oberen Rand einen Gurt anordnen, um der großen Empfindlichkeit durchlaufender Scheiben (B. Kal. 1978 II, S. 593 sowie [18]) Rechnung zu tragen.

Schief zu den Rissen verlaufende Bewehrung ist anhand des Diagramms Abb. 5/57 zu bemessen, da eine Trajektorienbewehrung zu aufwendig ist. Wie bei Platten sind die Risse auf die Zugzone beschränkt, so daß ihre Ufer sich nur trennen, nicht gegeneinander verschieben können (Abb. 5/54). Die Kinematik entspricht also derjenigen in Abb. 1/10 und dem Fall „ohne Querverschieblichkeit" in [5/69]. Schlaich [4/37] schlägt auch für Scheiben vor, die Bewehrung aus Fachwerken, die sich an den Trajektorienverlauf anlehnen, abzuleiten.

Eine „Schubbewehrung" ist bei Scheiben, wie eingangs bemerkt, ein Mißverständnis, da der Hauptzug $\sigma_2 \neq \tau_{xy}$ ist. Angesichts der stützlinienartigen Lastabtragung ist σ_2 ohnehin klein und kann durch eine beiderseitige Netzbewehrung gedeckt werden. Die früher üblichen steilen „Schubstäbe" (Abb. 6/17) haben sich bei Versuchen [16.2, S. 98] sogar als schädlich erwiesen, da sie in der Aufbiegung durch den großen Umlenkwinkel erhebliche Leibungsdrücke ausübten und so den Beton aufspalteten. Wenn jedoch die Wand über den Auflagern durch Lisenen oder Querwände verstärkt ist, werden die Stützkräfte über eine größere Höhe verteilt eingetragen (Abb. 6/20a) [19]. Das kann zu Rissen am Rand der Lisene führen, weil sich die Scheibe teilweise dort aufhängt. Es wird empfohlen, diese „Schübe" durch Bügel, bemessen für die Stützkraft, aufzunehmen und diese dem Verlauf der τ_{xy} entsprechend zu verteilen (Abb. 6/20b).

Durch Querscheiben abgefangene Wände geben ihre Stützkräfte durch Bogenwirkung *unten* ab, während sie in ersteren sprengwerkartig *oben* aufgenommen werden.

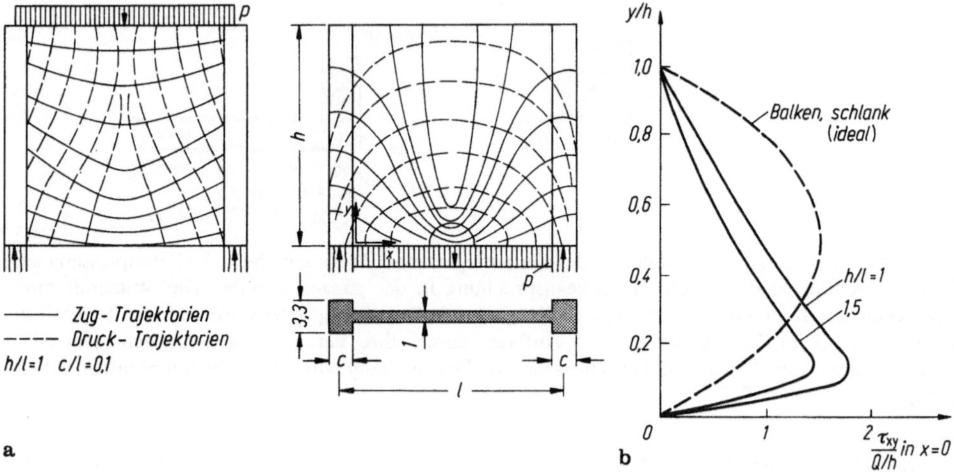

Abb. 6/20. Wandscheibe mit Lisenen oder Versteifung durch anschließende Wände. **a** die Drucktrajektorien laufen nicht mehr bis zu den Auflagern (Abb. 6/18), sondern teilweise in die Verstärkung, Schubspannungen τ_{xy} erzeugend; **b** die Verteilung der τ_{xy} [1/2, Teil 2, S. 24] hängt weniger vom Ort des Lastangriffes als von dem der Stützkräfte ab

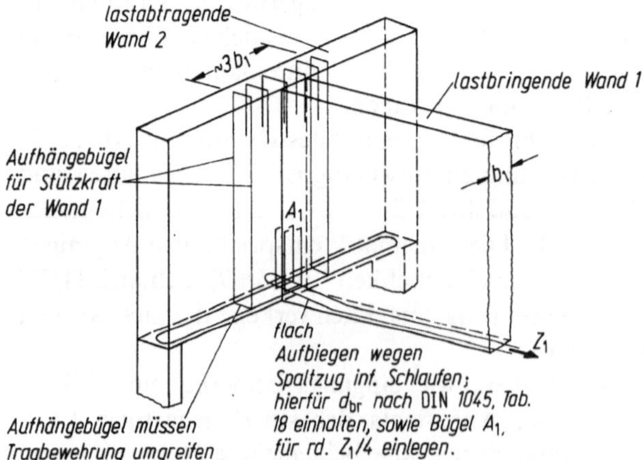

Abb. 6/21. Die Hauptbewehrung bei „indirekter" Lagerung einer Wand. Der Spaltzug der Schlaufen wird nicht voll „überdrückt" und ist durch Bügel aufzunehmen

Obgleich ein Teil der Stützkraft schon wie bei einer Lisene durch Schubkräfte eingetragen wird und eine dementsprechende Verbügelung verlangt (Abb. 6/20), ist sicherheitshalber die *volle* Kraft durch senkrechte Bügel auf die ganze Höhe zu „verhängen" (Abb. 6/21) [1/2, Teil 3, 12.3].

Die Anwendung der *Vorspannung* führt bei Scheiben wie bei Platten (5.2) zu zweiaxialen Spannungszuständen [20; 5/55]. Die Aktionen eines Spanngliedes auf den Beton bilden eine Gleichgewichtsgruppe äußerer Lasten (1.1.1.1) (Abb. 6/22a), die jedoch für die Rechnung in zwei Anteile aufgespalten werden muß. Die „Schluß-linienkraft" Z_H eines gekrümmten Spanngliedes ist einem geraden äquivalent und ruft nach der Mitte zu stark abnehmende Spannungen hervor (Abb. 6/22b sowie Abb. 5/41), da sie sich in der Scheibe ausbreitet. Die Wirkung der Leibungskräfte p_l, die mit der Komponente Z_v der Ankerkraft Z im Gleichgewicht stehen, ist wie für Einzelkräfte überhaupt nur sehr umständlich genau zu verfolgen [21; 14]. Übersichtlich wird der Spannungszustand nur dann, wenn man die p_{lh} vernachlässigt, da sie nur Druck erzeugen, und die p_{lv} so einrichtet, daß sie die ständige Last g gerade aufnehmen (Abb. 6/22c), denn dann ist $\sigma_x = \tau = 0$ und $\sigma_y = g/d$. Bei Balken führt diese Maßnahme zur „formtreuen" Vorspannung (Abb. 4.2/6g), die jedoch in diesem Sinne bei den Scheiben keine Rolle spielt. Jedenfalls können die Wirkungen von Z_H und p_l nicht einfach aus Größe und Lage der Spannkraft Z in einem Querschnitt wie beim Balken abgeleitet und zusammen behandelt werden (4.3.2.1). Auch können bei einer Scheibe mit stark gekrümmtem Spannglied dessen Kraft sowie die Horizontalkomponenten davon nicht mehr als konstant angesehen werden (Abb. 6/22d). Einfache Bemessungsregeln für das „Überdrücken" der Zugspannungen aus Lasten wie beim Balken lassen sich deshalb bei einer freitragenden Wand nicht angeben, und das Ermitteln eines zweckmäßigen Spanngliedes läuft auf Probieren hinaus. Das an einem spannungsoptischen Modell gewonnene Bild des Kraftverlaufes nach Art von Abb. 5/16 kann hierbei einen guten Anhalt geben und gestattet sogar, die Veränderung der Lage der außerhalb der Kunststoffscheibe geführten Spann-glieder zu studieren.

Schließlich ist noch darauf hinzuweisen, daß ein Spannglied außer dem Spaltzug (I A, 7) noch am Rand der Scheibe infolge von dessen Einsenkung Zugspannungen σ_y („Stirnzug") (Abb. 4.5/12) hervorruft, die durch eine Randbewehrung gedeckt werden müssen. Bei einer einzelnen Spannkraft Z_H beträgt die Summe der σ_y bei Mittellage $Z_y \cong 0{,}1 Z_H$ [22], bei Randlage $Z_y \cong 0{,}2 Z_H$ (1/2 Teil 2, S. 65). Eingehende Angaben über diesen Spannungszustand findet man in [14]. Jedoch genügt es, diesen abzuschätzen, da die Bewehrung ohnehin erst im Zustand II anspringt und dann ihr Hebelarm größer als der von Z_y im Zustand I ist.

6.3.2 Ausbildung und Ausführung von Wänden

Die Ausführung von Wänden erfordert einige besondere technische und wirtschaftliche Überlegungen, welche die Angaben in I A, 1.1 ergänzen.

6.3.2.1 Beton

Um die angestrebte Festigkeit zu erreichen, darf man sich trotz der Enge der Schalung keinesfalls verleiten lassen, zu naß zu betonieren. Außerdem würde dann

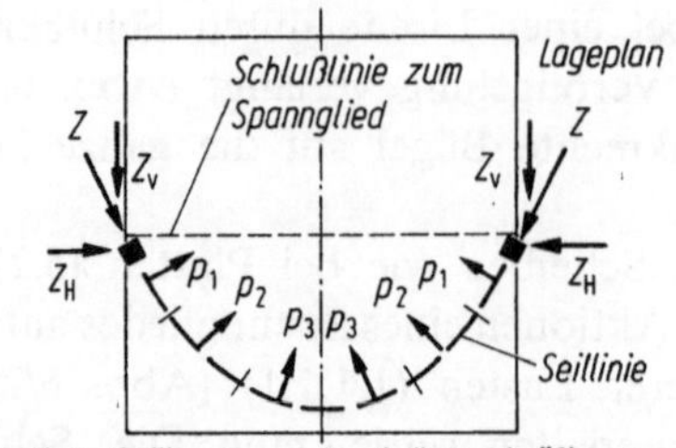

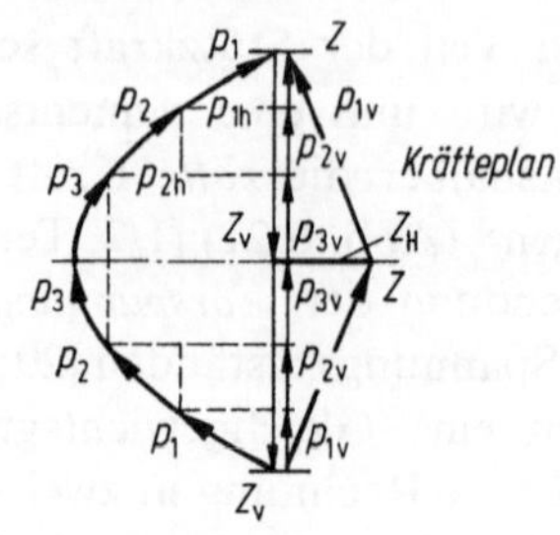

Spannglied = Seilkurve zu den Leibungskräften p
Z_H Schlußlinienkraft zur Seillinie

a

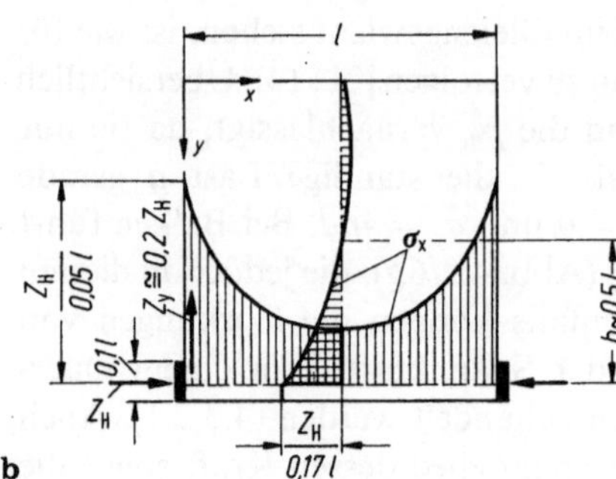

b

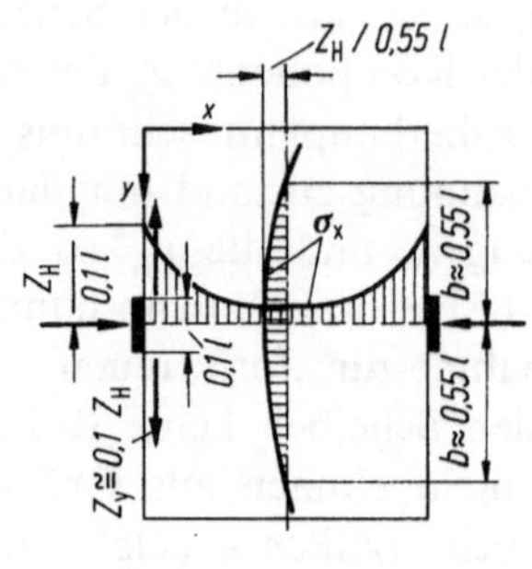

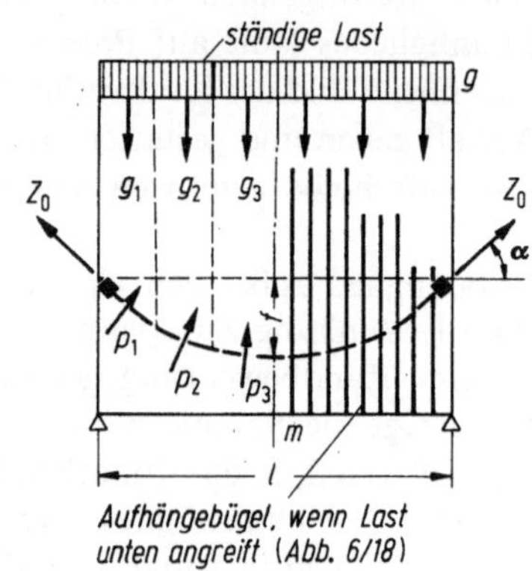

c

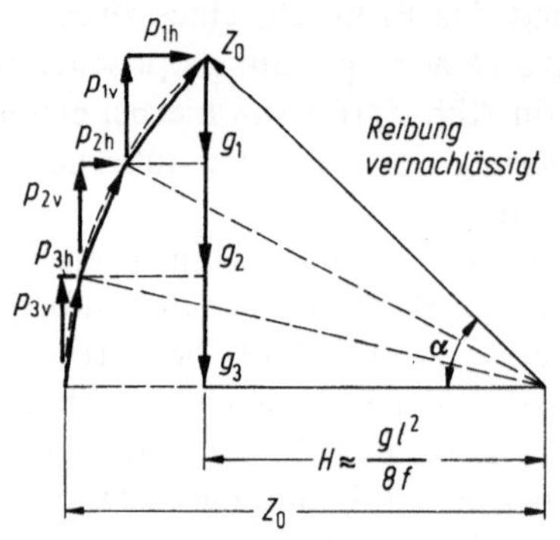

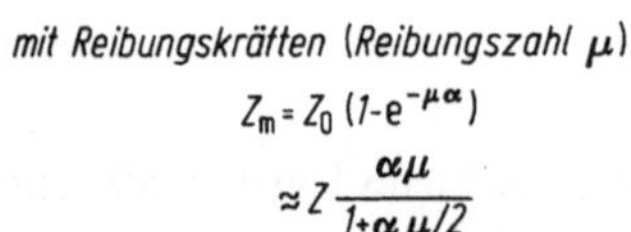

mit Reibungskräften (Reibungszahl μ)

$$Z_m = Z_0\,(1 - e^{-\mu\alpha})$$

$$\approx Z\,\frac{\alpha\mu}{1 + \alpha\mu/2}$$

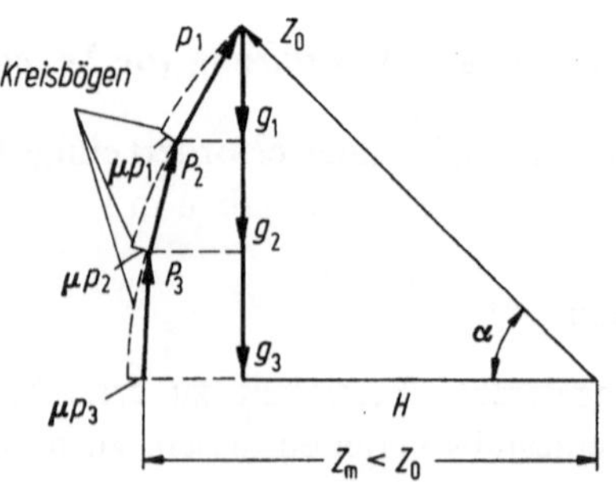

d

 Abb. 6/22. Vorspannen einer Wandscheibe mit einem gekrümmten Spannglied. **a** Ableiten der Leibungskräfte p aus einem Kräfteplan; **b** die Ankerkraftkomponente Z_H ist einem geraden Spannglied äquivalent; Spannungsverlauf einer in der Mitte und am Rand der Scheibe angreifenden Kraft Z_H [5/55]; **c** einfacher Kräftezustand $\sigma_y = g/d$, wenn man die Leibungsdrücke $p_{lv} = g$ macht und die p_{lh} vernachlässigt; **d** Einfluß der Reibung auf die Spannkraft (B. Kal. 1982 I, S. 1160)

---

das Setzmaß durch Wasserabscheiden (I A, 1.1.1.6) zu groß und die Gefahr von Querrissen durch Anhängen des Betons an der Bewehrung heraufbeschworen. Daher ist „plastischer" Beton evtl. mit Fließzusatz zu verwenden und durch Rütteln zu verdichten. Die Steiggeschwindigkeit soll wie bei den Stützen 2 m/h keinesfalls überschreiten, besser nicht mehr als 1 m/h.

Wände sind der Auskühlung stark ausgesetzt und auch vor Austrocknen (I A, Abb. 1.3/12) und Frost [23] gut zu schützen. Sehr dünne Wände (7 bis 10 cm) müssen einen höheren Mörtelanteil besitzen als dicke, da entweder das Grobkorn durch die Schalung behindert wird, die dichteste Lagerung einzunehmen (Abb. 6/23), oder die Korngröße beschränkt werden muß. Letzteres entspricht der Regel bei Platten (5.4.1) und Estrichen, daß das Größtkorn höchstens 1/5 der Dicke entsprechen soll.

Werden Rohre durch Wände geführt, hinter denen Wasser anstehen kann (Behälter), dürfen sie nicht einfach einbetoniert werden, da ihre Bewegungen bald zum Lecken führen würden. Man schweißt daher einen „Dichtungsflansch" auf (Abb. 6/24a),

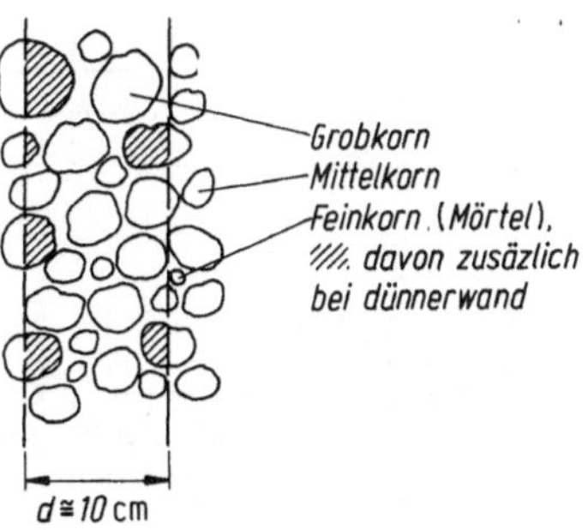

Abb. 6/23. Eine dünne Wand, aus einem Körper von normalem Beton geschnitten gedacht, zeigt, daß ein Teil des Grobkorns durch Mörtel ersetzt werden muß, also mehr Zement und Sand erfordert

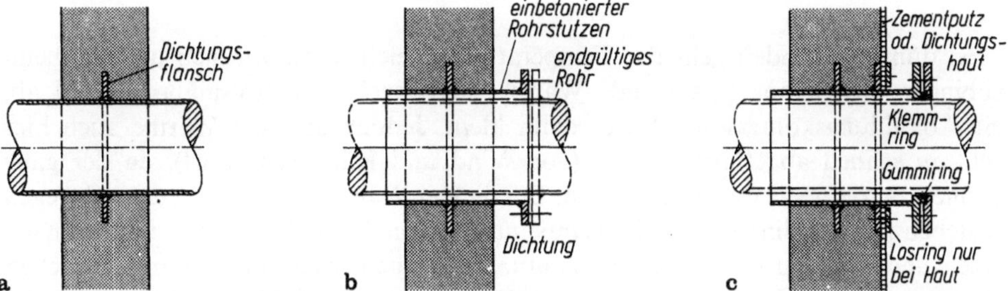

Abb. 6/24. Verschiedene Ausbildung der Führung eines Rohres durch eine Wand, wenn dichter Anschluß verlangt wird (schematisch). **a** mindestens Dichtungsflansch auf Rohr schweißen; **b** besser: besonderen Rohrstutzen einbetonieren und Rohr später einziehen, eventuell auch auswechselbar; **c** zusätzlicher Anschluß des Stutzens an eine Dichtungshaut durch einen weiteren Flansch, und Dichtung gegen das Rohr mittels Gummiring, um kleine Bewegungen zu gestatten

der das Rohr festhält und dem Wasser den Weg verlegt. Noch besser wird zunächst ein Rohrstutzen eingebaut (Abb. 6/24b), gegen den das Rohr mit einem Flansch angedichtet wird und das zudem später ausgewechselt werden kann. Der Anschluß an eine Wanddichtung muß mittels eines weiteren Flansches hergestellt werden (Abb. 6/24e).

6.3.2.2 Bewehrung

Die Bewehrung besteht aus der errechneten Hauptbewehrung und konstruktiven Zulagen, meist in Form von beiderseitigen Baustahlmatten, um Eigenspannungen aus Schwind- und Temperaturdifferenzen (I A, 1.3.3 u. 1.3.4), die an der Oberfläche Zug erzeugen, Rechnung zu tragen. Eine weitere Aufgabe der Netzbewehrung ist die Aufnahme von Zugspannungen, die eine Folge des Abweichens der Bewehrung von den Zugtrajektorien sind.

Wenn zwischen dem Herstellen des Fundamentes und der aufgehenden Wand oder zweier einander folgender Wandzonen einige Zeit verstreicht, entstehen Zwangsspannungen (1.1.2) aus Temperatur- und Schwinddifferenzen, die sehr häufig zu Rissen führen (Abb. 6/25a), die ich als „Pfeilerkrankheit" bezeichne. Diese ist auch bei stockwerkweiser Ausführung von Wänden zu fürchten (Abb. 6/25b).

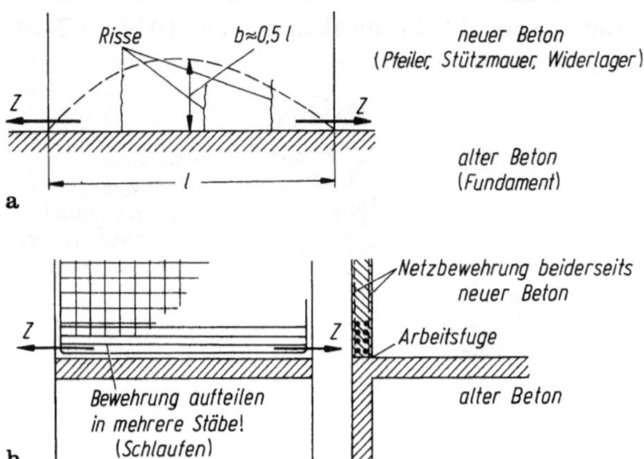

Abb. 6/25. Spannungen (Zwang) in verschieden alten Wandzonen infolge Temperatur- und Schwindverkürzung des neuen Betons gegenüber dem alten. **a** Zwangszugspannungen führen häufig zu Rissen: „Pfeilerkrankheit"; **b** gleiche Erscheinung bei mehrstöckigen Behältern

Bei dünnen Wänden geht der Temperaturausgleich rasch vor sich und die beim Abbinden des Betons entstehende Wärme fließt auch verhältnismäßig schnell ab. Die Abkühlungskontraktion bleibt dann klein. Jedoch darf die Wärme auch hier nicht *zu* schnell abgeführt werden (vor Wind und Kälte schützen!), da der ganz „grüne" Beton noch wenig zugfest ist. Bei dicken Wänden (0,5 ... 1 ... 2 m) dagegen entstehen im Wandinneren leicht Temperaturen von 30 bis 50 °C, die sich erst nach Tagen und Wochen der Außentemperatur angleichen, wenn der Beton inzwischen erhärtet ist (I A, 1.3.4.1). Umgekehrt ist das Schwinden bei dünnen Wänden wegen der relativ größeren Oberfläche stärker als bei dicken Wänden und führt daher bei ersteren zu größeren Schwindspannungen. Dünne Wände sind deshalb stärker von später auftretenden Schwindrissen bedroht als dicke Wände; diese reißen dafür früher infolge Abkühlung. Beide Erscheinungen lassen sich natürlich nie genau von-

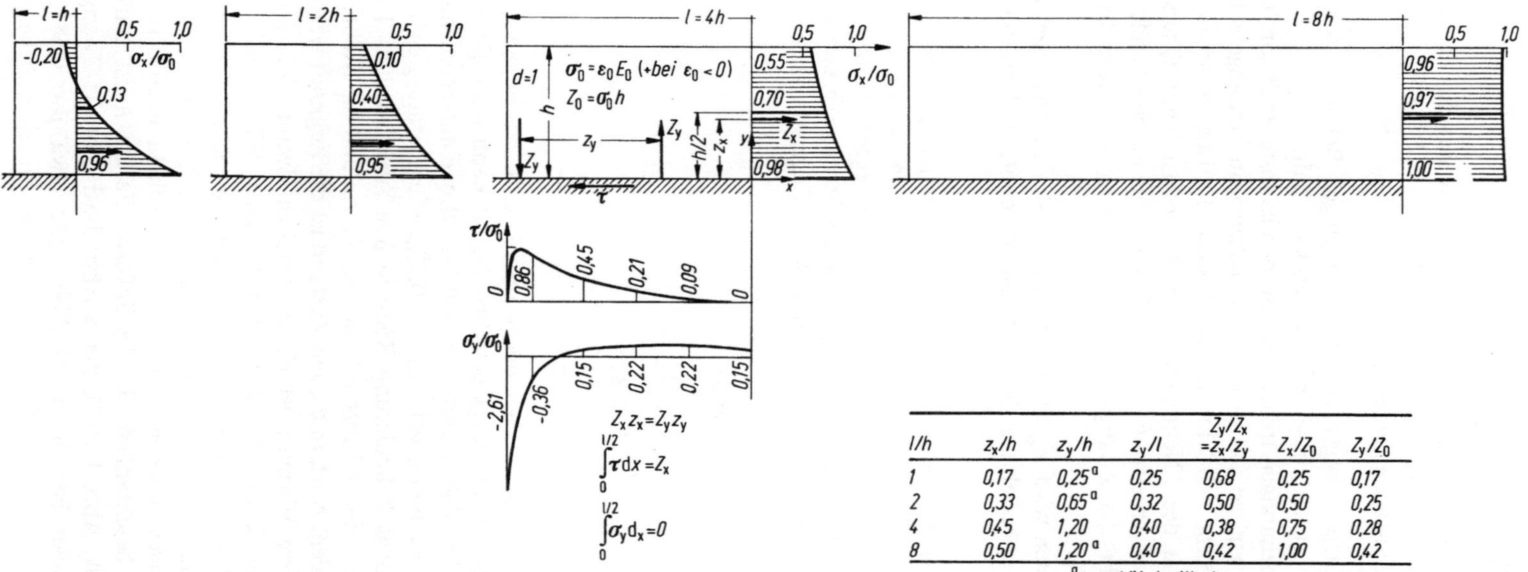

$$\int_0^{l/2} \tau\, dx = Z_x$$

$$\int_0^{l/2} \sigma_y\, d_x = 0$$

l/h	z_x/h	z_y/h	z_y/l	Z_y/Z_x $=z_x/z_y$	Z_x/Z_0	Z_y/Z_0
1	0,17	0,25[a]	0,25	0,68	0,25	0,17
2	0,33	0,65[a]	0,32	0,50	0,50	0,25
4	0,45	1,20	0,40	0,38	0,75	0,28
8	0,50	1,20[a]	0,40	0,42	1,00	0,42

[a] geschätzte Werte

Abb. 6/26. Spannungen σ_x, σ_y und τ sowie deren Resultierende Z_x und Z_y in einer durchgehend starr festgehaltenen Wandscheibe aufgrund elastizitätstheoretischer Berechnung (Zustand I) infolge einer Verkürzung $\varepsilon = \varepsilon_T + \varepsilon_s$ des Betons für verschiedene Längenverhältnisse l/h (B. Kal. 1978 II, S. 518). Die Schwindspannungen $\sigma_{s0} = \sigma_x$ infolge $\varepsilon_0 = \varepsilon_s$ werden durch Kriechen nach Abb. 4.2/30d abgebaut auf $\sigma_s = \sigma_{s0}(1 - e^{-\varphi})/\varphi_\infty$

einander trennen. Jedenfalls darf das „Nachbehandeln" nach DIN 1045, 10.3 (I A, 1.1.7) nicht vernachlässigt werden.

Die Zwangsspannungen aus Schwinden kann man für den Zustand I bei starrer Festhaltung berechnen (B. Kal. 1978, S. 518) und [24] (Abb. 6/26). Sie werden durch verschiedene Umstände herabgesetzt:

(a) Temperaturspannungen entstehen im jungen Beton, dessen E-Zahl, wie gesagt, noch klein ist und diese Spannungen klein hält.

(b) Schwindspannungen treten zwar im bereits festeren Beton, jedoch langsam fortschreitend auf, so daß sie durch Kriechen zum Teil abgebaut werden.

(c) Der „Altbeton" drückt sich seinerseits elastisch zusammen, wenn sein Querschnitt dem des „Neubetons" ähnelt. Sofern beide Querschnitte gleich sind, z. B. bei der Arbeitsfuge in einer Wand ohne anschließende Decke oder in einer Platte, geht die Zwangskraft Z_m auf 30% derjenigen bei starrer Unterlage zurück [25].

(d) Am stärksten wird Z_m durch das Reißen des Betons abgebaut. Jedoch sind die Risse im unbewehrten Beton meist so breit, daß sie nicht toleriert werden können.

Die einfachste Maßnahme ist die Anordnung von Fugen [26] (I A, 6). Aus Abb. 6/26 liest man ab, daß die Kraft Z_m noch verhältnismäßig klein bleibt, solange $l/h < 2$ ist. Dieses Maß hat sich auch bei dünnen Kragplatten bewährt. Wischers [23.2] empfiehlt für unbewehrte Widerlager- und Stützmauern neben anderen betontechnologisch vorbeugenden Ratschlägen folgende Fugenabstände l:

Mauerdicke in cm	max lm
< 60	8 ... 12
60 ... 100	6 ... 10
100 ... 150	5 ... 8
150 ... 200	4 ... 6

Fugen sind jedoch vielfach unerwünscht, z. B. bei Behältern oder Kragplatten, so daß man die Mauer längs bewehrt. Damit kann man die Risse zwar nicht vermeiden, aber ihre Zahl vergrößern und ihre Breite entsprechend vermindern. Wenn beispielsweise der Beton sich um $\varepsilon = 0{,}3\%_0$ (Temperaturgleichwert 30 K) verkürzt, würden bei voller Behinderung Risse in 3 m Abstand etwa 1 mm klaffen. Durch Bewehrung kann der Rißabstand auf etwa 60 cm und die Rißbreite auf etwa 0,2 mm verringert werden. Auch in diesem Zustand ist die Zugkraft wesentlich kleiner als im Zustand I. Diese Wirkung ist für zentrischen Zwang (3.1) [3/3] und Biegezwang (4.2.4.1) eingehend untersucht worden. Bei einer Wand wird man den Verlauf des Zwanges im Zustand I nach Abb. 6/26 zum Wert ε_0 am unteren Rand proportional den σ_x abschätzen und eventuell die Wand in horizontale Streifen aufteilen. Die Dicke der zu bewehrenden Zone darf man nach Leonhardt [1/2, Teil 4, S. 28] auf 20 bis 30 cm beschränken, da die äußeren Fasern meist stärker als die inneren schwinden (I A, Abb. 1.3/12). Nach Abb. 3/3d geht die Zwangskraft $\bar{N}_0$ auf 35% zurück und man benötigt nach Abb. 3/3c etwa $\mu \cong 0{,}68\%$, wenn man nach Leonhardt $\sigma_s = \beta_S/1{,}2 = 330 \text{ N/mm}^2$ zuläßt. In eine dicke Wand wären dann rd. $0,68 \cdot 25 = 17\ \text{cm}^2$ (8 $\varnothing$ 16/m), in eine 12 cm dicke Wand etwa $0,68 \cdot 12 = 8,2\ \text{cm}^2$ ($2 \times 8\ \varnothing$ 8/m) einzulegen. Geringe Stababstände sind ausschlaggebend wichtig zur Rißverteilung (Abb. 3/3f)! Bei bewehrten Leichtbetonwänden ist wegen des kleineren E weniger Stahl nötig [5].

6.3.2.3 Schalung

Der Schalungsanteil je Kubikmeter Beton liegt bei Wänden etwa doppelt so hoch wie bei gleichdicken Platten. Man ist daher bestrebt, ihn einerseits durch Senken des Stoffaufwandes (mehrfache Verwendung der Schalung), andererseits durch Rationalisieren des Arbeitsvorganges (einfache Handhabung, insbesondere verringerter Facharbeiteranteil) herabzusetzen [27] und [I A, 1.1/60]. Diese Forderungen führen zu den *Versetzschalungen* aus einzelnen fertigen Tafeln von etwa 1/2 bis 10 m^2 Größe, die in zahlreichen Ausführungen aus Holz und Stahl im Handel sind (I A, 1.1.9.1). Sie werden mitunter — als stockwerkhohe Spezialtafeln ausgebildet — in *zwei Reihen* übereinander bei entsprechend abschnittsweisem Betoniervorgang eingesetzt (Abb. 6/27). Zur gegenseitigen Verankerung wird in den einfachsten Fällen Rödeldraht $\varnothing$ 3 mm benutzt; besser sind Gewindestangen verschiedener Bauart. Sie werden meist durch eine Papp- oder Kunststoffhülse gegen das Anhaften des Betons geschützt, um sie wiederzugewinnen und um Roststellen zu vermeiden.

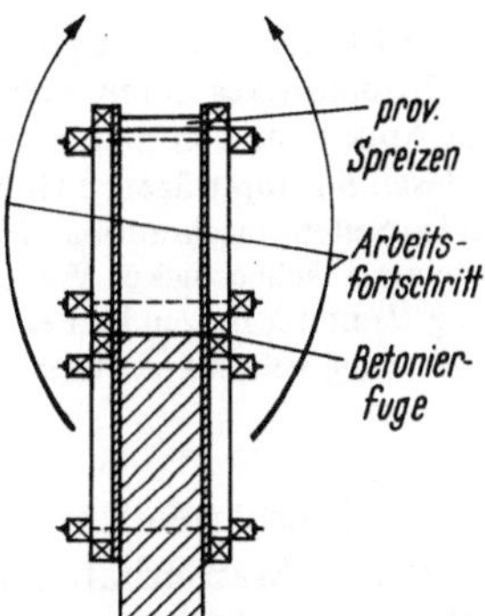

Abb. 6/27. Versetzschalung für Wände; *zwei* Garnituren von Tafeln und „Durchbinden" erforderlich

Noch weniger Schaltafeln braucht man bei Verwendung einer *Kletterschalung*, die aus nur *einem* Doppelkranz von Tafeln besteht, der dann aber eine besondere Haltevorrichtung zum Aufstellen benötigt (Abb. 6/28a). Bei Verankerung im erhärteten Beton lassen sich hiermit auch dicke Wände herstellen (Abb. 6/28b), deren Schalung nicht mehr „durchgebunden" werden kann.

Für Wände konstanter Stärke mit einer Mindesthöhe von etwa 8 m (bei Ausführung einer größeren Anzahl gleicher Baukörper bis zu etwa 5 m herab) wendet man vorteilhaft *Gleitschalung* an, die aus einer zusammenhängenden Schalzone von etwa 1,2 m Höhe besteht, wobei der Betondruck durch sogenannte „Böcke" aufgenommen wird (Abb. 6/29a) [28]. Dieses Aggregat wird samt der Arbeitsplattform durch Stangen, die in der Wand stehen, abgestützt und klettert an diesen mittels einer besonderen Vorrichtung (meist hydraulisch betätigt und zentral gesteuert) dem Betonierfortschritt entsprechend empor. Unter günstigen Verhältnissen (bei warmem Wetter und

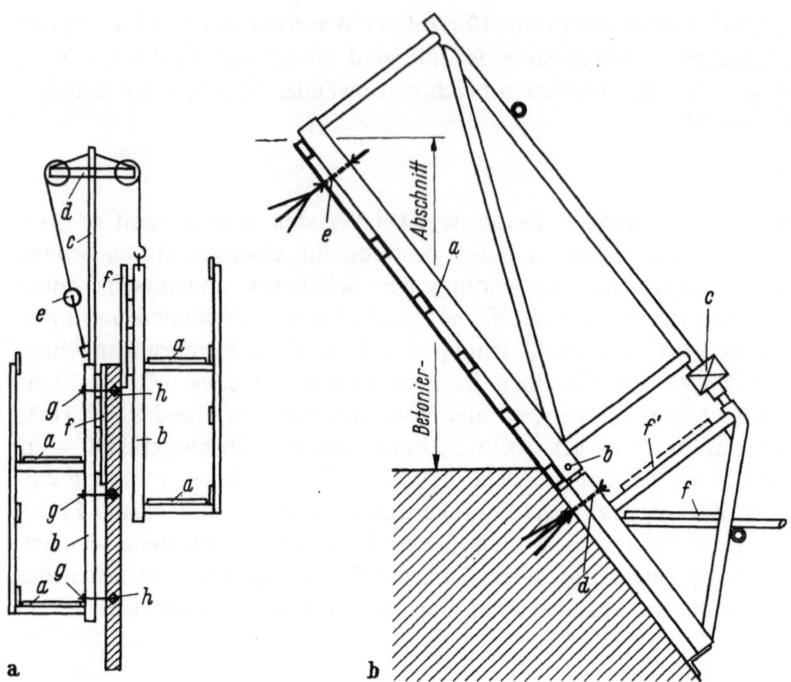

Abb. 6/28. Kletterschalung (schematisch) für Wände, die mit nur *einer* Garnitur auskommt. Aufnahme des Betondruckes durch einbetonierte Ankerkörper. **a** wechselseitig durch Winden an der Innen- und Außenseite von dünnen Wänden hochziehbare leichte Kletterschalung mit Ankern. *a* Arbeitspodeste, *b* Hauptträger, *c* Hubmast, *d* Rollenträger, *e* Winde, *f* Schaltafeln, *g* Ankerschrauben, von beiden Seiten einschraubbar, *h* einbetonierte Ankerkörper; **b** schwere Kletterschalung für veränderlich geneigte Flächen dicker Wände. *a* Hauptträger, *b* Gelenk, *c* Spannschloß zum Einstellen der Neigung, *d* unterer Bolzen im Beton, *e* oberer Bolzen an der Schalung, *f* Laufsteg bei schräger Schalfläche, *f'* Laufsteg bei senkrechter Schalfläche

mit rasch erhärtendem Zement) lassen sich im Drei-Schichten-Betrieb bis 6 m/Tag herstellen. Man erhält auf diese Weise monolithische Wände, die ein- oder mehrzellige Grundrisse umschließen können, aber i. allg. nur prismatische Bauwerke bilden (Silos, Pfeiler, Kühltürme, Wohnhäuser usw.). Durch Zwischenschalten von Übergreifungsplatten, die sich kontinuierlich übereinanderschieben, lassen sich auch hohle konische Pfeiler usw. herstellen.

Die Wandstärke ist nach oben hin nur durch die Handlichkeit der Böcke begrenzt, nach unten hin durch das Gewicht des von der Schalung eingeschlossenen Betons, das größer als dessen Reibung an der Schalung sein muß (Abb. 6/29b). Um waagerechte Risse durch das Mitnehmen des Betons zu vermeiden, liegt die geringste Wandstärke für Holzschalung bei etwa 15 bis 20 cm, für Schalung, die mit Blech- oder Kunststoffplatten beschlagen ist, bei 10 bis 12 cm.

Der kontinuierliche Arbeitsprozeß, bei dem die Bewehrung laufend eingebaut werden muß, erfordert genaue Planung und gewissenhafteste Durchführung und Aufsicht [29.1]. Zu große Abstände der waagrechten Stäbe wurden mehrfach als mitwirkende Ursache von Rißschäden festgestellt! Senkrechte Stäbe sollten öfter gestoßen werden und die Plattenform höchstens 3 bis 4 m überragen.

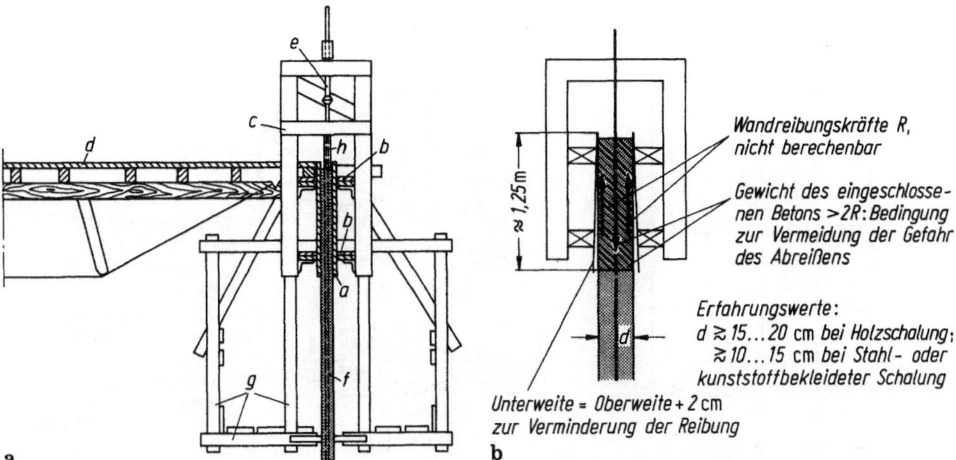

Abb. 6/29. Schematische Darstellung einer Gleitschalung. **a** Übersicht: *a* Schaltafeln, *b* Kranzhölzer, *c* Gleitbock zur Aufnahme des Betondruckes, *d* Arbeitsbühne, *e* Kletterstange mit hydraulischer Hubvorrichtung, *f* Betonwand, *g* Laufgerüst, *h* Hülse für Kletterstange um diese wiederzugewinnen; **b** die Wandstärke wird nach unten durch die Reibung des Betons an der Schalung begrenzt auf 12 bis 20 cm

Es wird dringend empfohlen, die Betondeckung gegenüber den Werten in DIN 1045, Tab. 10 um 1 cm zu erhöhen, da infolge der reibenden Schalung die Betonoberfläche etwas poröser ausfällt als bei ruhender Schalung und dadurch die Karbonatisierung tiefer eindringt (B. Kal. 1977 II, S. 612). Durch dichtende Anstriche, z. B. mit Kunstharz oder Silikonen, läßt dieser Vorgang aufschieben [29.2].

Wandöffnungen oder Auflagerfalze für Decken werden durch Aussparungsschalungen oder eingelegte Schaumstoffkörper hergestellt, deren Lage durch Festbinden an der Bewehrung gegen Auftrieb und Mitnehmen gesichert werden muß.

6.3.2.4 Wände aus Fertigteilen

Um den hohen Kostenanteil für die Schalung zu vermindern, werden Wände mitunter aus vorfabrizierten Teilen aufgeführt. Wie bei Decken (II A, 3.3.6.2) hat die „Halbmontagebauweise" den Vorteil von handlichen Elementen aus Schwer- oder

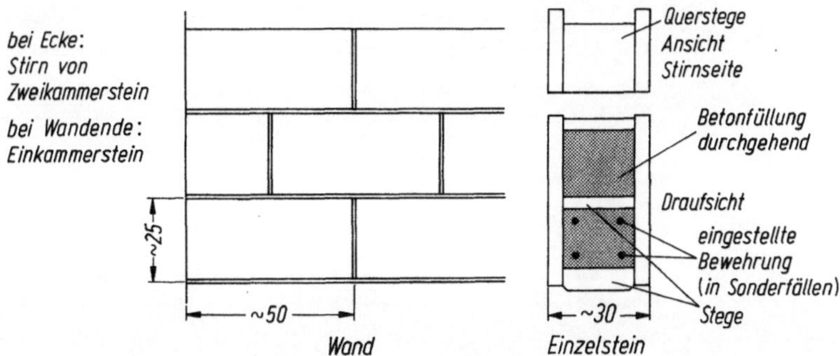

Abb. 6/30. Schalsteine, in die der Wandbeton eingefüllt wird (nur für Kellerwände ohne Wärmedämmung)

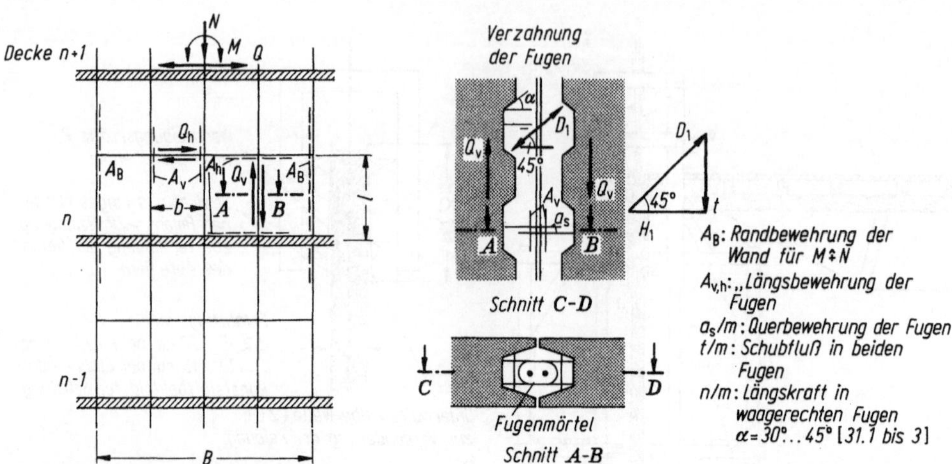

Abb. 6/31. Aus vorfabrizierten Platten aufgebaute, versteifende Wand eines Geschoßbaues. Die Fugen sind zur Aufnahme der Querkräfte $Q_v = tl$ und $Q_h = tb$ zu verzahnen. Die Spreizkräfte $H_1/m = t$ in den senkrechten Fugen, $H_1'/m = t - n$ in den waagerechten Fugen werden entweder unmittelbar durch Schlaufen $a_s = H_1/\sigma_s$ bez. H_1'/σ_s aufgenommen oder gesammelt durch Längsstäbe in den Fugen: $A_h = H_1 l/\sigma_s$ bez. $A_v = H_1' b/\sigma_s$ (DIN 1045, 19.8) (vgl. Abb. 2/14b)

Leichtbeton, die von Hand versetzt und mit Beton ausgefüllt werden („Schalsteine") (Abb. 6/30) (M. Kal. 1982, S. 361) [30]. Auch Bewehrung kann eingebracht werden.

Für mehrgeschossige Stockwerkbauten werden die Wände von „aussteifenden Kernen" (II A, 2.3) statt mit Gleitschalung, mitunter aus vorgefertigten Platten aufgeführt (Abb. 6/31). Entsprechend ihrer Funktion haben sie auch Querkräfte aufzunehmen, so daß die Fugen verzahnt werden müssen. Die Schübe werden durch schräge Druckkräfte D übertragen, deren Querkomponenten (Spreizkräfte H; vgl. Abb. 2/14b) durch Bewehrung aufzunehmen sind (DIN 1045, 19.8.5) [31]. Aus den Platten herausstehende Schlaufen behindern das Betonieren, so daß man die Kräfte H in den Stoßfugen konzentriert durch Stäbe deckt. Entsprechende Maßnahmen sind bei stockwerkhohen Fertigteilen für Wände nötig [32], die unter „Großtafel-Bauweise" in II A, 2.3 behandelt werden.

7 Lager und Gelenke

Lager und Gelenke haben die Aufgabe, Bewegungen von Tragwerken an den Auflagerstellen zu ermöglichen, um Zwängungen möglichst klein zu halten. Da die Verschiebungen zumeist mit Verdrehungen verbunden sind, müssen die Stützkräfte in Punkten oder Linien übertragen werden. Lager haben weiterhin die Kräfte so auf den Beton zu verteilen, daß die zulässige Pressung eingehalten wird. Kurz gesagt dienen Lager und Gelenke zur Konzentration und zur Ausbreitung von Kräften, wobei eine wechselnde Zahl von Freiheitsgraden zu ermöglichen ist.

7.1 Lageranordnung

Ein Bauteil besitzt im Raum sechs Freiheitsgrade (drei Verdrehungen und drei Verschiebungen) und benötigt dementsprechend zur kinematisch starren Abstützung sechs Stäbe. Jeder darüber hinausgehende Stab bedeutet eine statisch unbestimmte Größe, die grundsätzlich nicht nur aus Gleichgewichtsbedingungen bestimmt werden kann, sondern von den Verformungen des Bauteiles abhängig ist und Zwang hervorruft, wenn der Stützpunkt sich verschiebt. Nach der mechanischen Wirkungsweise lassen sich die Lager entsprechend Abb. 7/1 einteilen.

Praktisch wird man eine statisch bestimmte Stützung mit starren Lagern nicht verifizieren. Abb. 7/2 stellt die übliche Lagerung mit zehn Stützstäben der statisch bestimmten mit sechs Stäben gegenüber. Letztere würde den Nachteil besitzen, daß unsymmetrisch aufgebrachte Verkehrslasten im Tragwerk Torsion hervorriefe, wofür zusätzliche Bewehrung nötig wäre. Man nimmt daher praktisch die statische Unbestimmtheit in Kauf, die auch bei gedrungenen Bauwerken (Platten, Balkenrosten) rechnerisch berücksichtigt wird. Nur wenn z. B. in Bergsenkungsgebieten nachträgliche Verdrehungen der Auflager gegeneinander um die Bauwerklängsachse möglich sind, hat man die statisch bestimmte Anordnung für empfindliche Baukörper (Behälter, Balkenbrücken) gewählt.

Bei größeren Breiten (Plattenbrücken für städtische Straßen oder Autobahnbrücken für beide Fahrbahnen zusammen) können erhebliche Kräfte infolge von Schwind- und Temperaturdehnungen in der Querrichtung entstehen, die manchmal zu unangenehmen Schäden führen (Abb. 7/3). Denn die Aufgabe, sowohl axialen Längenänderungen aus Schwinden und Temperatur, elastischen und plastischen Verkürzungen (infolge Kriechens bei Spannbeton) als auch Auflagerverdrehungen infolge von Durchbiegungen gleichzeitig Rechnung zu tragen, läßt sich mit den üblichen Kipp- und Rollenlagern nicht lösen (Abb. 7/4). Man muß hierfür seitlich verschieb-

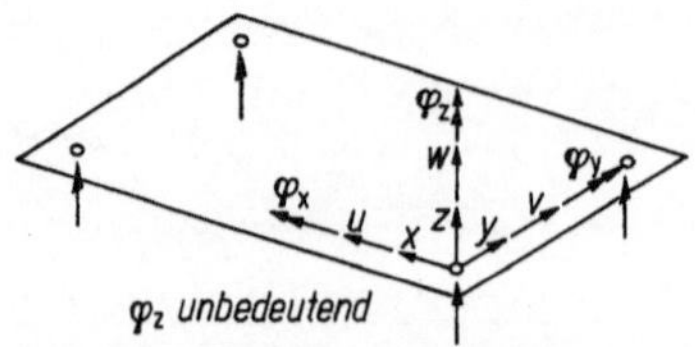

Lagerart	Freiheitsgrade von Lagern					Symbol
	Verschiebung			Verdrehung		
	u	v	w	φ_y	φ_x	
Starre Lagerkörper						
Pendel für Druck oder Zug	1	1	0	1	1	
Pendelwand	1	0	0	1	0	
Rollenlager, einfach Rollenlager, doppelt mit Kipp-Platte }	1	0	0	1	0	
Kipplager, fest	0	0	0	1	0	
Kalottenlager	0	0	0	1	1	
Kalottenlager mit Gleitschicht (PTFE)	1	1	0	1	1	
Führungslager, waagerecht	1	0	1	1	1	
Verformungslager (Elastomere)[a]						
Plattenlager	1	1	0	1	1	
Plattenlager mit seitlicher Führung	1	0	0	1	1	
Plattenlager mit allseitiger Führung Topflager fest }	0	0	0	1	1	
Topflager mit Gleitschicht (PTFE)	1	1	0	1	1	
Topflager mit Gleitschicht und Führung	1	0	0	1	1	

[a] *Wege und Verdrehungen beschränkt!*

Abb. 7/1. Einteilen der Lager im Sinne der Mechanik nach Freiheitsgraden für Verschieben und Verdrehen

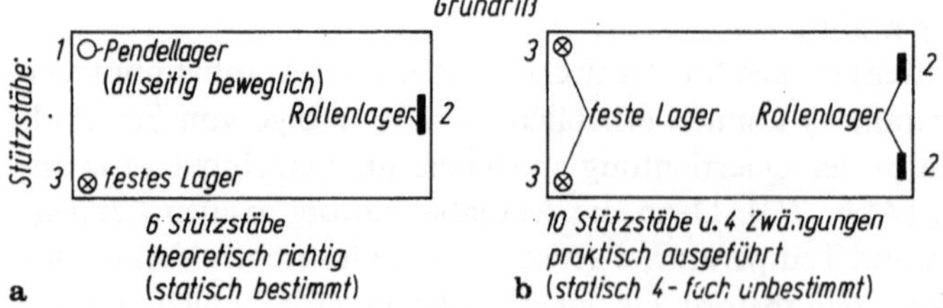

Abb. 7/2. Abstützen einer Brückentafel als ein „starrer Körper". **a** mechanisch erforderliche Zahl von Stäben für kinematische Starrheit; **b** übliche Ausführung mit überzähligen Stäben

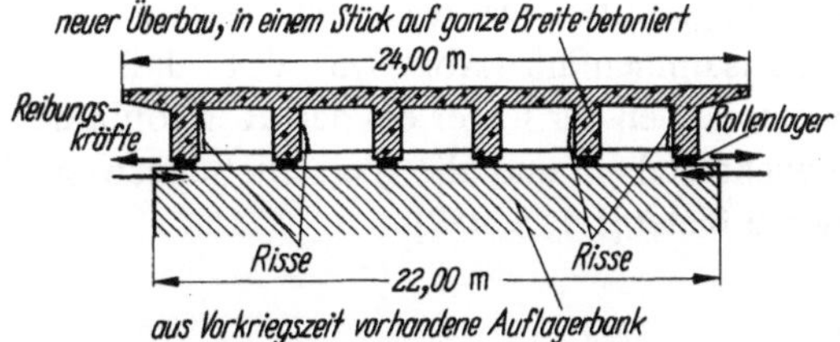

Abb. 7/3. Schäden am Auflagerquerträger einer breiten Brückentafel infolge Behinderns der Schwindverkürzung durch Lagerreibung von üblichen Rollenlagern

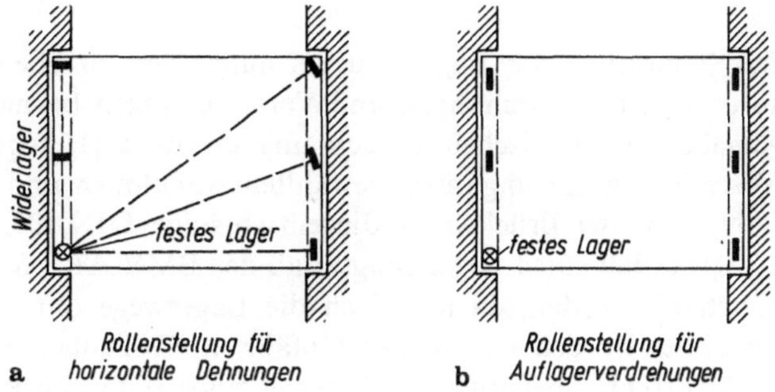

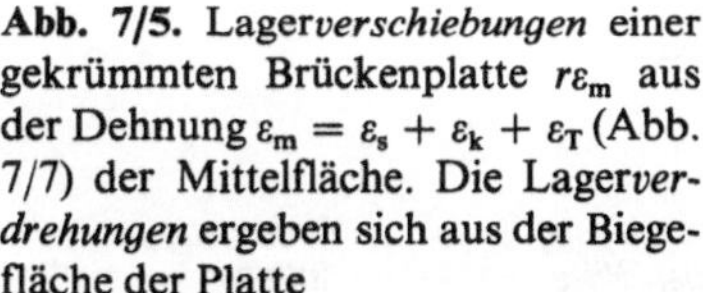

Abb. 7/4. Unverträglichkeit der üblichen Rollenlageranordnungen von breiten Brückentafeln mit den Auflagerbedingungen infolge von Dehnungen und Durchbiegungen. **a** Rollenstellungen für horizontale Dehnungen; **b** Rollenstellungen für die Auflagerverdrehungen infolge Durchbiegung. Wegen dieser sich widersprechenden Forderungen sind Rollenlager nicht verwendbar!

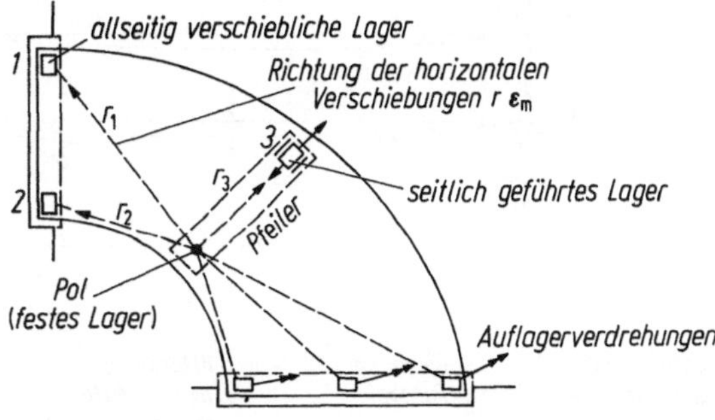

Abb. 7/5. Lager*verschiebungen* einer gekrümmten Brückenplatte $r\varepsilon_m$ aus der Dehnung $\varepsilon_m = \varepsilon_s + \varepsilon_k + \varepsilon_T$ (Abb. 7/7) der Mittelfläche. Die Lager*verdrehungen* ergeben sich aus der Biegefläche der Platte

liche Rollenlager (Abb. 7/13) verwenden, die aber teuer sind. Die allseitige Verschieblichkeit und Drehbarkeit (einstäbige Stützung) der Lager an den vier Ecken läßt sich einfacher mit Pendellagern (Abb. 7/17) oder am elegantesten und billigsten mit „Gummilagern" (7.3.6) erreichen. Diese helfen auch bei schiefen Tragwerken aus der Verlegenheit, in die man infolge der wechselnden Verdrehung und Verschiebungen längs der Auflagerlinien gerät (Abb. 5/32).

Bei komplizierten Grundrißformen von Plattenbrücken muß man sich ein klares Bild von den horizontalen Verschiebungen und deren ruhendem Pol sowie von den Auflagerverdrehungen machen, um die Lagerwege und die Bewegungen in den Endfugen an den Auflagern zutreffend zu beurteilen. Auch hier werden meist nur Verformungslager in Betracht kommen, die Verschiebungen und Verdrehungen um zwei

Achsen gestatten. Das feste Lager ist so zu legen, daß es möglichst mit dem Bewegungspol zusammenfällt (Abb. 7/5), d. h. daß die Reaktionskräfte aus den Verformungswiderständen der Lager bei den Horizontaldehnungen der Platte tunlichst im Gleichgewicht stehen und die Verschiebungswege klein werden. Ausführliche Angaben hierzu bietet [1.1, S. 487]

7.2 Lagerverschiebungen

Zur Bemessung der Lager müssen außer den zu übertragenden Kräften auch die auftretenden Verdrehungen und Verschiebungen bekannt sein. Sie werden aus den Angaben der statischen Berechnung ermittelt [1] (vgl. 4.2.3). Meist genügt eine Abschätzung mit ungünstig gewählten Annahmen und den Verformungszahlen der DIN 1045. Bei Brücken ist die einschlägige DIN 1072 (67), 8.4 (B. Kal. 1979 II, S. 104) durch einen Ergänzungserlaß des BMV ARS 6 (72) [B. Kal. 1979 II, S. 128] verschärft worden, da mehrfach die Lagerwege ohne Sicherheitszuschlag zu kurz berechnet worden waren und Unfälle an Rollenlagern eingetreten sind. Ich zeige die Überschlagsrechnung am Beispiel einer einfachen Balkenbrücke.

Die Lagerverschiebung wird entweder aus der Verformung des Balkens (Abb. 7/6a) oder einfacher aus den Längenänderungen des Untergurtes abgeleitet:

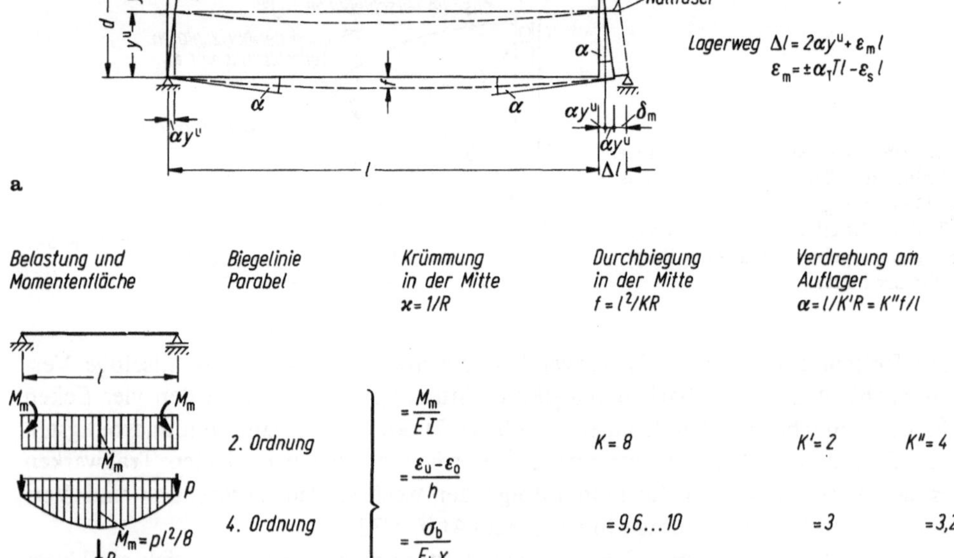

Abb. 7/6. Lagerweg eines einfachen Balkens **a** geometrische Ableitung; **b** elastische Verformung f und α eines Balkens mit $I = $ const (vgl. Abb. 4.2/17)

(*a*) *Stahlbeton*, Stadium II

Annahmen: Bewehrung mit BSt III, $\sigma_\mathrm{S} = 240\ \mathrm{N/mm^2}$, reduziert in der Mitte durch Mitwirkung des Betons auf $\sim 90\% = 210\ \mathrm{N/mm^2}$.
Mittelwert über die Spannweite $\sim 0{,}75 \cdot 210 = 160\ \mathrm{N/mm^2}$
davon die Hälfte aus ständiger Last g: $80\ \mathrm{N/mm^2}$
die Hälfte aus Nutzlast $\quad p$: $80\ \mathrm{N/mm^2}$

Anteil	Verlängerung (+) ‰	Verkürzung (−) ‰
Lasten $G \quad \varepsilon_\mathrm{g} = 80/210000$	+0,4	+0,4
$P \quad \varepsilon_\mathrm{p} = 80/210000$	+0,4	—
Temperatur nach ARS 6 (72)		
$(10 \pm 40)\ \mathrm{K}$	+0,4	−0,4
Schwinden und Kriechen ändern		
die Stahlspannung nur unwesentlich,		
daher $\varepsilon_\mathrm{s} = \varepsilon_\mathrm{k} \cong$	0	0
Grenzwerte $\varepsilon_\mathrm{u} = \Delta l/l$	+1,2	0,0

Ein Balken mit $l = 20$ m Stützweite würde sich somit um 2,4 cm verlängern. Bei Verwendung von Rollenlagern ist nach ARS (72) ein Sicherheitszuschlag von ± 2 cm hinzuzufügen, so daß mit $\Delta l \sim +4{,}4;\ -2{,}0$ cm zu rechnen wäre.

(*b*) *Spannbeton* mit voller Vorspannung, Stadium I

Annahmen: Balken mittlerer Spannweite, volle Vorspannung; Betonspannungen in der Mitte der Unterseite:

$\sigma_\mathrm{vm}^\mathrm{u} \qquad\qquad = -12{,}0;\quad \sigma_\mathrm{gm}^\mathrm{u} = +6{,}0;\quad \sigma_\mathrm{pm}^\mathrm{u} = +6{,}0\ \mathrm{N/mm^2}$
im Mittel $\qquad\quad -10{,}0 \qquad\quad +4{,}0 \qquad\qquad +4{,}0\ \mathrm{N/mm^2}$
nach Kr. u. Schw. $\quad -\ 8{,}5$
Kriechen: ungünstigerer Wert von $\varphi = 1 \ldots 3$; $\varepsilon_\mathrm{k} = \varphi(\varepsilon_\mathrm{v} + \varepsilon_\mathrm{g})$
Zuschlag 30% nach ARS (72) zu ε_s und ε_k nur wenn ungünstig wirkend.

Anteil	Verlängerung (+) ‰	Verkürzung (−) ‰
Vorspannung		
$\varepsilon_\mathrm{v} = \sigma_\mathrm{v}/E_\mathrm{b} = 8{,}5;\ 10{,}0/30000$	−0,28	−0,33
Lasten $G \quad \varepsilon_\mathrm{g} = 4{,}0/30000$	+0,13	+0,13
$P \quad \varepsilon_\mathrm{p} = 4{,}0/30000$	+0,13	—
Temperatur vgl. (a)	+0,40	−0,40
Schwinden $\varepsilon_\mathrm{s} = -0{,}25;\ -1{,}3 \cdot 0{,}25$	−0,25	−0,33
DIN 4227, Teil 1 (79), 8.4		
Kriechen $\quad \varepsilon_\mathrm{k} = -1(0{,}28 - 0{,}13);$	−0.15	
$-3 \cdot 1{,}3(0{,}33 - 0{,}13)$		−0,78
Grenzwerte $\varepsilon_\mathrm{u} = \Delta l/l$	−0,38	−1,71

Für einen Balken mit $l = 20$ m wäre demnach am Rollenlager mit $\Delta l = (0{,}8 + 2{,}0);\ -(3{,}4 + 2{,}0) = +2{,}8;\ -5{,}4$ cm Rollweg zu rechnen.

Die *Auflagerverdrehungen* α werden aus den Durchbiegungen abgeleitet, wobei ein schlanker Balken zugrunde gelegt wurde. Verformungen für $I = \text{const}$ Abb. 7/6 b:

$$\text{Für Gleichlast: } f/l = \frac{1}{10}\frac{\sigma_b}{E_b}\frac{l}{h}\frac{h}{x} = \frac{1}{10}\frac{\sigma_s}{E_s}\frac{l}{h}\frac{h}{h-x};$$

$$\alpha = 3{,}2\frac{f}{l} = 0{,}32\frac{\sigma_s}{E_s}\frac{l}{h}\frac{1}{1-x/h}$$

(*a*) *Stahlbeton* Stadium II (Abb. 7/7)

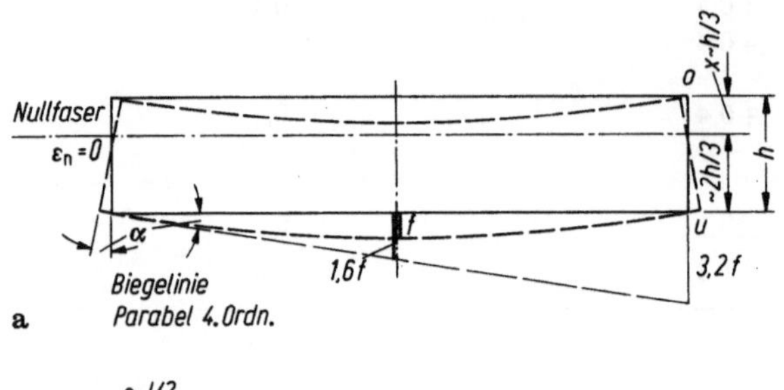

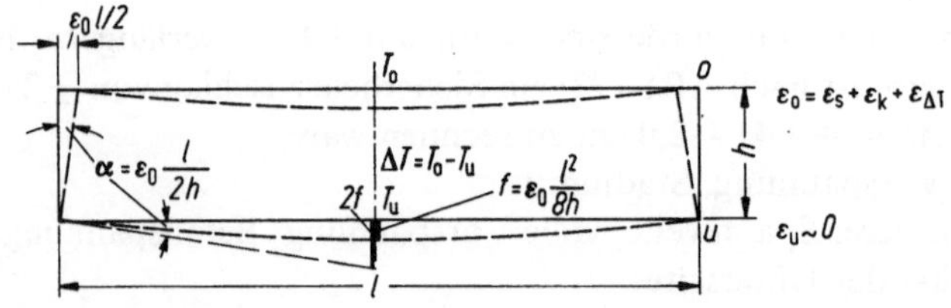

Abb. 7/7. Auflagerdrehwinkel eines Stahlbetonbalkens im Stadium II (voll gerissene Zugzone). **a** aus Biegung infolge äußerer Lasten; **b** aus Verkürzung der obersten Faser der Druckzone infolge Schwindens ε_s, Kriechens ε_k und Temperaturdifferenz $\varepsilon_{\Delta T} = \alpha_T \, \Delta T$, $\Delta T = T_o - T_u$ zwischen oberem und unterem Rand. Stahlspannung und Länge der Bewehrung bleibt angenähert von ε_k und ε_s unberührt. Der Einfluß des mitwirkenden Betons kann nach Abb. 4.2/21 abgeschätzt werden

Annahmen wie bei „Verschiebung", ferner $x/h = 1/3$; $l/h = 15$; $\sigma_{b,g} = 5{,}0\,\text{N/mm}^2$, $\Delta t = 10\,\text{K}$

Lasten:	$\alpha = 0{,}32\dfrac{160}{200}\,15\,\dfrac{1}{1-1/3} =$	$6{,}0\%_0$
Schwinden:	$\varepsilon_g = 0{,}25 \cdot 1{,}3 = \quad 0{,}33\%_0$	
Kriechen:	$\varepsilon_k = \varphi\,\dfrac{\sigma_{bg}}{E_b}\dfrac{2}{3}\,1{,}3$ über l gemittelt	
	$= 3{,}0\,\dfrac{5{,}0}{30}\dfrac{2}{3}\,1{,}3 \;=\; 0{,}43\%_0$	
Temperaturdiff.:	$\varepsilon_T = 10\,\text{K} \cdot 10^{-5} = 0{,}10\%_0$	
	$\varepsilon_0 = \qquad\qquad 0{,}86\%_0$	
	$\alpha = \varepsilon_0\dfrac{l}{2h} = \dfrac{0{,}86}{2}\,15^\circ\!/_{00} =$	$\underline{6{,}5\%_0}$
gesamt:	$\alpha =$	$\underline{12{,}5\%_0}$

(*b*) *Spannbeton* Stadium I

Annahmen wie bei „Verschiebung", ferner $l/d = 20$ und Randspannungen:

	Vorspannung v;	ständige Last g;	Nutzlast p
Mitte oberer Rand σ^0	$+\,2{,}0$	$-3{,}0$	$-3{,}0\ \mathrm{N/mm^2}$
unterer Rand σ^u	$-12{,}0$	$+6{,}0$	$+6{,}0\ \mathrm{N/mm^2}$
$\Delta\sigma = \sigma^u - \sigma^0 =$	$-14{,}0$	$+9{,}0$	$+9{,}0\ \mathrm{N/mm^2}$

$$\varkappa = \frac{1}{R} = \frac{\Delta\sigma}{E_b d}; \qquad \alpha = \frac{l}{k'R} = \frac{1}{k'}\frac{\Delta\sigma}{E_b}\frac{l}{d} = \frac{1}{2}\frac{\Delta\sigma}{30{,}0}\,20 = 0{,}33\,\Delta\sigma\,\text{‰};$$

$$k' = 2\ (\text{Parabel 2. Ordnung})$$

	Verdrehung: $(+)$ ‰		$(-)$ ‰
$Z + G:\Delta\sigma = -14{,}0 + 9{,}0 = -5{,}0;$	$\alpha = -0{,}33 \cdot 5{,}0$		$1{,}7$
$P:\Delta\sigma = 9{,}0$	$\alpha = 0{,}33 \cdot 9{,}0$	$3{,}0$	
Schwinden ohne Behinderung durch Bewehrung:			
	$\alpha_s \cong$	0	0
Kriechen: $\alpha_K = \varphi\alpha_{el} \cdot 1{,}3$ ungünstigere Werte:			
$= -1{,}0 \cdot 1{,}7$			$-1{,}7$
$= -3{,}0 \cdot 1{,}7 \cdot 1{,}3$			$6{,}8$
Temperaturdifferenz $\Delta t = t_o - t_u = \pm 10\ \mathrm{K}$			
$\alpha_T = \varepsilon_T\,\dfrac{l}{2d} = 0{,}1\,\dfrac{20}{2}$		$1{,}0$	$1{,}0$
	gesamt $\alpha =$	$+2{,}3$	$-9{,}5$

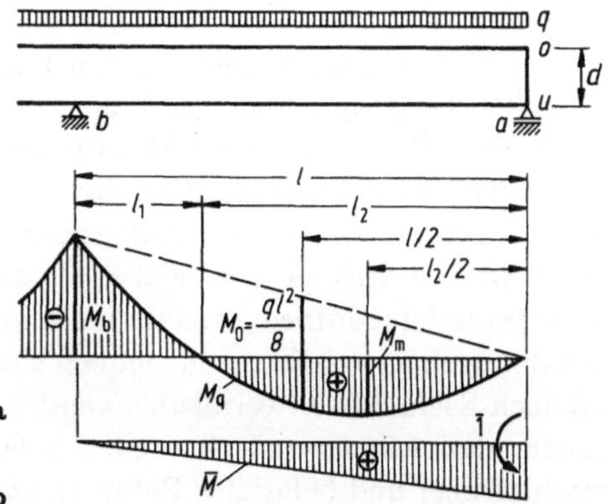

Abb. 7/8. Überschlag des Lagerweges des Endfeldes eines Durchlaufbalkens. **a** Lastmomente M_q; **b** virtuelle Momente $\bar{M}$ infolge $\bar{1}$ in a

Bei durchlaufenden Balken wechseln im Untergurt gezogene und gedrückte Abschnitte (Abb. 7/8a). Ihre Beiträge zur Lagerverschiebung sind wie oben gezeigt zu ermitteln und diejenigen der Öffnungen vom festen Lager ab aufzuaddieren. Die Balkenverdrehungen werden zweckmäßig durch Anbringen eines virtuellen Momentes 1 an der Stelle des Lagers berechnet (Abb. 7/8b). Bei Stahlbeton wird dabei das Trägheitsmoment I_{II} des gerissenen Zustandes (Abb. 4.2/18 u. 19). zugrunde gelegt, um ungünstig zu rechnen. Nach dem Reduktionssatz dürfen die Momente $\bar{M}$ infolge

I für einen Einfeldbalken angesetzt werden, um α zu ermitteln. Man überschlägt dann genügend genau:

Verlängerung Untergurt Feld a—b:

$$\text{Abschnitt } l_1 : \varepsilon_{u1} = \frac{\sigma_{bu}}{2E_b} \cdot (1 + 1{,}3\varphi) + \varepsilon_s \cdot 1{,}3 \pm \varepsilon_t \quad (\sigma_{bu} < 0 \text{ infolge } M_b)$$

Abschnitt $l_2 : \varepsilon_{u2}$ zu berechnen wie für einfachen Balken, Länge l_2
gesamt: $\Delta l = \varepsilon_{u1} l_1 + \varepsilon_{u2} l_2$

Verdrehung am Auflager a infolge der Momente:

$$\alpha = \frac{1}{E_b I} \int_l M_x \bar{M} \, dx \qquad M_x \text{ Parabel 2. Ordnung}$$

$$= \frac{l}{6 E_b I_{II}} (2M_o - M_b)$$

7.3 Lagerbauarten

Die Lager sollen dem jeweiligen Verwendungszweck angepaßt und sorgfältig ausgewählt werden. Sie können (bei Brücken) bis zu 6% der Kosten für den Überbau ausmachen, so daß Konstruktionsaufwand und Wirtschaftlichkeit gegeneinander aufzuwiegen sind. Das darf aber nicht dazu führen, falscher Sparsamkeit nachzugeben, da durch zu primitive Lager schwere Schäden entstehen können.

Ich werde mich auf die schematische Darstellung der Lager und ihrer Berechnung beschränken, da neuerdings eingehende Werke über „Lager" erschienen sind [1.1; 1.2].

Während die „klassischen" starren Lager großenteils durch Normen erfaßt sind, ist die Verwendung neuartiger Lager, besonders der sich verformenden „Gummilager", besonders geregelt [3]. Hierfür gibt es entweder „bauaufsichtlich eingeführte Richtlinien" oder die „bauaufsichtliche Zulassung" (erstere gelten allgemein für eine Bauart, letztere jeweils für eine spezielle Ausführung [1/9.3]). Die Strenge der Vorschriften wächst in dem Maße, als die „öffentliche Sicherheit" gefährdet wird, so daß für untergeordnete Zwecke, wo kein Personenschaden entstehen kann, einfache Anordnungen anwendbar sind. Jedoch sind in jedem Falle die Lager so auszubilden, daß auch Sachschäden vermieden werden. Als wichtige Grundregel ist stets zu vermeiden, daß Ränder von Bauteilen belastet werden, denn nicht von Bewehrung umschlossener und belasteter Beton platzt leicht ab (Abb. 4.7/3 u. 7).

Die Betonpressungen σ unter Lagern sind stets ungleichförmig verteilt (Abb. 7/9a). Bei vollständig starren Körpern sind sie theoretisch an den Kanten unendlich groß (I A, Abb. 1.2/13), bei einem im Verhältnis zum Beton weichen Körper (z. B. Verformungslager nach 7.3.6) fällt der Druck durch dessen Querdehnung in der Randzone (Abb. 7/21) fast auf Null ab. Man legt daher nur den Mittelwert σ_m fest, der in DIN 1045, 17.3.3 und DIN 1075 (81), 8 als „Teilflächenpressung" σ_1 auf maximal $1{,}4 \beta_R \cong 0{,}92 \beta_{WN} \cong 32 \text{ N/mm}^2$ für B 35 begrenzt wird (Abb. 7/9b). Allerdings wurden diese Werte an unbewehrten Betonkörpern abgeleitet. Neuere Versuche [10] mit genügend Spaltzugbewehrung haben gezeigt, daß namentlich für kleinere

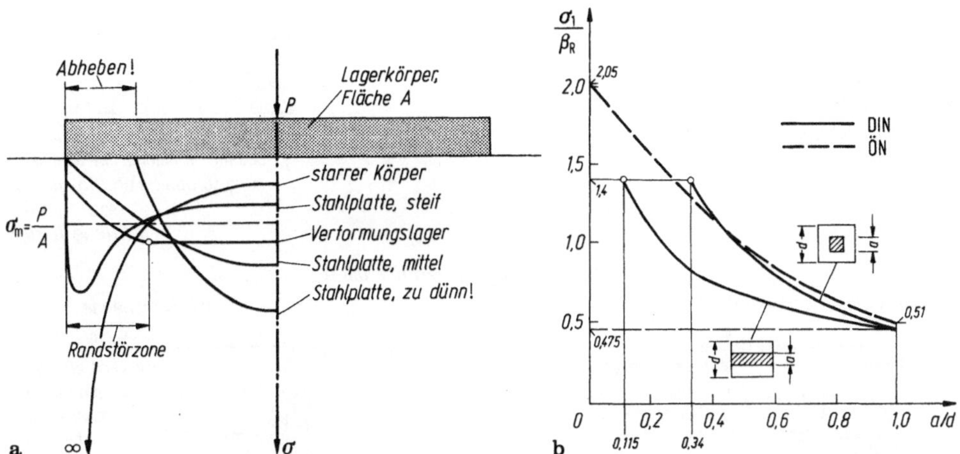

Abb. 7/9. Betonpressungen σ unter Lagerkörpern. **a** Verlauf abhängig von der Steifigkeit des Lagers im Verhältnis zur Elastizität des Betons (qualitativ); **b** zugelassener Mittelwert $\sigma_m = \sigma_1$ nach DIN 1045, 17.3.3 und DIN 1075 (81), 8 sowie ÖNorm 4200, Teil 8 (69)

Lastflächen erheblich erhöhte Pressungen (um etwa 50 %) zugelassen werden könnten, ohne daß sich die Lastkörper mehr als 1 mm einsenken. Auch die ÖNorm 4200 Teil 8 (69), 4.1.1 (B. Kal. 1974 II, S. 716) läßt bei Umrechnung von $\sigma_p \cong 0{,}85\beta_{WN}$, $\beta_{WN} \cong 1{,}5\beta_R$ höhere σ_1, besonders bei kleinen Lastflächen zu (Abb. 7/9b).

Voraussetzung für die Tragfähigkeit der belasteten Körper ist naturgemäß die Aufnahme des Spaltzuges Z_q durch Wendel oder Schlaufenbewehrung (I A, 7), wie sie als Beispiel in Abb. 7/15 dargestellt ist. Dabei ist die Pressungsverteilung unter Umständen zu berücksichtigen (7.3.6). In [10] wurden verschiedene Anordnungen geprüft, wobei sich für quadratische Körper mit zentrischer Last die Wendel als am wirksamsten erweist. Bei Linienlast dürften Schlaufen vorzuziehen sein. Diese Spaltzugbewehrung ist, wie in 2.3.2 begründet, für etwa den doppelten Wert von Z_q zu bemessen.

7.3.1 Einfachste Lager

Bei Hochbauten genügen zur Übertragung kleiner Stützkräfte A von Platten oder Balken geringer Spannweite unter Verzicht auf genaue zentrische Eintragung von A trennende Zwischenlagen (Abb. 7/10a), die allerdings Verschiebungen erhebliche Reibungskräfte entgegensetzen. Die Reibungszahl μ beträgt etwa:

Doppelte Papplage $\qquad \mu \cong 1$;
  da meist auf welligen Flächen verlegt, ist infolge Formverbund auch größerer Widerstand möglich.

Stahlbleche, glatt $\qquad \mu \cong 0{,}2 \ldots 0{,}5$
  rostig $\qquad \mu \cong 1{,}0$
  verlegen in Mörtelbett!

Gleitfolie, einladig nicht empfehlenswert, besser zweilagig
  „kaschiert", ungeschmiert $\qquad \mu = 0{,}4 \ldots 0{,}6$
  „kaschiert", geschmiert $\qquad \mu = 0{,}15 \ldots 0{,}2$ [4]

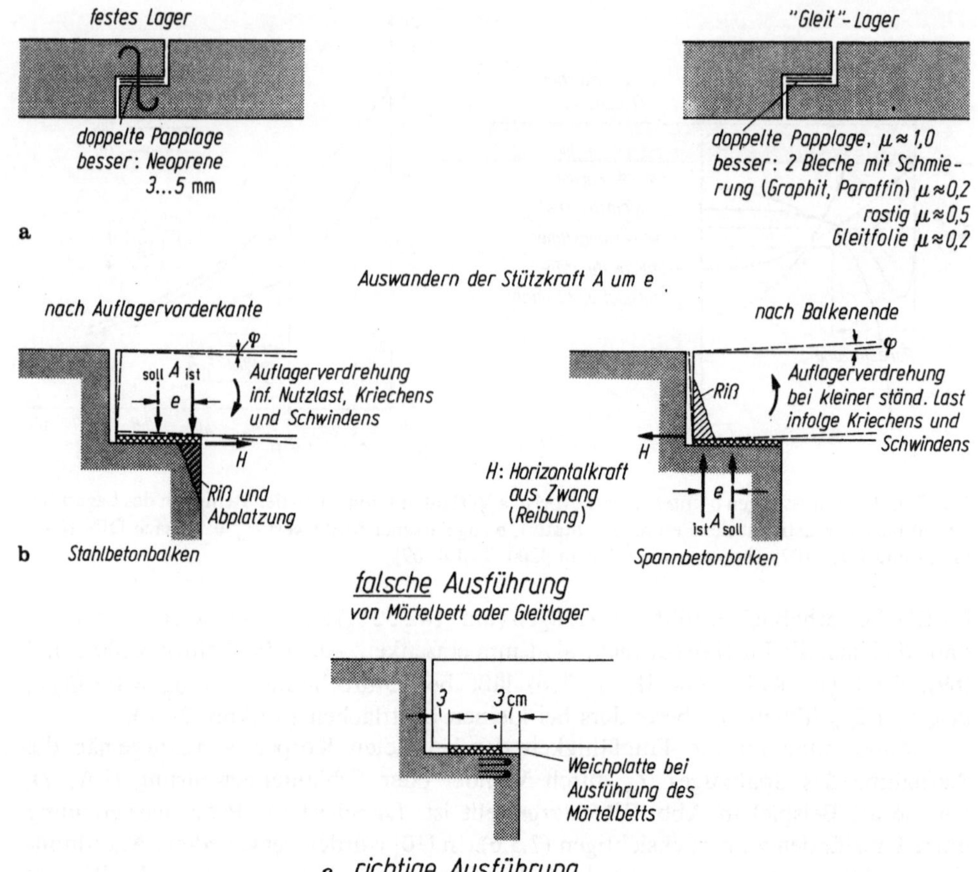

Abb. 7/10. Einfache Lager im Hochbau. **a** für Platten und kleine Balken (festes und bewegliches Lager);
b Schäden infolge vollflächiger Auflagerung eines Balkens auf Mörtelbett, Dachpappe, Elastomerfolie
o. dgl. durch Auswandern der Stützkraft *A* und eine Zwangskraft *H*; **c** Vorbeugen durch Verkürzen des
Lagers. *Nicht von Bewehrung gefaßter Beton platzt ab* (vgl. Abb. 4.7/7)

Die Lagerflächen müssen eben und parallel sein! Die Reibungskräfte $H = \mu A$
sind bei der Bemessung der anschließenden Bauteile zu berücksichtigen! Die Auflagerverdrehung schlanker Balken und Platten hat oftmals eine Verlagerung der
Stützkraft *A* und unter Mitwirkung der Reibungskraft *H* Abplatzungen der Kanten
von Balken oder Auflager zur Folge (Abb. 7/10b). Dadurch tritt wieder eine
Rückverlagerung der Stützkraft *A* ein, so daß meist die Standsicherheit nicht unmittelbar gefährdet, jedoch die Bewehrung der Korrosion ausgesetzt ist. Es wird
deshalb empfohlen, diese Schäden dadurch zu vermeiden, daß die Stützfläche
mindestens 3 cm von den Kanten zurückgesetzt wird, auch wenn dadurch höhere
Pressungen entstehen (Abb. 7/10c). Bei unzulänglicher Bewehrung kann aber die
Sicherheit gefährdet sein (Abb. 4.7/3!)

7.3.2 Stahllager

Die zwei Forderungen an Lager: Konzentration der Stützkraft, um Verdrehungen und Verschiebungen von Tragwerken zu ermöglichen, sowie Verteilung der Stützkraft auf den Beton zur Einhaltung der zulässigen Pressung, lassen sich mit Stahllagern in verschiedener Weise erfüllen [5]. Einfache Stahllager (Abb. 7/11a u. b) für 1,0 bis 2,0 kN/mm Kraft sind billig, weisen aber je nach Zustand Reibungswerte von $\mu = 0,3 \ldots 0,5$, in verrostetem Zustand bis 1,0 auf. Ein besseres Gleitlager für eine Kraft von 2,0 kN/mm zeigt Abb. 7/11c. Abb. 7/11d dient als Beispiel für ein festes, aus Blechen gearbeitetes Lager für $P_1 = 4,0$ kN/mm Belastung, das für eine „Hertzsche Pressung" in der Kipplinie von zul $\sigma_s = 0,42\sqrt{P_1 E_s/r} = 650$ N/mm^2 berechnet wurde. Bei der Bemessung der Bewehrung der Auflagerbank für senkrechte Last A nach I A, 7 ist die Reibungskraft $H = \pm A\mu$ zu berücksichtigen!

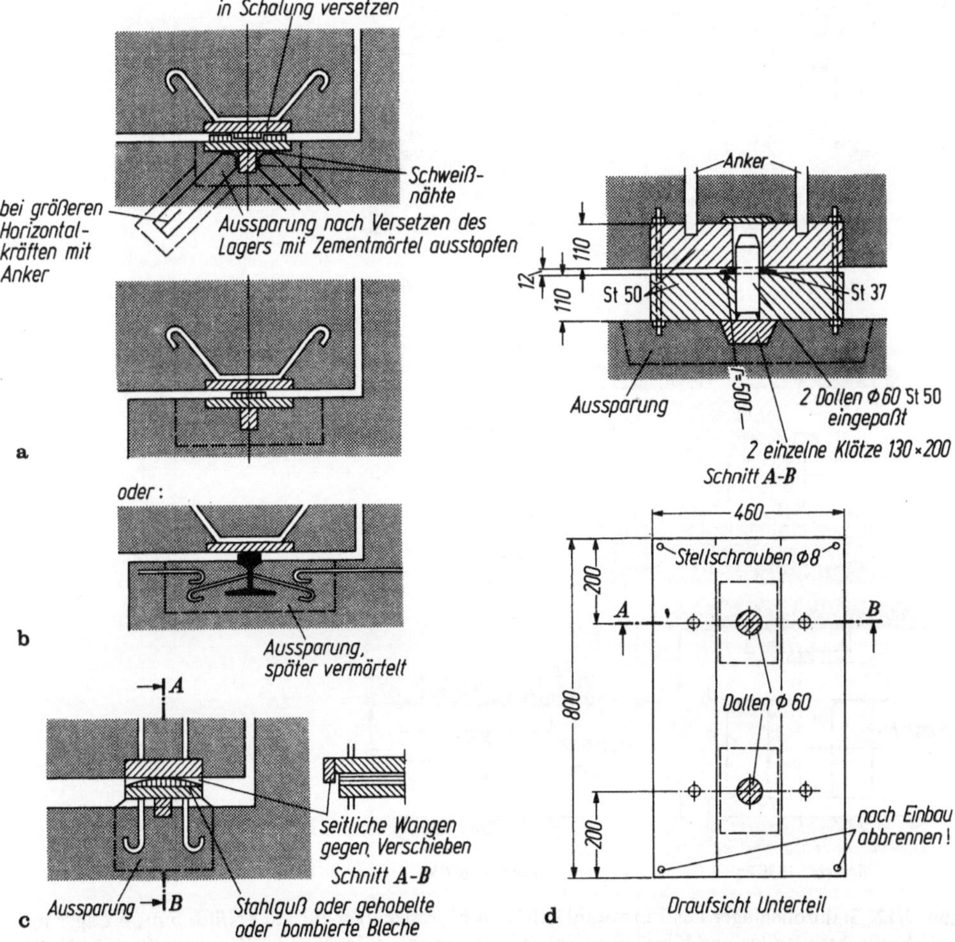

Abb. 7/11. Einfache Stahllager (Beispiele) **a** festes Lager; **b** Gleitlager; **c** Gleitlager für 2,0 kN/lfd. mm; **d** festes Stahllager für 4,0 kN/lfd. mm

Rollenlager aus Stahlguß sind in geringer Stückzahl heute unwirtschaftlich. Bei dem Stahlrollenlager für 2,0 kN/mm (Abb. 7/12a) ist die Rolle seitlich abgeflacht, so daß ein Pendel entsteht, das aus Blech St 52 gearbeitet werden kann. Eine Parallelführung des Pendels durch seitlich aufgesetzte Bleche mit Nasen, die in Ausnehmungen der Ober- und Unterplatte eingreifen, ist erforderlich, um ein Schrägstellen der Rolle zu verhindern. Bewegliche Lager für große Kräfte müssen oft mehrere Rollen erhalten (Abb. 7/12b), um die Bauhöhe zu beschränken. Diese fällt ohnehin durch das oberhalb der Rollen nötige Kipplager, das die Stützkraft gleichmäßig auf die Rollen verteilt, hoch und teuer aus. Die mittlere Platte ist aus dem gleichen Grunde sehr steif auszubilden. Die Abmessungen der Rollen werden wesentlich kleiner, wenn diese mit aufgeschweißtem hochwertigem Stahl gepanzert

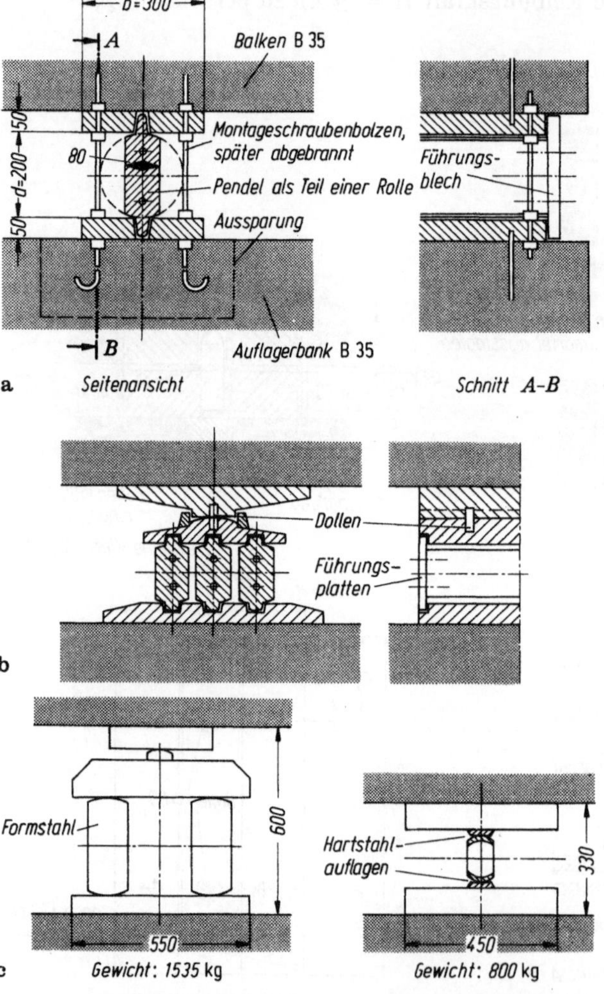

Abb. 7/12. Stahlrollenlager aus Formstahl gefräst **a** Einrollenlager für 2,0 kN/lfd. mm; **b** Lager mit drei abgeflachten Rollen und Kipplager (Anker fortgelassen); **c** Zweipendel-Kipplager für 6,0 kN/lfd. mm; **d** mit hochwertigem Stahl gepanzertes Rollenlager ebenfalls für 6,0 kN/lfd. mm Lagerverschiebung = ± 50 mm (ohne Anker)

werden [6] (Abb. 7/12c), so daß eine höhere „Hertzsche Pressung" (nach DIN 1050 (68), 6.1) zugelassen werden kann und das Lager kompakter wird. Da

$$r = 0{,}175PE_\mathrm{s}/\sigma_\mathrm{s}^2 = 33000P_1/\sigma_\mathrm{s}^2\,(P_1 = P/l\ \mathrm{N/mm})$$

ist, führt bereits eine geringe Erhöhung von zul σ_s zu einem erheblich kleineren r!

Einer Verschiebung in Richtung der Lagerlinie leistet die Reibung Widerstand und ist, ohne das Lager zu beschädigen, nicht möglich. Die „Hertzsche Pressung" setzt eine lokale Plastifizierung voraus, welche die Ursache für die „rollende Reibung" der Lager von 2 bis 3% ist, die bei rein elastischem Verhalten nicht zu erklären wäre, Stahllager müssen daher bei größeren Brückenbreiten als etwa 8 m seitlich verschiebbar ausgebildet werden, um Schwind- und Temperaturbewegungen, insbesondere auch die Kriechverkürzung quer vorgesapnnter Tragwerke zu ermöglichen. Hierzu ordnet man zwischen oberer oder unterer Lagerplatte und dem Beton eine PTFE- (z. B. Teflon-) Folie sowie eine zugehörige Gleitplatte aus nichtrostendem Stahl an. Deren Reibungszahl nimmt mit steigender Flächenpressung ab und beträgt $\mu = 1 \ldots 3\%$ bei geschmierten Flächen, bei Trockenlauf bis 10% [1.1, Bild 42]. Die Gleitrichtung wird durch eine seitliche Führung fixiert (Abb. 7/13). Die Größe der unteren und oberen Lagerplatte wird durch die zulässige Betonspannung festgelegt. Sie sind für linear verteilte Pressungen auf Biegung zu berechnen, wobei das Auswandern der Last zu berücksichtigen ist. Die zulässigen Stahlspannungen werden zweckmäßigerweise nicht ausgenutzt, um die Verbiegungen klein zu halten.

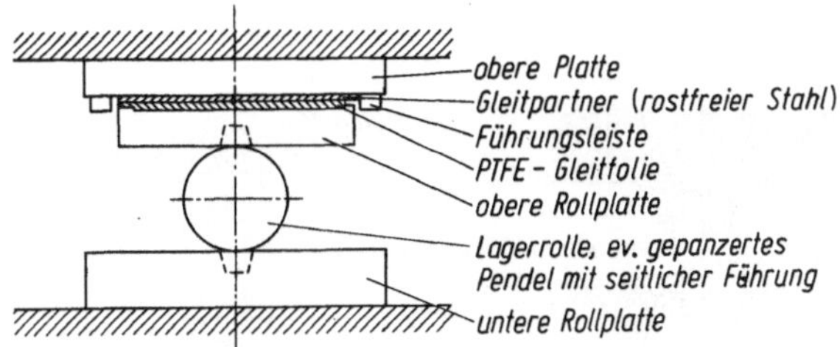

Abb. 7/13. Rollenlager mit Seitenverschieblichkeit durch PTFE (Teflon)-Zwischenlage (schematisch) [1.1, S. 1036]

Stahlgußkugeln bieten sich als zweiseitig bewegliche Lager an. Sie sind jedoch zu teuer, da ihre Tragkraft gering ist; beispielsweise benötigt man zur Aufnahme einer Kraft von $P = 10\ \mathrm{kN}$ bei $\sigma_\mathrm{c} = 1{,}2\ \mathrm{kN/mm^2}$ eine Kugel mit einem Radius $r = 0{,}25\,E_\mathrm{s}\sqrt{P/\sigma_\mathrm{s}^3} = 50000\sqrt{P/\sigma_\mathrm{s}^3} = 120\ \mathrm{mm}$, während für die gleiche Last ein 10 mm langer Zylinder nur $r = 25$ mm benötigt!

Alle Stahllager werden als Ganzes genau justiert und mit Halteschrauben in sich fixiert (diese werden später mittels Schweißbrenner entfernt) (Abb. 7/12a), in Aussparungen eingebaut, da das Einsetzen in die Schalung des Widerlagers nicht mit genügender Genauigkeit möglich ist. Zum Unterstopfen ist steif-plastischer Mörtel evtl. als „Fließbeton" oder mit Reaktionsharz-Binder (vgl. 2.2.3) zu verwenden. Ein „Untergießen" mit wasserreichem Mörtel ist zu unzuverlässig. Die Lager sind vor dem Betonieren des Überbaues zu versetzen; ein nachträglicher Einbau ist sehr schwierig. Die Reibungszahl für Rollenlager wird wie erwähnt nach DIN 1072 (67) 6.5 zu $\mu \cong 3\%$ angenommen, kann jedoch durch Rost und Schmutz im Lauf der Zeit erheblich höher werden, wie man an alten Lagerrollen mitunter feststellen kann, die sich nicht mehr bewegt haben.

Stahllager sollten deshalb, damit sie nicht rosten, durch Luftbewegung trocken gehalten und nicht durch Blendwände verborgen werden. Neuerdings werden alle Lager derart eingebaut, daß sie später ausgetauscht werden können. Denn eine mechanische „Vorrichtung" hat i. allg. ein kürzeres Leben als ein Bauwerk!

7.3.3 Gepanzerte Betonlager

Stahlgepanzerte Betonlagerkörper waren früher wirtschaftlich vorteilhaft [15] (Berechnung B. Kal. 1964 II, S. 374). Für bewegliche Lager benutzt man Rollen aus betongefülltem Mannesmann-Rohr mit aufgeschweißten Deckeln (Abb. 7/14a). Sie werden mit einem mittleren Elastizitätsmodul $E = 40\,000\ \text{N/mm}^2$ und der Hertzschen Pressung $\sigma = 350\ \text{N/mm}^2$ bemessen, woraus sich $d = 116\,P_1$ ergibt (P_1 in kN/mm, d in mm) (DIN 1075 (73), 8.2). Größere Rollen bestehen aus Betonkörpern mit Stahlguß- (Abb. 7/14b) oder Stahlblech- (Abb. 7/14c) Panzerung. In der gleichen gemischten Bauart lassen sich Wälzgelenke für Bogenbrücken (Abb. 7/14d) ausführen. Sie werden mit $E \cong 14\,000\ \text{N/mm}^2$ $v = 0{,}3$; B 35 und, je nach Durchmesser, mit einer Hertzschen Pressung von $\sigma_\mathrm{m} = 40 \dots 100\ \text{N/mm}^2$ bemessen und können bis zu 5,0 kN/lfd. mm aufnehmen. Nachteilig ist bei ihnen das Auswandern der Berührungslinie infolge der Verdrehung α um den Betrag

$$e = \alpha r_1 r_2/(r_1 - r_2) = \alpha r_\mathrm{m} \quad \text{mit} \quad r_\mathrm{m} = r_2/(1 - r_2/r_1) \ \text{(Wälzweg)} ,$$

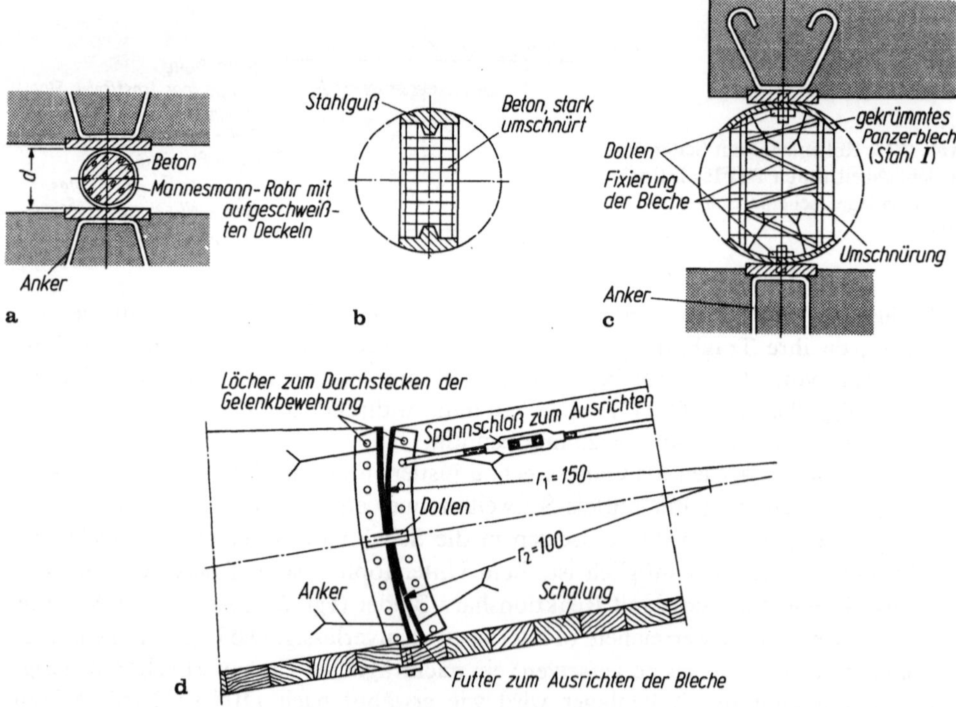

Abb. 7/14. Gepanzerte Betonlager [15]. **a** Rollenlager; **b** abgeflachte Rolle (Pendel) mit Stahlgußhäuptern; **c** Pendel mit Blechpanzerung; **d** Wälzlager mit Blechpanzerung für Bogenbrücke, auf der Schalung montiert

wodurch sich die Stützlinie um das gleiche Maß verschiebt. Je mehr man bestrebt ist, die Differenz $r_1 - r_2$ klein zu machen, um r_m zu vergrößern und die Hertzsche Pressung $\sigma = 0,40\sqrt{P_1 E/r_m}$ ($\nu = 0$) herabzusetzen, um so größere Wälzwege e stellen sich ein, die ja mit r_m anwachsen. Das ist bei allen Wälzgelenken gegeneinander abzuwägen.

7.3.4 Betonlager

Reine Betongelenke („Freyssinet"-Gelenke, Abb. 7/15) haben sich seit einigen Jahrzehnten, besonders in Frankreich, bewährt und besitzen die Vorteile, als einfache Einschnürungen von Druckgliedern oder Balken sehr billig zu sein und sich insofern organisch in ein Betonbauwerk einzufügen, nicht der Korrosion ausgesetzt zu sein und keiner Unterhaltung zu bedürfen. Sie bestehen aus einer schmalen Leiste, in der der Beton sehr hoch beansprucht werden kann, da er zweiachsigem (I A, Abb. 1.2/13 b u. 1.2/9) und im inneren Bereich durch Behinderung der Querdehnung dreiachsigem Druck ausgesetzt ist. Dann wachsen seine Stauchungen rascher an als die Spannungen (I A, Abb. 1.3/1), wodurch ein Ausgleich der Spannungsspitzen eintritt (I A, Abb. 1.2/13a). Außerdem nehmen die anschließenden Gelenkkörper an der Verformung teil, so daß gewisse gegenseitige Verdrehungen möglich sind. Die Wirkungsweise der Betonlager ist durch ausländische Versuche [7], auch durch statische und dynamische Untersuchungen in Deutschland [8] so weit geklärt, daß ihre Eigenschaften genügend bekannt sind, um jene mit Erfolg anzuwenden [9].

Da für ihre Tragfähigkeit die Ausbreitkräfte in den anschließenden Gelenkkörpern entscheidend sind, (I A, 7), sollen die Einkerbungen parallele, höchstens unter 1:10 geneigte Flächen besitzen, um die Querbewehrung dicht an der Gelenkleiste anfangen lassen zu können. Die Höhe t der Gelenkleiste soll nicht mehr als 1/8 bis 1/5 von deren Breite a, höchstens aber 2 cm betragen. Um allzu große Kerbspannungen zu

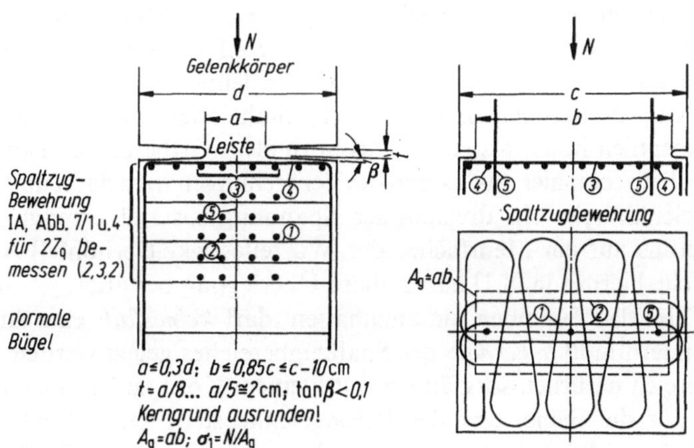

Abb. 7/15. Betongelenk nach Freyssinet.
Geometrie und Bewehrung (schematisch). Beachte 2.3.2! *1* Spaltzugbewehrung quer für $Z_1 \cong 2Z_{qa}$ nach I A, Abb. 7/1 (Schlaufen), *2* Spaltzugbewehrung längs für $Z_2 \cong 2Z_{qb}$ desgl. (Schlaufen), *3* Schulterbewehrung für $Z_3 \cong 0,03N_{max}\,\dfrac{a}{b}$ (Bügel), *4* Schulterbewehrung für $Z_4 \cong 0,03N_{max}\,\dfrac{b}{a}$ (Bügel), *5* Montagestäbe, wenige und dünn, nur im Bedarfsfalle ($\mu \leq 1\%$ von $a \cdot b$)

verhindern, ist der Kerbgrund auszurunden. Eine Bewehrung der Gelenkleiste darf nur aus wenigen, zentrischen, dünnen Montagestäben bestehen. Schrägstäbe und eine Umschnürung (Abb. 7/16) sind schädlich, da sie bei der hohen Stauchung des Betons ausknicken und diesen zerstören können. Letztere kommt wegen der geringen Höhe der Leiste ohnehin nicht zur Wirkung und nützt auch den anschließenden Gelenkkörpern nichts. Außerdem müssen durchgehende Stäbe den häufigen Drehwinkel α mitmachen und sind infolge der kleinen Verformungslänge der Gefahr des Ermüdungsbruches ausgesetzt [7].

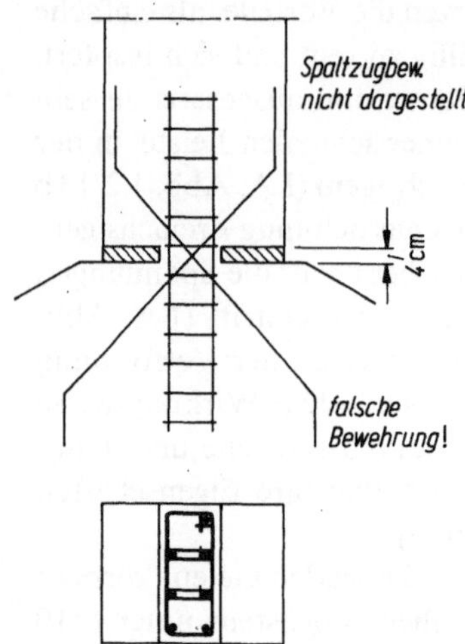

Abb. 7/16. *Falsche* Ausbildung von Betongelenken! **a** kleine Umschnürung ist für die Leiste A_g unwirksam und für anschließende Körper zu schmal! **b** Die Leiste durchsetzende gerade oder schräge Stäbe können bei hoher Belastung (Beton der Leiste plastifiziert!) knicken und diese zerstören. (Leiste zu dick (Deformation findet hauptsächlich im anschließenden Körper statt)

Es ist nichts dagegen einzuwenden, die Gelenkleisten mit den anschließenden Gelenkkörpern, die auf Biegung und Spaltzug kräftig bewehrt werden müssen, vorzufabrizieren und im Mörtelbett zu versetzen (Abb. 7/19b). Man kann noch weiter gehen und die Gelenkleiste als Fertigteil in etwa 2 cm tiefe Ausnehmungen von vorfabrizierten Stützen oder Balken einleimen (Abb. 7/17). Stellt man diese Leisten aus höchstwertigem Beton [7; 8.1], Stahl oder aus Gießharzmörtel her, können sie wesentlich höher als solche aus normalem Ortbeton beansprucht werden und fallen deshalb schmaler aus. Durch die Verdrehungen wird dann im *Inneren* der umschnürten Gelenkkörper ein dreiachsiger Spannungszustand erzeugt, der die Festigkeit des Betons auf ein Mehrfaches der Würfelfestigkeit erhöht [I A, Abb. 1.2/9]. Tastversuche hiermit in [8.1] haben diese Überlegung bestätigt.

Um das Einreißen hintanzuhalten, darf *keinesfalls* eine Arbeitsfuge *in* die Leiste, sondern muß *außerhalb* des Spaltzugbereiches gelegt werden. Ferner ist dieser ganze Bereich natürlich sorgfältigst mit kleinem Korn zu betonieren.

Für die Bemessung der Betongelenke steht keine Analyse zur Verfügung, weil die im nichtlinearen und plastischen Bereich arbeitende Zone sich in die Gelenkkörper hinein erstreckt. Daher gibt es nur aus Versuchen abgeleitete Interpolationsformeln [9]. Sie betreffen:

(a) Die zulässige Spannung σ_{10} in einer rcckteckigen Gelenkleiste kann nach Leonhardt/Mönnig [9.1] ohne Verdrehung α abhängig vom Einschnürungsverhältnis a/d gesetzt werden: $\sigma_{1o}/\beta_R = 1,25\,(1 + \lambda)$, wobei $\lambda = 1,2 - 4a/d$ und a/d zwischen

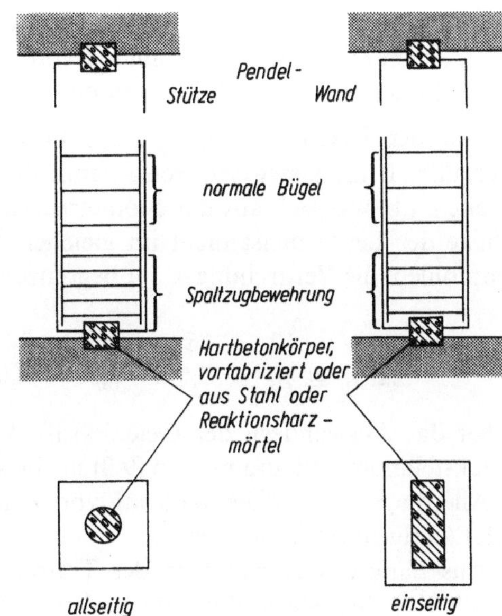

Abb. 7/17. Weiterentwicklung der Betonlager, um größere Drehwinkel zu ermöglichen. Bewehrung wie Abb. 7/15

0,1 und 0,3 zu wählen ist. Herzog [9.2; 9.3] hat aus Versuchen verschiedener Autoren für Kreis- und Rechteckquerschnitte $\sigma_{10} = \beta_{WN} \sqrt[3]{F/F_1}$ abgeleitet, woraus mit $\beta_{WN} \cong 1,5\beta_R$ und der Sicherheit $\gamma = 2,1$ für eine rechteckige Leiste $\sigma_{10}/\beta_R \cong 0,7 \sqrt[3]{d/a}$ entsteht. Diese Werte sind auf der Ordinatenachse von Abb. 7/18 aufgetragen. In Frankreich, wo Betongelenke seit vielen Jahren verwendet werden, läßt die Norm CCBA (68) nach [7, S. 260] $\sigma_{1_0} \cong 3\beta_R$ zu.

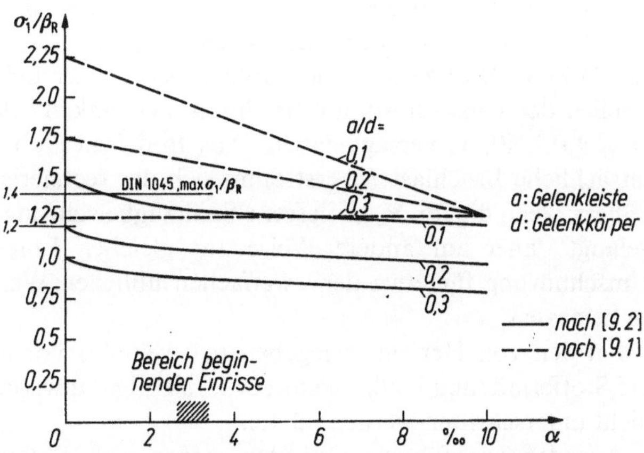

Abb. 7/18. Mittlere zulässige Spannung σ_1/β_R in rechteckigen Betongelenken für verschiedene Breiten a/d der Leiste, abhängig vom Winkel der Verdrehung nach Herzog [9.2; 9.3] mit $\gamma = 2,1$ und $\beta_R = 0,67\beta_{WN}$ sowie nach Leonhardt/Mönnig [9.1, S. 93] (Abhängigkeit der Verdrehung für B 35 und $N/N_{max} = 0,75$). Die französische Vorschrift CCBA (68) [115.4] unterscheidet sich nur unwesentlich von [9.1]

(b) Die Verminderung von σ_{1_o} auf σ_1 durch eine Verdrehung α der Gelenkkörper gegeneinander hängt bei Leonhardt von verschiedenen Faktoren ab. Er setzt z. B. für B 35 und $N/N_{max} = 0,75\,\lambda$ um den Faktor $(1-0,1\alpha^0\!/_{00})$ herab. Herzog reduziert σ_{10} um den Faktor $(1 - 0,1\sqrt[3]{\alpha^0\!/_{00}})$. Das Diagramm zeigt, die stark divergierenden Verläufe. Bemerkenswerterweise hängt der Einfluß von α nicht von der absoluten Breite a ab, was sich aus der geometrischen Ähnlichkeit erklärt [8.1]. Da jedoch die Dicke der Leiste meist nicht im gleichen Verhältnis wie die Breite a wächst, wird empfohlen, die Verdrehung α_0 zu begrenzen

$$
\begin{array}{lccccc}
\text{für } a = & 12 & 16 & 20 & 24 & 30 \text{ cm}\\
\text{zul } \alpha_0 \cong & 10 & 7,5 & 6,0 & 5,0 & 4,0\,\%_{00}\,.
\end{array}
$$

Über das Auswandern der Gelenkkraft N infolge α und das dadurch verursachte Rückstellmoment kann man in [9.3] nachlesen.

Allerdings ist über die Wirkung von α_0 als von außen aufgeprägtem Zwang nach 1.1.1.2 folgendes auszusagen:

Aus Langzeitverformungen des Tragwerkes eintretende α_1 werden in der Leiste durch Kriechen stark abgebaut und die Stützkraft zentriert. Dieser Anteil braucht daher nur mit 1/3 ... 1/2 eingeführt zu werden.

Schnell eintretende, aber einmalige α_2 beim Ausrüsten oder Vorspannen eines Balkens verursachen oft Einrisse, die ebenfalls durch Kriechen zurückgehen und unbedenklich sind. Die in I A, Abb. 1.3/7e beschriebene Erscheinung, daß die Rißbreite durch Kriechen zunimmt, ist nicht zu befürchten, da ja α_2 eine gegebene Größe besitzt. Diesen Anteil von α_2 darf man deshalb mit $\sim 2/3$ berücksichtigen. Es wäre wünschenswert, ihn durch späteren Einbau des Lagers, etwa nach Abb. 7/19b auszuschalten, doch ginge dadurch die Wirtschaftlichkeit des Betonlagers, einfach als Bestandteil des Bauwerkes hergestellt zu werden, verloren.

Rasch wechselnde α_3 (infolge Temperaturdehnungen und Verkehrslasten) sind voll in Rechnung zu stellen.

Es genügt also, etwa $\alpha_0 = \alpha_1/3 + 2\alpha_2/3 + \alpha_3$ einzuführen.

(c) Spaltzugbewehrung in den Gelenkkörpern. Herzog [9.2] liest aus den Versuchen ab, daß die Betongelenke nie durch zerstören der Leisten, sondern entweder durch Fließen der Umschnürung oder durch „Versinken" der Leisten (Grundbruch nach DIN 4017, Bl. 1) versagt haben. Aus Bild 5 in [9.2] kann man schließen, daß die tatsächliche Bruchlast N_u erst dann sich der rechnerischen Grundbruchlast max N_u nähert, wenn die für N_u bemessene Spaltzugbewehrung etwa verdoppelt wird. Herzog gelangt daher auf andere Weise zur gleichen Empfehlung wie in 2.3.2 (a) die Umschnürung für etwa den zweifachen üblichen Wert von Z_q nach I A, Abb. 7/1 zu bemessen.

Bei den von Herzog angegebenen, zweifellos vorsichtigen σ_1 braucht nach [9.3] die Stoffermüdung i. allg. nicht berücksichtigt zu werden, da $N_{min}/N_{max} = 0,75$ meist nicht unterschritten werden dürfte.

Aus den angeführten Gründen eignen sich Betonlager besonders für Gelenke von Bögen ($\alpha \cong 2\%_{00}$) und von Rahmenfüßen ($\alpha \cong 3\%_{00}$) (Abb. 7/19a) sowie für feste Lager von steifen Balken (7.2), insbesondere solche auf Zwischenstützen. Auch für Gelenke von vorgespannten Gerberbalken sind Betongelenke mit wirtschaftlichem Vorteil verwendet worden [11] (Abb. 7/19d). Allerdings ist das nur

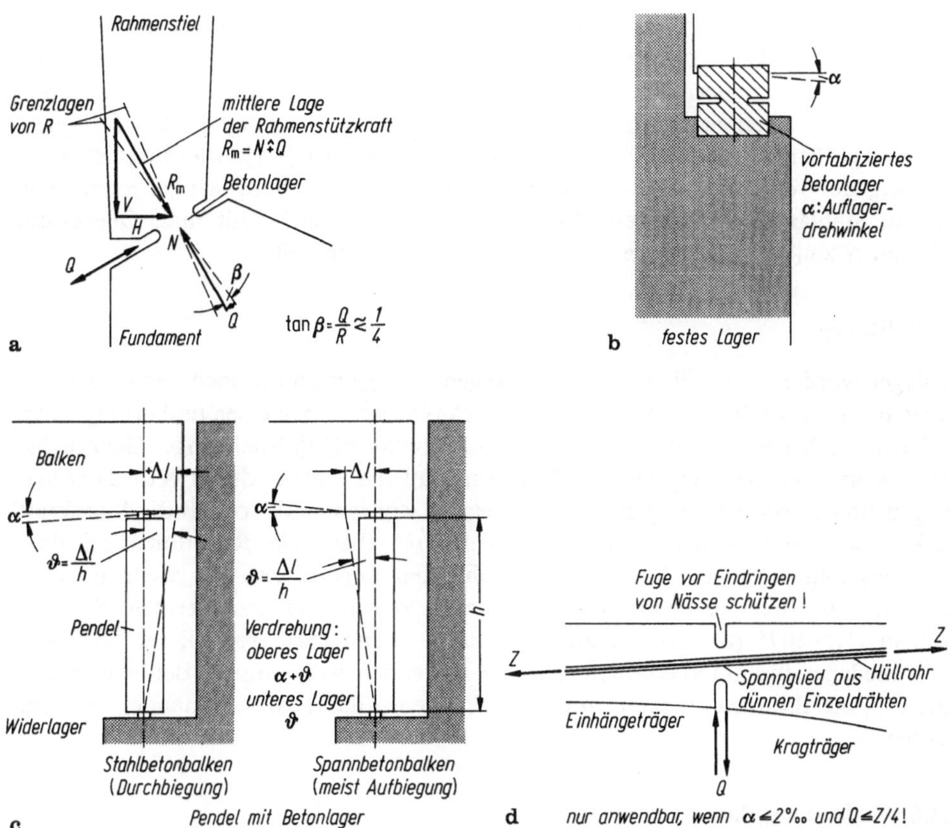

Abb. 7/19. Anordnen von Betongelenken. **a** bei Rahmen und Bögen rechtwinklig zur mittleren Kraftrichtung; **b** vorfabriziertes festes Lager für Balken; **c** Pendellager für Balken mit Betongelenken oben und unten. Vorzeichen der Drehwinkel beachten! **d** Gerbergelenk für den Einhängeträger eines mehrfeldrigen Balkens; Vorschlag nach [11]

sinnvoll bei geringer Bauhöhe, die eine Konsolausbildung nicht mehr zuläßt. Der Drehwinkel darf das zulässige Maß und die Querkraft 1/4 der Spanngliedkraft Z nicht überschreiten. Schließlich eignet sich diese Bauart mit Rücksicht auf die Ermüdungsfestigkeit des Spannstahles nur für vorwiegend ruhende Belastung und Spannglieder aus dünnen Drähten.

Verschiebliche Lager können als Pendel ausgebildet werden (Gelenke oben und unten). Bei der Bemessung ist zu berücksichtigen (Abb. 7/19c), daß bei dem oberen Lager außer dem Drehwinkel des Pendels aus der Untergurtverlängerung Δl (Abb. 7/6a) noch der Auflagerdrehwinkel α des Balkens auftritt, der sich bei Stahlbetonbalken zu jenem addiert. Bei Spannbetonbalken liegen die Verhältnisse oft umgekehrt: Der Balken wölbt sich unter ständiger Last auf, während Δl infolge elastischer und plastischer Verkürzung des Untergurtes negativ wird. Die ungünstigsten Kombinationen unter Berücksichtigung aller Umstände (ungleichförmige Temperaturverteilung, Werfen usw.) ergeben für schlanke Balken meist so große Pendelhöhen, daß man als bewegliche Lager besser Rollen oder Verformungslager verwendet.

Querkräfte sollten Betongelenken nur in geringem Maße zugemutet werden ($Q \leq N/4$ [9.1]), da eine „Schubbewehrung" nicht möglich ist. Deshalb ist die Gelenkleiste stets annähernd rechtwinklig zur mittleren Druckrichtung anzuordnen (Abb. 7/19a). Durch eine vorgespannte Bewehrung kann die Tragfähigkeit für Querkräfte vergrößert, sogar eine Zugkraft aufgenommen werden [9.1]. Allerdings ist durch Führung der rostgeschützten Stäbe in Hülsen der Verdrehungswinkel α auf eine größere Stablänge zu verteilen (Abb. 7/22). In Frankreich läßt man Querkräfte Q bis zu N zu [7]. Versuchsergebnisse sind in [9.2] gesammelt.

7.3.5 Bleilager

Bleilager wurden früher ihrer Billigkeit wegen viel, jetzt kaum noch verwendet. Sie waren nach DIN 1075 (68), 8.5.1 mit 10 bis 15 N/mm² zu bemessen und ermöglichen in Form von Streifen größere Drehwinkel als Betonlager [12]. Nach langer Gebrauchsdauer zeigte sich bei freigelegten Bleilagern, daß die Platten durch Kriecherscheinungen und Lagerbewegungen breit gequetscht worden sind, so daß die Stützkraft stark auswanderte. Außerdem wird das Blei durch chemische Reaktionen mit dem Kalk des Zementes bei Zutritt von Feuchtigkeit angefressen und vielfach völlig zerstört. Von ihrer Verwendung für Dauerzwecke wird daher abgeraten. Sie sind auch in DIN 1075 (81) nicht mehr aufgeführt. Wenn man trotz dieser Nachteile noch Bleilager für untergeordnete Zwecke anwenden will, müssen Beton und Blei durch dünne Bitumenschichten mit Fasereinlagen (Glasvlies) voneinander getrennt werden.

7.3.6 Verformungslager

Alle bisher beschriebenen Lager ermöglichen nur ein oder zwei Freiheitsgrade, so daß sie fünf- bzw. vierstäbige Festhaltungen des gelagerten Punktes bedeuten, sofern man nicht aufwendige Kombinationslager vorsieht. Wie Abb. 7/2 zeigt, entstehen hierdurch Zwängungen, die bei gedrungenen Brückentafeln mitunter zu Schäden geführt haben. Eine einstäbige Abstützung ist mit Stahlkugeln zu erreichen, die aber wegen der kleinen Berührungsfläche nur geringe Kräfte aufzunehmen vermögen und recht teuer sind (7.3.2). Bei geringen Verdrehungen stehen Betonpendel mit zwei kreisförmigen Betonlagern zur Verfügung (Abb. 7/17).

Wesentlich einfacher in der Anwendung sind aber die sogenannten „Gummilager", die zudem den Vorzug geringer Bauhöhe und großer Wirtschaftlichkeit besitzen. Bei Einhängeträgern kommt die geringe Bauhöhe besonders vorteilhaft zur Geltung („Gerbergelenke"). Sie bestehen aus Kunstgummi (Elastomere, z. B. Neoprene) in etwa 5 bis 15 mm dicken Lagen je nach Lagergröße (Abb. 7/20a), deren starke Querdehnung ($v \cong 0,5$) durch Stahlblecheinlagen so stark behindert wird (Abb. 7/20b), daß in ihrem Inneren ein dreidimensionaler, annähernd hydrostatischer Spannungszustand entsteht, der die einaxiale Festigkeit sowie die Elastizitätszahl des Gummis vervielfacht und eine sehr kleine Zusammendrückung zur Folge hat [13; 2/10.6]. Die Fähigkeit, sich durch Schub zu verformen, wird jedoch nur wenig durch die Stahleinlagen beeinträchtigt. Auch eine Verdrehung der Ober- und Unterfläche der Lager gegeneinander ist ohne großen Widerstand möglich, da bei annähernder Volumenkonstanz ein geringes Verquetschen des synthetischen Gummis zwischen

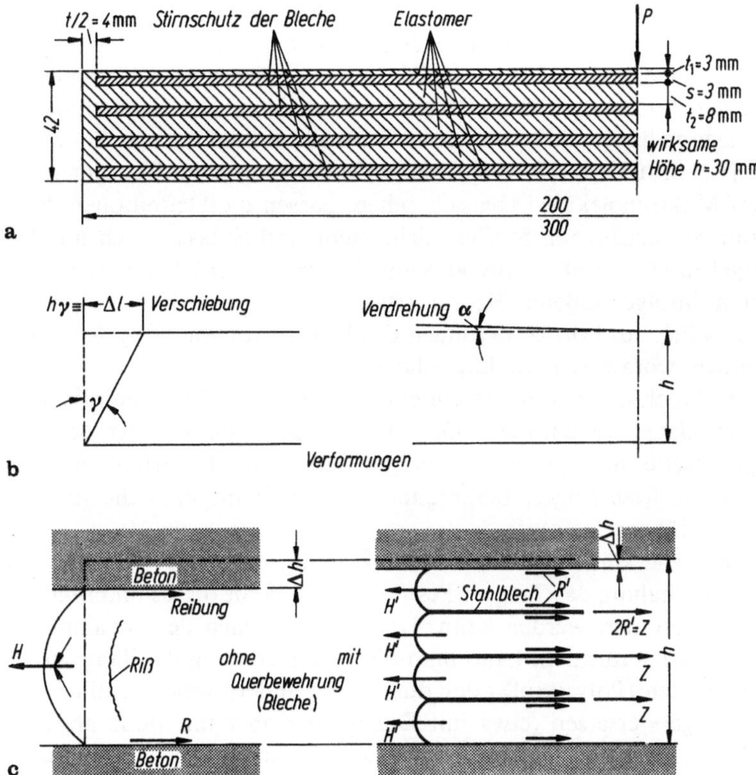

Abb. 7/20. Verformungslager unter Verwendung von Elastomeren („Gummilager") [1.1, S. 1047 u. 2.1, S. 128]. **a** Aufbau; **b** Schub- und Verdrehungs-Verformung; **c** Wirkungsweise: Bleche behindern die Querdehnung, jedoch nicht die Schubverformung γ und vergrößern die Tragfähigkeit einer gleichdikken, vollen Platte.

Beispiel zu a):

Fläche $A_G = 200 \cdot 300 = 60000$ mm²
    zul $\sigma_1 = 12,5$ N/mm²
    zul tan $\gamma = 0,7$
    zul α_1/Schicht $= 3$

zulässige Werte [1.1, Bild 61 u. 63]
zul $P = 60000 \cdot 0,0125 = 750$ kN
zul $\Delta l = h \tan \gamma = 30 \cdot 0,7 \sim 20$ mm
zul $\alpha = 3\alpha_1 = 0,9°/_{00}$

den Einlagen von einer Seite zur anderen eintritt. Bei einer Auflagerverdrehung von etwa $10°/_{00}$ wandert die Resultierende der Spannungen im Lager nur um etwa 10% der Lagerbreite aus. Ein derartiges Lager stellt mithin praktisch eine senkrechte, einstäbige Stützung dar, die waagrechten Verschiebungen und Verdrehungen in allen Richtungen nur geringen Widerstand entgegensetzt. Immerhin lassen sich kleine Horizontalkräfte (z. B. Wind- und Bremskräfte von Straßenbrücken, jedoch nicht Kräfte aus ständiger Last!) durch diese Lager aufnehmen. Bei der größten zugelassenen Schubverformung tan $\gamma = 0,7$, einem Schubmodul $G = 1,0$ N/mm² und einer mittleren senkrechten Pressung von $\sigma = 15$ N/mm² ist der Widerstand einer Reibungszahl $\mu = \dfrac{G}{\sigma} \tan \gamma = 0,045 \cong 5\%$ gleichwertig.

Aufgrund von Tragfähigkeits- und Verformungsversuchen wurde eine mittlere senkrechte Pressung von 10 (Fläche $<$ 400 cm^2) bis 15 (Fläche $>$ 1200 cm^2) N/mm^2 in den Zulassungen festgelegt. Die minimale Pressung soll etwa 3,0 N/mm^2 betragen, um ein Gleiten auf dem Beton zu vermeiden. Die Elastizitätszahl für senkrechte Belastung hängt stark von den Lagerabmessungen und der Shore-Härte des Gummis ab [1.1, S. 1055; 2.1, S. 190]. Da die Verformungen der Elastomere durch Umlagerung von Makromolekülen vor sich gehen, passen die Definitionen der Verformungsmoduln von elastischen Stoffen nicht mehr und es lassen sich nur Mittelwerte hierfür angeben ($E = 1000 \dots 10000$ N/mm^2). Den Lagern kann eine waagrechte Verschiebung infolge äußerer Kräfte (Bremskräfte) von 30% der Lagerhöhe und einschließlich der Formänderungen des Überbaues von 70% der Lagerhöhe zugemutet werden, woraus sich die Lagerdicke ergibt.

Bei Hochbauträgern und einfeldrigen Straßenbrücken empfiehlt es sich, beiderseits Gummilager anzuordnen. Der Bewegungsnullpunkt liegt dann in der Mitte der Spannweite, man kommt daher mit der halben Lagerhöhe aus und erspart außerdem das feste Lager. Bei breiten Brücken wird man die mittleren Lager jedoch seitlich führen.

Die Lagerkörper werden auf der Widerlagerbank im Mörtelbett verlegt und von der Sohlenschalung des Tragwerkes umgeben, damit dieses unmittelbar und satt auf das Lager betoniert werden kann. Um das Entfernen der Schalung aus dem schmalen Schlitz zu vermeiden, kann man die Unterschalung des Tragwerkes durch Schaumstoffplatten (Polystyrol) oder durch eine andere weiche Füllung bis zur Oberkante des Lagers ersetzen (etwa mit Dachpappe oder mit Folie abgedeckter Sand, gipsgebundene Sägespäne), die sich später mit einem Wasserstrahl leicht ausspülen oder herauskratzen lassen.

Die chemische Stabilität der Elastomere soll eine lange Lebensdauer gewährleisten; da Sauerstoff und Licht nicht zutreten können, ist ohnehin ein Oxidationsvorgang kaum möglich. Immerhin handelt es sich um Produkte der *organischen* Chemie und man muß mit einer Veränderung des Molekulargefüges und damit der mechanischen Eigenschaften rechnen. Daher sollte man stets seitlich der Lager Abstützungsmöglichkeiten für hydraulische Pressen vorsehen, um die Lager gegebenenfalls durch geringes Anheben des Überbaues auswechseln zu können. Außerdem sind die Verformungen rheologisch (zeitabhängig) [2.1, S. 190]. Wie die meisten Kunststoffe reagieren die Elastomere ferner stark auf erhöhte Temperaturen und beginnen bei etwa 150 °C zu erweichen. Sie können daher in brandgefährdeten Bauwerken nur mit besonderem Schutz, etwa Asbest- oder Glaswolleumhüllung (DIN 4102, Teil 4 (81) und [1/25, S. 383]) verwendet werden. Bei Bränden haben dünne Lager gut standgehalten, wenn sie von den Betonkanten zurückgesetzt waren.

Als einfache Lager im Hochbau für kleine Wege und Verdrehungen sowie bei vorwiegend ruhenden Lasten, d. h. bei Spannweiten bis etwa 10 m bei starren Widerlagern und etwa 30 m auf elastischen Stützen genügen unbewehrte Elastomerefolien mit höchstens $t = 15$ mm Stärke, die mit max. 5 N/mm^2 beansprucht werden dürfen [14]. Sie müssen aber, wie erwähnt, mindestens 3 cm vom Rand des Auflagers und des aufliegenden Balkens zurückbleiben, um Abplatzungen am Rand zu vermeiden (Abb. 7/10). Sie dürfen nicht zu dick sein, um das seitliche Ausquetschen zu begrenzen [2.1, S. 186]. Deshalb ist das Verhältnis der kleinsten Abmessung zur Dicke t begrenzt für:

Kreisdurchmesser d $\geqq$ $15t$
Rechteck, kleine Seite $a \geqq$ $8,3(1 + a/b)\,t$
Quadrat $b = a$ $\geqq$ $16,7t$
Streifen $b \to \infty$ $\geqq$ $8,3t$

Die Verdrehung α darf $0{,}2t/a$, also 12 bis 24% betragen, was dem Durchbiegungsverhältnis $f/l \cong 1/330 \ldots 1/170$ eines Balkens mit der Stützweite l entspricht.

Die „Gummilager" lassen sich durch seitliche Führungen zu Gleitlagern [1.1, S. 1064] oder durch Fixieren in *zwei* Richtungen zu festen, aber drehbaren Lagern umgestalten. Im letzteren Falle gibt man der Führung Kreisform und ersetzt die Einlagebleche zur Verhinderung der Querdehnung durch einen umschließenden Ring. Die obere Platte dieser „Topflager" (Abb. 7/21) muß dann gegen diesen Ring abgedichtet werden, so daß das eingeschlossene Neoprene unter hydrostatischem Druck steht, sich leicht verformen und mit bis zu 30 N/mm² beansprucht werden kann. Die Verdrehung darf bei Brücken 5‰ betragen, was nach Abb. 7/6 $f/l = 0{,}5/3{,}2 \cdot 100 \cong 1/600$ entspricht. Auch diese Lager lassen sich durch eine Zwischenlage aus PTFE nach zwei Richtungen verschieblich machen, bei Anordnung einer seitlichen Führung nach nur einer Richtung.

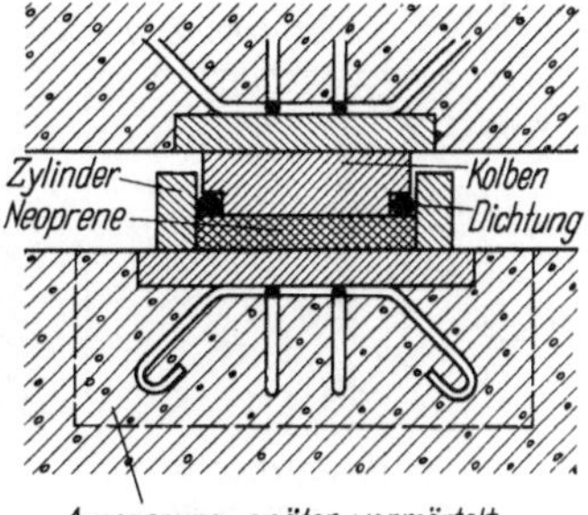

Abb. 7/21. „Gummilager" mit allseitiger Führung (angenähert dreistäbige Abstützung) sog. „Topflager" [2.1, S. 101] (schematisch) Zylinder nimmt statt der Bleche Seitendruck auf

Durch ihre geringe Bauhöhe, ihre Wirtschaftlichkeit und Korrosionsbeständigkeit haben die „Gummilager", die für Stützkräfte bis zu 40 MN ausgeführt worden sind, die Stahllager weitgehend verdrängt. Sie sind jedoch empfindlich gegen flüchtige Lösungsmittel und wie erwähnt, gegen Temperaturen $>150\,°\text{C}$.

Über die verschiedenen Bauarten dieser Lager, deren Bemessung und Zulassung, gibt die erwähnte Literatur [1.1; 2.1; 3.1] sowie das Prospektmaterial der Hersteller erschöpfende Auskunft. In [2.1] findet man auch die „Richtlinien" des IfBt, ferner verschiedene „Rundschreiben" des BMV Abt. Straßenbau betr. Lager, die Texte der bauaufsichtlichen „Einzelzulassungen" von Lagern (bis 1973) des IfBt sowie die DDR-Norm TGL 18204 (68): „Gummilager für Bauwerke".

Da die Randzone dieser Lager sich durch Ausquetschen der Lastübertragung teilweise entzieht (Abb. 7/9 a), was auch durch Versuche nachgewiesen ist, und beim Verdrehen die Resultierende auswandert, wird empfohlen [13.3, S. 103; 13.5], die Spaltzugbewehrung im anschließenden Beton für die Lastbreite $a/2$ zu bemessen.

7.3.7 Sonderbauarten

7.3.7.1 Zuglager

Bei den Endlagern unter den spitzen Ecken von schiefen Platten oder kurzen End-
feldern durchlaufender Balken sind oft die negativen Stützkräfte aus Verkehrslast
größer als die positiven Kräfte aus ständiger Last, so daß Zugkräfte auftreten können.
Außerdem erfordern gewisse Lager einen bestimmten minimalen Druck. Eine einfache Zugverankerung läßt sich mit Rundstahl $\varnothing\ d_s$ bewerkstelligen, der beweglich
in Hülsen geführt wird (Abb. 7/22). Unter der Annahme starrer Einspannung oben
und unten ergibt sich aus dem horizontalen Lagerweg δ eine Zusatzspannung
$\sigma_2 = 3Ed_s\delta/h^2$ die sich zu der Grundspannung $\sigma_1 = 4Z/d_s^2\pi$ addiert. Um die Stäbe
gut ausnutzen zu können, muß man sie lang und ihren Durchmesser klein halten
(hochwertiger Stahl mit aufgerolltem Gewinde). Die Stäbe werden möglichst dauer-
haft überzogen und leicht vorgespannt, um eine kraftschlüssige Anpressung zu erzeugen. Der Korrosionsschutz bleibt trotzdem problematisch, bedarf jedenfalls einer
Zulassung. Sie sollten daher auswechselbar sein (Bronzemuttern).

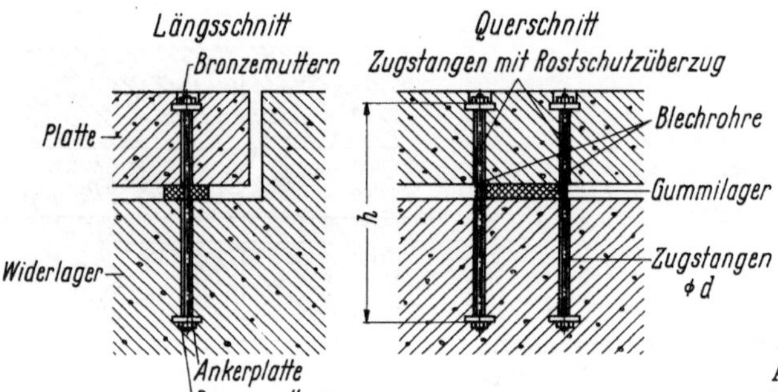

Abb. 7/22. Zuglager für Platten-
brücke

7.3.7.2 Horizontallager (Führungslager)

Waagerechte Stützkräfte können meist von den senkrechten Abstützungen übernommen werden, die sie in Querrichtung durch Reibung übertragen. Mitunter reicht
diese aber nicht aus, wenn beispielsweise das Endlager eines mehrfeldrigen Balkens
die gesamte Windlast mehrerer Felder auf die Widerlager übertragen soll. Dort wird
daher ein Horizontallager nötig (Abb. 7/23a). Ein ähnlicher Fall liegt bei einem mehrgeschossigen Hochbau vor, wenn an einer Trennfuge nur *eine* Windscheibe angeordnet wird. Die Windkräfte der anderen Seite sind dann mittels einer horizontalen
„Zunge", die aus der Deckenplatte auskragt, in die Windscheibe überzuleiten (Abb.
7/23b). Die beiden Kontaktflächen werden mit Blech, besser noch mit Kunststoffplatten belegt (Dachpappe ist zu wellig); am besten werden „Gummilager" eingebaut.

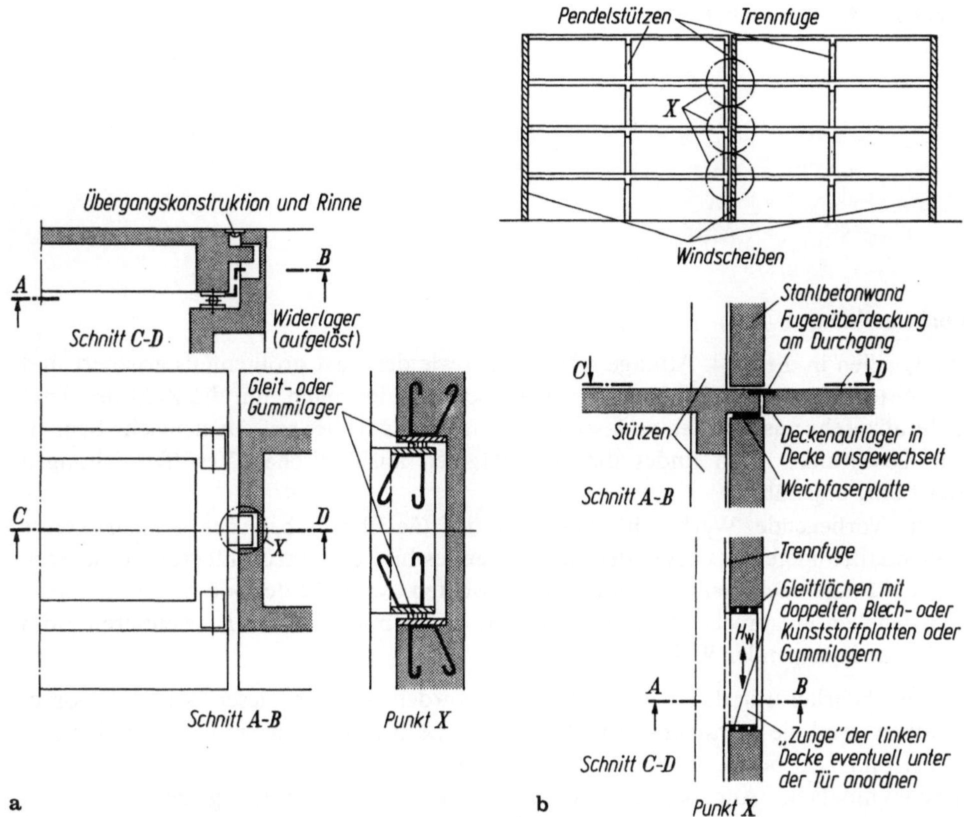

Abb. 7/23. Horizontallager. **a** für Brücke am Endwiderlager zur Aufnahme der gesamten Windkraft bei mehrfeldrigem Durchlaufbalken auf Pendelstützen, **b** für mehrgeschossigen Hochbau in jedem Stockwerk (Decken als Scheiben ausgebildet)

Literaturverzeichnis

Vorbemerkungen

Die Quellen in dieser 4. Auflage sind ebenso wie der Text größtenteils erneuert und bis Mitte 1983 berücksichtigt worden. Dabei habe ich mich, um die Zahl der Titel nicht allzusehr anschwellen zu lassen, noch mehr als früher auf das deutsche Schrifttum beschränkt. Man findet die einschlägigen ausländischen Veröffentlichungen meist dort angeführt.

Das vorliegende Werk will einerseits die tägliche Arbeit des Konstrukteurs erleichtern, andererseits aber auch tiefergehendes Interesse am Stahlbeton befriedigen und die Frage nach dem „Warum?" beantworten. Ich habe deshalb die angeführten Schriftstellen entsprechend gekennzeichnet, damit man sich rasch orientieren kann und zwar in folgender Weise:

● Unentbehrlich für den Alltag. (Normen wurden nicht in dieser Weise hervorgehoben, weil sie selbstverständlich stets zu berücksichtigen sind. Sie sind daher meist im Text bereits erwähnt.)

◑ Sehr nützliche Angaben und wesentlich für die Erweiterung des Ingenieur-Horizontes.

○ Besonders geeignet, tiefere Einsichten zu gewinnen.

Ohne Punkt: Veröffentlichungen, die andere Arbeiten ergänzen, oder Forschungsberichte, die neue Wege aufzeigen. Die Hefte des DAfSt erhielten keinen Punkt, sofern sie einem speziellen Problem nachgehen und die Ergebnisse nicht ohne Aufbereitung für die Praxis verwendbar sind. Einzelne Hefte sind jedoch als Rechenhilfen geschaffen und deshalb im Literaturverzeichnis ausdrücklich aufgeführt.

Mit der Kennzeichnung durch Punkte ist keinesfalls eine Qualifikation beabsichtigt und die Hervorhebung nicht frei von subjetiver Einschätzung.

Es erwies sich als praktisch, das Verzeichnis entsprechend der Einteilung des Textes in Abschnitte zu zerlegen.

Ich wiederhole ferner (vgl. Ende Inhaltsverzeichnis) das System der Verweisungen:
z. B. auf Literatur des jeweiligen Abschnittes: z. B. [11] oder [42.3],
    auf Literatur eines anderen Abschnittes: z. B. [1.2/35.1],
    auf Literatur des Teiles A des Bandes I: z. B. [I A, 2/24].

Manche Arbeiten sind in verschiedenen Zeitschriften abgedruckt. Sie erhalten dann den Hinweis „sowie". Sind unter einer Nummer inhaltlich *ähnliche* Arbeiten erwähnt, habe ich sie durch „ferner" oder „vgl. auch" gekennzeichnet. Schließlich weise ich darauf hin, daß mitunter auf Besonderheiten des Inhaltes durch eine eingeklammerte Bemerkung hingewiesen wird.

Häufig zitierte Literatur, zum Teil mit ihren Abkürzungen

a) Zeitschriften und Periodica

Abkürzung	Titel	Verlag
Beton	Beton — Herstellung und Verwendung	Betonverlag, Düsseldorf
BuSt.	Beton- und Stahlbetonbau	W. Ernst & Sohn, Berlin
BT.	Die Bautechnik	W. Ernst & Sohn, Berlin
BI.	Der Bauingenieur	Springer-Verlag, Berlin, Heidelberg, New York
Betonwerk- u. Fertigteiltech. (Betonsteinztg.)	Betonwerk- und Fertigteiltechnik (früher: Betonsteinzeitung)	Bauverlag, Wiesbaden
	Zement—Kalk—Gips	Bauverlag, Wiesbaden
Betontech. Ber.	Betontechnische Berichte des Forschungsinstitutes der Zementindustrie Düsseldorf (jährlich)	Betonverlag, Düsseldorf
Kurzber. a. d. Bauforsch.	Kurzberichte aus der Bauforschung	Informationsverbundzentrum Raum u. Bau der Fraunhofer-Gesellschaft, Stuttgart
Baupl. u. Bautech.	Bauplanung und Bautechnik	VEB Verlag für Bauwesen, Berlin
Zem. u. Bet.	Zement und Beton	Zeitschrift des Österreichischen Betonvereins und des Vereins Österr. Zementfabriken, Wien
B. Kal.	Betonkalender (jährlich)	W. Ernst & Sohn, Berlin
M. Kal.	Mauerwerk-Kalender (jährlich)	W. Ernst & Sohn, Berlin
Mitt. IfBt.	Mitteilungsblatt des Institutes für Bautechnik, Berlin	W. Ernst & Sohn, Berlin
Zem. TB.	Zement-Taschenbuch des Vereins der Deutschen Zementwerke (zweijährlich)	Bauverlag, Wiesbaden
Bet.-St. i. d. Entw.	Betonstahl in der Entwicklung	Tor-Isteg Steel Corporation, Luxemburg
	Concrete	Cement and Concrete Association, London
J. ACI	Journal of the American Concrete Institute	American Concrete Institute, Detroit
	FIP Notes	Fédération internationale de la précontrainte, London
	Cement	Verkoopasociatie Nederlands Cement BV, Amsterdam
CUR Rapp.	Stichting Commissie for uitföring van Reseàrch	Nederlandse Betonvereiniging, Zoetermeer
	Heron	Stevin-Laboratory, Department of Civil Engineering, University of Technology, Delft
SBZ	Schweizer Bauzeitung seit 1979: Schweizer Ingenieur und Architekt.	Verlags AG Akad.-techn. Vereine, Zürich

b) Institutionen

Abkürzung	Name	Ort (Verwaltung)
DBV	Deutscher Betonverein	Wiesbaden
DAfSt	Deutscher Ausschuß für Stahl- beton Forschungshefte	Berlin W. Ernst & Sohn, Berlin
IfBt	Institut für Bautechnik	Berlin
IRB	Informationszentrum „Raum und Bau" der Fraunhofer-Gesellschaft. Es gibt laufend den „Informationsdienst Schrifttum Bauwesen" heraus und liefert auf Anfordern Zusammenstellungen für bestimmte Sondergebiete und Zeiträume [1/32]	Stuttgart
FBW	Forschungsgemeinschaft Bauen und Wohnen	Stuttgart
BMV	Bundesministerium für Verkehr	Bonn
PZWH	Portland-Zementwerke	Heidelberg
IVBH	Internationale Vereinigung für Brücken und Hochbau (französisch: AIPC, englisch: IABSE)	Zürich
CEB	Comité euro-international du béton	Paris
FIP	Fédération internationale de la précontrainte	London
Rilem	Réunion internationale des laboratoires d'essai et de recherché sur les matériaux et les constructions	
VPI	Bundesvereinigung der Prüf- ingenieure für Baustatik	Berlin und Landesvereinigung der VPI, Stuttgart

Literatur zur Einleitung und zu Abschnitt 1 (Grundlagen)

○ 1 Lacroix, R.: Le modèle et l'exemple. FIP-Notes, Juli/Aug. 1979, Nr. 81, S. 1

● 2 Leonhardt, F.: Vorlesungen über Massivbau. Berlin, Heidelberg, New York: Springer. 1. Teil: Grundlagen 1973; 2. Teil: Sonderfälle 1975; 3. Teil: Bewehren im Stahlbetonbau 1977; 4. Teil: Nachweis der Gebrauchsfähigkeit 1978; 5. Teil: Spannbeton 1980; 6. Teil: Massivbrückenbau 1979

● 3 Rüsch, H.: Stahlbeton-Spannbeton. Bd. 1.: Werkstoffeigenschaften. Bemessung. 1972 Bd. 2: Berücksichtigung der Einflüsse von Kriechen und Schwinden auf das Verhalten der Tragwerke. Düsseldorf: Werner 1976

● 4 Grasser, E.; Kordina, K.; Quast, U.: Bemessung von Beton- und Stahlbetonbauteilen nach DIN 1045 (78) auf Biegung mit Längskraft, Schub, Torsion sowie Nachweis der Knicksicherheit. DAfSt 1979 H. 220. Zitiert als „H. 220"

● 5 Grasser, E.; Thielen, G.: Hilfsmittel zur Berechnung der Schnittgrößen und Formänderungen von Stahlbetontragwerken nach DIN 1045 (72). DAfSt 1976 H. 240. Zitiert als „H. 240"

● 6.1 Beton-Kalender (zitiert als „B. Kal."). Taschenbuch für Beton-, Stahlbeton- und Spannbetonbau sowie die verwandten Fächer. Schriftleitung Prof. em. Dr.-Ing. Dr.-Ing. E. h. G. Franz. Berlin: Ernst u. Sohn. Erscheint jährlich in zwei Teilen: Teil 1: Grundlagen, Teil II: Bestimmungen und Anwendungen.

● 6.2 Mauerwerk-Kalender (zitiert als „M. Kal."). Taschenbuch für Mauerwerk, Wandbaustoffe, Schall-, Wärme- und Feuchtigkeitsschutz. Schriftleitung Dr.-Ing. P. Funk. Berlin: Ernst u. Sohn. Erscheint jährlich.

○ 7 Mayer, M.; Zellerer, E.: Die statische Berechnung, 2 Bde. Frankfurt/M.: Ullstein 1966

◑ 8.1 Erläuterungen zur DIN 1080. Berlin: Ernst u. Sohn. Bd. 1: Winter, K.: zu Teil 1, 1977; Bd. 2: Luchner, H.; Winter, K.: zu Teil 2, 3, 4, 5, 1980.

8.2 DIN 1351 Teil 10: Bewehrungszeichnungen; dazu Beiblatt 1. Bust. (1978) S. 109

◑ 9.1 Gotsch; Hasenjäger: Technische Baubestimmungen. 11 Ordner (werden laufend ergänzt). Köln: Müller.

9.2 Wedler, B.: Berechnungsgrundlagen für Bauten. Berlin: Ernst u. Sohn 1974

9.3 Gŭnia, K.: Zwischen Norm und Zulassung. Zeitschr. Consulting Okt. 1981 S. 54 Würzburg: Vogel

9.4 Marburger, P.: Die Regeln der Technik im Recht. Köln: Heymann 1979 (umfassend)

◑ 10.1 Zement-Taschenbuch 1979/80, S. 523. Wiesbaden: Bauverlag

10.2 Beton- und Fertigteil-Jahrbuch 1981, S. 295. Wiesbaden: Bauverlag

11.1 Flügge, W.: Festigkeitslehre. Berlin, Heidelberg, New York: Springer 1967

◑ 11.2 Dimitrov, N.; Herberg, W.: Festigkeitslehre; Elastizität, Plastizität, Stabilität. Bd. I: Stäbe 1971; Bd. II: Flächentragwerke 1972. Sammlung Göschen 6144 u. 6145. Berlin: de Gruyter

○ 11.3 Neŭber, H.: Technische Mechanik. 1. Teil: Statik; 2. Teil: Elastostatik und Festigkeitslehre; 3. Teil: Kinetik. Berlin, Heidelberg, New York: Springer 1971 und 1974

11.4 Timoshenko, S. P.; Goodier, J.: Theory of elasticity. New York: McGraw-Hill 1970

◑ 12.1 Semendjajew, K.; Bronstein, J.: Taschenbuch der Mathematik. Frankfurt/M.: Harri Deutsch 1962

12.2 Sauer, R.: Ingenieur-Mathematik. 2 Bde. Berlin, Heidelberg, New York: Springer 1969

12.3 Collatz, L.: Differentialgleichungen für Ingenieure. Stuttgart: Teubner 1960

○ 12.4 Zurmühl, R.: Praktische Mathematik. Berlin, Heidelberg, New York: Springer 1965

13.1 Leonhardt, F.: Zur Frage der Übereinstimmung von Berechnung und Wirklichkeit bei Tragwerken aus Stahlbeton und Spannbeton. Konstruktiver Ingenieurbau (Festschr. Hirschfeld) S. 158. Düsseldorf: Werner 1967

○ 13.2 Duddeck, H.: Die Ingenieuraufgabe, die Realität in ein Berechnungsmodell zu übersetzen. Ber. Nr. 6 der Arb.-Tagung der VPI (Bund) Berlin 1980 (sehr informativ!) sowie BT (1983) S. 225

13.3 Polónyi, S.: Einige Gedanken über den wissenschaftlichen Stand der Baustatik. BT. 1981, S. 1 (Statik und Bewehrungsführung gehören bei Stahlbeton zusammen! Beispiele: Konsolen, Becherfundamente)

◑ 14.1 Beyer, K.: Die Statik im Stahlbetonbau. 2. Aufl. Berlin, Göttingen, Heidelberg: Springer 1956

14.2 Hirschfeld, K.: Baustatik, 3. Aufl. Berlin, Heidelberg, New York: Springer 1969

14.3 Kaufmann, W.: Statik der Tragwerke, 4. Aufl. Berlin, Göttingen, Heidelberg: Springer 1957

○ 14.4 Sattler, K.: Lehrbuch der Statik. Theorie und Anwendung. Bd. 1: Grundlagen und fundamentale Berechnungsverfahren 1969; Bd. 2: Höhere Berechnungsverfahren (Spannungen und Schnittbelastungen; Stabilität und Schwingungen) 1974. Berlin, Heidelberg, New York: Springer

14.5 Pflüger, A.: Statik der Stabwerke. Berlin, Heidelberg, New York: Springer 1978

○ 15 Duddeck, H.: Forschung am Inst. für Statik der TU Braunschweig. Überblick über die Aufgaben der Statik in Kurzvorträgen. Ber. Nr. 77-25, 1977

16.1 Kersten, R.: Das Reduktionsverfahren der Baustatik. (Übertragungsmatrizen). Berlin, Heidelberg. New York: Springer 1962 (2. Aufl. 1982)

16.2 Lawo, M.; Thierauf, G.: Stabwerke. Matrizenmethoden der Statik und Dynamik. Braunschweig: Vieweg 1980

16.3 Müller, H.: Anwendung der Matrizenrechnung in der Stabstatik. Ingenieur-Taschenbuch Bauwesen Bd. I. Leipzig: Teubner 1953

17.1 Dimitrov, N.: Operatorenrechnung in der Baustatik. Ber. Nr. 1 Inst. für Tragkonstruktionen Univ. Stuttgart 1982

17.2 Dimitrov, N.: Erweitertes Reduktionsverfahren und Übertragungsmatrizen für Stabwerke. . Ber. Nr. 7 Inst. Für Tragkonstruktionen Univ. Stuttgart 1981

17.3   Dimitrov, N.: Das Reduktionsverfahren mit Hilfe der Operatorenrechnung. Bust. 1978, S. 268

18   Franz, G.: Das Rechnen mit unstetigen Funktionen in der Baustatik. Berlin: Ernst u. Sohn 1972

◑ 19.1   Girkmann, K.: Flächentragwerke. Wien: Springer 1963

19.2   Timoshenko, S. P.: Theory of plates and shells. New York: McGraw-Hill 1959

◑ 19.3   Rabich, R.: Statik der Platten, Scheiben und Schalen. Ingenieur-Taschenbuch Bauwesen, Bd. I, S. 865. Leipzig: Teubner 1963 (viele graph. Darstellungen)

20.1   Stüssi, A.: In: Taschenbuch für Bauingenieure (Hrsg. Schleicher, F.). Bd. I, S. 949. Berlin, Göttingen, Heidelberg: Springer 1955

20.2   Bleich, F.; Melan, E.: Die gewöhnlichen und partiellen Differenzengleichungen der Baustatik. Berlin: Springer 1927

21.1   Buck, K. u. a.: Finite Elemente in der Baustatik. (Einführung und Vorträge Koll. Stuttgart). Berlin: Ernst u. Sohn 1973

○ 21.2   Gallagher, R. H.: Finite-Element-Analysis. (Grundlagen). Berlin, Heidelberg, New York: Springer 1976

○ 21.3   Pahl, P. u. a.: Finite Elemente in der Baupraxis. (Vorträge Tagung TU Hannover). Berlin: Ernst u. Sohn 1978

21.4   Wolf: Finite Elemente als statische Methode. Österr. Ing.-Zeitschr. (1970) S. 111

21.5   Kolař, V. u. a.: Berechnung von Flächen- und Raumtragwerken mit der FE-Methode. In: Ingenieurbauten, Theorie und Praxis (Hrsg. Sattler, K.), Bd. 6. Wien, New York: Springer 1975

◑ 21.6   Stein, E.: Grundlagen und Anwendungen der FEM. Vortrag VPI (Bad. Württ.) Freudenstadt H. 6, 1982 (Modernste Einführung mit kritischer Übersicht der Methoden, vorh. Programme und Ergebnisse; viel Lit.)

21.7   Zellerer, E.; Thiel, H.: Zur Anwendung der Methode der Finiten Elemente in der Ingenieurpraxis. Beiträge zur Bautechnik. (Festschrift Halász) S. 107. Berlin: Ernst u. Sohn 1980

○ 21.8   Rechen- und Entwicklungsinst. für EDV im Bauwesen (RIB). (Hrsg. Hahn, V.): H. 2, Elektronisches Rechnen in der Baustatik. Berlin: Ernst u. Sohn 1975

◑ 21.9   Wetzell, O. u. a.: EDV-Handbuch für Bauingenieure, Bd. 1: Baustatik (Stabwerke); Bd. 2: Fachwerke, Stahlbetonbau, Mathematik. Düsseldorf: Werner 1979

21.10 v. Laar, K.: Die Anwendung des Analogrechners zur Lösung von Grundproblemen der Statik. BI. (1979) S. 115

21.11 Boese, W.: Der Computer im Ingenieur-Büro: Segen oder Fluch? Vortrag VPI (Bad. Württ.) Freudenstadt, H. 3, 1979

○ 22.1   Müller, R. K.: Handbuch der Modellstatik. Berlin, Heidelberg, New York: Springer 1971

22.2   Müller, R. K.: Möglichkeiten und Grenzen der Modellstatik. Beiträge zum Massivbau (Festschrift Mehmel) S. 175. Düsseldorf: Betonverlag 1967

22.3   Speer, S.: Experimentelle Spannungsanalyse. Leipzig: Teubner 1971

22.4   Laermann, K. H.: Experimentelle Spannungs- und Dehnungsanalyse. Bd. I: 1972; Bd. II: 1977. Düsseldorf: Werner

22.5   Niemann, H.; Rothert, H.: Fehlerquellen bei der Bemessung von Tragwerken aufgrund von Modellversuchen. BuSt. (1969) S. 136

22.6   Niemann, H.: Ähnlichkeitsmechanik als Grundlage experimenteller Untersuchungen im konstruktiven Ingenieurbau. Konstruktiver Ingenieurbau in Forschung und Praxis (Festschrift Zerna). Düsseldorf: Werner 1976

22.7   Feucht, W.: Einführung in die Modelltechnik. Beitrag im Handbuch der Spannungs- und Dehnungsmessung S. 381. Düsseldorf: VDI-Verlag 1958

22.8   Bonvalet: L'étude des structures du génie civil. Paris: Eyrolles 1971

22.9   Experimentelle Spannungsanalyse. Beiträge 6. Internat. Kongreß 1978. VDI-Bericht Nr. 313, 1978.

◑ 23   Vorläufige Richtlinien für das Aufstellen und Prüfen elektronischer Standsicherheitsberechnungen 1966. B. Kal. 1969 I, S. 657

24.1   Hossdorf, H.: Modellstatik. Wiesbaden: Bauverlag 1971

24.2   Twelmeier, H.; Schneefuß, I.: Zusammenstellung und Beurteilung von Meßverfahren zur Ermittlung der Beanspruchung von Stahlbetonbauteilen. DAfSt 1975, H. 330

24.3   Kufner, M.: Spannungsoptische Modellversuche und Dehnungsmessungen an Bauwerken. Bauingenieur-Praxis, H. 24. Berlin: Ernst u. Sohn 1968

● 25.1   Kordina, K.; Meyer-Ottens, C.: Beton-Brandschutz-Handbuch. Düsseldorf: Betonverlag 1981

○ 25.2   Brandverhalten von Bauteilen, Teil I u. II. Schriftenreihe Brandschutz im Bauwesen, H. 22. Berlin: E. Schmidt 1981

26.1   Brendel, G.; Schröder, S.: Stahlbetonbau. Leipzig: Teubner 1971

26.2   Brendel, G.: Stahl- und Spannbetonbau. Ingenieur-Taschenbuch Bauwesen, Bd. II Teil 1, S. 413. Leipzig: Teubner 1968

26.3   Löser, B.: Bemessungsverfahren. Berlin: Ernst u. Sohn 1982

28.1   Strelecki, u. a.: Berechnung der Baukonstruktionen nach Grenzzuständen (aus dem Russischen). Berlin: VEB Verlag für Bauwesen 1977

28.2   Nyffeler, H.: Gedanken zur plastischen Berechnung der Schnittgrößen im Stahlbetonbau. BT. (1977) S. 300

○ 28.3   Walther, R. u. a.: Möglichkeiten und Grenzen einer sinnvollen Anwendung der Plastizitätstheorie. Vorträge Österr. Betontag 1978 sowie Betontag DBV 1983

○ 29.1   Rüsch, H.: Kritische Gedanken zu Grundfragen der Sicherheitstheorie. Forschungsbeiträge für die Praxis (Festschrift Kordina), S. 3. Berlin: Ernst u. Sohn 1979

◐ 29.2   Grundlagen zur Festlegung von Sicherheitsanforderungen für bauliche Anlagen. DIN (Deutsches Inst. für Normung). Berlin: Beuth 1981

29.3   Soretz, S.: Internationaler Stand der statistischen Sicherheitstheorie und der Plastizitätstheorie. Bet.-St. i. d. Entw. (1969) H. 40

● 30.1   CEB/FIP Mustervorschrift für Tragwerke aus Stahlbeton und Spannbeton 1978 (deutsche Ausgabe des „Code modèle pour les structures en béton 1978" (Vorlage für nationale Normen; Bezüge auf Richtlinien anderer int. Ausschüsse wie FIP, RILEM, ISO usw.).

○ 30.2   Compléments au Code-Modèle CEB/FIP 1978. CEB Bull. No. 139, 1981. (Erläuterungen und Anregungen; franz.)

○ 30.3   Stiller, M.: Das euro-internationale Beton-Komitee (CEB) und die CEB/FIP Mustervorschrift für Betonbauten. Beiträge zur Bautechnik (Festschrift Halász), S 21. Berlin: Ernst u. Sohn 1980 (Arbeitsweise und Vergleiche von Grundlagen).

○ 30.4   Miehlbradt, M.; Wölfel, E.: Internationale Probe- und Vergleichsrechnungen zur CEB/FIP Mustervorschrift (Bericht). BuSt. (1980) S. 136

◐ 31.1   Favre, R. u. a.: Effets différés, fissuration et deformations des structures en béton. Saint-Saphorin: Georgi 1980

◐ 31.2   Verhalten von Bauwerken. Qualitätskriterien. Studientagung des SIA an der ETH Lausanne 1977. Schweizer Ing. u. Arch. Verein, Dokument Nr. 23 (Schadensfälle, Rißbildung und Verformungen, Materialprüfung und -behandlung)

31.3   Specht, M.: Gedanken über die Dauerhaftigkeit von Betonbauten aus der Sicht der Planung und Konstruktion. BuSt. (1982) S. 150

○ 32   Wissmann, W.: Dienstleistungen des Informationszentrums Raum und Bau. BI. (1980) S. 461

Literatur zu Abschnitt 2 (Stützen)

1   Bednář, I.: Spannungsumlagerung infolge Schwindens und Kriechens in zentrisch belasteten Stahlbeton-Prismen. Heron (1976) Nr. 2, S. 83

○ 2.1   Herzog, M.: Die Tragfähigkeit von Stahlbeton-Druckgliedern nach Versuchen. Bauingenieur-Praxis H. 48. Berlin: Ernst u. Sohn 1978. Besprechung hierzu von U. Quast: BI. (1979) S. 482

○ 2.2   Herzog, M.: Die Ermüdungsfestigkeit schlanker Stahlbetonstützen unter ausmittigem Druck. BuSt. (1978) S. 175

2.3   Mehmel, A. u. a.: Tragverhalten ausmittig beanspruchter Stahlbeton-Druckglieder. DAfSt. 1969, H. 204

○ 2.4   Kordina, K. u. a.: Die Knicksicherheit von Stahlbeton-Druckgliedern bei Anwendung der CEB/FIP Mustervorschrift 1978 im Vergleich zu DIN 1045. Kurzber. a. d. Bauforsch. 10/81 S. 885 (DIN liefert i. allg. stärkere Bewehrung als CEB)

○ 2.5   Gruber, L.; Menn, C.: Berechnung und Bemessung schlanker Stahlbetonstützen. Inst. für Baustatik ETH Zürich, Ber. Nr. 84. Näherung: Ber. Nr. 85, S. 21. Beides: Stuttgart: Birkhäuser 1978.

2.6 Kordina, K.; Molzahn, R.: Einfluß des Kriechens auf die Tragfähigkeit schlanker Stützen aus konstruktivem Leichtbeton. BuSt. (1981) S. 186

2.7 Walther, K.; Steinhilber, H.: Bemessung von Stützen für Zwang nach dem Traglastverfahren. BuSt. (1976) S. 64.

2.8 Oelhafen, U.: Formänderungen von Stahlbetonstützen unter exzentrischer Druckkraft. Inst. für Baustatik ETH Zürich. Ber. Nr. 31, 1970

◑ 2.9 Quast, U.: Berücksichtigung des Kriechens bei der Berechnung schlanker Stahlbeton(druck)-stäbe. Bl. (1978) S. 41

○ 3.1 Quast, U.: Schlanke Stahlbetonstützen einfach berechnet. Forschungsbeiträge für die Baupraxis (Festschrift Kordina), S. 269. Berlin: Ernst u. Sohn 1979

3.2 Lohse, G.: Stabilitätsberechnung im Stahlbetonbau. Düsseldorf: Werner 1978

3.3 Gad, W.: Vereinfachte Methode zur Bestimmung kritischer Kräfte gedrungener Stahlbetonstäbe. BI. (1973) S. 466

3.4 Kasparek, K.; Hailer, K.: Nachweis- und Bemessungsverfahren zum Stabnachweis nach DIN 1045. Berlin: Ernst 1973

3.5 Windels, R.: Die Knicksicherheit rechteckiger Stahlbetonstützen mit symmetrischer Bewehrung unter ausmittiger Last. BuSt. (1967) S. 133

3.6 Mehmel, A.; Krebs, A.: Ein Beitrag zur praktischen Behandlung des Stabilitätsnachweises für ausmittig gedrückte Stahlbetontragglieder. Konstruktiver Ingenieurbau (Festschrift Hirschfeld), S. 169. Düsseldorf: Werner 1967

○ 3.7 Wommelsdorf, O.: Stahlbetonbau, Bemessung und Konstruktion, Teil 2: Stützen und Sondergebiete. Werners Ingenieur-Texte Bd. 16, 1974

3.8 Zeller, W.: Knicksicherheitsnachweis nach dem Näherungsverfahren in DIN 1045 für $\lambda < 70$. BT. 75, S. 91

◑ 4.1 Ouvrier, E.: Die Beanspruchung (doppelt exzentrisch) gedrückter Stahlbetonsäulen nach neuer DIN 1045. Düsseldorf: Werner 1975

○ 4.2 Rafla, K.: Praktisches Verfahren zur Bemessung schlanker Stahlbetonstützen mit Rechteckquerschnitt bei schiefer Biegung mit Achsdruck. BI. (1974) S. 429. Eingrenzen des Bereichs der Anwendbarkeit: Quast, U.: DAfSt 1982, H. 332

4.3 Buck, P. u. a.: Stabilität zweiachsig ausmittig beanspruchter Stahlbetondruckglieder. Bauinformation der Bauakad. der DDR Berlin, H. 31, 1975

4.4 Grasser, E.; Galgoul, N.: Zur Bemessung schlanker Stahlbetonstützen für schiefe Biegung mit Achslast. Forschungsbeiträge für die Baupraxis. (Festschrift Kordina), S. 213. Berlin: Ernst 1979

5.1 Rüsch, H.; Stöckl, S.: Versuche an wendelbewehrten Stahlbetonsäulen unter zentrischen Lasten. DAfSt. 1969, H. 205

5.2 Szabó, I.: Umschnürte Stahlbetonstützen. BI. (1964) S. 16

○ 5.3 Müller, K. F.: Tragfähigkeit und Verformung wendelbewehrter Stützen mit mittiger Last. BuSt. (1978) S. 124

5.4 Buchhardt, F.: Anmerkungen zum räumlichen Problem der Lasteinleitung. BuSt. (1978) S. 140

6.1 Stöckl, S.; Menne, B.: Versuche an wendelbewehrten Stahlbetonsäulen unter zentrischer Belastung. DAfSt 1975, H. 251

○ 6.2 Stöckl, S.; Menne, B.: Tragfähigkeit und Verformung wendelbewehrter Stützen unter ausmittiger Belastung. BuSt. (1981) S. 264

7.1 Roik, K.: Die Tragfähigkeit ausbetonierter Hohlstützen aus Baustahl. Inst. für konstr Ing.-Bau Univ. Bochum, Mitt. Nr. 4, 1975

7.2 Palotás, L.: Bemessung ausbetonierter Stahlrohre. Aus Theorie und Praxis des Stahlbetonbaues (Festschrift Franz), S. 50. Berlin: Ernst u. Sohn 1969

8.1 Schröder, S.: Einfluß der Bügelbewegung auf die Tragfähigkeit von Stahlbetonstützen, Baupl. u. Bautech. (1978) S. 398

8.2 Neuner, J.; Stöckl, S.: Versuche zur Knicksicherung von druckbeanspruchten Bewehrungsstäben. DAfSt 1981, H. 327

● 8.3 Empfehlungen des DAfSt zur Verbesserung der Dauerhaftigkeit von Außenbauteilen aus Stahlbeton. Dez. 1981 in: Beton (1982) S. 58. Hierzu ergänzend: Merkblatt „Betondeckung" mit Erläuterungen v. Okt. 1982 in: Beton (1982) S. 424 (besitzt Charakter einer Norm!)

9.1 Torkatjuk u. a.: Technologie und Montagegenauigkeit Baupl. u. Bautech. (1977) S. 175. Grundlagen zusammengefaßt in: TGL 12860 E (81) (DDR-Norm)

9.2 Paschen, H.: Bewertung und Behandlung von Maßtoleranzen im Fertigteilbau. Betonwerk- u. Fertigteiltech. Fertigteilforum 10/1981

◑ 9.3 Paschen, H.; Sack, W.: Maßtoleranzen und Passungsberechnung im Stahlbeton-Fertigteilbau. Wiesbaden: Bauverlag 1980

9.4 Merkblatt „Maßtoleranzen für Bauten aus Stahlbetonfertigteilen". Bundesverband der Deutschen Beton- und Fertigteilindustrie, Bonn 1969

9.5 Arbeitsblätter M 1 und M 2 „Maßtoleranzen" der Arbeitsgemeinschaft Industriebau (AGI). Hannover 1971

9.6 Drees, G.; Scheidler, A.: Wirtschaftlichkeit von Toleranzvereinbarungen. Wiesbaden: Bauverlag 1980

9.7 Bautoleranzen und Baupassungen. Teil 1, 2, 3. Blätter der FBW (Forschungsgemeinschaft Bauen und Wohnen) Stuttgart 1976 (betr. Hochbau)

○ 9.8 Braun, G.: Maßtoleranzen im Stahlbetonbau. BuSt. (1980) S. 272

9.9 Sokolski, J.: Geometrische Qualitätsbewertung von Skelettbauten mit Methoden der Wahrscheinlichkeitstheorie. Baupl. u. Bautech. (1982) S. 20

9.10 Maass, G.; Rackwitz, R.: Maßabweichungen bei Ortbetonbauten. BuSt. 1980, S. 9

○ 9.11 Neck, U.: Maßtoleranzen im Bauwesen. Beton- und Betonfertigteiljahrbuch 1976

9.12 Schmidt/Schönemann: Maß- und Toleranzordnung im Bauwesen. Berlin: VEB Verlag Bauwesen 1977

◑ 10.1 Koncz, T.: Handbuch der Fertigteilbauweise. Wiesbaden: Bauverlag: Bd. 1: Grundlagen, Elemente 1973; Bd. 2: Hallen und Flachbauten 1975; Bd. 3: Mehrgeschoßbauten 1974

10.2 Koncz, T.: Bauen industrialisiert. Wiesbaden: Bauverlag 1976

10.3 Koncz, T.: Entwicklung der konstruktiven Gestaltung im Fertigteilbau. Beiträge zur Bautechnik (Festschrift Halász), S. 153. Berlin: Ernst u. Sohn 1980

○ 10.4 Vaessen, F.: Bauen mit vorgefertigten Stahlbetonbauteilen. Berlin, Heidelberg, New York: Springer 1973

○ 10.5 Kraftschlüssige Verbindungen im Fertigteilbau. Teil 1: Konstruktionsatlas. Düsseldorf: Betonverlag 1978

○ 10.6 Basler, E.: Witta, E.: Grundlagen für kraftschlüssige Verbindungen in der Vorfabrikation. Düsseldorf: Betonverlag 1967

10.7 Neisecke, J.: Ultraschall-Impulstechnik. Kurzber. a. d. Bauforschung 3/81, S. 263 (besonders geeignet für Überwachung von Fertigteil-Fabrikation); ders. Literatursichtung. Ber. a. d. Bauforsch. H. 84. Berlin: Ernst u. Sohn 1973

○ 10.8 Drozella, R.: Das Bewegen schwerer Lasten im Bauwesen. BuSt. (1981) S. 13

10.9 Schmidt, H.: Betonfertigteile. Vorberichte IVBH-Kongreß Tokyo 1976

◑ 10.10 Paschen, H.; Wolff, H.: Entwerfen und Konstruieren mit Betonfertigteilen. Düsseldorf: Werner 1975

11.1 Schäfer, H. G.; Brandt, B.: Die Verbindung von Fertigteilstützen. Forschungsreihe der Bauindustrie, Bd. 18, 1974

11.2 Paschen, H.: Versuche zur Ermittlung vorteilhafter Formen für die Ausbildung von Stützen in Stahlbetonfertigteilen. Kurzber. a. d. Bauforsch. (1979) H. 1/15, S. 63

11.3 Paschen, H.; Zillich, V.: Versuche zur Bestimmung der Tragfähigkeit stumpf gestoßener Stahlbetonfertigteilstützen. DAfSt 1980, H. 316

○ 11.4 Paschen, H.; Zillich, V.: Verhalten von Stößen in Stahlbetonfertigstützen. Forschungsbeiträge für die Baupraxis (Festschrift Kordina) S. 237. Berlin: Ernst u. Sohn 1979

11.5 Paschen, H.: Der Stumpfstoß von Fertigteilstützen. Betonwerk- u. Fertigteiltech. (1980) S. 279 u. 360

○ 11.6 Beck, H. u. a.: Zur Tragfähigkeit stumpf gestoßener Fertigteilstützen. Aus Theorie und Praxis des Stahlbetonbaues. (Festschrift Franz), S. 113. Berlin: Ernst u. Sohn 1969

○ 11.7 Bohle, H.: Die Tragfähigkeit von flachen Mörtelfugen bei gestoßenen Stahlbetonfertigteilstützen. Beiträge zur Bautechnik (Festschrift Halász), S. 185. Berlin: Ernst 1980

○ 11.8 Brandt, B.: Bemessung und Konstruktion der Stöße von Fertigteilstützen. Mitt. aus dem Inst. für Massivbau der TH Darmstadt Nr. 19, S. 88. Berlin: Ernst u. Sohn 1977

11.9 Wurm, P.; Daschner, F.: Versuche über Teilflächenbelastung von Normalbeton. DAfSt 1977, H. 286

○ 11.10 Müller, F. u. and.: Stützenstöße im Stahlbeton-Fertigteilbau mit unbewehrten Elastomer-lagern. DAfSt 1982, H. 339 (Einfluss des Auswanderns der Kraft auf die Umschnürung)

12.1 Dieterle, H.; Steinle, A.: Blockfundamente für Stahlbetonfertigstützen. Kurzber. a. d. Bauforsch. 1981, H. 1/18, S. 101 sowie DAfSt 1982 H. 326. vgl. auch [1/13.9]

○ 12.2 Steinle, A.: Zum Tragverhalten von Blockfundamenten für Stahlbeton-Fertigteilstützen. Vorträge Betontag DBV 1981, S. 186

12.3 Mainka, G.; Paschen, H.: Zweckmäßige Gestaltung und Bewehrung von Köcherfunda-menten. Kurzber. a. d. Bauforsch. Nr. 5/82, S. 447

13 Reul, H.: Vergußmörtel. Zem. u. Bet. (1981) S. 70

Literatur zu Abschnitt 3 (Zugstäbe)

1.1 Leonhardt, F.; Koch, R.: Die Mitwirkung des Betons bei Zugbeanspruchung, Kurzber. a. d. Bauforsch. 7/80, S. 479

1.2 Koch, R.: Verformungsverhalten von Stahlbetonstäben unter Biegung und Längszug im Zustand II. Schriftenreihe FMPA (Otto Graf-Institut) Stuttgart Nr. 69, 1976

◐ 2.1 Zugglieder aus Spannstählen. Vorläufige Richtlinien. Berlin: Beuth 1976

2.2 Wölfel, E.: Erläuterungen zu den Richtlinien. Mitt. IfBt 1977, S. 129

3 Falkner, H.: Zur Frage der Rißbildung durch Eigen- und Zwangsspannungen infolge Temperatur in Stahlbetonbauteilen. DAfSt 1969, H. 208

4 Holmberg, A.; Lindgren, S.: Document D7/1972, Stockholm: Nat. Swedish Building Research

◐ 5.1 Rabich, R.: Die Formänderungen des Stahlbetonbalkens infolge Belastung. Baupl. u. Bautech. (1956) S. 497

5.2 Rabich, R.: Beitrag zur Berechnung der Formänderung von Stahlbetonbauteilen (Stäbe und Balken). Baupl. u. Bautech. (1969) S. 184 u. 234

◐ 6.1 Noakowski, P.: Praxisgerechtes Verfahren für den Bau von Stahlbetonbauteilen bei Zwangs-beanspruchung. BuSt. 1980, S. 77 u. 122

6.2 Rostásy, F.; Alda, W.: Rißbreitenbeschränkung bei zentrischem Zwang von Stäben aus Stahlbeton. BuSt. (1977) S. 149

7 Schlaich, J.; Kordina, K.; Engell, H.: Teileinsturz der Kongreßhalle Berlin. Schadensur-sachen. BuSt. (1980) S. 281

○ 8 Haegermann, G. u. a.: Vom Caementum zum Spannbeton. Bd. 1 u. 2. Wiesbaden: Bauverlag 1964

Literatur zu Abschnitt 4 (Balken und Konsolen)

○ 1 Homberg, H.: Berechnung von Brücken unter Militärlasten. Düsseldorf: Werner 1970

2.1 Dernedde, W.: Das Croßsche Verfahren. Berlin: Ernst 1961

2.2 Kani, G.: Die Berechnung mehrstöckiger Rahmen. Stuttgart: Wittwer 1962

3 Guldan, R.: Rahmentragwerke und Durchlaufträger. Wien: Springer 1959

◐ 4.1 Zellerer, E.: Durchlaufträger. Bd. 1: Schnittgrößen für Gleichlasten, 1978; Bd. 2: Schnitt-größen für Kragarmbelastung, 1975; Bd. 3: Einflußlinien, Momentenlinien, Schnittgrößen, 1975. Berlin: Ernst u. Sohn

○ 4.2 Hahn, J.: Durchlaufträger, Rahmen, Platten. Düsseldorf: Werner 1981

4.3 Brandt, E.: Tabellen für durchlaufende Träger über drei Felder. Bd. I: 1969; Bd. II: 1972 Wiesbaden: Bauverlag

4.4 Doganoff, I.: Nomogramme zur Berechnung von durchlaufenden Trägern. Bd. I: Ein- und Zweifeldträger, 1974, Bd. II: Dreifeldträger, 1975. Wiesbaden: Bauverlag. Auszug: BT. (1975) S. 135

○ 4.5 Graudenz, H.: Momenten-Einflußzahlen für Durchlaufträger mit beliebigen Stützweiten. Berlin, Heidelberg, New York: Springer 1971

○ 5.1 Rabich, R.: Beitrag zur Berechnung statisch unbestimmter Tragwerke aus Stahlbeton unter Berücksichtigung der Rißbildung. Aus Theorie und Praxis des Stahlbetons (Festschrift Franz), S. 55. Berlin: Ernst 1969

○ 5.2 Griebenow, G.: Experimentelle und rechnerische Untersuchungen zum Biegetragverhalten gerissener Stahlbetonbalken und -platten. (Kurzzeitbelastung). Ber. Nr. 77/24 a. d. Inst. für Statik TU Braunschweig, 1977

● 6.1 Leonhardt, F.: Spannbeton für die Praxis. Berlin: Ernst u. Sohn 1973

6.2 Mehmel, A.: Vorgespannter Beton. Berlin Heidelberg, New York: Springer 1973

◐ 6.3 Hampe, E.: Spannbeton Lehrbuch. Berlin: VEB Verlag f. Bauwesen 1978

○ 6.4 Hampe, E.: Vorgespannte Konstruktionen. Bd. I.: Anwendungsbereiche, Querschnitte 1964; Bd. II: Tragwerke 1965. Berlin: VEB Verlag f. Bauwesen

6.5 Guyon, Y.: Béton précontraint. Tome I: Etude théorique et expérimentale, 1951; Tome II: Constructions hyperstatique, 1958. Paris: Eyrolles

6.6 Guyon, Y.: Constructions en béton précontraints, (Cours Chebap). Tome 1: Etude de la section, 1966; Tome 2: Etude de la poutre, 1968. Paris: Eyrolles

○ 6.7 Bruggeling, A.: Vorgespannen beton (holl.). Delft: Uitgeverij Waltmann 1953 (in Kürze neu aufgelegt; sehr praxisbezogen)

6.8 Kurt; Martinek; Klindt: Grundzüge des Spannbetonbaues. Köln: Müller 1972

○ 6.9 Kirchner, H.: Spannbeton. Teil 1: Bauteile aus Normalbeton mit voller und beschränkter Vorspannung, 1980; Teil 2: Teilweise Vorspannung, Segmentbauarten, Spannleichtbeton, Vorspannung ohne Verbund, 1981; Teil 3: Berechnungsbeispiele, 1981. Düsseldorf: Werner

○ 6.10 Thomsing, M.: Spannbetonträger, Berechnungsverfahren. Stuttgart: Teubner 1976

○ 6.11 Ramaswamy, G.: Modern prestressed concrete design. London: Pitman 1976 (Überblick aufgrund von [1/30.1], BS (British Standard) CP 110 (1972), ACl (USA Standard) 318 (1971) für Vorspanngrade $k = 0 \ldots 1$)

7.1 Lin, T. Y.: Lastaufnahme-Methode für Spannbeton-Bemessungen. J. ACI (1963) S. 719

7.2 Jevtić, D.: Einflußdiagramme zur Ermittlung der durch Vorspannung in Vorspanntragwerken verursachten Momenten und Verformungen. Berlin: Ernst 1966

○ 7.3 Bachmann, H.: Vorspannung für Biegung, Querkraft und Torsion in ausmittig belasteten, gekrümmten und schief gelagerten Stabtragwerken. BuSt. (1982) S. 169 u. 212 (formtreue Vorspannung für M_B, M_T und Q)

● 8.1 Rüsch, H.; Jungwirth, D.: Einflüsse von Kriechen und Schwinden auf das Verhalten von Tragwerken. Düsseldorf: Werner 1976

8.2 Rüsch, H.; Jungwirth, D.; Hilsdorf, H.: Kritische Sichtung der Verfahren zur Berücksichtigung der Einflüsse von Kriechen und Schwinden auf das Verhalten der Tragwerke. BuSt. (1973) S. 49, 76, 152.

9.1 Eliás, E.: Einfluß des Kriechens auf Stahlbetonbalken im Zustand II. BI. (1961) S. 93 (nur qualitativ interessant)

○ 9.2 Koepcke, W.: Beitrag zur Berechnung der Spannungsumlagerungen und Formänderungen in Stahlbetonbalken infolge Kriechens und Schwindens im Zustand gerissener Zugzone. Konstruktiver Ingenieurbau (Festschrift Hirschfeld), S. 188. Düsseldorf: Werner 1967 (vereinfachte prakt. Berechnung)

9.3 Bratz, K. D.: Die primären Momentumlagerungen in Stahlbetondurchlaufträgern unter Gebrauchslast. Konstruktiver Ingenieurbau, (Festschr. Hirschfeld), S. 199. Düsseldorf: Werner 1967

○ 9.4 Habel, A.: Zwängungsspannungen nicht vorgespannter statisch unbestimmter Beton- und Stahlbetontragwerke. BT. (1961) S. 186

○ 10.1 Habel, A.: Der Einfluß des Kriechens und Schwindens auf die statisch unbestimmten Größen vorgespannter Durchlaufträger und Zweigelenkrahmen. BuSt. (1955) S. 99

○ 10.2 Sattler, K.: Berechnung von Spannbetonkonstruktionen einschließlich Kriechens und Schwindens. BI. 1956, S. 444

◐ 10.3 Trost, H. u. a.: Zur Berechnung von Spannbetontragwerken im Gebrauchszustand unter Berücksichtigung des zeitabhängigen Betonverhaltens. BuSt. 1971, S. 220, 241

11.1 Levi, F.; Pizzetti, G.: Fluage, plasticité, précontrainte. Paris: Dunod 1951

11.2 Aroutiounian, N. Rh.: Applications de la théorie du fluage. Paris: Eyrolles 1957

12 Rybicki, R.: Bauschäden an Tragwerken. Teil 2: Beton- und Stahlbetonbauten. Düsseldorf: Werner 1979

13.1 Franz, G.: Schäden infolge zu großer Durchbiegungen und ihre Gegenmaßnahmen. Zem. u. Bet. (1961) H. 21

13.2 Mayer, H.; Rüsch, H.: Bauschäden als Folge der Durchbiegung von Stahlbetonbauteilen. DAfSt 1967, H. 193

14   Wie 15 Mann ein Haus heben (Verschieben eines Hotels). Die Bauwirtschaft (1972) H. 32

15.1   Anger, G.; Tramm, K.: Durchbiegungsordinaten für Einfeld- und durchlaufende Träger. Düsseldorf: Werner 1967

15.2   Eichstaedt, H. J.: Einspanngradverfahren zur schnellen Ermittlung der Durchbiegung von durchlaufenden Trägern. BT. (1970) S. 17

16   Mayer, H.: Die Berechnung der Durchbiegungen von Stahlbeton-Bauteilen. DAfSt 1967, H. 194. Auszug: Kurzber. a. d. Bauforsch. (1968) Nr. 5

O 17   Rabich, R.: Die Formänderung des Stahlbetonbalkens bei Biegung, Längskraft und Rissen. Baupl. u. Bautech. (1972) S. 176

18.1   Wippel, H.: Einfluß des Kriechens auf Stahlbetonbalken im Stadium II. Österr. Ing. Zeitschr. (1963) S. 118

O 18.2 Wippel, H.: Kriechbedingte Zwängungen bei Betonkonstruktionen. BT. (1969) S. 37

19.1   Müller, R.: Ein Beitrag zur spannungsoptischen Untersuchung von bewehrten Balkenmodellen. Diss. Darmstadt, 1960

19.2   Bignell, V.: A new photo elastic material for use in problems concerning reinforced concrete. Mag. Concr. Res. No. 45 1963 (aufschlußreiche Trajektorienbilder!)

20.1   Sattler, K.: Betrachtungen über die Durchbiegung von Stahlbetonbalken. BT. (1956) S. 378 (vorbereitend)

O 20.2 Kraemer, W.; Thielen, G.; Grasser, E.: Berechnung der Durchbiegung von Stahlbetonbauteilen unter Gebrauchslast. BuSt. (1975) S. 87 (Grundlagen für H. 240 [1/5])

20.3   Beck, H.: Zusammenhang zwischen Biegemoment und Krümmung für Stahlbetonrechteckquerschnitte. Stahlbeton, Berichte aus Forschung und Praxis (Festschrift Rüsch), S. 171. Berlin: Ernst u. Sohn 1969

O 20.4 Ingerle, K.: Die Biegesteifigkeit des Stahlbetonbalkens. Österr. Ing. Zeitschr. (1967) S. 431 u. BI. (1968) S. 53

20.5   Wiese, H.: Die Biegefestigkeit von Stahlbetonbalken im Stadium II. Baupl. u. Bautech. (1969) S. 550

20.6   Tsimbikakis, S.: Short-term deflections of reinforced concrete beams. Concrete Jan 1975, S. 34

O 20.7 Branson, D.: Short-time deflections of beams under single and repeated load cycles. J. ACI (1972) S. 110 u. 449

20.8   Eberle, K.: Näherungsberechnung der Durchbiegung von Stahlbetonbauteilen unter außergewöhnlichen Belastungen (Sicherheit $v = 1,4 \ldots 1,05$) BuSt. (1979) S. 258

20.9   Maldague: Déformations instantanées des poutres en béton armé. Ann. Inst. Tech. Bât. et Trav. Publ. No. 213 (Hauptspannungslinien dargestellt)

21.1   Leonhardt, F.: Anfängliche und nachträgliche Durchbiegung von Stahlbetonbalken im Zustand II. BuSt. (1959) S. 240 (Grundsätzliches)

21.2   Trost, H.: Kriech- und Schwindverformung von Stahlbetonbalken. VDI-Z. (1968) S. 432

O 21.3 Trost, H.; Mainz, B.: Zweckmäßige Ermittlung der Durchbiegung von Stahlbetonträgern BuSt. (1969) S. 142

21.4   Hampe, E.: Kriechen und Schwinden im Stadium II. Baupl. u. Bautech. (1967) S. 10

21.5   Drigert, K.; Schröder, K.: Zur Ermittlung der elastischen und plastischen Verformung biegebeanspruchter Stahlbetonträger. Baupl. u. Bautech. (1964) S. 26

21.6   Branson, D.: Compression steel effect on long-time deflections. J. ACI (1971) S. 555

O 21.7 Branson, D.: Deformation of concrete structures. New York: McGraw-Hill 1977 (reichhaltige Übersicht für Wissenschaftler)

O 21.8 Time dependent deformation. Manual Euro-Intern. Com. (CEB) Lancaster: The Construction Press 1980

O 21.9 Favre, R. u. a.: Cracking and deformations. Manual Euro-Intern. Com. (CEB) CEB Bull. No. 143, 1981 (weitergeführte Ansätze von [1/30.1]

22.1   Mehmel, A.: Über die sinnvolle Beschränkung der Durchbiegungen von Stahlbetonbauteilen. BI. (1961) S. 293

22.2   Cassens, J.: Betonträgerschlankheit, K-Werte und Verformungen. BT. (1971) S. 282

22.3   Pieper, K.: Durchbiegungen von Stahlbetondecken. BuSt. (1958) S. 184

22.4   Polónyi, S.: Betrachtungen über Lastannahmen und Durchbiegbeschränkungen. BT. (1976) S. 94

O 22.5 Wurst, H.: Zur Bemessung auf Durchbiegung im Stahlbetonbau. BI. (1975) S. 49

23.1   Thode, D.: Formänderungen von Leichtbetonbalken. BuSt. (1968) S. 261

23.2   Weise, J.: Berechnung der Durchbiegung biegebeanspruchter bewehrter Elemente aus Gasbeton. Baupl. u. Bautech. (1973) S. 181

23.3   Lightweight aggregate concrete. CEB/FIP Manual of design and techn. Lancaster: The Construction Press 1977

23.4   Autoclaved aerated concrete. CEB/FIB Manual of design and techn. London: The Construction Press 1978

○ 24   Dilger, W.: Anfängliche und nachträgliche Durchbiegung infolge Querkraft bei Stahlbetonbalken im Zustand II. BuSt. (1967) S. 212

○ 25.1 Rüsch, H.; Mayer, H.: Die zeitliche Entwicklung der Durchbiegung von ausgeführten Stahlbeton-Traggliedern. BuSt. (1964) S. 224

25.2   Kessler, E.: Durchbiegungsmessungen an Stahlbetonfertigteilbindern. Betonwerk- u. Fertigteiltech. (1977) S. 6

25.3   Lierse, J.: Dehnungs- und Durchbiegungsmessungen an Massivbauwerken. Düsseldorf: Werner 1980

26.1   Kordina, K. u. a.: Tragverhalten von Stahlbetonbalken unter Biegezwang. Kurzber. a. d. Bauforsch. 1980, Nr. 1, S. 57 sowie: DAfSt 1982, H. 336

26.2   Rüsch, H.: Die wirklichkeitsnahe Bemessung von lastunabhängigen Spannungen. Vortrag Betontag DBV 1965, S. 277

27.1   Noakowski, P.: Bewehrung von Stahlbetonbauteilen bei Zwangsbeanspruchung infolge Temperatur. DAfSt 1978, H. 296

◐ 27.2 Noakowski, P.: Bemessung auf Biegezwang im Hinblick auf zulässige Stahlspannungen und zulässige Rißbreite. BI. 1977, S. 137

○ 27.3 Thielen, G.: Bemessung und Nachweis der Rißsicherheit bei stabförmigen, biegebeanspruchten Stahlbetonbauteilen unter Last und Zwang. BuSt. (1976) S. 238

27.4   Bruy, E.: Abbau instationärer Temperaturspannungen in Betonkörpern durch Rißbildung. Schriftenreihe Otto-Graf-Inst. d. Univ. Stuttgart 1973, Nr. 56 (unbewehrte und bewehrte Körper; wiss. Arbeit)

28.1   Pieper, K.; Martens, P.: Der Einfluß von Stützensenkungen auf Stahlbetonhochbauten. BT. (1966) S. 415

28.2   Kordina, K.: Zur Frage der näherungsweisen Ermittlung von Zwangschnittgrößen. Schlußber. IVBH Kongreß Madrid 1970, S. 441

29   Bosniakowsky, S.: Der Lastfall Stützenverschiebung bei zeitabhängigem Setzen des Bodens und dem Einfluß des Betonkriechens. Konstruktiver Ingenieurbau (Festschrift Hirschfeld), S. 328. Düsseldorf: Werner 1967

30   Platten. Kurzber. vom ETH Zürich-Koll. 1978. BuSt. (1980) S. 174

31.1   Monnier, Th.: The moment-curvature relation of reinforced concrete. Heron (1970) H. 2

31.2   Monnier, Th.: The behaviour of continuous beams in reinforced concrete. Heron (1970) H. 1

○ 31.3 Monnier, Th.: Durchlaufträger. Heron (1976) H. 2, S. 9

○ 31.4 CEB, Annexes aux recommendations pour le calcul des ouvrages en béton. Tome 3: Dalles et structures planes; structures hyperstatiques. Rom: AITEC (Associazione Italiana Tecnico-Economica del Cemento) 1972

31.5   Gijsbers, F.: Rotationsfähigkeit von Stahlbeton. Heron 1976, H. 2, S. 19

31.6   Bachmann, H.: Zur plastizitätstheoret. Berechnung statisch unbestimmter Stahlbetonbalken. Inst. für Baustatik ETH Zürich, Ber. Nr. 13. Zürich: Juris 1967

○ 31.7 Bachmann, H.: Influence of shear and bond on rotational capacity of reinforced concrete beams. Inst. für Baustatik ETH Zürich, Ber. Nr. 36, 1971; sowie: IVBH Abh. 30-II 1970, S. 11

32.1   Rao, P.: Umlagerung der Schnittkräfte in Stahlbetonkonstruktionen. DAfSt 1966, H. 177

32.2   Dilger, W.: Veränderlichkeit der Biege- und Schubfestigkeit bei Stahlbetontragwerken und ihr Einfluß auf Schnittkraftverteilung und Traglast bei statisch unbestimmter Lagerung. DAfSt 1966, H. 179

○ 32.3 Duddeck, H.: Seminar Traglastverfahren. Ber. 73/6 Inst. für Statik der TU Braunschweig, 1973 (Grundlagen u. Beispiele; umfassende Übersicht!)

32.4   Haupt, W.: Plastizität statisch unbestimmter Stahlbetontragwerke. Bauinf. d. Bauakad. d. DDR Berlin 1974, Reihe Stahlbeton H. 30

32.5   Müller, P.: Plastische Berechnung von Stahlbetonscheiben und -balken. Inst. für Baustatik ETH Zürich, Ber. Nr. 83 (Diss.); Marti, P.: Kurzber. desgl. Nr. 87. Stuttgart: Birkhäuser 1978   ·

○ 33.1   Thürlimann, B.: Design of reinforced concrete beams under bending and shear. Inst. für Baustatik der ETH Zürich, Ber. Nr. 63, 1976. — ders.: Plastic analysis of reinforced concrete beams. Ber. Nr. 86, 1978. Beides: Stuttgart: Birkhäuser (Grundgedanken. Kurz gefaßt)

○ 33.2   Marti, P.: Zur plastischen Berechnung von Stahlbeton. Inst. für Baustatik ETH Zürich, Ber. Nr. 104. Stuttgart: Birkhäuser 1980

33.3   Crainic, L.: Plastische Bemessung von statisch unbestimmten Stahlbetonbalken. Inst. für Baustatik ETH Zürich, Ber. Nr. 29, 1969

33.4   Valentin: Momenten-Umlagerung in zweifeldrigen Balken und Rahmen. Österr. Ing. Zeitschr. (1969) S. 181 u. 313

33.5   Baker, A. L. L.: Tragberechnung von Stahlbeton- und Spannbeton-Rahmentragwerken. Baupl. u. Bautech. (1957) S. 475 u. 521

○ 33.6   Wrycza, W.: Traglastverfahren und Formänderungen der Stahlbetontragwerke. Bauing.-Praxis H. 46. Berlin: Ernst u. Sohn 1969

33.7   Macchi, G.: Non-linear analysis of concrete structures. CEB Bull. No. 134, 1979 (nur Beispielrechnungen)

33.8   Krylow, S.: Umlagerung der Kräfte in statisch unbestimmten Stahlbetonkonstruktionen. Handbibl. für Bauwesen H. 1. Berlin: VEB Verlag für Bauwesen 1966

33.9   Tichý, J.; Rákosník, K.: Kräfteumlagerung in Stahlbetontragwerken. Berlin: VEB Verlag für Bauwesen 1973

33.10 Förster, H.: Zur Schnittgrößenumlagerung bei Stabtragwerken aus Stahlbeton und Spannbeton nach TGL 33404. Baupl. u. Bautech. (1980) S. 405

○ 34.1   Walther, R. u. a.: Etude expérimentelle de comportement des dalles continues en béton armé et en béton précontaint. Inst. de Statique et de Constr. ETH Lausanne Fevr. 1978

○ 34.2   Herzog, M.: Biegebruchlast von Durchlaufträgern aus Stahlbeton und Spannbeton nach Versuchen. BuSt. (1976) S. 23

○ 34.3   Leonhardt, F. u. a.: Versuche zur Momentenumlagerung an durchlaufenden Platten. BuSt. (1968) S. 110

○ 34.4   Küng, R.: Momentenumlagerung, Schubsicherung und Plastizität in statisch unbestimmten Stahlbetonbalken. Bet.-St. i. d. Entw. (1971) H. 43

35.1   Rüsch, H.; Stöckl, S.: Der Einfluß von Bügeln und Druckstäben auf das Verhalten der Biegedruckzone von Stahlbetonbalken. DAfSt 1963, H. 148

35.2   Kent, C.; Park, R.: Flexural members with confined concrete. J. Struct. Div. Proc. ASCE Paper 8243, (1971) S. 1969.

○ 36.1   Schlaich, J.; Schäfer, K.; Weischede, D.: Traglastverfahren im Massivbau. Vortrag VPI (Bad. Württ.) Tagungsbericht 5, 1980 (Einführung)

○ 36.2   Bruchwiderstand und Bemessung von Stahlbeton- und Spannbetontragwerken. Schweizerischer Ingenieur- und Architektenverein (SIA) Zürich, Norm 162, Richtlinie 34. Erläuterungen hierzu. Inst. für Baustatik ETH Zürich, Ber. Nr. 66, 1976

○ 37.1   Schlaich, J.; Weischede, D.: Ein praktisches Verfahren zum Bemessen und Konstruieren. CEB Bull. No. 150, 1982 (wichtig — aber Zukunftsmusik)

37.2   ders.: Zur einheitlichen Bemessung von Stahlbetontragwerken. Vortrag DBV Betontag 1983; ferner: Konstruieren im Stahlbetonbau. B. Kal. 1984, II

● 38.1   Beispiele zur Bemessung nach DIN 1045. DBV. Wiesbaden: Bauverlag 1981

○ 38.2   Goffin, H. u. a.: Die Entwicklung der Bauart im Spiegel der Normung und Forschung. DAfSt 1982, H. 333 (Jubiläumsheft 75 Jahre DAfSt; auch aktuelle Probleme)

39   Mlosch, P. (Hrsg.). Beton-Stahlbeton-Spannbeton Taschenbuch. 6 Bde. Berlin: VEB Verlag für Bauwesen 1973 (einschlägige TGL 33401 bis 412 neu bearbeitet 1980)

○ 40   Stiller, M.: Momenten-Tragfähigkeit von Rechteckbalken nach diversen Bestimmungen. Vorträge Betontag DBV 1969

41   Huber, S.: Wasserdicht bauen mit Beton. Mitt. Verein österr. Zementfabriken 1980

42.1   Menn, Ch.: Die Gebrauchsfähigkeit von Stahlbetontragwerken. Schweizer Ing. und Arch. (SBZ) H. 51/52 (Festschrift Stüssi) 1980. S. 59

42.2   Mai, J.: Ermittlung der Beanspruchungen einfach bewehrter Rechteckquerschnitte unter Gebrauchslast. BuSt. (1976) S. 164

43.1 Koepcke, W.; Denecke, G.: Die mitwirkende Breite der Gurte von Plattenbalken. DAfSt 1967, H. 192

◑ 43.2 Brendel, G.: Die mitwirkende Plattenbreite nach Theorie und Versuch. BuSt. (1960) S. 177

43.3 Brendel, G.: Festigkeit der Druckplatte von T-Balken. J. ACI 1964, S. 57 sowie Baupl. u. Bautech. (1959) S. 458

○ 43.4 Schröder, S.: Zur mitwirkenden Breite von Plattenbalken. Baupl. u. Bautechn. (1978) S. 176

○ 43.5 Schleeh, W.: Die wirklichen Probleme beim Plattenbalken. Festschrift 100 Jahre Wayss u. Freytag AG, 1975, S. 197

43.6 Schleeh, W.: Technische Biegelehre oder Scheibentheorie bei Plattenbalken? BuSt. (1974) S. 134. Hierzu Zuschriften: U. Peil, BuSt. (1974) S. 243 u. H. Schmidt, BuSt. (1978) S. 178 sowie [43.11]

43.7 Schleeh, W.: Plattenbalken und andere mehrteilige Querschnitte (Kästen). BuSt. (1978) S. 299

43.8 Schleeh, W.: Die gezogenen Gurtscheiben über den Innenstützen durchlaufender Plattenbalken. BuSt. (1980) S. 56

43.9 Schmidt, H.; Born, W.: Die Mitwirkung breiter Gurte in Balkenbrücken mit veränderlichem Querschnitt. Berlin: Ernst 1978 (betr. sehr schlanke Querschnitte, also mehr Stahlbau).

43.10 Schmidt, H.; Peil, U.: Berechnung von Balken mit breiten Gurten. Berlin, Heidelberg, New York: Springer: 1976 (überdeckt Stahl- und Stahlbetonbauwerke)

○ 43.11 Peil, U.: Mitwirkende Plattenbreite — eine Richtigstellung. BuSt. (1979) S. 243 (Zuschrift zu [43.6 u. 7])

43.12 Peil, U.: Mittragende Plattenbreite. Vortrag VPI Tagung. Berlin 1980, H. 5

○ 43.13 Schmidt, H.; Peil, U.; Born, W.: Scheibenwirkung breiter Straßenbrückengurte (Verbesserungsvorschlag für Vorschriften). BI. (1979) S. 131

◑ 43.14 Grasser, E.; Moosecker, W.: Hilfsmittel zur näherungsweisen Bestimmung der mittragenden Breite von Plattenbalken. BuSt. (1982) S. 164

43.15 Stegbauer, A.: Untersuchung des Grenztragverhaltens von symmetrischen Plattenbalken mit FEM. BI. (1978) S. 51 (bei nichtlin. Stoffverhalten liegen die b_m nach der E-Th. auf der sicheren Seite)

44 Bay, H.: Versagensursache der Biegedruckzone und die Mohrsche Bruchhypothese. Festschrift 100 Jahre Ways u. Freytag AG 1975, S. 191

○ 45.1 Herzog, M.: Die Querschnitts-Biegebruchmomente von Balken aus Stahlbeton, teilweise vorgespanntem Beton und Spannbeton nach Versuchen. BuSt. (1975) S. 62

45.2 Franz, G.; Schulz, W.: Versuche zur Wirksamkeit der Druckbewehrung in Stahlbetonbalken. BuSt. (1965) S. 151

○ 46.1 Ernst, W.: Bemessungshilfen für Stahlbetonquerschnitte nach DIN 1045. Bd. 1: Rechengänge, 1974; Bd. 2, Teil A: Tafeln für beliebige Querschnitte, 1975. Wiesbaden: Bauverlag

46.2 Walther, R.; Houriet, B.: Bemessungstafeln für Stahlbetonquerschnitte (dreisprachig) Bd. I: Vollquerschnitte, 1977; Bd. II: Hohlquerschnitte, 1980. Lausanne: Presses polytechniques romandes. (Bemessung nach SIA Norm 162 Richtlinie 34. Durch Umrechnen der Tafeleingangswerte auch nach DIN 1045 brauchbar)

◑ 46.3 Wommelsdorf, O.: Stahlbetonbau, Bemessung und Konstruktion. Teil 1: Biegebeanspruchte Bauteile. Werners Ingenieur-Texte Bd. 15, 1982

46.4 Mattheis, J.: Stahlbeton, Stahlleichtbeton, Spannbeton Entwurfshilfen. Düsseldorf: Werner 1977

46.5 Tompert, K.: Kreisring- und Kreisquerschnittbemessung nach Traglastverfahren (Tabellen). BI. (1971) S. 90

○ 46.6 Siemer, H.; Kröger, R.: Die Bemessung von Kreis- und Kreisringquerschnitten bei Biegung mit Normalkraft und beliebiger Bewehrung. BuSt. (1981) S. 157 (Diagramme)

47 Soretz, S.: Über den Einfluß der σ–ε Linie des Bewehrungsstahles auf die Verformungsfähigkeit und Tragfähigkeit von Stahlbetonbalken auf Biegung. Bet.-St. i.d. Entw. (1980) H. 68

○ 48 Bay, H.: Zum Schubproblem. BuSt. (1955) S. 79; (1976) S. 138; (1977) S. 17 u. 243; (1979) S. 7 u. 246; (1981) S. 140

O 49.1   Kupfer, H.; Moosecker, W.: Beanspruchung und Verformung der Schubzone der schlanken profilierten Stahlbetonbalken. Forschungsbeiträge für die Baupraxis (Festschrift Kordina), S. 225. Berlin: Ernst u. Sohn 1979

  49.2   Baumann, Th.: Auswirkungen von Rissen auf das Tragverhalten von Beton. BI. (1978) S. 197 (Grundlegende Untersuchungen für Sonderfälle)

O 50.1   Kordina, K.: Schubversuche — Auswertung der in der Literatur bekannten Schubversuche an Stahlbetonbalken. Kurzber. a. d. Bauforsch. (1977) Nr. 11, S. 943

O 50.2   Herzog, M.: Ermüdung von Stahlbeton- u. Spannbetonbalken unter Schub. BuSt. (1977) S. 303

  50.3   Thürlimann, B. u. a.: Schubversuche an Stahlbetonplatten. Stuttgart: Birkhäuser 1978

  50.4   Rostásy, F. u. a.: Schubversuche an Balken mit veränderlicher Trägerhöhe. DAfSt 1977, H. 273

  50.5   Kupfer, H.; Baumann, Th.: Versuche zur Schubsicherung und Momentendeckung von profilierten Stahlbetonbalken. DAfSt 1972, H. 218

O 50.6   Kamerling, J.; Kuyt, B.: Schubtragfähigkeit von Stahlbeton- und Spannbetonbalken. BuSt. (1976) S. 193. Zuschrift BuSt. (1978) S. 27

  50.7   Kani, G.: A rational theorie for the function of web reinforcement. J. ACI. (1969) S. 193

  50.8   Küng, R.: Vorschlag Schubsicherung. Bet.-St. i. d. Entw. (1968) H. 33

O 50.9   Potucek, W.: Die Beanspruchung der Stege von Stahlbetonplattenbalken durch Querkraft und Moment. Zem. u. Bet. (1977) H. 3, S. 88 (zusätzliche Gesichtspunkte zu [53.1])

O 50.10 Fuchssteiner, W.; Olsen, O.: Momentendeckung und Schubsicherung. BI. (1977) S. 63

  51   Baumann, Th.; Rüsch, H.: Schub mit indirekter Krafteinleitung; Verdübelungswirkung der Biegebewehrung. DAfSt 1970, H. 210

  52   Kani, G.: Basic facts concerning shear failure. J. ACI (1966) S. 675

O 53.1   Leonhardt, F.: Schub bei Stahlbeton und Spannbeton. Grundlagen. BuSt. (1977) S. 273 u. 294

  53.2   Effort tranchant — torsion. Manuel de calcul. CEB Bull. No. 92, 1973

O 53.3   Thürlimann, B.: Shear strength of reinforced and prestressed concrete. CEB Bull. No. 113, 1976, S. 93

  53.4   Moosecker, W.: Zur Bemessung der Schubbewehrung von Stahlbetonbalken mit möglichst gleichmäßiger Zuverlässigkeit. DAfSt 1979, H. 307 (Vergleich versch. Fachwerkmodelle)

  53.5   Mallé, R.: Zum Schubtragverhalten stabförmiger Stahlbetonelemente (Balken). DAfSt 1981, H. 323 (zus.fassende Arbeit; Pfostenfachwerk mit geneigtem Og, ist gutes Modell)

  54   Herzog, M.: Die erforderliche Bügelbewehrung von Stahlbeton- und Spannbetonbalken nach Versuchen. BuSt. (1982) S. 203 (mit viel Lit.)

  55.1   Kollbrunner, C.; Basler, K.: Torsion. Berlin, Heidelberg, New York: Springer 1966

  55.2   Flügge, W.: Festigkeitslehre. Berlin, Heidelberg, New York: Springer 1967

  55.3   Dimitrov, N.; Herberg, W.: Festigkeitslehre. Bd. II. Berlin: de Gruyter 1972

  55.4   Leipholz, H.: Festigkeitslehre für den Konstrukteur. Berlin, Heidelberg, New York: Springer 1969

  55.5   Rühl, K. H.: Abschn. Festigkeitslehre in: Hütte, des Ingenieurs Taschenbuch, Bd. I: Theoretische Grundlagen, S. 923 Berlin: Ernst 1955

  55.6   Szabó, I.: Einführung in die Technische Mechanik, 6. Aufl. Berlin, Heidelberg, New York: Springer 1963 (8. Aufl. 1975)

  56.1   Kollbrunner, C.; Hajdin, N.: Dünnwandige Stäbe. Bd. I: Mit undeformierbarem Querschnitt. Berlin, Heidelberg, New York: Springer 1972

  56.2   Klöppel, K.: Wölbkrafttorsion: Theorie. Stahl im Hochbau, 12. Aufl. 1979, S. 8, ferner Bornscheuer: Stahlbau (1952) S. 1

  56.3   Resinger, F.: Ermittlung der Wölbspannungen an einfach symmetrischen Profilen nach dem Drillträgerverfahren. Stahlbau (1957) S. 321

O 56.4   Mehlhorn, G.: Wölbkrafttorsion dünnwandiger Stahlbeton- und Spannbetonträger. BI. (1972) S. 430; (1974) S. 50

O 56.5   Watthelm, V.: Torsion an geraden Balken und Balken mit Rechteckquerschnitt. BI. (1975) S. 427 (Übergang Torsion ohne und mit Wölbkräften)

  57.1   Leonhardt, F.; Schelling, G.: Torsionsversuche an Stahlbetonbalken. DAfSt 1974, H. 239

O 57.2   Rahlwes, K.: Zur Torsionssteifigkeit von Stahlbeton-Rechteckquerschnitten. BuSt. (1970) S. 227

57.3   Robinson, J. R.: Poutres soumises à la torsion. In: Elément constructives spéciaux du béton armé. Paris: Eyrolles 1975

○ 57.4   Herzog, M.: Torsionsfestigkeit und -steifigkeit von schlaff bewehrten und vorgespannten Betonbalken. BuSt. (1971) S. 245 (Auswertung zahlreicher Versuche, hauptsächlich von ACI). Zuschrift hierzu: Leonhardt, BuSt. (1972) S. 119

57.5   Fauchart u. a.: Rupture des poutres en béton armé ou précontraint par torsion. Ann. de l'Inst. Techn. du Bât. et des Trav. Publ. 1973, No. 301, Série Béton No. 125

○ 57.6   Thürlimann, B.: Torsional strength of reinforced and prestressed concrete. CEB Bull. No. 113, 1976, S. 117 (1/30.1 erläuternd); sowie: Ber. Nr. 92 des Inst. für Baustatik der ETH Zürich. Stuttgart: Birkhäuser 1979

○ 57.7   Rafla, K.: Tragfähigkeit torsionsbeanspruchter Stahlbetonbalken nach Theorie und Versuch. BT. (1974) S. 373

58.1   Bay, H.: Achsverdrehung aus Torsion im Zustand II (Grundgedanken). Stahlbetonbau (Festschrift Rüsch), S. 167. Berlin: Ernst u. Sohn 1969

○ 58.2   Die Torsionssteifigkeit von Stahlbetonrechteckquerschnitten. Ber. in BI. (1981) S. 7 von: Torsional stiffness of reinforced concrete rectangular members. Mag. Concr. Res. (Dec. 1979)

○ 58.3   Thürlimann, B.; Lüchinger, P.: Steifigkeit gerissener Stahlbetonbalken unter Torsion und Biegung. BuSt. (1973) S. 146

58.4   Lampert, P.: Bruchwiderstand von Stahlbetonbalken unter Biegung und Torsion. Inst. für Baustatik ETH Zürich, Ber. Nr. 26 u. 27. Stuttgart: Birkhäuser 1970

○ 59.1   Leonhardt, F.; Dilger, W.: Erfassung und Verwertung ausländischer Forschungserkenntnisse für Schub und Torsion bei Stahlbetonbauteilen. Kurzber. a. d. Bauforsch. (1977) Nr. 8, S. 659

59.2   Mehlhorn, G.: Auf Biegung und Torsion beanspruchte Stahlbeton- und Spannbetonträger im Zustand II. Inst. für Massivbau TH Darmstadt. Mitt. Nr. 22, 1974

○ 59.3   Teutsch, M.: Bemessungsgrundlagen für Stahlbeton- und Spannbetonbauteile unter kombinierter Torsionsbeanspruchung. Kurzber. a. d. Bauforsch. 1/82, S. 69

○ 59.4   Shear and Torsion. CEB Bull. No. 126, 1978

59.5   Gesund, H. u. a.: Ultimate strength tests of rectangular beams in combined torsion, bending and shear. Ber. IVBH 1968, Nr. 28-II, S. 31

○ 59.6   Rangan, B.; Hall, A.: Strength of rectangular prestressed concrete beams in combined torsion, bending and shear. J. ACI (1973) S. 270

59.7   Woodhead, H. u. a.: Design of prestressed concrete beams subjected to torsion. J. ACI (1973) S. 745

● 60.1   Trost, H.; Bachmann, H.; Brüggeling, A.; Kupfer, H.: Teilweise Vorspannung. Vorträge Betontag DBV 1979, S. 146 ff.

60.2   Walther, R. u. a.: Teilweise Vorspannung. DAfSt 1973, H. 223

○ 60.3   Walther, R.: Teilweise Vorspannung. BuSt. (1975) S. 79

60.4   Rostasy, F.: Teilweise Vorspannung. Kurzber. a. d. Bauforsch. (1979) Nr. 3, S. 187

60.5   Leonhardt, F.: Teilweise Vorspannung. CEB Bull. No. 113, 1976, S. 269

60.6   Thürlimann, B.: Teilweise vorgespannter Beton. Vorträge Betontag DBV 1969, S. 142; sowie: Inst. für Baustatik ETH Zürich. Ber. Nr. 25. Stuttgart: Birkhäuser 1969

○ 60.7   Kupfer, H.; Janovic, K.: Beschränkung der Rißbreite bei teilweiser Vorspannung. BI. (1982) S. 109; dieselben: Plattenversuche. Kurzber. a. d. Bauforsch. 2/82, S. 189

60.8   Brunekreef, H.: Teilweise vorgespannter Beton. Heron (1976) H. 2, S. 71

○ 60.9   Bachmann, H.: Partial prestressing of concrete structures. IVBH Bericht S-11/1979 (Übersicht; Vergleich versch. Normen) — ders.: Teilweise Vorspannung. BuSt. (1980) S. 40 — ders.: 10 Thesen zur teilweisen Vorspannung. Inst. für Baustatik ETH Zürich, Ber. Nr. 103. Stuttgart: Birkhäuser 1980

60.10   Abeles, P.: Partially prestressed beams. Limit design of reinforced and prestressed concrete. The Consulting Eng. June 1968

60.11   Lin, T. Y.: Partial prestressing design. FIP-Notes No. 69 July/Aug. 1977, S. 5

○ 60.12   **Hill, A. W.: Partial prestressing. Report on FIP Symposium Bukarest 1980. FIP Notes No. 91, 1981 (viel Lit. und versch. Definitionen zitiert)**

61.1   Finsterwalder, U.: Über die Sicherheit von Spannbetonbrücken ohne Verbund. Beiträge zum Massivbau. (Festschr. Mehmel) S. 31. Düsseldorf: Betonverlag 1967

● 61.2 Trost, H.; Wölfel, E.; Matt, P.: Vorspannung ohne Verbund (Versuche, Bemessung, Anwendung). Vorträge Betontag DBV 1981; sowie BuSt. (1981) S. 205, 209, 212, 215

61.3 Kernbichler, K.; Sparowitz, L.: Verformungsvorspannung (ohne Verbund). Zem. u. Bet. (1981) S. 115

61.4 Rüsch, H.; Kordina, K.; Zelger, C.: Bruchsicherheit bei Vorspannung ohne Verbund. DAfSt 1959, H. 130

61.5 Plähn, J.: Eine strenge Lösung der Biegebruchsicherheitsnachweise für den rechteckigen Spannbetonbalken ohne Verbund. Abhd. IVBH Bd. 30-II, S. 153, 1970

61.6 Jványi, G.; Buschmeyer, W.: Biegerißbildung bei Plattentragwerken mit Vorspannung ohne Verbund. BuSt. (1981) S. 215

○ 61.7 Tentative Recommendations for the corrosion protection of unbonded tendons. FIP Notes No. 95, Dec. 1981

○ 62 Wittfoth, H.: Betrachtungen zur Theorie und Anwendung der Vorspannung im Massivbrückenbau. BuSt. (1981) S. 78

◑ 63 Bertram, D. u. a.: Erläuterungen zu DIN 4227 (79), Teil 1 u. 5. DAfSt 1980, H. 320

65 Gantvoort, G.: Enkele grafieken vor de berekening van vorgespannen beton (Festschrift Haas). Overdruck uit Cement 1969, Nr. 5, 7, 10, 12, S. 17

66.1 Trost, H.: Auswirkungen des Superpositionsprinzips auf Kriech- und Relaxationsprobleme bei Beton und Spannbeton. BuSt. (1967) S. 230 u. 261

○ 66.2 Birkenmaier, M.: Berücksichtigung der Einflüsse von Kriechen und Schwinden bei der Berechnung von Betonkonstruktionen. Inst. für Baustatik der ETH Zürich, Ber. Nr. 62 Stuttgart: Birkhäuser 1976

66.3 Frey, J.; Thormählen, U.: Spannungsumlagerung unter Berücksichtigung der Spannstahlrelaxation. BuSt. (1980) S. 118

○ 66.4 Abeles, P. W.; Küng, R.: Der Einfluß schlaffer Bewehrung auf den Vorspannverlust infolge Schwindens und Kriechens. Bet.-St. i. d. Entw. (1975) H. 61; sowie BI. (1975) S. 184

66.5 Thomsing, M. u. a.: Berechnung des Spannungsverlustes infolge Kriechens und Schwindens nach den Spannbetonrichtlinien Juni 1973. BuSt. (1975) S. 115

○ 66.6 Effets structuraux du fluage et des déformations différées. CEB Manuel de calcul Bull. No. 94, 1973

67 Bröndum-Nielsen, T.: Stress analysis of concrete sections under service load. J. ACI (1979) S. 195

68 Habel, A.: Der Einfluß der Bewehrung auf die Durchbiegung statisch bestimmter Spannbetonbalken. BuSt. (1954) S. 177. — ders. Praktische Berechnung der Durchbiegung. BT. (1957) S. 64. (Zustand I! Ber. nach Busemann)

○ 69.1 Neville, A.: Creep of concrete. Lancaster: Constr. Press 1981

69.2 Aschl, H.; Stöckl, S.: Wärmedehnung, E-Modul, Schwinden, Kriechen bei einachsiger Belastung und erhöhten Temperaturen. DAfSt 1981, H. 324

69.3 Soretz, S.: Neue materialtechnische Grundlagen für Berechnungs- und Konstruktionsregeln. Zem. u. Bet. (1969) H. 46, S. 1

69.4 Schade, D.: Alterungsbeiwerte für das Kriechen von Beton nach den Spannbetonrichtlinien. BuSt. (1977) S. 113

○ 70 Sennewald, R.; Linse, D.: Bemessungstafeln für profilierte Spannbeton- und Stahlbetonträger unter rechnerischer Bruchlast. Düsseldorf: Werner 1976

71 Schäfer, K.; Scheef, H.: Untersuchungen an einem über 20 Jahre alten Spannbetonträger. DAfSt 1982, H. 329

72 Rüsch, H.; Haugli, F. R.; Mayer, H.: Schubversuche an Stahlbeton-Rechteckbalken mit gleichmäßig verteilter Belastung; ferner: Haugli, F. R.: Stahlbetonbalken bei gleichzeitiger Einwirkung von Querkraft und Moment. DAfSt 1962, H. 145

73 Franz, G.: Grundsätzliches zum Vorspannen von Balken und Rahmen. BuSt. (1952) S. 137 (historisch)

74 Kupfer, H.: Die Beanspruchung des Verbundes zwischen Spannglied und Beton. DAfSt 1964, H. 159

75 Trost, H. u. a.: Teilweise Vorspannung. Verbundfestigkeit von Spanngliedern und Rißbildung. DAfSt 1980, H. 310

76 Kupfer, H.: Bemessung auf Schub nach DIN 4227 Teil 1 (79). Arbeitstagung VPI (Bund) 1979, H. 4, S. 53

77.1 Koch, R.; Rostásy, F.: Tragfähigkeit auf schrägen Druck von Brückenstegen, die durch Hüllrohre geschwächt sind. DAfSt 1979, H. 308 (Regeln für Betondeckung DIN 4227 u. CEB [1/30.1] ausreichend)

77.2 Leonhardt, F.: Verminderung der Tragfähigkeit von Beton durch Querstäbe. Stahlbetonbau (Festschrift Rüsch), S. 71. Berlin: Ernst u. Sohn 1969

78.1 Leonhardt, F.: Schubversuche an Spannbetonträgern. DAfSt 1973, H. 227

O 78.2 Leonhardt, F. u. a.: Schubversuche an Spannbeton T-Balken. BI. (1975) S. 249

O 78.3 Herzog, M.: Schubbruchlast von Spannbetonbalken nach Versuchen. BuSt. (1974) S. 282

78.4 Rostásy, F.: Neuere Forschungsarbeiten am Otto-Graf-Inst. Stuttgart. Schubversuche an Spannbetonbalken. SBZ (1974) S. 775

O 78.5 Bachmann, H.: Versuche über den Einfluß geneigter Spannglieder auf das Schubtragverhalten teilweise vorgespannter Betonbalken. BI. (1976) S. 251 (Bügel werden entlastet gemäß Theorie)

78.6 Teutsch, W.; Kordina, K.: Versuche an Spannbetonbalken unter kombinierter Beanspruchung aus M_B, M_T und Q. DAfSt. 1982, H. 334

79.1 Ligtenberg, F. K.; Prins, T.: Proeven over de wijze waerop een voorgespannen — en een gewapendbetonbalk dynamische belastingen kunnen weerstaan. Cement (1961) S. 372

79.2 Kern, K.: Spannbetonbalken mit glatten und profilierten Spannstählen bei statischer und wiederholter Belastung. BI. (1960) S. 31

80.1 Soretz, S.: Schlagversuche an Torstahl. Bet.-St. i. d. Entw. (1961) H. 12

O 80.2 Soretz, S.: Sonderfälle der Beanspruchung von Stahlbetonbalken. Zem. u. Bet. (1982) S. 2 (Schlag; Temp. bis $-196\,^\circ$C)

80.3 Rehm, G. u. a.: Untersuchung der Arbeitslinien von Baustählen unter hohen Dehngeschwindigkeiten. Kurzber. a. d. Bauforsch. Nr. 8/82, S. 655

80.4 Kieselbach, R.: Zugversuche mit erhöhter Dehngeschwindigkeit. Material und Technik (1981) S. 76

80.5 Hoch, A.: Grenztragfähigkeit von Stahlbetonbalken unter Stoßbelastung. Noch unveröffentlichter Bericht des Inst. für Massivbau der Univ. Karlsruhe 1982

81.1 Popp, C.: Untersuchungen über das Verhalten von Beton bei schlagartiger Beanspruchung. DAfSt 1977, H. 281

81.2 Bonzel, J.; Dahms, J.: Schlagfestigkeit von faserbewehrtem Beton. Betontechn. Ber. (1981/82) S. 101

O 82.1 Limberger, E.; Stuck, W.: Die stoßartige Beanspruchung von Bauteilen aus der Sicht des Bauingenieurs. (Literatur-Recherche). Stand Mai 1970. VDI-Z (1971) S. 793 u. BT. (1979) S. 42

82.2 Hughes, B.: Limit state of impact and CP 110 (British Standard). Concrete Aug. 1973, S. 37 (einfache Regeln für Balken u. Stützen)

O 82.3 Eibl, J.; Block, K.: Zur Beanspruchung von Balken und Stützen bei hartem Stoß. BI. (1981) S. 369

82.4 Ammann, W. u. a.: Untersuchungen über das Bruch- und Verformungsverhalten stoßbelasteter Stahlbeton- und Spannbetontragwerke. Inst. für Baustatik der ETH Zürich, Ber. Nr. 115. Stuttgart: Birkhäuser 1981 (Versuchsbericht)

83 Fuchssteiner, W.: Über die Wirkungsweise der Bewehrung. Bau u. Bauind. (1969) S. 1

O 84.1 Soretz, S.: Lernen aus Fehlern im Baugeschehen. Zem. u. Bet. (1980) S. 140

84.2 Soretz, S.: Richtlinien für den Korrosionsschutz im Stahlbetonbau. Bet.-St. i. d. Entw. (1971) H. 45

O 84.3 Korrosionsschutz der Bewehrung von Stahlbeton. Merkbl. 17 der Bauber.-stelle d. Österr. Bet.-vereins u. d. Vereins Österr. Zementfabriken 1979

85.1 Kordina, K.: Einfluß der Rißbreite auf die Rostbildung bei ausgelagerten Stahlbetonbalken. Kurzber. a. d. Bauforsch. (1980) Nr. 2, S. 117

O 85.2 Bericht der Informationstagung: Dauerhaftigkeit und Instandsetzung von Massivbauwerken. Inst. für Massivbau der TU Braunschweig 1982

86 Rehm, G. u. a.: Erläuterung der Bewehrungsrichtlinien DIN 1045, 18. DAfSt 1978, H. 300

87 Schäfer, H.: Zur Bemessung dünner Stahlbetonbauteile. BuSt. (1979) S. 113. Zuschrift: BuSt. (1981) S. 26

O 88.1 Soretz, S.: Rißformeln für Stahlbeton. Bet.-St. i. d. Entw. (1973) H. 48

88.2 Frackmann, W.: Rißbildung und Rißweite. Bauinformation der Bauakademie der DDR, Reihe Stahlbeton, Nr. 29, 1974

○ 88.3 Sygula, S.: Vergleichende Untersuchungen über Biegerißformeln für Stahlbeton. BuSt. (1981) S. 114 (viel Lit.!)

88.4 Bieger, K.-W.: Rißbreitenbeschränkung im Spannbetonbau. BuSt. (1981) S. 118

88.5 Höpfner, M.; Adler, R.: Zum Rißbreitennachweis im Spannbeton. Baupl. v. Bautech. 1982, S. 501 (Vergleich verschiedener Ansätze, auch [75])

89 Lundin, T.: Mit hochwertigem Stahl bewehrter Balken unter Schwinglast. Betonsteinztg. (1960) S. 522

90 Soretz, S.: Große Stahlbetonbalken mit Hauptbewehrung aus zwei dicken Stäben. Bet. St. i. d. Entw. (1971) H. 46

91 Eichstaedt, H. J.: Bewehrungskurve und Schubbewehrungslinie für den Schubsicherheitsnachweis. BuSt. (1974) S. 12

92.1 Leonhardt, F. u. a.: Schubversuche an indirekt gelagerten, einfeldrigen und durchlaufenden Stahlbetonbalken. DAfSt 1968, H. 201; ferner in BuSt. (1968) S. 83

◑ 92.2 Leonhardt, F. u. a.: Aufhängebewehrung bei indirekter Lasteintragung von Spannbetonträgern. BuSt. (1971) S. 233. Zuschrift Baumann: BuSt. (1972) S. 239

○ 93.1 Eibl, J.; Kühn, E.: Versuche an Stahlbetonbalken mit gezogener Platte. BuSt. (1979) S. 176 u. 204

93.2 Herzog, M.: Der Flansch-Scherbruch von Plattenbalken und Hohlkästen aus Spannbeton nach Versuchen. BuSt. (1977) S. 64

○ 94.1 Kupfer, H.; Baumann, Th.: Bügelformen bei hoher Schubbeanspruchung. BuSt. (1971) S. 168

94.2 Reinhardt, H.-W.: Maßstabseinfluß bei Schubversuchen im Licht der Bruchmechanik. BuSt. (1981) S. 19 (insbes. Abschn. 3: Einfl. nur bei unbew. Beton vorhanden)

95.1 Birkenmaier, M.: Verbundprobleme bei Spannbettvorspannung. SBZ (1977) S. 426

95.2 Rüsch, H.; Rehm, G.: Versuche zur Bestimmung der Übertragungslänge von Spannstählen. DAfSt 1963, H. 147

96.1 Schleeh, W.: Spannungszustände beim Auflager eines Spannbetonträgers. BuSt. (1963) S. 157

○ 96.2 Plähn, J.; Kröll, K.: Spannungsverteilung im Eintragungsbereich von Spannbetonbalken mit unmittelbarem Verbund. BuSt. (1975) S. 170 u. 188. — dieselben: Zur Mechanik der Verbundverankerung von Spannbetonstählen durch Haftung und Reibung mit sofortigem Verbund. Bl. (1980) S. 449

○ 96.3 Wölfel, E.; Krüger, F.: Verbundverankerung von Spannstählen. Mitt. IfBt. (1980) H. 6, S. 161

◑ 96.4 Ruhnau, J.; Kupfer, H.: Spaltzug-, Stirnzug- und Schubbewehrung im Eintragungsbereich von Spannbett-Trägern. BuSt. (1977) S. 175 u. 204

96.5 Bechert, K.: Vorspannen mit sofortigem Verbund auf der Grundlage von DIN 4227 Teil 1. Betonwerk u. Fertigteiltech. (1980) H. 9, S. 2

97 Hagedorn, J.: Der Spannungszustand im Endbereich eines im Spannbett hergestellten I-Balkens. Diss. Karlsruhe 1970

98 Racké, H.: Die Spannungsverteilung im Übertragungsbereich von Spannbett-Balken, ermittelt an photoelastischen Modellen mit unterschiedlicher Exzentrizität der Spanngliedlage. Schweizer Arch. für angew. Wiss. u. Tech. Vogt-Schild Solothurn 1956, H. 5, S. 150; H. 6, S. 169

○ 99.1 Cordes, H. u. a.: Rißbreitenbeschränkung nach DIN 4227 (Erläuterung). BuSt. (1980) S. 169

99.2 Thormählen, U.: Einfluß von Spanngliedern mit nachträglichem Verbund auf Rißbildung und Rißbreitenbeschränkung teilweise vorgespannter Bauglieder. BuSt. (1979) S. 225

○ 99.3 Rehm, G. u. a.: Schrägrißbreiten in vorgespannten Bauteilen. Kurzber. a. d. Bauforsch. (1980) H. 10, S. 685

100 Lorentsen: Stahlgleitung in Stahlbetonbalken. IVBH Schlußber. Kongr. Stockholm 1960

101.1 Walther, R. u. a.: Vorausbestimmung der Spannkraftverluste infolge Dehnungsbehinderung. DAfSt 1977, H. 282

101.2 Peters, H. L.: Reibungs- und Umlenkkräfte bei Spannbeton. BuSt. (1978) S. 102

101.3 Cordes, H. u. a.: Großmodellversuche zur Spanngliedreibung. DAfSt 1981 H. 325. (μ auch wegabhängig); ferner die selb.: Eintragung der Spannkraft-Einflußgrößen bei Entwurf und Ausführung. Mitt. IfBt 1983, H. 1, S. 45 (sehr ausführlich)

101.4 Wrijvingsverliezen in spannelementen (Reibungsverluste in Spanngliedern). CUR-Rapp. Nr. 30, 1966 (holl.) (i. M. $\mu \cong 0{,}25$; $\varphi_1 \cong 1\,\%/m \cong 0{,}6°/m$)

○ 102.1 Rehm, G. u. a.: Zur Korrosion und Spannungsrißkorrosion von Spannstählen mit nachträglichem Verbund. BI. (1981) S. 275 (Wasser im Hüllrohr vor Verpressen gefährlich!)

102.2 Röhnisch, A.: Erläuterungen zu den Richtlinien für das Einpressen von Zementmörtel in Spannkanäle. BuSt. (1976) S. 275

102.3 Maßnahmen gegen Korrosionsbrüche von Spannstählen. Bericht nach AITBTP. BI. (1979) S. 22

103 Cornelius, V.; Mehlhorn, G.: Spannungszustand aus Vorspannung im Bereich gekrümmter Spannglieder. DAfSt 1979, H. 308

◑ 104.1 Bertram, D. u. a.: Fortschritte in der Betontechnologie; Düsseldorf: Betonverlag; Bd. 1. 1979; Bd. 2. 1980; Bd. 3. 1981 (Konstruktion und Technologie in Schrifttum, Hinweisen und Berichten; Quellen und Kurzfassungen)

○ 104.2 Weber, R.: Guter Beton. Ratschläge für die richtige Betonherstellung. Düsseldorf: Betonverlag 1981

104.3 Zugabewasser für Beton (Prüfung). Rdschrb. DBV. BuSt. (1982) S. 137

104.4 Geymayer, H.: Betonzusatzmittel-Arten, Wirkungsweise, Normen. Zem. u. Bet. (1981) S. 97

◑ 104.5 Manual of Concrete Practice. Vol. 1: Materials and properties of concrete; Vol. 2: Construction practices and inspection; pavements; Vol. 3: Use of concrete in buildings; Vol. 4: Bridges, substructures, special structures; Vol. 5: Masonry, precast concrete and special processes. ACJ, Publications Dept. 1981 (Sehr ausführliche Anweisungen!)

○ 104.6 Schäffler, H.: Einflüsse auf die Frisch- und Festbetoneigenschaften. BuSt. (1981) S. 165

◑ 104.7 Wesche, K.: Baustoffe für tragende Bauteile, Bd. 2: Normal- und Leichtbeton. Wiesbaden: Bauverlag 1981

○ 104.8 Wischers, G.: Ansteifen und Erstarren von Beton. Betontech. Ber. (1980/81) S. 145

104.9 Bonzel, J.; Schmidt, M.: Einfluß von Erschütterungen auf frischen und auf jungen Beton. Betontech. Ber. (1980/81) S. 61

105.1 Coppel u. a.: Stahlrohrgerüste. Wiesbaden: Bauverlag 1969

○ 105.2 Probleme des Traggerüstbaues. VDI-Ber. Nr. 245, 1975

105.3 Scheer, J.; Peil, U.: Zum Tragverhalten von Lehrgerüst-Rahmenstützen bei unterschiedlichen Senkungen ihrer Stielfüße. BI. (1978) S. 343

105.4 Eibl, J.: Steifigkeitsmessungen an Rohrkupplungsverbänden. BI. (1976) S. 217

105.5 DIN-Taschenbuch 115: Schalung, Rüstung, Baustelleneinrichtung. Beuth-Verlag 1982

106 Mörsch, E.; Bay, H.; Deininger, K.: Brücken aus Stahlbeton und Spannbeton. Bd. 2: Herstellung und bauliche Einzelheiten. Stuttgart: Wittwer 1968

107 Soretz, S.: Beitrag stahlbetontechnologischer Forschung zur Gestaltung von Fertigteilen. In: Die Montagebauweise mit Stahlbetonfertigteilen im Industrie- und Wohnungsbau, S. 377. Wiesbaden: Bauverlag 1959

108.1 Leonhardt, F.; Walther, R.: Die Tragfähigkeit von Zugschlaufenstößen; ferner: Franz, G.; Timm, G.: Haken- und Schlaufenverbindungen von Platten, und: Kordina, K.; Fuchs, G.: Übergreifungsstöße mit hakenförmigen Rippenstählen. DAfSt 1973, H. 226

○ 108.2 Stöckl, S. u. a.: Die Wirkung von Endhaken bei Vollstößen durch Übergreifen von zugbeanspruchten Rippenstählen. Kurzber. a. d. Bauforsch. 12/81, S. 1073

○ 108.3 Martin: Fugen und Verbindungen im Hochbau. Grundlagen und Praxis. Düsseldorf: Betonverlag 1981

108.4 Stätter: Verbindungen und Auflager im Stahlbetonfertigteilbau. Mitt.-Bl. d. VPI Arbeitstagung Sindelfingen Jan. 1974, Nr. 42

○ 108.5 Stroband, J.; Dragosavić, M.: Verbindungen im Fertigteilbau. Heron (1976) H. 2

○ 108.6 Basler, E.; Witta, E.: Grundlagen für kraftschlüssige Verbindungen in der Vorfabrikation. Düsseldorf: Betonverlag 1967

○ 108.7 Maidl, B.; Günther, F.: Verbindungskonstruktionen bei Mischbauweisen. Mitt. Inst. für konstr. Ing.-Bau Univ. Bochum Nr. 10, 1978

108.8 Rehm, G.: Konstruktive Gestaltung von Stößen in vorgefertigten Stahlbetonbauteilen. Betonsteinztg. (1970) S. 75 u. 447

O 108.9 Rehm, G.; Franke, L.: Verankerung von Betonrippenstählen in Kunstharzmörtel und -beton. BI. (1978) S. 1

108.10 Franke, H.: Die Schweißeignung der Stähle für das Bauwesen. BT. (1980) S. 289

O 109 Altner, Reichel: Beton-Schnellerhärtung. Grundlagen und Verfahren. Düsseldorf: Betonverlag 1981

110.1 Wirtsch. Vereinigung der Bauind. NRW (Hrsg.): Der Stahlleichtbeton. Düsseldorf: Wibauverlag 1971

110.2 Bruckner, H.: Vorgefertigte Träger großer Spannweite in vorgespanntem Leichtbeton. BuSt. (1973) S. 1 (Beispiele)

111.1 Rafla, K.: Vereinfachter Kippsicherheitsnachweis profilierter Stahlbetonbinder. BT. (1973) S. 150

111.2 Mann, W.: Kippnachweis und Kippaussteifung von schlanken Stahlbeton- und Spannbetonträgern. BuSt. (1976) S. 37

112 Rausch, E.: Drillung, Schub und Scheren im Stahlbetonbau. Düsseldorf: Deutscher Ingenieur Verlag 1953 (historisch)

113.1 Horáček, E.: Únosnost železobetonových konzol. Prag: Inženýrské stavby 5/1962

O 113.2 Monnier, Th.: Cases of damage of prestressed concrete. Heron (1972) No. 2, S. 20

O 114 Franz, G.; Niedenhoff, H.: Die Bewehrung von Konsolen und gedrungenen Balken. BuSt. (1963) S. 112

115.1 Hagberg, Th.: Bemessung der Konsole. BuSt. (1966) S. 68

115.2 Gedrongene balken en korte consoles. CUR Papp. (1971) Nr. 47

115.3 Robinson, J.: L'Armature des consoles courtes. Aus Theorie und Praxis des Stahlbetonbaues (Festschrift Franz), S. 67. Berlin: Ernst u. Sohn 1969 ·

O 115.4 Robinson, J.: Consoles courtes. In: Eléments constructifs spéciaux du béton armé. Paris: Eyrolles 1975, S. 111

115.5 Sommerville, G.; Taylor, H.: The influence of reinforcement, detailing of concrete structures. The Structural Engineer (1975) S. 7

115.6 Haldane, D.: Bracket design and load factor choise. Concrete (1973) S. 39

115.7 Hermansen, B.; Cowan, J.: Modified shear-friction-theory for bracket design. J. ACI (1974) S. 55

115.8 Beukel, van den, A.: Kranzkonsolen. Heron (1976) Nr. 2; S. 109

O 116 Franz, G.: Stützenkonsolen. BuSt. (1976) S. 95

117 Reich, E.: Hohe Konsolen. Diss. Hannover 1978

118.1 Schleeh, W.: Die Kragscheiben im Zustand I und das St. Venantsche Prinzip. BuSt. (1966) S. 193

118.2 Schleeh, W.: Der Spannungszustand in der Kragscheibe mit Einzellast. BT. (1962) S. 24 (Randbedingungen bei beiden Arbeiten nur angenähert erfüllt)

O 118.3 Bay, H.: Zum Schubproblem des gedrungenen Stahlbetonträgers. BuSt. (1976) S. 138 u. (1977) S. 17

118.4 Kani, G.: Schubsicherheit großer Balken. J. ACI (1967) S. 124

118.5 Nylander, H. u. a.: Festigkeit gedrungener I-Stahlbetonbalken (schwed., engl. summary) Medd. Inst. för Byggnadsstatik, Nr. 113. Stockholm: Kgl. Tekn. Högskolan 1975

O 118.6 Mayer, H.: Die Erhöhung der Querkraft-Tragfähigkeit von Stahlbetonbalken bei kleiner Schubschlankheit. Stahlbetonbau (Festschrift Rüsch), S. 183. Berlin: Ernst u. Sohn 1969

119 Seybold, B.: Über die Scherfestigkeit spröder Baustoffe. Diss. Stuttgart 1933

120.1 Hahn, V.: Das hochgezogene Auflager im Betonfertigteilbau. Aus Theorie und Praxis des Stahlbetonbaues (Festschrift Franz), S. 63. Berlin: Ernst u. Sohn 1969

O 120.2 Mann, W.: Über die Ausbildung von Balkenauflagern und Auflagerkonsolen aus Stahlbeton. BuSt. (1975) S. 1

O 120.3 Steinle, A.: Zum Tragverhalten ausgeklinkter Trägerenden. Vorträge Betontag DBV 1975, S. 364

120.4 Steinle, A.; Rostásy, F.: Zum Tragverhalten ausgeklinkter Trägerenden. Betonwerk- u. Fertigteiltech. (1975) S. 270 u. 337

O 120.5 Polóny, S.: Einige Gedanken über den Wissensstand der Baustatik, Anhang 1: Konsolen und abgesetzte Auflager. BT. (1981) S. 1

120.6 Ingvarsson, H.; Kinnunen, S.: Design of the bearing of suspended precast concrete

beams. Medd. Inst. för Byggnadsstatik Kgl. Techn. Högskolan Stockholm 1973, Nr. 107
u. Kurzber. in Swedish Council for Building Research 1975, S. 6

121.1   Eibl, J.; Schürmann, U.: HV-Schraubenanschlüsse für Stahlbetonkonsolen. BI. (1982) S. 61
121.2   Cziesielski, E.: Einbetonierte Ankerplatten (mit Kopfbolzen). Beiträge zur Bautechnik (Festschrift Halász), S. 175. Berlin: Ernst u. Sohn 1980
121.3   Breloh, R.: Befestigen von Lasten an Beton mit Ankerschienen. BT. (1981) S. 28

Literatur zu Abschnitt 5 (Platten)

1.1   Naruoka, Masao: Bibliography on Theory of Plates. Tokyo: Gihodo Co. Publishing 1981
1.2   Szabó, I.: Die Geschichte der Plattentheorie. BT. (1972) S. 1
2.1   Girkmann, K.: Flächentragwerke. Wien: Springer 1963
2.2   Timoshenko, S. P.: Theory of plates and shells. New York: McGraw-Hill 1959
2.3   Szilard, R.: Theorie and analysis of plates. Englewood Cliffs: Prentice Hall 1974 (Statik, Dynamik, Gebrauchs- u. Grenzzustand erschöpfend behandelt)
2.4   Nadai, A.: Elastische Platten. Berlin: Springer 1925 (historisch)
2.5   Wood, R.: Slab design: past, present and future. Building Res. Station Current Paper CP 9, 1972 (Sehr guter Überblick! El. Th. nicht entbehrlich.)
2.6   Rabich, R.: Statik der Platten, Scheiben, Schalen. Ingenieur-Taschenbuch Bauwesen Bd. I S. 865. Leipzig: Teubner 1963 (viele Diagramme)
2.7   Schwarz, P.: Berechnung von Platten mit potentialtheoretischem Analogieverfahren. Diss. Darmstadt 1973
2.8   Czerny, F.: Stahlbetonplatten, Theorie und Praxis. Zem. u. Bet. (1975) H. 80/81, S. 25 (Verschiedene Lagerungsarten- u. Formen.)
2.9   Czerny, F.: Stahlbetonplatten-Elastizitätstheorie und Materialprüfung. Mitt. a. d. Inst. für Baustofflehre und Mat.prüf. Univ. Innsbruck 1979
2.10   Bruckner, H.: Das Tragverhalten elastischer Platten. Braunschweig: Vieweg 1977
3.1   Bittner, E.: Platten und Behälter. Wien, New York: Springer 1977
3.2   Pucher, A.: Einflußfelder elastischer Platten. Wien, New York: Springer 1977
3.3   Bretthauer, G.; Nötzold, F.: Einflußflächen vierseitig gelagerter Rechteckplatten. BuSt. (1965) S. 192
4   Hoeland, G.: Stützmomenten-Einflußfelder durchlaufender Platten. Berlin, Göttingen, Heidelberg: Springer 1957
5   Eisenbiegler, G.: Spiegelung von Einflußflächen bei isotropen Platten. BuSt. (1981) S. 270
6.1   Stiglat, K.; Wippel, H.: Platten. Berlin: Ernst u. Sohn 1983 (sehr viel Lit. u. Sonderfälle)
6.2   Bareš, R.: Berechnungstafeln für Platten und Wandscheiben. Wiesbaden: Bauverlag 1979
6.3   Ertürk, I.: Zwei-, drei- und vierseitig gestützte Platten. Berlin: Ernst u. Sohn 1965
7   Anderheggen: Finite Elemente Methode (Plate Bending) Inst. für Baustatik ETH Zürich. Ber. Nr. 23 u. 24, 1969
8   Fuchssteiner, W.: Torsion und Plattentheorie. BuSt. (1977) S. 35
9   Teepe, W.; Hehn, K. H.: Die Anwendung des spannungsoptischen Reflexionsverfahrens bei der modellstatischen Untersuchung von Platten. Berlin: Akademie Verlag 1962
10   Czerny, F.: Schiefwinklige Stahlbetonplattenbrücken — Berechnung und Konstruktion. Zem. u. Bet. (1980) S. 73
11.1   Burggrabe, H.: Mikrobeton für modellstatische Untersuchungen. DAfSt 1972, H. 225
11.2   Kurian, N.: Mikrobeton. Diss. Hannover 1974
11.3   Garas, F. (Hrsg.): Reinforced and prestressed microconcrete models. Lancaster: Construction Press 1980
12   Laermann, K.: Experimentelle Plattenuntersuchungen. Düsseldorf: Werner 1972
13   Javornicky, V.: Photoplastizität in der Materialprüfung. Materialprüfung (1964) S. 458
15   Schmidt, E.: Modellversuche zur Bemessung von Baukonstruktionen. SBZ.(1949) S. 555
16.1   Koepke, W.: Ermittlung von Biegemomenten in Platten mittels eines spiegeloptischen Verfahrens. BuSt. (1955) S. 210
16.2   Weidemann, K.; Koepke, W.: Das spiegeloptische Verfahren. DAfSt 1962, H. 141

17.1   Ligtenberg, F. K.: The moiré-method. A new experimental method for the determination of moments in small slab models. Proc. ESAS 1955, Vol. 12, No. 2, S. 83

17.2   Vreedenburg, C. G. J.; van Wijngaarden, O.: New progress in our knowledge about the moment distribution in flat slabs by means of the moiré-method. Proc. ESAS 1955, Vol. 12, No. 2, S.99

18   Franz, G.: Die Brücke für die Umgehungsstraße Bacharach über die Eisenbahngleise der linken Rheinuferbahn. BI. (1954) S. 182 (historisch)

○ 19.1   Andrä, W.; Leonhardt, F.: Vereinfachtes Verfahren zur Messung von Momenteneinfluß-flächen bei Platten. BI. (1958) S. 407

19.2   Weigler, H.; Weise, H.: Modellstatische Verfahren zur Aufnahme von Einflußflächen von Platten. BuSt. (1959) S. 123

○ 20   Fink, K.; Rohrbach, Chr.: Handbuch der Spannungs- und Dehnungsmessung. Düsseldorf: VDI Verlag 1958

○ 21.1   Kuske, A.: Spannungsoptik im Bauwesen. Düsseldorf: Werner 1970

21.2   Kuske, A.: Verfahren der Spannungsoptik. Düsseldorf: VDI Verlag 1951

22.1   Goodier, I. N.; Lee, G. H.: An extension of the photoelastic method of stress measurement to plates in traverse bending. J. Appl. Mech. (1941) S. A 27

22.2   Favre, H.; Gilg, B.: Sur une méthode purement optique pour la mesure directe des moments dans les plaques minces fléchies. SBZ (1950) S. 253, 265

23.1   Teepe, W.: Beitrag zur spannungsoptischen Untersuchung von Schalen. Diss. Karlsruhe 1959

23.2   Zandmann, F.: Analytische Untersuchung der Beanspruchung von Werkstücken mit Hilfe photoelastischer Lacke. Acier, Stahl, Steel (1957) S. 375

23.3   Teepe, W.; Hehn, K. H.: Die Anwendung des spannungsoptischen Reflexionsverfahrens bei der modellstatischen Untersuchung von Platten. Internat. spannungsopt. Symposium. Berlin: Akademie Verlag 1962

24.1   Franz, G.; Ritter, K.: Der räumliche Spannungszustand im Stützenbereich von Flachdecken. BuSt. (1964) S. 132

24.2   Franz, G.; Rabe, J.: desgl. (Störung durch Aussparung in der Platte neben der durchlaufenden Stütze) BuSt. (1965) S. 1

25.1   Koepke, W.: Querbewehrung einseitig gespannter Stahlbetonplatten des Hochbaus. BuSt. (1950) S. 274

◑ 25.2   Bittner, E.: Die Querbewehrung in Platten bei Gleichlast. Zem. u. Bet. (1982), S. 122 (Zusammenstellung aller Störfälle bei Streifenplatten infolge von Abstützung in Spann-richtung)

● 26.1   Olsen, H.; Reinitzhuber, F.: Die zweiseitig gelagerte Platte. Theorie-Anwendung-Tabellen. Berlin: Ernst u. Sohn 1979

◑ 26.2   Molkenthin, A.: Einflußfelder zweifeldriger Platten mit freien Längsrändern. Springer Berlin, Heidelberg, New York 1971

26.3   Stiglat, K.: Einflußfelder rechteckiger und schiefer Platten mit Randbalken. Berlin: Ernst u. Sohn 1965

26.4   Hiba, M.: Randversteifung zweiseitig gelagerter Platten (durch die Fußwegkonsolen). BT. (1980) S. 281

● 27.1   Rüsch, H.: Berechnungstafeln für rechtwinklige Fahrbahnplatten von Straßenbrücken (für die Lasten der DIN 1072) DAfSt 1981, H. 106

27.2   Mattheiß, J.: Berechnungsverfahren für die Längsmomente von rechtwinkligen, durchlaufenden Plattenbrücken. BuSt. (1979) S. 17 (Näherung)

○ 28   Dartsch, M.: Tafeln zur schnellen Bestimmung von Plattenmomenten. BI. (1974) S. 189

29.1   Brunner, W.: Auflagerdrücke rechteckiger, durchlaufender Platten (Beitrag zur Berechnung von Hochhäusern) SBZ (1962) S. 615

29.2   Eisenbiegler, G.: Auflagerkräfte von Rechteckplatten mit Randmomenten. BuSt. (1975) S. 7

30.1   Klein, D.; Schäfer, H.: Berechnung drei- und vierseitig gelagerter Rechteckplatten mit abhebenden Ecken. BT. (1977) S. 66

○ 30.2   Stiglat, K.; Wippel, H.: Rechteckplatten mit abhebenden Ecken unter Gleichlast. BuSt. (1976) S. 207

31   Link, J.: Zweiachsiges Verformungs- und Bruckverhalten von Beton und Anwendung auf die wirklichkeitsnahe Berechnung von Stahlbetonplatten. DAfSt 1976, H. 270

32.1   Schriever, H.: Berechnung von Platten mit dem Einspanngradverfahren. Düsseldorf: Werner 1973

➊ 32.2   Nyffeler, H.: Durchlaufende Platten. Wiesbaden: Bauverlag 1977

32.3   Pieper, K.: Durchlaufende Rechteckplatten im Hochbau. BuSt. (1966) S. 158

32.4   Schwarz, H.: Stützmomente kreuzweise bewehrter durchlaufender Rechteckplatten. DAfSt 1967, H. 191

32.5   Brunner, W.: Drehwinkel-Ausgleichsverfahren zur Berechnung beliebig belasteter durchlaufender Platten. BuSt. (1961) S. 140

32.6   Brunner, W.: Momentausgleichverfahren zur Berechnung durchlaufender Platten für gleichmäßig verteilte Belastung. SBZ (1955) S. 771

32.7   Brunner, W.: Momentausgleichsverfahren durchlaufender Platten mit Berücksichtigung des Torsionswiderstandes der Unterstützungsträger. SBZ (1957) S. 187

32.8   Hoeland, G.: Deckenfelder aus kreuzweise bewehrten Platten. Bau u. Bauindustrie 1970, H. 12

32.9   Martens, P.: Hochbau-Deckenatlas (Bewehrungstafeln für durchlaufende, vierseitig gestützte Platten). Berlin: Ernst u. Sohn 1981

32.10   Bechert, H.: Über die Stützenmomente durchlaufender Platten bei vollständiger Lastumordnung. BT. (1961) S. 384

32.11   Kugler, R.: Die Einflußflächensingularität für das Stützmoment durchlaufender Platten unterschiedlicher Steifigkeit. BI. (1978) S. 395

33   Eisenbiegler, G.: Stützenquerkräfte isotoper Zweifeldplatten infolge von Punkt-, Linien- und Rechtecklasten. BuSt. (1978) S. 215 u. 252

○ 34.1   Bretthauer, G.; Seiler, H.: Platten mit ein oder zwei freien Rändern. BuSt. (1964) S. 137 u. 205

○ 34.2   Dartsch, B. u. J.: Tafeln zur schnellen Bestimmung von Plattenmomenten dreiseitig gelagerter Rechteckplatten (frei aufliegend u. eingespannt). BI. (1974) S. 488

34.3   Eisenbiegler, G.: Dreiseitig frei drehbar gelagerte Rechteckplatten mit elastischem Innenunterzug parallel zu freien Rändern. BuSt. (1979) S. 68

34.4   Eisenbiegler, G.: Dreiseitig gelagerte Rechteckplatten mit linear veränderlicher Dicke. IVBH Abhdlg. 34/II, 1974, S. 53

35   Czerny, F.: Die an drei Rändern eingespannte Rechteckplatte mit Trapezlast (Festschrift Pflüger), S. 27. Hannover 1977

36   Kugler, A.: Die Lastverteilung von Kragplatten nach DIN 1045 und nach genauer Untersuchung. BuSt. (1978) S. 261 (DIN 1045 zu ungünstig)

37   Schwieger, H.: Spannungsoptische Untersuchung einer einseitig eingespannten quadratischen Kragplatte (mit einer Einzellast in der Mitte des Randes) BT. (1962) S. 253

➊ 38.1   Homberg, H.; Ropers, W.: Kragplatten mit veränderlicher Dicke. BuSt. (1963) S. 67

○ 38.2   Bergfelder, J.: Einflußflächen für die Einspannmomente der Kragplattenhalbstreifen mit veränderlicher Dicke. BuSt. (1967) S. 288

39   Mendel, G.: Einflußflächen elastisch eingespannter Kragplatten. BuSt. (1975) S. 291

➊ 40.1   Franz, G.: Um eine Ecke laufende Kragplatte. BuSt. (1968) S. 64

40.2   Ludwig, W.: Berechnung der um eine Ecke laufenden Kragplatte. BuSt. (1971) S. 155

➊ 41.1   Bruckner, H.: Winkelplatten. Der um eine Ecke geführte Vollstreifen. Wiesbaden: Vieweg 1981

➊ 41.2   Reiss, M. u. a.: Kragplatten. BuSt. (1983) S. 105

42.1   Markus, G.: Rotationssymmetrische Bauwerke. Düsseldorf: Werner 1967

42.2   Markus, G.: Kreis- u. Kreisringplatten unter antimetrischer Belastung. Berlin: Ernst u. Sohn 1973

43.1   Modor, Z.: Berechnung der Platten in Polygonalform. BI. (1959) S. 427

43.2   Pfaffinger: Berechnung polygonaler Platten mit verbesserter Differentialgleichung. Inst. f. Baustatik. ETH Zürich Ber. Nr. 28, 1970

44   Göttlicher, H.: Die ringsum fest eingespannte Dreieckplatte von gleichbleibender und veränderlicher Stärke. Ing. Arch. (1938) Nr. 9, S. 12

○ 45   Breitschuh, K.: Dreieckplatten. B. Ing.-Praxis, H. 9. Berlin: Ernst u. Sohn 1974

○ 46   Harnuška, A.; Balaš, I.: Hauptbiegungsmomentenlinien schiefer Platten. BI. (1965) S. 265

47.1 Bažant, Z. P.: Beitrag zur Differenzenlösung schiefer Platten und eine neue Art der Relaxionsmethode. Baupl. u. Bautech. (1962) S. 24 u. 82

47.2 Basar, Y.; Yüksel, F.: Zur Berechnung schiefwinkliger orthotroper und isotroper Platten. BuSt. (1961) S. 268

47.3 Naruoka, M.: Untersuchung der schiefen Platte mit Benutzung des Rechenautomaten. BI. (1959) S. 401

47.4 Naruoka, M.: Ermittlung von Einflußflächen schiefwinkliger Platten mit FEM. BI. (1973) S. 73

◑ 48.1 Homberg, H.; Marx, W. R.: Schiefe Stäbe und Platten. Düsseldorf: Werner 1958

◑ 48.2 Schleicher, C.; Müller, K.: Schiefe Einfeldplatten. Berlin: VEB Verlag für Verkehrswesen 1962

◑ 48.3 Hauptmomente für schiefe Plattenbrücken (Normalien) Z 1. 534, 500-II/13-72 des Österr. Bundesmin. für Bauten u. Technik 1972

○ 48.4 Scheve platen (Gleichförmig verteilte Last) Nr. 53; desgl. (Punktlasten, Temperatur, elast. Stützung) Nr. 58. CUR Rapp. 1972 u. 1973

48.5 Gericke: Spannungen in den Ecken schiefwinkliger Platten. Diss. Berlin 1966

● 49 Rüsch, H. u. a.: Berechnungstafeln für schiefe Fahrbahnplatten von Straßenbrücken. DAfSt 1967, H. 166

◑ 50 Schleicher, C.; Wegener, B.: Durchlaufende schiefe Platten. Berlin. VEB Verlag für Bauwesen 1971

○ 51.1 Czerny, F.: Schiefwinklige Stahlbetonplattenbrücken — Berechnung und Konstruktion. Zem. u. Bet. (1980) S. 73. Die hier erwähnten, noch unveröffentlichten „Empfehlungen für die Berechnung und Konstruktion schiefwinkliger Stahlbetonplattenbrücken" wurden mir freundlicherweise vom Verfasser zur Verfügung gestellt

51.2 Molin, G.: Verteilung der Querkräfte in schiefen Plattenbrücken. BI. (1983) S. 91

52.1 Baumann, Th.: Tragwirkung orthogonaler Bewehrungsnetze beliebiger Richtung in Flächentragwerken. DAfSt 1972, H. 217

◑ 52.2 Baumann, Th.: Zur Frage der Netzbewehrung von Flächentragwerken. BI. (1972), S. 367

52.3 Luza, H.: Netzbewehrungen (dreibahnig). BuSt. (1971) S. 65

53.1 Mehmel, A.; Weise, H.: Ein modellstatischer Beitrag zum Tragverhalten schiefwinkliger Platten. BuSt. (1962) S. 233

53.2 Mehmel, A.; Weise, H.: Modellstatische Untersuchung punktförmig gestützter schiefwinkliger Platten unter besonderer Berücksichtigung der elastischen Auflagernachgiebigkeit. DAfSt 1964, H. 161

53.3 Homberg, H.; Jäckle, H.; Marx, W. R.: Einfluß einer elastischen Lagerung auf Biegemomente und Auflagerkräfte schiefwinkliger Einfeldplatten. BI. (1961) S. 19

54 Ingvarsson, H.; Sundquist, H.: Elasticitätsteoretist Behandling av Plattor uplagda på Kant — eller Hörnpelare. (Platten auf Rändern oder Eckstützen gelagert) Medd. Inst. for Byggnadsstatik Kgl. Tekn. Högskolan Stockholm 1975, Nr. 116 (schwed., engl. summary)

55.1 Franz, G.: Grundsätzliches zum Vorspannen von Flächentragwerken. BuSt. (1953) S. 78, 120 u. 140 (*mit* Verbund) (historisch)

○ 55.2 Ritz, P.: Biegeverhalten von Platten mit Vorspannung *ohne* Verbund. Inst. f. Baustatik ETH Zürich, Ber. Nr. 80. Stuttgart: Birkhäuser 1978 (ausführlich)

56 Lechner, W.: Formtreue Vorspannung von zweiseitig gelagerten Trapezplatten. BuSt. (1966) S. 187

○ 57 Stathopoulos, S.: Spanngliedanordnungen bei schiefen Platten. BI. (1979) S. 85

○ 58.1 Wegner, R.; Duddeck, H.: Der gerissene Zustand II zweiseitig gelagerter Platten unter Einzellasten. BuSt. (1975) S. 257; ferner Ber. 74/11 Inst. f. Statik TU Braunschweig, 1974

○ 58.2 Griebenow, G.: Experimentelle Untersuchung zum Biegeverhalten gerissener Stahlbetonbalken und -Platten im Vergleich mit nicht linearen FEM-Berechnungen. Ber. 77/24 Inst. f. Statik TU Braunschweig 1977

58.3 Mehlhorn, G. u. a.: Wirklichkeitsnahe Berechnung von Stahlbetonplatten im Zustand II. mit FEM. BuSt. (1975) S. 265

58.4 Mehlhorn, G. u. a.: Berechnung von dünnen Stahlbeton-Platten mit nicht linearem Werkstoffverhalten. Forsch. Ber. d. Arbeitsgruppe Massivbau TH Darmstadt: Nr. 15, 1974; Nr. 25, 1975; Nr. 32, 1976

58.5 Grünberg, I.: Berechnung ebener Flächentragwerke im gerissenen Zustand mit FEM. Berlin, Heidelberg, New York: Springer 1974

58.6 Duddeck, H. u. a.: Material and time dependent nonlinear behaviour of cracked reinforced concrete slabs. In: Nonlinear behaviour of reinforced concrete spatial structures. Contributions to IASS Symposium Darmstadt. Düsseldorf: Werner 1978

58.7 Schaper, G.: Stahlbetonplatten unter Last- und Zwangsbeanspruchung. Ber. 78/29 des Inst. f. Statik der TU Braunschweig, 1978

O 58.8 Schaper, G.: Berechnung des zeitabhängigen Verhaltens von Stahlbetonplatten im ungerissenen und gerissenen Zustand. BuSt. (1981) S. 36 u. 68, sowie: DAfSt 1982, H. 338

O 58.9 Herzog, M.: Die Durchbiegungen kreuzweise bewehrter Stahlbeton-Rechteckplatten vom ungerissenen Zustand bis zum Bruch. BT. (1971) S. 313

59 Wolfensberger, R.: Traglast und optimale Bemessung von Platten. Tech. Forsch.- u. Ber.-stelle d. Schweizer Zem.-Ind. Wildegg 1964; sowie CEB Bull. No. 43, 1964 (Forschung)

O 60 Rabich, R.: Biegefläche und -momente der drehsymmetrischen Kreisplatte aus Stahlbeton vor und nach Rißbildung. Baupl. u. Bautech. (1972) S. 291

61.1 Johansen, K. W.: Bruchmomente der kreuzweise bewehrten Platten. Abh. der IVBH, 1. Bd. 1932, S. 277 (historisch). — ders.: Yield-line theorie. London, Cement and Concrete Assoziation 1962

◑ 61.2 Sawczuk, A.; Jäger, Th.: Grenztragfähigkeitstheorie der Platten. Berlin, Göttingen, Heidelberg: Springer 1963

O 61.3 Duddeck, H. u. a.: Seminar Traglastverfahren. Inst. f. Statik TU Braunschweig, Ber. Nr. 73/6, 1973 (sehr instruktiv)

O 61.4 Wood, R.: Plastic and elastic design of slabs and plates. London: Thames and Hudson 1961; sowie CEB Bull. No. 43, 1964

61.5 Olszak, W.; Sawczuk, A.: Théorie de la capacité portante des constructions non-homogènes et orthotropes. Ann. de l'Inst. Techn. du Bât. et des Trav. Publ. No. 149, Paris 1960

61.6 Bernaert, S.: Le calcul aux états-limites des dalles et structures planes. Ann. de l'Inst. Techn. du Bât. et des Trav. Publ. No. 257, Paris 1969

61.7 Callari, C.: Méthode générale de calcul des dalles dans le domaine anélastique. Ann. de l'Inst. Techn. du Bât. et des Trav. Publ. No. 257, Paris 1969

61.8 Pape, G. u. a.: Traglasten ebener Tragwerke. Inst. f. Konstr. Ing. Bau der Univ. Bochum, Heft 28, 1977 (Optimierung)

O 62.1 Herzog, M.: Die Bruchlast ein- und mehrfeldriger Rechteckplatten aus Stahlbeton nach Versuchen. BuSt. (1976) S. 69

62.2 Bouma, A. u. a.: Experimental investigation of the effect of varying the reinforcement upon the behaviour of circular slabs. Heron (1976) Nr. 4

63 Nylander, H.: Nodal Forces in Yield-Line Theorie. Medd. Inst. för Byggnadsstatik Kgl. Techn. Högskolan Stockholm 1963, Nr. 42 u. 1965, Nr. 55 (schwed., engl. summary)

64.1 Haase, H.: Bruchlinientheorie von Platten. Düsseldorf: Werner 1962

O 64.2 Edelmann, H. J.: Schnittkraftermittlung nach der Bruchlinientheorie für orthotrop bewehrte Stahlbetonplatten mit rechteckigen Öffnungen. Baupl. u. Bautech. (1969) S. 237

O 64.3 Nielsen, M. P.: Reinforced concrete discs. Danish Acad. Kopenhagen 1971

O 64.4 Nylander, H.; Kinunen, S.: Plattor (schwed., engl. summary). Medd. Inst. för Byggnadsstatik, Kgl. Techn. Högskolan Stockholm Nr. 102 u. 103, 1976

64.5 Massonet, Ch.: Complete solutions describing the limit state of reinforced concrete slabs. Mag. Concrete Research London 1967, Vol. 19, S. 13

◑ 64.6 van Langendonck, T.: Teoria elementar das charneiras plásticas. Associacao Brasileira de Cemento Portland (port.) Bd. I: Grundlagen und Einzellasten 1970; Bd. II: Verteilte Lasten 1975 (sehr reichhaltig)

64.7 Palotás, L.: Stahlbetonplatten und Pilzdecken Bruchtheorie. Wiss. Zeitschr. d. Hochsch. für Bauwesen Cottbus 1962, H. 3/4 desgl. Zem. u. Bet. (1961) Nr. 22

O 64.8 Sobotka, Z.: Capacité portante et des lignes de rupture des dalles rectangulaires encastrées. Ann. de l' Inst. Techn. du Bât. et des Trav. Publ. No. 247 u. 248, Paris 1968

64.9 Sobotka, Z.: Plastizitätstheorie der Platten (tschechisch). Prag: Akademie Verlag 1973

64.10 Sobotka, Z.: Load carrying capacity of rectangular plates with concentrated and uniform loads. Bratislava: Akademie Verlag 1975 u. CEB Bull. No. 56, 1966

64.11   Sobotka, Z.: Fließlinientheorie für zweiseitig aufgelagerte Platten mit Einzellast (tschechisch). Bratislava: Slowak. Akad. der Wiss. 1968

64.12   Sobotka, Z.: Bruchlinientheorie schiefer, eingespannter Platten (tschechisch). Bratislava: Slowak. Akad. der Wiss. 1971; ferner CEB Bull. No. 38, 1963 sowie Abh. IVBH Kongr. Rio de Janeiro 1964

O 64.13   Sobotka, Z.: Ultimate concentrated load on rectangular plates with and without yield fans (engl.). Acta Technica ČSAV (Akad. d. Wiss.) Prag 1978, Nr. 4, S. 381 (prakt. kein Unterschied)

64.14   Förster, H.: Berechnung zweiachsig gespannter Stahlbetonplatten nach der Fließgelenklinienmethode. Baupl. u. Bautech. (1982) S. 281

O 65.1   Hillerborg, A.: Strip method. Vorbericht IVBH Kongr. Stockholm 1960; ferner in: Concrete (1968) S. 358; ferner erwähnt in: [65.2]

65.2   Franz, G.: Neue Erkenntnisse über rand- und punktgestützte Platten. Zem. u. Bet. (Febr. 1967)

66   Nilsson, J.: Concrete slabs without top reinforcement. Shear force capacity by dowel action. Swedish Building Research Summaries Stockholm S-21, 1977 (Wirkung nur, wenn Riß genau an Einspannung)

67.1   Ebner, F.: Stahlbetonplatten mit von der Richtung des Hauptzuges abweichender Bewehrungsrichtung. Diss. Karlsruhe 1963

O 67.2   Ebner, F.: in: Aus Theorie und Praxis des Stahlbetons (Festschrift Franz), S. 127. Berlin: Ernst u. Sohn 1969

67.3   Franz, G.: Über den Einfluß der Richtungsabweichung der Bewehrung auf das Tragverhalten von Stahlbetonplatten. CEB Bull. No. 43, 1964

67.4   Franz, G.: Stahlbetonplatten mit abweichenden Richtungen von Moment und Bewehrung. Wiss. Zeitschr. der Hochschule für Bauwesen Leipzig (1964) S. 21

O 68   Herzog, M.: Vereinfachte Bemessung schiefer Bewehrungsnetze für Stahlbetonplatten. BuSt. (1978) S. 254 (in Gl. 1, 3, 4 ist das Vorzeichen von m_η umzukehren!). Zuschriften hierzu: BuSt. (1979) S. 234

69   Peter, J.: Zur Bewehrung von Scheiben und Schalen für Hauptspannungen schiefwinklig zur Bewehrungsrichtung. Diss. Stuttgart 1964

O 70.1   Beck, H.: Stahlbetonplatten mit Rechteckloch. BT. (1969) S. 397

70.2   Schubert, L.: Rechteckige Platten mit Öffnungen (Berechnung und Bewehrung). Wiss. Zeitschr. d. TU Dresden (1973) S. 1089 u. Baupl. u. Bautech. (1978) S. 372

O 71.1   Eisenbiegler, G.: Plattenstreifen mit unterbrochener Mittelstützung. BT. (1975) S. 173

71.2   Zöphel, J.: Der Plattenstreifen mit unterbrochener Mittelstützung unter Gleichlast. BT. (1972) S. 169

O 72   Kordina, K.; Fröning, H.: Überprüfung des Tragverhaltens deckengleicher Unterzüge. Kurzber. a. d. Bauforsch. 5/81, S. 413

73.1   Rostásy, F.; Koch, R.: Schubtragfähigkeit von Platten aus Stahlleichtbeton ohne Schubbewehrung. BuSt. (1978, S) 42

73.2   Briesemann, D.: Die Schubtragfähigkeit bewehrter Balken und Platten aus dampfgehärtetem Gasbeton. DAfSt 1980, H. 314

Literatur zu Abschnitt 6 (Wände)

1.1   Lewicki, B.: Wohngebäude aus Beton und Stahlbeton. Düsseldorf: Werner 1971

1.2   Pfefferkorn, W.: Dachdecken und Mauerwerk. Köln: Müller 1980

● 2.1   Funk, P. (Hrsg.): Mauerwerk-Kalender (jährlich). Berlin: Ernst (zitiert als "M. Kal.")

O 2.2   Schubert, P.; Glitza, H.: E-Modul, Quer- und Bruchdehnungen von Mauerwerk BT. (1981) S. 181

◑ 3.1   Eichler, F.: Bauphysikalische Entwurfslehre. Bd. I: Grundlagen 1975; Bd. II: Konstr. Details 1977; Bd. III: Wärmedämmstoffe 1971; Bd. IV: Raumakustik 1977. Köln: R. Müller

◑ 3.2   Bobran, H.: Handbuch der Bauphysik. Wiesbaden; Vieweg 1982

3.3   Lampe, J.: Außen- u. Innenwände, bauphysikalische Kennwerte, Köln: R. Müller 1981

O 3.4   Wiese, G.: Wasserdampfdiffusion. Stuttgart: Teubner 1982

3.5   Hauck, W.: Das physikalische Verhalten von Außenwänden. Aus Theorie und Praxis des Stahlbetonbaues (Festschrift Franz), S. 216. Berlin: Ernst u. Sohn 1969

○ 3.6   Wittmann, W.: Bauphysikalische Beurteilung von Wänden aus Beton. Zem. u. Bet. (1982), S. 24

3.7   Kirchner, G.: Instationäre Temperaturverläufe in Betonbauteilen. Vortrag Betontag DBV 1981, S. 258

◑ 3.8   Gertis, K.; Hauser, G.: Instationärer Wärmeschutz. Ber. a. d. Bauforsch. H. 103. Berlin: Ernst u. Sohn 1975

○ 3.9   Keustermans, M.; van Gemert, D.: Thermische Schockbelastung auf Betonwände. BT. (1979) S. 22 (Diagramme).

3.10   Bub, H. (Hrsg.): Bauphysik (Zeitschr.). Berlin: Ernst u. Sohn

3.11   Berichte aus der Bauforschung des Bundesministers für Wohnungsbau (rd. 100 Hefte) Berlin: Ernst u. Sohn 1956 bis 1975. Einzelthemen aus der Physik des Wohnungsbaues.

3.12   Gertis, K.: Wie muß die Heizenergie-Einsparung in Wohnungen künftig vor sich gehen? Bundes-Baublatt (1981) S. 161 (Übersicht der Möglichkeiten)

○ 4.1   Künzel, H.: Ist wohnen in Betonbauten ungesund? Zem. u. Bet. (1981) S. 159.

4.2   Gösele, u. a.: Wohnen in Betonbauten. Düsseldorf: Betonverlag 1976

○ 4.3   Danielewski, G.: Baubiologie auf dem Prüfstand. Beton- und Fertigteiljahrbuch 1982, S. 243

4.4   Danielewski, G.: Geschäfte mit der Angst. Baubiologie zwischen Anspruch und Wirklichkeit. Düsseldorf: Betonverlag 1981

5   Rostásy, F. u. a.: Mindestbewehrung für Zwang von Außenwänden aus Stahlleichtbeton. DAfSt 1976, H. 267

○ 6   Franz, G.; Berner, R.: Was kann man aus den Erdbebenschäden in Albstadt lernen? BuSt. (1981) S. 9

7   Kalksandstein-Mauerwerk. Kalksandstein-Information Hannover 1975

8   Richtlinien für Bau und Ausführung von Flachstürzen (77). M. Kal. 1981. S. 483 S. 483

9   Koncz, T.: Vorfabrizierte TT- und Faltwerkplatten. Betonsteinztg. (1968) S. 50

10.1   Haller, H.-D.: Unbegründete Beschränkung durch die neue DIN 1045 für Betonwände ohne Druckbewehrung. BT. (1973) S. 59

10.2   Kordina, K.: Betonwände ohne Druckbewehrung (zu [10.1]). BT. (1974) S. 129

○ 10.3   Rubert, A.; Schot, H.: Traglastnachweis für unbewehrte Betondruckglieder nach der Theorie II. 0. auf der Grundlage der DIN 1045. BuSt. (1982) S. 145

11   Stiglat, K.: Vierseitig gelagerte Platten mit Teilrandmoment (Wand mit Kragträger). BT. (1968) S. 97 (auch in [5/6.1])

12   Kuske, A.: Taschenbuch der Spannungsoptik. Stuttgart: Wiss. Verlagsges. 1972

13.1   Heywood, R. B.: Designing by photoelasticity. London: Chapman u. Hall 1952

13.2   Hiltscher, R.; Müller, R.: Bemessung der Bewehrung von Stahlbetonkonstruktionen mit Hilfe spannungsoptischer Modellversuche. BuSt. (1959) S. 263

○ 13.3   Steffens, K.: Spannungsoptische Modelluntersuchungen von Stahlbetonbauteilen. Düsseldorf: Werner 1974

13.4   Stuwe, H.; Heise, U.: Experimentelle Bestimmung der Spannungen in randbelasteten Scheiben nach der Wieghardtschen Analogie (von Scheibe und Platte). BT. (1976) S. 19

◑ 14   Hiltscher, R.; Florin, G.: Spalt- und Abreißspannungen in rechteckigen, unten eingespannten Scheiben. BT. (1962) S. 325 u. (1963) S. 401

● 15.1   Theimer, O.: Hilfstafeln zur Berechnung wandartiger Stahlbetonträger. Berlin: Ernst u. Sohn 1975

15.2   Pfeiffer, G.: Berechnung und Bemessung wandartiger Träger. Düsseldorf: Werner 1968

○ 15.3   Förster, W.; Stegbauer, A.: Wandartige Träger. Tafeln zur Ermittlung der Bewehrung. Düsseldorf: Werner 1974

◑ 15.4   Bareš, R.: Tafeln für Platten und Wandscheiben. Wiesbaden: Bauverlag 1979

15.5   Andermann, F.: Statik der rechteckigen Scheiben. Düsseldorf: Werner 1968

15.6   Thon, R.: Beitrag zur Berechnung und Bemessung durchlaufender, wandartiger Träger. BuSt. (1958) S. 297

15.7   Schleeh, W.: Die Randstörungen der Technischen Biegelehre. BuSt. (1966) S. 10

16.1   Leonhardt, F.; Walther, R.: Wandartige Träger. DAfSt 1966 H. 178 (Versuche)

16.2 Robinson, I. R.: Poutres-cloisons in: Eléments constructifs spéciaux du béton armé, S. 82. Paris: Eyrolles 1975 (angelehnt an [16.1])

16.3 Nylander, H.: Hogar balkar (Deep beams). Medd. Inst. för Byggnadsstatik. Kgl. Techn. Högskolan Stockholm 1967, Nr. 64, 65, 66, 68 u. 69 (Ergebnisse z. T. angeführt in [1/2 Teil 2 S. 44]) (schwed., engl. summary)

17.1 Thürlimann, B.; Marti, P.: Fließbedingungen für Stahlbeton mit Berücksichtigung der Zugfestigkeit des Betons. BuSt. (1977) S. 7

17.2 Eibl, J.: Tragverhalten von Stahlbetonwänden und Berechnung bei geometrischer und physikalischer Nichtlinearität. Kurzber. a. d. Bauforsch. Nr. 8/80–89, S. 549

17.3 Mehlhorn, G. u. a.: Berechnung von Stahlbetonscheiben im Stadium II. Forsch.-Ber. d. Arbeitsgruppe Massivbau der TU Darmstadt Nr. 16, 1974

17.4 Mehlhorn, G. u. a.: Berechnung von Stahlbetonscheiben im Zustand II bei wirklichkeitsnahem Werkstoffverhalten. DAfSt 1974, H. 238

17.5 Geistefeldt, H.: Stahlbetonscheiben im gerissenen Zustand. Ber. Inst. f. Statik der TU Braunschweig Nr. 76-19, 1976

17.6 Schwarz, H.: Beitrag zur Bestimmung der Biegebruchsicherheit wandartiger Stahlbetonträger. BI. (1969) S. 363

17.7 Nielsen, M. P.: Strength of reinforced discs (Plastizitätstheorie). Acta Polytechn. Scand. Civ. Eng. and Building Constr. Kopenhagen 1970, Ser. Nr. 70

17.8 Cedolin, L.; Poli, S.: Berechnung wandartiger Stahlbetonträger mit FEM. BuSt. (1978) S. 226 (bestätigt Bogen- mit Zugbandwirkung)

18 Schleeh, W.: Die statisch unbestimmt gestützte durchlaufende Scheibe. BuSt. (1965) S. 25 u. 180 (starre Stützung angen.!)

19.1 Linse, H.: Wandartige Träger mit Pfeilervorsprüngen. BT. (1961) S. 191

O 19.2 Rosenhaupt, S.: Beitrag zur Berechnung von Scheiben mit seitlichen Versteifungen. BT. 1964, S. 48

19.3 Neumayer, F.: Näherungsberechnung wandartiger Träger mit Randverstärkung. BT. (1968) S. 272

O 19.4 Schäfer, H.: Zur Berechnung in den Endquerschnitten seitlich ausgesteifter, wandartiger Träger. BuSt. (1978) S. 202

20.1 Rose, E.: Näherungsweise Berechnung der Normal- und Querzugkräfte einer vorgespannten Fahrbahnplatte mit Zulagegliedern an den freien Rändern. BT. (1964) S. 13

20.2 Hampe, E.: Bemerkungen zur Anwendung des Vorspannprinzips im Bauwesen. Konstruktiver Ingenieurbau (Festschrift Hirschfeld), S. 66. Düsseldorf: Werner 1967

21.1 Schleeh, W.: Lastangriffe im Inneren hoher Träger. BuSt. (1971) S. 263

21.2 Schleeh, W.: Die Bedeutung der Querdehnung bei Lastangriffen im Inneren von Scheiben. BuSt. (1972) S. 134

O 21.3 Schleeh, W.: Spanngliedverankerungen im Inneren hoher Scheiben. BuSt. (1974) S. 27

21.4 Hiltscher, R.; Florin, G.: Zugspannungen in der Umgebung einer belasteten Aussparung an einer Scheibe. BT. (1965) S. 202

21.5 Müller, R.; Schmidt, D.: Zugkräfte in einer Scheibe, die durch eine zentrische Einzellast in einer rechteckigen Öffnung belastet ist. BT. (1964) S. 174

O 21.6 Avram, C.; Friedrich, R.: Untersuchungen zum Tragverhalten wandartiger Träger mit (unbelasteten) Öffnungen. BuSt. (1978) S. 8. (nur auflagernahe Öffnungen erfordern Nachweis)

22 Schleeh, W.: Die Rißsicherheit in Randzonen periodisch vorgespannter Scheiben. BuSt. (1960) S. 93

O 23.1 Schutz von frisch betonierten Stahlbetonwänden (nach Concrete .International 1979). BI. (1980) S. 23

O 23.2 Wischers, G.; Dahms, J.: Untersuchungen zur Beherrschung von Temperaturrissen in Widerlagern durch Fugen. Betontech. Ber. (1968) S. 145

23.3 Linder, R.: Risse im Beton. Betonsteinztg. (1971) S. 222, 282, 337

O 23.4 Stoffers, H.: Cracking due to shrinkage and temperatur variation in walls. Heron (1978) Nr. 3

◖ 24 Schleeh, W.: Die Zwängspannungen in einseitig festgehaltenen Wandscheiben. BuSt. (1962) S. 64

25   Cronholm, A.: Schwindspannungen in der Umgebung einer Arbeitsfuge in einer Betonplatte. Z. Angew. Math. Mech. (1968) S. 359

● 26.1   Pilny, F.: Risse und Fugen in Bauwerken. Berlin, Heidelberg, New York: Springer 1981

○ 26.2   Arbeits- und Bewegungsfugen; Planung und Ausführung. Jahresbericht DBV 1982, S. 24

27   Kluge, F. u. a.: Rationelle Schaltechnik Bd. 1: Standschalungen. Berlin: VEB Verlag für Bauwesen 1977

28.1   Braun, J. u. a.: Rationelle Schaltechnik Bd. 2: Gleitschalungen. Berlin: VEB Verlag für Bauwesen 1978

○ 28.2   Adam, M.: Coffrages glissants (Gleitschalung). Ann. de l' Inst. Techn. du Bât. et des Trav. Publ. No. 341, Paris 1976

28.3   Rühle, H.: Design problems in sliding shuttering. Building International London, Nov./Dez. 1972

28.4   Drozella, R.: Gleitschalung — Forschung und Anwendung. Vortrag DBV Betontag 1983

29.1   Im Gleitverfahren hergestellte Silos. Merkbl. des DAfSt. Beton (1977), S. 1 sowie BuSt. (1977), S. 208

29.2   Grunau, E.: Lebenserwartung von Hydrophobierungen der Fassaden mit Siloxanharzen. Kurzber. a. d. Bauforsch. 4/81, S. 48

30   Clausen, H. P.: Die Betonschalungsstein-Bauart. Betonwerk- u. Fertigteiltech. Jahrbuch 25. Ausg. S. 192. Wiesbaden: Bauverlag 1977

31.1   Mehlhorn, G. u. a.: Tragverhalten von aus Fertigteilen zusammengesetzten Scheiben (verzahnte Fugen). DAfSt 1977, H. 288

31.2   Mehlhorn, G.; Schwing, H.: Zur Berechnung und Konstruktion von Wandscheiben aus Fertigteilen. Betonwerk- u. Fertigteiltech. (1973) S. 360

31.3   Mehlhorn, G.; Schwing, H.: Zum Tragverhalten von Wänden aus Fertigteiltafeln. Betonwerk- u. Fertigteiltech. (1974) S. 313

◐ 31.4   Schwing, H.: Scheiben aus Fertigteilen. Mitt. d. Inst. für Massivbau TU Darmstadt H. 19, S. 49. Berlin: Ernst u. Sohn 1977

32.1   Stiller, M.: CEB-Empfehlungen für Großtafelbauten (Bericht) BuSt. (1968) S. 138

32.2   Cziezielski, E.: Berechnung von Wänden, die aus mehreren Einzelwänden zu einer großen Wandscheibe zusammengeschlossen werden. BT. (1966) S. 73

32.3   Beck, H.; Mehlborn, G.: Großflächige Scheiben aus Fertigteilen. Kurzber. a. d. Bauforsch. (1972) Nr. 8, S. 138

Literatur zu Abschnitt 7 (Lager und Gelenke)

● 1.1   Rahlwes, K.: Lagerung und Lager von Bauwerken. B. Kal. 1981 II S. 473. (Gedrängte Darstellung aller wesentlicher Gesichtspunkte).

○ 1.2   Schimetta, O.: Temperaturbewegung und -verformung der Tragwerke. Zem. u. Bet. (1975) H. 87/88, S. 8

● 2.1   Eggert, H. u. a.: Lager im Bauwesen. Berlin: Ernst u. Sohn 1974 (umfassendste Darstellung aller Lagerbauarten und ihrer Verwendung)

○ 2.2   Eggert, H.: Lager für Brücken und Hochbauten. Bl. (1978) S. 161

2.3   Eggert, H.: Lager im Bauwesen. Berlin: Ernst u. Sohn 1980 (Vorlesungen)

◐ 2.4   Bechert, H.: Massivbrücken, B. Kal. 1983 II, S. 641

○ 2.5   Wagner, O.: Stand der Entwicklung von Lagern. Tagung VPI (Bund) 1979 Freudenstadt, H. 4, S. 81

● 3.1   Verzeichnis der bauaufsichtlich zugelassenen Lager. B. Kal. 1982 I, S. 348; ausführlich mit Zulassungstexten in [2.2, S. 219 u. 263]

3.2   Erlaß des BMV Abt. Straße ARS 10/76; Allgemein bauaufsichtlich zugelassene Brückenlager

○ 4   Mitt. IfBt 1974, Nr. 6, S. 165

5   Brückenlager. Merkbl. 339/68 der Beratungsstelle für Stahlverwendung Düsseldorf (nur klassische Stahllager)

6   Verstärkte Stahllager (Panzerstahl). Rundschreiben 4/68 u. 15/68 des BMV Abt. Straßenbau 1968

○ 7   Robinson, J. R.: Eléments constructifs spéciaux du béton armé. Paris: Eyrolles 1975. Kap. "Articulations" S. 197

8.1   Dix, J.: Betongelenke bei wiederholter Druck- und Biegebeanspruchung. DAfSt 1965, H. 150

8.2   Leonhardt, F.; Reimann, H.: Betongelenke. DAfSt 1965, H. 175 ferner BI. (1966) S. 49

O 8.3   Pauser, A.: Lager, Gelenke, Auflagerbänke, Arbeitsfugen. Zem. u. Bet. (1975) H. 87/88, S. 13 (instruktive Darst. der Spannungen und Verformungen)

O 8.4   Franz, G.; Fein, D.: Betongelenke unter wiederholten Verdrehungen. DAfSt 1968, H. 200

O 9.1   Mönnig, E.; Netzel, D.: Bemessung von Betongelenken. BI. (1969) S. 433; sowie: Leonhardt, F.: Vorlesungen über Massivbau. Teil 2 Berlin, Heidelberg, New York: Springer 1975, S. 91

O 9.2   Herzog, M.: Die Tragfähigkeit von Betongelenken. BI. (1978) S. 255

O 9.3   Herzog, M.: Traglast und Rotationsfähigkeit von Betongelenken. Straßen- und Tiefbau 1976, H. 10, S. 10

10   Wurm, P.; Daschner, F.: Teilflächenbelastung von Normalbeton. DAfSt 1977, H. 286

11   Adin, M.: Durch Längsdruck vereinfachte Betongelenke in Gerber-Systemen. BuSt. (1974) S. 218 (Vorschlag)

12   Leonhardt, F.; Wintergerst, J.: Über die Brauchbarkeit von Bleigelenken. BuSt. (1961) S. 123

13.1   Topaloff, B.: Gummilager. BI. (1964) S. 50

O 13.2   Flohrer, M.; Stephan, E.: Bemessungsdiagramme für die Querzugkräfte bei Elastomerlagern. BT. (1975) S. 296 u. 420

O 13.3   Sasse, H.: Gleit- und Verformungslager im Hoch- und Brückenbau. VDI-Ber. Nr. 384, 1980

13.4   Iványi, G. u. a.: Auflagerausbildung bei Fertigteilen. Kurzber. a. d. Bauforsch. (1980) Nr. 7, S. 489

13.5   Kanning, W.: Elastomer-Lager für Pendelstützen. BI. (1980) S. 455

O 13.6   Bock, H.; Lehmann, D.: Beiträge zur Bemessung der Elastomer-Lager. BT. (1978) S. 19, 99, 190 u. (1979) S. 163

O 14.1   Richtlinien für Herstellung und Verwendung unbewehrter Elastomerlager. Mitt. IfBt 1972, H. 1, S. 7 mit Erläuterungen von U. Einsfeld in H. 6, S. 2

O 14.2   Kordina, K.; Nölting, N.: Zur Auflagerung von Stahlbetonbauteilen mittels unbewehrter Elastomerlager. BI. (1981) S. 41

15   Heesen, H.: Gepanzerte Betonwälzgelenke, Pendel- und Rollenlager. BT. (1948) S. 261

Sachverzeichnis

Abkürzungen: Spb.   Spannbeton
                Stb.   Stahlbeton